제2판

증기터빈 열유체기술

이병은 지음

KM 경문사

Preface

2판 머리말

증기터빈은 발전설비 핵심 구성품 가운데 하나이며, 증기터빈에 관련된 핵심 기술은 열유체기술이다. 특히 증기터빈에서 가장 중요한 부분은 노즐과 버켓으로 구성되어 있는 증기통로이다. 본 개정판에서는 증기통로 설계기술, 즉 노즐과 버켓에 대한 설계기술을 보완하여 정리하였다. 특히 오일러방정식과 증기터빈 설계에 사용되는 각종 무차원수에 대하여 체계적으로 정리하여 독자들이 증기터빈 설계절차를 쉽게 이해할 수 있도록 하였다.

과거 증기터빈은 충동터빈과 반동터빈이 공존했다. 그러나 현재 대부분의 증기터빈 제작자들은 반동터빈으로 증기터빈을 설계·제작하고 있다. 본 개정판에서는 충동터빈과 반동터빈의 성능특성을 비교하여 각각의 우수성을 비교·분석하였다. 이를 통해 반동터빈의 우수성을 체계적으로 정리하였다.

증기터빈 부분부하운전은 중요한 요소이다. 일반적으로 부분부하운전에는 네 가지 방법이 이용되고 있는데, 이에 대한 자세한 내용을 정리하였다. 아울러 증기터빈 성능과 Thermal Kit에 대한 내용을 추가적으로 정리하였다. 그리고 증기터빈 성능에 영향을 미치는 다양한 손실들을 정리하였다. 특히 증기터빈 손실 가운데 가장 대표적인 손실인 형상손실, 이차유동손실, 누설손실에 대해서 자세하게 정리하였다.

본 개정판은 저자의 지속적인 기업체 강의를 통하여 실무자들이 좀 더 쉽게 증기터빈을 이해할 수 있도록 구성하였다. 저자는 본 개정판이 국내 증기터빈 기술개발 및 기술자립에 많은 기여를 할 것으로 확신한다. 마지막으로 저자는 본 개정판 출판에 깊은 관심을 가져주신 경문사 관계자 모든 분들께 깊은 감사를 드린다.

2015. 7.

이병은

머리말

증기터빈은 발전설비 핵심 구성품 가운데 하나이며, 증기터빈에 관련된 핵심 기술은 열유체기술이다. 이는 증기터빈을 포함한 발전설비 전체가 가장 대표적인 열유체기계라는 사실로부터 쉽게 이해할 수 있다. 현재 국내에서 발전산업에 종사하고 있는 실무자들이 접할 수 있는 증기터빈 기술자료는 매우 제한되어 있는 실정이다. 이는 외국에서 만들어진 대부분의 기술자료는 기술적으로 어려우면서 복잡하게 기술되어 있으며, 국내에서 만들어진 기술자료는 대부분 기술적 완성도가 부족하기 때문이다.

저자는 15년간의 발전설비 설계 및 연구 경험과 그 이후 발전설비 엔지니어 및 운전자들을 대상으로 실시한 기업체 강의를 통하여 축적한 기술자료를 바탕으로 이 책을 작성하였다. 저자는 증기터빈 종사자들이 반드시 이해하고 업무에 임해야 하는 기술들을 체계적으로 정리하였다. 아울러 강의 중에 쏟아졌던 많은 질문들에 대한 답변 내용을 좀더 쉬우면서 체계적으로 정리하려고 많이 노력하였다. 따라서 실질적으로 증기터빈에 관련된 업무를 수행하는 분들에게 이 책이 많은 도움이 될 것이라고 확신한다.

저자는 이 글을 통해서 발전설비에 대한 교육 기회를 부여해 주신 여러 기업체에 감사를 드린다. 특히 '증기터빈 열유체기술'뿐만 아니라 '발전설비 열역학' 및 '가스터빈 열유체기술' 교육과정을 해마다 지속적으로 개설하여 많은 강의 기회를 부여해 주신 두산중공업 교육관계자분들께 감사드린다. 이 밖에도 증기터빈을 포함한 발전설비에 대한 강의 기회를 부여해 주신 대림산업, 한국지역난방공사, 포스코건설, GS EPS, SK E&S, 전력연구원, 한국전력 남동발전 관계자분들께도 깊은 감사를 드린다. 아울러 본 책의 출판에 깊은 관심을 가져주신 경문사 관계자 모든 분들께 깊은 감사를 드린다.

2013. 6.
이병은

미리보기

Preview

누구를 위한 책인가

증기터빈 설계 및 운전에 종사하는 엔지니어들을 위한 책으로, 대학에서 기계공학을 전공한 엔지니어는 이 책의 전체적인 내용을 이해할 수 있을 것이다. 참고로, 이 책에는 증기터빈에 대한 중급 수준의 내용이 기술되어 있기 때문에 증기터빈에 대한 기본적인 교육을 받았거나 증기터빈 분야에 3년 이상 근무한 엔지니어들에게 적합할 것으로 판단된다.

이 책을 시작하려면

이 책을 이해하는 데 필요한 학문은 열역학과 유체역학이다. 그러나 대학에서 기계공학을 전공하였더라도 산업체에 종사하다 보면 대학에서 배운 열역학과 유체역학 지식을 실제적으로 발전설비 설계에 적용하는 데 많은 어려움을 느끼는 것이 사실이다. 특히 열역학은 유체역학에 비해서 정도가 훨씬 심한 편이다. 이 책을 시작하기 전에 저자가 집필한 '실무 발전설비 열역학'을 미리 공부하기 바란다.

이 책의 구성

❶ 발전설비 일반사항

증기터빈에 대한 기술적인 내용을 살펴보기 전에 발전설비 전반적인 내용에 대해서 소개한다. 증기를 생산하는 1차계통인 석탄화력 보일러 및 원자력 증기발생기에 대해서 살펴본다. 그리고 다양한 형태의 증기터빈에 대한 내용을 소개한다.

❷ 증기통로 유동

증기터빈 블레이드에 작용하는 힘과 속도삼각형에 대한 내용을 다룬다. 이를 위해 증기통로에서 발생하는 유동을 살펴보기 위한 유체역학을 소개한다. 그리고 충동터빈과 반동터빈에 대한 기술적 분석을 통하여 반동터빈의 우수성을 소개한다.

❸ 부분부하운전

증기터빈 부분부하운전에 대한 내용을 다룬다. 증기터빈 부하조절을 위한 각종 밸브와 네 가지 부분부하운전 방법을 소개한다.

❹ 증기터빈 성능

증기터빈 성능을 소개한다. 열율과 증기터빈 성능에 영향을 미치는 다양한 변수들을 소개한다. 그리고 증기터빈 Thermal Kit 작성에 대한 내용을 소개한다.

❺ 증기터빈에서 발생하는 각종 손실

증기터빈에서 발생하는 다양한 손실을 소개한다. 특히 advanced vortex blade 설계와 관련된 이차유동손실과 배기손실에 대해서 자세하게 소개한다.

❻ LP터빈

LP터빈을 소개한다. Last stage bucket과 LP exhaust hood에서의 유동특성을 소개한다. 그리고 cold-end optimization에 대해서 소개한다.

❼ USC 증기터빈

USC 증기터빈 개념 및 성능 특성을 소개한다. 특히 증기터빈 메이저 제작사의 USC 증기터빈 설계 특징을 소개한다. 아울러 이산화탄소 포집 방법을 소개한다. 그리고 USC 증기터빈 소재에 대해서 살펴본다.

❽ 증기터빈 고체입자침식

고체입자침식 해석에 필수적인 입자의 거동을 살펴보기 위한 기체-입자 2상유동에 대해서 소개한다. 그리고 고체입자침식 메커니즘과 변수들을 소개한다. 그리고 증기터빈에서 고체입자침식을 방지하기 위한 다양한 방법들을 소개한다.

❾ LSB 습분침식

습분침식 메커니즘과 변수들을 소개한다. 그리고 증기터빈에서 습분침식을 줄이기 위한 다양한 방법들을 소개한다.

Contents

차례

Contents

Chapter 04 증기터빈 성능 • 179

Chapter 05 터빈손실 • 241

Chapter 06 LP터빈 • 295

Contents

Chapter 01

발전설비 일반사항

1.1 화력발전
1.2 원자력발전
1.3 복합발전

자연계에는 다양한 종류의 에너지가 존재한다. 가장 대표적인 에너지로는 석탄, 석유, 천연가스, 원자력, 지열, 수력, 풍력, 바이오매스 등이 있다. 이들 에너지를 이용하여 인류가 유익하게 사용할 수 있는 동력을 발생시키는 장치를 원동기라 한다. 원동기 가운데 열에너지를 이용한 동력 발생 장치를 열기관이라 하며, 발전설비는 가장 대표적인 열기관이다.

현재 가장 많이 이용되고 있는 대형 발전설비 형태로는 화력발전, 원자력발전, 가스터빈과 증기터빈으로 구성된 복합발전 등이 있다. 1884년 파슨스(Charles Parsons)에 의하여 최초의 현대식 고속 증기터빈이 개발된 이후로 증기터빈은 높은 열효율, 신뢰성, 내구성으로 인하여 발전용 열기관으로 가장 많이 사용되고 있다.

1937년 휘틀(Frank Whittle)이 최초로 제트엔진을 개발한 이래 가스터빈 엔진은 기술적으로 큰 발전을 이루었다. 특히 가스터빈은 큰 비출력(작동유체 단위질량유량당 출력)으로 인하여 항공용 엔진뿐만 아니라 일반 산업용 엔진으로도 널리 사용되고 있으며, 산업용 엔진 가운데 발전용 가스터빈이 차지하는 비중이 가장 높다. 발전용 가스터빈은 천연가스나 경유를 사용하기 때문에 석탄화력발전에 비해서 공해물질 배출이 현저하게 낮다. 아울러 가스터빈을 증기터빈과 결합시킨 복합발전은 가스터빈에서 배출된 고온의 배기가스를 이용하여 증기를 생산하여 증기터빈에서 추가적으로 발전하기 때문에 상대적으로 높은 열효율을 가진다.

1.1 화력발전

그림 1.1과 1.2에 전 세계적으로 가장 많은 전력생산을 담당하고 있는 석탄화력발전 구성요소가 나타나 있다. 화력발전 설비를 구성하는 핵심 구성요소로 보일러, 증기터빈, 발전기를 들 수 있다. 보일러는 연료의 화학적 에너지를 열에너지로 변환시켜주는 증기 발생 장치이다. 증기터빈은 보일러에서 증기에 공급된 열에너지를 기계적 에너지로 변환시키는 장치이다. 발전기는 증기터빈에서 만들어진 기계적 에너지를 전달받아 전기에너지로 변환시키는 장치이다. 발전기 회전자는 자화되어 있어서 발전기 축이 회전하면 발전기 고정자에서 전기가 생산된다. 증기터빈과 발전기는 3000 rpm 또는 3600 rpm으로 회전한다. 3000 rpm 설비는 50 Hz의 전기를 생산하며, 3600 rpm 설비는 60 Hz의 전기를 생산한다. 한편, 3000 rpm과 3600 rpm 설비 모두 2극 발전기를 사용한다. 이에 반해 원자력발전은 50 Hz 또는 60 Hz의 전기를 생산하기 위하여 각각 1500 rpm 또는 1800 rpm으로 회전하며, 4극 발전기를 사용한다.

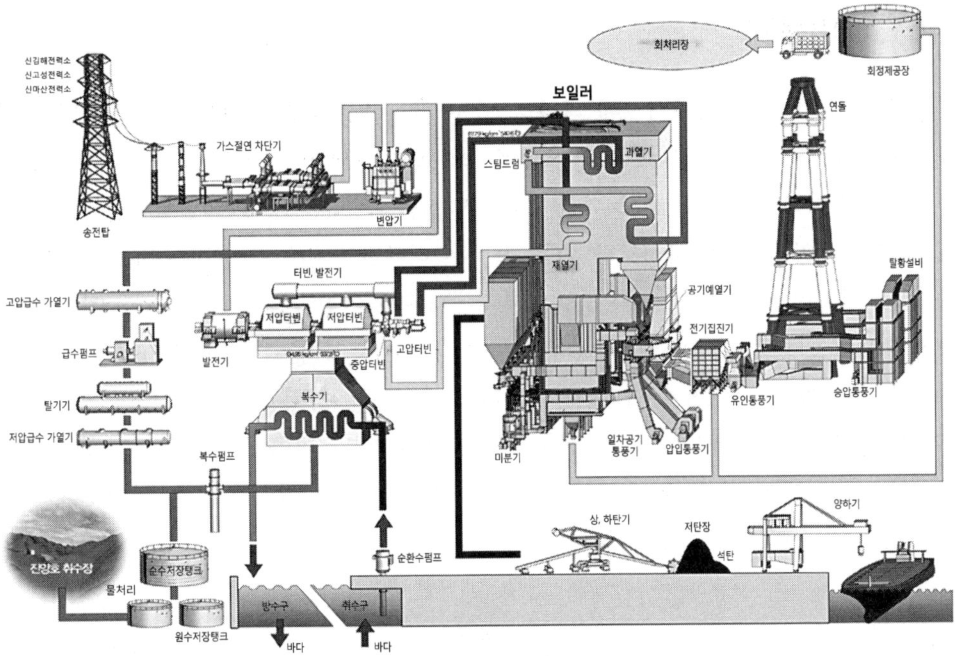

그림 1.1 삼천포화력발전 1, 2호기 계통도

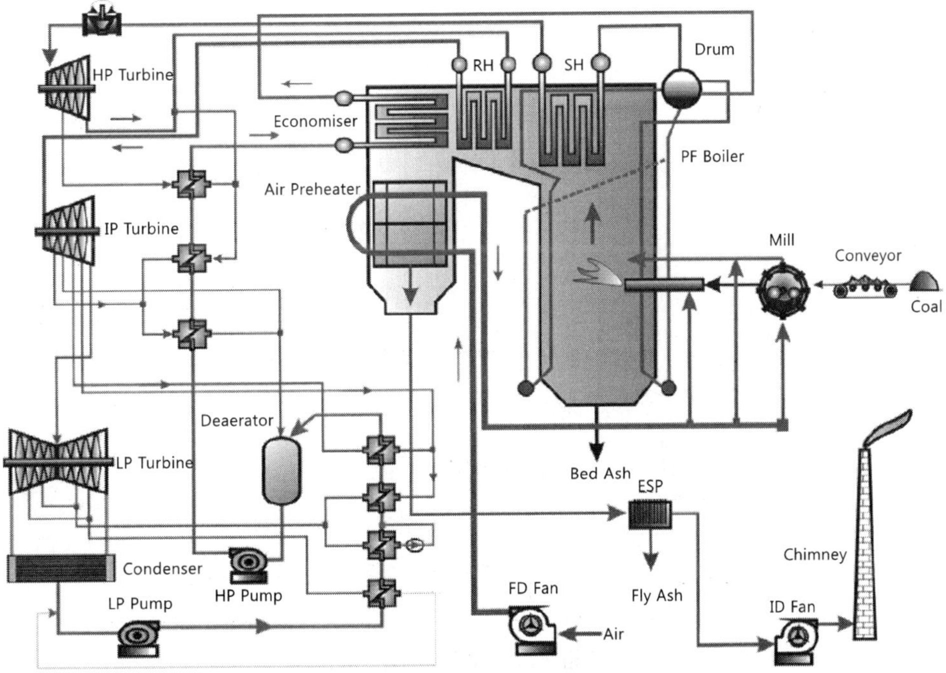

그림 1.2 석탄화력발전 구성(작동유체 흐름 중심)

1.1.1 미분기

전기 생산은 그림 1.1과 1.2에 나타나 있는 것처럼 보일러에 석탄을 공급하면서 시작된다. 석탄 야적장에 보관되어 있는 석탄은 약 1인치 이하의 크기로 잘게 부수어 석탄 사일로로 이송한다. 석탄 사일로는 여러 시간 발전할 수 있는 양의 석탄을 저장할 수 있는 크기로 되어 있다. 석탄 사일로에 있는 석탄은 미분탄을 만들기 위하여 그림 1.3에 나타나 있는 것처럼 미분기로 보내진다. 미분기에서 만들어진 미분탄은 공기를 이용하여 보일러 윈드박스에 설치되어 있는 버너로 보내진다. 미분기에는 공기가열기에서 가열된 일차공기가 FD팬을 통해서 공급된다. 미분기에 공급되는 일차공기를 가열하는 이유는 미분탄을 건조시켜 원활하게 버너로 이송시키기 위함이다. 아울러 공기가열기에서의 일차공기와 보일러를 빠져나가는 연도가스의 열교환을 통하여 연도가스 온도를 낮추어서 보일러 효율을 높게 유지시키기 위함이다.

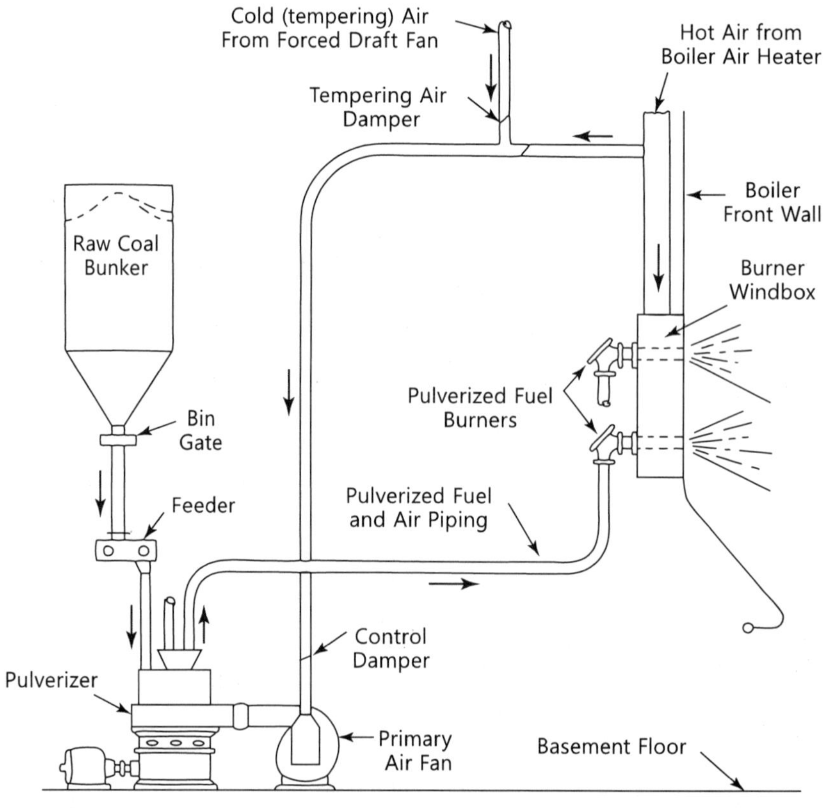

그림 1.3 미분탄 공급 계통도

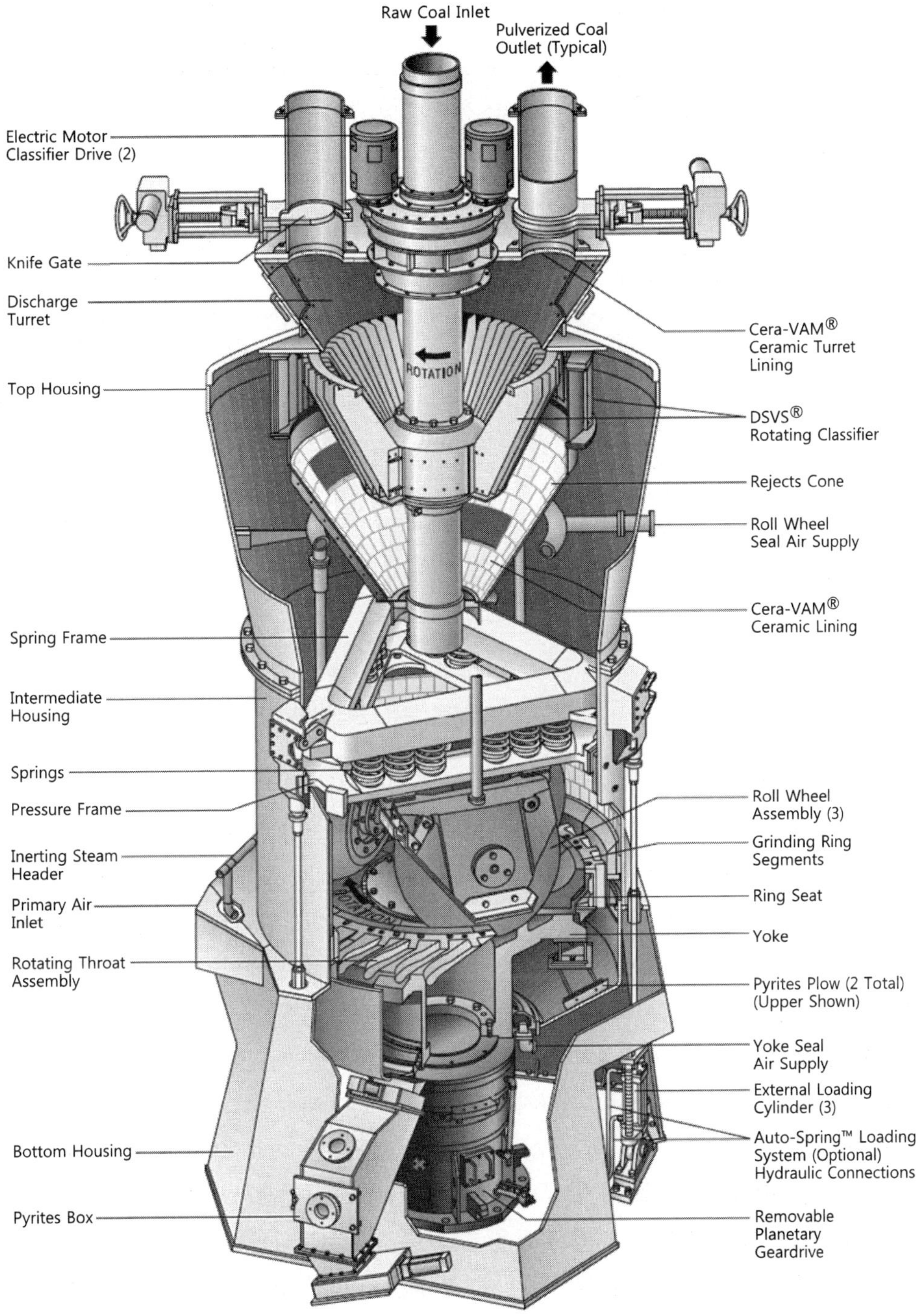
Raw Coal Inlet
Pulverized Coal
Outlet (Typical)
Electric Motor
Classifier Drive (2)
Knife Gate
Discharge
Turret
ROTATION
Top Housing
Cera-VAM®
Ceramic Turret
Lining
DSVS®
Rotating Classifier
Rejects Cone
Roll Wheel
Seal Air Supply
Cera-VAM®
Ceramic Lining
Spring Frame
Intermediate
Housing
Springs
Pressure Frame
Inerting Steam
Header
Primary Air
Inlet
Rotating Throat
Assembly
Roll Wheel
Assembly (3)
Grinding Ring
Segments
Ring Seat
Yoke
Pyrites Plow (2 Total)
(Upper Shown)
Yoke Seal
Air Supply
External Loading
Cylinder (3)
Auto-Spring™ Loading
System (Optional)
Hydraulic Connections
Bottom Housing
Pyrites Box
Removable
Planetary
Geardrive

그림 1.4 미분기(B&W)

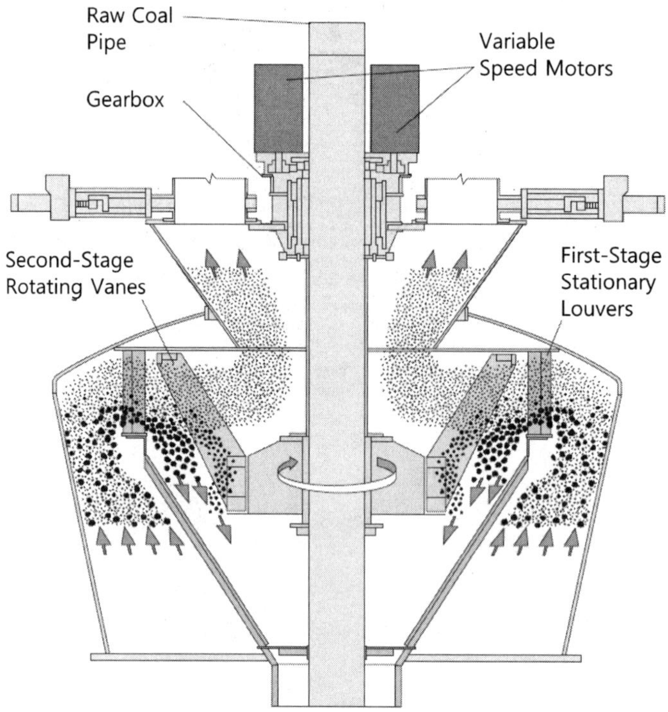

그림 1.5 미분탄 분류 원리(B&W)

대표적인 미분기가 그림 1.4에 나타나 있다. 석탄 사일로에 담겨 있는 석탄은 미분기 중앙 상부에 있는 석탄 유입구를 통하여 회전하는 그라인딩 링 중앙으로 공급된다. 공급된 석탄은 그라인딩 링의 회전에 따른 원심력으로 인해서 외부로 밀려나면서 그라인딩 링에 맞물려 피동적으로 회전하는 롤에 의해 분쇄되어 미분탄이 된다. 미분기 하부로 공급되는 일차공기는 그라인딩 링 주위를 흐르면서 롤에서 분쇄되어 그라인딩 링 밖으로 배출되는 미분탄을 부양시켜 미분탄을 미분기 상부로 운반한다. 미분기 상부로 운반된 미분탄은 일차적으로 그림 1.4와 1.5에 나타나 있는 고정 베인을 통과한다. 고정 베인은 미분기 반지름방향을 중심으로 경사지게 설치되어 있기 때문에 고정 베인을 통과한 일차공기와 미분탄은 비교적 큰 원주방향 속도성분을 가지며, 이로 인하여 그림 1.5에서 볼 수 있는 것처럼 큰 지름을 가지는 미분탄은 원심력으로 인해서 일차공기로부터 분리된다. 이렇게 분리된 미분탄은 리젝트 콘을 타고 흘러내려 그라인딩 링 중앙으로 다시 떨어지고 새로이 미분기에 공급된 석탄과 함께 분쇄된다. 한편, 지름이 작은 미분탄은 일차공기와 함께 회전분류기를 통과한다. 이 과정에서 비교적 큰 지름을 가지는 미분탄은 회전분류기 베인과 충돌하면서 회전분류기 내부로 진입하지 못하고 배출되어 리젝트 콘을 통해서 그라인딩 링으로 떨어진다. 회전분류기를 통과한 미분탄은 미분기를 빠져나가 보일러로 공급된다. 한 개의 미분기에는 보일러에 있는 윈드박스 개수와 동일한 수의 미분탄 공급관을 가진다.

모든 종류의 석탄은 많은 양의 미네랄을 함유하고 있더라도 미분탄으로 만들어 연소시킬 수 있다. 미분탄을 만드는 목적은 고체연료를 기체연료처럼 연소시키기 위함이다. 따라서 미분탄 연소기술이 개발된 이후에 대량의 석탄연소가 가능해졌기 때문에 발전용 보일러 용량이 급격하게 증가하였다. 아울러 증기의 온도와 압력을 USC(Ultra-supercritical) 조건으로 올릴 수 있게 되어 사이클 효율이 크게 향상되었다.

석탄에는 다양한 미네랄이 포함되어 있다. 석탄에 포함되어 있는 미네랄은 석탄의 원료인 식물에 자연적으로 포함되어 있던 것들과 오랜 기간의 석탄 생성과정에서 외부로부터 유입된 것들이 있다. 석탄에 포함되어 있는 미네랄은 석탄이 연소하면서 그림 1.6에 나타나 있는 것과 같은 다양한 형태의 회분이 된다. 대형 화력발전소에서 대량으로 생성되는 회분에는 미연탄소가 포함되어 있다. 일반적으로 회분에 포함되어 있는 미연탄소가 3% 이하(이 기준은 국가별로 다를 수 있다)이면 회분은 재활용할 수 있다. 그러나 회분에 미연탄소가 3% 이상 포함되어 있으면 재활용하지 못하기 때문에 막대한 처리비용이 요구된다. 아울러 회분에 미연탄소가 많이 포함되어 있다는 것은 석탄에 포함되어 있는 열량을 모두 이용하지 못했다는 것이기 때문에 경제적으로 손실이다. 회분에 포함되어 있는 미연탄소를 최대한 줄이기 위해서는 미분탄 크기를 더욱 잘게 분쇄해야 한다.

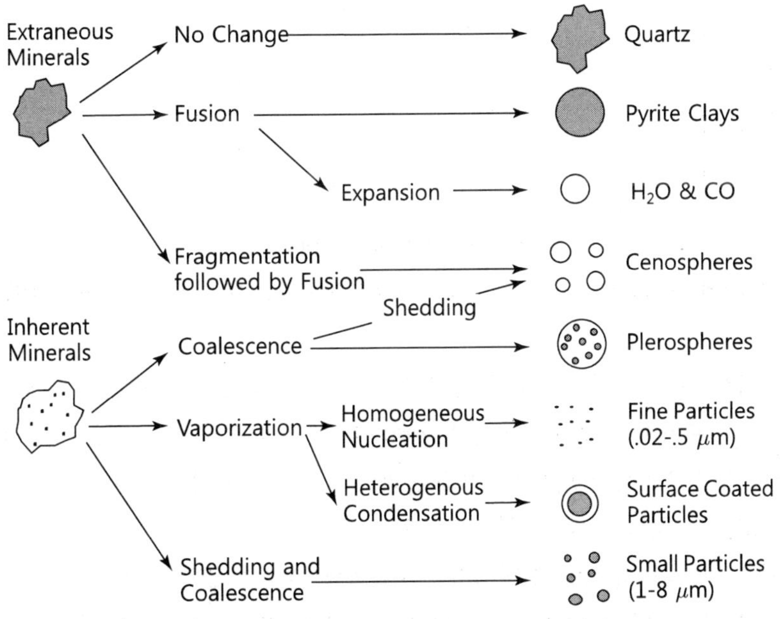

그림 1.6 회분 생성 개략도

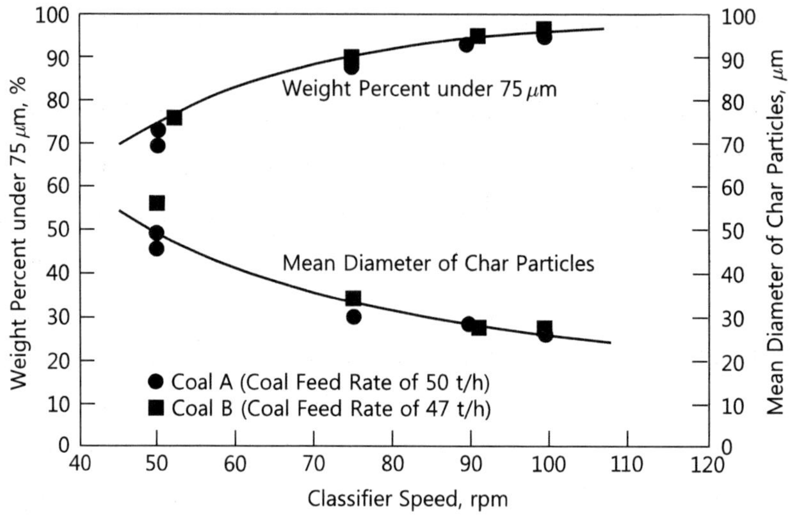

그림 1.7 회전분류기 속도에 따른 미분탄 입자크기 분석

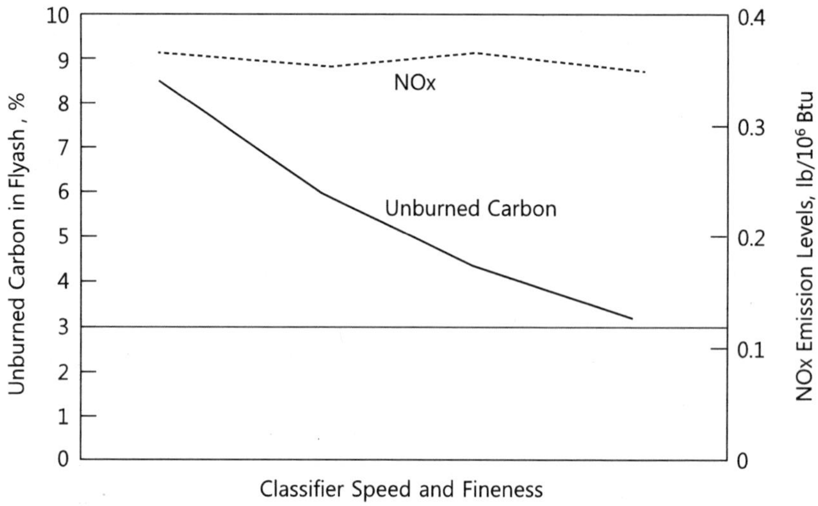

그림 1.8 회전분류기 속도 및 미분탄 분말도에 따른 회분 내 미연탄소 및 NOx 배출농도

미분기 회전분류기의 회전속도를 증가시키면 미분탄 분말도가 향상된다. 이는 회전분류기 회전속도가 증가하면 고정 베인을 통과한 일차공기의 회전속도가 증가하여 미분탄에 작용하는 원심력이 증가하여 회전분류기를 통과하는 미분탄의 평균지름이 작아지기 때문이다. 미분탄 분말도는 미분탄 가운데 입자크기 75 μm 이하의 미분탄이 차지하는 비중으로 나타낸다. 그림 1.7에 나타나 있는 실험적인 연구결과를 통해서 확인할 수 있는 것처럼 회전분류기의 회전속도가 증가하면 미분탄 평균지름이 작아져서 미분탄 분말도가 향상된다. 그림 1.8에

미분탄 분말도와 회분에 포함된 미연탄소 관계를 나타냈다. 이 그림을 통해서 미분탄 분말도가 향상될수록 미연탄소가 감소하는 것을 알 수 있다. 그러나 미분탄 분말도가 향상되더라도 질소산화물 생성에는 큰 영향을 미치지 못한다는 것을 알 수 있다.

1.1.2 보일러

보일러 화로에 공급된 미분탄은 연소되면서 석탄에 포함되어 있는 화학적 에너지가 열에너지로 변환된다. 연소가 진행되는 동안에 화로 내부온도는 1500℃ 이상 유지된다. 그림 1.9에 석탄을 연료로 사용하는 드럼형 보일러가 나타나 있다.

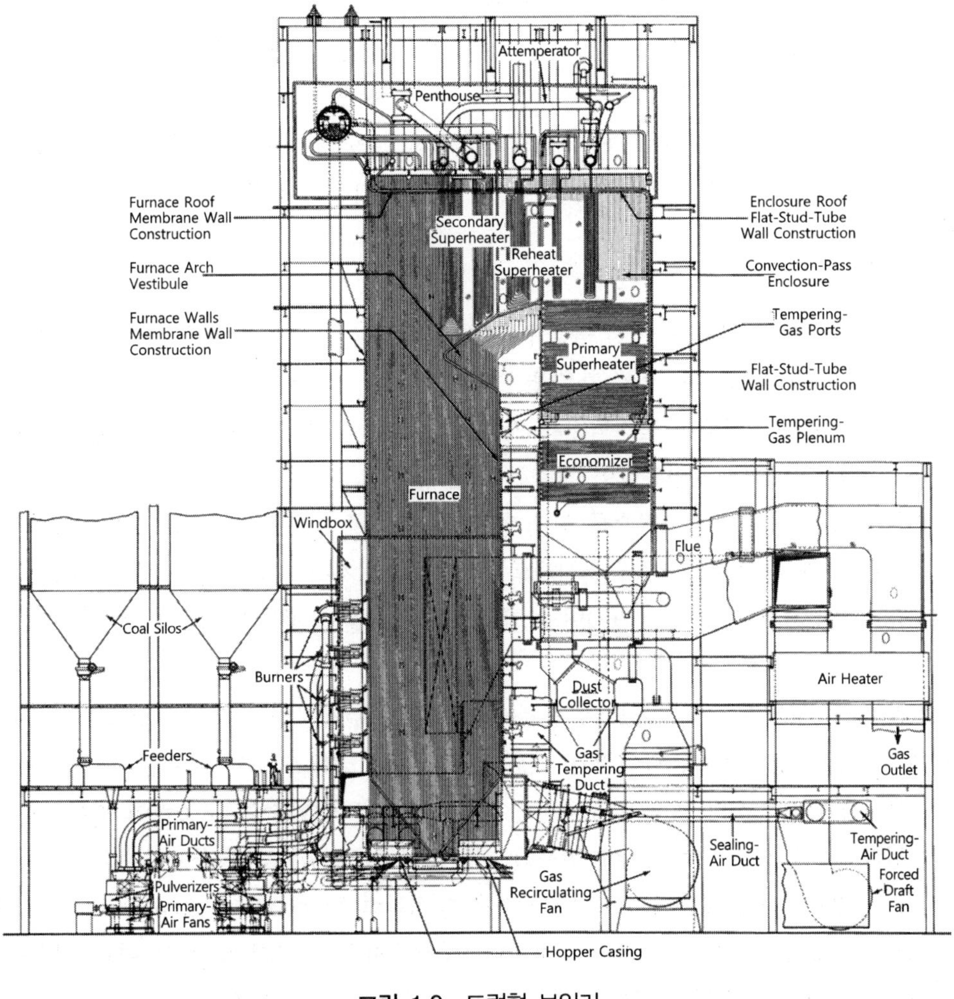

그림 1.9 드럼형 보일러

보일러에 공급된 압축수는 그림 1.2에서 확인할 수 있듯이 일차적으로 이코노마이저에서 연도가스에 의해서 가열된다. 압축수는 가열되는 동안 기화되지 않고 액체상태를 유지한다. 이코노마이저를 빠져나온 압축수는 상부헤더라고 불리는 드럼으로 보내진다.

드럼에는 그림 1.2와 1.10에 나타나 있는 것처럼 네 가지 관이 연결되어 있다. 즉 이코노마이저로부터 급수가 공급되는 관, 하부헤더로 급수를 공급해주는 다운커머, 가열되면서 증기를 생성하여 상부헤더로 공급해주는 라이저, 그리고 드럼에 모인 포화증기를 과열기로 보내주는 관 등이 연결되어 있다.

보일러는 증발기에서의 작동유체 순환과 관련하여 그림 1.10에 나타나 있는 것처럼 자연순환식과 강제순환식으로 구분한다. 자연순환식 보일러에서 라이저라고 불리는 보일러 벽면튜브를 채우고 있는 물은 가열에 의해서 부분적으로 기화되어 물-증기 혼합물이 된다. 그러나 다운커머는 가열되지 않기 때문에 그 내부는 물로 채워져 있다. 그런데 라이저에서 생성된 물-증기 혼합물의 밀도는 다운커머에 있는 물의 밀도보다 작기 때문에 중력에 의하여 다운커머에 있는 물은 내려오고 라이저에 있는 물-증기 혼합물은 밀려 올라간다. 이렇게 가열되지 않은 물과 물-증기 혼합물의 밀도 차이에 의해서 순환하는 보일러를 자연순환식 보일러라 한다. 물이 순환하는 비율은 다음과 같은 네 가지 변수에 의해서 결정된다.

1) 보일러 높이: 보일러 높이가 높을수록 가열되지 않은 물과 가열된 물-증기 혼합물의 밀도차가 커지기 때문에 순환유량이 증가한다.
2) 운전압력: 운전압력이 증가할수록 가열되지 않은 물과 가열된 물-증기 혼합물의 밀도차가 줄어들어 순환유량이 감소한다.
3) 열입력: 열입력이 증가할수록 라이저에 더 많은 증기가 생성된다. 따라서 가열되지 않은 물과 가열된 물-증기 혼합물의 밀도차가 커져서 순환유량이 증가한다.
4) 튜브 지름: 튜브 지름이 커지면 마찰손실이 줄어들기 때문에 순환유량이 증가한다.

강제순환식 보일러는 다운커머에 펌프를 설치하여 추가적인 순환동력을 얻는다. 보일러 운전압력이 증가할수록 라이저와 다운커머 내부의 밀도 차이가 줄어든다. 따라서 보일러 운전압력이 일정한 압력에 도달하면 밀도 차이에 의한 순환 구동력이 충분하지 못하게 된다. 이런 경우 다운커머에 펌프를 설치하여 압력차를 발생시켜서 순환유량을 조절한다. 강제순환식은 일반적으로 운전압력을 임계압력(22.09 MPa, 3206 psia)에 가깝거나 초과하도록 설계하는 보일러에 적용한다. 강제순환식 보일러는 순환동력을 펌프로부터 얻기 때문에 열입력이 유리한 지름이 작은 튜브를 사용할 수 있다. 아울러 각각의 튜

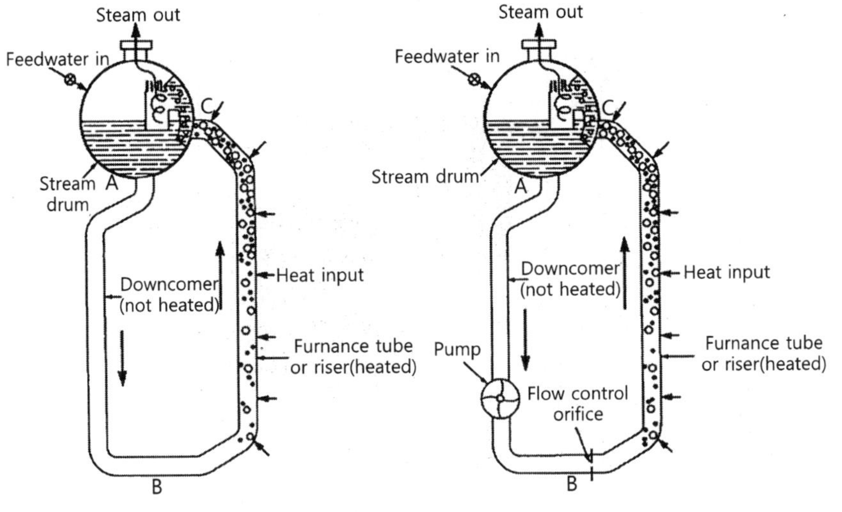

그림 1.10 순환방식에 의한 보일러 분류

브에 오리피스를 설치할 수 있기 때문에 유량과 튜브온도를 더욱 균일하게 유지시킬 수 있다. 이런 장점들은 순환펌프 및 펌프동력에 소요되는 비용을 상쇄하기 때문에 경제성에 영향을 미치지 않는다.

그림 1.2를 통해서 확인할 수 있듯이 드럼을 빠져나온 포화증기는 과열기로 보내지며, 과열기에서 가열되어 과열증기가 된다. 과열증기 온도는 급수 분무장치로 구성되어 있는 과열저감기를 이용하여 미리 정해진 최고온도로 일정하게 유지된다. 과열기를 빠져나온 과열증기는 주증기관을 통하여 HP터빈으로 보내진다. HP터빈을 빠져나온 냉재열증기는 재열기에서 가열되어 온재열증기가 되어 IP터빈으로 보내진다.

최근에는 USC 발전이 일반화되면서 드럼형 보일러 대신에 그림 1.11에 나타나 있는 관류형 보일러가 주로 사용되고 있다. 관류형 보일러와 드럼형 보일러의 외형적 차이는 드럼에 있다. 즉 드럼형은 기수분리 장치인 드럼을 가지고 있는 데 반해서 관류형은 드럼이 없다는 점이다. 이런 차이는 열역학적 고찰을 통해서 확인할 수 있다.

물을 임계압력보다 높은 압력에서 가열하면 그림 1.12에 나타나 있는 것처럼 액체상태의 물은 습증기 상태를 거치지 않고 곧바로 과열증기가 된다. 이런 상태에서 상변화가 일어나는 순간에는 물의 밀도와 과열증기 밀도 크기에 차이가 없기 때문에 드럼형 보일러를 사용할 수 없다. 현대식 관류형 보일러는 보일러 기동 시 드럼 역할을 담당하기 위해서 대개 하나의 특수한 분리기를 가지고 있다. 이밖에도 일부 관류형 보일러의 시동계통

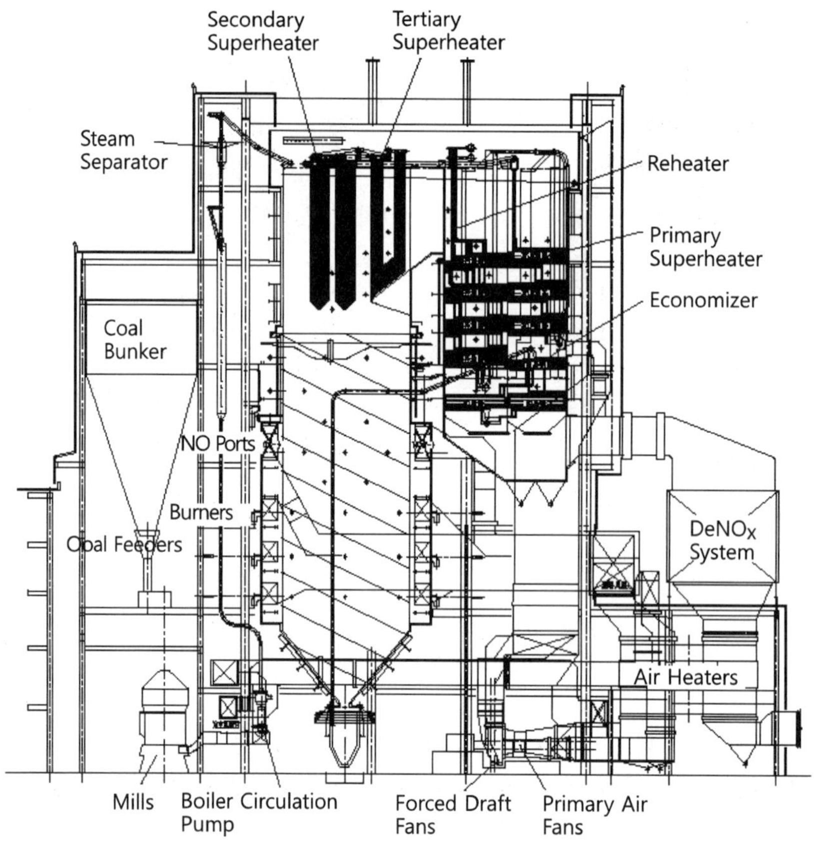

그림 1.11 관류형 보일러

에는 급수 유량이 부족한 경우에 벽면튜브 유량을 증가시키기 위해서 특수 순환펌프를 사용하고 있다. 드럼형 보일러는 아임계조건에서 운전되는 데 반해서 관류형 보일러는 초임계조건에서 운전된다.

보일러를 빠져나온 연도가스는 공기가열기에서 미분기로 공급되는 일차공기와의 열교환을 통해서 온도가 140~160℃ 정도로 낮아진다. 공기가열기를 빠져나온 연도가스는 ID팬 동력에 의해서 스택으로 보내진다. 현대식 보일러는 보일러와 스택 사이에 탈질설비, 전기집진기, 탈황설비가 설치되어 있다. 탈질설비는 연도가스에 포함되어 있는 질소산화물을 제거하고, 탈황설비는 연도가스에 포함되어 있는 황산화물을 제거한다. 연도가스에 포함되어 있는 회분은 전기집진기에서 포집된다.

보일러 효율은 다음과 같이 정의한다.

$$\eta_{Boiler} = \frac{W(h_g - h_f)}{Q \times H} \times 100 \ [\%] \tag{1.1}$$

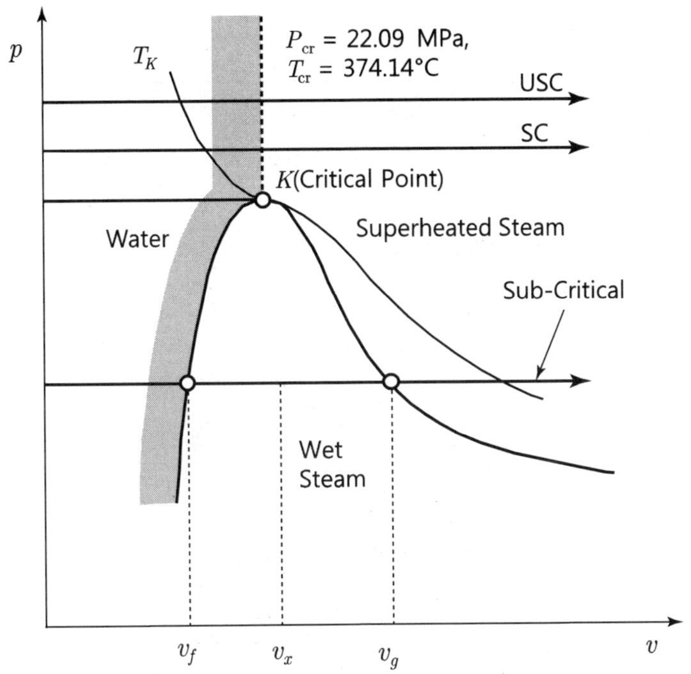

그림 1.12 USC 개념

여기서 W는 증기유량(lb/h), h_g는 주증기 엔탈피(Btu/lb), h_f는 보일러에 공급되는 급수 엔탈피(Btu/lb), Q는 연료유량(lb/h), H는 연료 발열량(Btu/lb)이다.

▍연습문제 1.1 어떤 보일러의 증기유량은 4,994,457 lb/h, 주증기 압력은 3515 psia, 엔탈피는 1421.7 Btu/lb이고, 보일러 급수 온도는 505°F, 엔탈피는 496.12 Btu/lb이다. 보일러에는 발열량이 13,700 Btu/lb인 연료를 시간당 347,920 lb로 공급하고 있다. 이 보일러 효율을 계산하여라.

풀이 식 (1.1)을 이용하여 보일러 효율을 계산하면 다음과 같다.

$$\eta_{Boiler} = \frac{4,994,457(1421.7 - 496.12)}{13,700 \times 374,920} \times 100 = 90\%$$ □

1.1.3 증기터빈

보일러에서 생성된 주증기는 높은 수준의 압력에너지와 열에너지를 포함하고 있다. 이들 에너지는 증기터빈을 통과하면서 터빈 로터축을 회전시키기 위한 기계적 에너지로 변

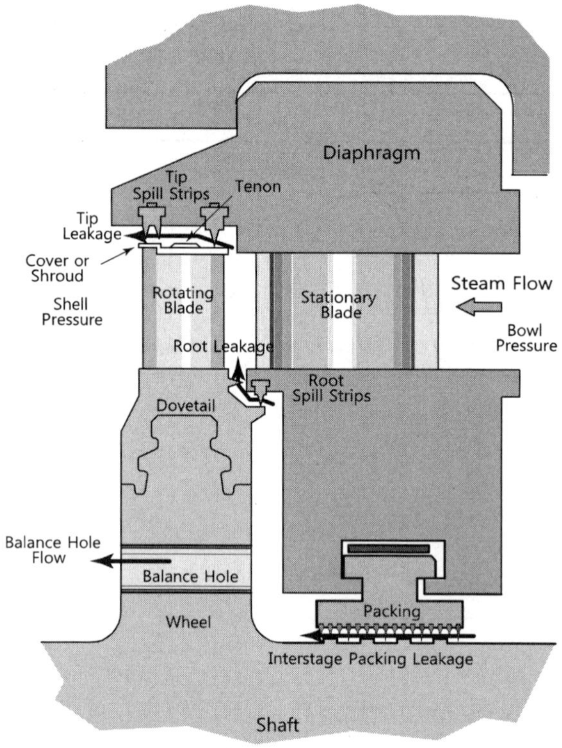

그림 1.13 증기터빈 단에서 증기유동

환된다. 이런 에너지 변환은 그림 1.13과 1.14에 나타나 있는 증기터빈 단을 구성하는 노즐과 버켓에서 두 단계로 일어난다. 일차적으로 노즐에서 증기가 팽창하면서 가속되어 압력에너지의 일부가 운동에너지로 변환된다. 그림 1.14에 나타나 있는 속도삼각형을 살펴보면 노즐통로 단면적은 하류로 가면서 작아진다. 따라서 노즐통로에서 증기유동은 가속되면서 압력은 낮아진다. 그런데 노즐에서 발생하는 일이 없기 때문에 노즐에서 에너지 변환이 진행되는 동안에 에너지(엔탈피) 총량은 변하지 않는다. 그러나 실제적으로 이차유동손실과 노즐 표면에서 발생하는 마찰손실로 인하여 노즐을 통과하는 동안에 약간의 에너지가 손실된다. 따라서 노즐을 빠져나온 증기에는 높은 수준의 열에너지, 운동에너지, 압력에너지가 포함되어 있다. 이차적으로 노즐을 빠져나온 증기는 버켓으로 유입되어 높은 수준의 에너지 일부가 버켓에서 로터축을 회전시키기 위한 기계적인 일로 변환된다. 따라서 버켓을 빠져나온 증기의 에너지 수준이 낮아진다.

증기터빈을 자세하게 이해하기 위해서는 버켓통로에서 일어나는 에너지 변환을 살펴볼 필요가 있다. 버켓으로 유입된 증기의 운동에너지는 버켓을 통과하면서 크게 작아진다. 이는 그림 1.14에 나타나 있는 속도삼각형에서 증기의 절대속도가 버켓 통과 후에 크게

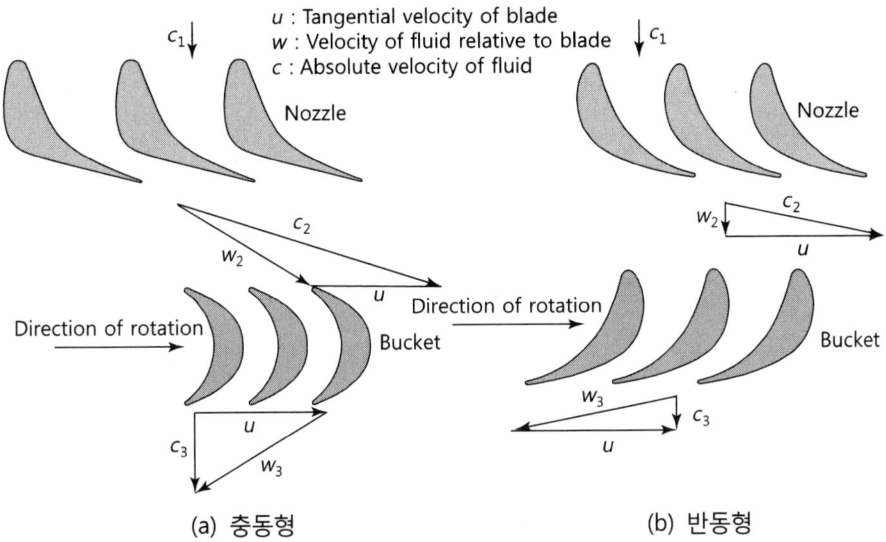

그림 1.14 속도삼각형

작아지는 것을 통해서 확인할 수 있다. 그리고 다음 단 노즐에서 증기는 남아 있는 압력에너지의 일부를 사용하여 또 다시 가속된다. 증기터빈은 이렇게 압력에너지를 모두 소진하기 위하여 다수의 단으로 구성되어 있다. 열에너지는 엔탈피로 표현된다. 엔탈피는 증기의 내부에너지, 유동에너지, 운동에너지의 합이다. 버켓을 빠져나온 증기의 온도는 크게 낮아지기 때문에 내부에너지가 작아지며, 이로 인해서 엔탈피도 작아진다. 버켓통로에서 발생하는 압력에너지 크기의 변화는 증기터빈 형태에 따라서 다르게 나타난다. 증기터빈은 충동형과 반동형 두 가지로 구분한다. 그림 1.14(a)에 나타나 있는 충동터빈은 버켓으로 유입된 증기의 유동방향을 바꾸어 회전동력을 얻는다. 충동터빈의 버켓통로 단면적은 하류로 가면서 일정하기 때문에 버켓을 통과하는 동안에 증기의 속도와 압력은 일정하게 유지된다. 따라서 충동터빈에서 발생하는 압력강하는 모두 노즐에서만 일어난다. 이에 반해서 그림 1.14(b)에 나타나 있는 반동터빈의 버켓통로 단면적은 하류로 가면서 작아지기 때문에 증기가 가속되면서 압력이 낮아진다. 따라서 반동터빈은 버켓 열로부터 고속으로 배출되는 증기의 반발력을 이용해서 회전동력을 얻는다. 반동터빈 단에서 발생하는 압력강하는 노즐과 버켓에서 절반씩 일어난다.

증기터빈 버켓에서 발생하는 회전동력은 충동터빈과 반동터빈에 관계없이 양력이 발생하는 원리를 이용해서 이해할 수 있다. 증기터빈 버켓 단면은 그림 1.15에 나타나 있는 것과 같이 압력면과 흡입면으로 구성되어 있다. 버켓으로 유입된 증기는 앞전 근처에서 분리되어 압력면과 흡입면을 따라서 흘러간다. 이렇게 분리된 증기는 버켓 뒷전에서 서

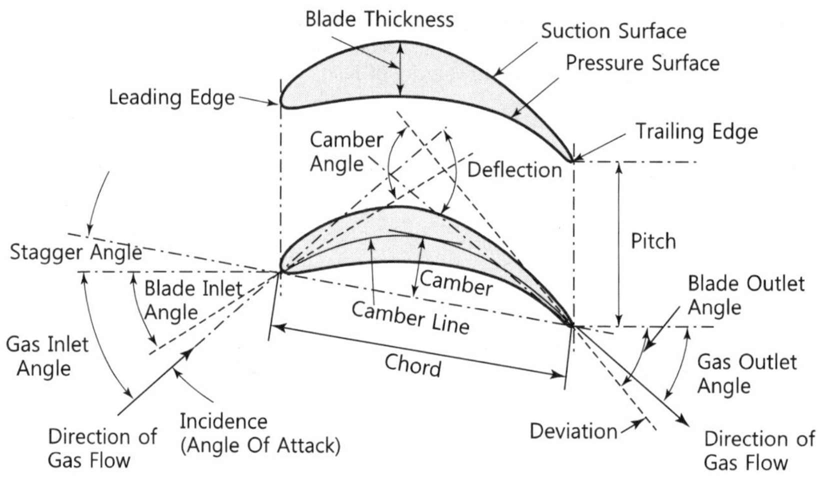

그림 1.15 터빈 블레이드 명칭

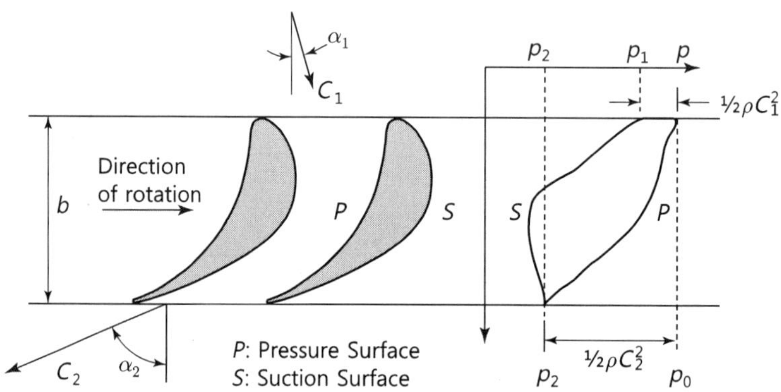

그림 1.16 양력에 의한 증기터빈 회전동력 발생 원리

로 합류한다. 그런데 흡입면의 길이가 압력면에 비해서 길기 때문에 흡입면을 따라 흐르는 증기는 더욱 빠른 속도로 이동한다. 따라서 그림 1.16에 나타나 있는 것처럼 흡입면 압력은 압력면에 비해서 낮으며, 이로 인해서 버켓에 양력이 발생한다. 버켓에 발생한 양력으로 인해서 로터축에 회전동력이 발생한다.

발전기는 증기터빈으로부터 회전동력을 전달받아 전기에너지로 변환시킨다. 발전기에서 만들어진 전기에너지의 대부분은 전력망으로 공급되며, 일부는 발전소 보조기기인 펌프나 팬 동력으로 공급된다. 발전기에서 생산된 전기는 전력망에서 발생하는 송전손실을 줄이기 위하여 승압시켜 송출한다.

증기터빈은 높은 압력비(터빈입구압력/터빈출구압력)를 가지기 때문에 다수의 단을 설치하여 점진적으로 압력을 강하시킨다. 증기터빈 각 단에서 증기 팽창이 일어나면 증기

(a) Opposed-flow HP-IP터빈

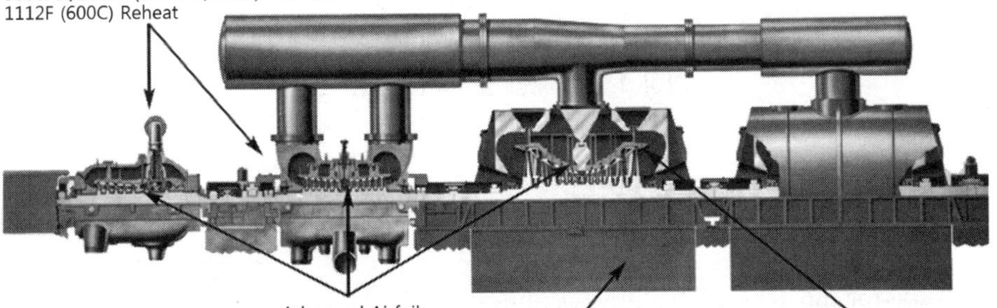

(b) Single-flow HP터빈, Double-flow IP터빈

그림 1.17 대형 증기터빈 (GE)

압력은 급격히 낮아지고 비체적은 급격히 증가한다. 따라서 그림 1.17에 나타나 있는 것과 같이 대형 증기터빈은 한 개의 케이싱(실린더)에서 급격히 증가된 증기의 비체적을 수용하기 어렵기 때문에 증기터빈을 HP터빈, IP터빈, LP터빈으로 분리한다.

그림 1.18에 HP터빈과 IP터빈이 하나로 결합되어 있는 대형 증기터빈의 중요 구성품이 나타나 있다. 노즐박스는 보일러에서 유입된 주증기를 환형으로 만들어서 HP터빈 1단에 공급한다. HP터빈을 빠져나온 냉재열증기는 재열기에서 열량을 공급받아 온재열증기가 되어 IP터빈으로 유입된다. IP터빈을 빠져나온 증기는 crossover pipe를 거쳐서 LP터빈으로 유입된다. LP터빈을 빠져나온 증기는 복수기로 보내진다.

그림 1.19에 혼합 HP-IP터빈 구성품을 나타냈으며, 그림 1.20에 LP터빈 구성품을 나타냈다.

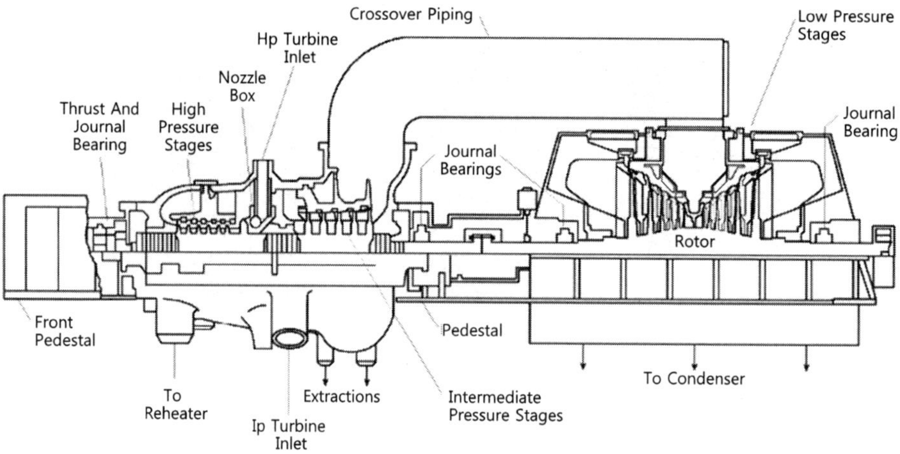

그림 1.18 대형 증기터빈 부품 명칭

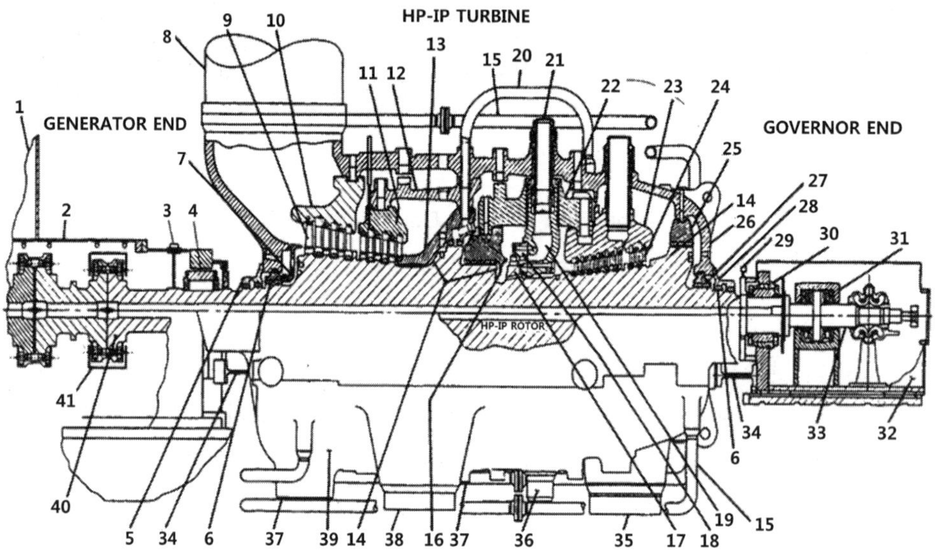

1 LP TURBINE
2 BEARING HOUSING AND COUPLING GUARD COVER
3 VIBRATION PICKUP
4 NO. 2 BEARING
5 HP-IP OUTER GLAND
6 GLAND SEAL
7 HP-IP INNER GLAND
8 HP-IP EXHAUST (Crossover Pipe)
9 IP BLADING
10 NO. 2 IP BLADE RING
11 NO. 1 IP BLADE RING
12 INNER CYLINDER
13 IP DUMMY RING
14 BALANCE POSITION
15 EQUILIBRIUM PIPE
16 HP DUMMY RING
17 CONTROL STAGE
18 NOZZLE BLOCK
19 INLET NOZZLE CHAMBER
20 COOLING STEAM PIPE
21 MAIN STEAM INLET
22 HP INNER CYLINDER
23 HP BLADE RING
24 HP BLADING
25 LP DUMMY RING
26 HP-IP OUTER CYLINDER COVER
27 HP-IP INNER GLAND GVN
28 HP-IP OUTER GLAND GVN
29 VIBRATION PICKUP
30 NO. 1 BEARING
31 THRUST BEARING
32 GOVERNOR PEDESTAL
33 ROTOR EXTENSION SHAFT
34 CENTERING BEAM
35 HP EXHAUST (Cold Reheat Outlet)
36 MAIN STEAM INLET
37 EXTRACTION
38 REHEAT STEAM INLET
39 HP-IP OUTER CYLINDER BASE
40 COUPLING
41 COUPLING GUARD

그림 1.19 혼합 HP-IP터빈 구성품

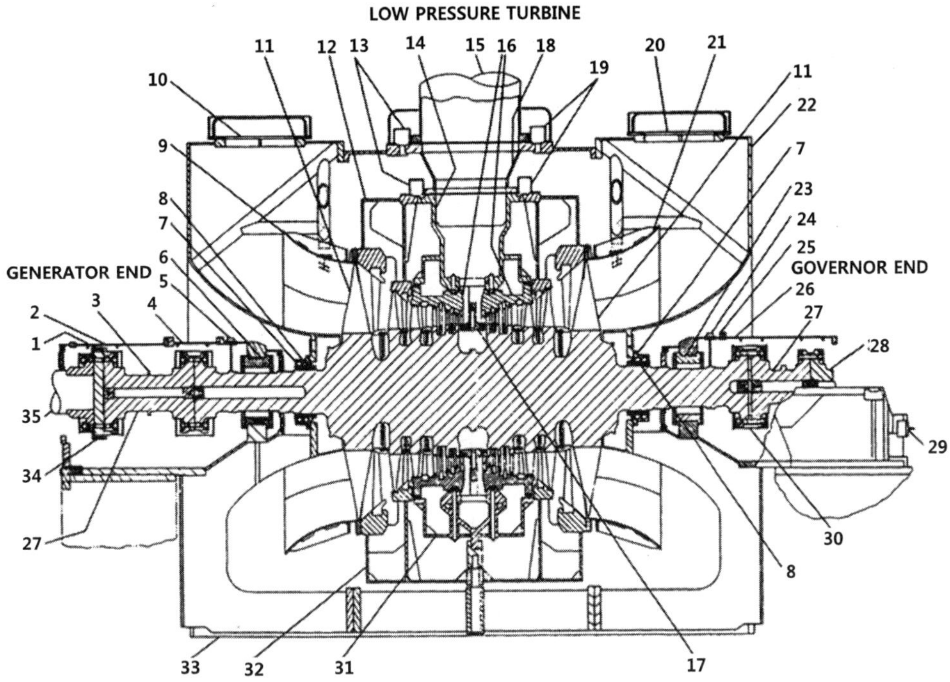

1 SPEED SENSING PICKUP
2 COUPLING COVER
3 DIFFERENTIAL EXPANSION PICKUP LOCATION
4 BEARING COVER
5 VIBRATION PICKUP
6 NO. 4 BEARING
7 GLAND
8 GLAND SEAL
9 EXHAUST FLOW GUIDE
10 BREAKABLE DIAPHRAGM
11 BLADING
12 INNER CYLINDER COVER NO. 2
13 TOP SEALING DIAPHRAGMS
14 INNER CYLINDER COVER NO. 1
15 TURBINE STEAM INLET
16 BLADE RINGS
17 INLET FLOW GUIDE
18 CROSSOVER PIPE ADAPTER
19 TOP SEALING DIAPHRAGMS
20 BREAKABLE DIAPHRAGM
21 EXHAUST FLOW GUIDE
22 OUTER CYLINDER COVER
23 NO. 3 BEARING
24 VIBRATION PICKUP
25 BEARING AND COUPLING COVER INNER
26 BEARING AND COUPLING COVER OUTER
27 COUPLING
28 HP-IP ROTOR
29 CENTERING BEAM
30 COUPLING GUARD
31 INNER CYLINDER BASE NO. 1
32 INNER CYLINDER BASE NO. 2
33 OUTER CYLINDER BASE
34 TURNING GEAR COUPLING SPACER
35 GENERATOR ROTOR

그림 1.20 LP터빈 구성품

증기터빈은 배기형상에 따라 응축터빈과 배압터빈으로 분류하며, 증기터빈 중간에서의 증기 출입과 관련하여 추기터빈, 유입터빈, 재열터빈 등으로 분류한다. 이밖에 증기터빈의 로터축 배치형태에 따라 직렬터빈과 병렬터빈으로 분류한다.

응축터빈이란 그림 1.21에 나타나 있는 것과 같이 LP터빈을 빠져나간 증기를 복수기로 보내서 응축시키는 증기터빈을 말한다. 복수기 내부에 설치되어 있는 관군은 그 내부에 냉각수가 흐르면서 표면이 냉각되기 때문에 증기가 관군 표면에 접촉하면서 응축된다. 증기가 응축되면 비체적이 급격히 작아지기 때문에 밀폐용기인 복수기 내부는 지속적으로 진공상태가 유지된다. 따라서 응축터빈에서는 매우 높은 압력으로부터 진공압력까지 증기의 팽창이 일어나기 때문에 큰 동력이 발생한다. 복수기에서 만들어진 응축수는 응축수펌프를 이용하여 탈기기로 보내진다. 탈기기에서는 응축수에 포함되어 있는 용존산소를 제거한다. 탈기기 하부에 있는 용존산소가 제거된 응축수는 급수펌프를 이용하여 승압시켜 보일러로 보내지며, 보일러에서 가열되어 다시 주증기가 된다. 이때 승압된 응축수를 압축수라 한다. 그림 1.22에 응축터빈을 이용한 복합발전 heat balance가 나타나

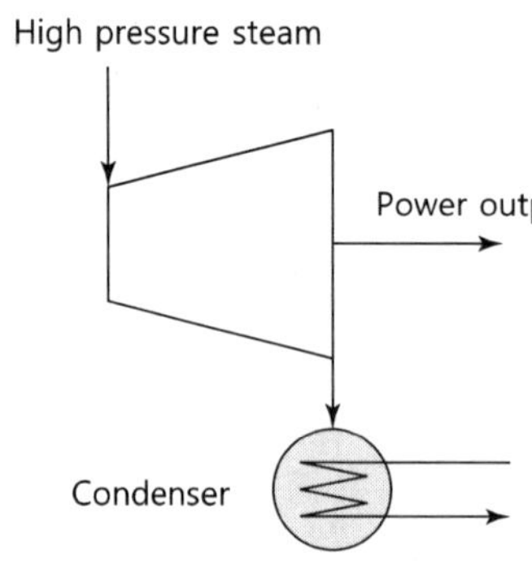

그림 1.21 응축터빈 개략도

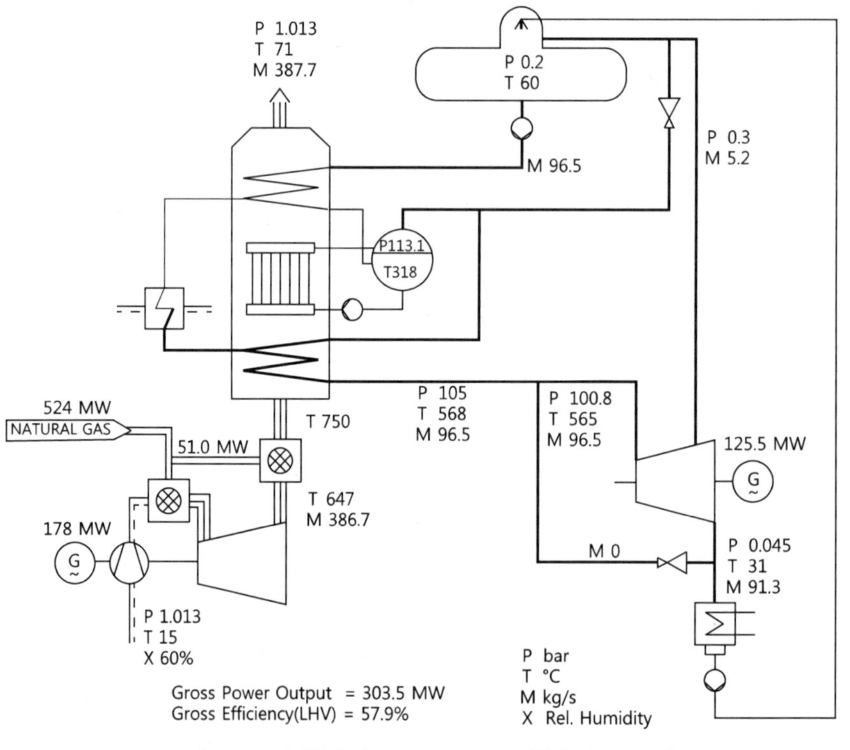

그림 1.22 복합발전 heat balance (응축터빈 포함)

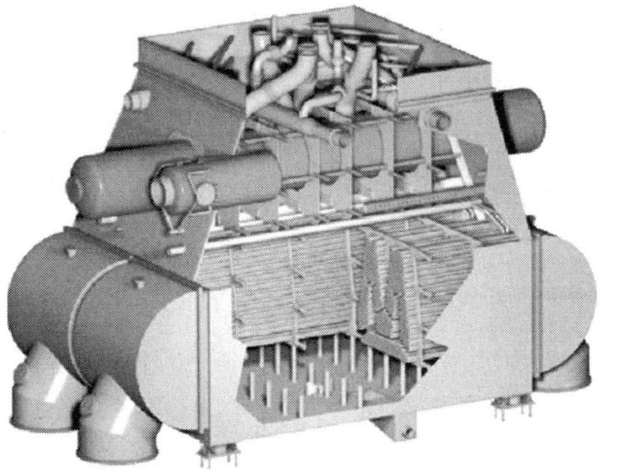

그림 1.23 대용량 복수기

있다. 화력발전과 마찬가지로 복합발전에서도 복수기를 빠져나온 응축수는 탈기기에서 용존산소를 제거한 후에 급수펌프를 이용하여 HRSG로 보내진다. 그림 1.23에 대형 응축터빈에 사용되는 복수기를 나타냈다.

집단 발전용으로 이용되고 있는 대형 증기터빈은 모두 응축터빈이다. 이는 응축터빈이 증기를 진공압력까지 팽창시키므로 동일 조건의 주증기를 이용하여 최대의 출력을 생산할 수 있으며, 저온에서 방열과정이 진행되므로 높은 열효율을 나타내기 때문이다. 저온에서의 방열과정은 냉각수 온도에 영향을 받기 때문에 응축터빈의 열효율 및 출력은 대기조건에 의해서 영향을 받는다. 따라서 응축터빈 출력은 바닷물이나 강물 온도가 낮은 겨울철에는 증가하지만 여름철에는 낮아지는 특징을 가진다.

진공압력 상태에서 증기의 비체적이 매우 크기 때문에 응축터빈을 빠져나가는 증기의 체적유량은 매우 크다. 따라서 응축터빈 마지막 단 블레이드(LSB; Last Stage Blade or Bucket)는 길이가 길어진다. 그러나 길이가 긴 LSB를 채택한다 하더라도 LSB를 빠져나가는 증기속도는 매우 빠르다. 그런데 LSB 하류에는 더 이상 블레이드가 없기 때문에 LSB를 빠져나가는 증기가 가지고 있는 운동에너지는 손실로 작용한다. 응축터빈은 LSB 하류에 LP exhaust hood를 설치하여 LSB를 고속으로 빠져나가는 증기의 운동에너지를 압력에너지로 회복시켜 배기손실을 최소화시켜야 한다. 디퓨저 역할을 완벽하게 수행할 수 있는 고성능 LP exhaust hood를 설계하기 위해서는 고도의 유체역학 기술이 요구된다.

LSB를 빠져나가는 증기는 건도가 90% 정도인 습증기이다. 따라서 고속으로 회전하는 LSB 팁 앞전 흡입면에 습분침식이 발생한다. 습분침식이 발생하면 LSB의 표면거칠기가 증가할 뿐만 아니라 LSB 형상이 바뀌어 공기역학적 손실이 급격히 증가한다. 따라서 대형 응축터빈은 습분침식이 발생하는 부분에 방식막을 부착하거나 LSB를 티타늄합금 소재로 제작하여 급격한 습분침식이 발생하지 않도록 해야 한다.

화력발전과 원자력발전용 응축터빈은 5 MW급 소형부터 1,500 MW급 대형에 이르기까지 다양하다. 한편, 복합발전용 응축터빈은 최대 200～250 MW급까지 개발하여 사용하고 있다. 복수기 내부 압력은 바닷물을 냉각수로 사용하는 경우 대개 1.5 in.Hga 정도이며, 가장 차가운 냉각계통의 경우 0.75 in.Hga부터 공기를 냉각재로 사용하는 경우에는 최대 10 in.Hga까지 이용된다. 이렇게 복수기는 대기압보다 낮은 압력에서 운전되기 때문에 복수기 연결부 틈새를 통하여 외부 공기가 복수기 내부로 누설되어 유입된다. 이렇게 누설되어 유입된 공기는 복수기 내부에 존재하는 비응축가스와 함께 진공펌프를 이용하여 제거한다.

배압터빈이란 대기압보다 높은 압력을 가지는 증기를 발전 이외의 목적으로 사용하는 증기터빈을 말한다. 배압터빈은 그림 1.24와 1.25에 나타나 있는 것처럼 복수기를 가지고 있지 않기 때문에 비응축터빈이라고도 불린다. 배압터빈은 대량의 저압증기를 필요로 하는 산업분야와 발전과 지역난방을 동시에 수행하는 열병합발전에 흔히 사용된다. 대기압보다 높은 압력상태에서 증기의 비체적은 비교적 작은 편이기 때문에 증기터빈의 블레이드와 배기 파이프도 역시 작은 편이다. 배압터빈의 용량은 대개 100～120 MW를 초과하지 않는다.

산업용으로 사용되는 증기압력은 50, 150, 250 psig 세 가지가 있으며, 증기온도는 포화증기 온도보다 크게 높지 않은 편이다. 지역난방용 증기압력은 산업용에 비해서 낮은 편이다. 배압터빈은 높은 압력의 증기를 발전 이외의 목적으로 사용하기 때문에 응축터빈에 비해서 전기 생산 능력이 크게 떨어진다. 예를 들면, 배압터빈 입구 증기조건이

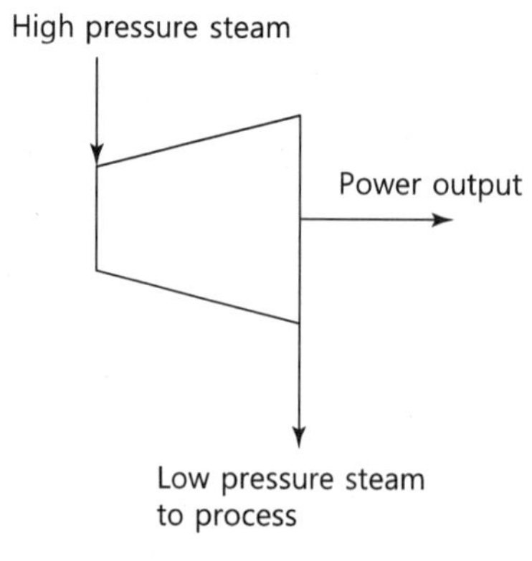

그림 1.24 배압터빈 개략도

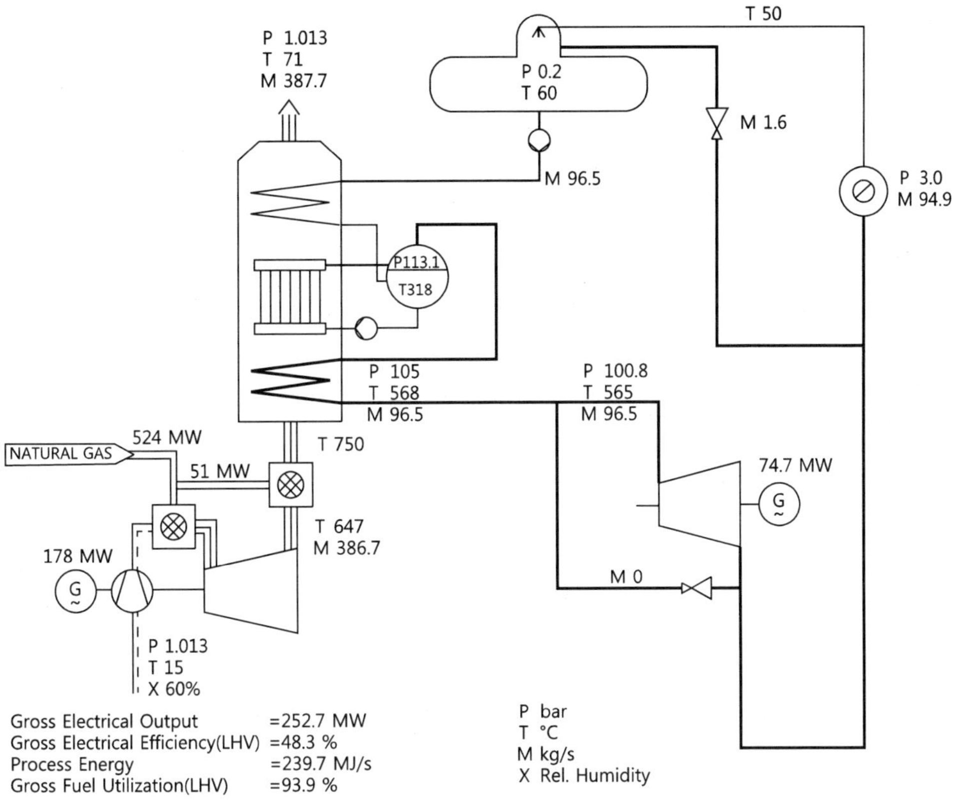

그림 1.25 복합화력 열병합발전 heat balance (배압터빈 포함)

750 psig/800°F이며, 150 psig 압력을 가지는 증기를 외부로 배출한다면 동일한 입구 증기조건을 가지는 응축터빈에 비해서 절반이 약간 넘는 정도의 전기를 생산할 수 있다. 그림 1.22와 1.25에 나타나 있는 복합발전 상부사이클은 서로 동일하다. 그러나 하부사이클을 구성하는 증기터빈은 각각 응축터빈과 배압터빈이며, 배압터빈의 출력은 응축터빈의 60% 정도라는 것을 확인할 수 있다. 배기압력은 사용하고자 하는 증기압력에 적합하도록 조절밸브를 이용하여 제어한다. 공정에 사용된 증기는 그림 1.25에 나타나 있는 것처럼 개방형 열교환기인 탈기기로 보내진 후에 급수펌프를 이용하여 HRSG로 보낸다.

추기터빈이란 그림 1.26에 나타나 있는 것처럼 증기터빈 중간 단에서 증기의 일부를 추출할 수 있도록 증기터빈 케이싱에 추출공이 설치되어 있는 증기터빈을 말한다. 증기터빈 중간 단에서 증기를 추출하는 것을 추기라 한다. 대형 발전용 증기터빈은 사이클 효율을 향상시키기 위하여 급수를 가열하며, 급수가열을 위한 열원으로 추출한 증기를 사용한다. 따라서 발전용 대형 증기터빈은 모두 추기터빈이다. 그러나 복합발전에 사용하는 증기터빈은 신속한 기동특성을 유지하기 위하여 급수가열기를 사용하지 않는 경우가 더 많다. 한편, 추출한 증기는 산업용 및 지역난방용으로도 사용할 수 있다. 추출하는 증기 압력은 자동적으로 조절되게 할 수도 있다. 추출하는 증기유량을 조절할 수 있는 증기터빈은 열병합 계통에 요구되는 열용량이 낮은 경우에는 증기유량을 줄여서 증기터빈에서 더 많은 출력을 생산한다. 그림 1.27에 GE사의 추기터빈이 나타나 있다.

유입터빈은 증기터빈 중간 단, 배기구, 또는 crossover pipe에 증기를 추가적으로 유입시켜 전기 생산 능력을 증가시키는 증기터빈을 말한다. 유입터빈은 흔하지 않지만 다양한 압력을 가지는 다수의 보일러가 존재하는 경우에 사용할 수 있다. 추기터빈과 유입터빈 모두 케이싱에 있는 증기 출입구에는 증기유량조절밸브를 설치한다. 일반적으로 유입터빈은 설계기간이 길어지며, 표준화된 증기터빈에 비해서 가격이 비싸다.

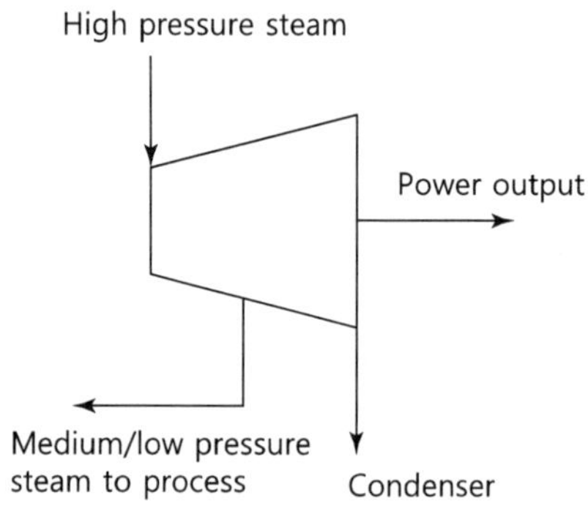

그림 1.26 추기터빈 개략도

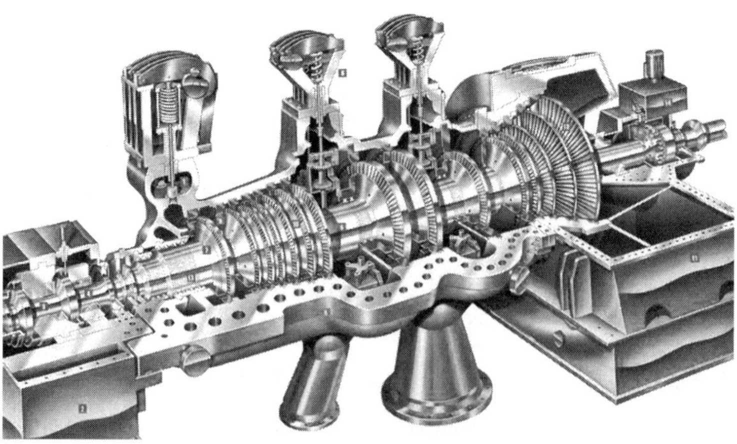

그림 1.27 추기터빈 (GE)

재열터빈은 높은 압력으로 운전되는 대형 발전용 증기터빈에 적용되는 특수한 응축터빈으로서 그림 1.28에 나타나 있는 것처럼 HP터빈을 빠져나온 증기를 보일러에 있는 재열기로 보내서 다시 가열하여 IP터빈으로 보내는 증기터빈을 말한다. 대형 화력발전용 증기터빈은 모두 재열터빈이며, 최근 개발된 복합발전용 증기터빈도 대부분 재열터빈이다. 대형 발전용 증기터빈의 재열증기 압력은 대개 HP터빈에 유입되는 주증기 압력의 1/4 정도로 낮지만 온도는 주증기 온도와 동일한 수준으로 재열한다. 그러나 경우에 따라서는 재열증기 온도가 주증기 온도보다 약간 높은 경우도 있으며, 그 한계는 증기터빈에 사용되는 블레이드 소재의 크립 특성에 의해서 결정된다. 증기를 재열시키면 증기터빈 출력과 효율이 증가하는 동시에 LP터빈에서 습분이 낮아지는 장점을 가진다. 재열터빈은 재열에 따른 추가적인 설비로 인해서 제작비가 증가한다. 그러나 재열에 따른 사이클 효율 상승으로 얻어지는 경제적인 효과는 매우 크기 때문에 재열에 따른 제작비 증가를 상쇄하고도 남는다. 재열터빈은 증기의 배출과 유입을 원활히 할 수 있도록 다수의 케이싱을 가지며, 기동 및 천이운전 동안에 증기터빈을 제어하기 위하여 IP터빈 입구에 재열스톱밸브와 인터셉트밸브를 설치한다. 그림 1.29에 USC 발전용 2중 재열 증기터빈을 나타냈다.

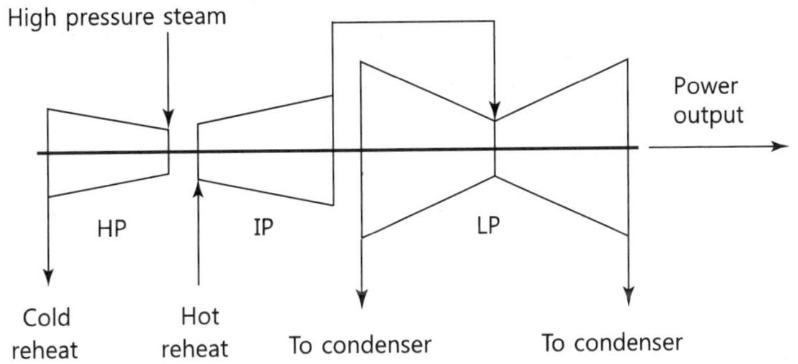

그림 1.28 재열터빈 개략도

그림 1.29 2중 재열 증기터빈 (GE)

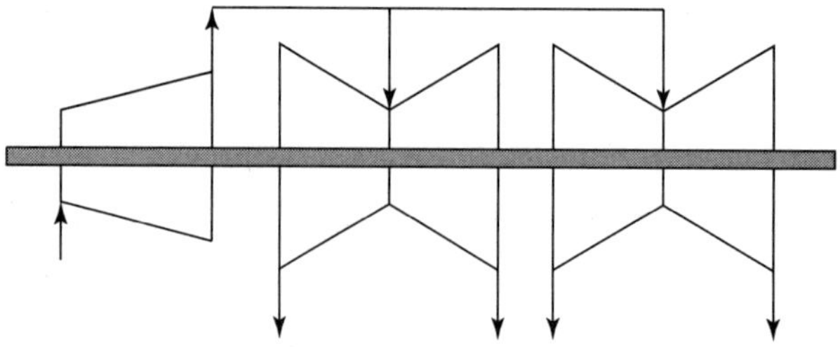

그림 1.30 직렬터빈 개념도

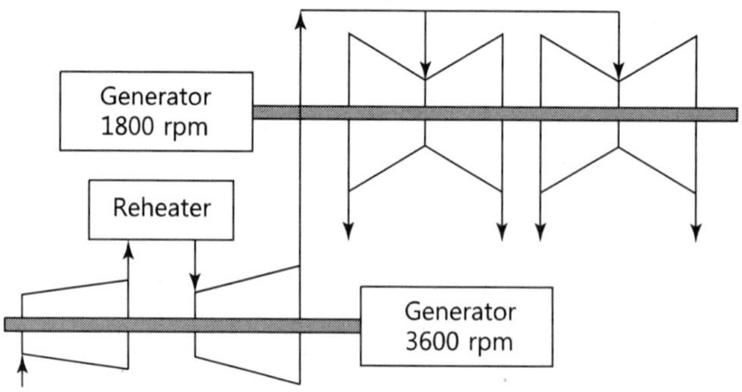

그림 1.31 병렬터빈 개념도

직렬터빈은 그림 1.30에 나타나 있는 것처럼 HP터빈, IP터빈, LP터빈, 발전기가 동일 축 선상에 일렬로 정렬되어 있는 증기터빈을 말한다. 직렬터빈은 한 개의 발전기가 필요하기 때문에 병렬터빈에 비해서 가격을 낮출 수 있다. 그러나 전체적인 로터축 길이가 길어지기 때문에 진동에 따른 문제가 발생할 수 있다. 대부분의 발전용 증기터빈은 직렬터빈이다.

병렬터빈은 그림 1.31에 나타나 있는 것처럼 HP터빈과 IP터빈이 한 개의 로터축에 연결되어 있으며, LP터빈은 별도의 분리된 로터축을 가진다. 병렬터빈은 로터축 길이가 길어지는 초대형 증기터빈에 흔히 사용한다. 아울러 병렬터빈은 한 개의 발전기로 증기터빈 전체의 출력을 감당하기 어려운 경우에 사용한다. 증기터빈 용량이 매우 크면 LSB 길이가 증가하여 습분침식에 의한 성능저감이 나타나고 유지보수 비용이 현저하게 증가할 우려가 있다. 이런 경우 병렬터빈을 채택하여 LP터빈의 회전수를 낮추면 습분침식에 따른 문제를 쉽게 해결할 수 있다. 아울러 LP터빈 회전수를 낮추면 더 긴 LSB를 채택할 수 있기 때문에 배기손실을 줄일 수 있어서 증기터빈 성능이 향상된다. 그러나 병렬터빈은 두 개의 발전기가 필요하기 때문에 일반적으로 설비가격이 증가하는 단점을 가지고 있다. 그림 1.32에 실제적인 병렬터빈을 나타냈다.

그림 1.32 병렬터빈(1050 MW, 250 bar/600/610°C (3626 psia/1112/1130°F), 4-flow 48″ LSB, 열효율 48.7%, GE)

1.1.4 급수가열기

응축터빈을 이용하는 화력발전과 원자력발전은 열교환기인 **급수가열기**를 이용하여 복수기로부터 보일러로 공급되는 급수를 가열하면 사이클 효율이 크게 향상된다. 열원으로는 증기터빈 중간 단에서 추출한 고온의 증기를 사용한다. 다수의 열교환기를 이용하여 급수를 가열하면 재생사이클이 된다. 재생사이클은 이상적인 카르노사이클에 근접한 사이클이기 때문에 단순 랭킨사이클에 비해서 높은 사이클 효율을 가진다. 따라서 제작비 상승에도 불구하고 대형 발전소에는 약 7～10기의 급수가열기가 설치된다.

대형 화력발전은 다수의 밀폐형 급수가열기와 한 개의 개방형 급수가열기를 사용한다. 밀폐형 급수가열기는 셸-튜브 열교환기로서 튜브 내부에 흐르는 저온의 급수는 증기터빈에서 추출한 고온 증기에 의해서 가열되며, 추출된 증기는 튜브 표면에서 응축된다. 밀폐형 급수가열기에서는 추출된 증기와 급수가 직접적으로 혼합되지 않기 때문에 서로 다른 압력을 가진다.

개방형 급수가열기는 급수와 급수보다 더 높은 온도를 가지는 추출된 증기가 직접적으로 섞이면서 열교환이 이루어지는 접촉식 열교환기이다. 따라서 추출된 증기와 급수는 동일한 압력을 가져야 한다. 개방형 급수가열기는 밀폐형에 비하여 우수한 전열특성을 가진다. 그러나 개방형 급수가열기는 가열기 사이에 펌프를 필요로 한다는 단점도 가지고 있다.

개방형 급수가열기의 중요한 기능은 탈기이다. 탈기란 급수 속에 포함되어 있는 용존 산소를 제거하는 것을 말한다. 따라서 개방형 급수가열기는 흔히 탈기기라 불린다. 급수에 고농도의 산소가 포함되어 있으면 급수와 접촉하는 구성품 및 배관에 부식 및 침식이 발생한다. 그런데 급수 온도가 17℃ 상승할 때마다 부식성이 2배 이상 강해진다. 따라서 급수에 높은 농도의 산소가 포함되어 있으면 안 된다. 일반적으로 보일러 급수는 20 ppb 이하의 산소를 포함하도록 규정하고 있다.

탈기는 물을 분무시켜 가열하면 용존산소를 방출하는 특성을 이용하여 이루어진다. 일반적으로 응축수는 탈기기 상부에서 하방으로 분무된다. 탈기기 하부로 공급되는 추출된 가열증기가 상승하면서 상부에서 분무된 응축수 물방울을 포화온도까지 가열시킨다. 이때 물방울에 포함되어 있는 용존산소가 방출되어 탈기기 상부로 이동하며, 이곳에서 외부로 빼낸다. 급수 탱크는 포화수와 탈기된 응축수로 채워져 있으며, 그 위에는 증기를 채워서 공기가 재흡수되는 것을 방지한다. 플랜지와 펌프 실에서 발생하는 작은 양의 공기누설을 피할 수 없기 때문에 탈기는 지속적으로 이루어진다.

1.2 원자력발전

발전설비는 작동유체인 증기를 생산하는 1차계통과 증기를 이용하여 전기를 생산하는 2차계통으로 분류한다. 원자력발전 1차계통을 일반적으로 NSSS(Nuclear Steam Supply System)라 부르며, NSSS에는 PWR(Pressurized Water Reactor, 가압수로)과 BWR(Boiling Water Reactor, 비등수로) 두 가지 방식이 있다. 2차계통은 증기터빈과 발전기로 구성되어 있다.

PWR 원자력발전 계통도가 그림 1.33에 나타나 있다. NSSS를 구성하는 주요 구성품으로는 그림 1.34에 나타나 있는 원자로, 증기발생기, 가압기, 냉각재 펌프 등이며, 이들은 모두 원자로 격납건물 내부에 설치된다.

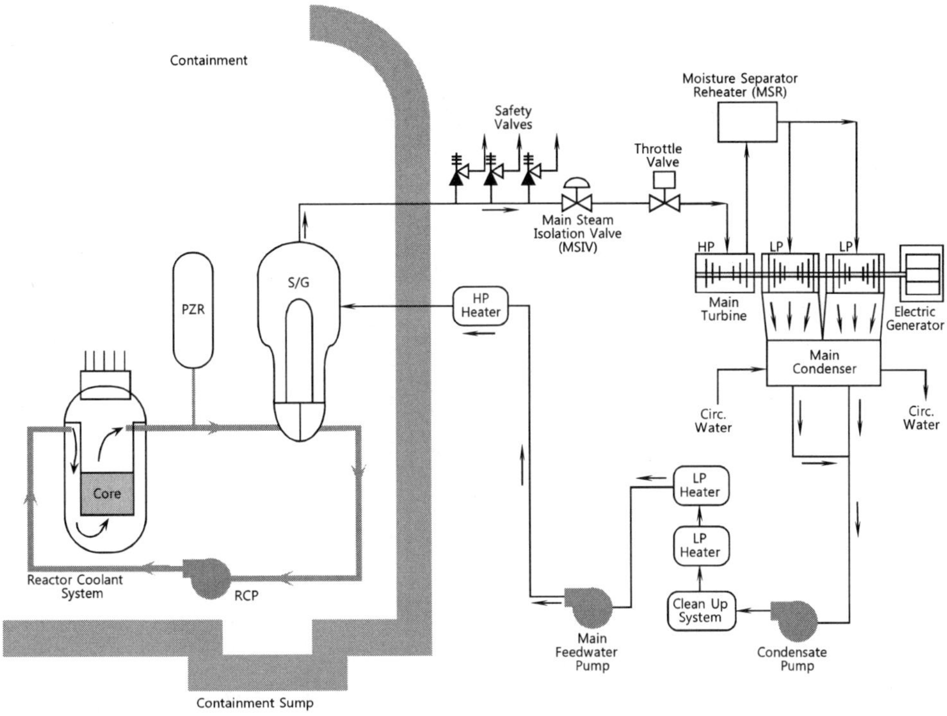

그림 1.33 PWR 원자력발전 계통도

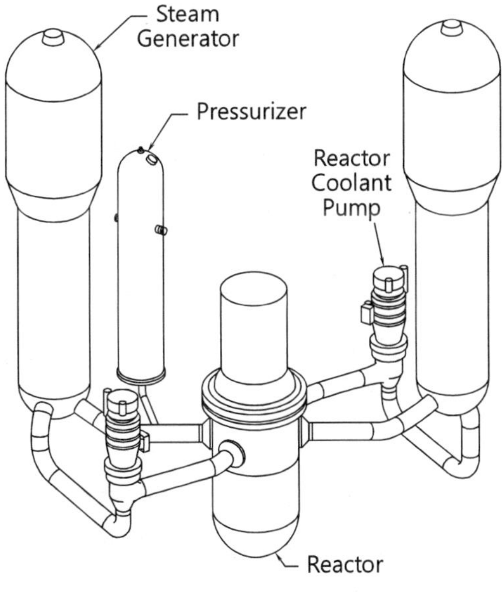

그림 1.34 NSSS 주요 구성품 (PWR)

1.2.1 원자로

원자로는 핵 연쇄반응을 지속적으로 발생시키고 제어할 수 있는 장치이다. 원자력 핵분열을 통해서 발생하는 열은 증기를 만드는 데 사용하며, 생성된 증기는 증기터빈을 회전시켜 발전을 하거나 선박용 프로펠러를 회전시켜 추진력을 얻는 데 사용한다.

우라늄 235(U^{235}) 또는 플루토늄 239(Pu^{239})와 같은 핵분열물질은 중성자를 흡수할 때 핵분열이 일어난다. 무거운 핵은 두 개 또는 그 이상의 가벼운 핵으로 쪼개지면서 핵분열 생성물이라고 알려져 있는 운동에너지, 감마 방사선 및 자유 중성자를 방출한다. 이렇게 방출된 중성자의 일부는 다른 핵분열물질에 흡수되어 또 다시 핵분열을 일으켜서 더 많은 중성자를 방출시킨다. 이를 핵 연쇄반응이라 한다.

핵 연쇄반응은 중성자 흡수 능력이 뛰어난 물질과 노심부에서 핵분열 시 방출되는 중성자를 감속시켜 더 많은 핵분열을 조장하는 물질인 중성자 감속재를 사용하여 제어한다. 흔히 사용하는 감속재로는 경수라고 불리는 보통의 물(전 세계 원자로의 75%), 흑연(원자로의 20%), 중수(원자로의 5%) 등이 있다. 중수(D_2O)는 중수소와 산소의 결합으로 만들어진 물로서 보통의 물보다 무겁고 비등점과 어는점이 높다.

노심부에서는 여러 가지 방법으로 열이 생성된다. 즉 핵분열 생성물의 운동에너지는 이런 핵들이 주위에 있는 원자들과 충돌할 때 열에너지로 변환된다. 아울러 핵분열이 일어나는 동안 생성된 감마선의 일부는 원자로에 흡수되면서 감마선이 가지고 있는 에너지는 열로 변환된다. 또 핵분열 생성물과 중성자 흡수를 통해서 방사화된 물질의 방사성 붕괴에 의하여 열이 발생한다.

노심부에서 발생한 열을 흡수하기 위하여 그림 1.35에 나타나 있는 것처럼 노심부 주위를 순환하는 냉각재가 사용된다. 냉각재로는 대개 물이 사용되지만 가끔 가스, 액체금속, 또는 용해소금이 사용되기도 한다. 냉각재를 이용하여 흡수한 열은 원자로 밖으로 이동시켜 증기를 생산하는 데 사용한다. 대부분의 원자로는 PWR처럼 증기터빈에 보내기 위한 고압의 증기를 생산하기 위하여 가열되는 물과 물리적으로 분리된 냉각계통을 가지고 있다. 그러나 BWR과 같이 증기터빈에 보낼 증기를 생산하기 위한 물을 노심부에서 직접 가열하는 원자로도 있다.

원자로 출력은 추가적인 핵분열에 기여하는 중성자 수를 제어하여 조절한다. 중성자 수는 중성자 흡수 능력이 뛰어난 카드뮴이나 붕소 등을 막대 형태로 제작한 제어봉을 노심 내부에서 상하로 움직여서 조절한다. 제어봉을 이용하여 더 많은 중성자를 흡수하면 핵반응에 기여하는 중성자 수가 줄어든다. 제어봉은 그림 1.36에 나타나 있는 것처럼 원자로 상부에 설치하며, 제어봉을 원자로 아래로 더 깊이 밀어 넣으면 원자로 출력이 줄어

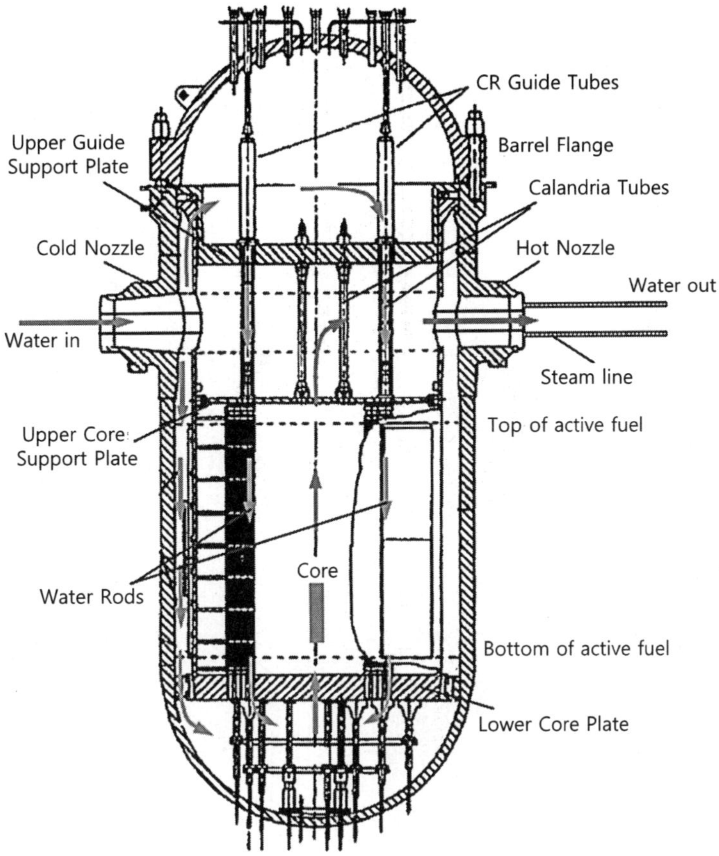

그림 1.35 원자로 내부 냉각재 흐름도

들고, 반대로 제어봉을 빼내면 출력이 증가한다.

일부 원자로는 냉각재를 중성자 감속재로 사용하기도 한다. 감속재는 핵분열 시 고속 중성자를 열중성자로 바뀌게 하며, 이 과정에서 고속중성자가 가지고 있는 에너지를 잃게 하여 원자로 출력을 증가시킨다. 열중성자는 고속중성자보다 핵분열에 더 많이 기여하기 때문에 더 많은 중성자를 감속시킨다는 것은 원자로로부터 더 많은 출력을 얻는다는 것을 의미한다. 만약 냉각재를 감속재로 사용하는 경우에는 온도변화가 냉각재/감속재의 밀도에 영향을 미치기 때문에 출력에 변화가 생긴다. 냉각재 온도가 높아지면 밀도가 작아지기 때문에 냉각재 효과가 작아진다.

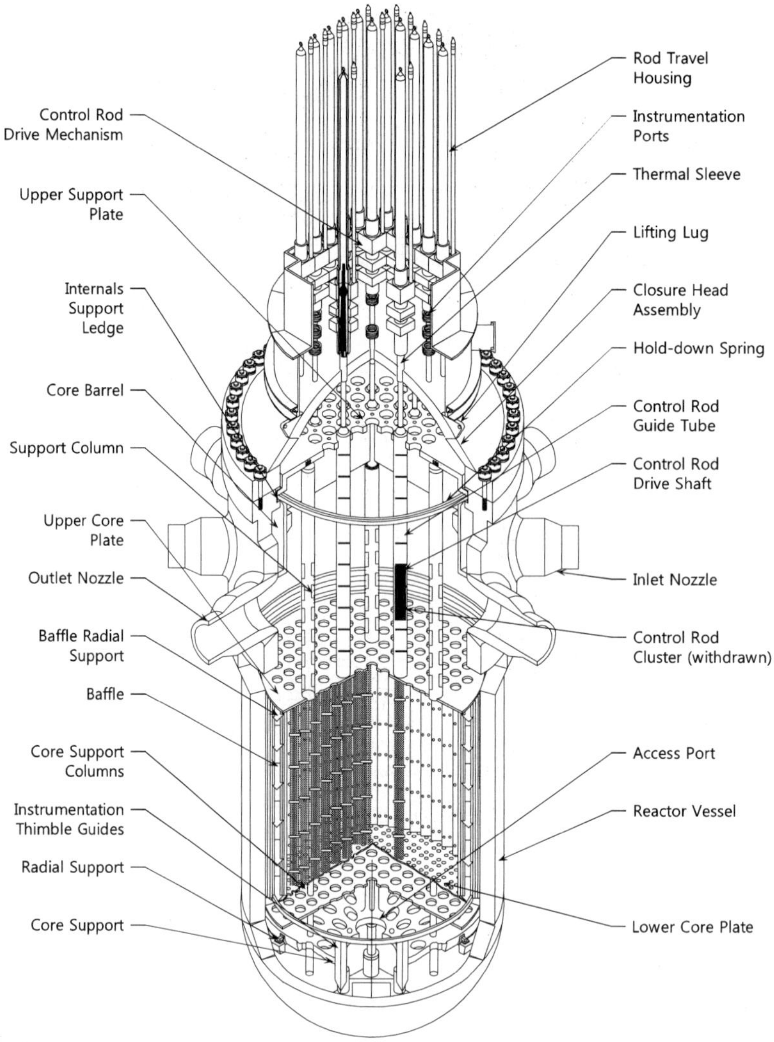

그림 1.36 원자로 형상 및 명칭

BWR은 그림 1.37에 나타나 있는 것처럼 증기터빈에서 동력발생에 사용하기 위한 증기를 만들기 위한 물을 노심부에서 직접 가열한다. 따라서 냉각재와 증기터빈에 사용하는 물이 분리되어 있는 PWR과 달리 BWR은 냉각재가 증기터빈을 순환한다. 노심부에서 가열되어 발생한 증기는 원자로 상부에 설치되어 있는 습분분리기와 증기건조기를 통과하면서 습증기에 포함되어 있는 물방울을 제거하여 건도 100%에 가까운 포화증기가 된다. 따라서 BWR은 그림 1.38에 나타나 있는 것처럼 원자로 격납건물에 원자로만 들어 있다.

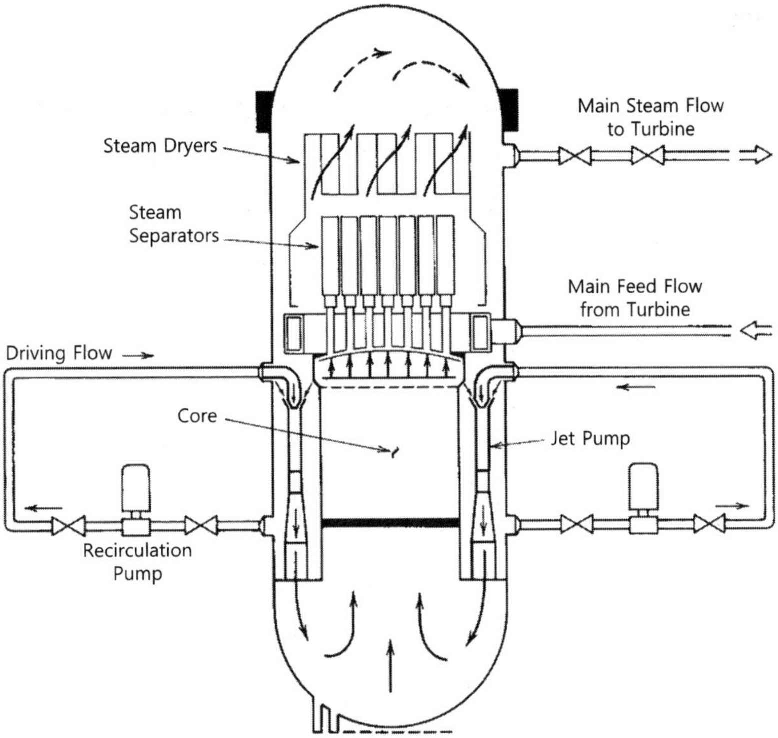

그림 1.37 BWR 냉각재 흐름도

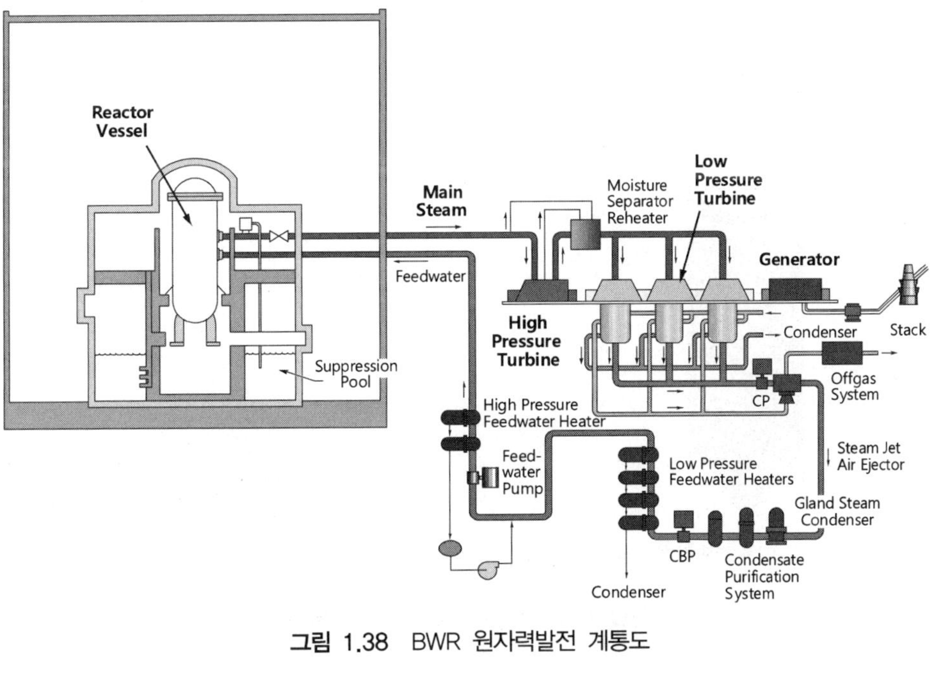

그림 1.38 BWR 원자력발전 계통도

1.2.2 가압기

PWR 냉각재계통을 채우고 있는 냉각재는 일정한 밀도를 유지하기 위하여 항상 액체 상태로 존재해야 하며, 비등이 일어나면 안 된다. 따라서 원자로 냉각재계통을 채우고 있는 냉각재는 운전온도에서 냉각재 비등이 일어나지 않도록 충분히 높은 압력을 유지해야 한다. 그러므로 운전온도에서 냉각재 비등이 일어나는 압력보다 높은 압력으로 냉각재를 가압하기 위한 가압계통이 요구된다.

PWR에 사용되는 가압기를 그림 1.39에 나타냈다. 가압기는 그림 1.34에서 확인할 수 있듯이 원자로 냉각재계통에 하나의 파이프를 이용해서 직접 연결한다. 가압기 내부에 채워져 있는 냉각재는 원자로 냉각재계통을 채우고 있는 냉각재와 동일한 것이다. 그러나 가압기 내부에 채워져 있는 냉각재는 원자로 냉각재계통을 순환하지 않고 정체되어 있다.

냉각재는 비압축성 유체이기 때문에 가압기 파이프에 연결되어 있는 모든 부분에는 파이프에 채워져 있는 냉각재 압력이 전달되어 작용한다. 비록 높이의 차이에 의해서 냉각재계통 모든 지점에서의 압력이 동일하지는 않지만 냉각재계통 내부 어떤 한 지점에서의

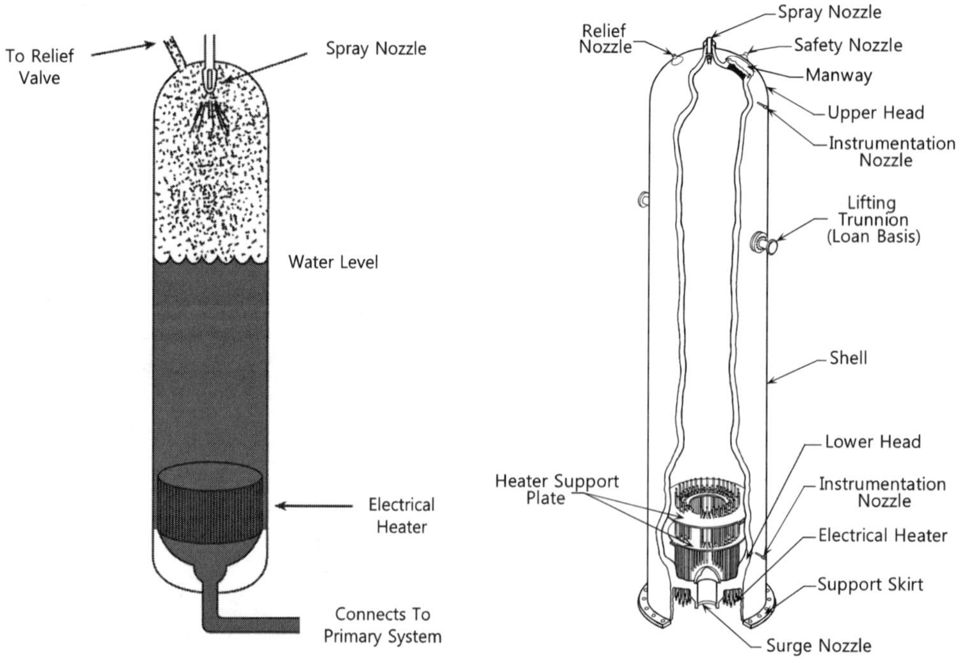

그림 1.39 가압기 작동원리 및 명칭

압력이 변하면 모든 지점에서의 압력이 균일하게 반응한다. 이런 현상을 이용하여 가압기가 설계되었으며, 가압기와 연결된 파이프 내부의 압력조절을 통해서 원자로를 포함한 원자로 냉각재계통 전체의 압력을 조절한다. 가압기는 그림 1.34에 나타나 있는 것처럼 원자로 냉각재계통을 구성하는 두 용기인 원자로 및 증기발생기에 비해서 작은 용기로 되어 있다.

가압기 내부압력은 가압기에 채워져 있는 냉각재 온도를 변화시켜 조절한다. 가압기 내부는 냉각재와 냉각재가 증발하여 생성된 증기가 혼재되어 있는 포화상태이며, 포화상태에서 압력과 온도는 서로 연계된다. 즉 포화상태에서는 포화온도가 결정되면 포화압력이 결정되고, 포화압력이 결정되면 포화온도가 결정된다. 따라서 가압기 내부를 채우고 있는 냉각재 온도가 올라가면 압력도 올라가고 냉각재 온도가 내려가면 압력도 내려간다. 따라서 냉각재계통의 압력을 증가시킬 때 사용하기 위하여 가압기 하부에 대형 전기 히터가 설치되어 있다. 냉각재계통의 압력을 낮추기 위해서는 가압기 내부로 차가운 냉각재를 분사시켜 냉각재 온도를 낮춘다. 이를 위해서 그림 1.39에 나타나 있는 것처럼 가압기 상부에 냉각재 분사 노즐이 설치되어 있다.

가압기는 두 가지 부가적인 기능을 가지는데, 하나는 원자로 냉각재계통을 채우고 있는 냉각재 수위를 감시하는 것이다. 원자로 냉각재계통은 정상운전 시 냉각재로 완전히 채워져 있기 때문에 냉각재 수위를 감시할 수 있는 곳이 없다. 그러나 노심부 안전을 유지하기 위하여 냉각재 수위가 줄어드는 것을 조기에 감지할 수 있어야 한다. 가압기는 원자로 격납건물 내부 높은 위치에 설치하기 때문에 만약 가압기 내부에 충분한 양의 냉각재가 채워져 있다면 냉각재계통 모든 용기는 냉각재로 채워져 있다고 확신할 수 있다. 따라서 냉각재계통에서 유일하게 냉각재가 완전히 채워져 있지 않은 가압기에 냉각재 수위 감시 장비가 설치되어 있다. 가압기의 또 다른 부가적인 기능은 냉각재계통에서 발생하는 갑작스런 압력변화에 대한 완충 역할이다. 가압기 상부에는 냉각재 수위를 읽을 수 있도록 냉각재 수위 계측기가 설치되기 때문에 특별히 액체의 냉각재가 채워지지 않도록 설계한다. 따라서 가압기 내부를 채우고 있는 냉각재는 정상운전 시 고온을 유지하고 있기 때문에 그림 1.37에 나타나 있는 것처럼 액체 냉각재 상부에 있는 공간에는 냉각재가 기화하여 생성된 증기가 채워져 있다. 그런데 증기는 압축성유체이기 때문에 원자로 냉각재계통에서 발생하는 급격한 압력변화를 흡수하여 충격을 완화시켜 준다. 따라서 운전자는 원자로가 작동하는 동안에는 가압기 상부에 항상 증기가 채워져 있도록 해야 한다.

가압기 상부에는 POSRV(Pilot Operated Safety Relief Valve)가 설치되어 있다. 비정상적인 운전조건이 발생하여 가압기 내부압력이 어떤 정해진 최댓값을 초과하면 POSRV

가 자동적으로 열리고 가압기로부터 증기가 배출되어 가압기 내부압력이 낮아진다. 이렇게 배출된 증기는 스파저를 이용하여 원자로 격납건물 내부에 설치되어 있는 수조 내부로 분사시켜 응축시킨다.

1.2.3 증기발생기

PWR 노심부에서 가열된 냉각재는 냉각재펌프를 이용하여 증기발생기로 보내진다. 가열된 냉각재는 그림 1.40에 나타나 있는 것처럼 증기발생기 하부에 설치되어 있는 U-튜브를 지나는 동안에 증기터빈에 사용할 증기를 생산하기 위한 물과 열교환이 이루어지면서 냉각된다. 이 과정에서 냉각재는 증기터빈에 사용되는 물과 혼합되지 않는다. 증기발생기에서 냉각된 냉각재는 그림 1.33에 나타나 있는 것처럼 냉각재펌프를 통해서 원자로로 보내져서 다시 가열된다.

U-튜브 주위를 순환하는 물은 가열되면서 습증기로 변해 U-튜브 상부에 있는 습분분리기로 유입된다. 습분분리기로 유입되는 증기의 건도는 약 25%이며, 습분분리기로부터 배출되는 증기의 건도는 약 97%이다. 그림 1.41에 습분분리기에서 습분이 분리되는 원

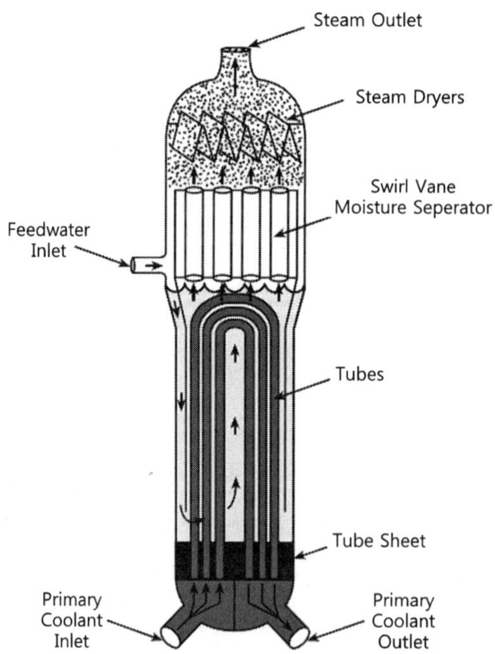

그림 1.40 증기발생기 운전원리

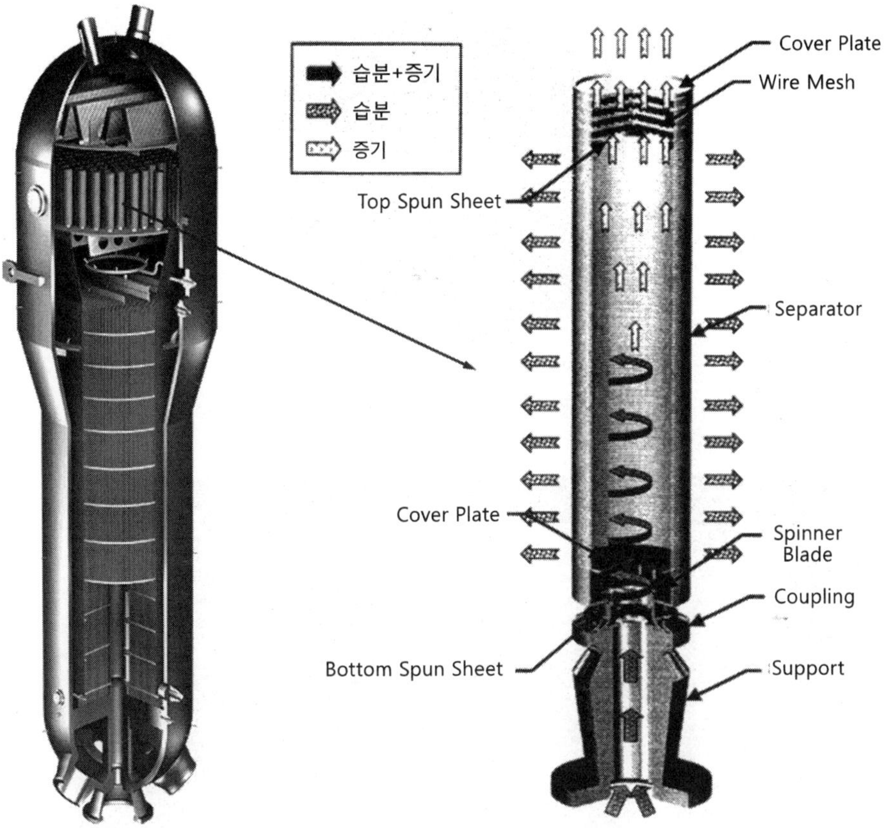

그림 1.41 증기발생기 및 습분분리기 (두산중공업)

리가 나타나 있다. 습분분리기로 유입된 낮은 건도의 증기(chum flow)는 그림 1.42에 나타나 있는 스피너 블레이드를 지나면서 직선운동이 회전운동으로 바뀐다. 선회기 역할을 수행하는 스피너 블레이드를 통과한 증기는 그림 1.43(a)에 나타나 있는 것처럼 습분분리기 내부에서 선회유동을 한다. 따라서 증기에 포함되어 있는 물방울에 원심력이 발생하여 습분분리기 내벽에 부딪히면서 수막을 형성한다. 이때 물방울이 커질수록 큰 원심력이 발생하기 때문에 그림 1.43에 나타나 있는 것처럼 습분분리기 하부에서 제거된다. 습분분리기 벽면은 다공판으로 되어 있기 때문에 습분분리기 내벽에 형성된 수막은 작은 구멍들을 통해서 습분분리기 외부로 빠져나간 후에 중력에 의하여 하부로 흘러가서 다시 가열된다. 습분분리기 상부에는 와이어 메시가 설치되어 있어서 선회유동은 다시 직선운동으로 바뀌어 증기는 건도가 높아진 상태로 습분분리기를 빠져나가 상부로 향한다.

그림 1.42 스피너 블레이드

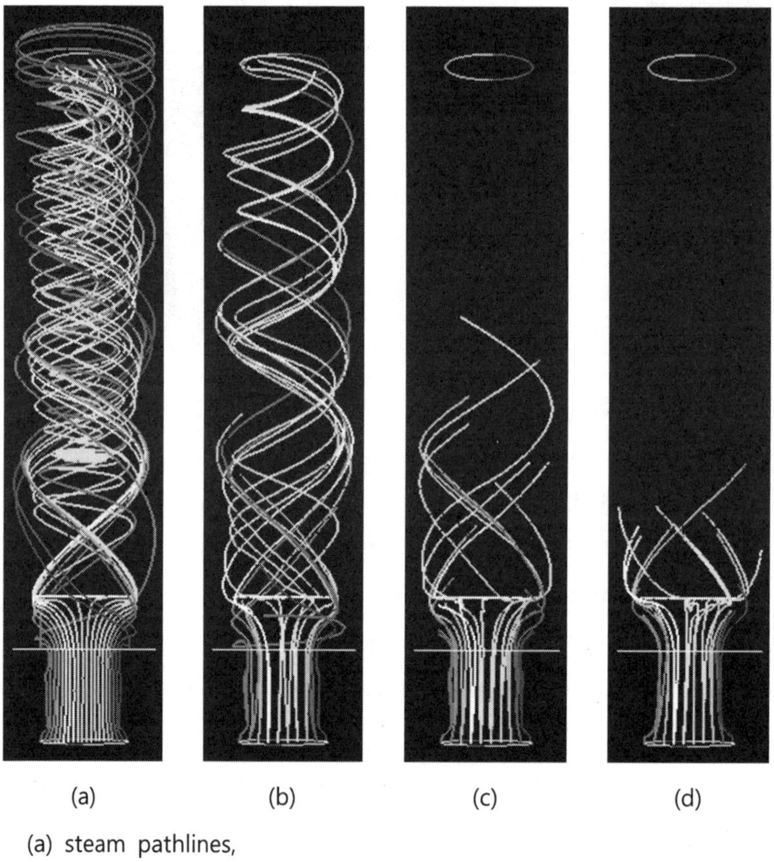

(a) (b) (c) (d)

(a) steam pathlines,

(b) droplet trajectories ($d_p = 20$ μm),

(c) droplet trajectories ($d_p = 40$ μm),

(d) droplet trajectories ($d_p = 70$ μm)

그림 1.43 증기발생기 내부유동

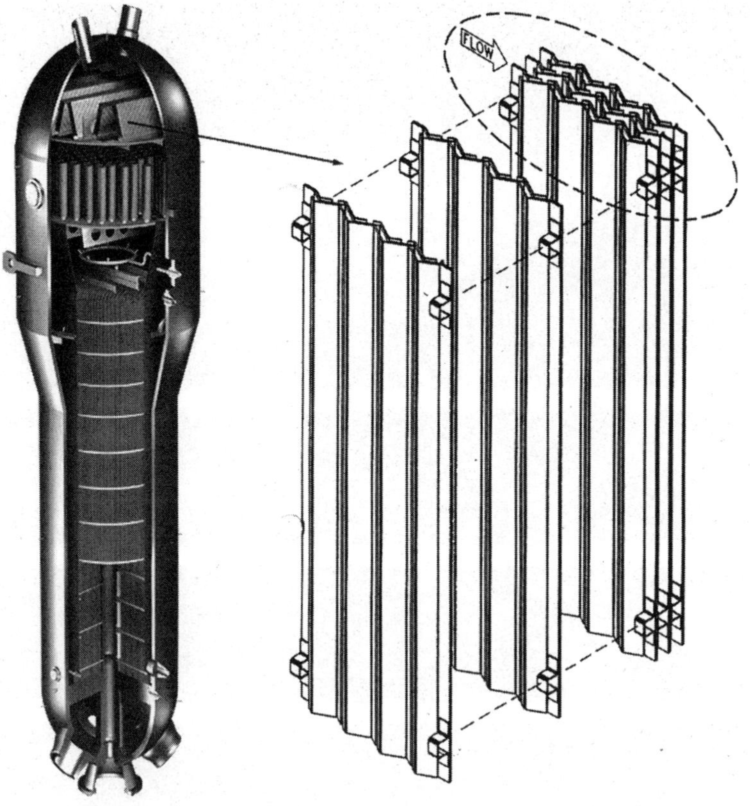

그림 1.44 증기발생기 및 증기건조기 (두산중공업)

습분분리기를 빠져나온 증기는 약 3%의 습분을 포함하고 있기 때문에 그림 1.44에 나타나 있는 증기건조기를 통과시켜 건도 100%에 가까운 포화증기를 만들어 증기터빈으로 보낸다. 증기건조기는 chevron vane을 여러 장 겹쳐서 다발 형태로 제작한다. Chevron vane은 그림 1.45에 나타나 있는 것처럼 규칙적으로 굴곡진 형상을 가지기 때문에 증기 유동은 굴곡진 부분에서 여러 번 진행방향이 바뀐다. 증기에 포함되어 있는 물방울은 관성력을 가지고 있기 때문에 굴곡진 부분에서 급격히 변하는 증기의 유선으로부터 쉽게 이탈하여 chevron vane 벽면에 충돌하면서 제거된다. 그림 1.45에서 확인할 수 있듯이 증기건조기에서는 20 μm 이상의 지름을 가지는 물방울은 거의 모두 제거된다. 따라서 증기건조기를 통과한 증기는 건도 100%에 가까운 포화증기가 된다.

(a) 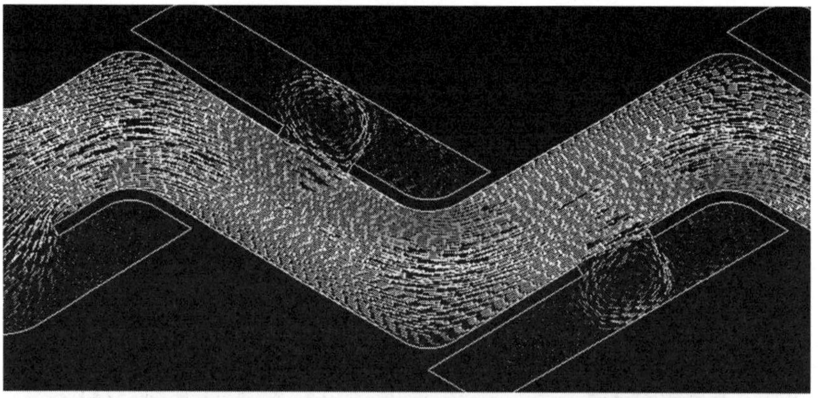

(b) 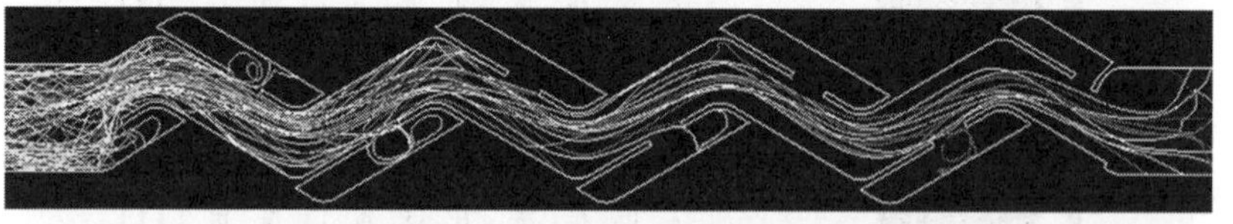

(c) 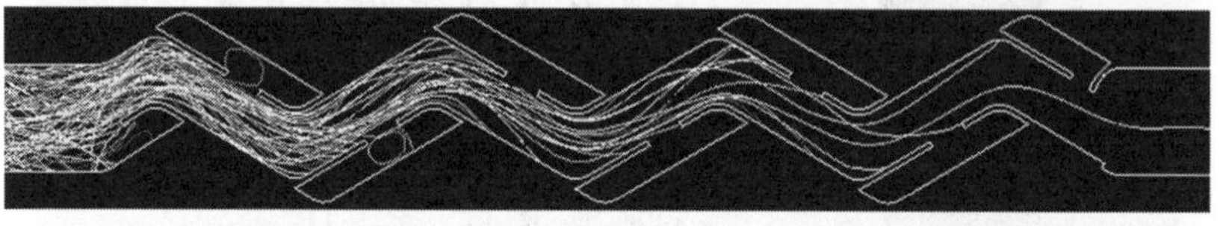

(d) 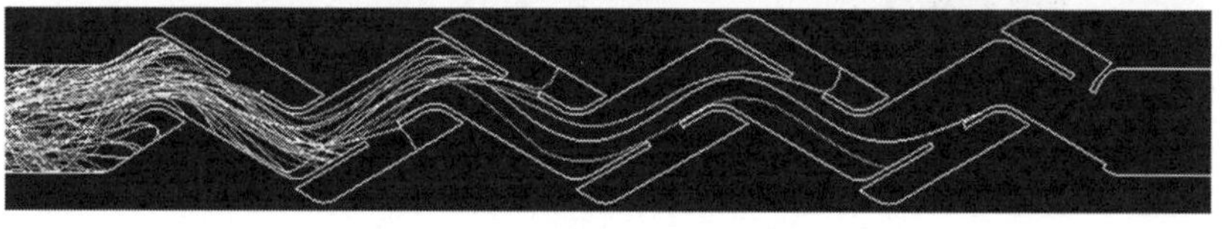

(a) velocity vectors for steam, (b) droplet trajectories ($d_p = 10$ μm),
(c) droplet trajectories ($d_p = 20$ μm), (d) droplet trajectories ($d_p = 40$ μm)

그림 1.45 Chevron vane 내부유동

1.2.4 MSR

원자력발전용 증기터빈이 화력발전용 증기터빈과 다른 점은 IP터빈이 없다는 것과 증기터빈 회전수가 다르다는 것이다. 그리고 또 하나의 차이는 그림 1.46에 나타나 있는 것처럼 원자력발전소에는 증기터빈과 나란히 MSR(Moisture Separator Reheater)이 설치된다는 점이다. MSR은 그림 1.47에 나타나 있는 것처럼 chevron vane으로 구성된 습분분리기와 2단의 재열기로 구성되어 있다. 대개 MSR에 사용하는 chevron vane은 원자력 증기발생기의 증기건조기에 사용되는 것과 동일하다. 화력발전에서는 HP터빈을 빠져나온 증기를 재열시키면 사이클 효율이 향상될 뿐만 아니라 LP터빈 출구에서 증기의 습분

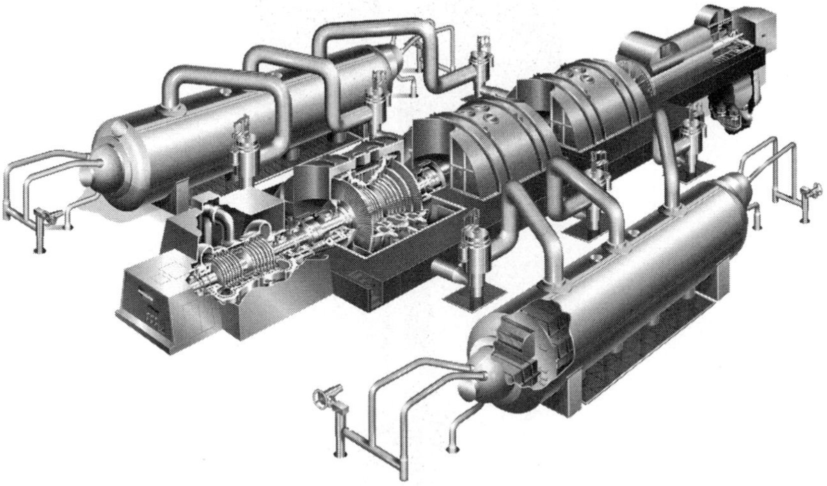

그림 1.46 원자력발전용 증기터빈 (MSR 포함)

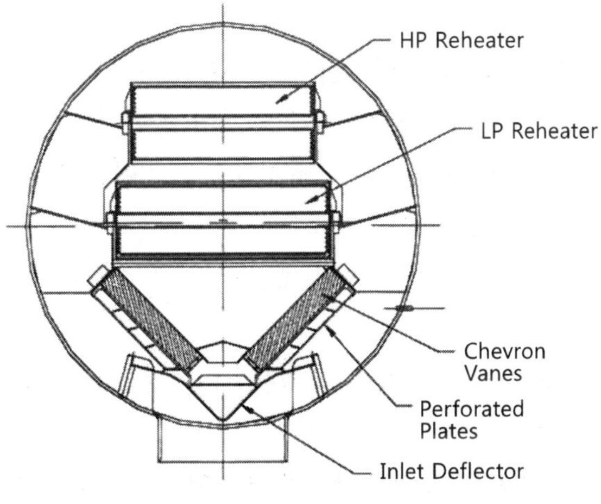

그림 1.47 MSR 단면도

이 낮아지기 때문에 증기터빈에 발생하는 습분손실이 줄어들어 증기터빈 성능이 향상된다. 또 LSB 습분침식이 줄어들어 성능저감이 줄어들고 유지보수비용이 절감되는 장점을 가진다. 원자력발전 HP터빈에 유입되는 증기는 건도 100%에 가까운 포화증기이며, HP터빈을 빠져나오는 증기에는 약 14%의 습분이 포함되어 있다. 따라서 원자력발전 HP터빈에서는 큰 습분손실이 발생하며, 이로 인하여 원자력발전 HP터빈은 과열증기를 사용하는 화력발전 HP터빈에 비해서 효율이 약 7% 낮다. 원자력발전 HP터빈을 빠져나온 증기는 MSR에 있는 습분분리기를 통과하면서 물방울이 제거되어 다시 건도 100%에 가까

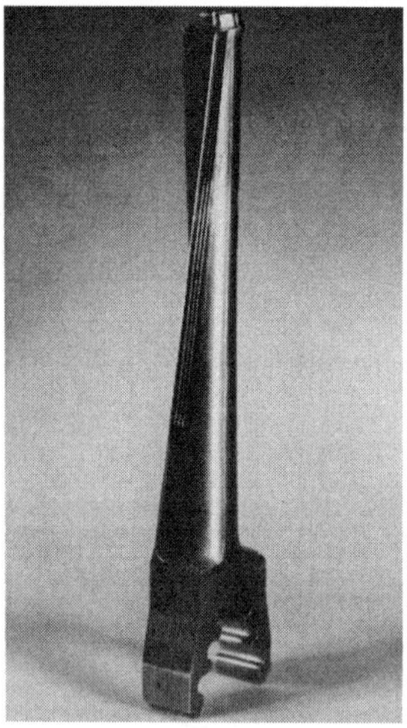

그림 1.48 습분제거용 그루브가 설치된 원자력발전용 버켓

운 포화증기가 된다. 습분분리기를 빠져나온 증기는 다시 2단의 재열기를 통과하면서 과열증기가 된다. 그러나 증기를 재열시키기 위하여 증기발생기로부터 공급되는 포화증기를 열원으로 사용하기 때문에 MSR을 빠져나오는 과열증기 온도는 HP터빈으로 공급되는 포화증기 온도보다 약간 낮다. 이렇게 증기를 재열시키면 LP터빈에서 습분손실이 크게 줄어들기 때문에 증기터빈 성능이 향상될 뿐만 아니라 LSB 습분침식도 줄어든다.

그러나 비재열사이클 원자력발전에서는 MSR을 사용하지 않고 MS(Moisture Separator)를 사용한다. MS에는 재열기가 없기 때문에 건도 100%에 가까운 포화증기가 LP터빈으로 공급된다. 따라서 재열사이클 원자력발전과 비재열사이클 원자력발전의 LP터빈 출구 습분을 비교하면, 복수기 압력 2.5 in.Hga를 기준으로 각각 10%와 15% 정도이다. 따라서 MSR을 사용하는 재열사이클이 MS를 사용하는 비재열사이클에 비해서 습분손실이 크게 줄어들어 증기터빈 성능이 훨씬 우수하다. 참고로 LP터빈을 빠져나오는 증기의 습분은 두 경우 모두 비교적 낮은 편인데, 이는 LP터빈 후단부 여러 단에 그림 1.48에 나타나 있는 것과 같은 습분제거용 그루브를 가지는 버켓을 설치하여 LP터빈을 빠져나오기 전에 증기에 포함되어 있는 많은 양의 물방울을 미리 제거하기 때문이다. 습분제거용 그루브를 가지는 버켓을 설치하면 LP터빈 출구에서 습분이 비재열사이클의 경우 3.3%, 재열사이클의 경우 2.0% 정도 낮아진다.

1.3 복합발전

1.3.1 일반사항

복합발전이란 열역학적인 측면에서 복합사이클을 의미한다. 복합사이클이란 하나의 발전소에 두 개의 열역학적 사이클이 결합되어 있는 것을 말한다. 즉 복합사이클은 가스터빈을 이용하는 브레이턴사이클과 증기터빈을 이용하는 랭킨사이클이 결합되어 있는 것이다. 이렇게 두 개의 사이클을 결합하여 이용하면 하나의 사이클을 이용하는 것보다 높은 열효율을 얻을 수 있다. 그림 1.49에 3-압, 재열증기사이클 복합발전 열평형도가 나타나 있다. 이 그림을 통해서 가스터빈과 증기터빈을 결합시키면 60%에 가까운 열효율을 얻는다는 것을 알 수 있다. 발전 유형별 열효율을 비교하여 나타낸 그림 1.50을 통해서 확인할 수 있듯이 복합발전은 다른 형태의 발전에 비해서 열효율이 크게 높은 편이다. 따라서 국내에도 그림 1.51에 나타나 있는 것처럼 전체 발전설비 시설용량 기준으로 복합발전이 약 1/4 정도를 차지하고 있다. 그림 1.52에 국내 최대의 시설용량 4,300 MW를 가지는 복합발전단지를 나타냈다.

두 개의 사이클을 결합하는 경우에 고온에서 운전하는 사이클을 **상부사이클**, 저온에서 운전하는 사이클을 **하부사이클**이라 한다. 복합발전 하부사이클은 상부사이클에서 배출하는 열을 이용하기 때문에 복합발전은 높은 열효율을 나타낸다. 일반적으로 서로 다른 두 가지 작동유체를 가지는 사이클의 조합은 운전영역에 따라 장점을 가지는 작동유체를 달리하여 사용할 수 있기 때문에 열역학적으로 우수한 특성을 나타낸다. 가스터빈 복합발

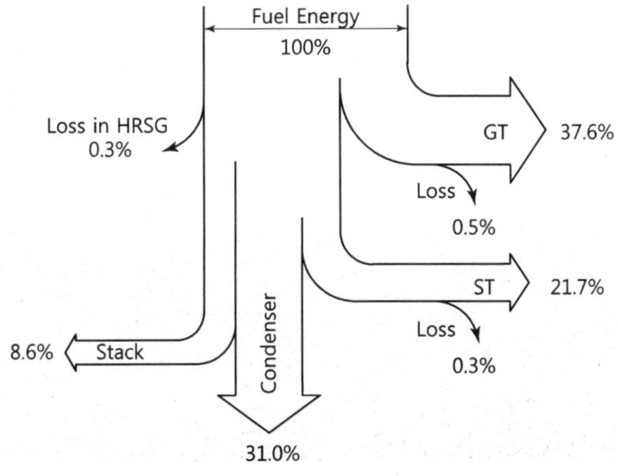

그림 1.49 3-압, 재열증기사이클 복합발전 열평형도

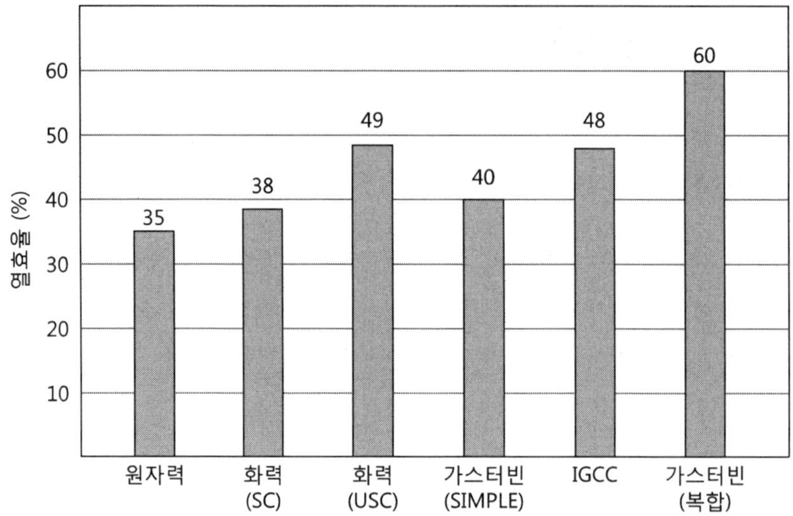

그림 1.50 발전 유형별 열효율 비교

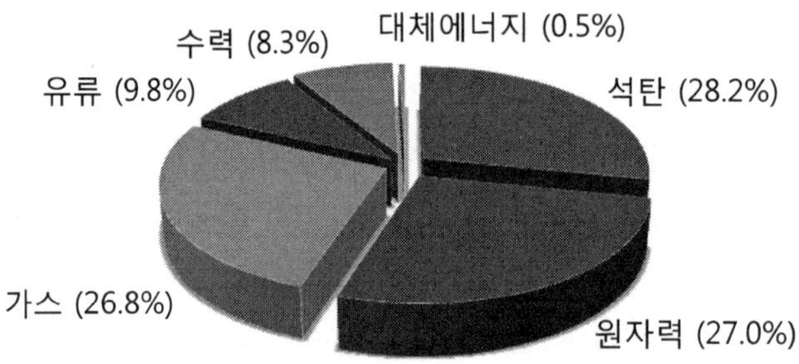

그림 1.51 국내 발전용량 비교(2008년 에너지원 기준)

그림 1.52 국내 최대 복합발전단지(서인천-신인천 복합발전, 4,300 MW)

전 상부사이클에 사용되는 작동유체인 공기는 쉽게 구할 수 있으며, 비교적 낮은 압력에서 고온을 유지할 수 있다. 이에 반해서 하부사이클에 사용되는 작동유체인 물/증기는 쉽게 구할 수 있을 뿐만 아니라 무해하며, 비열이 크기 때문에 비교적 중·저온 상태에서도 많은 열량을 보관할 수 있다. 따라서 이렇게 서로 다른 두 가지 작동유체를 조합하면 매우 높은 고온에서 열량을 받아들이고 매우 낮은 온도에서 열을 배출할 수 있다. 결과적으로 복합발전은 고온과 저온에 적합한 두 가지 서로 다른 작동유체를 조합하여 높은 열효율을 얻을 수 있다. 그리고 상부사이클과 하부사이클은 작동유체 사이에 열을 교환할 수 있는 열교환기를 통해서 연결되며, 가스터빈 복합발전에서 열교환기는 HRSG이다.

고효율 발전용 가스터빈 개발로 인해서 가스터빈 복합발전은 상업운전 시장에 진출할 수 있었다. 발전용 가스터빈은 초기에 열효율이 낮아서 주로 비상발전용으로 사용되었다. 따라서 발전용 가스터빈은 초기에 단순사이클로 이용되었다. 그러나 1970년대 후반 들어 가스터빈 배기가스 온도는 고효율 복합발전에 이용될 수 있을 정도로 충분히 높은 수준에 도달하였다. 이는 가스터빈 배기가스 온도가 충분히 높아서 HRSG에서 높은 에너지 수준을 가지는 증기를 생산할 수 있게 되었다는 것을 의미한다. 따라서 가스터빈은 오래 동안 널리 사용되고 있던 증기터빈과 쉽게 결합되어 복합사이클이 완성될 수 있었다. 그림 1.53에 복합발전 계통도를 나타냈다.

대용량의 전기를 직접적으로 저장할 수 있는 방법은 없으며, 간접적으로 저장하는 방

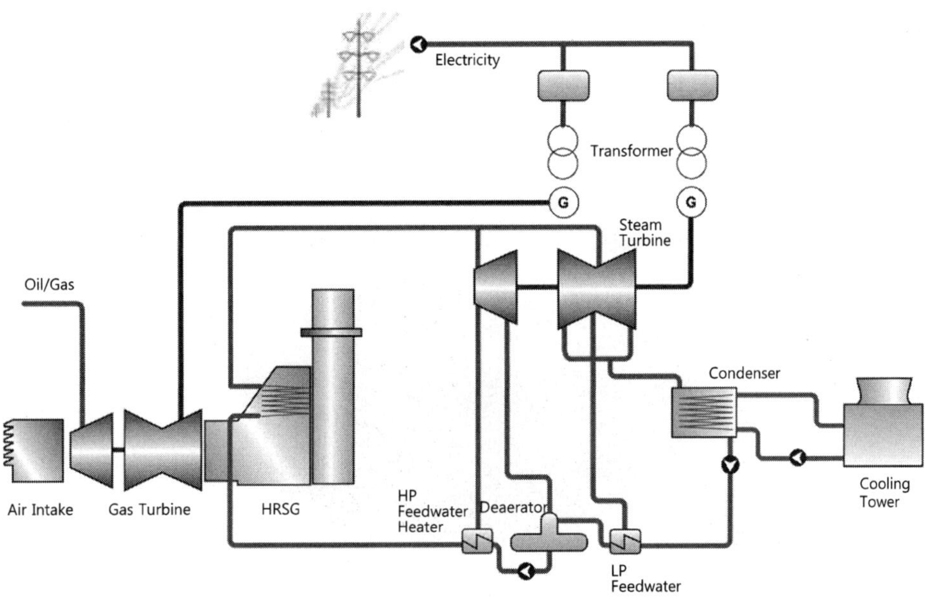

그림 1.53 복합발전 계통도

법으로 양수발전이 있다. 그러나 발전과 펌핑을 위하여 동일한 수차를 이용하는 양수발전은 용량도 제한적일 뿐만 아니라 효율이 낮기 때문에 비경제적이다. 따라서 전기는 소비자가 필요로 할 때 즉시 생산해서 공급해야 한다. 하루를 기준으로 살펴보면, 전기수요는 큰 변동폭을 가지기 때문에 수요와 공급에 균형을 맞추기 위해서 발전설비는 전기수요 변동에 즉각적으로 응답해야 한다. 가스터빈 복합발전은 신속한 기동 및 정지 특성, 즉 뛰어난 운전유연성을 가지고 있기 때문에 전기수요 변동에 즉시 대처하기 위한 발전설비로 가장 적합하다. 이밖에도 가스터빈 복합발전은 다음과 같은 여러 가지 장점을 가지고 있다.

1) 초기 건설비용이 저렴하다

복합발전의 가장 큰 장점 가운데 하나는 설비가 매우 조밀하여 화력발전이나 원자력발전에 비하여 설치공간이 매우 작다는 점이다. 아울러 복합발전은 점차 대형화되고 있으며, 최근에는 500 MW급 모델(가스터빈 1기+증기터빈 1기)이 개발되어 기저부하용으로도 사용되고 있다. 복합발전 시스템이 대형화되면서 열효율은 증가하고 발전설비 건설단가는 급격히 낮아지는 추세이다. 표 1.1에 발전 유형별 발전설비 초기 건설단가를 비교하여 나타냈다. 그리고 그림 1.54에 복합발전 초기 건설단가를 구성품 기준으로 분류하여 나타냈다.

표 1.1 발전설비 초기 건설단가 비교(2007년 기준)

Type of Plant	Output (MW)	Specific Price (US$/kW)
Combined cycle power plant	800	550～650
Steam power plant (coal)	800	1200～1400
Nuclear power plant	1250	2000～3000

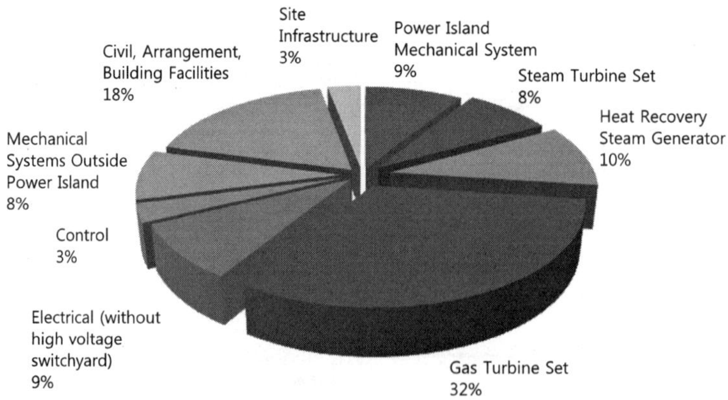

그림 1.54 복합발전 초기 건설단가 분류 (400 MW 복합발전 기준)

2) 건설기간이 짧다

복합발전에 사용되는 주요 구성품은 공장에서 완전히 조립하여 성능시험까지 마친 후에 발전소로 이송하여 설치하기 때문에 발전소 건설기간이 상대적으로 짧다. 표 1.2에 발전설비 유형별 건설기간을 비교하여 나타냈다.

표 1.2 발전소 건설기간 비교

Type of Plant	Output (MW)	Construction Period (Month)
Combined cycle power plant	800	20~30
Steam power plant (coal)	800	40~50
Nuclear power plant	1250	60~80

3) 연료 유연성이 매우 크다

대부분의 복합발전용 가스터빈은 주로 천연가스를 연료로 사용한다. 그러나 경유, 나프타, 케로신뿐만 아니라 심지어 원유까지도 발전용 가스터빈 연료로 사용한다.

4) 이용도 및 신뢰도가 높다

복합발전은 첨두부하용뿐만 아니라 기저부하용으로도 사용한다. 이는 복합발전의 이용도 및 신뢰도가 석탄화력발전이나 원자력발전에 비하여 우수하기 때문이다. 표 1.3에 발전설비 유형별 이용도 및 신뢰도를 비교하여 나타냈다.

표 1.3 발전설비 이용도 및 신뢰도 비교

Type of Plant	Availability (%)	Reliability (%)
Combined cycle power plant	90~94	95~98
Steam power plant (coal)	88~92	94~98
Nuclear power plant	88~92	94~98

발전설비 이용도 및 신뢰도는 다음과 같이 정의한다.

$$\text{Reliability} = \left(1 - \frac{\text{FOH}}{\text{PH}}\right) \times 100 \tag{1.2}$$

$$\text{Availability} = \left(1 - \frac{\text{UH}}{\text{PH}}\right) \times 100 \tag{1.3}$$

여기서 FOH(total forced outage hours for unplanned outages and repairs)는 계획되지

않은 운전정지 및 수리로 인해 강제적으로 운전을 정지한 총 시간, PH는 기간(통상적으로 1년, 8,760시간), UH[(total unavailable hours (forced outage, failure to start, scheduled maintenance hours, unscheduled maintenance hours)]는 이용할 수 없는 총 시간으로서 강제 운전정지, 시동 실패, 계획 정비시간, 계획되지 않은 정비시간 등을 모두 합친 것이다.

5) 운전유지비가 저렴하다

일반적으로 복합발전의 운전유지비는 석탄화력발전 및 원자력발전에 비해서 저렴하다. 표 1.4에 발전설비 유형별 운전유지비를 비교하여 나타냈다.

표 1.4 발전설비 운전유지비 비교

Type of Plant	Output (MW)	Fixed (Million US$/year)	Variable (US$/MWh)
Combined cycle power plant	800	6～8	2～3
Steam power plant (coal)	800	12～15	2.5～3.5
Nuclear power plant	1250	40～60	2.0

고정비는 주로 인건비와 보험비용이다. 변동비는 발전소 운전 방식에 따라 달라지며, 주로 예비품 구입비용이다.

6) 운전유연성이 우수하다

복합발전용 가스터빈은 신속한 기동 및 정지 특성으로 인하여 첨두부하용으로 많이 사용된다. 한편 전력망에 공급되는 전력이 수요보다 부족하면 전기 주파수가 낮아져서 전기의 품질이 저하된다. 운전유연성이 매우 우수한 발전용 가스터빈은 전기 주파수 조절용으로도 사용된다.

7) 공해물질 배출이 적다

발전용 가스터빈은 NOx와 일산화탄소 배출농도를 낮추기 위하여 저공해 예혼합연소기를 사용한다. 최근 개발되고 있는 발전용 가스터빈은 NOx 배출농도가 9 ppmvd 이하이다. 발전용 가스터빈은 고효율 연소를 통하여 일산화탄소 배출농도 또한 5～25 ppmvd를 유지하고 있다. 그림 1.55에 대표적인 복합발전용 가스터빈을 나타냈다. 이 그림에서 연소기는 항공용 가스터빈 연소기와 다르다는 것을 확인할 수 있다. 즉 발전용 가스터빈

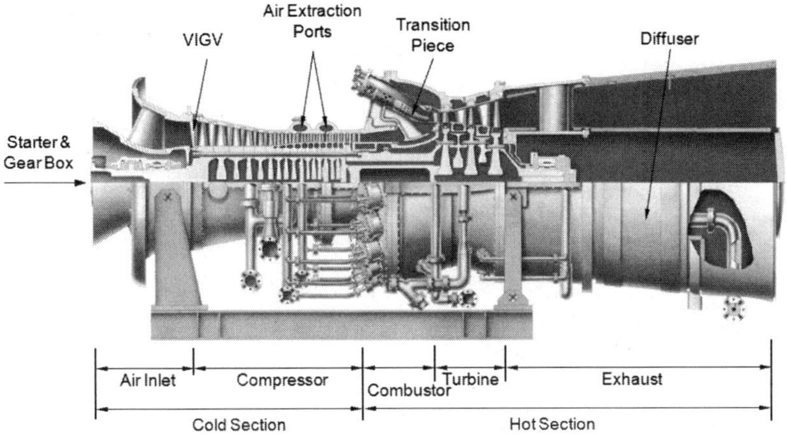

그림 1.55 발전용 가스터빈 (7FA, GE)

은 항공용 가스터빈과 달리 공기저항 및 무게는 중요한 설계요소가 아니기 때문에 연소기를 외부로 돌출시켜 장착할 수 있다. 따라서 가스터빈 로터축을 길이를 늘이지 않고도 연소기 내부에서 연소가 이루어지기 이전에 연료와 압축공기를 충분히 혼합시킬 수 있는 공간을 확보할 수 있다.

8) 출력증강을 위한 다양한 방법이 있다

복합발전에는 기본적인 출력 이외에 추가적으로 출력을 증강시킬 수 있는 다양한 방법이 있다. 가장 대표적인 예로, 가스터빈 유입공기 냉각, 물 또는 증기분사, HRSG 입구에서의 조연 등이 있다. 따라서 복합발전은 시설용량을 늘리지 않고도 전력을 추가적으로 생산할 수 있기 때문에 매우 경제적이다.

1.3.2 가스터빈

가스터빈으로 유입된 공기는 압축기를 통과하면서 압축되어 온도와 압력이 증가한다. 압축기는 터빈과 단일 축으로 연결되어 있으며, 공기를 압축시키는 데 필요한 회전동력을 터빈으로부터 공급받는다. 따라서 압축기에서는 기계적 에너지가 압력에너지로 변환된다.

압축기를 빠져나온 압축공기는 안정된 연소를 위해 속도를 낮추기 위한 디퓨저를 거쳐서 연소기로 유입된다. 연소기에서는 공해물질 발생을 최대한 억제하기 위하여 압축공기와 연료를 연소되기 이전에 미리 혼합시킨다. 미리 혼합된 연료-공기는 정압상태에서 연

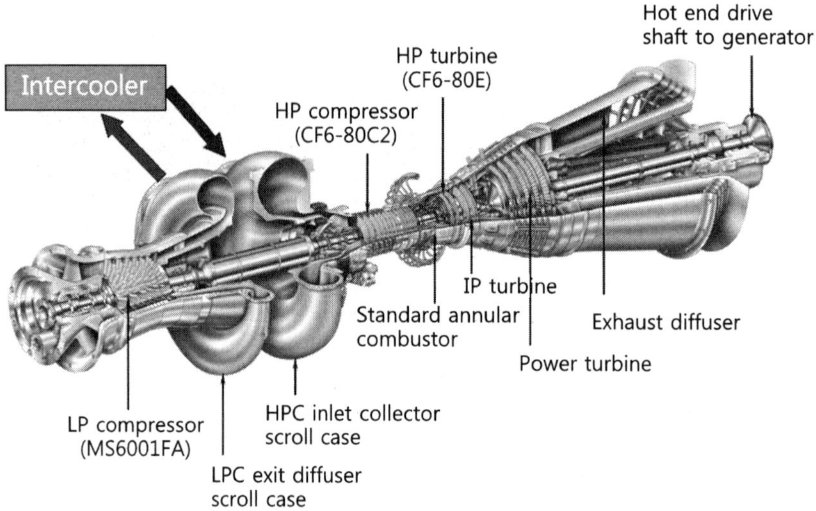

그림 1.56 항공파생형 산업용 가스터빈 (LMS 100, GE)

소된다. 그러나 실질적으로 연소가 일어나는 동안에 마찰손실과 연소에 의한 급격한 온도상승으로 인해서 3~4% 정도의 압력손실이 발생한다. 연소가 일어나면 연료가 가지고 있는 화학적 에너지가 열에너지로 변환되면서 연소가스 온도가 급격히 증가한다. 따라서 연소가스의 에너지(엔탈피) 수준이 급격히 증가한다. 연소가스의 온도가 급격히 증가하면 비체적도 급격히 증가한다. 그러나 연소기 체적은 일정하기 때문에 급격히 증가된 비체적을 가지는 연소가스는 매우 빠른 속도로 연소기를 빠져나간다. 따라서 터빈은 연소기로부터 열에너지, 압력에너지, 운동에너지를 공급받는다.

터빈에서 일어나는 에너지 변환과정은 증기터빈에서 살펴본 내용과 동일하다. 가스터빈 압력비는 증기터빈에 비해 매우 낮기 때문에 터빈은 그림 1.55에 나타나 있는 것처럼 대개 4단으로 구성되어 있다. 그러나 그림 1.56에 나타나 있는 압력비가 높은 항공파생형 가스터빈은 더 많은 터빈 단 수를 가진다.

그림 1.57은 실질적인 어떤 발전용 가스터빈에 대한 에너지 평형도이다. 이 그림에 나타나 있는 것과 같이 연소기에 공급한 전체 열량 가운데 약 2/3는 터빈에서 기계적인 일로 변환되며, 그 가운데 절반은 압축기 구동동력으로 사용되고 나머지 절반은 발전기를 구동시켜 전기를 생산하는 데 사용된다. 따라서 발전용 가스터빈의 열효율은 약 33% 정도이다. 한편, 연소기에 공급된 전체 에너지 가운데 나머지 1/3은 가스터빈을 그대로 빠져나간다. 이렇게 빠져나가는 많은 에너지로 인하여 가스터빈 배기가스 온도는 거의 600℃에 달한다.

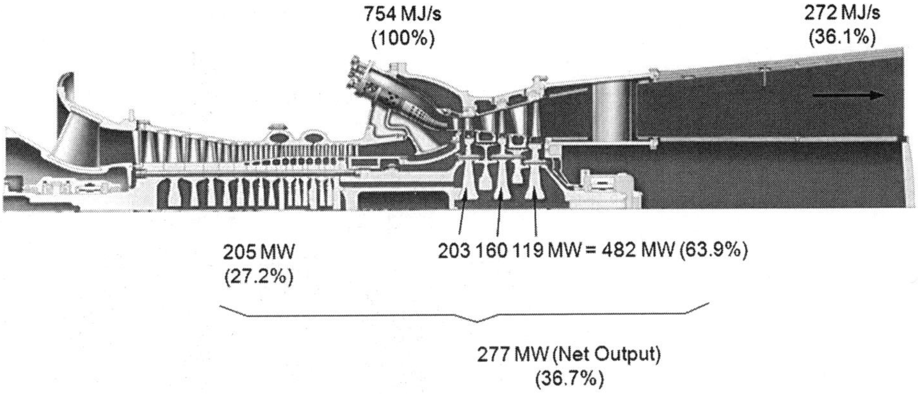

그림 1.57 발전용 가스터빈 에너지 평형도

1.3.3 HRSG

HRSG(Heat Recovery Steam Generator, 배열회수보일러)는 가스터빈 배기가스에 포함되어 있는 열에너지를 증기로 변환시킨다. HRSG에서 생산된 증기는 그림 1.58에 나타나 있는 것처럼 증기터빈으로 공급되어 전기를 생산한다. 따라서 HRSG와 증기터빈은

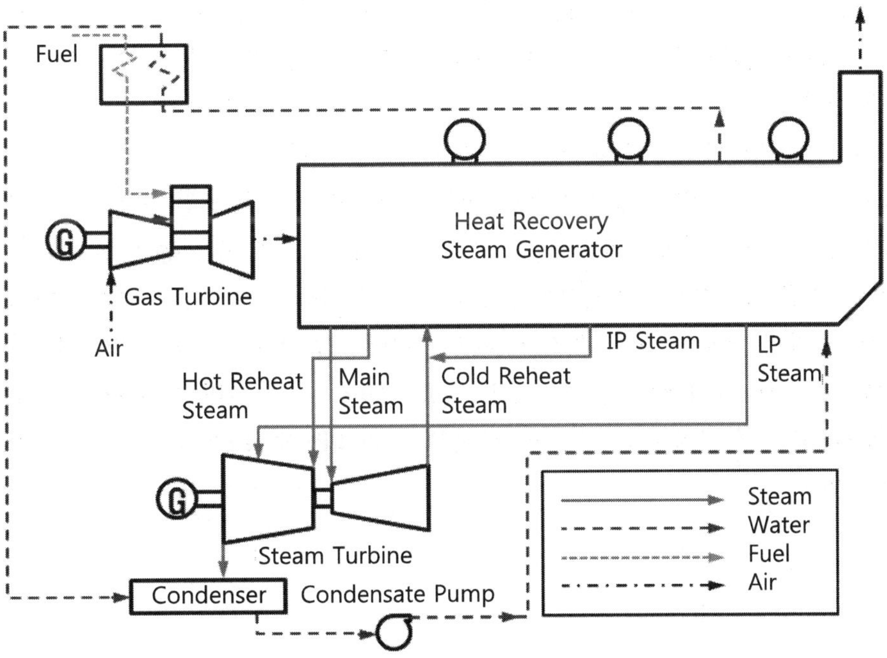

그림 1.58 복합발전 증기사이클 (3-pressure, reheat cycle)

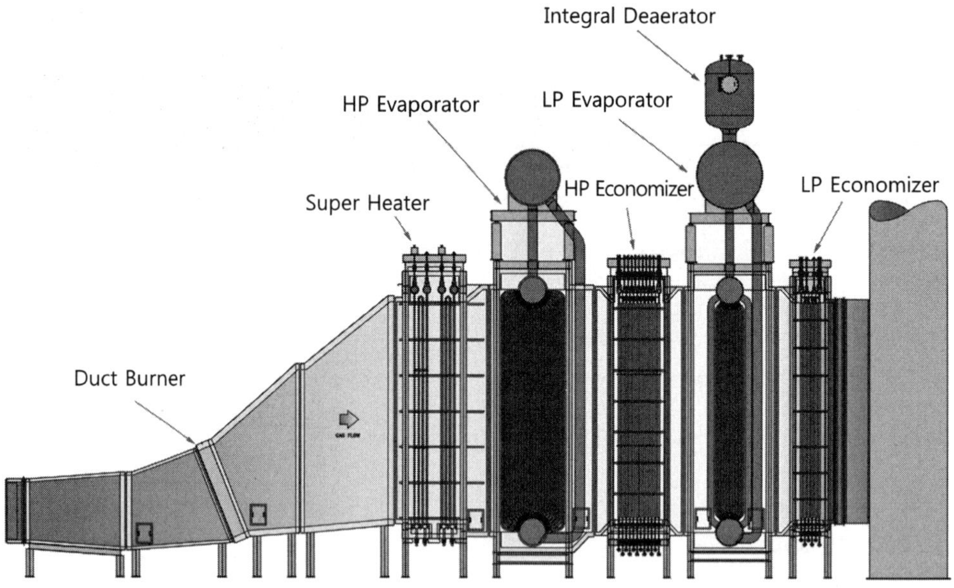

그림 1.59 수평형 HRSG (2-pressure)

하부사이클인 랭킨사이클을 구성한다. 그림 1.59에 대표적인 수평형 HRSG를 나타냈다.

복수기 응축수는 HRSG의 이코노마이저로 보내 약간 과냉된 상태로 가열시킨 후 드럼으로 보낸다. 드럼으로 보내진 물은 증발기를 순환하면서 가열되어 물-증기 혼합물로 다시 드럼으로 돌아와서 물과 증기로 분리된다. 드럼에서 분리된 포화증기는 가장 높은 가스터빈 배기가스 온도와 열교환을 하는 과열기로 보내져서 과열증기가 된다.

HRSG는 가스터빈의 신속한 기동에 따른 급격한 열팽창을 흡수할 수 있어야 한다. HRSG의 기동성은 드럼 두께에 의해서 가장 큰 영향을 받는다. 드럼 두께는 신속한 기동을 위해서 최대한 얇아야 한다. 그러나 가스터빈 배기가스 온도가 높은 첨단가스터빈을 이용한 복합발전은 최고의 랭킨사이클 효율을 얻기 위해서 더 높은 증기압력이 요구되며, 이로 인해서 기동시간이 길어진다. 이런 경우에 기동시간을 단축시키기 위하여 드럼이 필요 없는 관류형 HRSG를 사용한다. 그림 1.60에 관류형 HRSG가 나타나 있다. 이 관류형 HRSG는 국내의 대표적인 민자발전회사 GS EPS에 H-class 가스터빈과 함께 설치되어 있다.

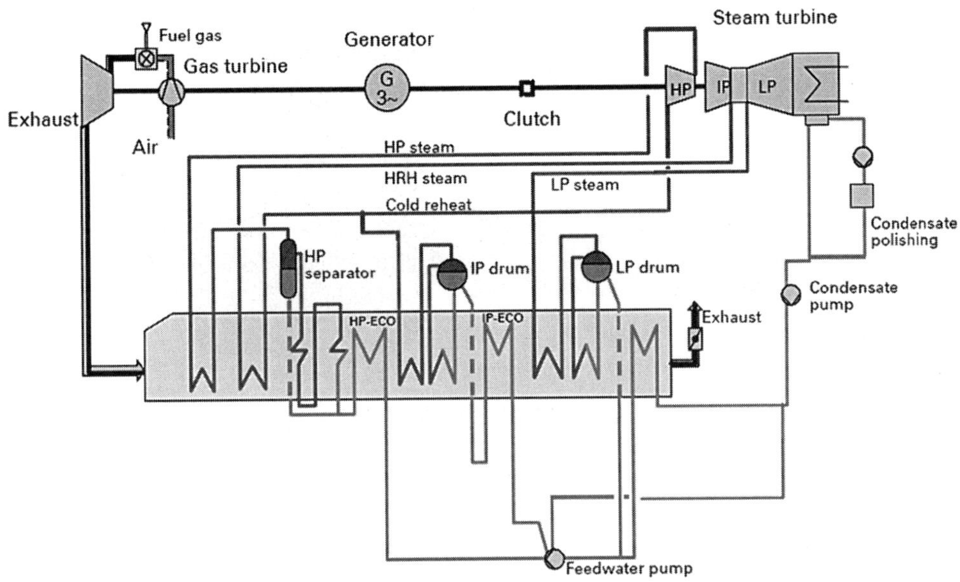

그림 1.60 관류형 HRSG (3-pressure)

1.3.4 증기터빈

복합발전용 증기터빈은 HRSG에서 생산된 증기를 모두 발전에 사용하면 가스터빈 1기 출력의 절반 또는 절반을 약간 초과하는 정도의 전기를 생산한다. 따라서 복합발전용 증기터빈은 대형 화력발전용 증기터빈에 비해 용량이 작다. 일반적으로 복합발전의 주증기 조건은 자연순환식 HRSG에 대한 증기압력과 LSB의 습분침식을 고려하여 결정한다. 그리고 밀폐형 급수가열기는 사용하지 않거나 사용하더라도 작은 수를 사용한다. 이는 신속한 기동특성 확보와 LP터빈에 필요한 증기유량을 확보하기 위함이다. 일반적으로 복합발전용 증기터빈의 LP터빈은 대형 화력발전용 LP터빈을 그대로 사용한다. 지속적인 성능 개량이 이루어지고 있는 복합발전용 가스터빈에 대응하기 위하여 HRSG와 증기터빈 성능도 지속적으로 개량하여 하부사이클의 성능을 최적화시켜야 한다. 그러나 고성능 LP터빈을 개발하기 위해서는 많은 시간과 비용이 요구된다. 따라서 대개의 경우 LP터빈은 기존에 개발되어 있는 것을 그대로 사용하고 상대적으로 짧은 기간에 설계가 가능한 HP터빈과 IP터빈을 개선하여 대처한다. 참고로 500 MW 한국표준화력 정격부하운전 시 LP터빈 출력은 125 MW이다.

(a) 207D-17 증기터빈, GE

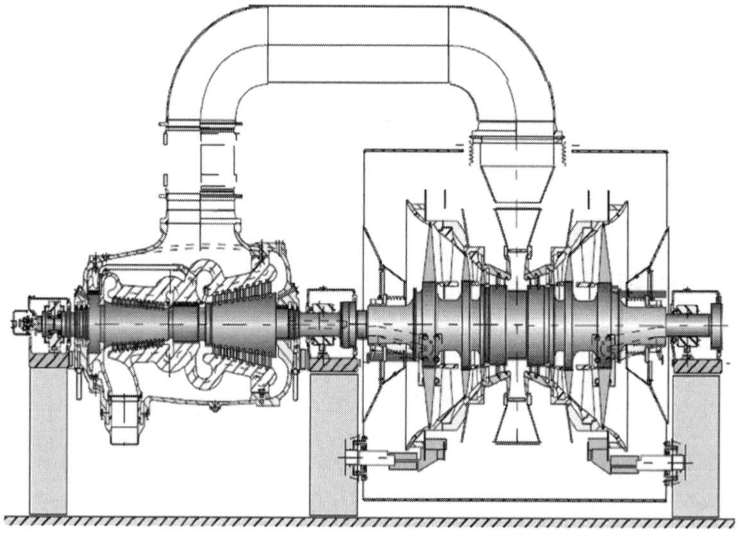

(b) Siemens

그림 1.61 복합발전용 재열터빈

가스터빈 배기가스 온도가 600℃를 초과함에 따라 증기의 재열에 필요한 충분한 열량을 확보할 수 있게 되었으며, 이로 인해서 그림 1.61에 나타나 있는 것과 같은 3-압 재열사이클 증기터빈이 일반화되고 있다. 재열사이클을 채택하면 상대적으로 높은 주증기 압력을 이용해야 하는데, 이런 경우 증기의 체적유량이 줄어들기 때문에 증기터빈 효율이 낮아진다. 이는 체적유량이 줄어들면 길이가 짧은 블레이드를 사용해야 하기 때문이다. 그러나 이런 문제는 가스터빈 2기에 증기터빈 1기를 설치하는 2-on-1 형상을 채택하여 해결하고 있다. 한편, 주증기 온도가 높아지면 HRSG, 증기배관, 증기터빈 등을 제작하기 위하여 고급 소재가 요구된다.

복합발전에서 사용하는 증기온도는 석탄화력발전 수준에 도달하였다. 그러나 복합발전에서 사용하는 증기압력은 약 100～170 bar로서 석탄화력발전의 160～300 bar에 비해 크게 낮은 편이다. 증기압력이 낮으면 체적유량이 증가하여 증기터빈 효율이 향상된다. 그러나 비재열 증기터빈의 주증기 압력을 낮추는 것은 증기터빈 출구에서 습분 및 LSB의 습분침식에 의해 제한을 받는다. 한편, 증기의 체적유량이 일정한 상태에서 증기터빈으로 유입되는 주증기 압력이 증가하면 사이클 효율이 향상된다. 그러나 HRSG 튜브 두께가 증가하여 열적 유연성이 떨어지고 가격이 비싸진다. 따라서 주증기 압력이 높아짐에 따라 열적 유연성이 악화되는 것을 피하기 위하여 관류형 HRSG의 사용이 증가하고 있다.

복합발전에서는 흔히 서로 다른 압력을 가지는 증기를 생산한다. 이런 경우 증기터빈은 다수의 증기 입구를 가지기 때문에 증기터빈 출구로 가면서 증기의 질량유량이 점차 증가한다. 이런 이유 때문에 일반 화력발전의 LSB는 증기터빈 전체 출력의 약 10% 정도를 생산하는 데 비해서 복합발전에서는 LSB에서 전체 출력의 약 15%가 생산된다. 3-압 증기터빈은 증기터빈 출구에서 증기의 질량유량이 증기터빈 입구에서의 질량유량에 비해 약 30% 정도 증가한다. 이는 대형 화력발전용 증기터빈 출구에서의 질량유량이 입구에서의 질량유량에 비하여 약 65% 정도로 줄어드는 것과 비교하면 크게 차이가 나는 것을 알 수 있다. 한편, 복합발전용 증기터빈은 빈번한 기동 및 정지로 인하여 짧은 기동시간이 요구된다.

Chapter

02

증기통로 유동

증기터빈은 전기를 생산하기 위한 가장 대표적인 열기관으로서 보일러나 원자력 증기 발생기에서 생성된 고온고압의 증기에 포함되어 있는 열에너지(엔탈피)와 압력에너지를 운동에너지로 변환시키고 최종적으로 기계적인 일로 변환시키는 역할을 수행한다. 따라서 증기터빈을 이해하기 위해서는 증기터빈 내부에서 발생하는 에너지 변환, 즉 열에너지로부터 기계적인 일로의 변환을 체계적으로 이해하는 것이 매우 중요하다. 증기터빈에서의 에너지 변환을 이해하기 위해서는 증기통로에서 발생하는 다양한 형태의 유동을 이해하는 것이 필수적이다. 이는 증기통로를 구성하는 핵심요소인 노즐과 버켓통로를 통과하는 증기 흐름을 통해서 에너지 변환이 이루어지기 때문이다.

여기서는 증기통로에서 발생하는 복잡한 증기유동과 그 유동을 이해하는 데 필수적으로 요구되는 열역학 및 유체역학 기초사항, 터빈 블레이드에 대해서 살펴보기로 한다. 그리고 충동터빈과 반동터빈에 나타나는 유동 특성을 비교하여 각각의 터빈이 가지는 장점을 살펴보기로 한다.

2.1 열역학 제1법칙과 일

경험적 관찰에 의해 만들어진 열역학 제1법칙은 에너지보존법칙을 열 현상에 응용한 것으로서 열과 일 사이에 다음과 같은 관계가 성립한다는 것을 나타낸다.

$$\delta q = de + \delta w \tag{2.1}$$

식 (2.1)은 어떤 계에 열량을 가하면 그 열량의 일부는 일로 변환되고 나머지는 계의 에너지 변화에 사용된다는 것을 의미한다. 증기터빈과 같은 개방계 열기관에 관련된 계의 에너지 종류는 내부에너지, 유동에너지, 운동에너지, 위치에너지 등이다. 따라서 식 (2.1)은 다음과 같이 표현된다.

$$\delta q = du + d(FE) + d(KE) + d(PE) + \delta w \tag{2.2}$$

여기서 u는 내부에너지, FE는 유동에너지, KE는 운동에너지, PE는 위치에너지이다.

열역학적 상태량에는 상태변화가 일어난 경로에 좌우되어 그 변화량이 결정되는 상태량과 경로에는 무관하게 최초상태와 최종상태에 의해서만 상태변화량이 결정되는 상태량이 있다. 예를 들면, 열과 일은 상태변화가 일어난 경로에 따라서 상태변화량 크기가 달라지는 경로함수이며, 상태변화량은 수학적으로 불완전미분을 이용해서 계산한다. 이에 반해 내부에너지는 상태변화가 일어난 경로에는 무관하고 최초상태와 최종상태에 의해서 상태변화량 크기가 결정되는 점함수이며, 상태변화량은 수학적으로 완전미분을 이용해서 계산한다. 일반적으로 완전미분에 대한 미분기호는 d, 불완전미분에 대한 미분기호는 δ를 사용한다. 한편, 불완전미분을 이용해서 구한 상태변화량 크기는 완전미분을 이용해서 구한 것과 구분하기 위하여 다음과 같이 나타낸다.

$$\int_1^2 du = u_2 - u_1$$

$$\int_1^2 \delta w = w_{12}$$

열역학에서 계는 밀폐계와 개방계로 구분한다. 밀폐계에서 열과 일은 계의 경계를 출입하지만 작동유체인 물질은 계 내부에 고립되어 있다. 개방계에서는 열, 일, 물질 모두 계의 경계를 출입한다. 피스톤 왕복엔진은 밀폐계, 증기터빈은 개방계에 속한다.

밀폐계에서의 일을 절대일이라 하며 다음과 같이 정의한다.

$$w_{12} = \int_1^2 \delta w = \int_1^2 p\,dv \tag{2.3}$$

여기서 w는 일, p는 압력, v는 비체적이다. 비록 직접적으로 측정하기는 어렵지만 물질을 구성하는 각각의 분자는 에너지를 가진다. 그리고 이들 분자는 직진, 진동, 회전 등과 같은 불규칙한 운동을 하는데, 이에 관련된 에너지를 운동에너지와 위치에너지 같이 체계적인 형태로 나타내기 어렵다. 따라서 이런 무질서한 형태로 저장되어 있는 에너지를 내부에너지라 정의한다. 즉 **내부에너지**는 물체가 가지는 총에너지 가운데 역학적 에너지(운동에너지와 위치에너지)와 전기 및 자기에너지 등 외계와의 관계에 의해 좌우되는 외적인 에너지를 제외한 물체 자신이 가지고 있는 내적인 에너지를 말한다. 일반적으로 온도는 내부에너지 크기에 비례하여 증가한다. 그러나 온도측정을 통해 항상 내부에너지 크기를 알 수 있는 것은 아니다. 이는 작동유체가 물인 경우 내부에너지 일종인 증발열이나 융해열과 같은 잠열은 온도에 비례하지 않는 성질을 가지기 때문이다. 즉 상변화를 수반하는 물질의 온도는 상변화가 진행되는 동안 내부에너지 크기에 비례하여 증가하지 않지만 이상기체와 같이 상변화가 일어나지 않는 물질의 온도는 내부에너지 크기에 비례하여 증가한다.

어떤 계의 검사표면(계의 경계)을 통과하는 작동유체의 질량에 관계된 일을 **유동에너지**라 하며, 그 크기는 다음과 같다.

$$FE = \int pA\,dl = \int p\,dV = m\int p\,dv \tag{2.4}$$

여기서 A는 단면적, V는 검사표면을 통과하는 유체의 체적, m은 검사표면을 통과하는 유체의 질량, v는 유체의 비체적을 나타낸다. 식 (2.4)에서 압력이 일정할 때 단위질량당 유동에너지는 pv이다. 따라서 p_1v_1은 유동통로 입구 바로 상류에 있는 유체가 입구 앞으로 이동하는 데 있어서 유체에 의해 이루어지는 일을 나타낸다. 따라서 이때 유동에너지는 계 내부로 작용한다. 이와 유사하게 p_2v_2는 계 내부에 있는 유체가 출구 바로 앞으로 이동하는 데 있어서 유체에 의해 이루어지는 일을 나타낸다. 따라서 이때 유동에너지는 계를 떠나는 방향으로 작용한다.

엔탈피는 내부에너지와 유동에너지의 합이다. 따라서 단위질량당 엔탈피는 다음과 같다.

$$h = u + pv \tag{2.5}$$

여기서 h는 엔탈피, u는 내부에너지, pv는 유동에너지(유동일)이다. 엔탈피는 계의 에너지 상태를 나타낼 수 있는 열역학적 상태량으로서 발전공학에서 매우 중요하게 사용하는 물리량이다. 증기터빈과 가스터빈의 열역학적 특성을 나타내는 $h-s$선도를 이용하면 각 과정에서 발생하거나 공급해야 하는 동력의 크기 및 열효율 등을 쉽게 살펴볼 수 있다. 실제로 증기터빈 성능을 측정하기 위하여 엔탈피강하 효율시험이 사용되고 있다. 이 방법을 이용하면 저렴하면서도 정확하게 증기터빈 성능을 측정할 수 있다. 엔탈피는 증기터빈 입구와 출구에서 증기의 온도와 압력을 측정하면 증기표를 이용하여 쉽게 구할 수 있다.

밀폐계에서는 유동에너지, 운동에너지, 위치에너지의 변화가 없기 때문에 열역학 제1법칙인 식 (2.2)는 다음과 같이 된다.

$$\delta q = du + \delta w \tag{2.6}$$

여기서 q는 열량이다. 밀폐계에서의 일을 나타내는 식 (2.3)을 이용하면, 식 (2.6)은 다음과 같이 표현된다.

$$\delta q = du + pdv \tag{2.7}$$

한편, 식 (2.5)를 양변 미분하면 다음과 같은 관계식을 얻는다.

$$dh = du + pdv + vdp$$

위 식과 식 (2.7)을 조합하면 다음과 같은 식을 얻는다.

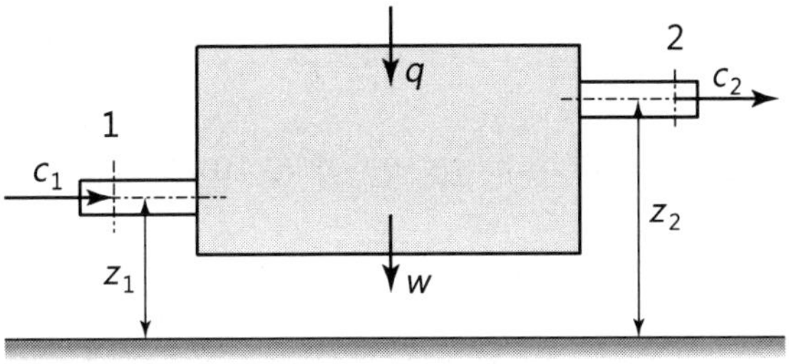

그림 2.1 개방계

$$\delta q = dh - vdp \tag{2.8}$$

식 (2.7)을 열역학 제1기초식, 식 (2.8)을 열역학 제2기초식이라 한다.

그림 2.1에 나타나 있는 것처럼 개방계에서는 작동유체, 일, 열 모두 계를 출입한다. 개방계에서 작동유체의 출입은 정상상태에서 이루어진다. 참고로, 개방계에서 입구나 출구가 반드시 하나라야만 된다는 조건은 없다. 다만 다수의 입구와 출구가 존재하는 경우 입구를 통해서 유입된 질량유량과 출구를 통해서 빠져나가는 질량유량은 서로 같아야 한다. 이런 이유 때문에 개방계를 정상류계라고도 한다. 열역학 제1법칙인 식 (2.2)를 개방계에 대해서 정리하면 다음과 같다.

$$q_{12} = (u_2 - u_1) + (p_2 v_2 - p_1 v_1) + \frac{1}{2}\left(c_2^2 - c_1^2\right) + g\left(z_2 - z_1\right) + w_{12}$$

$$q_{12} = h_2 - h_1 + \frac{1}{2}\left(c_2^2 - c_1^2\right) + g\left(z_2 - z_1\right) + w_{12} \tag{2.9}$$

여기서 c는 속도, z는 높이를 나타낸다. 열역학 제1법칙은 에너지방정식이라고도 불린다. 그리고 열역학 제1법칙에서 일과 열은 방향성을 가진다. 일을 계 내부로 공급하면 음(−), 일이 계를 빠져나가면 양(+)의 일이다. 이에 반해 열을 계 내부로 공급하면 양(+), 계를 빠져나가면 음(−)의 열이다. 따라서 그림 2.1에 나타나 있는 일과 열은 모두 양(+)이다. 한편, 증기와 같은 기체는 위치에너지 변화를 무시할 수 있기 때문에 식 (2.9)는 다음과 같이 된다.

$$q_{12} = \left(h_2 + \frac{1}{2}c_2^2\right) - \left(h_1 + \frac{1}{2}c_1^2\right) + w_{12}$$

$$q_{12} = h_{o,2} - h_{o,1} + w_{12} \tag{2.10}$$

여기서 h_o는 정체엔탈피 또는 총엔탈피이며, 다음과 같이 정의한다.

$$h_o = h + \frac{1}{2}c^2$$

한편, 운동에너지 변화를 무시할 수 있다면 식 (2.10)은 다음과 같이 된다.

$$q_{12} = h_2 - h_1 + w_{12} \tag{2.11}$$

식 (2.11)과 (2.8)을 비교하면 개방계에서의 일인 **공업일**을 정의할 수 있다.

$$w_{12} = -\int_1^2 v\,dp \tag{2.12}$$

비열은 단위질량을 가지는 어떤 물체의 온도를 1℃ 상승시키는 데 필요한 열량으로 정의한다. 우리는 특별히 물 1 kg의 온도를 표준대기 조건에서 1℃ 상승시키는 데 필요한 열량을 1 kcal라 정의하여 사용하고 있다. 일반적으로 어떤 주어진 열량을 어떤 물체에 공급했을 때 그 물체의 온도가 얼마나 변하는가는 그 물질의 비열에 좌우된다. 이를 식으로 나타내면 다음과 같다.

$$\delta q = c\,dT$$

여기서 δq는 어떤 단위질량의 물질에 가열한 열량, c는 물질의 비열, dT는 온도차를 나타낸다. 따라서 비열은 전달된 열량을 알면 쉽게 구할 수 있다. 그런데 열량은 경로함수이므로 비열을 정의하는 데 있어서 반드시 과정을 명시해야 한다.

열역학적 과정에 있어서 가장 유용한 두 가지 과정은 정압과정과 정적과정이다. 그리고 이들 과정에 사용하는 비열을 정압비열과 정적비열이라 하며, 각각 c_p와 c_v로 표기한다.

정적비열을 구하기 위하여 열역학 제1기초식으로부터 다음과 같은 관계식을 유도할 수 있다.

$$\delta q = du = c_v\,dT$$

이와 유사한 방법으로 정압비열을 구하기 위하여 열역학 제2기초식으로부터 다음과 같은 관계식을 유도할 수 있다.

$$\delta q = dh = c_p\,dT$$

이들 식으로부터 다음과 같은 정적비열과 정압비열에 대한 정의식을 구할 수 있다.

$$c_v = \frac{du}{dT}$$

$$c_p = \frac{dh}{dT} \tag{2.13}$$

한편, 정압비열의 정적비열에 대한 비율을 **비열비**라 하며, 다음과 같이 정의한다.

$$\gamma = \frac{c_p}{c_v} \tag{2.14}$$

비열비 값은 기체분자를 구성하는 원자 수에 따라서 달라진다. 즉 He과 Ne 같은 단원자 가스의 비열비는 1.67이며, N_2, O_2, H_2 등과 같은 2원자 가스는 1.4, 그리고 CO_2 및 H_2O 등과 같은 다원자 가스는 1.33이다. 공기는 대부분 질소와 산소로 구성되어 있기 때문에 공기의 비열비는 1.4이다.

이상기체 상태방정식은 보일의 법칙과 샤를의 법칙을 조합한 것으로서 다음과 같다.

$$pv = RT \text{ 또는 } p = \rho RT \tag{2.15}$$

여기서 p는 압력, v는 비체적, ρ는 밀도, R은 기체상수, T는 온도를 나타낸다.

한편, 엔탈피 정의식인 식 (2.5)에 식 (2.15)를 대입하면 다음과 같은 관계식이 얻어진다.

$$h = u + RT$$

이 식을 온도 T에 대하여 미분하면 다음과 같은 관계식이 얻어진다.

$$\frac{dh}{dT} = \frac{du}{dT} + R$$

여기에 식(2.12)와 (2.13)을 대입하여 정리하면 다음과 같은 관계식을 얻는다.

$$c_p - c_v = R \tag{2.16}$$

식 (2.16)과 (2.14)를 조합하면 각각의 비열에 대한 관계식을 얻을 수 있다.

$$c_v = \frac{1}{\gamma - 1} R$$

$$c_p = \frac{\gamma}{\gamma - 1} R \tag{2.17}$$

이 비열 관계식들을 이용하면 비열비와 기체상수를 이용하여 다양한 기체에 대한 정적비열과 정압비열을 쉽게 구할 수 있다.

엔트로피는 'energy + tropy'의 합성어로서 tropy는 변형을 의미하는 그리스어이다. 엔트로피는 물질의 열적상태를 나타내는 물리량으로써 깁스 방정식을 이용하면 쉽게 정의할 수 있다. 깁스 방정식은 다음과 같다(이병은, 2012).

$$Tds = du + pdv \tag{2.18}$$

여기서 ds는 엔트로피 변화량이다. 식 (2.17)과 (2.7)을 비교하면 엔트로피 변화량은 다음과 같다.

$$ds = \frac{\delta q}{T}$$

엔트로피 변화량을 계산하기 위하여 엔트로피 정의식과 열역학 제2기초식을 사용하면 다음과 같은 관계식을 얻을 수 있다.

$$ds = \frac{dh - vdp}{T}$$

식 (2.13)과 (2.15)를 위 식에 대입하여 정리하면 다음과 같은 관계식을 얻을 수 있다.

$$ds = c_p \frac{dT}{T} - R\frac{dp}{p}$$

이 식을 상태 1에서 2까지 적분하면 다음과 같은 관계식을 얻을 수 있다.

$$s_2 - s_1 = c_p \ln\left(\frac{T_2}{T_1}\right) - R\ln\left(\frac{p_2}{p_1}\right)$$

위 식을 이용하면 작동유체의 상태변화에 따른 엔트로피 변화량을 계산할 수 있다.

여기서 등엔트로피과정에 대해서 간단히 살펴보자. 등엔트로피과정인 경우 $s_1 = s_2$이기 때문에 위 식으로부터 다음과 같은 관계식을 얻을 수 있다.

$$C_p \ln\left(\frac{T_2}{T_1}\right) = R\ln\left(\frac{p_2}{p_1}\right)$$

위 식을 정리하면 다음과 같은 등엔트로피 관계식을 유도할 수 있다.

$$\frac{T_2}{T_1} = \left(\frac{p_2}{p_1}\right)^{\frac{\gamma - 1}{\gamma}} \tag{2.19}$$

이와 비슷한 방법을 이용하여 엔트로피 정의식과 열역학 제1기초식을 이용하면 다음과 같은 또 다른 등엔트로피 관계식을 유도할 수 있다.

$$\frac{T_2}{T_1} = \left(\frac{v_1}{v_2}\right)^{\gamma-1} = \left(\frac{\rho_2}{\rho_1}\right)^{\gamma-1} \tag{2.20}$$

식 (2.19)와 (2.20)으로부터 다음과 같은 관계식을 유도할 수 있다.

$$p_1 v_1^{\gamma} = p_2 v_2^{\gamma}$$

따라서 등엔트로피과정을 나타내는 다음과 같은 일반식을 구할 수 있다.

$$pv^{\gamma} = \text{const.} \tag{2.21}$$

2.2 1차원 압축성유체 유동

유체가 매우 느린 속도로 이동하면 그 유체의 밀도는 거의 일정한 상태로 유지된다. 그러나 유체가 음속의 0.3배 이상의 고속으로 이동하면 유체의 밀도가 변하며, 특히 유체의 속도가 음속을 초과하면 유체의 밀도가 크게 변하기 때문에 유체의 압축성 효과를 반드시 고려해야 한다. 증기터빈에서 작동유체인 증기의 이동속도는 매우 빠른 편이며, 압력의 변화 또한 크기 때문에 밀도변화를 고려해야 한다. 여기서는 1차원 압축성유체의 유동에 대한 열유체역학의 기본적인 내용에 대해서 살펴보기로 한다.

2.2.1 음속

이상기체는 압축성유체이다. 그림 2.2에 나타나 있는 것처럼 피스톤을 이동시켜 튜브 내부의 압축성유체를 밀어주면 피스톤 전면에 있는 압축성유체에 극소의 압력상승이 일어나며, 그 전단에는 파가 형성되어 음속으로 이동한다. 음속은 압축성유체의 유동에 있어서 매우 중요한 변수이며, 그 크기는 압축성유체의 상태에 의해 결정된다.

음속의 특성을 살펴보기 위하여 관찰자가 음속으로 진행하는 파에 올라타서 관찰하는 경우를 살펴보자. 이때 계(또는 제어체적)는 그림 2.3에 나타나 있는 것처럼 설정할 수 있다. 이 계를 해석하기 위한 개방계에 대한 열역학 제1법칙은 식 (2.9)이다. 그런데 여기

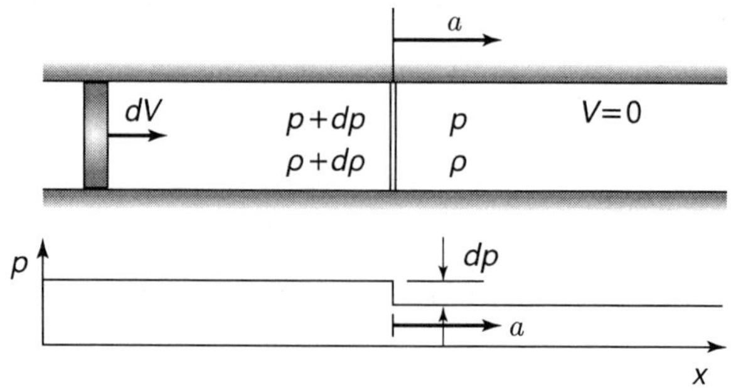

그림 2.2 압축성유체 정상유동 정지관찰

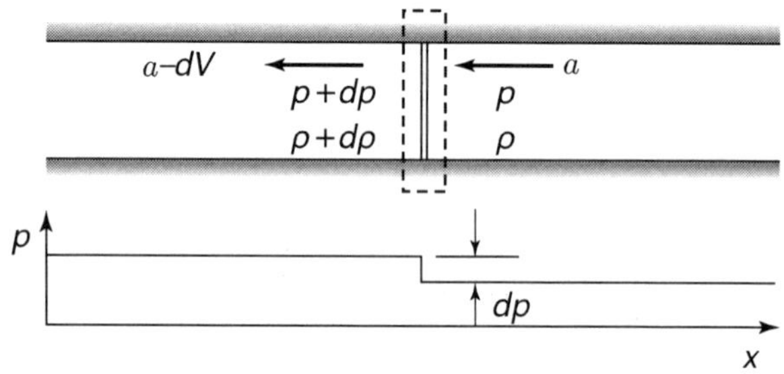

그림 2.3 압축성유체 정상유동 이동관찰

서 고려하는 압축성유체의 유동은 단순1차원유동이기 때문에 계에서 발생한 일은 없으며, 위치에너지 변화는 무시할 수 있다. 아울러 튜브는 단열되어 있다고 가정하면, 열역학 제1법칙은 다음과 같이 된다.

$$h+\frac{a^2}{2}=(h+dh)+\frac{(a-dV)^2}{2}$$
$$dh-a\,dV=0 \tag{2.22}$$

여기서 a는 음속을 나타낸다.

연속방정식으로부터 다음과 같은 관계식을 유도할 수 있다.

$$\rho a A=(\rho+d\rho)(a-dV)A$$
$$a\,d\rho-\rho\,dV=0 \tag{2.23}$$

한편, 열역학 제2기초식은 다음과 같다.

$$\delta q=dh-vdp$$
$$Tds=dh-\frac{dp}{\rho}$$

벽면에서의 마찰을 무시하면 여기서 고려하는 압축성유체의 유동은 가역과정이기 때문에 등엔트로피과정이다. 따라서 열역학 제2기초식을 식 (2.22)에 대입하면 다음과 같은 관계식을 얻는다.

$$\frac{dp}{\rho} - a\,dV = 0$$

위 식과 식 (2.23)을 조합하면 다음과 같은 관계식이 얻어진다.

$$\frac{dp}{d\rho} = a^2 \tag{2.24}$$

그런데 여기서 다루고 있는 유동은 등엔트로피과정이기 때문에 식 (2.24)는 다음과 같이 표시한다.

$$\left(\frac{dp}{d\rho}\right)_s = a^2 \tag{2.25}$$

등엔트로피과정에서 다음 관계식이 성립한다.

$$pv^\gamma = \frac{p}{\rho^\gamma} = \text{const.}$$

$$\ln p - \gamma \ln \rho = \text{const.}$$

$$\frac{dp}{p} - \gamma \frac{d\rho}{\rho} = 0$$

위 식으로부터 다음과 같은 관계식이 얻어진다.

$$\frac{dp}{d\rho} = \frac{\gamma p}{\rho}$$

식 (2.31)에 이상기체 상태방정식을 대입하면 다음과 같은 관계식이 얻어진다.

$$\frac{dp}{d\rho} = \gamma RT$$

따라서 음속은 다음과 같은 관계식으로 정의할 수 있다.

$$a = \sqrt{\gamma RT} \tag{2.26}$$

한편, 압축성유체의 유동에서 가장 중요한 무차원 수는 마하수이며, 마하수는 다음과 같이 속도를 음속으로 나눈 값으로 정의한다.

$$M = \frac{V}{a}$$

여기서 M은 마하수, V는 유체의 속도이다.

2.2.2 단순1차원유동

단순1차원유동이란 그림 2.4에 나타나 있는 것처럼 벽면은 단열되어 있으며, 벽면에서 마찰손실이 일어나지 않는 1차원유동을 말한다. 따라서 단순1차원유동에서는 발생하는 일이 없다. 단순1차원유동에서 나타나는 열유체역학적 현상은 노즐통로와 버켓통로에서 나타나는 유동에 적용할 수 있기 때문에 매우 중요하다.

에너지방정식인 식 (2.10)을 이용하면 다음과 같은 단순1차원유동에 대한 관계식을 유도할 수 있다.

$$h_1 + \frac{1}{2} V_1^2 = h_2 + \frac{1}{2} V_2^2$$

참고로, 이 식은 마찰효과에 관계없이 사용할 수 있는 식이다. 속도가 0인 지점에서의 엔탈피는 h_o로 표시하며, h_o는 정체엔탈피 또는 총엔탈피라 한다. 따라서 다음과 같이 단순1차원유동 관계식을 확장시킬 수 있다.

$$h_o = h_1 + \frac{1}{2} V_1^2 = h_2 + \frac{1}{2} V_2^2 \tag{2.27}$$

만약 작동유체가 이상기체라면 기체의 온도와 관련된 몇 가지 특징적인 사항을 관찰할 수 있다. 식 (2.13)을 이용하면 이상기체의 엔탈피는 다음과 같이 표현된다.

$$h = c_p T + \text{const.}$$

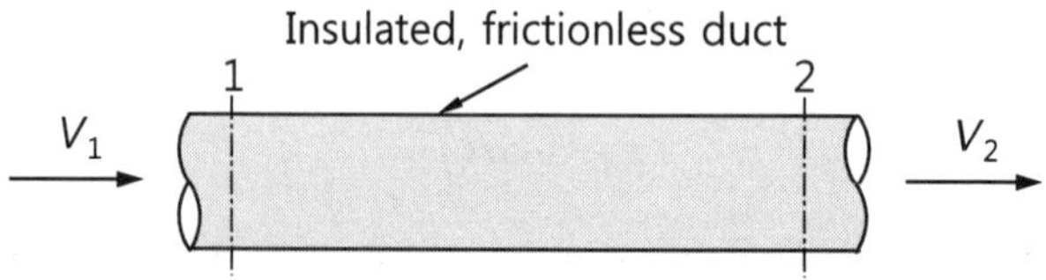

그림 2.4 단순1차원유동

따라서 식 (2.27)은 다음과 같이 표현할 수 있다.

$$T_o = T_1 + \frac{V_1^2}{2c_p} = T_2 + \frac{V_2^2}{2c_p} \tag{2.28}$$

여기서 T_o는 유체의 정체온도 또는 전체온도라 한다. 그리고 유체가 V_1의 속도로 이동할 때의 온도는 T_1이며, 이를 자유류온도라 한다. 따라서 자유류온도는 전체온도보다 항상 낮다.

식 (2.28)은 다음과 같이 나타낼 수 있다.

$$T_o = T_1\left[1 + \frac{V_1^2}{2c_pT_1}\right] = T_2\left[1 + \frac{V_2^2}{2c_pT_2}\right]$$

이 식에 비열 관계식을 대입하여 정리하면 다음과 같은 관계식이 얻어진다.

$$T_o = T_1\left[1 + \frac{\gamma - 1}{2}M_1^2\right] = T_2\left[1 + \frac{\gamma - 1}{2}M_2^2\right] \tag{2.29}$$

2.2.3 단면적이 변하는 관 유동

증기터빈을 포함한 각종 터보기계에는 그림 2.5에 나타나 있는 것과 같이 유동 진행방향을 따라서 관 단면적이 변하는 경우가 많이 있다. 그림 2.5(a)에 나타나 있는 수축노즐은 하류로 가면서 단면적이 작아지는데, 이런 형태를 노즐이라 한다. 이에 반해서 그림 2.5(b)에 나타나 있는 확산노즐은 하류로 가면서 단면적이 커지는데, 이런 형태를 디퓨저라 한다.

단면적이 변하는 관 내부를 유동이 고속으로 흘러갈 때 유동을 지배하는 관계식은 다음과 같다(Sabersky, 1971).

$$\frac{dA}{A} = (M^2 - 1)\frac{dV}{V} \tag{2.30}$$

먼저 그림 2.5(a)에 나타나 있는 노즐에서의 유동을 살펴보기로 하자. 유동방향을 따라 하류로 가면서 노즐 단면적이 축소되기 때문에 $dA/A < 0$이다. 노즐 내부를 흐르는 유체의 속도가 아음속일 때 $(M^2 - 1)$은 음$(-)$의 값을 가지기 때문에 식 (2.30)을 만족시키기 위해서는 dV/V항이 양$(+)$이 되어야 한다. 이는 하류로 가면서 유체의 속도가 증가되어야 한다는 것을 의미한다. 따라서 아음속유동은 노즐을 통과할 때 유동이 가속된다. 이제

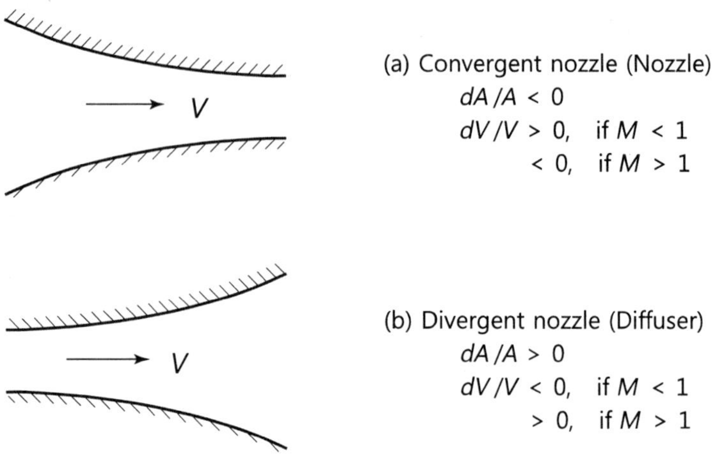

그림 2.5 수축노즐 및 확산노즐 유동

노즐 내부를 흐르는 초음속유동을 살펴보자. 이때 (M^2-1)은 양(+)의 값을 가지기 때문에 식 (2.30)을 만족시키기 위해서는 dV/V항이 음(−)이 되어야 한다. 따라서 초음속유동이 노즐을 통과할 때 아음속유동 때와 정반대로 유동이 감속된다.

이제 그림 2.5(b)에 있는 디퓨저에서의 유동을 살펴보기로 하자. 디퓨저에서는 유동방향을 따라서 단면적이 확장되기 때문에 $dA/A>0$이다. 디퓨저 내부를 흐르는 유체의 속도가 아음속이면 (M^2-1)은 음(−)의 값을 가지기 때문에 식 (2.30)을 만족시키기 위해서 dV/V항도 음(−)이 되어야 한다. 이는 아음속유동이 디퓨저를 통과할 때 유체의 속도가 감소한다는 것을 의미한다. 이제 디퓨저 내부를 흐르는 유체의 속도가 초음속인 경우를 살펴보자. 이때 (M^2-1)은 양(+)의 값을 가지기 때문에 식 (2.30)을 만족시키기 위해서 dV/V항도 양(+)이 되어야 한다. 즉 초음속유동은 디퓨저를 통과하면서 유동이 가속된다. 이런 사실은 아음속유동에서 관찰되는 것과 정반대 결과이다.

노즐과 디퓨저를 연결하면 그림 2.6에 나타나 있는 수축-확산노즐이 되며, 아음속유동을 초음속으로 가속시킬 수 있다. 수축-확산노즐 입구로 유체가 아음속으로 유입되면, 유체는 단면적 축소로 인해서 속도가 증가하여 노즐 목에서 음속에 도달한다. 노즐 목에서 음속에 도달한 유동은 디퓨저를 지나면서 더욱 가속되어 초음속유동이 된다. 따라서 수축-확산노즐을 이용하면 아음속유동을 초음속으로 가속시킬 수 있다. 그러나 이 경우에 노즐 목에서는 마하수가 1이 되기 때문에 초킹(유동질식)이 발생하며, 수축-확산노즐을 통과하는 최대 질량유량은 노즐 목 단면적에 의해서 결정된다. 이런 수축-확산노즐은 실제로 대형 LSB 설계에 적용하고 있다.

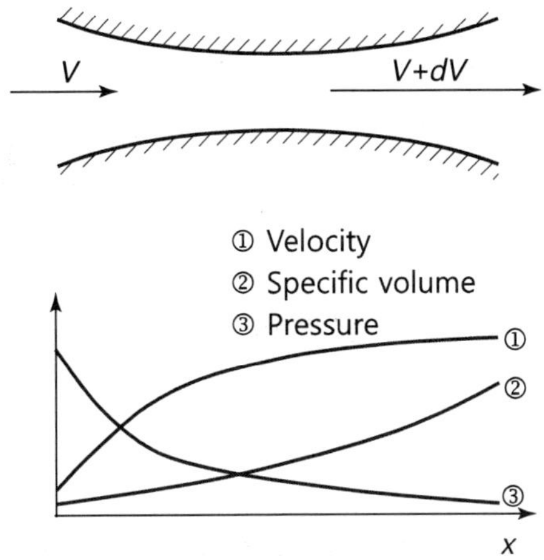

그림 2.6 수축-확산노즐 유동

2.2.4 초킹

물리학에 있어서 질량보존법칙은 가장 기본적인 법칙으로써 질량은 항상 일정하게 유지되며, 만들어지지도 없어지지도 않는다는 것을 나타낸다. 유체의 질량은 체적과 밀도의 곱으로 표현된다. 그런데 유체가 이동할 때 유체의 밀도, 체적, 형상은 시간에 따라 달라진다. 따라서 유체역학에서 질량보존법칙은 연속방정식으로 표현된다. 연속방정식이란 유체가 관 내부를 흐를 때 관 내부 모든 단면을 지나는 질량유량은 항상 일정하다는 것이다. 따라서 연속방정식은 다음과 같다.

$$\dot{m} = \rho VA = \text{const.}$$

여기서 $\dot{m}$은 유체의 질량유량, ρ는 유체의 밀도, V는 속도, A는 유체가 흘러가는 관의 단면적을 나타낸다. 연속방정식에 의하면, 주어진 단면적과 유체의 밀도가 일정하다면 단순하게 속도를 증가시켜 질량유량을 무한대로 증가시킬 수 있는 것처럼 보인다. 그러나 속도를 증가시키는 것은 초킹에 의해서 제한을 받는다. 그리고 유체의 속도가 증가하면 압축성 효과가 나타나기 때문에 유체의 밀도가 달라진다. 따라서 고속유동에서 질량유량을 계산하기 위해서는 밀도의 변화를 반영해야 한다. 질량유량을 구하기 위해서 그림 2.7에 나타나 있는 단면적이 급격히 변하는 관 유동을 살펴보자. 여기서 상류에서의 유동 단면적은 하류에서의 유동 단면적에 비해 매우 커서 상류에서의 속도는 무시할 수 있다고 가정한다.

고속유동에서 속도는 다음과 같다.

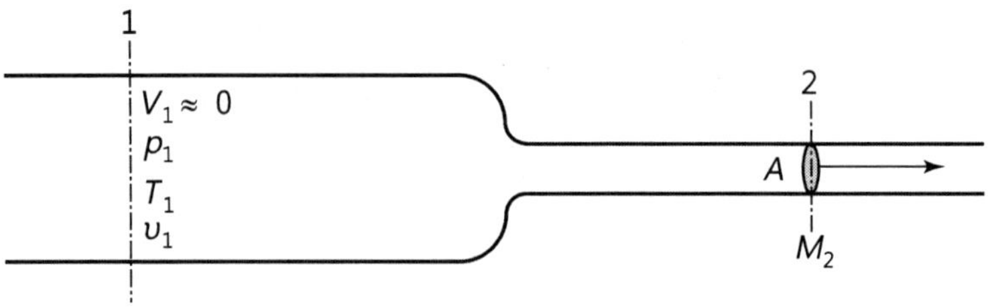

그림 2.7 단면적이 변하는 관 유동

$$V = aM$$

여기서 a는 음속, M은 마하수이다. 따라서 연속방정식을 이용해서 그림 2.7에 나타나 있는 지점 2에서 질량유량을 표현하면 다음과 같다.

$$\dot{m} = \rho_2 a_2 M_2 A$$

위 식에 음속에 관한 식 (2.26)을 대입하면 다음과 같은 관계식이 얻어진다.

$$\dot{m} = \rho_2 A M_2 \sqrt{\gamma R T_2} \tag{2.31}$$

이상기체 상태방정식으로부터 밀도에 관한 다음과 같은 식을 얻을 수 있다.

$$\rho_2 = \frac{p_2}{RT_2}$$

위 식을 식 (2.31)에 대입하여 정리하면 다음과 같은 관계식이 얻어진다.

$$\dot{m} = A \cdot \sqrt{\frac{\gamma}{R}} \cdot M_2 \cdot \frac{p_2}{\sqrt{T_2}} \tag{2.32}$$

여기서 관은 단열되어 있으며, 관 내부에서 발생하는 마찰을 무시할 수 있다면 등엔트로피과정이 된다. 등엔트로피 관계식인 식 (2.19)로부터 다음과 같은 관계식이 얻어진다.

$$p_2 = p_1 \left(\frac{T_2}{T_1} \right)^{\frac{\gamma}{\gamma - 1}} \tag{2.33}$$

식 (2.19)로부터 다음과 같은 관계식을 얻을 수 있다.

$$\frac{1}{\sqrt{T_2}}=\frac{1}{\sqrt{T_1}}\cdot\left(\frac{p_2}{p_1}\right)^{\frac{-(\gamma-1)}{2\gamma}} \tag{2.34}$$

식 (2.33)과 (2.34)를 식 (2.32)에 대입하여 정리하면 다음과 같은 관계식이 얻어진다.

$$\dot{m}=\frac{Ap_1}{\sqrt{T_1}}\cdot\sqrt{\frac{\gamma}{R}}\cdot M_2\cdot\left(\frac{T_2}{T_1}\right)^{\frac{\gamma+1}{2(\gamma-1)}} \tag{2.35}$$

식 (2.29)로부터 다음과 같은 관계식을 유도할 수 있다.

$$T_1 = T_2\left[1+\frac{\gamma-1}{2}M_2^2\right]$$

$$\frac{T_2}{T_1}=\left[1+\frac{\gamma-1}{2}M_2^2\right]^{-1} \tag{2.36}$$

식 (2.36)을 식 (2.35)에 대입하여 정리하면 다음과 같은 관계식이 만들어진다.

$$\dot{m}=\frac{Ap_1}{\sqrt{T_1}}\cdot\sqrt{\frac{\gamma}{R}}\cdot M_2\cdot\left[1+\frac{\gamma-1}{2}M_2^2\right]^{\frac{-(\gamma+1)}{2(\gamma-1)}} \tag{2.37}$$

위 식은 그림 2.7에 있는 지점 2에서의 질량유량을 구할 수 있는 식이다. 그런데 위 식은 오직 마하수만의 함수임을 알 수 있다. 따라서 마하수가 달라짐에 따라서 질량유량이 어떻게 변하는가를 살펴보는 것은 매우 중요하다. 질량유량을 간단하게 표시하기 위하여 다음과 같이 표시하기로 하자.

$$B=\frac{Ap_1}{\sqrt{T_1}}\cdot\sqrt{\frac{\gamma}{R}} \tag{2.38a}$$

$$C=\frac{\gamma+1}{2(\gamma-1)} \tag{2.38b}$$

$$D=\frac{\gamma-1}{2} \tag{2.38c}$$

따라서 식 (2.37)은 다음과 같이 표시된다.

$$\dot{m}=B\cdot\frac{M_2}{\left(1+DM_2^2\right)^C}$$

질량유량이 최대가 되는 마하수를 찾기 위하여 위 식을 마하수에 대해서 미분하고 그

값을 0으로 놓으면 다음과 같이 된다.

$$\frac{d\dot{m}}{dM_2} = M_2 \cdot \frac{d}{dM_2}\left[\frac{1}{\left(1+DM_2^2\right)^C}\right] + \frac{1}{\left(1+DM_2^2\right)^C} = 0$$

$$M_2^2 = \frac{1}{D(2C-1)} \tag{2.39}$$

식 (2.39)에 식 (2.38)을 대입하면 최대 질량유량은 다음과 같은 조건에서 얻어진다.

$$M_2^2 = 1 \quad \text{또는} \quad M_2 = 1$$

이 식의 의미는 최대 질량유량은 마하수 1일 때 일어나며, 이렇게 최대로 흘러갈 수 있는 질량유량이 제한되는 것을 **초킹**(유동질식 또는 질식유동)이라 한다. 따라서 최대 질량유량은 식 (2.37)에서 $M_2 = 1$일 때 나타나기 때문에 다음과 같은 관계식이 성립한다.

$$\dot{m}_{\max} = \frac{Ap_1}{\sqrt{T_1}} \cdot \sqrt{\frac{\gamma}{R}} \cdot \left[\frac{\gamma+1}{2}\right]^{\frac{-(\gamma+1)}{2(\gamma-1)}} \tag{2.40}$$

일반 유체역학 책에 많이 나와 있는 방법으로 초킹을 설명하면 증기터빈에서 발생하는 유동을 좀더 쉽게 이해할 수 있다. 이를 위해 그림 2.8에서와 같이 고압의 기체로 채워진 압력용기로부터 면적이 일정한 노즐을 통해서 배출되는 유동을 살펴보자.

압력용기 내부압력은 p_1이고 외부압력은 p_2이다. 초기에 외부압력이 내부압력과 동일하다면 $p_2/p_1 = 1$이며, 유동이 형성되지 않는다. 따라서 그림 2.8에 나타나 있는 것처럼 노즐을 통해서 빠져나가는 속도는 0이다. 이제 외부압력 p_2를 서서히 낮추어 보자. 그러

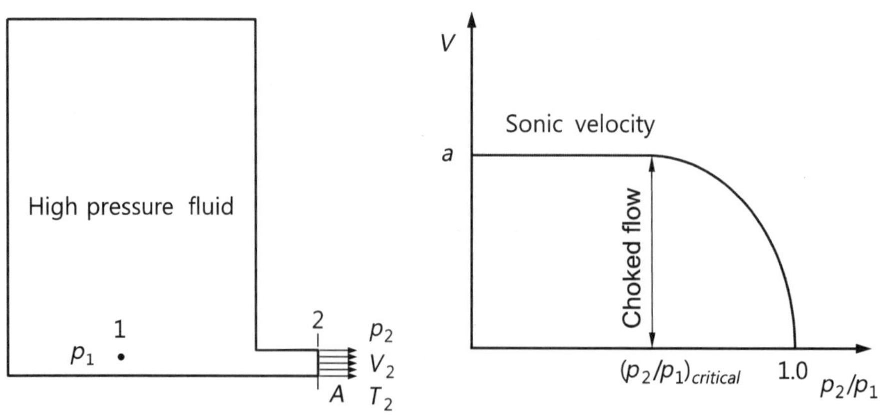

그림 2.8 압력용기 노즐유동

면 압력용기 내부압력과 외부압력 사이에는 압력차가 발생하여 노즐출구에 유동이 형성되기 시작한다. 여기서 압력용기가 단열되어 있다고 가정하면, 유동에 관련된 관계식은 에너지방정식인 식 (2.9)를 사용하여 구할 수 있다.

$$u_1 + p_1 v_1 + \frac{1}{2} V_1^2 = u_2 + p_2 v_2 + \frac{1}{2} V_2^2 \tag{2.41}$$

여기서 u는 내부에너지, pv는 유동에너지, p는 압력, v는 비체적, V는 유체의 속도이다.

압력용기 내부에 있는 유체의 속도는 무시할 수 있다. 그리고 내부에너지를 온도 관계식으로 표현하면 식 (2.49)는 다음과 같이 된다.

$$c_v T_1 + p_1 v_1 = c_v T_2 + p_2 v_2 + \frac{1}{2} V_2^2$$

$$\frac{1}{2} V_2^2 = p_1 v_1 - p_2 v_2 + c_v (T_1 - T_2)$$

위 식에 정적비열에 대한 관계식인 식 (2.17)을 대입하여 정리하면 다음과 같이 된다.

$$V_2^2 = \frac{2\gamma}{\gamma - 1} (p_1 v_1 - p_2 v_2) \tag{2.42}$$

노즐 벽면에서 발생하는 마찰손실이 없다고 가정하면 노즐에서의 유동은 등엔트로피과정이므로 압력과 비체적 사이에는 다음과 같은 관계식이 성립한다.

$$p_2 v_2 = p_1 v_1 \left(\frac{p_2}{p_1} \right)^{\frac{\gamma - 1}{\gamma}} \tag{2.43}$$

식 (2.43)을 (2.42)에 대입하여 정리하면 다음과 같은 관계식이 성립한다.

$$V_2 = \sqrt{2 p_1 v_1 \frac{\gamma}{\gamma - 1} \left[1 - \left(\frac{p_2}{p_1} \right)^{\frac{\gamma - 1}{\gamma}} \right]} \tag{2.44}$$

식 (2.44)는 상류에서의 속도가 하류에 비해 매우 느린 상태에서 상류압력과 하류압력을 이용하여 하류에서의 속도를 구할 수 있는 식이다. 한편, 노즐을 통해서 빠져나가는 질량유량은 다음과 같다.

$$\dot{m} = \rho_2 V_2 A$$

그러므로 질량유량에 관한 관계식은 다음과 같다.

$$\dot{m}=\frac{A}{v_2}\sqrt{2p_1v_1\frac{\gamma}{\gamma-1}\left[1-\left(\frac{p_2}{p_1}\right)^{\frac{\gamma-1}{\gamma}}\right]}$$

등엔트로피 관계식을 이용하여 위 식을 정리하면 다음과 같이 된다.

$$\dot{m}=A\sqrt{\frac{2\gamma}{\gamma-1}\frac{p_1}{v_1}\left[\left(\frac{p_2}{p_1}\right)^{\frac{2}{\gamma}}-\left(\frac{p_2}{p_1}\right)^{\frac{\gamma+1}{\gamma}}\right]} \tag{2.45}$$

이제 최대의 질량유량이 형성되는 압력비를 구해보자. 이는 다음과 같이 질량유량을 압력비로 미분한 값을 0으로 놓으면 구할 수 있다.

$$\frac{d\dot{m}}{d\left(\frac{p_2}{p_1}\right)}=0$$

위 식은 다음과 같이 나타낼 수 있다.

$$\frac{d\left[\left(\frac{p_2}{p_1}\right)^{\frac{2}{\gamma}}-\left(\frac{p_2}{p_1}\right)^{\frac{\gamma+1}{\gamma}}\right]}{d\left(\frac{p_2}{p_1}\right)}=0$$

미분을 수행해서 정리하면 다음과 같은 관계식이 얻어진다.

$$\frac{2}{\gamma}\left(\frac{p_2}{p_1}\right)^{\frac{2}{\gamma}-1}-\frac{\gamma+1}{\gamma}\left(\frac{p_2}{p_1}\right)^{\frac{\gamma+1}{\gamma}-1}=0$$

위 식을 p_2/p_1에 대해서 풀면 다음과 같은 관계식이 얻어진다.

$$\left(\frac{p_2}{p_1}\right)_{critical}=\left(\frac{2}{\gamma+1}\right)^{\frac{\gamma}{\gamma-1}} \tag{2.46}$$

식 (2.46)을 식 (2.44)에 대입하고 정리하면 다음과 같은 관계식이 얻어진다.

$$V_{critical}=\sqrt{p_1v_1\frac{2\gamma}{\gamma+1}} \tag{2.47}$$

식 (2.47)은 노즐출구를 빠져나가는 임계속도이다. 그런데 이 식은 압력용기 내부 상태량으로 표현되어 있다. 그러므로 식 (2.47)을 노즐출구에서의 상태량으로 바꾸어 보자. 식 (2.46)으로부터 노즐출구에서의 압력을 구할 수 있다.

$$p_2 = p_1\left(\frac{2}{\gamma+1}\right)^{\frac{\gamma}{\gamma-1}} \tag{2.48}$$

이제 등엔트로피 관계식으로부터 다음과 같은 관계식을 구할 수 있다.

$$v_1 = v_2\left(\frac{p_2}{p_1}\right)^{\frac{1}{\gamma}} = v_2\left(\frac{2}{\gamma+1}\right)^{\frac{\gamma}{(\gamma-1)}\cdot\frac{1}{\gamma}} = v_2\left(\frac{2}{\gamma+1}\right)^{\frac{1}{\gamma-1}} \tag{2.49}$$

식 (2.48)과 (2.49)를 식 (2.47)에 대입시켜 다시 정리하면 다음과 같이 된다.

$$V_{critical} = \sqrt{p_1 v_1 \frac{2\gamma}{\gamma+1}} = \sqrt{\gamma p_2 v_2} = \sqrt{\gamma R T_2} = a_2 \tag{2.50}$$

따라서 노즐출구에서의 임계속도는 음속이며, 이는 앞서 살펴본 결과와 동일하다는 것을 알 수 있다. 여기서 또 한 가지 중요한 것은 임계압력비에 관한 것이다. 식 (2.46)에서 임계압력비는 비열비만의 함수라는 사실을 알 수 있다. 예를 들면, 공기의 비열비는 1.4이다. 따라서 공기는 $p_2/p_1 = 0.528$일 때 노즐출구에서 음속이 형성된다. 노즐출구에서의 압력을 더욱 낮추어 임계압력비보다 더 작은 값으로 유지시키더라도 노즐출구에서의 속도는 더 이상 증가하지 않으며, 그림 2.8에서 볼 수 있는 것처럼 음속으로 일정하게 유지된다. 즉 임계압력비 이하에서는 질량유량이 더 이상 증가하지 않고 일정하게 유지된다. 이런 이유 때문에 유동이 질식되었다고 하는 것이며, 이를 초킹이라 하는 것이다. 한편, 과열증기의 비열비가 1.3일 때 임계압력비는 0.546이며, 포화증기의 비열비가 1.135일 때 임계압력비는 0.577이다.

증기터빈에서 초킹 발생은 매우 중요하다. 그 이유는 증기가 노즐과 버켓을 통과하면서 압력이 낮아지기 때문에 이들에서의 압력비가 임계압력비를 초과하면 초킹이 발생하여 증기통로를 통과하는 유량이 제한되기 때문이다. 노즐과 버켓 목에서의 유동을 모사하기 위하여 그림 2.9에 급격히 축소되는 노즐유동을 나타냈다. 이 그림을 통해서 압력비가 임계압력비를 초과하면 하류로 흘려보낼 수 있는 유량은 노즐 목에서의 유동특성, 즉 초킹에 의해서 결정된다는 것을 알 수 있다. 따라서 노즐과 버켓 설계에 있어서 초킹 발생은 매우 중요하다. 결론적으로 증기터빈 블레이드를 설계하는데 있어서 설계자는 증기통로에서 초킹이 발생하지 않도록 세심한 주의를 기울여야 한다. 한편, 초킹이 발생하지

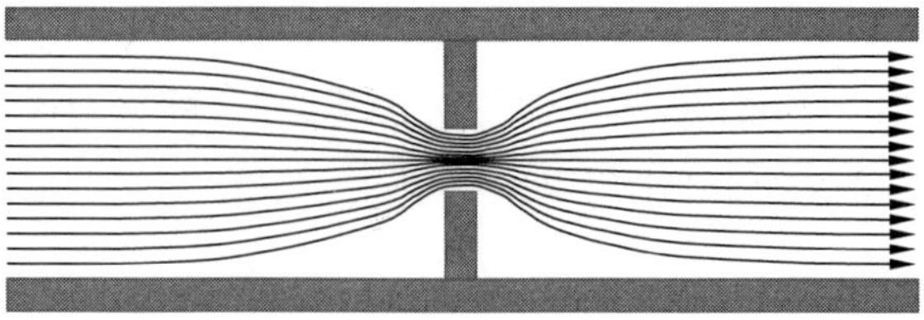

그림 2.9 급격 축소 노즐유동

않더라도 유동가속이 너무 크게 일어나면 증기에 포함되어 있는 고체입자 또한 크게 가속되기 때문에 블레이드에 고체입자에 의한 침식이 발생한다. 따라서 고체입자에 의한 침식이 우려되는 부분에서의 압력비는 임계압력비보다 훨씬 작은 값을 선정할 필요가 있다. 뒤에서 살펴보겠지만 고속으로 증기가 유입되는 HP터빈과 IP터빈 각 단의 압력비는 실제로 임계압력비보다 훨씬 작은 값을 사용하고 있다.

HP터빈과 IP터빈에 비해 저속으로 증기가 유입되는 LP터빈 단의 압력비는 임계압력비에 가깝거나 초과하는 압력비를 가지기 때문에 초킹 발생 가능성이 커 보인다. 그러나 LP터빈에서는 반동도를 고려하여 초킹을 살펴보아야 한다. 즉 LP터빈은 반동도가 크기 때문에 단을 기준으로 하는 것이 아니라 노즐과 버켓 각각에 대해서 초킹 발생 여부를 살펴보아야 한다. 한편, LP터빈은 유동 단면적을 급격히 확장시켜 초킹 발생을 피하고 있다.

증기터빈에 갑작스런 이상이 발생했을 때 주증기는 우회계통을 거쳐서 복수기로 보내진다. 주증기 우회계통에는 주증기 압력을 낮추기 위한 감압밸브와 과열저감을 위한 물분사장치가 설치되어 있다. 감압밸브를 통과하여 압력이 낮아진 증기는 복수기 내부에 설치되어 있는 스파저를 통해서 복수기 관군 상부로 분사된다. 스파저에는 증기를 복수기 내부로 분사시키기 위하여 수백 개의 분사구멍이 뚫어져 있다. 그러나 감압밸브에서 주증기 압력을 낮추더라도 스파저 내부는 비교적 높은 압력이 작용하며, 복수기 내부는 진공에 가까운 압력이 작용하기 때문에 모든 스파저 분사구에는 반드시 초킹이 발생한다. 따라서 스파저를 설계할 때 가장 중요한 것은 반드시 초킹을 고려하여 분사구 수를 결정하는 것이다. 참고로, 스파저 분사구에서 고속으로 분사되는 증기유동에는 물방울도 포함되어 있기 때문에 고속의 물방울 충돌에 의한 복수기 튜브의 침식을 방지하기 위하여 복수기 관군 상부에는 티타늄튜브를 사용하기도 한다.

2.2.5 실제 노즐유동

유체가 노즐이나 오리피스를 통과할 때 유량은 목 형상에 의하여 영향을 받는다. 그림

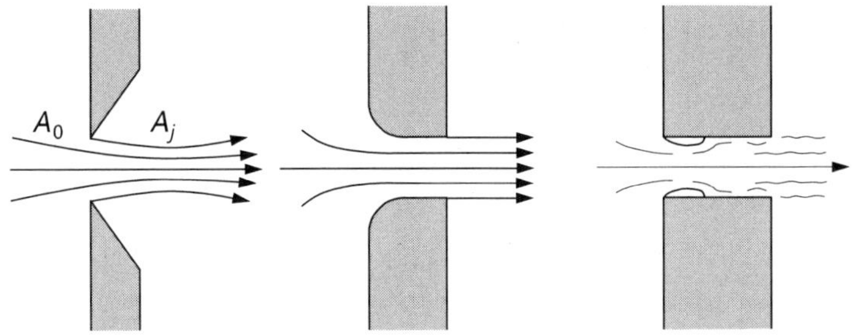

$c_c = 0.61$　　$c_c = 1.00$　　$c_c = 1.00$

$c_v = 0.98$　　$c_v = 0.98$　　$c_v = 0.82$

그림 2.10 다양한 오리피스 유동

2.10에 다양한 오리피스 형상에 따른 유동을 가시적으로 표시하였다. 오리피스 목이 뾰족하면 하류에서의 유동 단면적(A_j)이 오리피스 단면적(A_0)에 비해 작아지며, 유동 단면적이 가장 좁게 나타나는 지역을 축류(vena contracta)라고 한다. 유체의 질량유량을 계산할 때 이런 현상을 반영하기 위하여 수축계수를 사용한다. 그러나 유동방향을 따라서 오리피스 단면적이 일정구간 일정하게 유지되는 경우에는 그림 2.10에 나타나 있는 것처럼 수축계수는 1.0이 된다.

에너지방정식을 이용하여 구해진 유체의 속도는 이상적인 속도이다. 그러나 노즐이나 오리피스를 통과하면서 실제적인 속도는 이상적인 속도에 비해 작아진다. 따라서 다음과 같은 관계가 성립한다.

$$V_{actual} = c_v V_{ideal}$$

여기서 c_v는 속도계수이다. 따라서 실제적인 질량유량은 다음과 같이 된다.

$$\dot{m} = c_c c_v \rho V_{ideal} A = c_d \rho V_{ideal} A$$

여기서 c_c는 수축계수, c_d는 배출계수 또는 유량계수라 한다. 따라서 급격히 변하는 관 내부의 질량유량을 나타내는 식 (2.45)는 다음과 같이 된다.

$$\dot{m} = c_d A \sqrt{\frac{2\gamma}{\gamma - 1} \frac{p_1}{v_1} \left[\left(\frac{p_2}{p_1} \right)^{\frac{2}{\gamma}} - \left(\frac{p_2}{p_1} \right)^{\frac{\gamma+1}{\gamma}} \right]} \tag{2.51}$$

Crane(1982)이 정리한 자료를 참고하면 실험을 수행하지 않고도 유량계수를 쉽게 구할 수 있다.

2.3 증기터빈 유동 모델

작동유체인 증기가 높은 수준의 에너지를 보유하기 위해서는 고온고압 상태가 되어야 한다. 그리고 고온고압의 증기에 포함되어 있는 높은 수준의 에너지는 증기터빈에서 기계적인 일로 전환되기 때문에 증기는 에너지를 잃고 저온저압 상태에서 복수기로 보내진다. 따라서 증기터빈 내부, 즉 증기통로에서 압력강하는 증기터빈 설계의 핵심사항이다. 그런데 증기터빈은 노즐 열과 버켓 열로 구성된 단으로 이루어져 있으며, 각 단에서 압력강하가 일어나기 때문에 증기터빈 각 단에서의 압력비를 살펴볼 필요가 있다.

여기서 입구압력 2,400 psig, 복수기 압력 1.5 in.Hga(0.737 psia), 총 터빈 단 수가 17인 가장 대표적인 아임계 화력발전용 증기터빈을 이용해서 압력비를 살펴보기로 한다. 이 증기터빈 전체 압력비는 3,276으로써 매우 큰 값이다. 증기의 임계압력비를 1.789라 가정하고 각 단을 모두 임계압력비로 설계한다면 이 증기터빈은 총 14단으로 설계되어야 한다. 일반적으로 증기터빈에서 사용하는 압력비는 앞에서와 달리 입구압력/출구압력으로 정의한다.

증기터빈 각 단에서의 압력비는 그림 2.11에 나타나 있는 것처럼 오리피스가 설치되어 있는 관 내부에서 일어나는 유동을 통해서 살펴볼 수 있다(Cotton, 1993). 기체가 관 내부를 흐르면서 오리피스나 밸브가 설치되어 있어 관로가 급격히 축소되는 부분을 지날 때 유동방향을 따라 압력강하가 발생하는데, 이런 현상이 교축과정이다. 교축과정이 일어나면 압력이 낮아짐에 따라 비체적이 증가하기 때문에 일정한 질량유량의 기체가 흘러가기 위해서 오리피스 단면적은 하류로 가면서 점점 커져야 한다.

증기터빈 첫째 단과 마지막 단의 성능 특성은 운전 중에 크게 변한다. 증기터빈 첫째

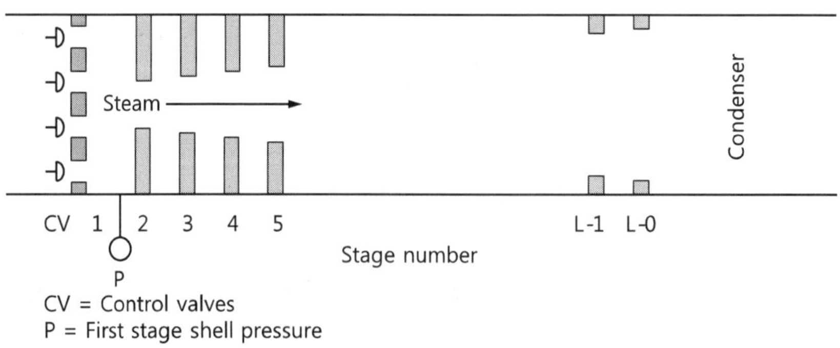

그림 2.11 증기터빈 유동 모델

단은 운전 중에 노즐 단면적이 달라지는 유일한 단이다. 이는 첫째 단 앞에 증기터빈 부하를 조절하기 위하여 증기의 질량유량을 조절하기 위한 컨트롤밸브를 여러 개 설치하기 때문이다. 컨트롤밸브가 열리면 첫째 단의 유동 단면적이 증가하면서 유입되는 증기의 질량유량이 증가한다. 따라서 이 모델의 첫째 단은 4개의 컨트롤밸브로 이루어져 있는 실제의 증기터빈을 모사하기 위하여 4개의 오리피스로 구성되어 있다.

오리피스를 통과하는 증기의 체적유량은 식 (2.51)을 이용하여 구할 수 있다.

$$Q = c_d A \sqrt{\frac{2\gamma}{\gamma - 1} p_1 v_1 \left[\left(\frac{p_2}{p_1} \right)^{\frac{2}{\gamma}} - \left(\frac{p_2}{p_1} \right)^{\frac{\gamma+1}{\gamma}} \right]} \tag{2.52}$$

식 (2.52)는 이상기체 상태방정식을 이용하여 다음과 같이 나타낼 수 있다.

$$Q = c_d A \sqrt{\frac{2\gamma R T_1}{\gamma - 1} \left[\left(\frac{p_2}{p_1} \right)^{\frac{2}{\gamma}} - \left(\frac{p_2}{p_1} \right)^{\frac{\gamma+1}{\gamma}} \right]}$$

$$Q = c_d a_1 A \sqrt{\frac{2}{\gamma - 1} \left[\left(\frac{p_2}{p_1} \right)^{\frac{2}{\gamma}} - \left(\frac{p_2}{p_1} \right)^{\frac{\gamma+1}{\gamma}} \right]} \tag{2.53}$$

식 (2.53)으로부터 체적유량은 오리피스 단면적과 단 압력비에 의해서 결정된다는 것을 알 수 있다. 그런데 1단을 제외한 나머지 모든 단에서는 오리피스 단면적이 일정하기 때문에 체적유량이 일정하게 유지된다면 단 압력비는 변하지 않는다는 것을 알 수 있다. 이런 이유 때문에 증기터빈에서는 컨트롤밸브를 이용해서 증기터빈 2단 이후에 유입되는 증기의 체적유량을 부하변동에 관계없이 일정하게 유지시키면서 운전한다. 이 경우 증기 통로를 흐르는 증기의 속도는 일정하게 유지되며, 단 압력비도 일정하게 유지되기 때문에 증기터빈 각 단은 부하변동에 관계없이 설계효율을 유지한다. 이와 같은 이유 때문에 증기터빈은 부분부하운전 시에도 높은 효율을 유지한다.

한편, 증기터빈에 유입되는 증기의 질량유량 또는 압력이 달라지는 경우에도 복수기 압력은 항상 일정하게 유지된다. 따라서 부분부하운전 시 LP터빈 마지막 단에서의 압력비가 달라진다. 결론적으로 증기터빈에서 HP터빈 첫째 단과 LP터빈 마지막 단은 부하변동에 따라 압력비가 달라지는 반면에 나머지 중간에 있는 단들은 항상 일정한 압력비로 운전된다는 것을 알 수 있다.

앞에서 살펴본 내용들에 대한 이해를 돕기 위해서 그림 2.12에 HP터빈 각 단에서의 압력비를 나타냈다. 이 그림에서 입구압력이 2,400 psig인 VWO(Valve Wide Open) 상태에서 HP터빈 첫째 단을 지난 후의 압력은 1,800 psig이며, 압력비는 1.33이다. 그리고

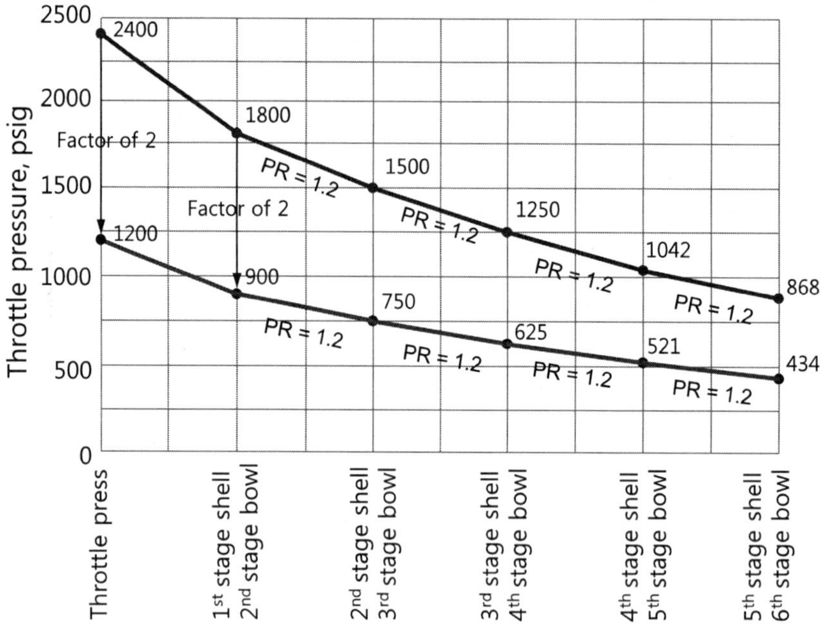

그림 2.12 증기터빈 유동 모델에서의 압력비

그 하류에 있는 단에서 압력비는 1.2로 모두 일정하다. 그런데 첫째 단의 압력비가 나머지 단에 비해서 높은 값을 가지는 이유는 첫째 단은 단에서의 압력강하와 밸브에서 발생하는 압력강하가 함께 반영되어 있기 때문이다. 한편, 이 그림에서 보울은 각 단의 상류를 의미하며, 셸은 각 단의 하류를 의미한다. 따라서 1단의 셸은 2단의 보울이 된다. 이제 입구압력이 절반으로 줄어든 경우를 살펴보자. 입구압력이 줄어들었다는 것은 질량유량이 줄어들었다는 것을 의미한다. 그러나 질량유량이 줄어들더라도 체적유량은 항상 일정하게 유지시켜야 한다. 즉 컨트롤밸브에서 압력을 낮추어 체적유량을 VWO 상태와 동일하게 유지시킨다. 따라서 식 (2.64)에 의해서 각 단의 압력비는 일정하게 유지된다. 그러므로 증기터빈 각 단 블레이드는 설계성능을 그대로 유지한다. 결론적으로 증기터빈은 부분부하운전 상태에서도 HP터빈 1단과 LP터빈 마지막 단을 제외한 모든 중간 단에서는 설계효율을 유지하기 때문에 증기터빈으로 유입되는 증기의 질량유량이 줄어들더라도 높은 효율을 나타낸다.

이제 실제 증기터빈에 대한 단 압력비를 살펴보기로 하자. 이를 위해 그림 2.13에 하나의 실제 증기터빈에 대한 단 압력비를 나타냈다. 그리고 각 단의 압력비를 가시적으로 살펴보기 위해서 그림 2.14에 그림으로 나타냈다. 참고로, 과열증기의 비열비는 약 1.3으로서 임계압력비(입구압력/출구압력 기준)는 1.832이며, 포화증기의 비열비는 약 1.135로서

Stage	Extract	Bowl P (psia)	Shell P (psia)	Press ratio	Remarks
Throttle		3514.7			
1		3409.3	2627.4	1.30	
2			2122.2	1.24	
3			1704.1	1.25	
4			1355.9	1.26	
5	1		1067.7	1.27	
6			830.0	1.29	
7	2		639.0	1.30	HP turbine outlet
IV		581.6			
8		570.0	438.1	1.30	
9			336.0	1.30	
10	3		254.0	1.32	
11			184.0	1.38	
12	4		135.7	1.36	IP turbine outlet
X-overpipe					
13	5	131.7	74.8	1.76	LP turbine inlet
14			40.5	1.85	
15	6		20.5	1.96	Exceeding a critical PR
16	7		9.39	2.18	Exceeding a critical PR
17	8		4.07	2.31	Exceeding a critical PR
18			0.74	5.50	Connected to condensers

그림 2.13 증기터빈에서의 압력비

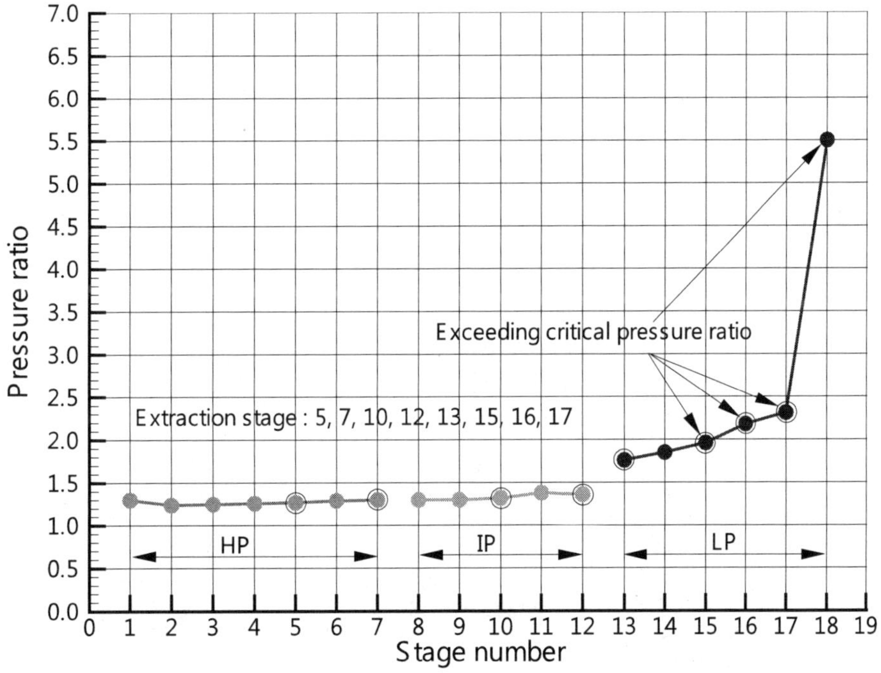

그림 2.14 증기터빈 각 단에서의 압력비 비교

임계압력비는 1.733이다. 이 그림에서 HP터빈과 IP터빈의 각 단은 비교적 일정한 압력비를 가지며, 그 압력비는 임계압력비보다 작아서 초킹이 일어나지 않는다는 것을 알 수 있다.

그런데 LP터빈은 하류로 가면서 압력비가 점차 증가하여 임계압력비를 초과하고 있으며, 특히 마지막 단에서는 압력비가 급격하게 증가하는 것을 확인할 수 있다. 따라서 LP터빈 3단 이후의 단에서는 임계압력비보다 높은 압력비가 형성되어 초킹이 발생하는 것처럼 보인다. 그러나 충동터빈인 경우에 HP터빈과 IP터빈에서는 대부분의 압력강하가 노즐에서 발생하지만 LP터빈은 비교적 큰 반동도를 가지기 때문에 각 단에서의 압력강하는 노즐과 버켓에서 동시에 발생한다. 따라서 LP터빈에서의 압력강하가 노즐과 버켓에서 절반씩 발생한다고 가정하면 LP터빈에서도 실질적으로 초킹이 발생하지 않는다. 아울러 LP터빈 후단에서는 하류로 가면서 유동 단면적을 급격하게 확장시켜 초킹이 발생하는 것을 방지하고 있다. 한편, LP터빈에서 임계압력비를 초과하는 단에서는 급수가열을 위한 추기를 통하여 질량유량이 작아지며, 이는 초킹 발생을 억제하는 데 부분적으로 기여한다.

LP터빈 마지막 단 상류에서의 압력은 컨트롤밸브 열림 정도에 의해 결정되며, 하류에는 항상 복수기 압력이 작용한다. 결과적으로 LP터빈 마지막 단은 컨트롤밸브 열림 정도와 복수기 압력에 의해 동시에 영향을 받기 때문에 압력비는 운전조건에 따라 달라진다. 그런데 복수기 압력은 진공에 가까운 매우 낮은 압력이기 때문에 결과적으로 LSB는 항상 임계압력비보다 큰 압력비가 작용한다. 이런 이유 때문에 LSB통로는 나머지 단 버켓통로와 다른 형상을 가진다. 즉 LSB를 제외한 나머지 단 버켓통로는 하류로 가면서 유동 단면적이 작아지는 노즐 형태이지만 그림 2.15에 나타나 있는 것처럼 LSB통로는 유

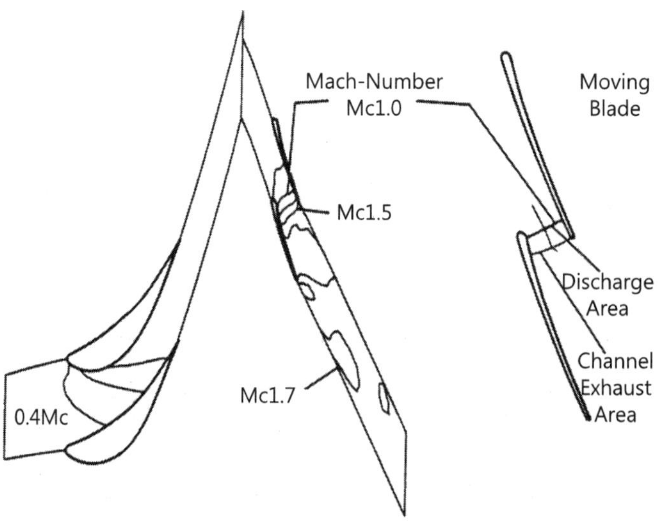

그림 2.15 LSB 팁 근처에서 증기속도 분포 (Siemens)

동 단면적이 작아졌다가 다시 증가하는 수축-확산노즐 형태를 가진다. 따라서 수축에서 확산으로 천이되는 목에서 $M=1$인 초킹이 발생한다. 그리고 목 하류에서는 확산노즐이기 때문에 유동이 더욱 가속되어 초음속유동이 나타난다.

이상에서 살펴본 내용들을 바탕으로 증기터빈 단은 세 가지로 구분할 수 있다. 즉 컨트롤밸브 열림 정도에 의해 영향을 받는 HP터빈 1단, 컨트롤밸브 열림 정도와 복수기압력에 의해 동시에 영향을 받는 LP터빈 마지막 단, 그리고 증기터빈 부하변동에 관계없이 항상 일정한 압력비로 운전되는 나머지 모든 단으로 구분할 수 있다.

2.4 블레이드

터빈 블레이드는 그림 2.16에서 볼 수 있듯이 기본적으로 고정 블레이드인 노즐과 회전 블레이드인 버켓으로 구분하며, 이들은 증기에 포함되어 있는 압력에너지 및 열에너지를 기계적 에너지로 변환시키는 증기터빈 핵심부품이다. 다이어프램에 부착되어 있는 노즐은 인접한 노즐과 노즐통로를 형성하며, 노즐통로는 하류로 가면서 좁아지기 때문에 유동을 가속시키는 역할을 수행한다. 따라서 노즐통로에서는 증기의 압력에너지가 운동에너지로 변환된다. 아울러 노즐은 증기가 최적의 받음각으로 버켓으로 유입되도록 증기의 유동방향을 안내한다. 노즐을 통과하면서 팽창된 고속의 제트유동은 큰 운동에너지를 가지고 버켓으로 유입된다. 충동터빈 버켓통로에서는 유동방향이 바뀌면서 증기의 운동에너지가 기계적인 일로 바뀐다. 한편, 하류로 가면서 버켓통로가 좁아지는 반동터빈 버켓통로에서는 증기가 다시 가속되면서 버켓통로를 빠른 속도로 빠져나가며, 이때 발생하는 반력으로 버켓을 회전시킨다.

노즐과 버켓은 기본적으로 그림 2.17에 나타나 있는 날개 형상으로 이루어져 있다. 노즐과 버켓은 로터축 수직면에 원주방향을 따라 여러 개의 블레이드가 일정한 간격으로 설치되어 있다. 그리고 증기는 인접한 두 개의 블레이드 사이에 형성되는 통로로 빠져나가기 때문에 블레이드 날개에 나타나는 공기역학적 특성은 이웃한 블레이드에 의해 큰 영향을 받는다. 이렇게 동일한 블레이드가 원주방향을 따라서 일렬로 설치되어 있는 것을 그림 2.18에 나타나 있는 것처럼 열이라 하며, 노즐 1열과 버켓 1열을 합하여 단이라 한다. 일반적으로 한 열을 **익렬(翼列)** 또는 **캐스케이드**라 한다. 그러나 캐스케이드는 블레이드가 축방향을 따라 여러 단 있는 것을 의미하기도 한다.

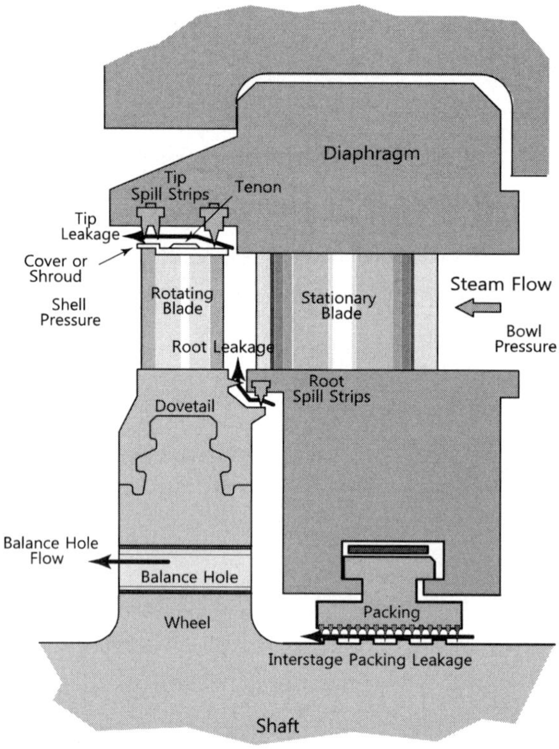

그림 2.16 증기터빈 단에서 증기흐름

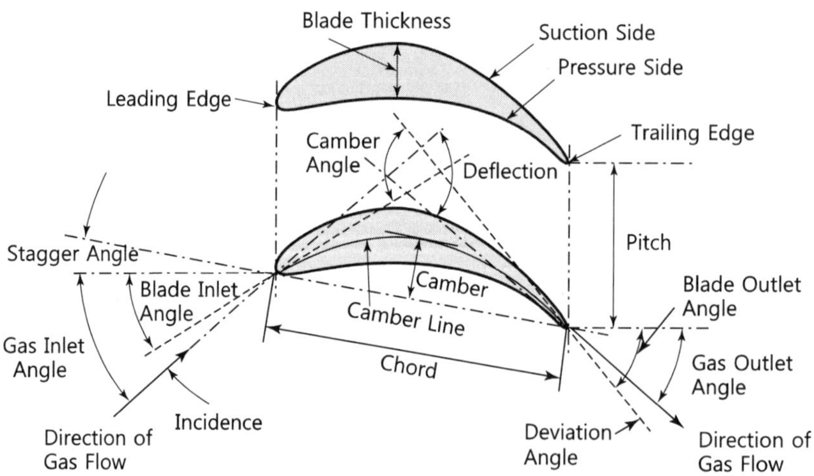

그림 2.17 터빈 블레이드 날개 전문용어

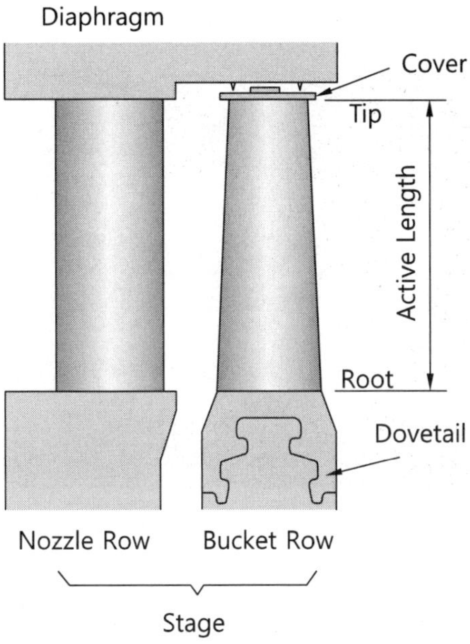

그림 2.18 터빈 블레이드

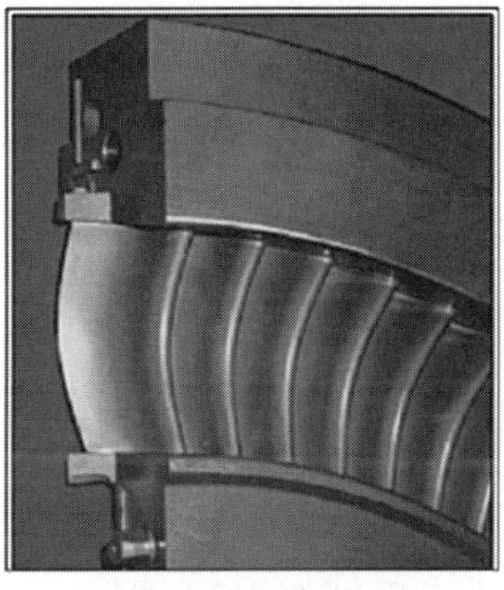

그림 2.19 다이어프램

터빈케이싱에 의해 지지되는 **다이어프램**은 그림 2.16과 2.19를 통해서 알 수 있듯이 노즐을 지탱해준다. 고정체인 다이어프램과 회전체인 로터축 사이에는 일정한 간극을 가지고 있다. 따라서 그림 2.16에 나타나 있는 것처럼 다이어프램이 로터축과 맞닿는 부분에 라비린스 실을 설치하여 증기의 누설을 방지한다.

버켓은 **도브테일**에 의해 로터축에 연결된다. 증기터빈 운전 중에 버켓에는 큰 원심력이 작용하기 때문에 도브테일에 큰 하중이 작용한다. 따라서 도브테일은 하중의 정확한 분

그림 2.20 Integral shrouded blade

산을 위하여 제작공차가 엄격하게 관리된다. 버켓에서 실제로 에너지 변환이 일어나는 부분은 날개형상으로 되어 있는 부분으로써 이 부분을 **유효길이**(active length)라 한다. 일반적으로 버켓 길이는 유효길이를 의미한다. 버켓의 유효길이와 도브테일이 만나는 부분을 루트 또는 허브라 하며, 반경방향을 따라 버켓 유효길이가 끝나는 부분을 팁이라 한다. 버켓 팁에는 별도의 커버가 씌워져 있거나 그림 2.20에 나타나 있는 것과 같이 커버를 유효길이와 일체형으로 제작한다. 버켓에 커버를 씌우는 이유는 커버와 터빈케이싱 사이에 실을 설치하여 증기 누설을 방지하고 버켓 팁와류 발생을 차단하여 버켓의 공기역학적 효율을 향상시키기 위함이다. 아울러 버켓 커버를 설치하면 버켓의 진동특성이 향상된다. 버켓 커버를 씌울 때 커버는 버켓 팁 부위에 테논을 만들어 피닝 작업을 통하여 커버가 버켓에 완전히 부착되도록 해준다.

2.4.1 버켓에 작용하는 유체역학적 힘

버켓은 증기에 포함되어 있는 열에너지와 운동에너지를 기계적인 일로 변환시키는 증기터빈 핵심부품이다. 따라서 버켓에 작용하는 힘을 이해하는 것은 매우 중요하다. 버켓에 작용하는 힘을 이해하기 위해서는 검사체적 설정에 주의해야 한다. 일반적으로 유체유동에 의한 힘을 기준으로 버켓에 작용하는 힘을 살펴볼 때 검사체적은 작동유체의 출입을 고려해야 한다. 그러나 버켓에 작용하는 힘을 양력을 기준으로 살펴볼 때는 버켓 형상을 기준으로 검사체적을 설정하면 된다.

힘은 운동량의 시간에 대한 변화율로 정의한다. 따라서 다음과 같은 관계식이 성립한다.

$$F = \frac{d(mV)}{dt} \tag{2.54}$$

여기서 m은 물체의 질량, V는 속도를 나타낸다. 그런데 만약 관심의 대상이 강체이면 질량이 일정하기 때문에 식 (2.54)는 다음과 같이 된다.

$$F = m\frac{dV}{dt} = ma \tag{2.55}$$

여기서 a는 가속도를 나타낸다. 식 (2.55)는 잘 알려져 있는 뉴턴의 제2법칙이다. 그러나 증기터빈에서 작동유체는 증기로서 고속으로 이동하는 유체이기 때문에 버켓에 작용하는 힘을 계산하기 위하여 식 (2.55)를 사용할 수 없다. 유체유동에 의한 힘을 살펴보기 위하여 그림 2.21에서와 같이 노즐로부터 정상상태로 분사되는 제트유동을 살펴보자. 제트유동에 의한 힘을 구하기 위하여 검사면으로 유입되는 유동을 살펴보기로 하자. 이 면에서 유체의 속도는 일정하며, 유체는 지속적으로 이 단면을 통과한다고 가정하면, 식 (2.54)는 다음과 같이 나타낼 수 있다.

$$F = \frac{d(mV)}{dt} = V\frac{dm}{dt} = \dot{m}V \tag{2.56}$$

여기서 $\dot{m}$은 질량유량이며, 다음과 같이 정의한다.

$$\dot{m} = \rho VA$$

여기서 ρ는 밀도, A는 유체가 흘러가는 단면적을 나타낸다. 정상유동인 경우에 질량유량은 항상 일정하며, 이를 연속방정식이라 한다.

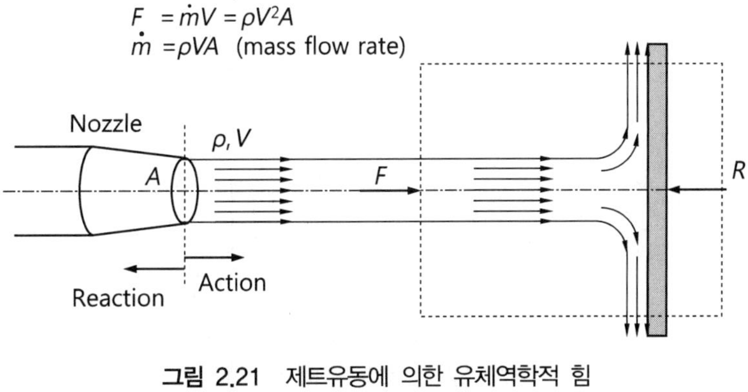

그림 2.21 제트유동에 의한 유체역학적 힘

결과적으로 유체유동에 의한 힘은 다음과 같다.

$$F = \dot{m}V = \rho V^2 A \tag{2.57}$$

따라서 그림 2.21에서와 같이 노즐로부터 분사되는 제트유동이 물체에 부딪힐 때 유체가 물체에 가하는 힘의 크기는 $\rho V^2 A$이다. 한편, 노즐에는 뉴턴의 제3법칙인 작용-반작용 법칙에 의하여 반력이 생기며, 그 힘의 크기 또한 $\rho V^2 A$이다.

이제 제트유동이 물체에 충돌할 때 발생하는 힘의 크기를 이용하여 그림 2.22에 나타나 있는 것과 같이 이동하는 버켓에 작용하는 힘의 크기를 구해보자. 제트유동은 V_j의 속도로 버켓으로 유입되며, 버켓은 유체로부터 힘을 전달받아 U의 속도로 이동한다. 이때 제트유동 충돌에 의한 힘의 크기는 식 (2.57)을 이용하여 구할 수 있다.

$$F = \dot{m}(V_j - U) = \rho(V_j - U)^2 A \tag{2.58}$$

그림 2.22에서 제트유동은 버켓에 충돌한 후 버켓 표면을 따라 흐르기 때문에 180° 회전하고 버켓을 빠져나간다. 이때 버켓을 빠져나가는 속도는 연속방정식에 의해서 유입 속도와 동일하다. 따라서 버켓을 빠져나가는 유체는 버켓에 유입될 때와 동일한 크기의 반력을 버켓에 가한다. 따라서 버켓에 작용하는 힘의 크기는 다음과 같다.

$$F = 2\rho(V_j - U)^2 A \tag{2.59}$$

이와 같이 유체의 운동방향을 바꾸어 회전동력을 얻는 것이 충동터빈이다.

제트유동의 유입속도와 유출속도가 서로 달라지면 속도 변화에 의한 힘이 발생한다.

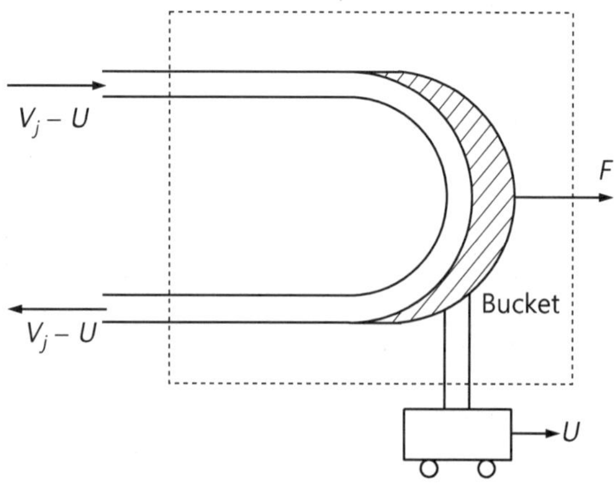

그림 2.22 버켓에 작용하는 힘

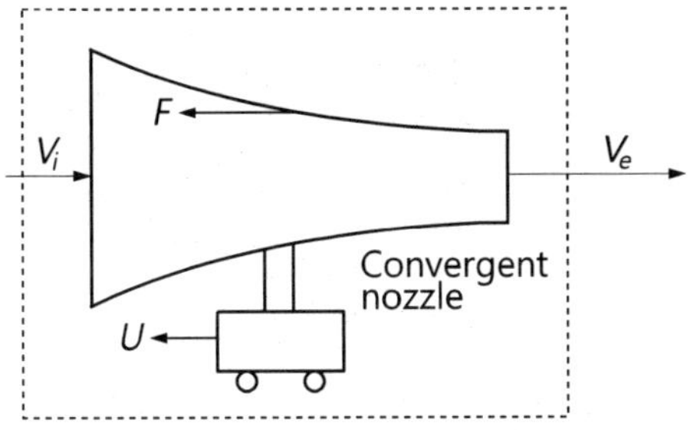

그림 2.23 축소노즐에 작용하는 힘

그림 2.23에서 V_i의 속도로 유입되는 제트유동은 유동 진행방향으로 $\dot{m}V_i$ 크기의 힘을 가하며, 노즐에서 가속되어 V_e의 속도로 빠져나가는 유체는 유동 반대방향으로 $\dot{m}V_e$ 크기의 반력을 발생시킨다. 따라서 그림 2.23에 나타나 있는 축소노즐에 작용하는 힘의 크기는 다음과 같다.

$$F = \dot{m}(V_e - V_i) \tag{2.60}$$

이와 같이 유체의 반력을 이용하여 회전동력을 얻는 것이 반동터빈이다. 식 (2.60)은 제트추진의 원리이며, 가장 대표적인 제트추진장치는 항공기 추진용 가스터빈이다. 가스터빈에서 압축기는 흡입된 공기를 압축시켜 연소기로 보낸다. 연소기로 보내진 압축공기는 분사된 연료와 혼합되는 동시에 연소되어 높은 온도를 가지는 연소가스가 된다. 높은 온도의 연소가스는 비체적이 크기 때문에 높은 열에너지와 운동에너지를 가지고 터빈으로 유입된다. 터빈에서는 연소가스에 포함되어 있는 에너지의 일부가 기계적 에너지로 변환되어 압축기 구동동력으로 사용된다. 그러나 터빈을 빠져나온 연소가스는 여전히 높은 수준의 에너지를 포함하고 있기 때문에 고속으로 가스터빈을 빠져나가면서 반력으로 항공기 추진력을 발생시킨다.

기원전 150년경에 Hero는 최초의 증기동력 엔진을 개발하였다. 그의 터빈설계 기법은 제트엔진 개발의 기원이 되었으며, 증기동력이 다른 기계를 구동시키는 데 사용될 수 있다는 것을 입증했다. Hero의 터빈은 그림 2.24에 나타나 있는 것처럼 속이 비어있는 구와 증기분사 노즐 및 보일러로 구성되어 있다. 보일러에서 생성된 증기는 공급관을 통하여 구로 공급되고 노즐을 통해서 빠져나간다. 증기가 노즐을 빠져나면서 발생하는 반력에 의하여 구는 증기 분사 반대방향으로 회전한다. 이 원리는 우리 주변에서 흔히 볼 수 있는 자동살수장치인 스프링클러에 적용되어 사용되고 있다.

그림 2.24 Hero's turbine (aeolipile)

2.4.2 양력

버켓에 작용하는 힘을 구할 수 있는 가장 정확하면서 직접적인 방법은 버켓의 블레이드 표면에 작용하는 압력분포를 구하는 것이다. 날개 주위 유동에서 온도변화를 무시할 수 있다면 열역학 제1법칙인 식 (2.41)을 다음과 같이 나타낼 수 있다.

$$p_1 + \frac{1}{2}\rho_1 V_1^2 = p_2 + \frac{1}{2}\rho_2 V_2^2$$

위 식을 압력에 대한 일반식으로 나타내면 다음과 같다.

$$p_o = p_1 + \frac{1}{2}\rho_1 V_1^2 = p_2 + \frac{1}{2}\rho_2 V_2^2 \tag{2.61}$$

여기서 p_o는 속도가 0인 지점에서의 압력으로 정체압력, p는 정압력, $(1/2)\rho V^2$은 동압력이다.

그림 2.25는 날개 주위 유동을 분석하기 위하여 CFD를 이용하여 구해진 NACA 4412 익형에 대한 속도분포이다. 이 날개의 앞전에서 뒷전까지의 거리를 살펴보면, 압력면을 따라간 거리가 흡입면을 따라간 거리에 비해서 짧다. 그런데 날개로 유입된 유동은 앞전 근처에서 분리되어 압력면과 흡입면을 따라 흐르다가 뒷전에서 서로 만난다. 따라서 흡입면을 따라가는 유동은 더 먼 거리를 이동해야 되기 때문에 압력면을 따라가는 유동에

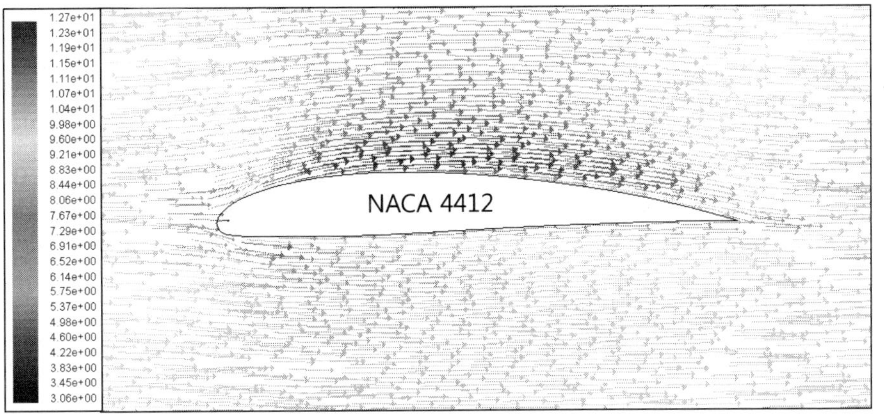

그림 2.25 날개 주위 속도분포

비해서 더 빠른 속도로 이동한다. 그러므로 식 (2.61)을 통해서 흡입면에서의 압력은 압력면에 비해서 낮아진다.

유체가 날개로 유입될 때 날개 앞전 근처에서 압력면과 흡입면으로 나누어지는 지점을 정체점이라 하며, 이곳에서의 압력이 정체압력이다. CFD해석을 통해 얻어진 날개 주위의 정압력분포가 그림 2.26에 나타나 있다. 이 그림을 통해서 압력면에서의 압력이 흡입면에 비해서 높으며, 이로 인해서 양력이 발생한다는 것을 알 수 있다.

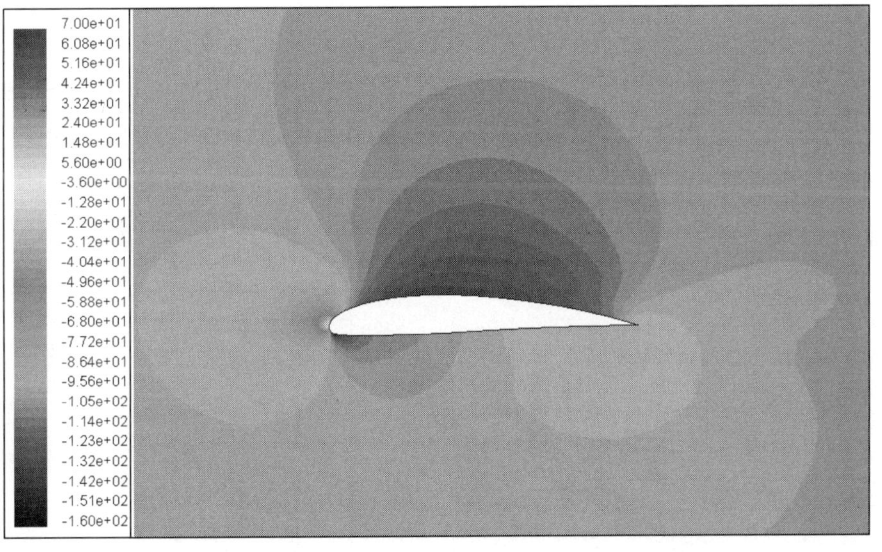

그림 2.26 날개 주위 압력분포 (NACA 4412)

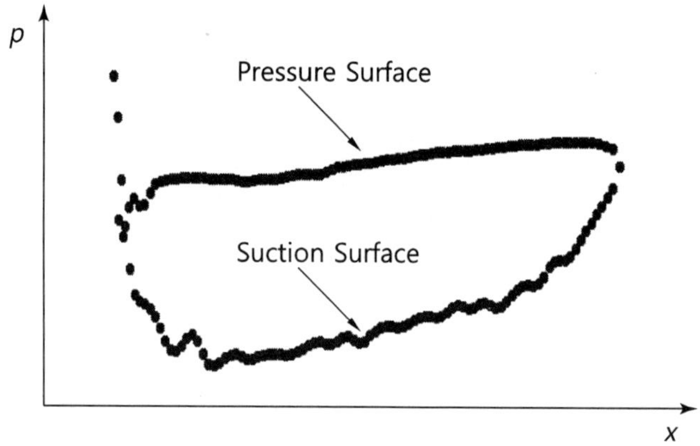

그림 2.27 날개 주위 압력분포에 대한 XY-Plot (NACA 4412, AOA = 5°)

CFD해석을 통해 얻어진 흡입면과 압력면에서의 압력분포를 그림 2.27에 나타냈다. 날개 주위의 압력분포가 구해지면 날개에 작용하는 양력은 다음과 같은 식을 이용하여 구할 수 있다.

$$Lift = \oint p dA \tag{2.62}$$

여기서 $\oint$는 날개 주위를 한 바퀴 따라 돌면서 적분한다는 개념이며, 열역학에서 사용하는 사이클적분 개념과 비슷하다.

항공기 주날개에 작용하는 양력은 항공기를 뜰 수 있게 하는 힘이다. 증기터빈이 회전하는 원리는 항공기 주날개에 양력이 작용하여 항공기를 뜨게 하는 원리와 동일하다. 증기터빈 버켓 표면에 작용하는 전형적인 압력분포를 그림 2.28에 나타냈다. 식 (2.62)를 이용하면 버켓에 작용하는 양력을 구할 수 있다. 이렇게 구한 양력의 회전방향 성분은 로

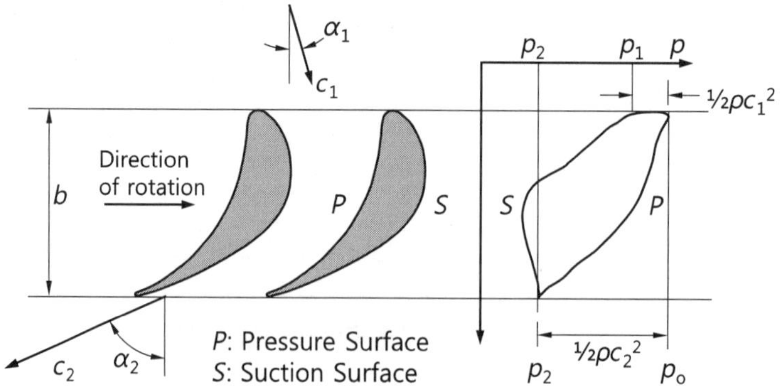

그림 2.28 터빈 블레이드 유동 및 블레이드 주위 압력분포

터축을 회전시키는 토크를 발생시키며, 축방향 힘은 추력을 발생시킨다. 로터축에 추력이 발생하면 로터축이 추력방향으로 밀리기 때문에 증기터빈 고정체와 회전체 사이에 간섭이 발생하여 증기터빈이 파손된다. 따라서 증기터빈에 스러스트베어링을 설치하여 추력을 상쇄시킨다. 한편, 추력이 매우 크게 발생하는 일방향유동 반동터빈에서는 추력을 상쇄시키기 위하여 고압증기 입구 쪽에 밸런스피스톤을 설치한다.

2.4.3 속도삼각형

증기터빈을 이해하는 데 있어서 가장 중요한 것 가운데 하나는 터빈 단에서 발생하는 작동유체의 유동특성을 파악하는 것이다. 속도삼각형은 터빈 단에서 작동유체의 유동특성을 파악할 수 있는 가장 강력한 해석도구이며, 블레이드 형상을 결정하는 데 사용하는 필수적인 설계도구이다. 하나의 터빈 단에서 일어나는 개략적인 유동형태를 그림 2.29에 나타냈다. 일반적으로 축류형 터빈 노즐입구 단면에서 축방향 속도는 터빈 축과 평행하며, 압력과 속도는 반경방향을 따라서 일정하게 유지되도록 설계한다. 노즐의 역할은 유동을 가속시켜 작동유체가 가지고 있는 압력에너지의 일부를 운동에너지로 변환시키는 것이다. 따라서 노즐을 빠져나가는 작동유체의 속도는 노즐로 유입되는 속도에 비해 매우 빠르다. 참고로, 충동터빈의 경우 작동유체는 노즐통로에서 약 4배 정도 가속된다. 그런데 노즐 출구에서 작동유체의 축방향 속도는 노즐 입구에서의 축방향 속도와 동일하기 때문에 노즐 출구에 터빈 축을 중심으로 강하게 회전하는 선회유동이 형성된다. 이 선회유동은 버켓으로 유입되어 버켓에 운동에너지를 전달하고 축방향과 평행한 방향으로 버

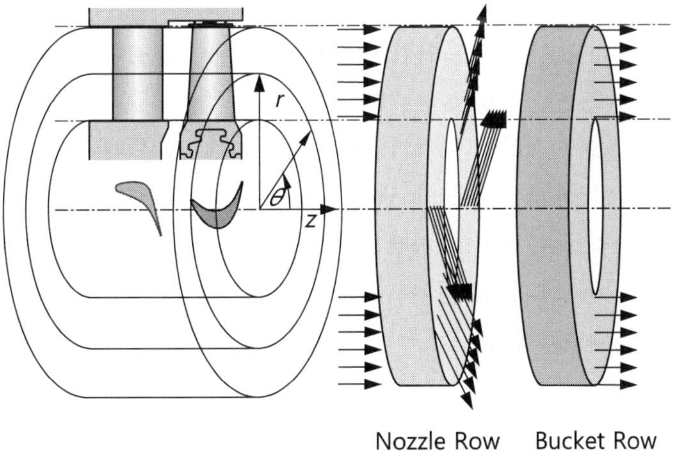

그림 2.29 터빈 단에서의 유동

켓을 빠져나간다. 즉 버켓을 통과하는 동안 작동유체의 운동에너지는 버켓에 흡수되어 기계적인 일로 변환되기 때문에 버켓을 빠져나가는 작동유체의 속도는 크게 작아진다. 버켓 출구단면에서의 유동형태는 노즐 입구에서의 유동형태와 동일하게 유지되도록 설계한다. 즉 버켓 출구단면에서 작동유체의 축방향 속도는 로터축과 평행하며, 압력과 속도는 반경방향을 따라 일정하게 유지된다. 따라서 어떤 단으로 유입되는 유동형태와 그 단을 빠져나가는 유동형태는 동일하게 설계한다. 그러므로 동일한 방법으로 다음 단을 설계할 수 있으며, 쉽게 축류형 다단터빈 설계가 가능해진다.

그림 2.29에 나타나 있는 것과 같이 버켓 팁지름이 일정해서 가장 간단한 형태를 가지는 터빈 단에서의 유동일지라도 노즐 출구에서 발생하는 강력한 선회유동 때문에 복잡한 3차원 유동이 형성된다. 그런데 터빈 단에서 일어나는 유동을 3차원으로 나타내더라도 유동특성을 정확하게 파악하기 어려울 뿐만 아니라 유동을 표기하기 매우 어렵다. 그러나 터빈 축 중심에서 일정한 반경을 가지는 원기둥 표면에서의 유동을 평면으로 펼쳐 놓으면 복잡한 3차원 유동을 2차원 유동으로 쉽게 나타낼 수 있다. 아울러 노즐통로와 버켓통로 유동은 원주방향을 따라서 반복되기 때문에 노즐과 버켓 각각 하나의 유동통로에 대해서만 살펴보면 된다. 그리고 블레이드 반경방향으로 길이를 달리하면서 유동특성을 살펴보면 하나의 터빈 단 유동통로 전체에 대한 유동형태를 정확하게 파악할 수 있다.

하나의 원기둥 표면에 나타나는 유동을 펼쳐놓은 것이 그림 2.30에 나타나 있다. 이 그림은 로터 축 중심에서 버켓 루트에 이르는 반지름을 가지는 원기둥 표면에서의 유동을 나타낸 것이다. 이 그림에서 두 개의 속도삼각형, 즉 노즐 출구(버켓 입구)와 버켓 출구에 각각 하나의 속도삼각형이 존재하는 것을 확인할 수 있다. 속도삼각형은 세 개의 속도성분, 즉 작동유체의 절대속도, 버켓에 대한 작동유체의 상대속도, 버켓 회전속도로 구성된다. 절대속도는 운동하고 있는 물체의 고정 좌표축에 대한 속도이다. 즉 절대속도는 관찰자가 정지한 상태에서 물체의 이동을 관찰했을 때 보여지는 물체의 이동속도이다. 두 물체가 어떤 기준 좌표계에 대하여 각각의 속도로 이동하고 있을 때 물체 A가 관찰한 물체 B의 속도를 물체 A에 대한 물체 B의 상대속도라고 한다. 즉 상대속도는 관찰자 A가 이동하면서 물체 B의 이동을 관찰했을 때 보여지는 물체 B의 이동속도이다. 따라서 관찰대상인 물체 B의 이동속도에서 관찰자 A의 이동속도를 빼주면 상대속도가 된다. 이를 수식으로 나타내면 다음과 같다.

$$v_{AB} = v_B - v_A$$

여기서 v_{AB}는 관찰자 A가 관찰한 물체 B의 상대속도, v_B는 물체 B의 절대속도, v_A는

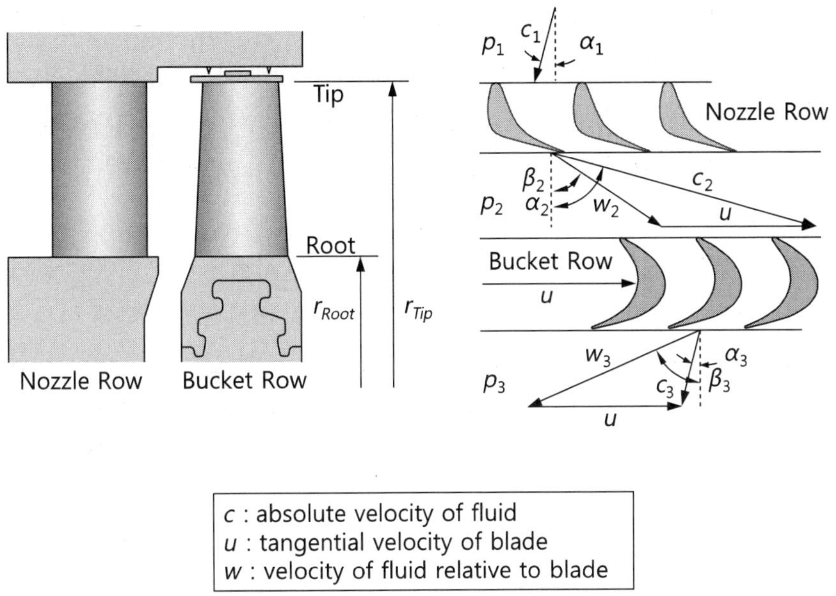

그림 2.30 루트에서의 속도삼각형

관찰자 A의 이동속도이다. 노즐을 빠져나온 작동유체는 회전하고 있는 버킷으로 유입된다. 따라서 버킷 입장에서는 상대속도 개념으로 작동유체가 유입된다. 터빈에서 나타나는 상대속도 개념을 자세하게 이해하기 위하여 버킷 입구에 형성되는 속도삼각형을 살펴보자. 그림 2.30에서 작동유체는 노즐 입구로 터빈 축과 α_1의 각도를 이루면서 절대속도 c_1으로 유입되고 있다. 노즐을 통과하면서 작동유체는 절대속도 c_2로 가속된다. 그런데 노즐을 빠져나온 작동유체는 회전하고 있는 버킷으로 들어가기 때문에 버킷으로 유입되는 작동유체 속도는 상대속도에 의해서 결정된다. 버킷으로 유입되는 작동유체의 상대속도는 노즐을 빠져나온 작동유체의 절대속도 c_2와 버킷 회전속도 u가 벡터 결합한 $w_2(=c_2-u)$가 된다. 그러므로 버킷 앞전에서 캠버선의 접선이 상대속도 w_2의 방향과 최적의 입사각이 되도록 버킷 앞전 형상이 결정된다. 따라서 그림에서 확인할 수 있듯이 상대속도 w_2의 방향과 버킷 앞전 캠버선의 접선이 거의 일치하는 것을 확인할 수 있다.

이제 버킷 출구에 형성되는 속도삼각형을 살펴보자. 관찰자가 회전하고 있는 버킷에 올라타서 관찰했을 때 버킷을 빠져나가는 작동유체 속도는 w_3이며, 이는 상대속도이다. 그런데 버킷은 u의 속도로 회전하고 있기 때문에 정지관찰자에 의해서 관찰되는 절대속도는 c_3이다. 이 속도는 다음 단 노즐로 유입되는 작동유체 속도이며, 축방향과 α_3의 각도를 이룬다. 일반적으로 α_1과 α_3는 같은 값이다. 그러므로 하나의 터빈 단을 설계할 때

α_3와 c_3는 w_3보다 먼저 결정된다. 즉 버킷을 빠져나가는 작동유체의 절대속도와 버킷 회전속도에 의해서 상대속도 w_3가 결정된다. 따라서 버킷 뒷전의 캠버선 형상은 w_3가 만들어지도록 결정한다. 결론적으로 속도삼각형은 버킷 입구 및 출구에서 작동유체의 유동각을 나타내며, 버킷 캠버선은 유동각에 의해 결정되기 때문에 전체적인 버킷 형상은 속도삼각형에 의해 결정된다는 것을 알 수 있다.

그림 2.30에 나타나 있는 노즐과 버킷 형상 및 속도삼각형은 실제적인 충동터빈 버킷 루트에서 나타나는 일반적인 형태이다. 이제 추가적으로 버킷 길이방향에 따른 속도삼각형을 살펴보면 하나의 터빈 단 전체에 대한 유동형태와 버킷 날개형상 변화를 쉽게 이해할 수 있다. 이를 위해 버킷 팁에서 형성되는 속도삼각형을 살펴보고 루트에서 형성되는 속도삼각형과 비교하기로 한다. 버킷의 회전속도는 로터축 중심으로부터의 반경에 비례하여 증가하기 때문에 버킷 팁에서의 회전속도는 루트에 비해서 크다. 버킷 팁으로 유입되는 작동유체의 절대속도는 루트에 비해서 작다. 그러나 여기서는 편의상 버킷 반경방향 길이를 따라서 버킷으로 유입되는 작동유체의 절대속도는 일정하다고 가정한다. 이 경우 그림 2.31에 나타나 있는 것처럼 버킷 팁에서는 증가된 버킷 회전속도로 인해 작동유체의 상대속도 w_2와 유입각도 β_2는 루트에 비해서 작아진다. 이제 버킷 팁을 빠져나가는 작동유체의 속도삼각형을 살펴보자. 버킷 팁을 빠져나가는 작동유체의 절대속도 c_3는 노즐로 유입되는 작동유체의 절대속도 c_1과 크기와 방향이 거의 같다. 따라서 버킷 팁을 빠져나가는 작동유체의 절대속도 c_3와 버킷의 회전속도 u는 정해져 있기 때문에 그림에서 확인할 수 있는 것처럼 버킷 팁을 빠져나가는 작동유체의 상대속도 w_3는 루트에 비해서 크게 가속되며, 로터축과 이루는 각도 β_3 또한 커진다. 즉 버킷통로에서 유동을 더

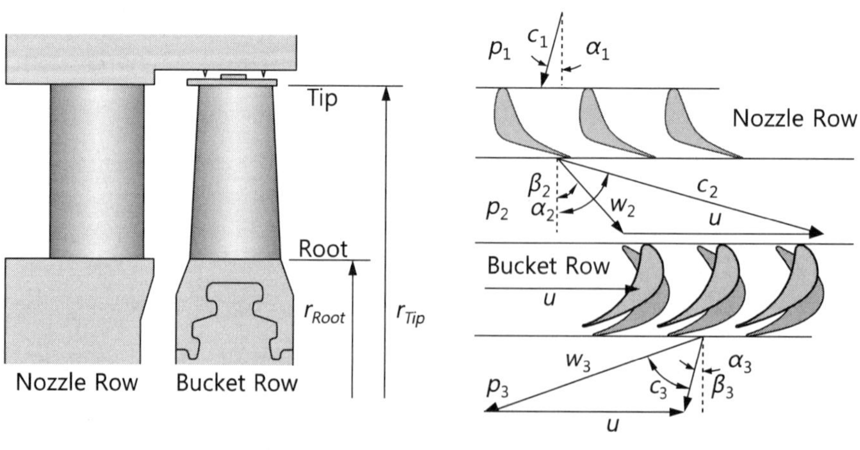

그림 2.31 팁에서의 속도삼각형

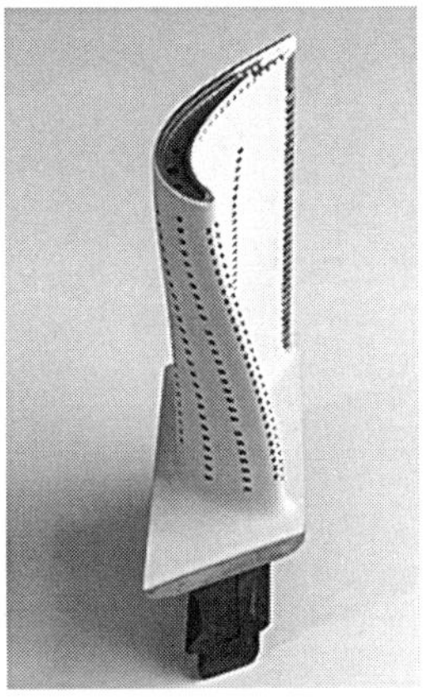

(a) 가스터빈

(b) 증기터빈

그림 2.32 버켓 비틀림 형상

크게 가속시키기 위해서는 버켓통로 하류로 가면서 유동단면적이 작아져야 하며, 유동단면적을 작아지게 하기 위해서는 버켓출구 유동각인 β_3가 커져야 한다. 결론적으로 작동유체의 유동각은 버켓 입구에서 작아지고 출구에서는 커지며, 버켓통로 유동 단면적은 하류로 가면서 크게 작아지기 때문에 버켓 팁 날개형상은 그림에 나타나 있는 것처럼 루트 형상과 크게 달라진다. 즉 버켓의 앞전과 뒷전을 연결한 시위선과 터빈 축이 이루는 각은 루트에서 팁으로 가면서 더욱 커지며, 이로 인해서 버켓 형상은 그림 2.32에 나타나 있는 것처럼 루트에서 팁으로 가면서 비틀어진다. 한편, 버켓 앞전 형상은 루트에서는 뾰족한 형상이지만 팁으로 가면서 뭉툭한 형상으로 바뀌는 것을 확인할 수 있다. 뾰족한 형상과 뭉툭한 형상의 앞전은 각각 충동터빈과 반동터빈 버켓에서 나타나는 가장 대표적인 특징이다.

2.4.4 터빈 팽창선

만약 노즐에서 손실이 전혀 발생하지 않는다면 노즐에서 등엔트로피과정으로 팽창이 일어나며, 노즐 출구 조건은 그림 2.33에 나타나 있는 상태 2s가 된다. 그러나 실질적으로 노즐통로에서는 손실이 발생하며, 이로 인해 노즐에서의 팽창과정은 팽창선 1-2를 따라서 일어난다. 한편, 노즐은 고정되어 있기 때문에 노즐에서는 일이 생산되지 않으며, 노즐에서 발생하는 손실로 인해 노즐 통과 후 정체압력은 $p_{o,2}$로서 $p_{o,1}$보다 약간 낮아진다.

버켓통로에서 손실이 발생하지 않는다면 노즐통로에서와 마찬가지로 등엔트로피과

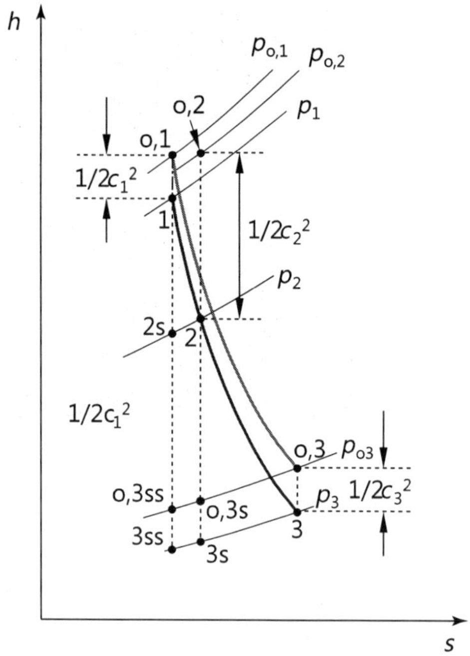

그림 2.33 터빈 팽창선

정으로 팽창이 일어나며, 버킷 출구 조건은 상태 o,3s 또는 3s가 된다. 그러나 버킷통로에서도 손실이 발생하며, 이로 인해 버킷에서의 팽창과정은 팽창선 2-3을 따라 진행된다.

2.4.5 오일러 방정식

버킷에서 발생하는 회전동력을 계산하기 위해서 우선적으로 버킷에 작용하는 힘을 계산해야 한다. 힘의 크기는 운동량의 시간에 대한 변화율로 정의한다. 따라서 버킷에 작용하는 힘의 크기는 버킷에 유입되고 빠져나가는 작동유체의 운동량 변화를 이용해서 계산할 수 있다. 따라서 정상유동인 경우 힘의 크기 $F=\dot{m}V$이다. 버킷에는 세 가지 성분의 힘, 즉 축방향, 반경방향, 접선방향 힘이 작용한다. 이 가운데 축방향과 반경방향으로 작용하는 힘은 베어링 설계와 진동여기(vibration excitation)를 해석하는 데 사용하며, 버킷의 회전동력 발생에 기여하지 못한다. 그리고 오직 접선방향으로 작용하는 힘만이 회전동력을 발생시킨다. 버킷에 작용하는 힘을 계산하기 위하여 그림 2.34에 합성 속도삼각형을 나타냈다. 참고로, 유동각에 대한 부호는 버킷 회전방향인 경우 양(+), 회전 반대방향인 경우 음(−)으로 정의한다. 따라서 그림 2.34에서 α_2와 β_2는 양이며, α_3와 β_3는 음

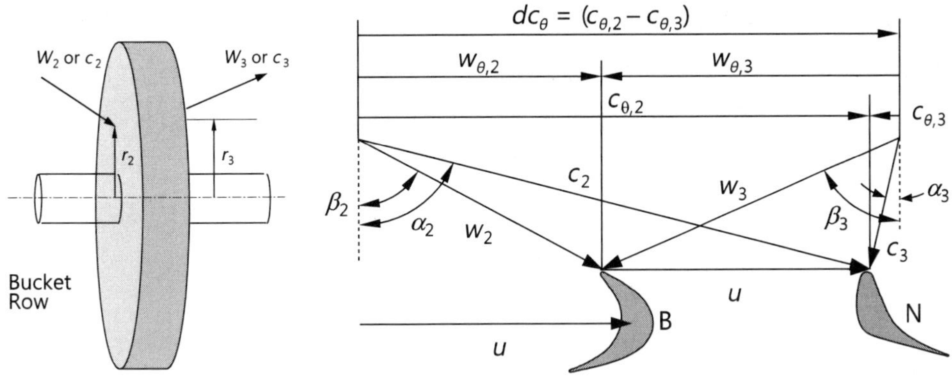

그림 2.34 합성 속도삼각형

이다.

버켓으로 유입되는 작동유체가 접선방향으로 버켓에 가하는 힘의 크기는 다음과 같다.

$$F_i = \dot{m}c_{\theta,2}$$

따라서 이 힘에 의한 일의 크기는 다음과 같다.

$$W_i = \dot{m}c_{\theta,2} \times r_2\theta$$

여기서 r_2는 그림 2.34에 나타나 있듯이 터빈 축 중심으로부터 버켓 입구에 이르는 반지름, θ는 터빈 축의 회전각, 하첨자 2는 버켓 입구를 나타낸다. 그러므로 버켓으로 진입하는 작동유체에 의해 버켓에서 발생하는 회전동력은 다음과 같다.

$$\dot{W}_i = \dot{m}c_{\theta,2} \times r_2\omega$$

여기서 ω는 터빈 축의 회전에 따른 각속도이다. 동일한 방법으로 버켓을 빠져나가는 작동유체의 반력에 의해 버켓에서 발생하는 접선방향 회전동력은 다음과 같다.

$$\dot{W}_o = \dot{m}c_{\theta,3} \times r_3\omega$$

따라서 버켓에서 발생하는 실제적인 회전동력은 다음과 같다.

$$\dot{W}_{23} = \dot{m}(c_{\theta,2} \times r_2\omega - c_{\theta,3} \times r_3\omega) = \dot{m}(u_2c_{\theta,2} - u_3c_{\theta,3})$$

작동유체의 단위질량유량당 버켓에 발생하는 회전동력은 다음과 같다.

$$w_{23} = \dot{W}_{23}/\dot{m} = u_2c_{\theta,2} - u_3c_{\theta,3} \qquad (2.63)$$

식 (2.63)을 오일러 방정식이라 한다. 참고로, 식 (2.63)에서 $c_{\theta,2}$와 $c_{\theta,3}$의 방향은 서로 반대이다. 따라서 작동유체의 유동방향전환이 클수록 버켓에서 더 큰 동력이 생산된다.

그림 2.35에 개방계에 대한 작동유체, 열, 일의 흐름과 기호를 나타냈다. 참고로, 속도 삼각형에 나타나 있는 버켓 입구와 출구에 사용한 기호와 일치시키기 위하여 입구를 2, 출구를 3으로 나타냈다. 이 그림에 나타난 기호를 이용하여 열역학 제1법칙을 나타내면 다음과 같다.

$$\dot{Q}_{23} = \dot{m}\left[(u_3 - u_2) + (p_3 v_3 - p_2 v_2) + \frac{1}{2}(c_3^2 - c_2^2) + g(z_3 - z_2)\right] + \dot{W}_{23}$$

$$q_{23} = (h_3 - h_2) + \frac{1}{2}(c_3^2 - c_2^2) + g(z_3 - z_2) + w_{23}$$

작동유체가 기체인 경우 위치에너지 변화는 무시할 수 있으므로 위 식은 다음과 같이 된다.

$$q_{23} = (h_3 - h_2) + \frac{1}{2}(c_3^2 - c_2^2) + w_{23}$$

$$q_{23} = (h_{o,3} - h_{o,2}) + w_{23}$$

작동유체가 버켓을 통과하는 동안 단열과정이 성립한다. 따라서 위 식은 다음과 같이 된다.

$$w_{23} = w_b = h_{o,2} - h_{o,3}$$

여기서 w_b는 단위질량유량당 버켓에서 생산되는 일의 크기를 나타낸다. 위 식을 식 (2.63)에 나타나 있는 오일러 방정식과 비교하면 다음 관계식이 성립한다.

$$w_{23} = w_b = h_{o,2} - h_{o,3} = u_2 c_{\theta,2} - u_3 c_{\theta,3} \tag{2.64}$$

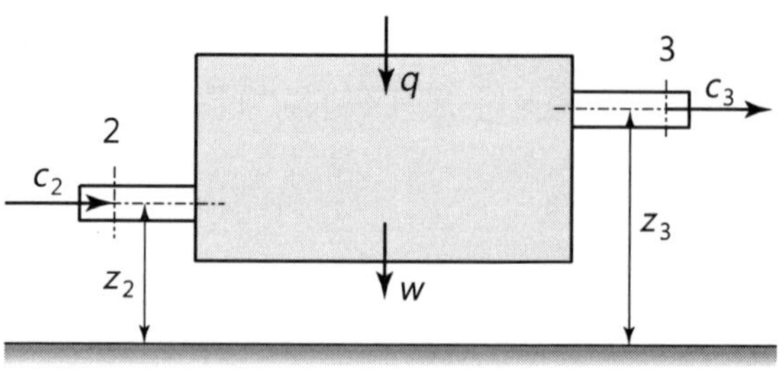

그림 2.35 개방계에서 작동유체, 열, 일 출입

위 식은 다음과 같이 간단히 나타낼 수 있다.

$$dh_o = d(uc_\theta) \tag{2.65}$$

식 (2.64)과 (2.65)에 나타나 있는 오일러 방정식은 터빈을 설계하는 데 있어서 가장 중요한 관계식 가운데 하나이다. 한편, 터빈 예비설계 단계에서 버켓 입구와 출구 사이의 반지름 변화는 무시할 수 있다. 이런 경우 식 (2.65)는 다음과 같이 더욱 간단히 표현된다.

$$dh_o = u\,dc_\theta \tag{2.66}$$

식 (2.66)으로부터 터빈에서 정체엔탈피 강하는 버켓 회전속도와 작동유체의 접선방향 속도변화에 직접적으로 비례한다는 것을 알 수 있다. 한편, 정체엔탈피 변화량은 단열과정에 대한 열역학 관계식을 이용하여 다음과 같이 나타낼 수 있다.

$$h_{o,3} - h_{o,2} = c_p(T_{o,3} - T_{o,2}) = c_p T_{o,2}\left(\frac{T_{o,3}}{T_{o,2}} - 1\right) = c_p T_{o,2}\left[\left(\frac{p_{o,3}}{p_{o,2}}\right)^{\frac{\gamma-1}{\gamma}} - 1\right] \tag{2.67}$$

버켓 입구와 출구 반지름이 일정한 경우 다음 관계식이 성립한다.

$$\begin{aligned} u_3 c_{\theta,3} - u_2 c_{\theta,2} &= u(c_{\theta,3} - c_{\theta,2}) = u(c_2 \cos\alpha_2 \times \tan\alpha_3 - c_2 \sin\alpha_2) \\ u_3 c_{\theta,3} - u_2 c_{\theta,2} &= u\,c_2 \cos\alpha_2(\tan\alpha_3 - \tan\alpha_2) \end{aligned} \tag{2.68}$$

식 (2.67)과 식 (2.68)로부터 다음 관계식을 유도할 수 있다.

$$\frac{p_{o,3}}{p_{o,2}} = \left[1 - \frac{uc_2\cos\alpha_2}{c_p T_{o,2}}(\tan\alpha_2 - \tan\alpha_3)\right]^{\frac{\gamma}{\gamma-1}} \tag{2.69}$$

식 (2.69)로부터 버켓 열에서의 압력비는 버켓 회전속도, 버켓으로 유입되는 작동유체의 절대속도 크기 및 방향, 그리고 버켓을 빠져나가는 작동유체의 절대속도 방향에 의해서 결정된다는 것을 알 수 있다. 한편, 식 (2.69)는 다음과 같이 표현할 수 있다.

$$\frac{p_{o,3}}{p_{o,2}} = \left[1 - \frac{(\gamma-1)uv_z}{a^2}(\tan\alpha_2 - \tan\alpha_3)\right]^{\frac{\gamma}{\gamma-1}}$$

여기서 a는 작동유체의 음속, v_z는 작동유체의 축방향 속도이다. 단열과정에 대한 압력과 온도 관계식을 이용하면 버켓 열에서 일어나는 온도변화는 다음과 같이 나타낼 수 있다.

$$\frac{T_{o,3}}{T_{o,2}} = \left[1 - \frac{uc_2 \cos\alpha_2}{c_p T_{o,2}}(\tan\alpha_2 - \tan\alpha_3)\right] \tag{2.70}$$

한편, 식 (2.70)은 다음과 같이 표현할 수 있다.

$$\frac{T_{o,3}}{T_{o,2}} = \left[1 - \frac{(\gamma-1)uv_z}{a^2}(\tan\alpha_2 - \tan\alpha_3)\right] \tag{2.71}$$

위에서 유도한 압력 및 온도변화 관계식으로부터 다음과 같은 내용을 파악할 수 있다.

터빈에서 일어나는 압력 및 온도 강하 크기는 버켓 회전속도, 작동유체의 축방향 속도 또는 질량유량, 버켓 입구 및 출구에서의 유동각, 절대속도에 대한 유동방향전환각인 $(\alpha_2 - \alpha_3)$ 또는 상대속도에 대한 유동방향전환각인 $(\beta_2 - \beta_3)$에 의해 큰 영향을 받는다.

유동방향전환각이 클수록 압력 및 온도 강하가 크게 나타나며, 버켓에서 생산되는 출력도 증가한다.

작동유체의 질량유량이 증가할수록 압력 및 온도 강하가 크게 나타나며, 버켓에서 생산되는 출력도 증가한다.

작동유체의 유동각과 질량유량이 일정한 경우에 버켓 회전속도가 증가할수록 압력 및 온도 강하가 크게 나타나며, 버켓에서 생산되는 출력도 증가한다.

▍연습문제 2.1 축류형 터빈 제1단 버켓에 정체온도와 정체압력이 각각 600°C, 250 bar인 증기가 통과하고 있다. 노즐을 통과하는 증기의 질량유량은 600 kg/s이며, 그림과 같이 로터축과 70°의 각도를 이룬 상태로 500 m/s의 속도로 노즐을 빠져나와 버켓으로 유입된다. 한편, 버켓을 빠져나가는 증기는 선회속도 성분이 없다($c_{\theta,3} = 0$). 그리고 버켓의 평균지름은 1 m이며, 로터축은 3600 rpm으로 회전하고 있다. 이 증기터빈 제1단의 출력을 계산하여라. 이 증기터빈 제1단의 등엔트로피 효율은 90%이다.

풀이 증기터빈 제1단 버켓에서 생산되는 동력의 크기는 다음과 같다.

$$\dot{W}_{23} = \dot{m}\,\Delta h_o = \dot{m}(h_{o,2} - h_{o,3})$$

오일러 방정식으로부터 엔탈피 변화량을 계산하면 다음과 같다.

$$h_{o,2} - h_{o,3} = u_2 c_{\theta,2} - u_3 c_{\theta,3}$$

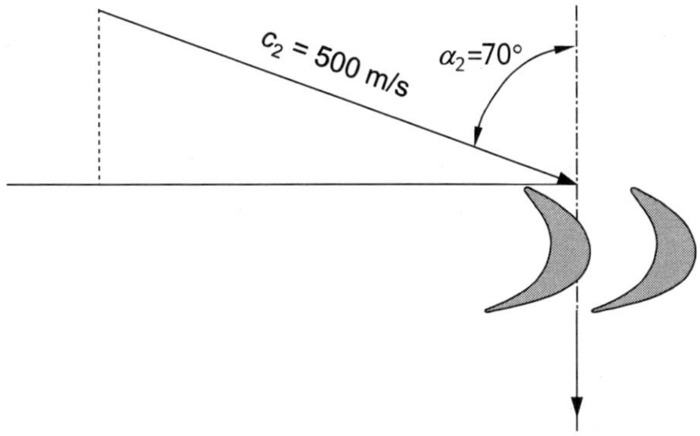

그림 2.36 터빈 제1단 버켓에서의 증기속도 및 방향

그런데 증기는 축방향으로 버켓을 빠져나가기 때문에 $c_{\theta,3}$=0이 되어 엔탈피 변화량은 다음과 같다.

$$h_{o,2} - h_{o,3} = u_2 c_{\theta,2}$$

문제에서 주어진 조건을 이용해서 u_2와 $c_{\theta,2}$를 계산하면 다음과 같다.

$$u_2 = \frac{2\pi rn}{60} = 188.5 \text{ m/s}$$

$$c_{\theta,2} = c_2 \times \sin\alpha_2 = 470 \text{ m/s}$$

따라서 버켓을 통과하는 동안에 발생하는 정체엔탈피 변화량은 다음과 같다.

$$h_{o,2} - h_{o,3} = u_2 c_{\theta,2} = 88,566 \ \ (\text{m/s})^2$$

따라서 터빈 제1단의 출력은 다음과 같다.

$$\dot{W}_{23} = \dot{m}\left(h_{o,2} - h_{o,3}\right) = 600\frac{\text{kg}}{\text{s}} \times 88566\frac{\text{m}^2}{\text{s}^2} = 53,140 \ \ \text{kW}$$

터빈효율이 90%이기 때문에 터빈 제1단의 실질적인 출력은 다음과 같다.

$$\dot{W}_{23,N} = \eta_T \dot{W}_{23} = 47.83 \ \ \text{MW}$$ □

2.5 무차원수

차원해석을 수행하면 어떤 물리적인 상태를 나타내는 한 그룹의 변수들을 하나의 무차원수로 줄일 수 있다. 이렇게 무차원수를 만들면 증기터빈을 압력강하에 기초하여 분류할 수 있게 된다. 더욱 중요한 것은 무차원수를 이용하면 실험적 연구에서 분석해야 할 설계변수 숫자가 크게 줄어든다는 점이다. 예를 들면, 상사법칙을 이용하면 축소모델을 제작해서 원형의 성능을 예측할 수 있으며, 마하수나 레이놀즈수의 함수로 성능을 나타낼 수도 있으며, 이렇게 줄어든 개수의 무차원수에 근거한 효율을 바탕으로 최고 성능을 가진 터빈 형상을 결정할 수 있다. 축류형 터빈에서 가장 중요한 무차원수로는 반동도, 부하계수(loading coefficient), 유량계수가 있다.

2.5.1 부하계수

터빈에서 가장 중요한 성능변수는 단에서 생산되는 일의 양이며, 이와 관련된 무차원수가 일계수라고도 불리는 부하계수이다. 따라서 부하계수는 터빈에서 일어나는 압력 및 온도강하를 반영한다. 단열 상태에서 운전되는 터빈의 경우 단 부하계수는 단에서 생산되는 단위 질량유량당 일인 비출력을 버켓의 평균속도 제곱으로 나눈 값으로 정의한다. 따라서 부하계수는 다음과 같다.

$$\Psi = \frac{w_b}{u^2} \tag{2.72}$$

여기서 Ψ는 부하계수, w_b는 터빈 단 비출력, u는 버켓 회전속도이다. 식 (2.64)를 식 (2.72)에 대입하면 부하계수는 다음과 같다.

$$\Psi = \frac{w_b}{u^2} = \frac{h_{o,2} - h_{o,3}}{u^2} = \frac{u_2 c_{\theta,2} - u_3 c_{\theta,3}}{u^2} \tag{2.73}$$

한편, 버켓 피치직경이 일정한 단순한 속도삼각형인 경우 버켓 입구와 출구에서의 회전속도가 일정하기 때문에 위식은 다음과 같이 간단하게 표현된다.

$$\Psi = \frac{c_{\theta,2} - c_{\theta,3}}{u} = \frac{v_z(\tan\alpha_2 - \tan\alpha_3)}{u} \tag{2.74}$$

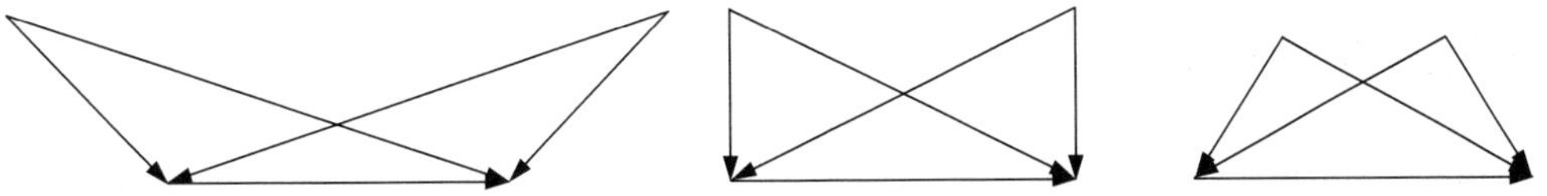

(Ψ = 2.0, ϕ = 0.5, ξ = 0.5) (a) high-work turbine

(Ψ = 1.0, ϕ = 0.5, ξ = 0.5) (b) medium-work turbine

(Ψ = 0.5, ϕ = 0.5, ξ = 0.5) (c) low-work turbine

그림 2.37 노즐을 빠져나가는 증기의 속도 및 방향

여기서 v_z는 작동유체의 축방향 속도이다. 부하계수 부호는 터빈의 경우 양(+)이며, 압축기와 펌프의 경우 음(−)이다. 대부분의 증기터빈에 적용되는 축류형 터빈은 부하계수 1.0~2.0을 사용한다. 그리고 증기터빈과 같은 축류형 다단터빈의 경우 일반적으로 앞부분에 있는 단이 더 큰 부하계수를 가지도록 설계한다.

터빈은 부하계수로 구분하기도 하는데, Ψ>1.5인 경우 고부하 터빈, 1.0<Ψ<1.5인 경우 중부하 터빈, Ψ<1.0인 경우 저부하 또는 경부하 터빈이라 한다. 그림 2.37에 반동도 50%와 유량계수 0.5를 가지면서 부하계수 2.0, 1.0, 0.5를 가지는 각각의 터빈 단에 대한 속도삼각형을 나타냈다. 반동도와 유량계수는 아래에서 살펴볼 예정이다.

2.5.2 유량계수

유량계수(flow coefficient)는 버켓 회전속도와 터빈을 통과하는 작동유체의 질량유량 효과를 반영하기 위한 무차원수이다. 유량계수는 터빈을 통과하는 작동유체의 축방향 속도를 버켓 회전속도로 나눈 값으로 정의한다. 따라서 유량계수는 다음과 같다.

$$\phi = \frac{v_z}{u} \tag{2.75}$$

여기서 ϕ는 유량계수, v_z는 작동유체의 축방향 속도, u는 버켓 회전속도이다. 일반적으로 축방향 속도는 반경방향을 따라서 일정하게 유지되지만 버켓 회전속도는 반경방향을 따라서 증가한다. 따라서 유량계수는 동일한 단에서 반경방향을 따라서 다른 값을 가진다. 한편, 식 (2.74)와 식 (2.75)를 비교하면, 유량계수와 부하계수는 다음과 같은 관계를 가진다는 것을 알 수 있다.

$$\Psi = \phi(\tan\alpha_2 - \tan\alpha_3) \tag{2.76}$$

2.5.3 Smith Chart

Smith는 100세트 이상의 데이터를 분석하여 그림 2.38에 나타나 있는 것과 같이 하중계수와 유량계수 변화에 따른 터빈효율 변화에 대한 조사를 통해 터빈효율이 부하계수와 유량계수에 큰 영향을 받는다는 것을 확인하였다. 유량계수와 부하계수는 버킷 평균반지름에서의 속도를 이용하여 계산하였다. 이 그림에 나타나 있는 실험 데이터를 획득하기 위하여 사용된 70기의 터빈은 모두 단을 통과하는 축방향 속도가 일정하며, 설계점에서 입사각이 0, 반동도 20~60%, 레이놀즈수 100,000~300,000, 블레이드 종횡비 3~4이다. Smith chart는 부하계수와 유량계수에 대하여 일정한 등엔트로피 효율을 나타내는 곡선으로 구성되어 있다. 즉 Smith chart에는 블레이드 종횡비, 마하수, 뒷전 두께 변화에 대한 효과가 반영되지 않았다. 그리고 터빈효율은 팁 간극이 없는 것으로 교정되었다. 즉 Smith chart에 나타나 있는 터빈효율은 누설손실이 배제되어 있다. 그러므로 Smith chart는 어떤 특정한 설계사양을 이용하여 얻을 수 있는 가장 높은 터빈효율을 제시한다. 따라서 실제적인 터빈효율은 팁 간극을 통해서 발생하는 누설손실을 고려하여 조정해야 한다. 아울러 실질적으로 여러 가지 요인에 의해 터빈효율이 줄어든다(Walsh and Fletcher, 1998). 우선적으로 기술수준이 낮은 블레이드를 이용하면 Smith chart에서 얻

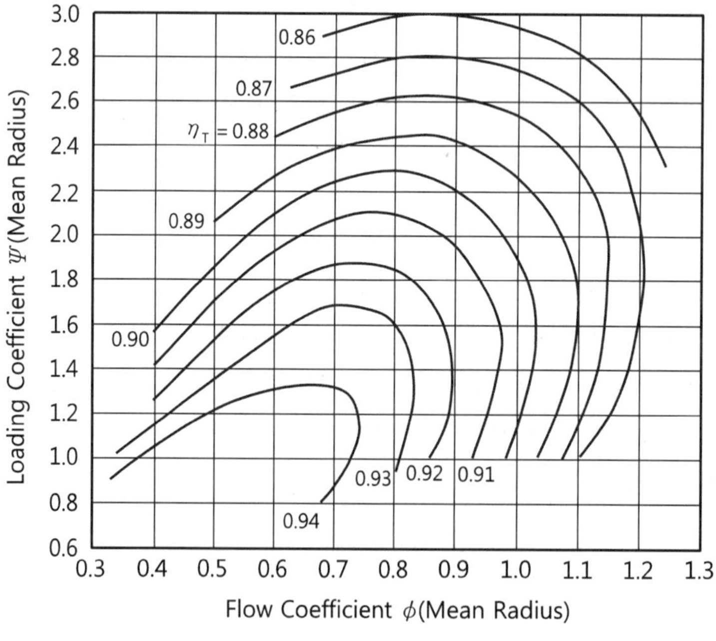

그림 2.38 Smith chart (from Hall, 2011)

어진 터빈효율에서 약 3% 줄어든다. 한편, 증기터빈은 크기가 작아질수록 효율이 감소한다. 따라서 소형 증기터빈의 효율은 Smith chart에서 얻어진 값에서 3% 정도 줄어든다.

부하계수는 블레이드 통로에 형성되는 압력구배에 영향을 미친다. 블레이드 통로에 형성되는 압력구배가 커지면 유동가속이 증가하기 때문에 블레이드 통로에서 발생하는 손실이 증가한다. 따라서 부하계수는 터빈효율에 큰 영향을 미친다는 것을 알 수 있다. 유량계수는 증기터빈의 크기 및 회전속도에 따른 질량유량을 나타낸다. 유량계수가 증가하면 터빈을 통과하는 질량유량이 증가하기 때문에 압력손실이 증가하며, 이로 인해 터빈에서 발생하는 손실이 증가한다. 따라서 Smith chart에서 확인할 수 있는 것처럼 낮은 부하계수와 낮은 유량계수를 적용한 터빈이 가장 높은 효율을 나타낸다.

Smith chart는 서로 다른 설계사양을 가지는 터빈의 성능을 비교하는 데 사용할 수 있을 뿐만 아니라 어떤 설계사양에 대하여 얻을 수 있는 터빈효율을 예비적으로 판단하기 위한 자료로 사용할 수 있다. 즉 Smith chart는 터빈 예비설계 단계에서 부하계수와 유량계수 선정에 기준이 되는 매우 중요한 자료이다.

2.5.4 반동도

축류형 터빈의 노즐 및 버켓 블레이드 유동통로는 모두 노즐 형상이기 때문에 작동유체가 통과하면서 정압력과 정엔탈피 모두 하강한다. 축류형 터빈에서 반동도는 버켓에서의 정엔탈피 강하를 단에서의 정엔탈피 강하로 나눈 값으로 정의한다. 따라서 반동도는 다음과 같다.

$$\xi = \frac{h_2 - h_3}{h_1 - h_3} = 1 - \frac{h_1 - h_2}{h_1 - h_3} \tag{2.77}$$

여기서 ξ는 반동도, h는 엔탈피, 하첨자 1, 2, 3은 그림 2.30과 그림 2.33에서 확인할 수 있는 것처럼 각각 노즐 입구, 노즐 출구 또는 버켓 입구, 버켓 출구를 나타낸다. 따라서 식 (2.77)의 우측 항에 나타나 있는 $(h_1 - h_2)$는 노즐통로에서 일어나는 정엔탈피 강하를 의미한다. 노즐통로에 대한 열역학 제1법칙은 다음과 같다.

$$q_{12} = (h_2 - h_1) + \frac{1}{2}(c_2^2 - c_1^2) + g(z_2 - z_1) + w_{12}$$

그런데 노즐에서는 단열팽창이 일어나기 때문에 $q_{12} = 0$이며, 노즐은 일의 생산이나 공급과 관계없기 때문에 $w_{12}=0$이다. 그리고 증기터빈을 통과하는 작동유체는 증기로서 기체이기 때문에 위치에너지 변화량은 무시할 수 있다. 따라서 위 식은 다음과 같이 된다.

$$h_1 - h_2 = \frac{1}{2}\left(c_2^2 - c_1^2\right) = \frac{1}{2}\left(c_2^2 - c_3^2\right) \tag{2.78}$$

식 (2.78)이 성립하는 이유는 일반적인 축류형 터빈 단에서 $c_1 = c_3$이기 때문이다.

식 (2.77)의 우측 항에 나타나 있는 $(h_1 - h_3)$는 터빈 단에서 일어나는 정엔탈피 강하를 의미한다. 정엔탈피 강하를 정체엔탈피 강하로 나타내면 다음과 같다.

$$h_1 - h_3 = \left(h_{o,1} - \frac{1}{2}c_1^2\right) - \left(h_{o,3} - \frac{1}{2}c_3^2\right) = h_{o,3} - h_{o,1} \tag{2.79}$$

따라서 터빈 단에서 일어나는 정엔탈피 강하는 정체엔탈피 강하와 크기가 동일하다는 것을 알 수 있다. 한편, 터빈 한 단에 대한 열역학 제1법칙은 다음과 같다. 참고로, 증기터빈을 통과하는 작동유체는 증기로서 기체이기 때문에 위치에너지 변화량은 무시하였다.

$$q_{13} = (h_3 - h_1) + \frac{1}{2}\left(c_3^2 - c_1^2\right) + w_{13} = \left(h_{o,3} - h_{o,1}\right) + w_{13}$$

그런데 터빈에서 단열팽창이 일어나기 때문에 $q_{13}=0$이 된다. 그리고 노즐은 일의 생산이나 공급에 관계없기 때문에 $w_{12}=0$이 되어 $w_{13} = w_{12} + w_{23} = w_{23}$가 성립한다. 즉 터빈 단에서는 버켓에서만 일이 생산된다. 참고로, w_{12}는 노즐에 관계된 일을 의미하며, w_{23}는 버켓에서 생산된 일의 크기이다. 따라서 위 식을 정리하면 다음과 같이 된다.

$$h_{o,3} - h_{o,1} = -w_{13} = -\left(w_{12} + w_{23}\right) = -w_{23} = -w_b \tag{2.80}$$

여기서 w_b는 버켓에서 생산된 일의 크기를 나타낸다.

식 (2.64)에 나타나 있는 오일러 방정식을 이용하여 식 (2.80)을 다시 정리하면 다음과 같이 된다.

$$h_1 - h_3 = h_{o,1} - h_{o,3} = h_{o,2} - h_{o,3} = w_{23} = w_b = u_2 c_{\theta,2} - u_3 c_{\theta,3} \tag{2.81}$$

참고로, 노즐에서 정체엔탈피 변화는 없다. 따라서 $h_{o,1} = h_{o,2}$가 성립한다. 식 (2.78)과

식 (2.81)을 식 (2.77)에 대입하면 반동도는 다음과 같다.

$$\xi = 1 - \frac{c_2^2 - c_3^2}{2(u_2 c_{\theta,2} - u_3 c_{\theta,3})} \tag{2.82}$$

한편, 속도삼각형에서 다음 관계식이 성립한다.

$$c_2^2 = v_{z,2}^2 + c_{\theta,2}^2$$
$$c_3^2 = v_{z,3}^2 + c_{\theta,3}^2$$

그리고 축방향 속도가 일정하고 유동통로를 따라서 피치직경이 일정한 블레이드로 구성된 단순한 터빈에 대한 속도삼각형에서 $v_{z,2} = v_{z,3} = v_z$이며, $u_2 = u_3 = u$이기 때문에 식 (2.82)는 다음과 같이 된다.

$$\xi = 1 - \frac{c_{\theta,2} + c_{\theta,3}}{2u} = 1 - \frac{v_z(\tan\alpha_2 + \tan\alpha_3)}{2u} \tag{2.83}$$

식 (2.83)을 식 (2.75)에 정의되어 있는 유량계수를 이용해서 나타내면 다음과 같다.

$$\xi = 1 - \frac{v_z(\tan\alpha_2 + \tan\alpha_3)}{2u} = 1 - \frac{\phi}{2}(\tan\alpha_2 + \tan\alpha_3) \tag{2.84}$$

한편, 식 (2.63)에 나타나 있는 오일러 방정식으로부터 다음 관계식을 유도할 수 있다.

$$w_b = u(c_{\theta,2} - c_{\theta,3}) = u\,v_z(\tan\alpha_2 - \tan\alpha_3)$$

위 식의 각 항을 u^2으로 나누면 오일러 방정식을 부하계수, 유량계수, 절대속도에 대한 유동각으로 나타낼 수 있다.

$$\Psi = \phi(\tan\alpha_2 - \tan\alpha_3) \tag{2.85}$$

식 (2.84)와 식 (2.85)로부터 다음과 같은 중요한 관계식을 유도할 수 있다.

$$\Psi = 2(1 - \xi - \phi\tan\alpha_3) = 2(1 - \xi - \phi\tan\alpha_1) \tag{2.86}$$

$$\Psi = 2(\phi\tan\alpha_2 + \xi - 1) \tag{2.87}$$

식 (2.86)으로부터 반동도가 작아질수록 부하계수가 커지는 것을 알 수 있다. 반동도가 작다는 것은 버켓을 통과하면서 발생하는 압력강하가 작다는 것을 의미한다. 그러나 반동도가 작은 경우 버켓에서 일어나는 유동방향전환각이 크기 때문에 버켓에 큰 부하가 발생한다. 식 (2.87)로부터 부하계수가 정해졌을 때 반동도가 작아질수록 노즐 출구각 α_2가 커지는 것을 알 수 있다. 실제적으로 반동도가 작은 경우 작동유체는 큰 속도로 큰 출구각 α_2방향으로 노즐을 빠져나간다. 이렇게 얻어진 운동에너지는 버켓에서 기계적인 일로 변환된다. 큰 입구각으로 버켓으로 유입된 작동유체는 방향을 크게 전환하여 축방향으로 빠져나가는데, 일반적으로 버켓 출구각 α_3는 음(−)이 된다. 따라서 식 (2.86)에 나타나 있는 마지막 항의 부호는 양(+)이다. 따라서 매우 낮은 반동도를 선택하고 유동방향전환각을 크게 하여 부하계수를 크게 하면 콤팩트한 터빈을 설계할 수 있다.

식 (2.84)와 식 (2.85)로부터 절대속도의 유동각에 대한 관계식을 얻을 수 있다.

$$\tan\alpha_2 = \frac{1-\xi+\Psi/2}{\phi}, \qquad \tan\alpha_3 = \frac{1-\xi-\Psi/2}{\phi} \tag{2.88}$$

식 (2.88)은 터빈을 설계하는 데 있어서 유동각을 결정하기 위하여 사용하는 매우 중요한 관계식이다. 일반적으로 터빈 설계는 풍부한 경험을 가진 설계자가 부하계수, 유량계수, 반동도를 선정함으로써 시작되며, 그 후에 식 (2.88)을 이용하여 절대속도에 대한 유동각을 결정한다.

비슷한 방법을 이용하여 상대속도에 대한 유동각을 결정하는 관계식을 유도할 수 있다.

속도삼각형에 나타나는 상대속도를 이용하여 오일러 방정식을 유도하면 다음과 같다.

$$w_b = u(w_{\theta,2} - w_{\theta,3}) = u\,v_z(\tan\beta_2 - \tan\beta_3) = h_{o,1} - h_{o,3} = h_1 - h_3 \tag{2.89}$$

위 식의 각 항을 u^2으로 나누면 오일러 방정식을 부하계수, 유량계수, 상대속도에 대한 유동각으로 나타낼 수 있다.

$$\Psi = \phi(\tan\beta_2 - \tan\beta_3) \tag{2.90}$$

버켓에서 상대속도를 이용한 열역학 제1법칙은 다음과 같다.

$$q_{23} = (h_3 - h_2) + \frac{1}{2}(w_3^2 - w_2^2) + g(z_3 - z_2) + w_{23}$$

증기터빈에서는 단열팽창이 일어나기 때문에 $q_{23} = 0$이며, 상대속도를 이용하는 경우 버켓에서 생산되는 일이 없기 때문에 $w_{23} = 0$이다. 그리고 증기는 기체이기 때문에 위치에너지 변화량을 무시할 수 있다. 따라서 위 식으로부터 다음 관계식을 유도할 수 있다.

$$h_2 - h_3 = \frac{1}{2}\left(w_3^2 - w_2^2\right) = \frac{1}{2}v_z^2\left(\tan^2\beta_3 - \tan^2\beta_2\right) \tag{2.91}$$

식 (2.89)와 식 (2.91)을 반동도 정의식인 식 (4.17)에 대입하면 다음 관계식이 얻어진다.

$$\xi = 1 - \frac{\phi}{2}(\tan\beta_2 + \tan\beta_3) \tag{2.92}$$

식 (2.90)과 식 (2.92)로부터 다음과 같이 상대속도에 대한 유동각을 결정할 수 있는 중요한 관계식을 유도할 수 있다.

$$\tan\beta_2 = -\frac{\xi - \Psi/2}{\phi}, \qquad \tan\beta_3 = -\frac{\xi + \Psi/2}{\phi} \tag{2.93}$$

그런데 여기서 한 가지 밝혀둘 것은 위에서 유도한 각종 관계식들은 축방향 속도가 일정하고 유동통로를 따라서 피치직경이 일정한 블레이드로 구성된 단순한 터빈에 대한 속도삼각형을 근거로 하였다는 것이다. 만약 터빈 각 단에서 축방향 속도와 피치직경이 달라진다면 기본개념으로부터 다시 시작하여 적당한 관계식을 유도하여 사용해야 한다.

그림 2.39에 반동도 변화에 따른 터빈 단에서의 유동특성을 살펴보기 위해 특징적인 반동도에 대한 속도삼각형을 비교하여 나타냈다. 반동도가 0%인 충동터빈 단에서는 작동유체가 버켓을 통과하는 동안 유동의 팽창이나 가속이 일어나지 않으며, 버켓에 작용하는 힘은 모두 노즐을 빠져나온 유동이 버켓과 충돌하면서 발생한다. 이런 이유 때문에 반동도가 0%인 터빈을 충동터빈이라 한다. 충동터빈 단에서의 압력강하는 모두 노즐에서 일어나며, 이로 인해 버켓 팁에서 누설손실이 발생하지 않는다. 일반적으로 사용하는 충동터빈에 대한 속도삼각형은 그림 2.40에 나타나 있는 것처럼 단 입구와 출

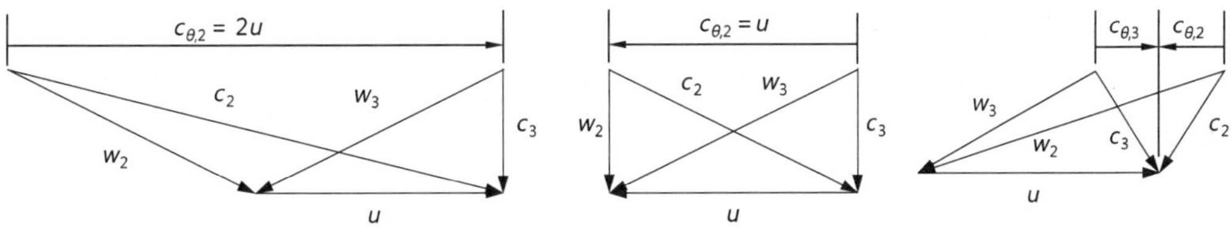

(a) 반동도 0% (b) 반동도 50% (c) 반동도 100%

그림 2.39 반동도 변화에 따른 속도삼각형

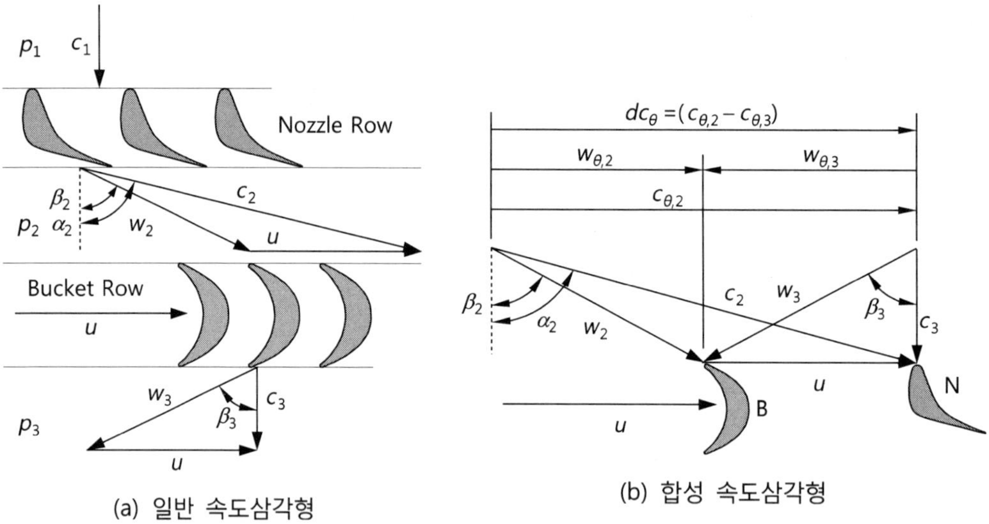

그림 2.40 0% 반동도 단의 속도삼각형

구에서 모두 축방향과 평행한 속도성분을 가지며, 이 경우 부하계수는 2.0으로서 높은 편이다.

반동도가 0%이면 식 (2.93)으로부터 다음 관계식이 성립한다.

$$\tan\beta_2 = -\tan\beta_3 \ \text{또는}\ \beta_2 = -\beta_3$$

즉 상대속도에 대한 버켓 유입각과 출구각은 서로 크기가 같고, 방향은 서로 반대이다. 따라서 단 입구와 출구에서 유동이 터빈 축과 평행한 방향으로 진행하면서 서로 동일한 크기를 가진다고 가정하면, 다음 관계가 성립한다.

$$w_2 = w_3$$

즉 상대속도에 대한 버켓 유입속도와 배출속도 크기가 동일하다. 따라서 만약 작동유체 유동각과 블레이드 각이 동일하다면 버켓 형상이 대칭이 된다. 그리고 단 입구와 출구에서 유동이 터빈 축과 평행한 방향으로 진행된다면 식 (2.86)으로부터 반동도가 0%인 경우 부하계수가 2.0이 된다.

충동터빈에서 절대속도에 대한 유동각은 식 (2.88)을 이용하여 결정할 수 있으며, 다음과 같다.

$$\tan\alpha_2 = \frac{1+\Psi/2}{\phi}, \qquad \tan\alpha_3 = \frac{1-\Psi/2}{\phi} \tag{2.94}$$

충동터빈에서 상대속도에 대한 유동각은 식 (2.93)을 이용하여 결정할 수 있으며, 다음과 같다.

$$\tan\beta_2 = \frac{\Psi}{2\phi}, \qquad \tan\beta_3 = -\frac{\Psi}{2\phi} \tag{2.95}$$

반동도 50%를 가지는 단으로 구성된 터빈을 반동터빈이라 하며, 반동도 정의식으로부터 유추할 수 있듯이 단에서의 정엔탈피 및 정압력 강하는 노즐과 버켓에서 균등하게 일어난다. 반동도가 50%인 경우 식 (2.86)과 식 (2.87)로부터 다음 관계식을 유도할 수 있다.

$$\Psi = 1 - 2\phi\tan\alpha_3 = 2\phi\tan\alpha_2 - 1 \tag{2.96}$$

그림 2.41에 반동도 50%를 가지는 단에 대한 대표적인 속도삼각형을 나타냈다. 반동터빈에서 나타나는 유동 특징은 합성 속도삼각형을 통해서 쉽게 살펴볼 수 있다. 합성 속도삼각형에서 버켓으로 유입되는 절대속도 c_2와 버켓을 빠져나가는 상대속도 w_3는 정확하게 버켓 회전속도 u 중간 지점에서 서로 교차한다. 따라서 한 단에서 축방향 속도는 일정하게 유지된다고 가정하면 버켓 입구와 출구에 형성되는 두 개의 속도삼각형은 정확하게 대칭이 된다. 이런 속도삼각형을 가지는 반동터빈은 노즐과 버켓통로에서 균등하게 유동가속이 일어나기 때문에 손실이 작게 발생하며, 이로 인해 충동터빈보다 높은 효율을 나타낸다. 한편, 그림 2.39(b)에 나타나 있는 것과 같이 단 입구와 출구에서의 유동이 터빈 축과 평행한 방향으로 진행하는 경우 가장 높은 단효율(stage efficiency)을 가진다

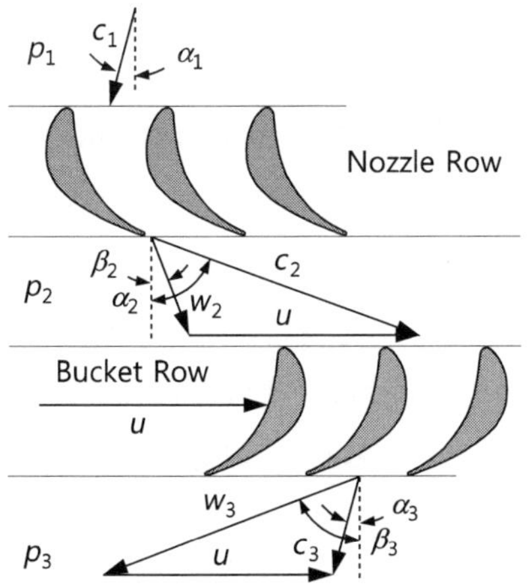

(a) 일반 속도삼각형

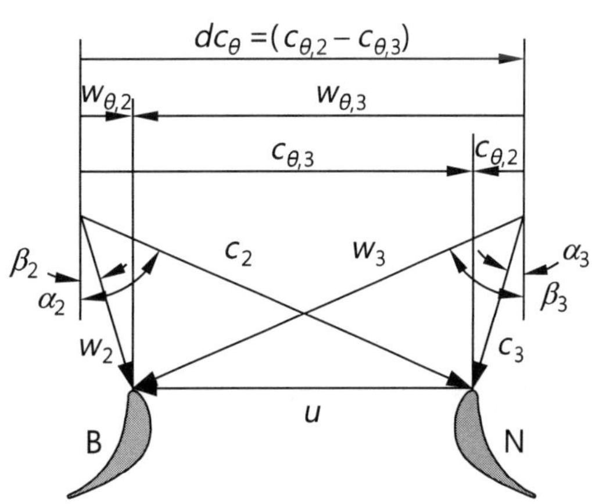
(b) 합성 속도삼각형

그림 2.41 50% 반동도 단의 속도삼각형

는 것이 실험적 연구를 통해서 밝혀졌다.

높은 반동터빈 효율을 얻기 위해서 단 입구에서의 유동각 α_1은 매우 작으면서 음(−)의 값을 가지면 된다. 그러나 터빈 단에서 높은 출력을 얻기 위해서 효율을 희생하는 경우에는 유동각 α_1이 −45°까지 커질 수 있다. 이 경우 유량계수는 0.75가 될 수 있으며, 이때 부하계수는 2.5까지 증가한다.

반동터빈에서 절대속도에 대한 유동각은 식 (2.88)을 이용하여 결정할 수 있으며, 다음과 같다.

$$\tan\alpha_2 = \frac{1+\Psi}{2\phi}, \qquad \tan\alpha_3 = \frac{1-\Psi}{2\phi} \tag{2.97}$$

반동터빈에서 상대속도에 대한 유동각은 식 (2.93)을 이용하여 결정할 수 있으며, 다음과 같다.

$$\tan\beta_2 = -\frac{1-\Psi}{2\phi}, \qquad \tan\beta_3 = \frac{1+\Psi}{2\phi} \tag{2.98}$$

식 (2.97)과 식 (2.98)을 비교하면, $\tan\alpha_2 = -\tan\beta_3$와 $\tan\alpha_3 = -\tan\beta_2$가 성립하는 것을 알 수 있다. 아울러 속도삼각형이 대칭이기 때문에 $c_2 = w_3$와 $w_2 = c_3$가 성립하는 것을 알 수 있다.

반동도 50%를 가지는 단에서의 부하계수는 식 (2.86)과 식 (2.87)로부터 유도할 수 있다.

$$\Psi = 1 - 2\phi\tan\alpha_3 = 2\phi\tan\alpha_2 - 1 \tag{2.99}$$

그림 2.42에 50% 반동도를 가지는 터빈 단에 대하여 식 (2.99)를 이용하여 설계조건과 탈설계조건에서 계산한 성능특성이 나타나 있다. 이 그림으로부터 하나의 정해진 노즐 출구각 α_2에 대하여 유량계수가 증가함에 따라 부하계수도 선형적으로 증가하는 것을 확인할 수 있다. 아울러 하나의 주어진 유량계수에 대하여 노즐 출구각 α_2가 증가하면 부하계수도 증가하는 것을 확인할 수 있다. 현재의 터빈 노즐에 대한 설계 경향은 노즐 출구각을 최대로 크게 하는 것이다. 그러나 노즐 출구각이 너무 커지면 버켓으로 유입되는 상대속도 w_2도 커지기 때문에 초음속유동이 형성되기 쉬우며, 질량유량에 제한이 따르게 된다. 그러므로 설계자는 주어진 터빈 입구 온도에 대한 최적설계를 위해 노즐 출구각, 버켓 회전속도, 반동도, 축방향 속도(또는 유량계수)에 변화를 주어야 한다. 참고로, 그림 2.42에 나타나 있는 성능특성은 이상적인 조건, 즉 작동유체의 점성에 의한 손실,

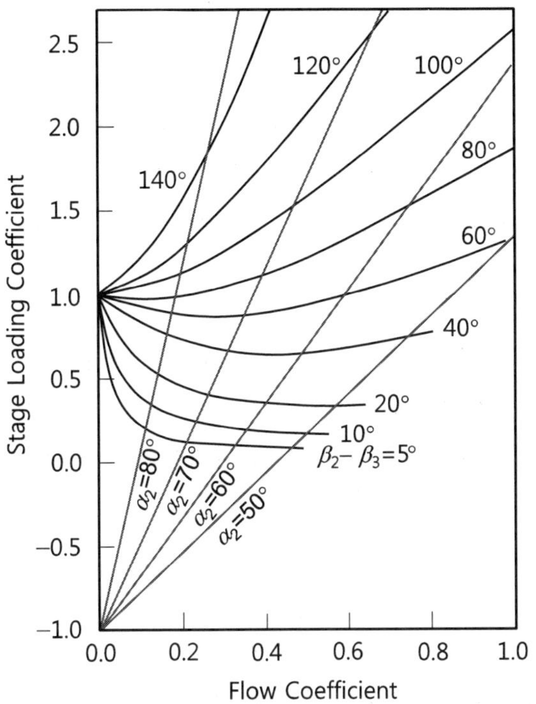

그림 2.42 50% 반동도 단 성능특성 (from Lakshminarayana, 1996)

충격파에 의한 손실, 3차원 효과가 모두 배제된 상태에서 도출한 결과이다.

2.6 충동터빈과 반동터빈

충동터빈과 반동터빈은 반동도를 이용해서 구분한다. 반동도는 식 (2.77)에 나타나 있듯이 버켓에서 발생하는 정엔탈피 강하를 단에서 발생하는 정엔탈피 강하로 나누어준 값으로 정의한다. 그런데 작동유체의 엔탈피를 직접 측정하기 어렵다. 따라서 반동도는 작동유체의 온도를 이용해서 나타낼 수 있다. 즉 터빈 한 단을 통과하는 동안에 작동유체의 정압비열이 일정하게 유지된다고 가정하면, 정압비열 정의식을 이용해서 다음 관계를 유도할 수 있다.

$$dh = c_p dT$$

따라서 반동도는 다음과 같이 작동유체의 온도를 이용해서 나타낼 수 있다.

$$\xi = \frac{T_2 - T_3}{T_1 - T_3}$$

그러나 작동유체의 온도 또한 측정하기 어렵다. 특히 증기터빈 입구 온도는 너무 높기 때문에 직접적인 측정이 어렵다. 따라서 일반적으로 반동도는 측정이 상대적으로 용이한 작동유체의 압력을 이용해서 나타낸다. 열역학 제2기초식은 다음과 같다.

$$\delta q = dh - vdp$$

터빈에서는 단열팽창이 일어나기 때문에 $\delta q = 0$이다. 그리고 팽창이 진행되는 동안 단에서 일어나는 작동유체의 밀도 변화를 무시하면, 위 식에서 엔탈피 변화량은 압력 변화량에 비례한다. 따라서 반동도는 다음과 같이 상대적으로 측정이 용이한 압력을 이용하여 나타낼 수 있다.

$$\xi = \frac{p_2 - p_3}{p_1 - p_3} \tag{2.100}$$

2.6.1 충동터빈 속도삼각형 및 유동 특성

충동터빈은 이론적으로 반동도가 0%인 터빈이다. 반동도가 0%라는 것은 증기터빈 단에서 일어나는 압력강하가 모두 노즐에서만 일어난다는 것을 의미한다. 그림 2.43에 충동터빈 블레이드 형상과 속도삼각형이 나타나 있다. 충동터빈의 가장 큰 특징은 그림 2.44에 나타나 있는 것처럼 버켓에서는 압력강하가 일어나지 않기 때문에 버켓통로

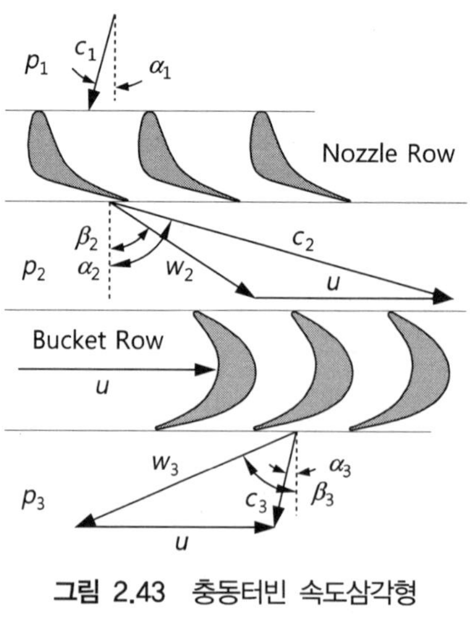

그림 2.43 충동터빈 속도삼각형

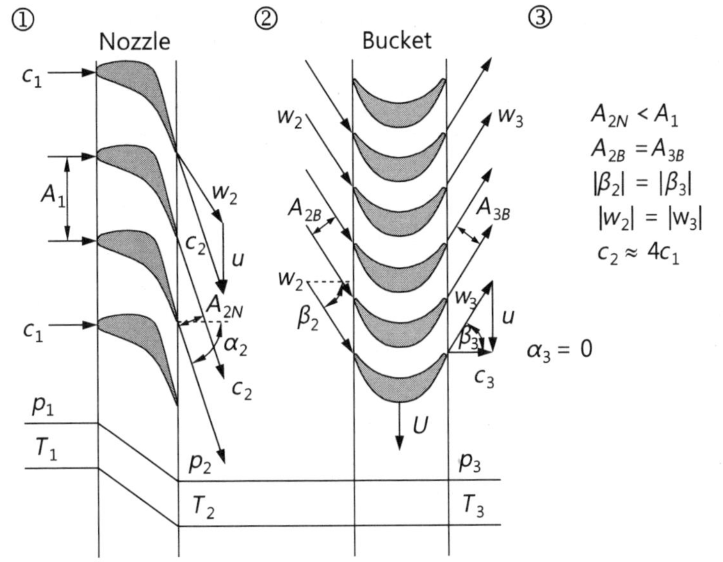

그림 2.44 충동터빈 단에서의 축방향 압력 및 온도분포

유동 단면적이 입구에서 출구까지 일정하며, 단지 유동방향만 바뀐다는 것이다. 즉 버켓으로 유입되는 증기의 상대속도(w_2)와 버켓을 빠져나가는 증기의 상대속도(w_3)는 크기가 서로 같다. 그러나 버켓을 빠져나가는 증기의 절대속도(c_3) 크기는 버켓으로 유입되는 증기의 절대속도(c_2)에 비해서 크게 작아지는데, 이는 버켓을 통과하면서 증기의 운동에너지가 기계적인 일로 변환되었기 때문이다. 대부분의 단에서 버켓을 빠져나가는 절대속도는 노즐로 유입되는 절대속도와 동일하다. 따라서 충동터빈 버켓에서 큰 회전동력을 얻기 위해서 증기는 노즐에서 약 4배 정도 가속된다. 그리고 한 개의 단으로 구성된 충동터빈은 그림 2.45에서 볼 수 있는 것처럼 버켓에서 큰 회전동력을 얻기 위하여 수축-확산노즐을 이용하여 초음속으로 유동을 가속시킨다.

그림 2.45 초음속 충동터빈

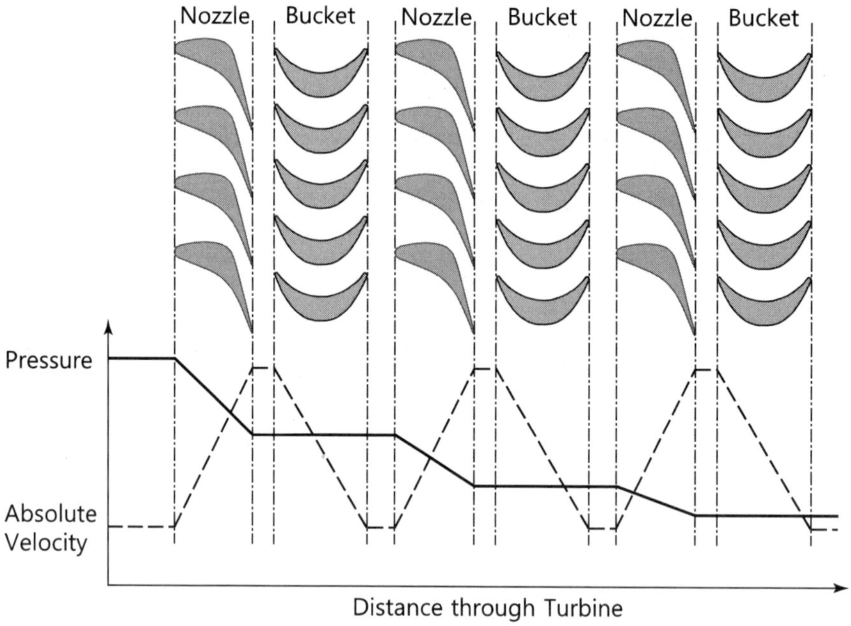

그림 2.46 다단 충동터빈 압력 및 절대속도분포

보일러나 원자력 증기발생기에서 생성된 주증기 압력은 복수기 압력에 비해 매우 높기 때문에 한 개의 증기터빈 단을 이용하여 주증기 압력을 복수기 압력까지 낮출 수 없다. 따라서 증기터빈을 다단으로 구성하여 각 단에서 점진적으로 압력을 낮춘다. 다단 충동터빈에서 증기의 압력 및 절대속도분포를 그림 2.46에 나타냈다. 이 그림에 나타나 있는 것처럼 증기압력은 각 단 노즐에서만 낮아진다. 그러나 증기의 절대속도는 노즐통로에서는 가속되고 버켓통로에서는 감속되는데, 그 형태 및 크기가 각 단에서 거의 일정하게 반복된다.

2.6.2 반동터빈 속도삼각형 및 유동 특성

반동터빈은 이론적으로 반동도가 50%인 터빈이다. 즉 반동터빈은 노즐과 버켓에서 동등하게 압력강하가 발생한다. 그러므로 반동터빈의 노즐과 버켓의 블레이드 형상은 서로 동일하다. 반동터빈 버켓통로는 노즐통로와 마찬가지로 수축노즐이기 때문에 증기는 버켓통로를 통과하면서 가속된다. 따라서 버켓 회전력은 버켓통로를 고속으로 빠져나가는 증기의 제트유동에 의한 반력을 이용하여 얻어진다. 반동터빈에 대한 속도삼각형을 그림 2.47과 2.48에 나타냈다.

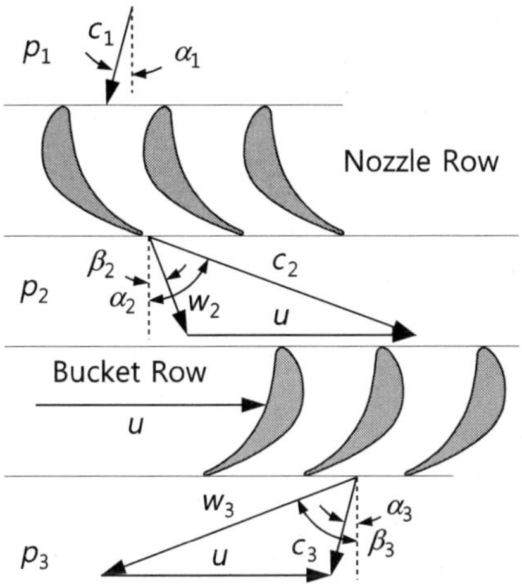

그림 2.47 반동터빈 속도삼각형

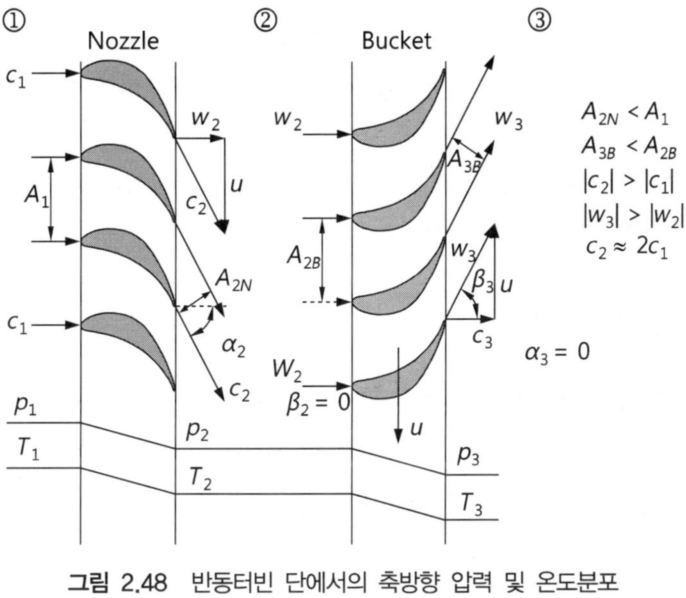

그림 2.48 반동터빈 단에서의 축방향 압력 및 온도분포

반동터빈도 충동터빈과 마찬가지로 매우 높은 주증기 압력과 진공압력에 가까운 복수기 압력 사이의 높은 압력비 때문에 증기터빈을 다단으로 구성하여 각 단에서 압력을 점진적으로 떨어뜨린다. 다단 반동터빈에서 작동유체의 압력 및 절대속도 분포를 그림 2.49에 나타냈다. 이 그림에 나타나 있는 것처럼 작동유체의 압력은 각 단의 노즐과 버켓에서 균등하게 낮아진다. 그러나 작동유체의 절대속도는 충동터빈과 마찬가지로 노즐통로에서는 가속되고 버켓통로에서는 감속되는데, 그 형태 및 크기가 각 단에서 일정하게 반복되

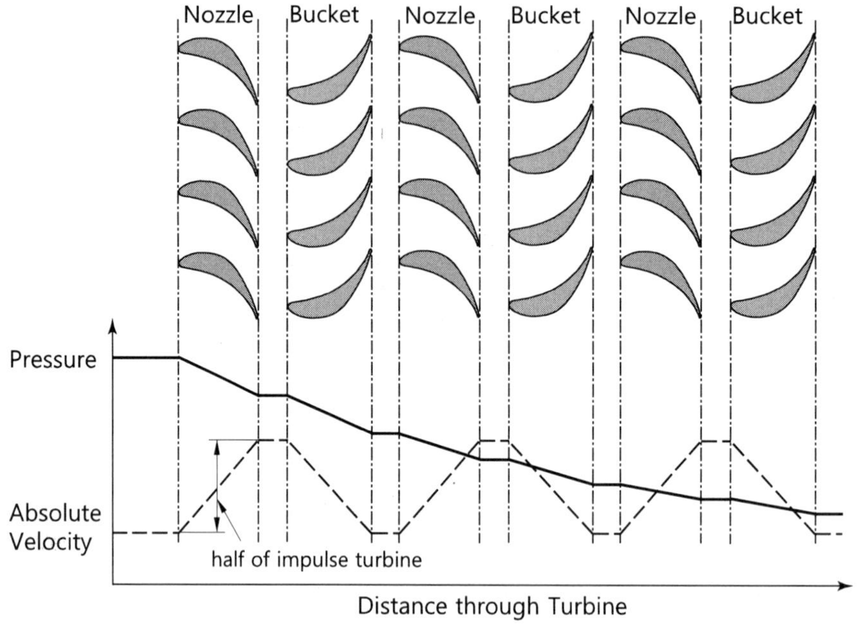

그림 2.49 다단 반동터빈 압력 및 절대속도 분포

며, 최대 절대속도 크기는 충동터빈의 절반이다. 이런 사실은 에너지방정식인 열역학 제1법칙을 이용해서 확인할 수 있다. 열역학 제1법칙은 다음과 같다.

$$q_{12} = (u_2 - u_1) + (p_2 v_2 - p_1 v_1) + \frac{1}{2}(c_2^2 - c_1^2) + g(z_2 - z_1) + w_{12}$$

노즐에서는 단열팽창이 일어나기 때문에 $q_{12} = 0$이며, 노즐에서는 일의 생산이나 공급이 없기 때문에 $w_{12} = 0$이다. 그리고 노즐통로에서 내부에너지 변화와 위치에너지 변화는 무시할 수 있을 정도로 작다. 따라서 위 식은 다음과 같이 된다.

$$p_1 - p_2 = \frac{1}{2}(\rho_2 c_2^2 - \rho_1 c_1^2)$$

여기서 $(p_1 - p_2)$는 노즐통로에서 발생하는 압력강하, c_1과 c_2는 각각 노즐 입구와 출구에서 작동유체의 속도이다. 그런데 노즐 입구에서의 속도가 출구에서의 속도에 비해 매우 작다고 가정하면, 위 식은 다음과 같이 된다.

$$p_1 - p_2 = \frac{1}{2}\rho_2 c_2^2 \tag{2.10}$$

반동터빈에서 압력강하는 노즐과 버킷에서 균등하게 일어나기 때문에 반동터빈 노즐에서 일어나는 압력강하는 충동터빈의 절반이다. 그러므로 식 (2.101)을 이용하여 계산하면 반동터빈 노즐 출구에서 작동유체의 절대속도는 충동터빈의 약 71%(=1/ $\sqrt{2}$)이다. 그런데 뒤에서 살펴보겠지만 반동터빈 단에서 낮아지는 압력의 크기는 충동터빈의 절반이다. 그러므로 반동터빈 노즐에서 발생하는 압력강하 크기는 충동터빈의 1/4에 해당하며, 이로 인해 반동터빈 노즐 출구에서 작동유체의 절대속도는 충동터빈의 절반이 된다. 그러므로 반동터빈은 성능저감 및 유지보수비용 측면에서 충동터빈에 비해 유리하다. 증기터빈 기동 시에 증기터빈으로 유입되는 증기에는 보일러 벽면에서 부식에 의해서 떨어져 나온 산화철가루인 마그네타이트(Fe_3O_4)가 많이 포함되어 있다. 증기에 부양되어 증기터빈으로 유입된 마그네타이트는 노즐을 통과하면서 큰 속도로 가속되면서 노즐과 버킷에 큰 속도로 충돌하기 때문에 침식을 유발시킨다. 노즐과 버킷에 침식이 발생하면 블레이드 표면이 거칠어질 뿐만 아니라 블레이드 형상이 바뀌기 때문에 블레이드의 공기역학적 효율이 낮아져서 터빈 효율이 낮아지며, 유지보수비용 또한 증가한다. 따라서 블레이드 침식에 의한 성능저감 및 유지보수비용 측면에서 반동터빈이 충동터빈보다 우수하다.

점성유체 유동에 의한 경계층 형성으로 인해서 물체 표면에서 발생하는 마찰손실은 유체의 속도가 증가할수록 커진다. 충동터빈 노즐에서는 반동터빈에 비해 유동가속이 더 크게 일어나기 때문에 더 큰 형상손실이 발생한다. 유체의 점성효과에 의해서 블레이드 표면에서 발생하는 마찰손실을 형상손실이라 한다. 따라서 형상손실 측면에서 반동터빈이 충동터빈보다 우수하다.

충동터빈에서는 버킷 열에서 압력차가 발생하지 않기 때문에 추력이 발생하지 않는다. 그러나 반동터빈에서는 버킷 열에서 발생하는 큰 압력차로 인해서 추력이 발생한다. 따라서 충동터빈에서는 스러스트베어링이 필요 없거나 작은 것이 사용되지만 반동터빈에는 반드시 있어야 한다. 한편, 큰 추력이 발생하는 일방향유동 반동터빈에는 추력을 줄여주기 위하여 밸런스피스톤을 설치한다. 그러므로 추력관점에서 충동터빈이 반동터빈보다 우수하다.

한 단에서 발생하는 추력은 다음과 같이 반동도를 이용하여 계산할 수 있다.

$$Thrust = \pi d l (p_1 - p_3) \xi \qquad (2.102)$$

여기서 d는 버킷 열 평균지름, l은 버킷 유효길이, p_1은 단 입구압력, p_3는 단 출구압력, ξ는 버킷 열 평균지름에서의 반동도이다. 그런데 반동도가 버킷 길이방향으로 비례하여 변하지 않는 경우에는 식 (2.102)를 사용하여 추력을 구할 수 없다. 이런 경우 증기터빈

한 단에서 발생하는 추력의 크기는 다음과 같은 식을 이용해서 계산한다.

$$Thrust = \int_{r_R}^{r_T} 2\pi r(p_2 - p_3)dr \tag{2.103}$$

여기서 r_R은 버켓 루트반지름, r_T는 버켓 팁반지름, p_2는 버켓 입구압력, p_3는 버켓 출구압력이다.

2.6.3 충동터빈과 반동터빈 성능 비교

그림 2.50에 증기터빈을 기준한 주요 터빈 제작사가 채택하고 있는 터빈 형태의 변천사를 나타냈다. 1970년대 6개 제작사 가운데 절반은 충동터빈, 나머지 절반은 반동터빈을 채택하였다. 그러나 2000년대 들어 총 4개 제작사 가운데 3개 제작사가 반동터빈을 채택하고 있으며, 오직 GE사만이 충동터빈을 채택하였다. 그러나 GE사 또한 최근에 반동터빈을 채택하고 있다. 이는 반동터빈이 충동터빈에 비해서 효율 측면에서 우수한 특성을 가지고 있기 때문이다.

앞에서 충동터빈과 반동터빈에 대한 내용을 살펴보면서 터빈 성능과 관련되어 논의된 내용을 정리하면 다음과 같다.

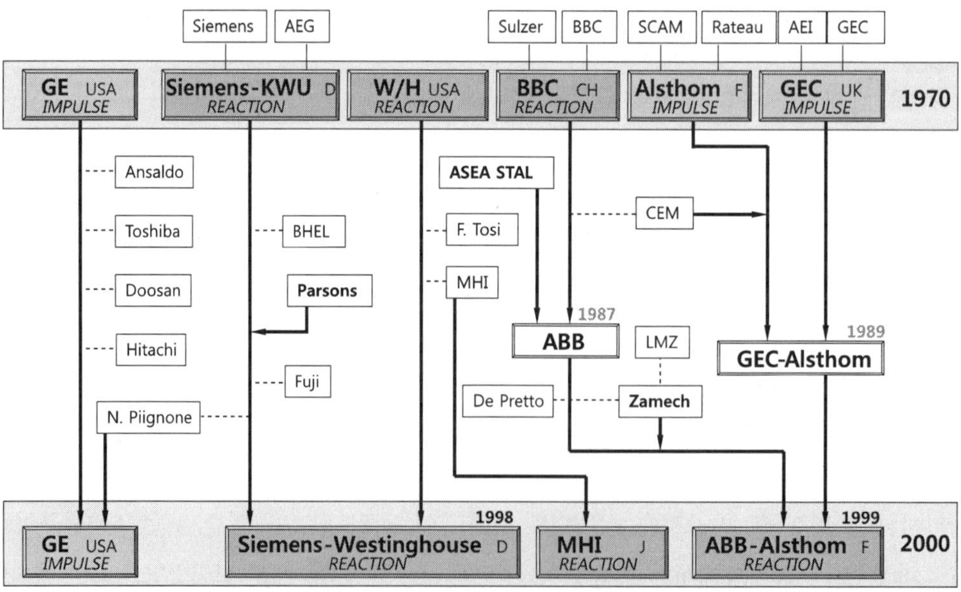

그림 2.50 주요 터빈 제작업체 터빈형태 변천사

반동터빈은 충동터빈에 비해 노즐에서 유동가속이 절반밖에 일어나지 않기 때문에 형상손실이 작으며, 이로 인해 반동터빈이 충동터빈에 비해 효율이 높다.

반동터빈은 노즐에서의 적은 유동가속으로 인해 충동터빈에 비해 블레이드 침식이 적게 발생하기 때문에 증기터빈 성능저감 및 유지보수비용 측면에서 반동터빈이 충동터빈보다 우수하다.

반동터빈은 버켓 열에서 압력강하가 발생하기 때문에 충동터빈보다 큰 스러스트베어링이 필요하다. 따라서 스러스트베어링 관점에서 충동터빈이 반동터빈에 비해 우수하다.

여기서는 충동터빈과 반동터빈의 성능을 비교하기 위하여 추가적으로 터빈에서 발생하는 큰 손실 가운데 하나인 누설손실 측면에서 비교하기로 한다. 실제적인 충동터빈과 반동터빈은 노즐 열과 버켓 열 입구와 출구 사이에 압력차가 발생하기 때문에 회전체와 고정체 사이의 간극을 통하여 증기누설이 발생한다. 그림 2.51에 반동도 5%인 충동터빈과 반동도 50%인 반동터빈 버켓 팁에서 발생하는 증기누설을 비교하여 나타냈다. 반동터빈은 충동터빈에 비해 버켓 열에서 발생하는 압력차가 크기 때문에 버켓 팁에서 상대적으로 큰 누설손실이 발생한다. 참고로, 버켓 팁 간극을 통해 누설된 작동유체는 다음 단에서 주유동과 합류하여 일을 할 수 있다. 그러나 버켓 팁 간극을 통과한 누설 작동유체는 실투스(seal tooth)를 통과하는 동안 교축과정이 일어나서 에너지 수준이 낮아지기 때문에 다음 단에서 주유동과 합류하더라도 이미 에너지를 잃어버린 상태이기 때문에 손실이 발생한다.

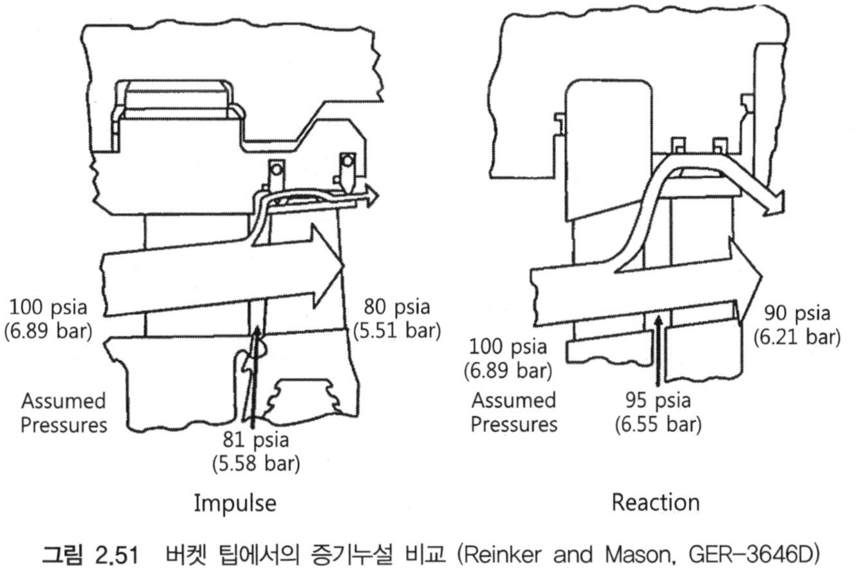

그림 2.51 버켓 팁에서의 증기누설 비교 (Reinker and Mason, GER-3646D)

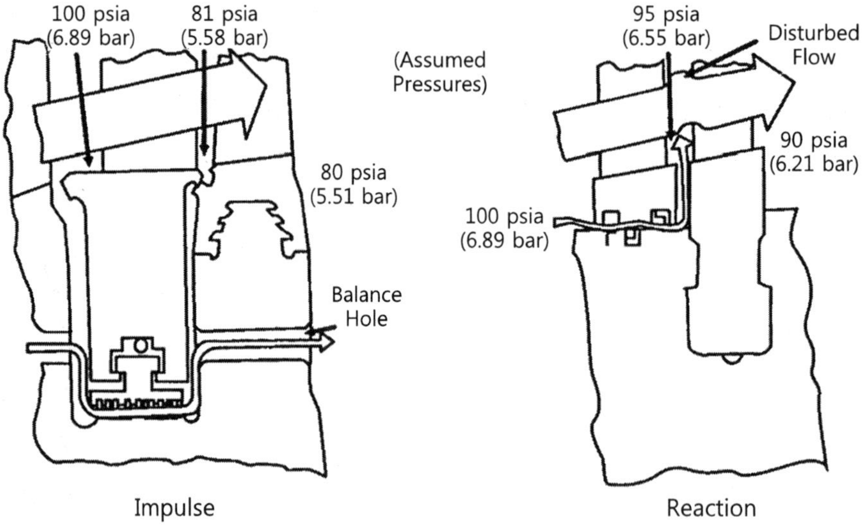

그림 2.52 다이어프램 루트에서의 증기누설 비교 (Reinker and Mason, GER-3646D)

노즐 열에서 발생하는 압력차로 인해서 다이어프램 실에서 발생하는 증기누설을 그림 2.52에 나타냈다. 충동터빈은 반동터빈에 비해서 노즐 열 입구와 출구 사이에 더 큰 압력차가 발생하기 때문에 다이어프램 실에서 더 많은 증기누설이 발생한다. 그러나 충동터빈 로터축은 휠 구조이기 때문에 충동터빈 다이어프램 실 지름은 반동터빈에 비해서 훨씬 작다. 따라서 다이어프램 실에서 발생하는 증기누설은 서로 비슷한 편이다. 그런데 한 가지 특징적인 차이는 충동터빈 다이어프램 실에서 누설된 증기는 휠이나 버켓에 있는 평형공을 통해서 하류 단으로 빠져나간다는 것이다. 이에 반해 반동터빈 다이어프램 실에서 누설된 증기는 버켓 루트 부위에서 반경방향으로 유입되어 주유동에 합류하기 때문에 주유동이 교란될 수 있다. 주유동 교란이 일어나면 버켓으로 유입되는 증기의 속도삼각형이 설계조건과 달라지기 때문에 단효율이 저하되며, 이로 인해 터빈효율이 낮아진다. 따라서 증기누설 측면에서 충동터빈이 반동터빈에 비해 우수하다.

비록 반동터빈 블레이드가 충동터빈 블레이드에 비해 높은 공기역학적 효율을 나타내지만 블레이드 길이가 짧은 경우에는 반동터빈 버켓 팁에서 발생하는 누설손실이 터빈 전체 효율에 미치는 영향이 증가하여 공기역학적 효율을 상쇄하기 때문에 오히려 충동터빈이 더 높은 효율을 나타낸다. 그러나 블레이드 길이가 증가함에 따라 누설손실이 터빈효율에 미치는 영향이 줄어들기 때문에 반동터빈 효율이 충동터빈에 비해 높아진다.

2.6.4 터빈 단효율

여기서는 충동터빈과 반동터빈의 성능 특성을 추가적으로 비교하기 위하여 터빈 단효율을 살펴보기로 한다. 터빈 단효율은 증기터빈 효율과 직결되기 때문에 매우 중요한 요소이다. 터빈 단효율은 단에서 생산되는 실질적인 동력을 이용가능에너지, 즉 단에서 생산할 수 있는 이상적인 최대동력으로 나눈 값으로 정의한다. 그림 2.30에 나타나 있는 일반적인 터빈 단에 대한 속도삼각형에서 버켓에 작용하는 힘의 크기는 다음과 같다.

$$F = \dot{m}(c_2 \sin\alpha_2 - c_3 \sin\alpha_3) = \dot{m}(w_2 \sin\beta_2 - w_3 \sin\beta_3)$$

작동유체의 유동각은 앞에서 정의했듯이 버켓 회전방향과 동일하면 양(+), 그 반대 방향이면 음(−)이다. 따라서 버켓 입구각 α_2와 β_2는 양(+), 버켓 출구각 α_3와 β_3는 음(−)이다. 터빈 축 중심으로부터 반지름 r인 곳에서 버켓에 작용하는 토크는 다음과 같다.

$$T = F \times r$$

그리고 버켓에 작용하는 동력은 다음과 같다.

$$\dot{W} = T \times \omega = F \times r \times \omega = F \times u$$

그러므로 버켓에서 생산되는 실질적인 동력은 다음과 같다.

$$\dot{W} = \dot{m}u(c_2 \sin\alpha_2 - c_3 \sin\alpha_3) = \dot{m}u(w_2 \sin\beta_2 - w_3 \sin\beta_3) \tag{2.104}$$

한편, 버켓에서 최대로 생산할 수 있는 일의 크기는 열역학 제1법칙인 에너지방정식을 이용하여 계산할 수 있다.

$$h_2 + \frac{1}{2}c_2^2 = h_3 + \frac{1}{2}c_3^2 + w_b$$

여기서 w_b는 버켓에서 생산되는 단위질량유량당 일의 크기이다. 따라서 버켓에서 생산할 수 있는 동력은 다음과 같다.

$$\dot{W} = \dot{m}w_b = \dot{m}\left\{h_2 - h_3 + \frac{1}{2}\left(c_2^2 - c_3^2\right)\right\}$$

그러므로 버켓에서 얻을 수 있는 이상적인 최대동력은 다음과 같다.

$$\dot{W}_{ideal} = \dot{m}\left(h_2 - h_3 + \frac{1}{2}c_2^2\right)$$

한편, 버켓통로에서 작동유체의 상대속도에 대한 에너지방정식은 다음과 같다.

$$h_2 + \frac{1}{2}w_2^2 = h_3 + \frac{1}{2}w_3^2$$

참고로, 에너지방정식에서 작동유체의 상대속도를 이용하는 경우 버켓에서 생산되는 일은 없다. 따라서 버켓에서 얻을 수 있는 이상적인 최대동력은 다음과 같다.

$$\dot{W}_{ideal} = \frac{\dot{m}}{2}\left(w_3^2 - w_2^2 + c_2^2\right) \tag{2.105}$$

식 (2.104)와 식 (2.105)를 이용해서 다음과 같이 터빈 단효율(η_{st})을 계산하기 위한 식을 유도할 수 있다.

$$\eta_{st} = \frac{\dot{W}}{\dot{W}_{ideal}} = \frac{2u\left(w_2 \sin\beta_2 - w_3 \sin\beta_3\right)}{\left(w_3^2 - w_2^2 + c_2^2\right)} \tag{2.106}$$

먼저 충동터빈 단효율을 살펴보기로 한다. 그림 2.53에 나타나 있는 충동터빈 속도삼각형에서 다음과 같은 관계가 성립한다.

$$w_2 = w_3$$
$$w_2 \sin\beta_2 = -w_3 \sin\beta_3$$

따라서 충동터빈 단효율($\eta_{st,i}$)은 다음과 같다.

$$\eta_{st,i} = \frac{4uw_2 \sin\beta_2}{c_2^2} = \frac{4u\left(c_2 \sin\alpha_2 - u\right)}{c_2^2} \tag{2.107}$$

속도비는 버켓 회전속도를 버켓으로 유입되는 작동유체의 절대속도로 나눈 값으로 정

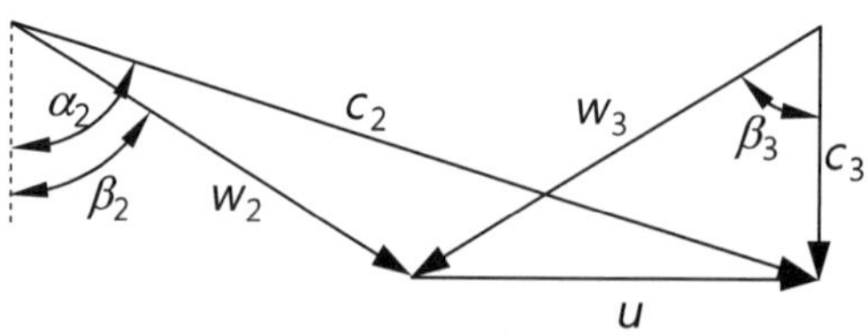

그림 2.53 충동터빈 속도삼각형

의한다. 따라서 속도비(ζ)는 다음과 같다.

$$\zeta = \frac{u}{c_2}$$

단효율을 속도비로 나타내기 위하여 식 (2.107)에서 w_2를 c_2와 u에 관한 식으로 바꾸어 정리하면 다음과 같다.

$$\eta_{st,i} = \frac{4u(c_2 \sin\alpha_2 - u)}{c_2^2} = 4\zeta(\sin\alpha_2 - \zeta) \tag{2.108}$$

최대의 단효율을 가지는 속도비를 구하기 위해서 단효율을 속도비에 대해 미분하여 0으로 놓으면 다음과 같다.

$$\frac{d\eta_{st,i}}{d\zeta} = 4\sin\alpha_2 - 8\zeta = 0$$

최대의 단효율을 나타내는 속도비는 $d\eta_{st,i}/d\zeta = 0$을 이용하여 구할 수 있으며, 다음과 같다.

$$\zeta = \frac{1}{2}\sin\alpha_2$$

따라서 충동터빈의 최대 단효율은 다음과 같다.

$$\eta_{st,i,\max} = \sin^2\alpha_2$$

이제 반동터빈의 단효율을 살펴보기로 한다. 반동터빈에 대한 일반적인 속도삼각형을 그림 2.54에 나타냈다.

반동터빈에 대한 속도삼각형에서 다음과 같은 관계가 성립한다.

$$c_2 = w_3$$

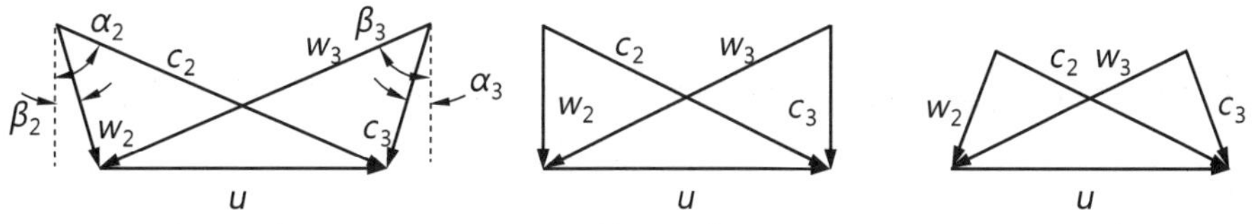

(a) $\zeta < \sin\alpha_2$ (b) $\zeta = \sin\alpha_2$ (c) $\zeta > \sin\alpha_2$

그림 2.54 반동터빈 속도삼각형

버켓에서 얻을 수 있는 실질적인 동력은 식 (2.104)를 이용해서 구할 수 있다.

$$\dot{W} = \dot{m}u(c_2\sin\alpha_2 - c_3\sin\alpha_3)$$

그림 2.54(a)에 나타나 있는 일반적인 반동터빈 단에 대한 속도삼각형을 이용하여 c_3를 c_2와 u에 관한 식으로 바꾸기 위해서 이들 사이의 관계를 정리하면 다음과 같다.

$$c_3\sin\alpha_3 = -w_2\sin\beta_2$$
$$c_2\sin\alpha_2 = w_2\sin\beta_2 + u$$

그러므로 반동터빈 버켓에서 얻을 수 있는 실질적인 동력은 다음과 같다.

$$\dot{W} = \dot{m}u(2c_2\sin\alpha_2 - u) \tag{2.109}$$

한편, 버켓에서 얻을 수 있는 이상적인 최대동력은 식 (2.105)를 이용하여 구할 수 있다.

$$\dot{W}_{ideal} = \frac{\dot{m}}{2}(w_3^2 - w_2^2 + c_2^2) = \frac{\dot{m}}{2}(2c_2^2 - w_2^2)$$

그림 2.54(a)에 나타나 있는 속도삼각형을 이용하여 w_2를 c_2와 u에 관한 식으로 나타내면 다음과 같다.

$$w_2^2 = c_2^2 + u^2 - 2c_2u\cos(90^o - \alpha_2)$$
$$w_2^2 = c_2^2 + u^2 - 2c_2u\sin\alpha_2$$

따라서 반동터빈 버켓에서 얻을 수 있는 이상적인 최대동력은 다음과 같다.

$$\dot{W}_{ideal} = \frac{\dot{m}}{2}(c_2^2 - u^2 + 2c_2u\sin\alpha_2) \tag{2.110}$$

식 (2.109)와 식 (2.110)을 이용하여 반동터빈 단효율($\eta_{st,r}$)을 구하면 다음과 같다.

$$\eta_{st,r} = \frac{2u(2c_2\sin\alpha_2 - u)}{c_2^2 - u^2 + 2c_2u\sin\alpha_2} \tag{2.111}$$

식 (2.111)의 각 항을 c_2^2로 나누면 다음과 같이 단효율을 속도비의 함수로 나타낼 수 있다.

$$\eta_{st,r} = \frac{2\zeta(2\sin\alpha_2 - \zeta)}{1-\zeta^2+2\zeta\sin\alpha_2} \tag{2.112}$$

최대의 단효율을 나타내는 속도비는 $d\eta_{st,r}/d\zeta = 0$을 이용하여 구할 수 있으며, 다음과 같다.

$$\zeta = \frac{u}{c_2} = \sin\alpha_2$$

따라서 위 식을 식 (2.112)에 대입하면 반동터빈의 최대 단효율을 구할 수 있다.

$$\eta_{st,r,\max} = \frac{2\sin^2\alpha_2}{1+\sin^2\alpha_2}$$

그림 2.55에 충동터빈과 반동터빈의 단효율을 비교하여 나타냈다. 충동터빈과 반동터빈 모두 최대 단효율은 1이며, 모두 작동유체의 버켓 입구각(α_2)이 90°일 때 나타난다. 그러나 버켓 입구각이 90°이면 축방향 속도가 0이기 때문에 이 값은 실제로는 사용할 수 없다. 한편, 최대의 단효율이 나타나는 속도비는 충동터빈은 0.5, 반동터빈은 1.0이다. 이는 동일한 크기의 터빈에서 충동터빈은 반동터빈에 비해 노즐에서 2배의 속도로 작동유체의 가속이 일어난다는 것을 의미한다. 노즐에서 유동가속이 크게 일어날수록 마찰손실

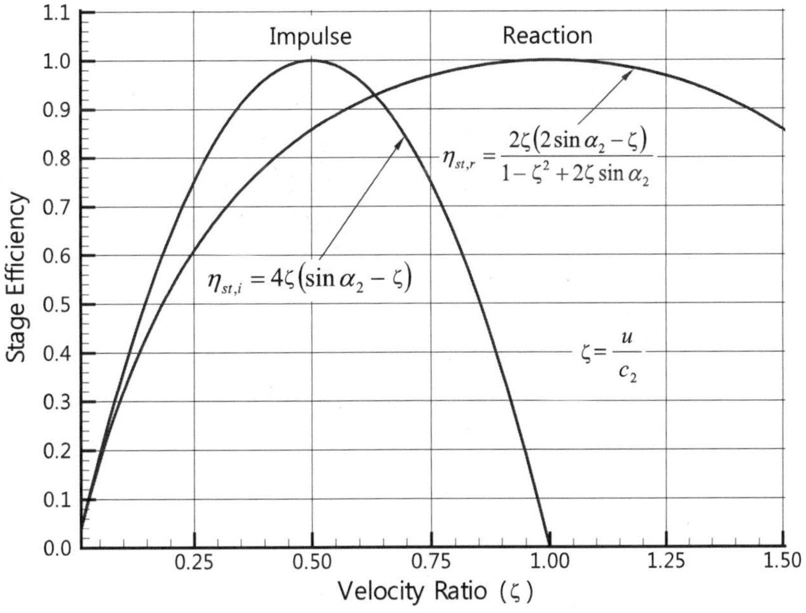

그림 2.55 속도비에 따른 터빈 단 효율 비교

이 증가할 뿐만 아니라 유동선회가 커지기 때문에 이차유동손실도 증가한다. 즉 충동터빈은 반동터빈에 비해 형상손실과 이차유동손실 모두 더 크게 발생한다.

충동터빈과 반동터빈의 단효율을 비교하기 위하여 노즐 후류가 단효율에 미치는 영향에 대해서 살펴보기로 한다. 버켓이 회전할 때 버켓에는 노즐 후류와 코어유동이 반복적으로 유입된다. 노즐 후류란 그림 2.56에 나타나 있는 것처럼 노즐 블레이드 표면에 발달하는 경계층으로 인해 노즐 뒷전 하류에서의 유동속도가 노즐 블레이드 통로 가운데를 빠져나오는 코어유동보다 작은 유동을 말한다. 코어유동이란 그림 2.57에서 확인할 수 있듯이 서로 인접한 두 개의 노즐 사이에 형성되는 후류와 후류 사이에 형성되는, 즉 경계층 유동에 영향을 받지 않는 고속유동을 말한다. 따라서 버켓은 회전하는 동안 노즐 후류와 코어유동을 반복적으로 통과하기 때문에 큰 힘과 작은 힘을 교대로 받으며, 이는 버켓 진동의 직접적인 원인이 된다. 버켓은 1회전하는 동안에 노즐 개수만큼의 하중을 반복적으로 받는데, 이를 노즐통과주파수라 한다. 노즐통과주파수는 버켓의 진동특성에 큰 영향을 미치기 때문에 한 열에 설치되는 노즐과 버켓의 개수를 결정하는 중요한 변수이다. 노즐 후류의 영향을 줄이기 위해서는 노즐과 버켓의 간격을 충분히 넓게 유지시키면 된다. 이는 노즐 후류가 하류로 가면서 평균속도를 회복하기 때문이다. 일반적으로 후류는 블레이드 시위 길이의 4배되는 하류에서 평균속도를 완전히 회복하는 것으로 알려져 있다. 그러나 노즐과 버켓 간격이 너무 커지면 터빈 축 길이가 증가하는 단점이 발생한다. 일반적으로 사용하고 있는 노즐과 버켓의 축방향 간격은 노즐의 축방향 시위의 20%

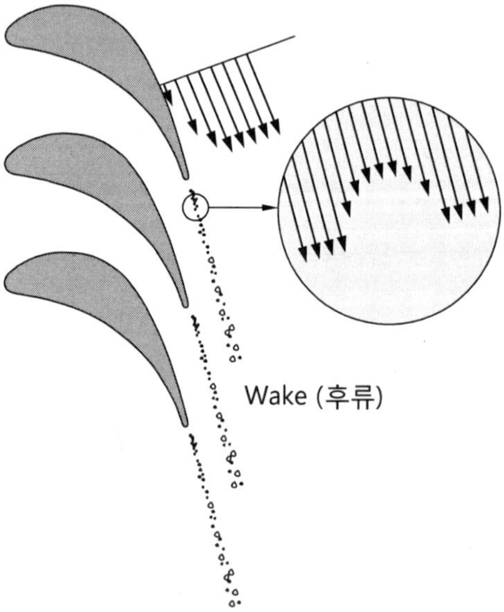

그림 2.56 노즐 후류

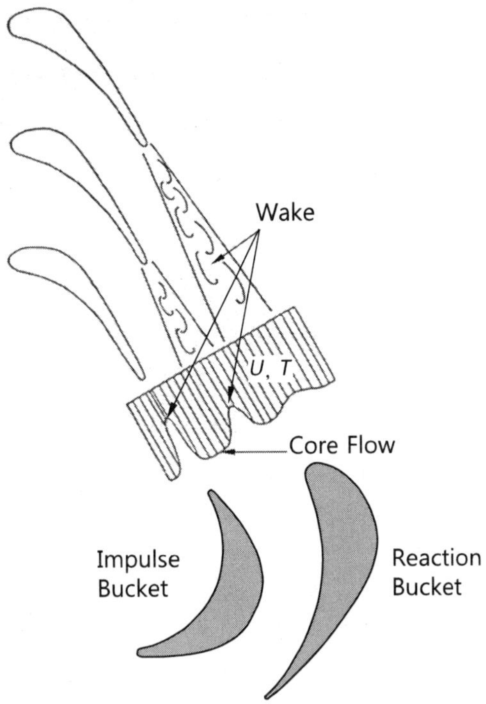

그림 2.57 후류에 의한 버켓 유입 속도 변화

정도이다. 따라서 버켓 성능은 후류에 의해 큰 영향을 받는다.

그림 2.55에서 충동터빈은 최대 단효율이 나타나는 부근에서 속도비 변화에 따른 단효율 감소비율이 반동터빈에 비해 크게 나타난다는 것을 확인할 수 있다. 이런 사실은 버켓 앞전 형상에 대한 비교를 통해서 이해할 수 있다. 충동터빈 버켓통로 유동 단면적은 일정해야 하기 때문에 충동터빈 버켓은 초승달 형상이다. 따라서 그림 2.57에서 확인할 수 있는 것처럼 버켓 앞전도 뒷전과 마찬가지로 뾰족한 형상을 가진다. 이에 반해 반동터빈 버켓은 그림 2.57에서 확인할 수 있는 것처럼 앞전이 뭉툭한 형상으로 되어 있다. 이렇게 서로 다른 버켓 앞전 형상은 실질적으로 단효율에 큰 영향을 미친다. 즉 버켓은 한 바퀴 회전할 때마다 노즐 개수만큼의 후류를 반복적으로 통과한다. 따라서 버켓이 회전하는 동안 속도비가 반복적으로 변하게 된다. 그림 2.55에서 확인할 수 있는 것처럼 속도비가 변화할 때 충동터빈은 반동터빈에 비해 단효율 감소가 더욱 급격하게 나타난다. 이는 충동터빈 버켓의 앞전 형상이 뾰족해서 작동유체의 받음각 변화에 따라 버켓 효율이 크게 달라지기 때문이다. 그러나 반통터빈 버켓의 앞전 형상은 뭉툭하기 때문에 받음각 변화를 비교적 잘 흡수하는 편이다. 이런 이유 때문에 반동터빈은 속도비 변화에 따른 단효율 감소가 충동터빈에 비해서 훨씬 작게 나타난다. 모든 유체는 점성을 가지고 있기 때문에

노즐 후류의 발생은 피할 수 없다. 결론적으로 반동터빈이 노즐 후류에 의한 효율저하가 작기 때문에 충동터빈에 비해 우수하다는 것을 알 수 있다.

2.6.5 터빈 단 수 비교

증기터빈 단 수는 적을수록 좋다. 단 수가 적으면 블레이드 수가 적어지고 로터축 길이가 짧아지기 때문에 제작비가 절감된다. 아울러 로터축 길이가 짧아지면 증기터빈 진동특성이 향상되며, 터빈빌딩도 작아지기 때문에 건설비용 또한 절감된다. 그런데 동일한 증기조건에서 반동터빈의 단 수는 충동터빈에 비해서 2배 많다. 따라서 단 수 측면에서 충동터빈이 반동터빈에 비해 우수하다.

터빈 단 수를 비교하기 위해 터빈 지름이 서로 동일한 충동터빈과 반동터빈에 대한 속도삼각형을 그림 2.58에 비교하여 나타냈다. 여기서 단으로 유입되고 단을 빠져나가는 증기의 절대속도는 축방향과 평행하다고 가정하였다. 충동터빈 속도삼각형에서 버켓으로 유입되는 증기의 상대속도와 버켓을 떠나는 증기의 상대속도 크기는 동일하다($w_2 = w_3$). 따라서 이들 속도성분이 로터축과 이루는 각은 서로 같다($\beta_2 = \beta_3$). 그리고 버켓으로 유입되는 증기의 상대속도 원주방향 성분은 버켓 회전속도와 같다. 따라서 다음과 같은 관계가 성립한다.

$$|w_2 \sin \beta_2| = |w_3 \sin \beta_3| = |u|$$

$$c_2 \sin\alpha_2 = 2u$$

반동터빈 속도삼각형을 살펴보면, 버켓으로 유입되는 증기의 절대속도와 버켓을 빠져나가는 증기의 상대속도 크기는 동일하며($|c_2| = |w_3|$), 이들 속도성분이 로터축과 이루는 각은 서로 같다($\alpha_2 = \beta_3$). 따라서 버켓입구와 출구에서의 속도삼각형은 서로 동일하며, 로터축을 기준으로 서로 대칭이다. 따라서 다음과 같은 관계가 성립한다.

$$c_2 \sin\alpha_2 = u$$

노즐통로에서 에너지방정식, 즉 열역학 제1법은 다음과 같다.

$$q_{12} = (h_2 - h_1) + \frac{1}{2}(c_2^2 - c_1^2) + g(z_2 - z_1) + w_{12}$$

노즐통로는 단열되어 있기 때문에 $q_{12} = 0$이며, 작동유체가 노즐통로를 통과하는 동안 작동유체에 공급해주거나 작동유체로부터 생산되는 일이 없기 때문에 $w_{12} = 0$이며, 노즐

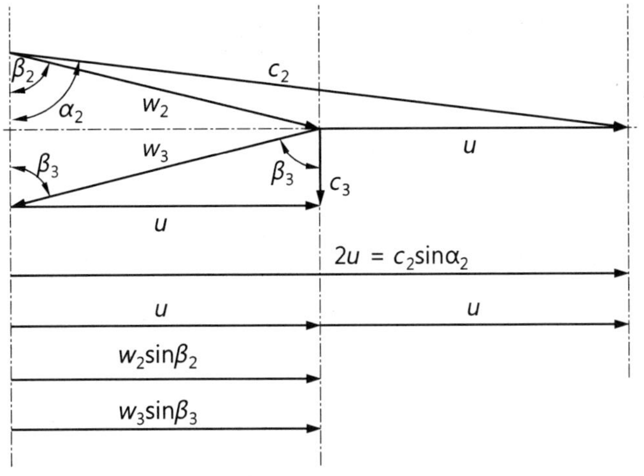

(a) 충동터빈

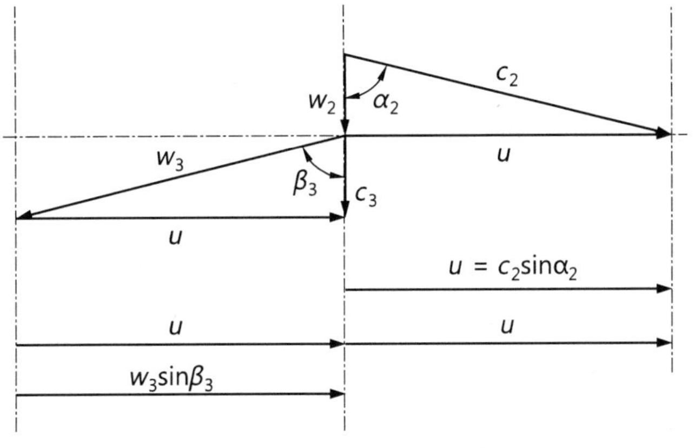

(b) 반동터빈

그림 2.58 속도삼각형 비교

을 통과하는 작동유체는 기체이기 때문에 위치에너지 변화를 무시할 수 있다. 따라서 위 식은 다음과 같이 간단해진다.

$$h_1 + \frac{1}{2}c_1^2 = h_2 + \frac{1}{2}c_2^2$$

노즐입구에서 작동유체의 절대속도는 노즐출구에서 작동유체의 절대속도에 비해서 매우 작다고 가정하면, 위 식은 다음과 같이 된다.

$$\Delta h = h_1 - h_2 = \frac{1}{2}c_2^2$$

그림 2.58에 있는 속도삼각형에서 $\alpha_2 \approx 90°$라고 가정하면, 버켓으로 유입되는 증기의 절대속도와 버켓 회전속도는 다음과 같은 관계를 가진다.

$$(c_2)_{impulse} \approx 2u$$
$$(c_2)_{reaction} \approx u$$

그러므로 충동터빈과 반동터빈 노즐에서의 엔탈피 변화는 각각 다음과 같다.

$$(\Delta h)_{impulse} = 2u^2$$
$$(\Delta h)_{reaction} = \frac{1}{2}u^2$$

위 식에서 반동터빈 노즐에서 일어나는 엔탈피강하 크기는 충동터빈의 1/4이라는 것을 알 수 있다. 그런데 충동터빈에서는 엔탈피강하가 노즐에서만 일어나지만 반동터빈에서는 노즐과 버켓에서 동일한 크기로 발생하기 때문에 결과적으로 반동터빈에서는 충동터빈의 1/2에 해당하는 엔탈피강하가 일어난다. 따라서 버켓 열 평균지름, 주증기 조건, 복수기 운전조건 등이 모두 동일한 경우에 반동터빈은 충동터빈에 비해서 2배 많은 터빈 단이 요구된다. 따라서 터빈 단 수 측면에서 충동터빈이 반동터빈보다 우수하다. 그러나 반동터빈의 버켓 열 평균지름을 충동터빈에 비해 40% 크게 하면 반동터빈과 충동터빈 단 수가 같아진다.

그림 2.59(a)에 나타나 있는 충동형 HP터빈은 2000년대 초반까지 GE사가 사용한 것이며, 그림 2.59(b)에 나타나 있는 반동형 HP터빈은 2000년대 후반부터 GE사가 신규로 개발하여 사용하고 있는 것으로써 터빈 단 수를 살펴보기 위해 비교하여 나타냈다. 이 그림에서 단 수를 비교하면 충동터빈은 6, 반동터빈은 14라는 것을 알 수 있다. 그런데 여기서 주목할 것은 비록 그림 2.59에 나타낸 충동터빈과 반동터빈의 스케일은 동일하지 않지만 반동터빈은 충동터빈에 비해 터빈 단 수가 훨씬 많은데도 불구하고 로터축 길이는 서로 비슷하다는 것이다. 이는 충동터빈 노즐에서 반동터빈에 비해 2배 높은 압력차가 발생하기 때문에 다이어프램을 훨씬 견고하게 제작해야 하며, 충동터빈 버켓 또한 반동터빈에 비해서 2배의 일을 해야 하기 때문에 폭을 넓게 하여 더욱 견고하게 제작하기 때문이다. 따라서 충동터빈 노즐과 버켓의 축방향 길이는 반동터빈에 비해서 길어지기 때문에 반동터빈 단 수가 2배 많더라도 로터축 길이는 충동터빈과 비슷하다. 반동터빈의 또 다른 특징은 버켓에 작용하는 부하가 상대적으로 작기 때문에 버켓 유효길이를 충동터빈에 비해서 길게 제작할 수 있다는 것이다. 버켓 유효길이가 길어지면 터빈효율이 향상된다.

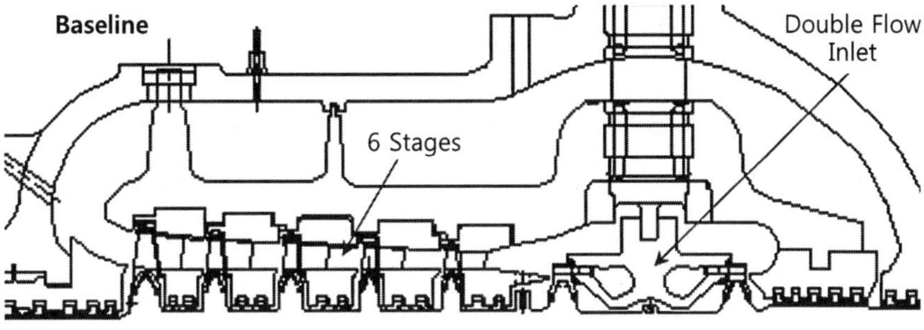

(a) 충동형 HP터빈

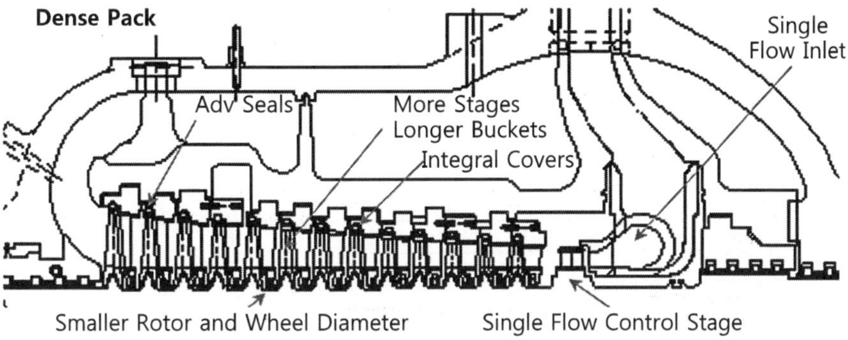

(b) 반동형 HP터빈

그림 2.59 HP터빈 비교 (GE)

그림 2.60에 국내 민자발전회사 SK E&S의 광양복합발전소에 설치되어 있는 반동형 HP터빈이 나타나 있다. 이 HP터빈은 16단으로서 충동터빈에 비해서 훨씬 많은 단으로 구성되어 있다.

그림 2.60 반동형 HP터빈 (SK E&S 광양복합발전소)

2.6.6 충동-반동버켓

터빈 블레이드 길이가 매우 짧으면 증기터빈을 충동터빈이나 반동터빈으로 설계할 수 있다. 그러나 블레이드 길이가 길어지면 그림 2.61에 나타나 있는 것처럼 루트에서 팁으로 가면서 반동도가 증가하며, 버켓 단면 형상이 충동형에서 반동형으로 변해간다. 그리고 이런 사실은 앞에서 그림 2.31을 통해서 이미 살펴보았다. 다단 축류터빈의 단 입구와 출구에서 속도와 압력은 반경방향을 따라서 일정하게 유지되도록 설계한다. 그림 2.62에 GE사의 실제적인 증기터빈 가운데 하나의 중간 단에 대한 유동조건을 나타냈다. 이 그림에서 단 입구와 출구에서의 압력은 반경방향을 따라 일정하다는 것을 확인할 수 있다.

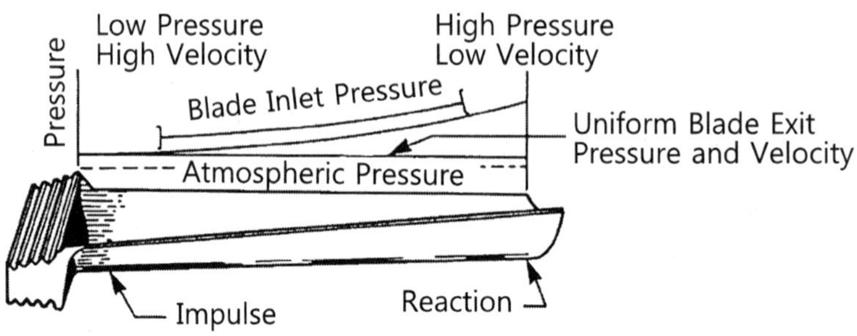

그림 2.61 가스터빈용 충동-반동 버켓 (from Otis and Vosbury, 2001)

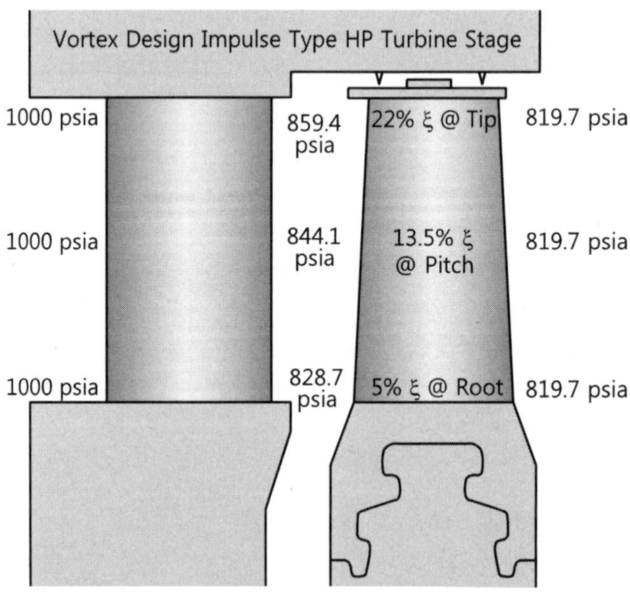

그림 2.62 반경방향 압력분포 및 반동도 변화 (예)

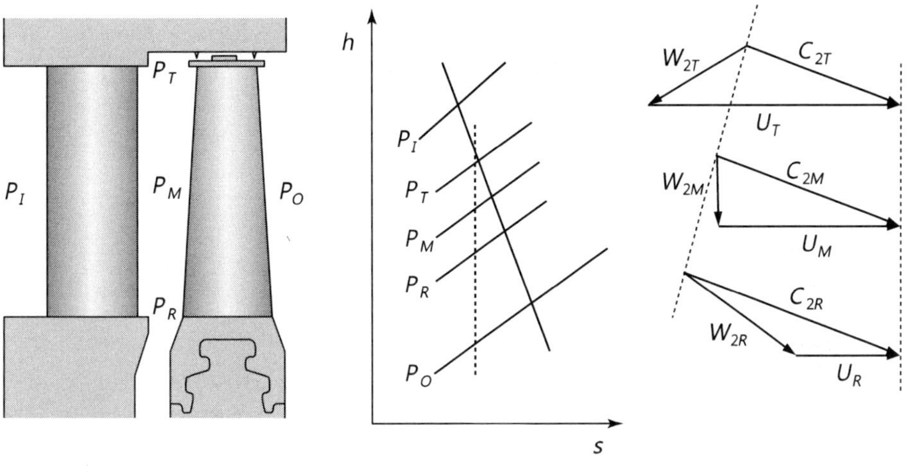

그림 2.63 버켓 유입 속도 분포

그런데 노즐을 빠져나가는 증기는 큰 접선방향 속도를 가지는 선회유동이다. 따라서 증기는 노즐 출구와 버켓 입구 사이에서 반경방향으로 작용하는 원심력에 의해 버켓 루트에서 팁 방향으로 흘러가기 때문에 증기는 버켓 팁 쪽으로 집중된다. 버켓 팁 부위는 노즐에서 발생하는 이차유동 때문에 중간 부위에 비해서 효율이 낮다. 따라서 증기가 팁 쪽에 집중되면 터빈 단효율이 낮아진다. 아울러 증기가 팁 부위에 집중되면 버켓 팁에서 발생하는 누설손실이 증가하기 때문에 단효율이 더욱 낮아진다. 이런 현상이 나타나는 것을 방지하기 위하여 그림 2.62에 나타나 있는 것처럼 노즐 출구 팁 부위 압력을 루트 부위 압력보다 높게 설계한다. 즉 그림 2.63에 나타나 있는 것처럼 노즐출구를 빠져나가는 증기의 절대속도가 루트에서 팁으로 가면서 작아지도록 설계한다. 이런 경우 반동도는 반경방향을 따라 증가한다. 즉 버켓 루트는 충동형, 팁은 반동형 블레이드가 되며, 이런 버켓을 충동-반동 버켓이라 한다. 한편, 그림 2.63에 나타나 있는 것처럼 반경방향을 따라 버켓의 회전속도가 증가하기 때문에 버켓 열로 유입되는 증기의 상대속도 크기 및 방향도 반경방향을 따라 달라진다. 그러므로 버켓 형상은 반경방향을 따라 충동형에서 반동형으로 자연스럽게 변해간다. 그림 2.64에 GE사 LSB의 루트와 팁에서의 반동도가 나타나 있다. 이 그림을 통해서 루트에서 팁으로 가면서 충동형에서 반동형으로 바뀐다는 것을 확실하게 파악할 수 있다. 그림 2.65에 노즐 열 입구 및 출구, 그리고 버켓 열 출구에서 반경방향을 따라 일반적으로 나타나는 압력 및 속도 변화를 나타냈다.

그림 2.66에 대표적인 화력발전용 충동터빈과 반동터빈 각 단의 루트와 팁 반동도가 나타나 있다. 이 그림으로부터 모든 단이 루트에서 팁으로 가면서 반동도가 증가하는 것을 확인할 수 있다. 아울러 이 그림으로부터 실제의 충동터빈 반동도는 루트 부위에서의

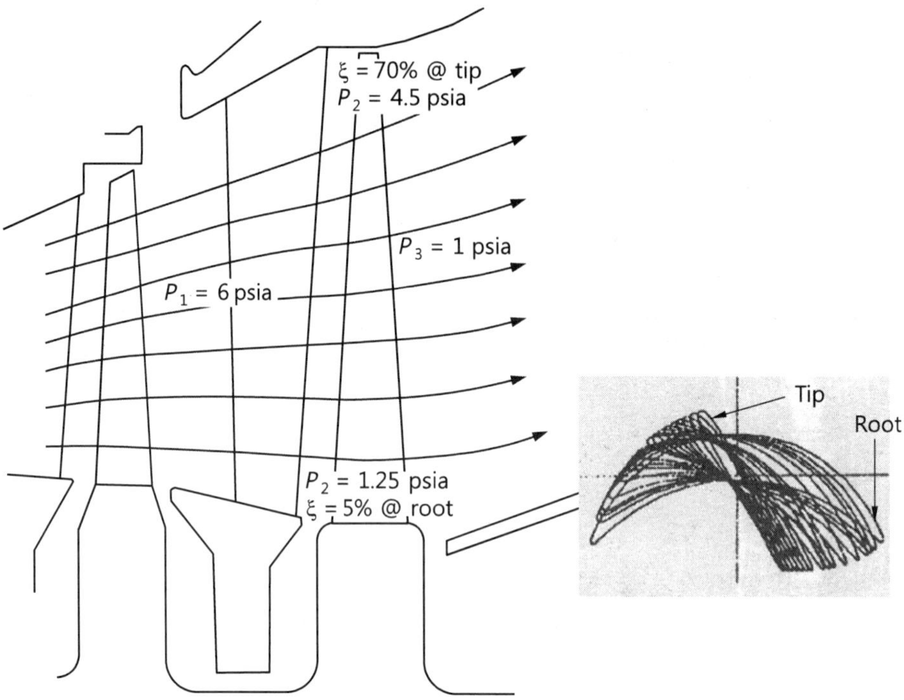

그림 2.64 LSB 반동도

- Velocity and pressure distribution along radial direction are uniform at the inlet and outlet of the stage.
- Velocity decreases along radial direction between nozzle and bucket.
- Pressure increases along radial direction between nozzle and bucket.

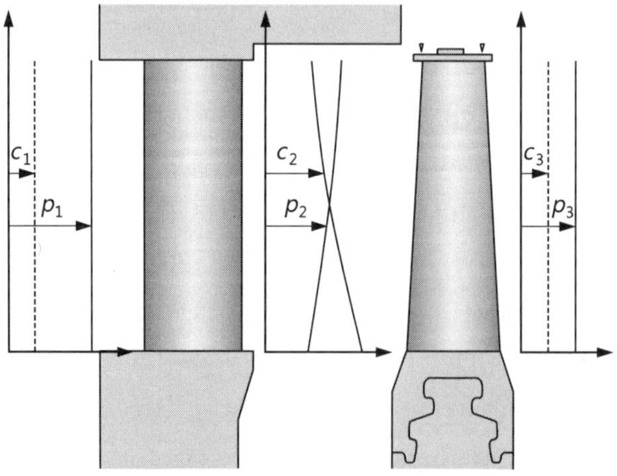

그림 2.65 한 단에서의 대표적인 반경방향 유동분포

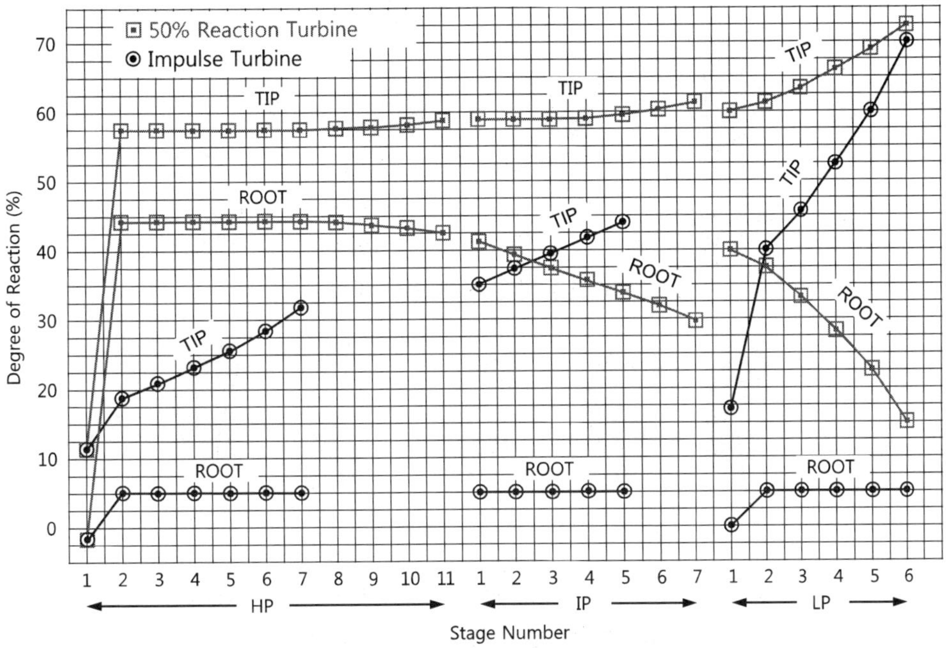

그림 2.66 화력발전 충동터빈 및 반동터빈에서의 반동도 (from Cotton, 1993)

반동도, 반동터빈 반동도는 버켓 유효길이 중간 부위에서의 반동도를 기준으로 한다는 것을 확인할 수 있다.

2.6.7 버켓 형상 비교

버켓 형상은 충동터빈을 대표하는 GE사와 반동터빈을 대표하는 Siemens 및 Alstom사 주도로 개발되어 왔다. 그림 2.67(a)에 GE사가 개발한 버켓 형상이 나타나 있다. 1940년에 개발된 Conventional 버켓은 순수한 충동형이다. 이후 버켓 형상은 반동도가 약간 증가하는 형상으로 발전되어 왔다. GE사는 전통적으로 루트에서 3~5% 반동도를 가진 버켓을 사용했으나 최근에는 반경방향 반동도에 큰 변화가 나타나고 있다.

반동터빈 버켓 형상은 그림 2.67(b)에 나타나 있는 것처럼 충동터빈과는 달리 앞전이 뭉툭한 형상이다. 그러나 반동터빈 버켓도 형상손실과 이차유동손실을 최소화시키기 위하여 버켓의 앞전이 약간 뾰족한 형상으로 발전하고 있다.

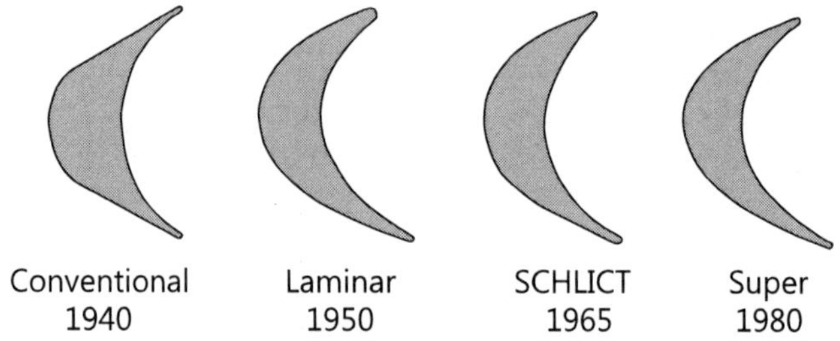

(a) 충동터빈 버켓 형상 (GE)

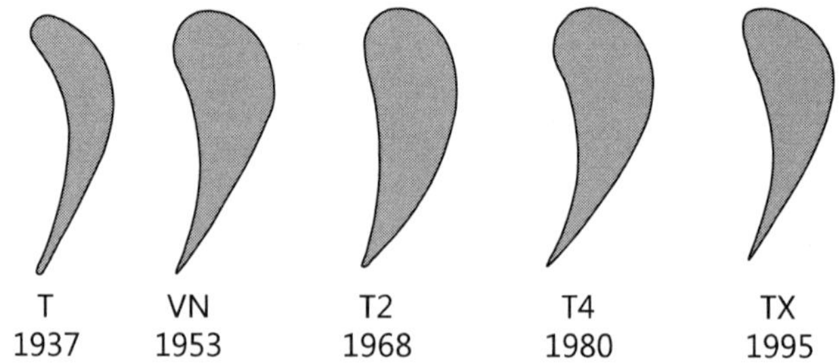

(b) 반동터빈 버켓 형상 (Siemens)

그림 2.67 버켓 형상 발달

2.6.8 로터축 형상 비교

충동터빈과 반동터빈 로터축 형상은 버켓 열에서 발생하는 추력 크기가 서로 다르기 때문에 큰 차이를 가진다. 이론적으로 충동터빈 버켓 열에서는 추력이 발생하지 않는다. 그러나 대표적인 충동터빈인 GE사 HP터빈의 경우 그림 2.66에 나타나 있는 것과 같이 버켓 유효길이 중간에서의 반동도는 약 15%이며, IP터빈과 LP터빈은 이보다 더 큰 값을 가진다. 따라서 실질적으로 충동터빈에서도 추력이 발생한다. 그러나 충동터빈 버켓 열에서 발생하는 추력은 반동터빈에 비해 작기 때문에 버켓 열에서 발생하는 추력굽힘력은 작은 편이다. 따라서 충동터빈 로터축은 그림 2.16에 나타나 있는 것처럼 휠 구조이다. 휠은 디스크 형태로 제작하여 열박음하여 로터축과 일체화시킬 수 있으나 일반적으로 로터축과 일체형으로 제작하여 가공하여 사용한다.

반동터빈 로터축은 버켓 열에서 발생하는 큰 추력굽힘력을 견딜 수 있는 드럼 구조이다. 드럼 형태의 로터축은 동일지름과 동일길이를 가지는 휠 구조 로터축에 비해서 무겁다. 아울러 대형 잉곳을 제작하기 어렵기 때문에 로터축이 길어지는 경우에는 그림 2.68에 나타나 있는 것처럼 로터축을 용접 연결하여 사용한다.

일방향유동 반동터빈에는 큰 추력이 발생한다. 이런 경우 그림 2.68과 2.69에 나타나

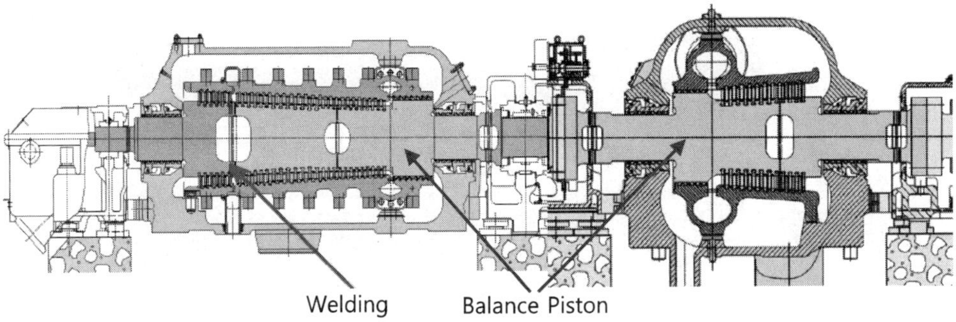

그림 2.68 드럼 구조 로터 (Alstom)

그림 2.69 밸런스피스톤 (Siemens)

있는 것처럼 증기가 유입되는 고압부에 **밸런스피스톤**을 설치하여 추력을 상쇄시킨다. 밸런스피스톤 원리는 고압의 증기가 유입되는 입구부에 로터축 지름을 크게 하여 추력 반대방향으로 높은 압력이 작용하도록 해주고, 그 반대편에는 낮은 압력을 작용시켜서 추력 반대방향으로 큰 압력힘을 발생시켜 추력을 상쇄시키는 것이다. 밸런스피스톤에는 압력차가 크게 발생하기 때문에 증기의 누설을 방지하기 위하여 다수의 실 스트립을 가진 라비린스 실을 설치한다. 따라서 그림 2.69에 나타나 있는 것처럼 밸런스피스톤은 큰 폭으로 되어 있다.

증기터빈에서 발생하는 추력을 상쇄시키기 위하여 일반적으로 양방향유동 형태가 채택되고 있다. 양방향유동 형태는 일반적으로 LP터빈에 적용하고 있으며, 대형 증기터빈의 경우 IP터빈에도 적용하고 있다. 양방향유동 LP터빈의 경우 LSB 길이를 줄일 수 있기 때문에 성능저감이 적으며, 운영유지비가 줄어들고, LP터빈 전체적인 크기가 작아진다. 그림 2.70에 양방향유동 IP터빈과 LP터빈이 나타나 있다.

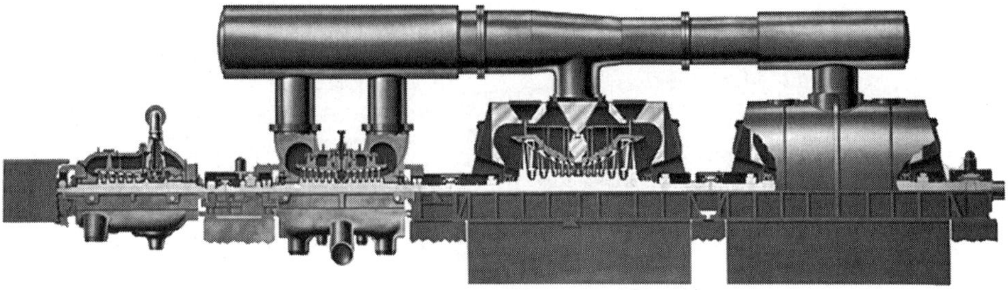

그림 2.70 양방향유동 IP터빈 및 LP터빈 (GE)

2.7 크립

그림 2.71에 상온에서의 연성재료 인장시험에 대한 가장 대표적인 응력변형도곡선을 나타냈다. 참고로, 각각의 재료는 모두 고유의 응력변형도곡선을 가진다. 연성재료에 대한 응력변형도곡선은 크게 두 개의 영역, 즉 탄성변형 영역과 소성변형 영역으로 구분된다. 탄성변형 영역은 그림에 나타나 있는 구간 o-a로써 재료에 가하는 힘을 제거하면 재

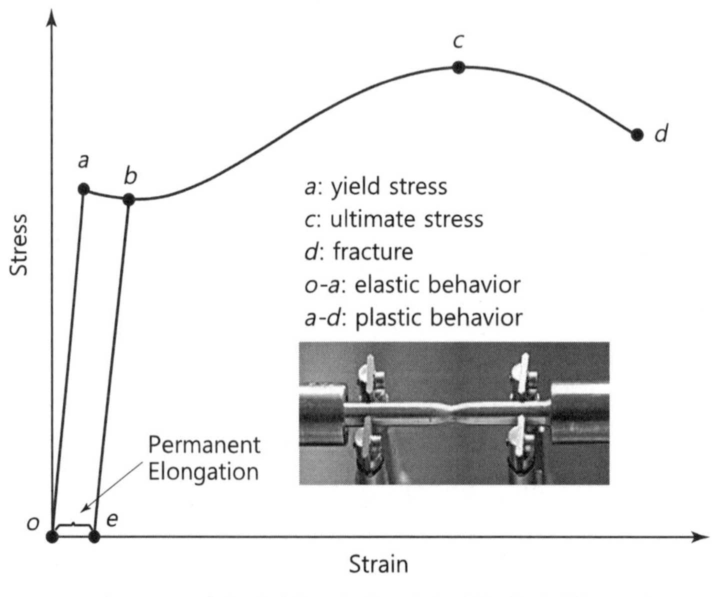

그림 2.71 일반 연성재료의 대표적인 상온 응력변형도곡선

료는 원래의 상태로 돌아간다. 그러나 재료에 항복응력을 초과하는 힘이 가해지면 힘을 제거하더라도 소성변형이 발생하기 때문에 재료는 원래 상태로 돌아가지 못한다. 즉 재료에 항복점보다 큰 응력이 작용하면 재료가 잡아당기는 힘을 견디지 못하며, 이로 인해 재료를 구성하고 있는 물질의 이동이 일어나면서 소성변형이 발생한다. 따라서 만약 그림에 나타나 있는 상태 b에서 재료에 가해지는 힘을 제거하면 상태 o로 복귀하지 못하고 상태 e로 복귀하기 때문에 재료에 o-e 만큼의 영구신장이 발생한다.

증기터빈 운전중 버켓에는 고속회전에 따른 원심력에 의해 인장응력이 발생하며, 항복점보다 훨씬 작은 응력이 작용하더라도 한 엔진사이클(가열-운전-정지) 경과 후에는 길이가 약간 늘어난다. 고온 환경에서 대부분의 연성재료는 항복점보다 훨씬 작은 응력이 작용하더라도 응력을 제거하면 재료에 약간의 영구신장이 일어나는데, 이를 크립이라 한다. 그러나 정상적인 운전상태에서 크립에 의한 영구신장 길이는 엔진사이클당 수백만분의 1인치이다. 그렇지만 온도가 비정상적으로 높아지거나 과속 상태에서 운전하는 경우 정상운전에 비해 영구신장 길이가 훨씬 많이 길어진다.

정상운전 상태에서라도 증기터빈을 장기간 운전하면 크립에 의한 영구신장 길이가 누적되어 버켓 길이가 늘어난다. 이런 경우 그림 2.72에 나타나 있는 것처럼 늘어난 버켓과 케이싱 사이에 접촉이 일어나서 마찰(rubbing)이 발생하며, 이로 인해 버켓 팁 일부가 갈

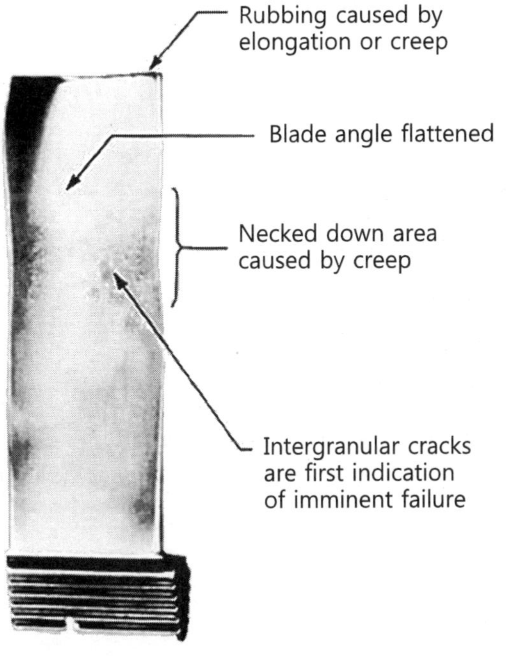

그림 2.72 크립에 의한 버켓 변형 (from Otis and Vosbury, 2001)

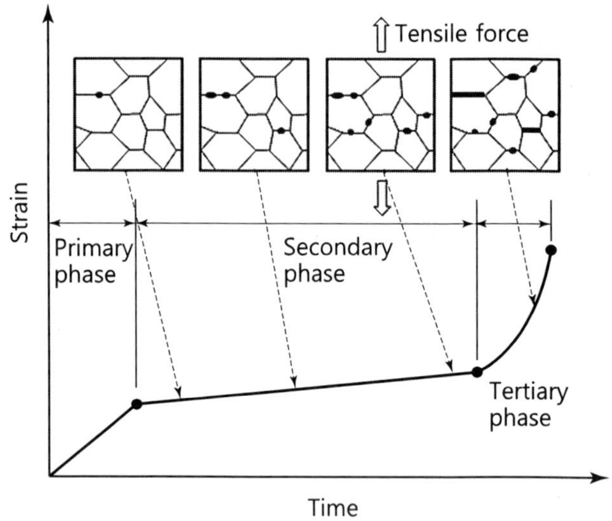

그림 2.73 크립 단계 및 입자 경계 손상

려나가면서 심한 마찰음이 발생한다. 아울러 버켓 중간 부위에 넥킹이 발생하면서 버켓 날개 단면적이 축소되는 동시에 버켓 비틀림이 풀리게 된다. 이런 경우 버켓의 공기역학적 효율이 크게 낮아질 수 있으며, 심한 경우 넥킹이 일어난 부분이 파단되어 대형사고로 이어질 수 있다. 따라서 증기터빈 버켓은 우수한 크립특성을 보유한 소재를 이용하여 제작해야 한다.

일반적으로 크립은 그림 2.73에 나타나 있는 것처럼 3단계로 구분한다. 1단계와 3단계 크립은 비교적 빠르게 진행되는데, 1단계 크립은 증기터빈 최초기동 시에 일어난다. 그리고 3단계 크립은 급격히 가속되는 경향이 있는데, 이는 설계온도보다 높은 온도에서 운전, 고출력 상태에서 장기간 운전, 외부물질 유입에 의한 버켓 침식 등이 원인으로 작용한다. 이에 반해 2단계 크립은 매우 느리게 진행된다. 증기터빈 제작자는 증기터빈의 운전수명을 2단계 크립 이내로 설정한다.

크립이 진행되면 그림 2.73에 나타나 있듯이 소재를 구성하는 입자 경계(grain boundary)에 크랙이 발생하기 시작한다. 그리고 그림에서 확인할 수 있듯이 하중이 작용하는 방향을 가로지르는 방향의 입자 경계에서 주로 크랙이 발생한다.

Chapter

03

부분부하 운전

전기에너지의 가장 큰 단점은 대용량으로 저장하기 어렵다는 것이다. 전기를 직접적인 방법으로 저장하는 것은 많은 비용이 요구되기 때문에 현실적으로는 자동차용 배터리와 같은 소용량으로만 저장하여 사용하고 있다. 대용량의 전기는 물이나 압축공기를 이용한 간접적인 방법으로 저장할 수 있지만 제약이 따르며 비경제적이다. 현실적으로 대용량 전기를 저장할 수 있는 방법은 양수발전이 유일한 편이다. 그러나 양수발전도 효율이 낮기 때문에 경제적이지 못하다. 이와 같은 이유 때문에 부하변동에 대비하기 위하여 설치된 발전소의 증기터빈은 자주 전부하(full load)로 운전되지 않고 부분부하(part load)로 운전된다. 증기터빈 부분부하운전은 증기터빈으로 공급되는 증기의 질량유량 조절을 통하여 이루어진다.

증기터빈 부하(출력)를 조절하는 운전방법으로는 1) full throttling (full arc admission, or single admission) 운전, 2) partial arc admission 운전, 3) 변압 운전, 4) 하이브리드 운전 등 네 가지가 있다.

3.1 증기유량 조절 기본사항

증기터빈 출력은 다음과 같은 식을 이용하여 구할 수 있다.

$$W = \dot{m}\Delta h \ \ [\text{kW}] \tag{3.1}$$

여기서 $\dot{m}$은 증기터빈으로 공급되는 증기의 질량유량, Δh는 증기터빈에서 발생하는 엔탈피낙차를 나타낸다. 이 식으로부터 증기터빈 출력을 낮추기 위해서는 증기터빈으로 공급되는 증기의 질량유량이나 엔탈피낙차를 줄이면 된다는 것을 알 수 있다. 그런데 복수기 운전조건은 증기터빈 부하변동에 관계없이 항상 일정하게 유지되기 때문에 엔탈피낙차를 줄이기 위해서는 증기터빈으로 공급되는 증기의 엔탈피를 설계조건보다 낮추어야 한다. 그러나 증기터빈으로 공급되는 증기의 엔탈피가 낮아지면 이용가능에너지가 작아져서 사이클 효율이 낮아지기 때문에 이 방법은 사용하지 않는다. 따라서 증기터빈 출력을 낮추기 위해서는 증기터빈으로 공급되는 증기의 질량유량을 줄이는 방법을 사용한다. 증기터빈으로 공급되는 증기의 질량유량을 줄이기 위해 두 가지 방법이 사용되고 있다. 첫째는 주증기 압력을 일정하게 유지시킨 상태에서 컨트롤밸브를 부분적으로 닫아 유동단면적을 줄임으로써 질량유량을 줄인다. 둘째 방법은 컨트롤밸브를 완전히 개방하고 보일러에서 주증기 압력을 낮추어서 질량유량을 줄인다.

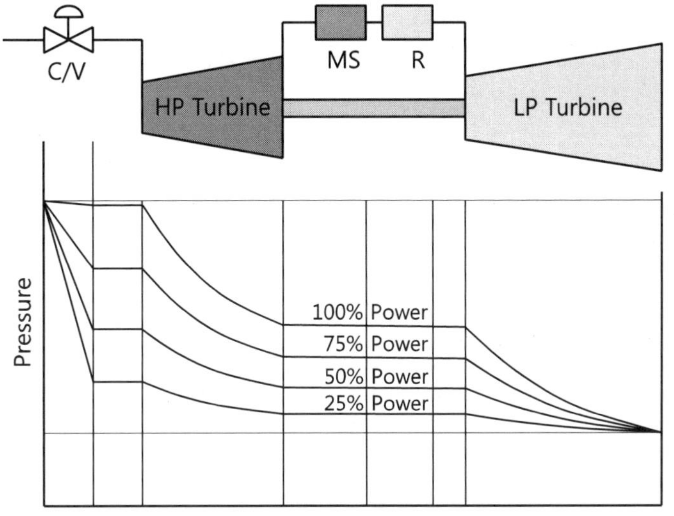

그림 3.1 교축과정을 이용한 부분부하운전 기본 개념

증기터빈을 부분부하로 운전할 때 그림 3.1에 나타나 있는 것과 같이 주증기 압력을 일정하게 유지시킨 상태에서 HP터빈 입구에 설치된 컨트롤밸브를 이용하여 압력을 낮춘 후에 HP터빈으로 공급하는 방법이 많이 사용되고 있다. 이때 HP터빈에 낮은 압력을 가진 증기가 공급되더라도 증기의 체적유량을 전부하운전 때와 동일하게 유지시켜주면 증기터빈 각 단에서는 항상 일정한 압력비가 유지되기 때문에 증기터빈 각 단은 설계효율을 유지한다.

증기터빈 부분부하운전 각각의 방법에 대한 컨트롤밸브 개폐 특성과 1단 노즐 형태를 표 3.1에 정리하여 나타냈다.

표 3.1 부분부하운전 특성

부분부하운전 방식	주증기 압력	컨트롤밸브 작동	1단 노즐 형태
Full throttling	일정	동시 작동	Full arc
Partial arc admission	일정	개별 작동 (일부 그룹 작동)	Partial arc
Sliding pressure	변화	항상 열림	Partial arc, or full arc
Hybrid	변화	개별 작동 (일부 그룹 작동)	Partial arc

3.2 교축과정

관 내부를 흐르는 유체가 그림 3.2에 나타나 있는 것처럼 단면적이 급격히 축소되는 오리피스를 지날 때 유체의 엔탈피는 일정하게 유지되지만 압력은 낮아지는 **교축과정**이 발생한다. 교축과정은 유체가 각종 밸브를 지날 때 실제로 발생한다. 거의 모든 산업현장에는 많은 수의 밸브가 설치되어 있다. 그러므로 교축과정은 우리 주변에서 항상 일어나고 있다. 교축과정은 압력강하를 수반하기 때문에 엔트로피가 증가하는 손실을 수반하며, 비가역과정에 해당된다. 교축과정이 손실을 수반하는 이유는 그림에서 볼 수 있듯이 유동 단면적이 갑자기 축소되면 그 하류에서 와류가 발생하며, 이로 인해서 유체의 에너지가 손실되어 압력이 낮아지기 때문이다.

정상상태로 유체가 흘러가는 단순한 유동통로에서 교축과정이 일어나면 외부에 어떤 일도 하지 않으며, 또한 열교환도 일어나지 않기 때문에 일반 에너지방정식인 열역학 제1법칙을 이용하여 다음과 같은 단순 유동통로에 적용할 수 있는 에너지방정식을 유도할 수 있다.

$$h_1 + \frac{c_1^2}{2} = h_2 + \frac{c_2^2}{2} \tag{3.2}$$

여기서 h는 엔탈피, c는 유체 속도를 나타낸다. 만일 유체 속도가 40 m/s 이하로 크지 않은 경우에는 유체의 운동에너지 변화량은 엔탈피 변화량에 비해서 매우 작기 때문에

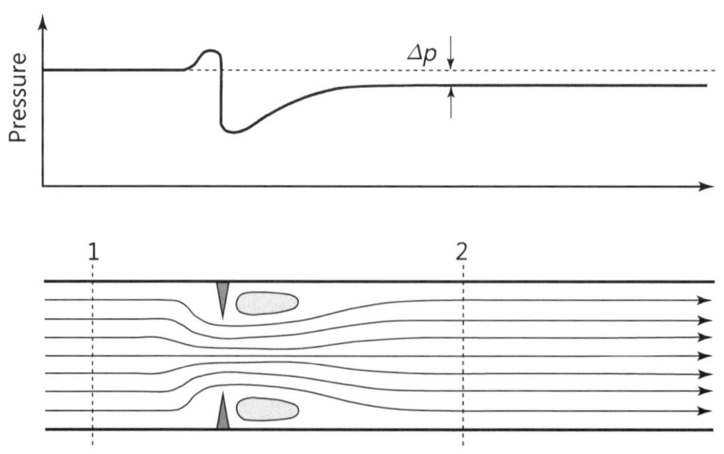

그림 3.2 교축과정

무시할 수 있다. 따라서 식 (3.2)는 다음과 같이 된다.

$$h_1 = h_2 \tag{3.3}$$

식 (3.3)은 교축과정이 일어나더라도 유체의 엔탈피는 일정하게 유지된다는 것을 의미한다. 이런 이유 때문에 교축과정을 **등엔탈피과정**이라고도 한다. 이상기체의 엔탈피는 온도만의 함수이다. 그러므로 정상상태로 흘러가는 이상기체는 교축과정이 일어난 후에 온도가 일정하게 유지된다. 그러나 작동유체가 증기인 경우 교축과정이 일어나면 압력뿐만 아니라 온도도 떨어지는데, 이런 현상을 줄-톰슨 효과라 한다. 작동유체가 액체인 경우 교축과정이 일어나서 압력이 액체의 포화압력보다 낮아지면 액체의 일부가 증발하는데, 증발에 필요한 열을 액체 자신으로부터 흡수하기 때문에 액체 온도가 감소한다. 냉동기는 이런 교축과정을 이용하여 온도를 낮추는 장치이다.

증기터빈 버켓 커버 상부에는 증기누설을 방지하기 위해서 실이 설치되어 있다. 실을 통해서 누설되는 증기는 실 스트립을 통과하면서 교축과정이 발생하기 때문에 실을 빠져나온 증기는 온도와 압력이 떨어져서 엔탈피가 낮아진다. 따라서 누설증기가 다음 단에서 주유동과 합류하더라도 주유동의 에너지 수준을 높이지 못하기 때문에 손실이 된다. 즉 누설증기가 실을 빠져나오면서 에너지를 잃지 않았다면 다음 단에서 사용할 수 있지만 이미 잃어버렸기 때문에 손실이 된다. 따라서 이를 누설손실이라 한다.

증기터빈을 부분부하로 운전할 때 증기터빈으로 공급하는 증기의 질량유량이 줄어든다. 그러나 증기터빈으로 공급하는 증기의 질량유량이 줄어들더라도 HP터빈으로 공급하는 증기의 체적유량은 증기터빈 각 단에서 설계효율을 전부하운전 때와 동일하게 유지시켜주어야 한다. 이런 이유 때문에 부분부하로 운전할 때 증기터빈으로 공급하는 주증기 압력을 보일러에서 미리 낮추거나 보일러에서 공급된 증기를 컨트롤밸브를 통과시켜 증기압력을 낮추어 체적유량을 항상 일정하게 유지시켜준다. 이렇게 부분부하운전 시에도 증기의 체적유량을 항상 일정하게 유지시키면 그림 3.3에 나타나 있는 것처럼 버켓통로를 통과하는 증기속도가 항상 일정하여 각 단의 버켓이 설계효율을 유지한다.

그림 3.4에서 과정 0 → 1은 부분부하운전 시 컨트롤밸브에서 일어나는 교축과정을 나타낸다. 컨트롤밸브를 통과한 증기는 증기터빈으로 공급되어 복수기로 빠져나갈 때까지 팽창이 지속된다. 그런데 부분부하로 운전하더라도 증기터빈 각 단을 통과하는 증기의 체적유량은 전부하로 운전할 때와 동일해서 증기터빈 각 단은 설계효율을 유지하기 때문에 부분부하운전에 대한 팽창선 1 → 3은 전부하운전 팽창선 0 → 2와 평행을 이룬다. 그러나 부분부하로 운전하면 이용에너지가 작아지기 때문에 증기터빈 효율이 낮아진다. 그림 3.5에 증기터빈 부하변동에 따른 플랜트 효율 변화를 나타냈다.

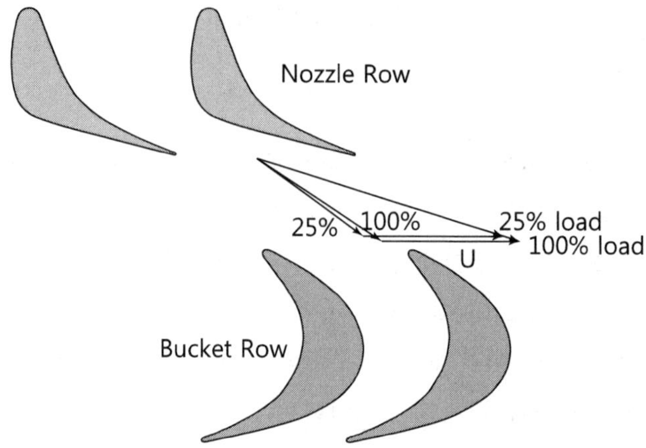

그림 3.3 부하에 따른 속도삼각형 비교

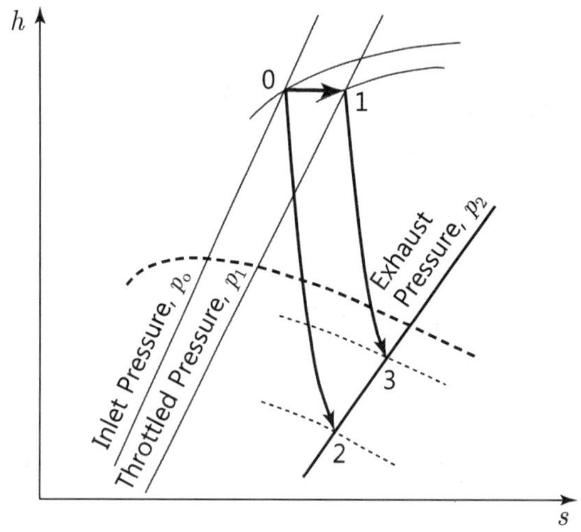

그림 3.4 전부하운전과 부분부하운전 팽창선 비교

증기터빈 단효율과 관련된 부분부하운전 특성을 이해하기 위하여 교축과정을 통해 증기의 질량유량과 압력이 절반으로 줄어든 경우를 살펴보자. 그림 3.6에서 A는 밸브가 완전히 열려 있으며, B는 밸브가 부분적으로 닫혀서 밸브 하류에서 질량유량과 압력이 밸브가 완전히 열렸을 때에 비해 각각 절반으로 줄어든다.

따라서 다음과 같은 관계가 성립한다.

$$\dot{m}_{B,2} = \frac{1}{2}\dot{m}_{A,2} \tag{3.4}$$

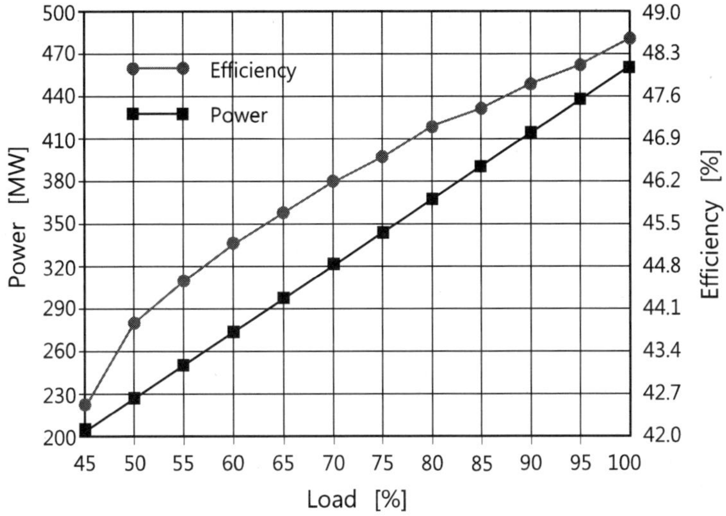

그림 3.5 증기터빈 부하변동에 따른 플랜트 효율 및 출력 변화 (460 MW, supercritical power plant)

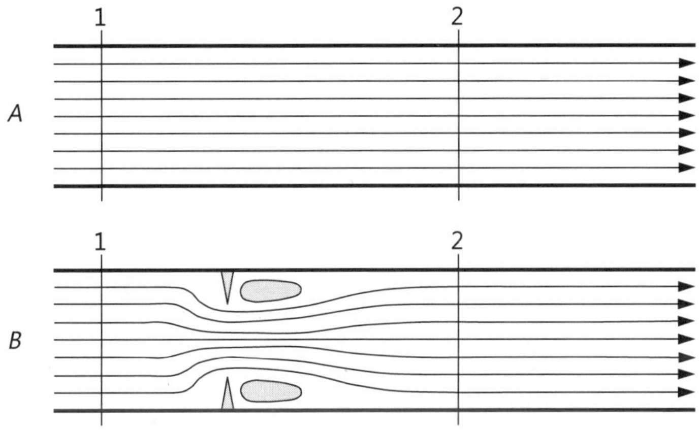

그림 3.6 교축과정

$$p_{B,2} = \frac{1}{2} p_{B,1} = \frac{1}{2} p_{A,1}$$

증기를 이상기체라고 가정하면 컨트롤밸브에서 교축과정이 일어날 때 증기온도는 일정하게 유지된다. 참고로, 보일러로부터 공급되는 고온고압의 과열증기는 이상기체에 가까운 성질을 가진다. 따라서 다음과 같은 관계식이 성립한다.

$$\begin{aligned} p_{B,1} v_{B,1} &= p_{B,2} v_{B,2} \\ 2 v_{B,1} &= v_{B,2} \end{aligned} \tag{3.5}$$

그리고 증기의 비체적에 대해서 다음 관계가 성립한다.

$$v_{B,1} = v_{A,1} = v_{A,2}$$

위 식을 식 (3.5)에 대입하면 다음 관계식이 얻어진다.

$$2v_{A,2} = v_{B,2} \tag{3.6}$$

지점 2에서 유동단면적이 서로 같기 때문에 식 (3.4)로부터 다음 관계식이 성립한다.

$$\rho_{B,2} V_{B,2} = \frac{1}{2} \rho_{A,2} V_{A,2}$$

밀도를 비체적으로 바꾸면 위 식은 다음과 같이 된다.

$$2v_{A,2} V_{B,2} = v_{B,2} V_{A,2} \tag{3.7}$$

식 (3.6)을 (3.7)에 대입하면 다음과 같은 관계식이 구해진다.

$$V_{B,2} = V_{A,2} \tag{3.8}$$

식 (3.8)은 부분부하로 운전할 때 증기터빈 단효율과 관련하여 매우 중요한 내용을 알려주고 있다. 즉 부분부하운전 시에도 증기통로에서 속도삼각형이 일정하게 유지되기 때

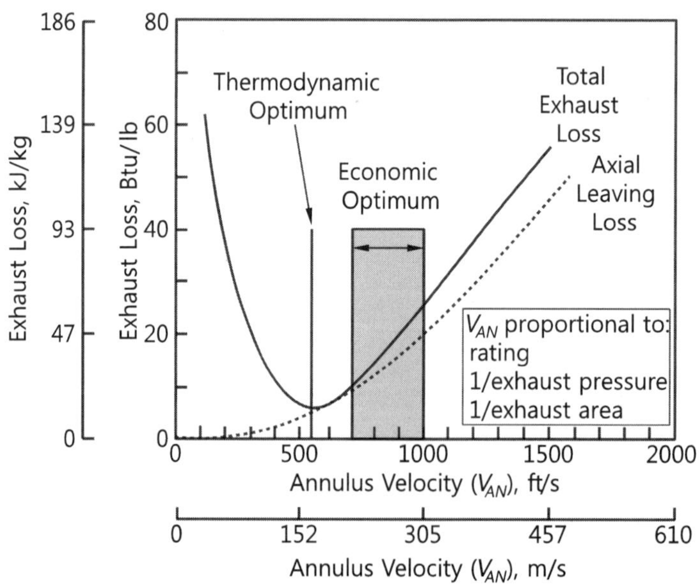

그림 3.7 배기손실

문에 증기터빈 단효율은 설계효율을 유지한다.

증기터빈을 부분부하 상태에서 운전하면 LP터빈 출구를 빠져나가는 증기의 배출속도가 증기터빈 부하에 비례하여 작아지기 때문에 그림 3.7을 통해서 유추할 수 있는 것처럼 배기손실이 작아진다. 따라서 증기터빈이 부분부하운전 상태에서 설계 단효율을 유지하더라도 이용에너지가 작아지기 때문에 발생하는 증기터빈 효율저하가 약간 줄어든다.

3.3 밸브

보일러에서 공급되는 주증기는 그림 3.8에 나타나 있는 것처럼 스톱밸브와 컨트롤밸브를 통과한 후에 HP터빈으로 유입된다. HP터빈을 빠져나온 증기는 재열기를 통과한 후 IP터빈 입구에 설치되어 있는 재열 스톱밸브와 인터셉트밸브를 통과하여 IP터빈으로 유입된다. 그리고 HP터빈 입구와 복수기를 연결하는 배관에는 벤틸레이션밸브가 설치되어 있다. 그림 3.9에 Siemens사의 주증기 밸브설치 위치를 나타냈다.

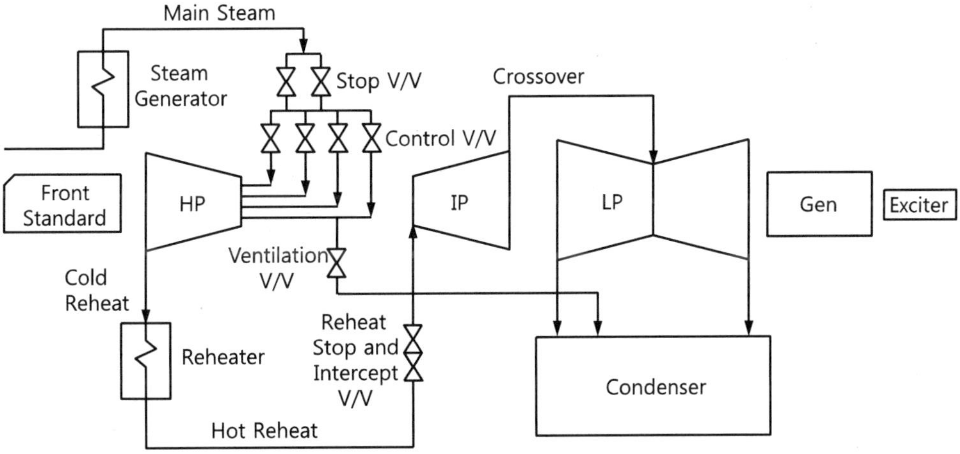

그림 3.8 대표적인 화력발전 증기 흐름도

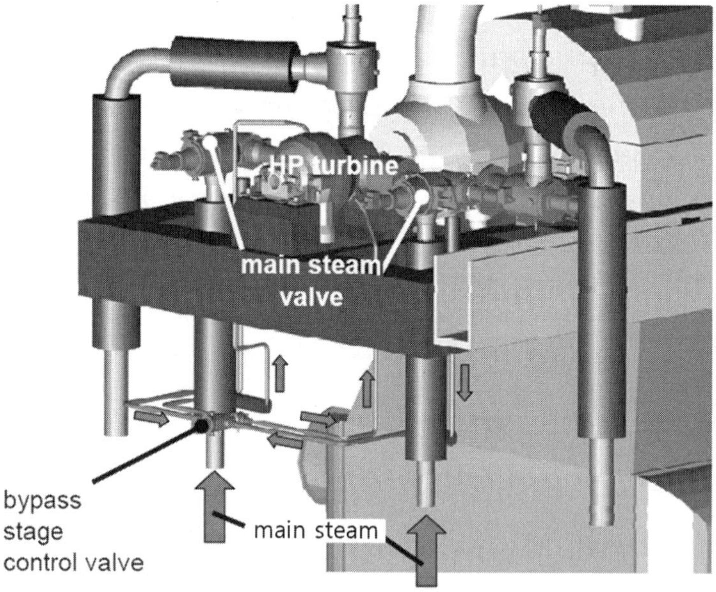

그림 3.9 주증기 밸브설치 위치 (Siemens)

3.3.1 스톱밸브

스톱밸브는 비상 시 증기터빈에 공급되는 증기를 차단시키기 위한 온-오프 밸브이다. 스톱밸브는 터빈 발전기 트립 시 컨트롤밸브가 정상적으로 닫히지 않는 것을 대비하여 HP터빈으로 공급되는 증기를 차단하는 역할을 한다. 즉 스톱밸브는 컨트롤밸브를 백업하기 위하여 설치한다. 만약 발전기가 부하를 잃어버리면 주증기에 포함되어 있는 높은 에너지로 인하여 증기터빈은 급속하게 가속되어 파괴될 수 있다. 따라서 스톱밸브는 증기터빈 트립 시 완전히 열려 있는 상태에서 0.15～0.5초 이내에 완전히 닫히게 된다. 한국표준화력의 스톱밸브와 컨트롤밸브는 증기터빈 트립 시 각각 0.09초와 0.11초 이내에 닫히도록 설계되어 있다. 스톱밸브는 재열 스톱밸브와 구분하기 위하여 메인 스톱밸브라 불린다.

스톱밸브는 증기터빈 기동 초기에 증기의 교축을 조절하는 역할도 수행한다. 일반적으로 스톱밸브는 파일럿밸브라고도 불리는 내부 바이패스밸브를 가지고 있어서 증기터빈 기동 초기부터 15～25% 부하에 이를 때까지 교축조절을 수행한다. 즉 증기터빈 기동 초기에 증기유량을 조절하기 위하여 이 바이패스밸브를 사용한다. 스톱밸브에 설치되어 있는 바이패스밸브를 빠져나온 증기는 재열기를 거쳐서 IP터빈으로 공급된다. 따라서 증기터빈은 초기에 IP터빈에 의해서 구동되는 것이다. 이때 메인 컨트롤밸브는 완전히 열려 있게 된다. 그러나 최근에는 이런 바이패스밸브가 없는 스톱밸브를 이용한 증기터빈이 일부 제작되고 있다.

증기터빈 트립 시 갑자기 스톱밸브가 닫히면 보일러로부터 공급되는 증기는 그림 3.10에 점선으로 나타나 있는 증기터빈 우회계통을 통해서 복수기로 보내진다. 이때 증기는 높은 압력과 에너지를 가지고 있기 때문에 그림 3.11에 나타나 있듯이 감압밸브를 통과시켜 압력을 낮춘 후에 과열 저감기에서 에너지 수준을 낮춘 후에 복수기로 보낸다. 우회증기는 복수기 내부에서 스파저를 통해 복수기 관군 상부로 분사된다. 이때 스파저 내부는 압력이 높고 복수기는 압력이 매우 낮기 때문에 스파저 목에서는 유동질식이 발생한

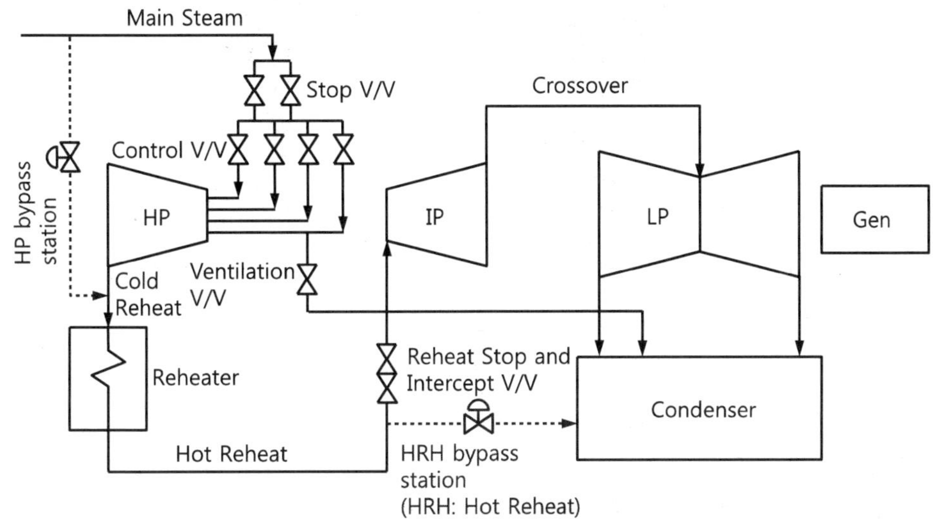

그림 3.10 증기터빈 우회계통

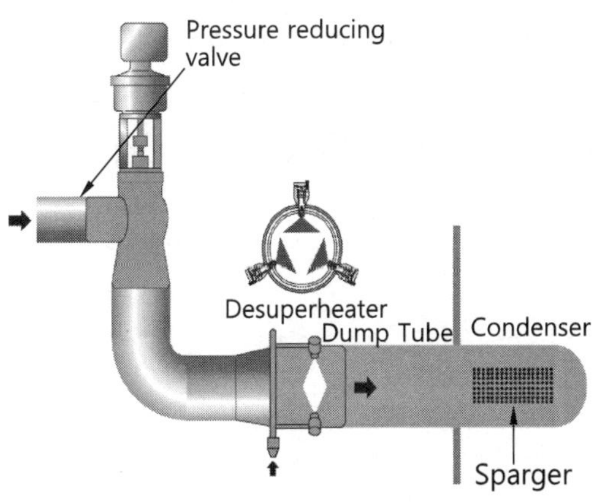

그림 3.11 증기터빈 우회계통

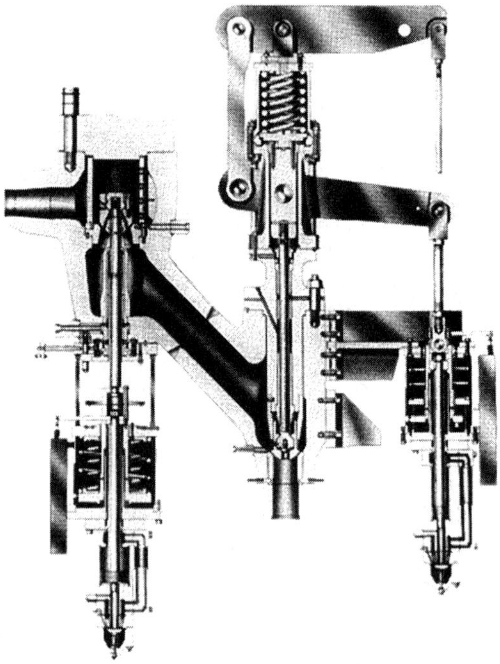

그림 3.12 Main stop and control valve, GE (from Couchman *et al.*, 1991)

다. 따라서 우회증기는 스파저에서 고속으로 배출되며, 배출되는 증기 속에는 물방울이 존재하기 때문에 복수기 열교환 튜브는 물방울침식에 노출된다. 이런 경우 물방울침식에 대비하기 위하여 복수기 상부에 있는 튜브는 티타늄튜브를 사용하기도 한다.

스톱밸브는 증기터빈이 출력을 생산하는 동안에는 항상 완전히 열려 있으며, 이때 스톱밸브에서 1.5%의 압력손실이 발생한다. 밸브에서의 발생하는 압력손실은 열효율에 큰 영향을 미치는데, 스톱밸브에서 발생하는 1.5% 압력손실은 플랜트 열률을 약 0.15% 증가시킨다. 그림 3.12와 3.13에 각각 GE사와 Siemens사의 스톱밸브와 컨트롤밸브를 나타냈다. 일반적으로 스톱밸브와 컨트롤밸브는 한 몸체로 제작된다. 한국표준화력의 경우 스톱밸브는 각 호기당 HP터빈 입구에 2개가 설치되어 있다.

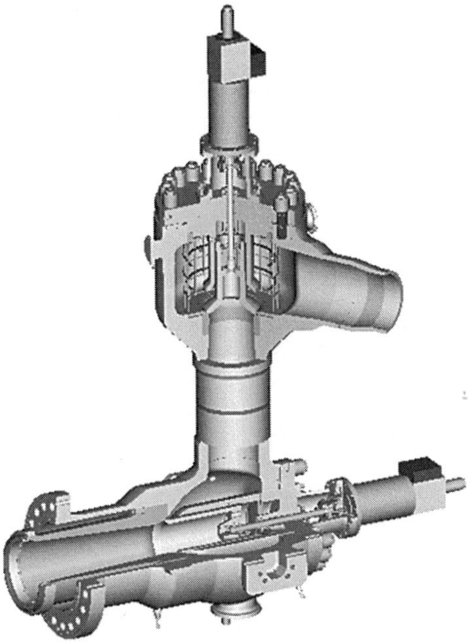

그림 3.13 Main stop and control valve (Siemens)

3.3.2 컨트롤밸브

컨트롤밸브는 스로틀밸브 또는 거버너밸브라고도 불리며, 증기터빈 부하와 연동되어 작동한다. 즉 컨트롤밸브는 증기터빈으로 공급되는 증기의 질량유량을 조절하여 증기터빈 출력을 조절한다. 아울러 컨트롤밸브는 증기터빈의 정상적인 운전정지와 트립 시 증기터빈으로 공급되는 증기를 일차적으로 차단하는 역할을 한다. 스톱밸브와 마찬가지로 컨트롤밸브도 완전히 열려 있을 때 1.5%의 압력손실이 발생한다. 따라서 전부하운전 상태에서 스톱밸브와 컨트롤밸브에서 총 3%의 압력손실이 발생하며, 이로 인하여 플랜트 열률이 약 0.3% 증가한다. IP터빈 입구에 설치하는 인터셉트밸브도 일종의 컨트롤밸브이다. 따라서 이와 구분하기 위해서 HP터빈 입구에 설치하는 컨트롤밸브는 흔히 메인 컨트롤밸브라 한다. 한국표준화력에는 각 호기당 HP터빈 입구에 4개의 컨트롤밸브가 설치되어 있다.

밸브에서 발생하는 압력손실은 그림 3.14에 나타나 있는 것처럼 증기의 질량유량이 줄어들수록 증가한다. 참고로 이 그림에서 전부하일 때 스톱밸브와 컨트롤밸브에서 발생하는 총 압력손실이 4%로 나타나 있는데, 과거에는 일반적으로 스톱밸브와 컨트롤밸브에서 각각 2%의 압력손실이 발생했었기 때문이다. 현재는 고효율 밸브가 개발되어 스톱밸

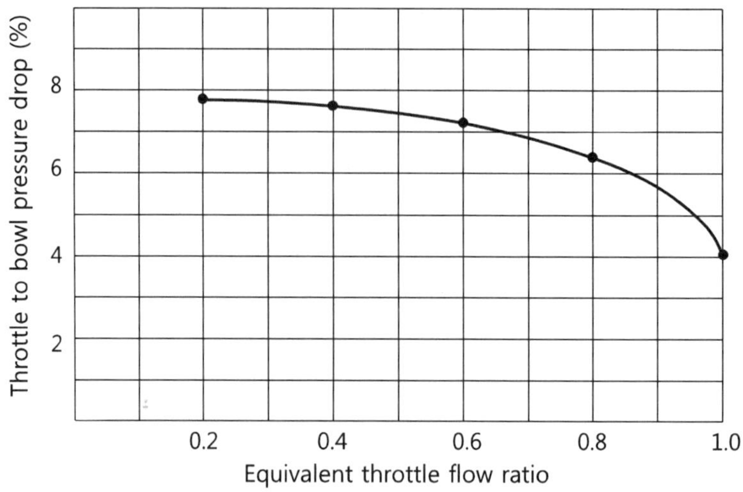

그림 3.14 Throttle to bowl pressure drop (from Cotton, 1993)

브와 컨트롤밸브에서 각각 1.5%의 압력손실이 발생한다.

3.3.3 재열 스톱밸브 및 인터셉트밸브

재열 스톱밸브와 인터셉트밸브는 각각 메인 스톱밸브 및 컨트롤밸브와 동일한 역할을 수행한다. 재열 스톱밸브는 증기터빈이 트립되었을 때 인터셉트밸브가 닫히지 않는 경우를 대비하여 IP터빈으로 공급되는 증기를 차단한다. 즉 재열 스톱밸브는 인터셉트밸브를 백업하기 위하여 설치된다. 인터셉트밸브는 증기터빈 운전이 정지될 때와 부하가 급격히 줄어들 때 증기터빈 회전속도를 조절하며, 증기터빈 트립 시에는 증기를 차단시켜 과속으로 인한 증기터빈 파손을 방지하는 역할을 한다. 이는 증기터빈 트립 시 메인 스톱밸브와 컨트롤밸브가 닫히더라도 이들 밸브 하류, 즉 HP터빈 내부, 재열배관, 그리고 재열기에 높은 에너지를 가지고 있는 증기가 남아 있기 때문이다.

증기터빈 부하가 급격하게 줄어들 때에는 메인 컨트롤밸브가 급격하게 닫히기 시작한다. 그러나 메인 컨트롤밸브가 급격하게 닫히는 순간 그 하류에는 많은 질량유량의 증기가 흘러가고 있다. 따라서 IP터빈과 LP터빈에서는 큰 출력이 발생하기 때문에 증기터빈 회전속도가 증가한다. 이럴 때 인터셉트밸브는 IP터빈으로 유입되는 증기유량을 조절하여 증기터빈 회전속도가 비정상적으로 증가하는 것을 방지한다. 인터셉트밸브는 증기터빈 운전을 정지시킬 때에도 증기터빈 회전속도를 조절하기 위하여 사용된다.

증기터빈 트립 시 재열 스톱밸브와 인터셉트밸브는 모두 닫혀서 재열증기가 IP터빈으

그림 3.15 재열 스톱밸브와 컨트롤밸브 (Doosan-Skoda)

로 공급되는 것을 차단시킨다. 그러나 증기터빈이 정상적으로 운전되는 동안에는 재열 스톱밸브와 인터셉트밸브는 완전히 열려 있으며, 증기터빈 부하는 오직 메인 컨트롤밸브에 의해서만 조절된다. 그림 3.15에 나타나 있듯이 재열 스톱밸브와 인터셉트밸브는 메인 스톱밸브와 컨트롤밸브처럼 한 몸체로 되어 있다.

3.3.4 벤틸레이션밸브

벤틸레이션밸브는 그림 3.8에 나타나 있는 것처럼 HP터빈 입구와 복수기를 연결하는 배관에 설치되어 있는 온-오프 밸브이다. 증기터빈이 트립되면 메인 스톱밸브와 컨트롤밸브 및 재열 스톱밸브와 인터셉트밸브가 모두 닫히면서 HP터빈에는 고온고압의 증기가 갇힌다. 증기터빈이 트립되면 순간적으로 증기터빈의 회전속도가 증가했다가 점차 줄어드는데, HP터빈 내부에 증기가 갇혀 있으면 풍손(windage loss)이 발생한다. 풍손은 회전하는 물체가 기체와 접촉하여 발생하는 마찰손실이다. 증기터빈이 트립되었을 때 증기터빈 내부에 고온고압의 증기가 남아 있으면 풍손에 의해 발생하는 마찰열에 의하여 블레이드에 높은 열응력과 인장응력이 동시에 작용하여 블레이드가 파손될 수 있다. 이런 현상을 방지하기 위하여 벤틸레이션밸브는 증기터빈이 트립되는 동시에 자동으로 열리면서 HP터빈에 갇혀 있는 증기를 복수기로 배출시킨다. HP터빈에 갇혀 있는 증기를 모두 제거하면 풍손이 발생하지 않기 때문에 증기터빈 트립 시 HP터빈 내부온도가 올라가지 않는다. 그림 3.16에 대표적인 벤틸레이션밸브가 나타나 있다.

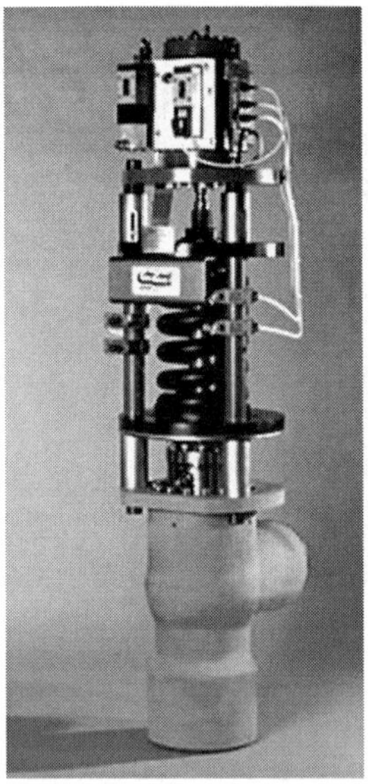

그림 3.16　벤틸레이션밸브 (CCI)

3.4 부분부하운전 방법

3.4.1 Full Throttling 운전

FT(Full Throttling) 운전은 증기터빈 부하에 관계없이 보일러로부터 일정한 압력으로 공급되는 모든 주증기를 컨트롤밸브를 통과시켜 압력을 낮추는 방법이다. FT 운전은 그림 3.17에 나와 있는 것처럼 부분부하운전 시 모든 컨트롤밸브가 동시에 작동하며, 모든 증기는 균등하게 나누어져 컨트롤밸브를 통과하여 HP터빈 1단으로 유입된다. 컨트롤밸브와 HP터빈 1단 사이는 하나의 통로로 구성되어 있기 때문에 FT 운전은 full arc admission 또는 single admission 운전이라고도 불린다.

FT 운전을 채택하면 부분부하로 운전할 때 증기는 모두 부분적으로 닫혀 있는 컨트롤밸브를 통과하기 때문에 항상 교축손실이 발생한다. 그리고 보일러로부터 공급되는 증기의 질량유량이 증가할수록 컨트롤밸브가 많이 열려 교축손실은 줄어들고, 전부하를 발생시키는 증기의 질량유량이 공급될 때 모든 컨트롤밸브는 완전히 열려 교축손실이 발생하지 않는다. 그러나 모든 컨트롤밸브가 완전히 열리더라도 스톱밸브와 컨트롤밸브에서는 기본적으로 각각 1.5%씩 총 3.0%의 압력손실이 발생한다.

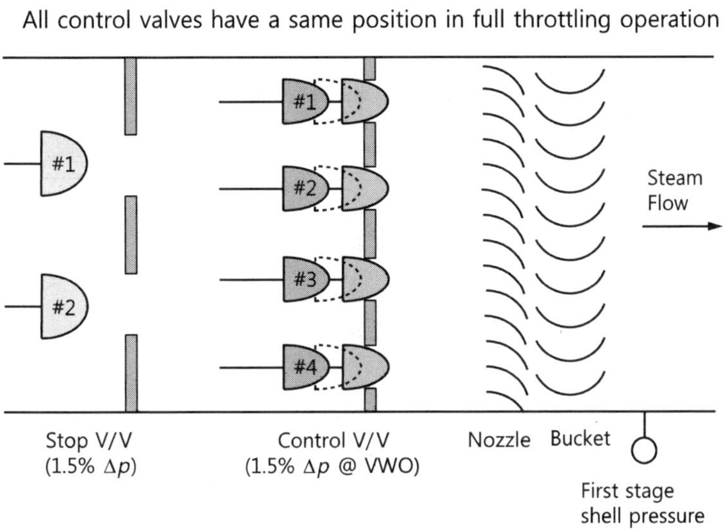

그림 3.17 Full throttling 운전원리

FT 운전은 모든 컨트롤밸브에서 동시에 교축손실이 발생하기 때문에 이용에너지가 가장 작아진다. 따라서 네 가지 부분부하운전 가운데 FT 운전은 부분부하운전 효율이 가장 낮다.

FT 운전을 반동터빈에 적용하면 모든 부하에서 HP터빈 1단의 압력비는 약 1.13을 유지한다. 이 압력비를 통해서 HP터빈 1단 노즐을 빠져나가는 증기속도는 음속보다 훨씬 작다. 따라서 HP터빈 1단 블레이드에 작용하는 응력이 낮을 뿐만 아니라 블레이드에 발생하는 고체입자침식이 크게 줄어든다. 아울러 FT 운전을 채택하면 컨트롤밸브와 HP터빈 1단 사이가 하나의 통로로 구성되기 때문에 HP터빈 1단 노즐에 비활동 아크가 없어져서 효율이 우수하며, HP터빈 1단 버켓은 고주기피로파괴로부터 자유롭다. 따라서 기저부하용으로 이용하는 증기터빈은 비활동 아크가 없는 FT 운전을 채택하면 경제적이다.

3.4.2 Partial Arc Admission 운전

FT 운전을 이용한 부분부하운전은 모든 긴트롤밸브에서 동시에 교축손실이 발생하기 때문에 교축손실이 크게 발생하는 단점이 있다. PAA(Partial Arc Admission) 운전은 부분부하운전 시에 FT 운전에 비해서 교축손실이 적게 발생한다. PAA 운전은 그림 3.18을 통해서 알 수 있듯이 증기터빈으로 공급되는 증기의 질량유량이 증가하면서 컨트롤밸브가 하나씩 순차적으로 열린다. 따라서 증기터빈 최초 기동으로부터 전부하에 도달할

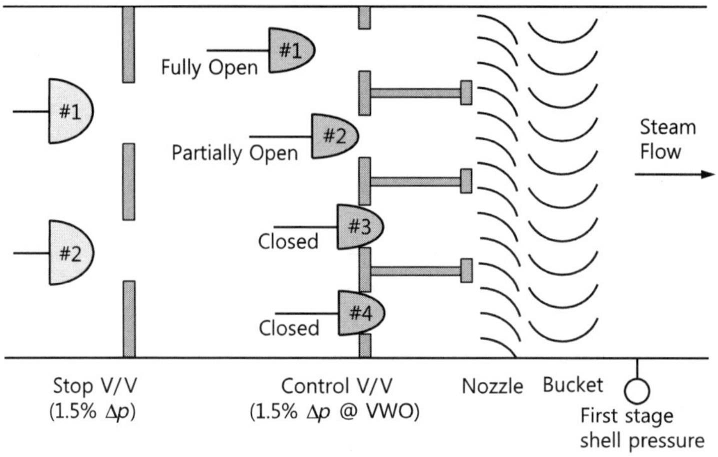

그림 3.18 Partial arc admission 운전원리

때까지 모든 운전영역에서 오직 하나의 컨트롤밸브에서만 교축손실이 발생하기 때문에 모든 컨트롤밸브에서 동시에 교축손실이 발생하는 FT 운전에 비해서 교축손실이 적게 발생한다. PAA 운전에서 네 개의 밸브를 각각 순차적으로 열거나 닫을 수도 있지만 컨트롤밸브를 2∼3개의 그룹으로 묶어서 작동시키기도 한다.

FT 운전과 PAA 운전에 대한 HP터빈 1단 노즐 형상을 그림 3.19에 비교하여 나타냈다. PAA 운전은 그림 3.19(b)와 그림 3.20에 나타나 있는 것처럼 HP터빈 1단 노즐의 환형면적을 여러 개(4, 6, 또는 8개)의 아크조각으로 나누고, 그 각각의 아크조각에는 각각의 컨트롤밸브를 독립적으로 설치한다. FT 운전에서는 그림 3.17과 그림 3.19(a)에 나타나 있는 것처럼 컨트롤밸브와 HP터빈 1단 사이가 하나의 통로로 구성되어 있기 때문에

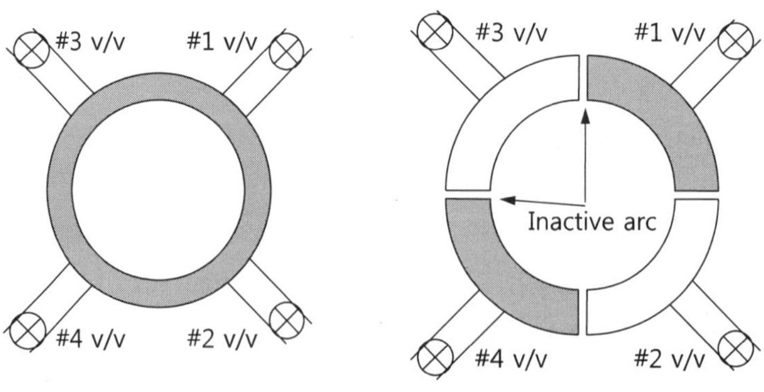

(a) Full throttling (b) Partial arc admission

그림 3.19 HP터빈 1단 노즐 형상

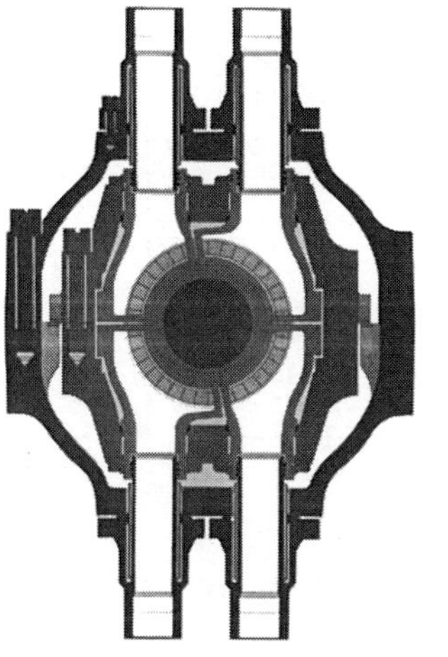

그림 3.20 Four arc admission

각각의 컨트롤밸브를 빠져나온 증기는 HP터빈 1단에 유입되기 전에 서로 혼합된다. 그러나 PAA 운전에서는 그림 3.18과 그림 3.19(b)에 나타나 있는 것처럼 각각의 컨트롤밸브를 빠져나온 증기는 각각의 컨트롤밸브에 연결된 아크조각을 통해서만 HP터빈 1단으로 유입된다. 그림 3.20에 네 개의 아크면적을 가지는 노즐박스에 대한 실제적인 형상이 나타나 있다. 그러나 PAA 운전은 그림 3.19(b)와 3.20에 나타나 있는 것처럼 HP터빈 1단 노즐에 비활동 아크가 존재하기 때문에 전부하로 운전할 때는 FT 운전에 비해서 증기터빈 효율이 낮아지는 단점이 발생한다.

FT 운전과 PAA 운전에 대한 HP터빈 1단에서의 압력변화를 그림 3.21에 비교하여 나타냈다. FT 운전은 그림 3.21(a)에 나타나 있듯이 모든 컨트롤밸브에서 압력을 낮추어 HP터빈 1단으로 증기를 공급한다. 따라서 증기터빈 부하가 작을수록 컨트롤밸브에서 교축손실이 크게 발생한다. 그러나 FT 운전은 HP터빈 1단에서의 압력비가 증기터빈 부하에 관계없이 항상 일정하게 유지된다. 이에 반해서 PAA 운전은 그림 3.21(b)에 나타나 있는 것처럼 매우 낮은 부하에서 하나의 컨트롤밸브를 이용하여 증기의 질량유량을 조절하기 때문에 증기의 질량유량이 증가함에 따라 교축손실이 급격하게 줄어들며, 하나의 교축밸브가 완전히 열리면 부분부하운전을 하더라도 교축손실이 전혀 발생하지 않는다. 그러나 나머지 세 개의 환형면적에는 증기가 흐르지 않기 때문에 HP터빈 1단 버켓은 증기가 빠져나오는 하나의 환형면적을 통과하면서 충격하중을 받는다. 따라서 PAA 운전을 채택하면 HP터빈 1단 버켓은 고주기 피로파괴에 노출된다. 하나의 노즐조각을 빠져나온 증기는 HP터빈 1단을 빠져나온 후에 HP터빈 2단으로 유입되기 전에 전체 환형면적으로 고르게 퍼진다. 따라서 증기가 HP터빈 1단을 빠져나오는 동안에는 partial arc 운전이지

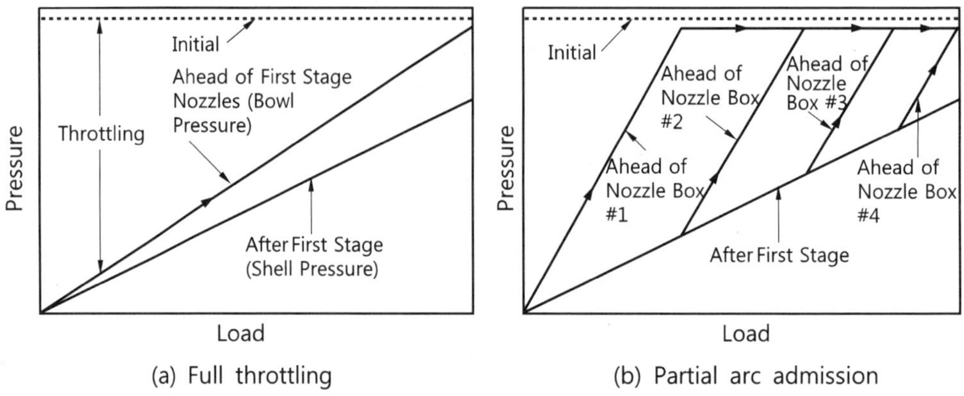

그림 3.21 HP터빈 1단에서의 압력변화 비교

만 2단부터는 full arc 운전이 된다.

이제 계속해서 증기의 질량유량을 증가시키기 위하여 둘째 컨트롤밸브를 열기 시작한다. 따라서 컨트롤밸브가 열리기 시작할 때는 이 밸브에서 큰 교축손실이 발생한다. 그러나 증기유량이 증가하면서 밸브가 급격하게 열리기 때문에 교축손실이 급격하게 줄어들며, 둘째 컨트롤밸브가 완전히 열리면 교축손실이 또 다시 완전히 없어진다. 둘째 컨트롤밸브가 열리는 동안에 각각의 노즐조각을 빠져나온 증기는 HP터빈 1단 버켓을 통과한 후 2단으로 유입되기 전에 전체 환형면적을 고르게 채우면서 새로운 압력이 결정된다. 그리고 이 압력은 그림 3.21(b)에서 볼 수 있는 것처럼 증기터빈 부하에 정비례하여 증가한다. 그리고 특정 증기터빈 부하에서 HP터빈 1단을 빠져나온 후의 증기압력은 FT 운전과 PAA 운전에서 서로 같다.

증기의 질량유량을 계속해서 증가시키기 위해서는 셋째 컨트롤밸브를 열기 시작하며, 완전히 열린 후에는 마지막 컨트롤밸브를 열기 시작한다. 따라서 전부하에 도달하면 모든 컨트롤밸브가 완전히 열려 있는 상태가 된다. 그러므로 PAA 운전은 부분부하운전 동안에 오직 하나의 컨트롤밸브에서만 교축손실이 발생하기 때문에 FT 운전에 비해서 교축손실이 크게 줄어든다.

PAA 운전에 대한 열역학적 특성을 살펴보기 위하여 그림 3.22에 FT 운전과 PAA 부분부하운전에 따른 HP터빈 1단에서의 팽창선을 비교하여 나타냈다. 설명의 편의를 도모하기 위하여 증기터빈은 40% 출력을 생산하는 부분부하로 운전되고 있으며, 증기의 질량유량은 40%가 공급된다고 가정한다. FT 운전은 모든 컨트롤밸브에서 교축과정이 일어나기 때문에 압력은 낮아지고 엔탈피는 동일하게 유지된다. 따라서 컨트롤밸브를 지나면서 그림 3.22(a)에 나타나 있는 것과 같이 교축과정(과정 0 → 1)이 일어난다. 컨트롤밸브

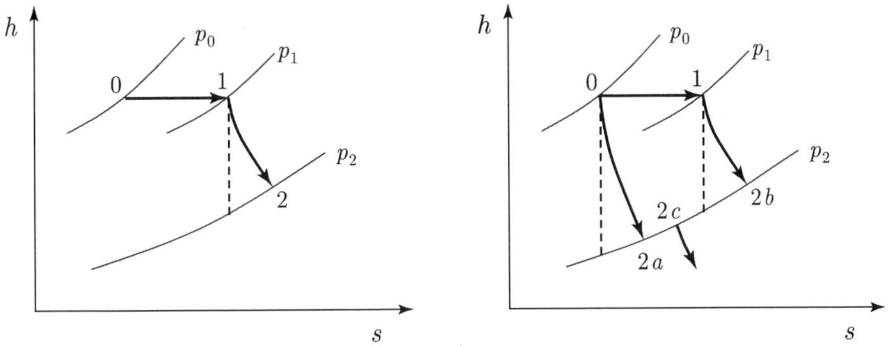

0	Steam condition entering the control valves
1	Steam condition entering the first stage
2	Steam condition entering the second stage

(a) Full throttling

$0 \rightarrow 1$	Flow in the control valves
$1 \rightarrow 2b$	Flow across the first stage in an arc segment
$0 \rightarrow 2a$	Flow across the first stage in the fully opened segments
$2c$	Steam condition into the second stage

(b) Partial arc admission

그림 3.22 부분부하운전에 따른 HP터빈 1단 팽창선 비교

를 통과한 증기는 HP터빈 1단을 지나면서 팽창(과정 $1 \rightarrow 2$)된다. 그리고 증기터빈 부하가 증가할수록 과정 $0 \rightarrow 1$의 간격은 점점 좁아진다. 전부하가 되면 과정 $0 \rightarrow 1$은 없어지며, HP터빈 1단에서는 그림 3.22(b)에 나타나 있는 과정 $0 \rightarrow 2a$처럼 증기의 팽창이 일어난다.

PAA 운전은 1번 컨트롤밸브가 완전히 열려서 증기의 질량유량 가운데 25%가 이곳을 통과하며, 이때 교축손실은 발생하지 않는다. 여기서 네 개의 노즐아크는 모두 동일한 면적을 가진다고 가정하였다. 따라서 1번 컨트롤밸브를 통과한 증기는 그림 3.22(b)에 나타나 있는 과정 $0 \rightarrow 2a$를 따라 HP터빈 1단에서 팽창된다. 그리고 나머지 증기의 질량유량 15%는 부분적으로 열려 있는 2번 컨트롤밸브를 통해서 HP터빈 1단으로 유입된다. 따라서 이때 2번 컨트롤밸브에서는 교축과정(과정 $0 \rightarrow 1$)이 일어난다. 그러므로 컨트롤밸브를 통과한 증기압력은 p_1으로 낮아진다. 참고로, p_1의 크기는 컨트롤밸브를 통과하는 증기의 질량유량에 따라 달라진다. 여기서 예로 설정한 40%에 해당하는 증기의 질량유량이 흐를 때 FT 운전의 경우 모든 컨트롤밸브가 균일하게 약 40% 열려 있지만 PAA 운전의 경우 2번 컨트롤밸브는 약 60% (15/25) 열려 있다. 따라서 그림 3.22(a)와 (b)에 나타나 있는 각각의 p_1은 실제적으로 대부분 서로 다른 크기를 가진다. 한편, 2번 컨트롤밸브를 통과한 증기는 과정 $1 \rightarrow 2b$를 따라 HP터빈 1단에서 팽창된다. 그리고 이때 3번과 4번 컨트롤밸브는 완전히 닫혀 있다. 각각의 컨트롤밸브를 통과한 증기는 HP터빈 1단 버켓을 빠져나온 후에 서로 혼합된다. 따라서 HP터빈 2단으로 유입되는 증기의 엔탈피는 다음과 같이 구해진다.

$$h_c = \frac{\dot{m}_a h_a + \dot{m}_b h_b}{\dot{m}_a + \dot{m}_b} \tag{3.9}$$

식 (3.9)를 통해서 완전히 열린 컨트롤밸브가 많을수록, 또한 부분적으로 열려 있는 컨트롤밸브는 밸브의 열림 정도가 커질수록 HP터빈 2단으로 유입되는 증기의 엔탈피(상태 $2c$)가 그림 3.22(b)에 있는 상태 $2a$에 가까워져서 HP터빈 1단에서 발생하는 엔트로피 증가량이 작아지는 것을 알 수 있다. 그리고 PAA 운전 시 HP터빈 1단에서 발생하는 엔탈피낙차($h_0 - h_{2c}$)는 FT 운전 시 발생하는 엔탈피낙차($h_0 - h_2$)에 비해 크다는 것을 알 수 있다. 그러므로 PAA 운전은 FT 운전에 비해 증기터빈의 출력과 효율이 증가한다. 여기서 한 가지 밝혀둘 것은 컨트롤밸브가 완전히 열렸을 때 교축손실이 발생하지 않는다고 했는데, 이는 앞에서 컨트롤밸브가 완전히 열렸을 때 실질적으로 1.5% 압력손실이 발생한다고 했던 것과 다르다. 그러나 여기서는 FT와 PAA 운전특성을 비교하는 과정에서 밸브가 완전히 열렸을 때 발생하는 압력손실은 서로 동일하기 때문에 이를 무시하고 비교하는 것이다.

PAA 운전에서 어떤 컨트롤밸브가 열리기 시작하면, 그 직후에 큰 교축손실이 발생하며, 밸브가 점차적으로 많이 열리면서 교축손실이 점차 줄어들고 밸브가 완전히 열리면 교축손실이 없어진다. 따라서 PAA 운전에서 HP터빈 1단 효율은 부하가 증가하는 동안에 그림 3.23에 나타나 있는 것처럼 변한다. 그러나 HP터빈 1단을 제외한 나머지 HP터빈과 IP터빈 효율은 증기터빈의 부하변동에 관계없이 거의 일정한 효율이 유지된다. 이는 앞에서 언급했듯이 부분부하운전 시 질량유량에 관계없이 증기압력을 조절하여 HP터빈 2단 이후를 흐르는 증기의 체적유량이 일정하게 유지되기 때문이다. 그러나 증기터빈 부하가 증가하면서 LP터빈에서 습분손실과 배기손실이 커지기 때문에 LP터빈 효율은 약간 낮아진다.

그림 3.24에 FT 운전과 PAA 운전에 대한 HP터빈의 효율을 비교하여 나타냈다. PAA 운전은 FT 운전에 비해 대부분의 부하영역에서 교축손실이 적게 발생하기 때문에 더 높은 효율을 나타낸다. 그러나 전부하운전(VWO 운전)에서는 FT 운전이 더 높은 효율을 나타낸다. 이는 FT 운전과 PAA 운전 모두 전부하운전에서는 모든 컨트롤밸브가 완전히 열려 있는 VWO 상태로 운전하기 때문에 공급되는 증기조건이 서로 동일하지만 FT 운전은 비활동 아크가 없기 때문이다.

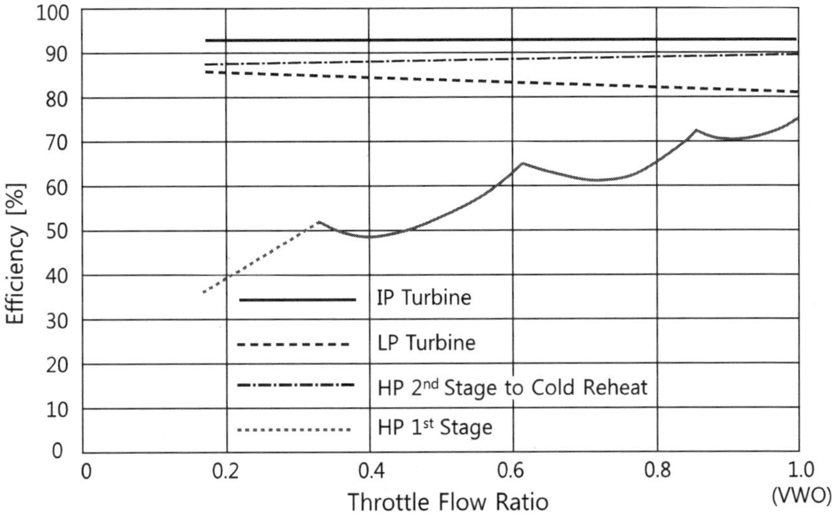

그림 3.23 증기터빈 section별 효율 비교 (Partial arc admission)

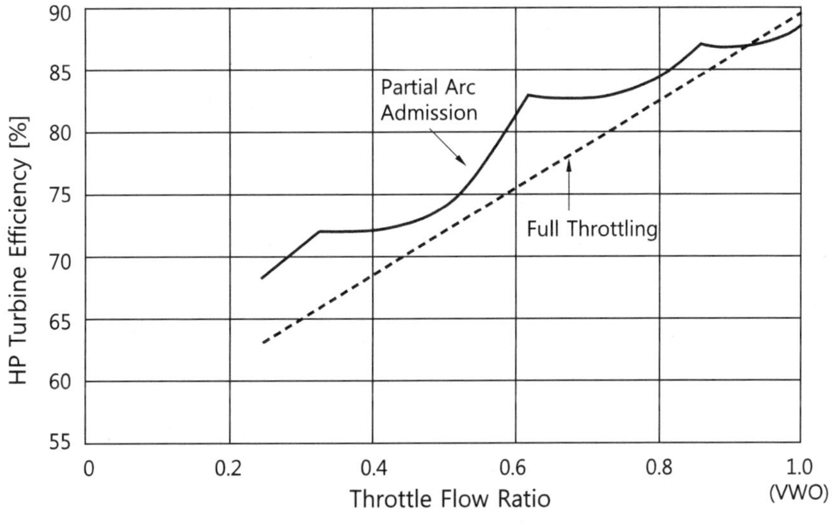

그림 3.24 HP터빈 효율 비교 (Partial arc admission)

PAA 운전은 여러 개의 admission mode가 있으며, mode에 따라서 열률의 변화가 다르게 나타난다. 그림 3.25에 네 개의 컨트롤밸브가 설치된 증기터빈에서의 부분부하운전 시 나타나는 열률 변화를 비교하였다. Single admission이란 네 개의 컨트롤밸브를 하나의 그룹으로 묶어서 작동시키는 방법이다. 따라서 single admission은 FT 운전과 동일해서 모든 부하영역에서 교축손실이 크게 발생하기 때문에 열률 증가가 가장 크게 나타난

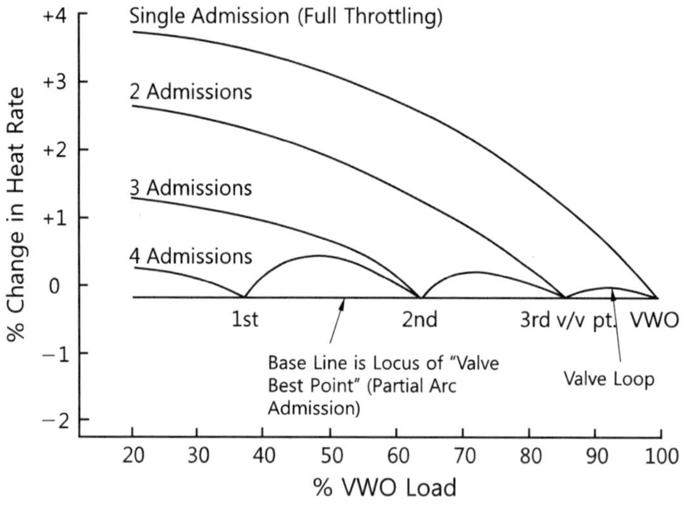

그림 3.25 Admission mode에 따른 증기터빈 효율 비교 (from Cotton, 1993)

다. 그리고 2 admission이란 1~3번 컨트롤밸브를 하나의 그룹으로 묶어서 동시에 작동시키고 4번 컨트롤밸브는 독립적으로 작동시키는 방법이다. 낮은 부하로 운전할 때는 하나의 그룹으로 묶인 세 개의 컨트롤밸브가 동시에 작동하기 때문에 FT 운전보다는 작지만 비교적 열률이 크게 증가한다. 그러나 하나의 그룹으로 묶인 세 개의 컨트롤밸브가 완전히 열린 후에는 single admission을 제외한 나머지 방법과 동일하게 열률이 증가한다. 3 admission은 1번과 2번 컨트롤밸브를 하나의 그룹으로 묶어서 동시에 작동시키고 3번과 4번 컨트롤밸브는 각각 독립적으로 작동시키는 것이다. 이 방법은 증기터빈 중간부하 이상에서 좋은 효율특성을 나타낸다. 마지막으로 4 admission은 모든 컨트롤밸브를 독립적/순차적으로 작동시키는 방법이다. 이 방법은 모든 부하영역에서 좋은 효율특성을 나타낸다. 그림에 나타나 있는 valve point는 부분적으로 열려 있는 밸브가 없는 것을 의미한다. 예를 들어 2nd v/v point라면 1번과 2번 컨트롤밸브는 완전히 열려 있고, 3번과 4번 컨트롤밸브는 완전히 닫혀 있는 상태이다. 이렇게 부분적으로 열려 있는 밸브가 없을 때는 교축손실이 발생하지 않기 때문에 열률 증가가 없다.

PAA 운전에서 하나의 컨트롤밸브가 열렸을 때 충동터빈의 HP터빈 1단에 나타나는 유동형태를 그림 3.26에 개략적으로 나타냈다. PAA 운전을 채택할 때 주의해야 할 것은 이렇게 어느 한 조각의 노즐통로를 통해서 증기가 유입될 때 그 노즐출구 하류로만 증기가 흘러가야 한다는 것이다. 만약에 노즐출구를 빠져나온 증기가 그 하류에 있는 버켓으로 유입되기 전에 인접해 있는 닫혀 있는 노즐통로 쪽으로 흘러간다면 버켓으로 유입되는 증기의 속도삼각형이 설계조건과 크게 달라지기 때문에 HP터빈 1단 버켓은 탈설계조

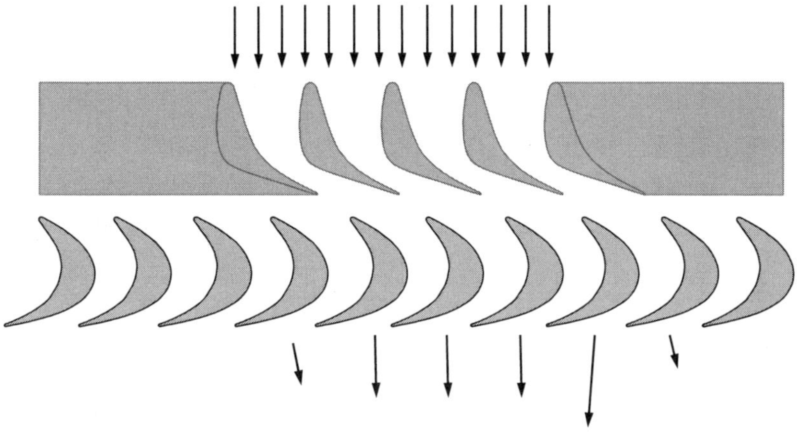

그림 3.26 Partial arc admission 운전 HP터빈 1단 버켓출구 유동

건에서 운전되며, 이로 인해서 단효율이 크게 낮아진다. 이런 현상을 방지하기 위하여 HP터빈 1단은 충동터빈으로 설계한다. 따라서 PAA 운전을 채택하는 반동터빈도 HP터빈 1단은 충동터빈으로 설계한다.

PAA 운전 시 HP터빈 1단 버켓은 증기가 공급되는 활동 노즐과 공급되지 않는 비활동 노즐을 번갈아 통과한다. 그런데 활동 노즐과 비활동 노즐 경계에서는 그림 3.27에 나타나 있는 것처럼 유동확산이 일어나기 때문에 버켓으로 유입되는 증기의 속도삼각형이 탈설계조건이 되어 HP터빈 1단의 효율이 낮아진다. 이렇게 활동 노즐과 비활동 노즐 경계에서 발생하는 손실을 sector-end loss라 한다. 그림 3.28에 전부하와 50% 부분부하운전에 대한 HP터빈 효율을 비교하여 나타냈다. 이 그림으로부터 증기터빈으로 똑같이 50%의 질량유량을 공급하더라도 활동 노즐과 비활동 노즐 경계가 많아지면 HP터빈 효율이 낮아지는 것을 알 수 있다. 이는 활동 노즐과 비활동 노즐 경계가 많아지면 sector-end

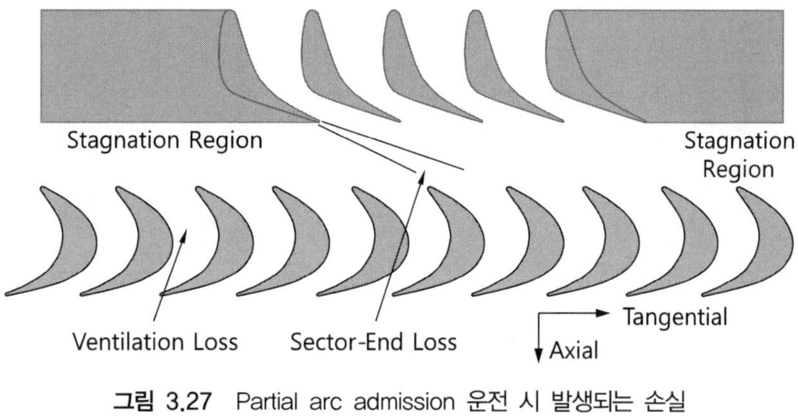

그림 3.27 Partial arc admission 운전 시 발생되는 손실

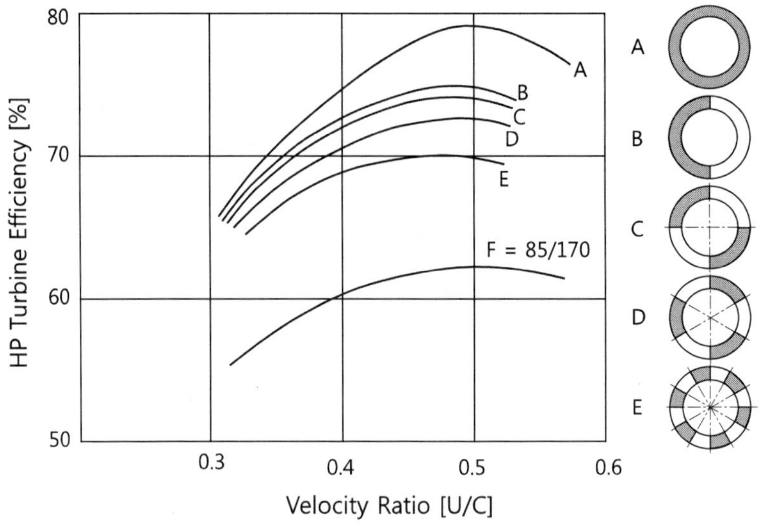

그림 3.28 Partial arc admission 운전 시 노즐조각 수에 따른 효율 비교 (from Fridh, 2002)

loss가 증가하기 때문이다.

그림 3.29에 PAA 부분부하운전 시 활동아크를 통과하는 HP터빈 1단 버켓에 작용하는 접선방향 힘의 크기가 시간의 함수로 나타나 있다. 이런 불규칙한 접선방향 힘의 크기 때문에 HP터빈 1단 버켓은 높은 주기로 충격하중을 받을 뿐만 아니라 로터축 진동이 발생한다.

소형 증기터빈의 전부하운전에 PAA 운전을 적용하면 터빈효율이 증가한다. 소형 증기

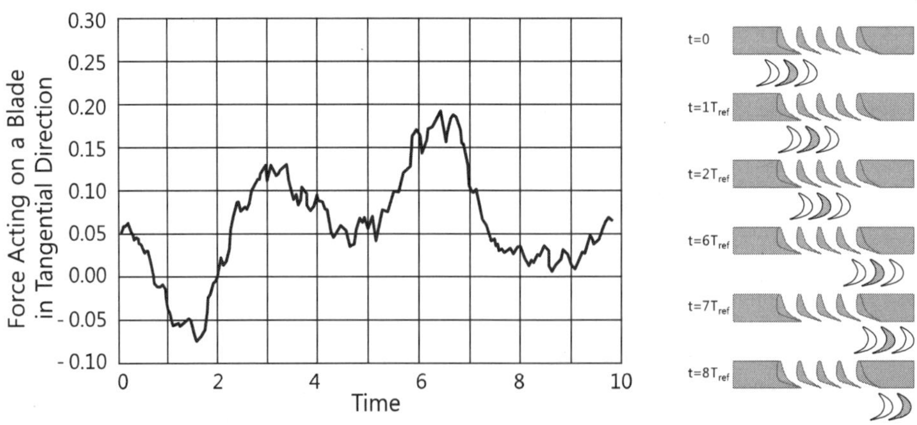

그림 3.29 Partial arc admission 운전 시 활동아크 노즐을 통과할 때 HP터빈 1단 버켓에 작용하는 접선방향 힘 (from Fridh, 2002)

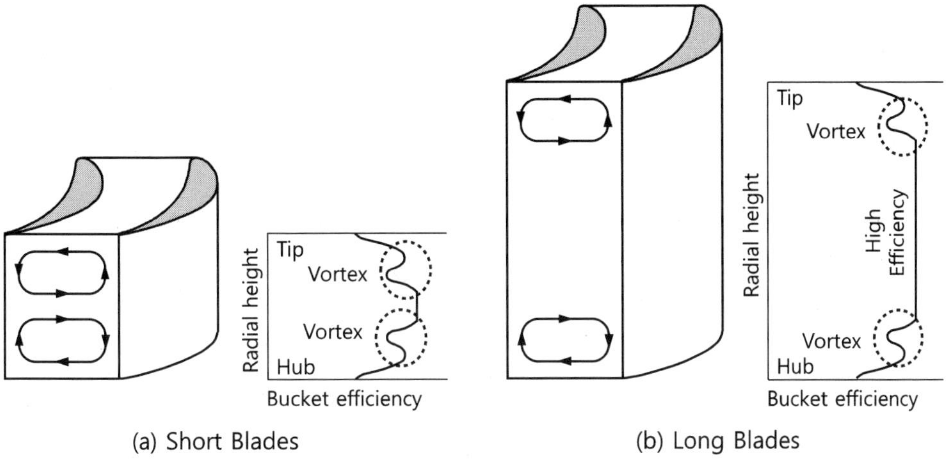

그림 3.30 버켓 길이방향 효율 분포

터빈은 블레이드 길이가 짧기 때문에 그림 3.30(a)에 나타나 있는 것처럼 노즐통로 출구 전체가 이차유동으로 채워진다. 이차유동이란 노즐 루트와 팁 부위에서 발생하는 말발굽 와류에 의해서 발생하는 와류이기 때문에 와류가 지나가는 버켓 루트와 팁 부위는 효율이 낮아진다. 이차유동 발생을 피할 수는 없지만 블레이드 길이가 길어지면 이차유동에 의한 손실이 차지하는 비중이 줄어든다. 즉 이차유동에 의한 손실이 일어나는 부분은 그대로 유지된 채로 효율이 우수한 블레이드 중간 부분이 늘어나는 것이기 때문에 블레이드 길이가 길어지면 이차유동에 의한 손실이 차지하는 비중이 줄어드는 것이다. 따라서 소형터빈의 전부하운전에 PAA 운전을 적용하면 HP터빈 1단 버켓의 활동길이를 늘릴 수 있기 때문에 증기터빈 효율이 증가한다.

3.4.3 변압 운전

앞에서 살펴본 FT 운전과 PAA 운전은 증기터빈 부하변동에 관계없이 보일러로부터 일정한 압력을 가진 주증기가 증기터빈으로 공급되며, 컨트롤밸브를 이용하여 증기의 질량유량을 조절한다. 변압 운전은 컨트롤밸브를 완전히 열어 놓은 상태에서 보일러에서 증기압력을 변화시켜 증기터빈으로 공급하는 증기의 질량유량을 조절한다. 증기압력은 보일러 연소율에 의해서 변화된다. 변압 운전을 채택하면 모든 부하영역에서 컨트롤밸브가 완전히 열려 있기 때문에 HP터빈은 증기유량에 관계없이 항상 전부하운전과 동일한 설계효율을 유지한다. 그림 3.31에 FT 운전과 변압 운전에 대하여 증기터빈에 공급되는 주증기 압력을 비교하여 나타냈다. 변압 운전을 채택하는 경우 증기터빈 부하변동에 따른

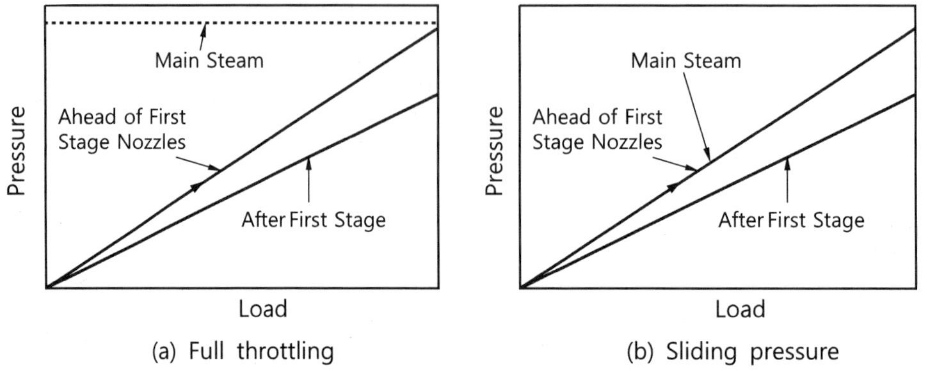

그림 3.31 부분부하운전에 따른 주증기 압력 변화 비교

신속한 응답성능을 확보하기 위하여 강제순환식 보일러가 요구된다.

변압 운전의 장점은 다음과 같다.

1) 그림 3.32에 나타나 있는 것처럼 증기터빈 부하변동에 따른 주증기 온도변화가 비교적 일정하게 유지되기 때문에 증기터빈 기동시간이 짧으며, 저주기 열피로를 피할 수 있기 때문에 증기터빈 수명이 길어진다.
2) 증기터빈 부하변동에 관계없이 컨트롤밸브가 항상 열려 있기 때문에 HP터빈은 모든 부하영역에서 설계효율을 유지한다.

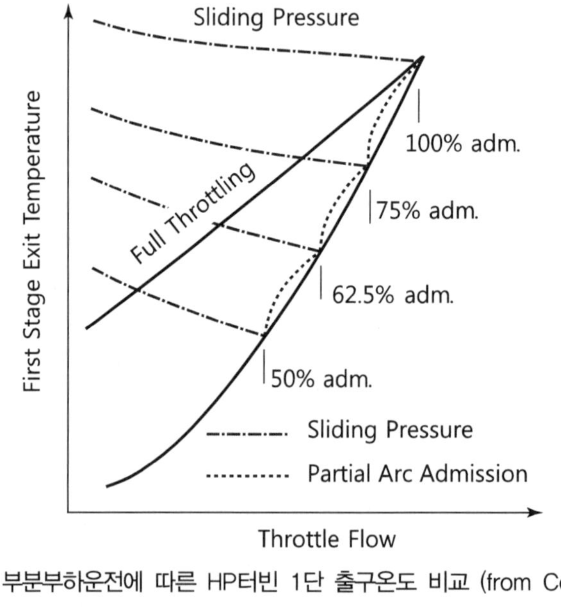

그림 3.32 부분부하운전에 따른 HP터빈 1단 출구온도 비교 (from Cotton, 1993)

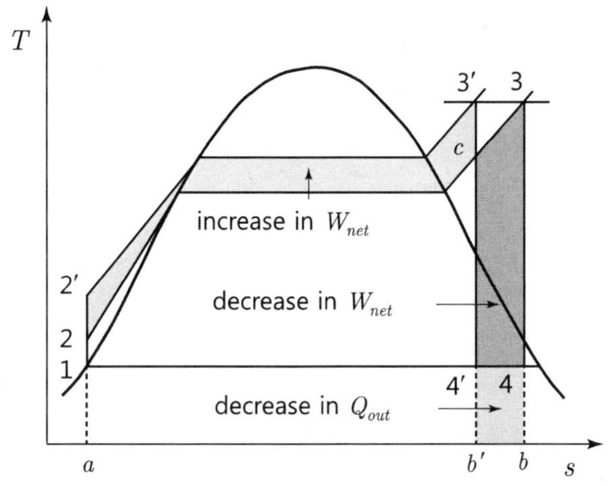

그림 3.33 주증기 압력변화에 따른 열량 변화

3) 부분부하운전 시 주증기 압력이 낮기 때문에 보일러급수펌프 동력이 줄어든다.
4) 부분부하운전 시 주증기 압력이 낮아지고 온도가 일정하면, 몰리에르 차트에서 팽창선이 우측으로 이동하기 때문에 LP터빈에서 발생하는 습분손실이 줄어든다.

그러나 변압 운전은 다음과 같은 단점을 가진다.

1) 부분부하운전 시 주증기 압력이 낮아지기 때문에 사이클 효율이 낮아진다.
2) 제한된 부하응답 성능을 가진다. 다른 부분부하운전 방법은 컨트롤밸브를 신속하게 열거나 닫아서 부하변동에 신속하게 대응할 수 있지만 변압 운전은 그렇지 못하다.

변압 운전 단점 가운데 사이클 효율이 낮아지는 이유를 살펴보기로 한다. 그림 3.33에서 주증기 압력이 낮아지면 줄어든 일의 크기와 증가된 일의 크기는 거의 비슷하다. 그러나 배출되는 열량이 증가(그림 3.33에서 4-4′-b′-b-4)하기 때문에 사이클 효율이 낮아진다. 아울러 그림 3.33에서 주증기 압력이 낮아지면 등가사이클고온이 낮아지는 것을 통해서 사이클 효율이 낮아지는 것을 확인할 수 있다.

부하변동에 따른 열률 변화를 그림 3.34에 나타냈다. 이 그림으로부터 매우 낮은 부하에서 변압 운전은 다른 부분부하운전 방법에 비해서 열률이 감소하는 것을 알 수 있다. 이는 저부하에서 FT 운전과 PAA 운전은 큰 교축손실이 수반되는 반면에 변압 운전은 교축손실이 발생하지 않을 뿐만 아니라 저부하에서 보일러급수펌프 동력도 크게 줄어들기 때문이다. 그러나 변압 운전은 30% 부하 이상의 부분부하운전에서 PAA 운전에 비해 더 많이 열률이 증가한다.

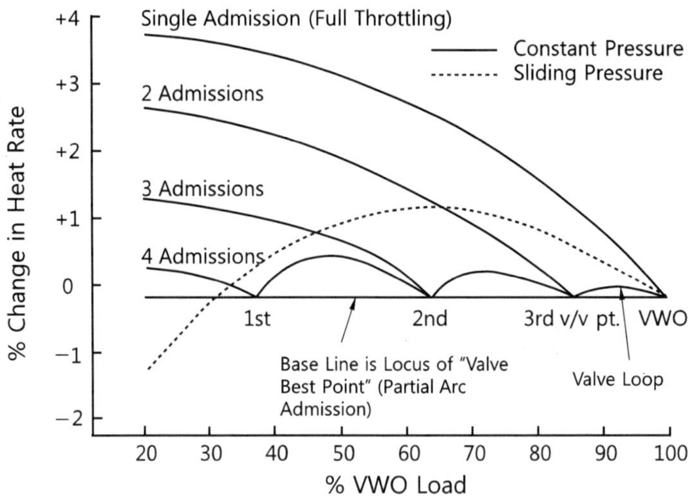

그림 3.34 부하변동에 따른 변압 운전 열률 변화 (from Cotton, 1993)

3.4.4 하이브리드 운전

하이브리드 운전은 부하 영역에 따라서 효율이 우수한 두 가지 부분부하운전 방법을 결합하여 운전하는 방법이다. 즉 하이브리드 운전은 고부하 영역에서는 신속한 부하 응답성과 높은 열효율을 나타내는 PAA 운전을, 중간 부하보다 작은 영역에서는 교축손실을 배제시킬 수 있어서 효율이 우수한 변압 운전을 채택하는 운전 방법이다.

하이브리드 운전은 그림 3.35에 나타나 있는 것처럼 약 20% 이하의 매우 낮은 부하에서는 주증기 압력을 일정하게 유지시킨 상태에서 운전한다. 증기터빈 기동 초기의 저출력 영역에서는 보일러, 증기터빈, 급수펌프 등과 같은 주요 설비를 보호하고 신뢰성을 유지하기 위하여 대개 일정한 최소한의 주증기 압력을 유지시킨다. 한국표준화력은 표 3.2에서 확인할 수 있듯이 하이브리드 운전을 채택하고 있다.

하이브리드 운전 특징을 그림 3.35에 나타나 있는 운전모드 3을 이용하여 설명하기로 한다. 증기터빈 기동 초기부터 15% 부하까지 보일러로부터 공급되는 주증기 압력은 낮으며, 일정하게 유지된다. 이 과정은 컨트롤밸브에 의해서 증기터빈 부하가 조절되는 단계가 아니다. 증기터빈 부하가 15~60%까지 증가되는 과정에서 두 개의 컨트롤밸브는 완전히 열려 있고 나머지 두 개의 컨트롤밸브는 완전히 닫혀 있게 된다. 그 상태에서 보일러에서 공급되는 주증기 압력을 증가시켜 증기터빈으로 공급되는 증기의 질량유량을 증가시켜 증기터빈 부하를 증가시킨다. 증기터빈 부하가 60%에 도달했을 때 보일러로부터 정격압력을 가지는 주증기가 공급된다. 증기터빈 부하를 60% 이상으로 증가시키기

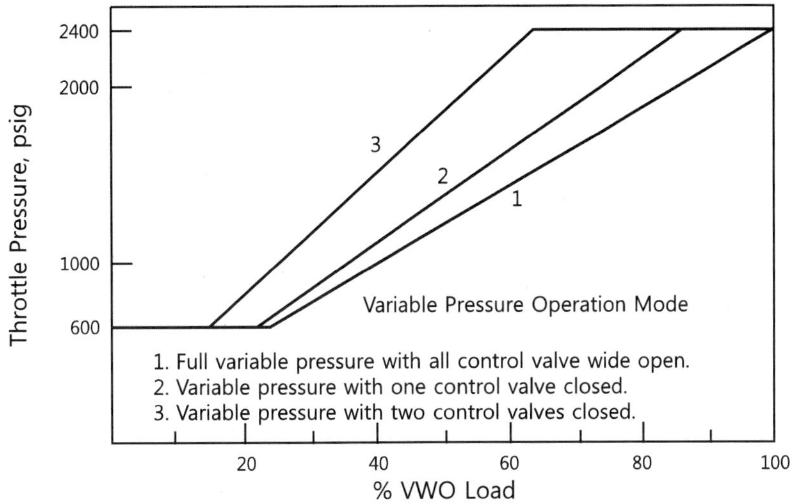

그림 3.35 하이브리드 운전에서 부하에 따른 주증기 압력

표 3.2 한국표준화력 500 MW 운전 데이터

분류	VWO	MGR	NR	75	50	30
	Constant Pressure Operation			Sliding Pressure Operation		
출력 (kW)	550,000 (110%)	541,650 (108.3%)	500,000 (100%)	375,000 (75%)	250,000 (50%)	150,000 (30%)
유량 (lb/hr)	3,757,727 (112.7%)	3,684,046 (110.5%)	3,335,116 (100%)	2,389,835 (71.7%)	1,564,131 (46.9%)	980,271 (29.4%)
복수기 압력 (inHga)	1.5	1.5	1.5	1.5	1.5	1.5
주증기 온도 (℉)	1000	1000	1000	1000	1000	1000
주증기 압력 (psia)	3514.7 (100%)	3514.7 (100%)	3514.7 (100%)	2860.2 (81.38%)	1870.2 (54.47%)	1152.6 (32.79%)
1st ST Bowl P. (psia)	3409.3 (100%) [97.00%]	3409.3 (100%) [97.00%]	3409.3 (100%) [97.00%]	2774.4 (81.39%) [97.00%]	1814.7 (54.49%) [97.03%]	1118.0 (32.79%) [97.00%]
1st ST Shell P. (psia)	2630.8 (113.9%)	2573.8 (111.5%)	2309.0 (100%)	1683.5 (72.9%)	1128.0 (48.9%)	723.9 (31.4%)
FWPT 동력 (kW)	18,755 (3.41%)	18,390 (3.40%)	16,611 (3.32%)	9,622 (2.57%)	4,125 (1.65%)	1,523 (1.02%)

위해서는 PAA 운전과 똑같은 방법으로 닫혀 있는 컨트롤밸브 가운데 하나를 열기 시작한다. 그리고 60% 이상의 부하에서 주증기 압력은 정격압력으로써 일정하게 유지된다.

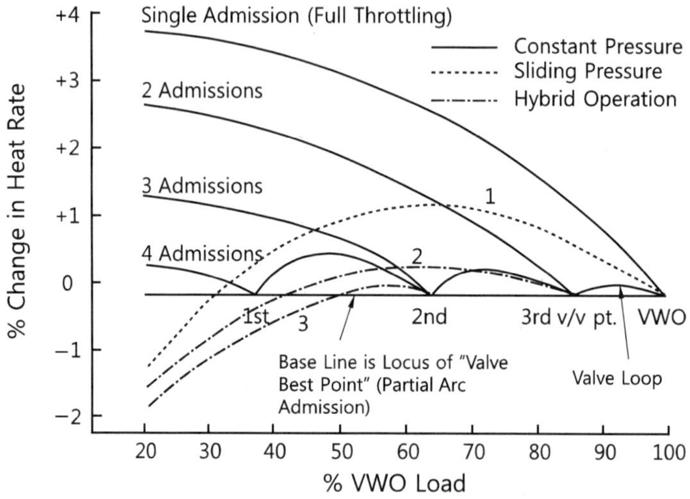

그림 3.36 부하변동에 따른 하이브리드 운전 열률 변화 (from Cotton, 1993)

약 80% 부하에 도달하면 60% 부하에서 열리기 시작했던 컨트롤밸브가 완전히 열리고 나머지 닫혀 있던 컨트롤밸브가 열리기 시작한다. 그리고 전부하에 도달하면 모든 컨트롤밸브가 완전히 열린 상태가 된다. 하이브리드 운전과 다른 부분부하운전과의 열률을 그림 3.36에 비교하여 나타냈다.

하이브리드 운전에서 변압운전과 PAA 운전이 전환되는 최적의 부하는 보일러 특성과 주증기 정격압력에 의하여 결정되는데, 대개의 경우 50~60% 부하에서 나타난다.

Chapter 04

증기터빈 성능

증기터빈 성능과 신뢰도는 발전설비를 설계하고 운영하는 데 있어서 우선적으로 고려하는 가장 핵심적인 요소이다. 증기터빈 성능은 열역학적인 요소와 기계적인 요소에 의해서 결정된다. 증기터빈 성능은 일차적으로 주증기 조건(압력 및 온도)에 의해서 가장 큰 영향을 받는다. 열역학적인 관점에서 살펴보면, 작동유체는 계 내부를 흐르는 유체로서 에너지를 보관할 수 있는 능력을 가지고 있다. 작동유체로서 물은 지구상에 존재하는 물질 가운데 비열이 가장 높아서 에너지 보관 능력이 가장 우수한 물질이다. 증기터빈 내부를 흐르는 작동유체인 증기는 보일러에서 에너지를 공급받아 높은 열에너지(엔탈피)를 보유한 상태로 증기터빈으로 공급된다. 증기터빈으로 공급되는 증기의 열에너지가 높을수록, 즉 온도와 압력이 증가할수록 사이클 효율이 향상된다. USC 증기터빈은 이런 개념을 바탕으로 개발된 것이다. 증기터빈 성능은 이차적으로 증기사이클에 의해서 영향을 받는다. 그러므로 재열과 재생은 모든 증기사이클에 적용되고 있는 필수적인 요소가 되었다.

증기에 포함되어 있는 높은 열에너지는 증기터빈 블레이드에서 기계적 에너지로 변환되기 때문에 증기터빈을 빠져나가는 증기는 에너지 수준이 낮아진 상태로 복수기로 유입된다. 즉 증기터빈으로 공급된 고온고압의 열에너지를 포함하고 있는 증기는 복수기 운전압력까지 팽창하면서 기계적 에너지로 변환된다. 따라서 증기터빈 성능은 복수기 압력에 의해서도 큰 영향을 받는다. 복수기 압력이 낮을수록 증기터빈에서 이용가능에너지가 증가하기 때문에 사이클 효율이 향상되고 증기터빈 출력이 증가한다. 이밖에도 증기터빈 성능은 LSB에 의해서도 큰 영향을 받는다.

증기터빈 성능은 기계적 요소, 즉 유체역학적인 요소에 의해서 큰 영향을 받는다. 증기에 포함되어 있는 높은 수준의 열에너지는 증기터빈에서 기계적인 에너지로 변환된다. 따라서 증기터빈 성능은 열에너지를 기계적인 에너지로 변환시켜주는 노즐과 버켓 형상에 의해서 큰 영향을 받으며, 이로 인해 이들 형상은 에너지 변환을 좀더 효율적으로 수행할 수 있는 형태로 진화되고 있다. 첨단 날개형상과 advanced vortex blade는 증기통로에서의 효율적인 에너지 변환을 위한 노력의 결과로 개발된 것이다. 증기터빈에서의 에너지 변환 효율을 증가시키기 위해서는 증기통로에서 발생하는 다양한 손실을 줄여야 한다. 이들 손실에 대해서는 다음 장에서 살펴보기로 한다.

여기서는 증기터빈 성능에 영향을 미치는 열역학적인 요소들에 대해서 살펴보기로 한다. Heat balance, 증기터빈 부위별 성능, 열률, 성능 요소, thermal kit 등에 대해서 살펴보기로 한다.

4.1 Heat Balance

Heat balance는 증기터빈 제작사가 작성한다. 증기터빈 성능을 나타내는 heat balance에는 증기/응축수 유량, 압력, 온도, 엔탈피 등을 표시하며, 이들 변수들은 증기터빈 구성품의 설계조건을 결정하는 데 사용된다. 그러므로 하나의 완벽한 heat balance는 증기터빈에서의 에너지 분포에 대한 충분한 정보를 제공한다.

Heat balance에는 이밖에도 ELEP(Expansion Line End Point), UEEP(Used Energy End Point), 발전기 손실, 발전기 진출력 등이 표시된다. 엔지니어는 이런 정보들을 이용하여 증기터빈, 급수, 응축수, 열배출계통과 관련된 주요 구성품들에 대한 에너지평형을 계산할 수 있게 된다. Heat balance를 작성하기 위하여 다수의 상용프로그램을 이용하고 있으며, 수계산을 이용하기도 한다. 그러나 수계산을 이용하여 heat balance를 작성하면 반복적인 계산으로 인하여 많은 시간이 소요된다. 그런데 수계산을 이용하면 엔지니어는 다양한 구성품이 서로 영향을 주고받는 데 대한 내용을 이해할 수 있기 때문에 증기터빈과 관련된 모든 계통을 체계적으로 이해할 수 있는 장점이 있다. Heat balance 수계산 절차는 증기터빈 성능에 관련된 전문서적(Drbal *et al.*, 2006)에 자세하게 정리되어 있다. 그림 4.1～4.3에 화력발전과 원자력발전의 heat balance 예를 나타냈다.

발전기 출력은 발전소에서 실질적으로 생산해야 하는 출력과 발전소 보조동력을 합쳐서 정해진다. 발전기 출력이 결정되면 발전기에서 발생하는 전기적 손실과 터빈 발전기에서 발생하는 기계적 손실을 반영하여 증기터빈 출력을 설정한다. 증기터빈 설계자는 제작공차와 유량계수 변화에 대비하기 위하여 전통적으로 정격 증기유량과 압력에 각각 5%의 여유를 반영하고 있다. 증기유량 여유는 VWO(Valve Wide Open) 상태에서 정상압력이라고도 불리는 정격증기압력 상태에서 정격출력을 생산하는 데 필요한 증기유량의 5%를 여유로 설정한다. 따라서 VWO-NP (VWO, normal pressure condition) 상태에서 증기유량은 정격 증기유량의 105%이며, 이때 발전기에서는 정격출력의 약 104%에 해당하는 출력이 생산된다. 한편, 증기터빈은 VWO 상태에서 정격압력의 105%에 해당하는 압력에서 안전하면서 연속적인 운전이 가능하도록 압력에도 여유를 준다. 따라서 VWO-OP (VWO, overpressure condition) 상태에서 주증기 유량은 정격유량의 100%～111%이며, 발전기에서는 정격출력의 약 109%～110%에 해당하는 출력이 생산된다.

증기터빈 설계자는 증기유량 및 압력에 대한 여유를 부분적으로 또는 전부 반영할 수 있다. 최근 들어 일부 제작사는 증기유량에 대한 여유 5%를 모두 반영하지 않는 추세이다. 즉 정격압력보다 높은 압력에서 운전할 수 있는 여유를 두면서 증기유량에는 단지 일

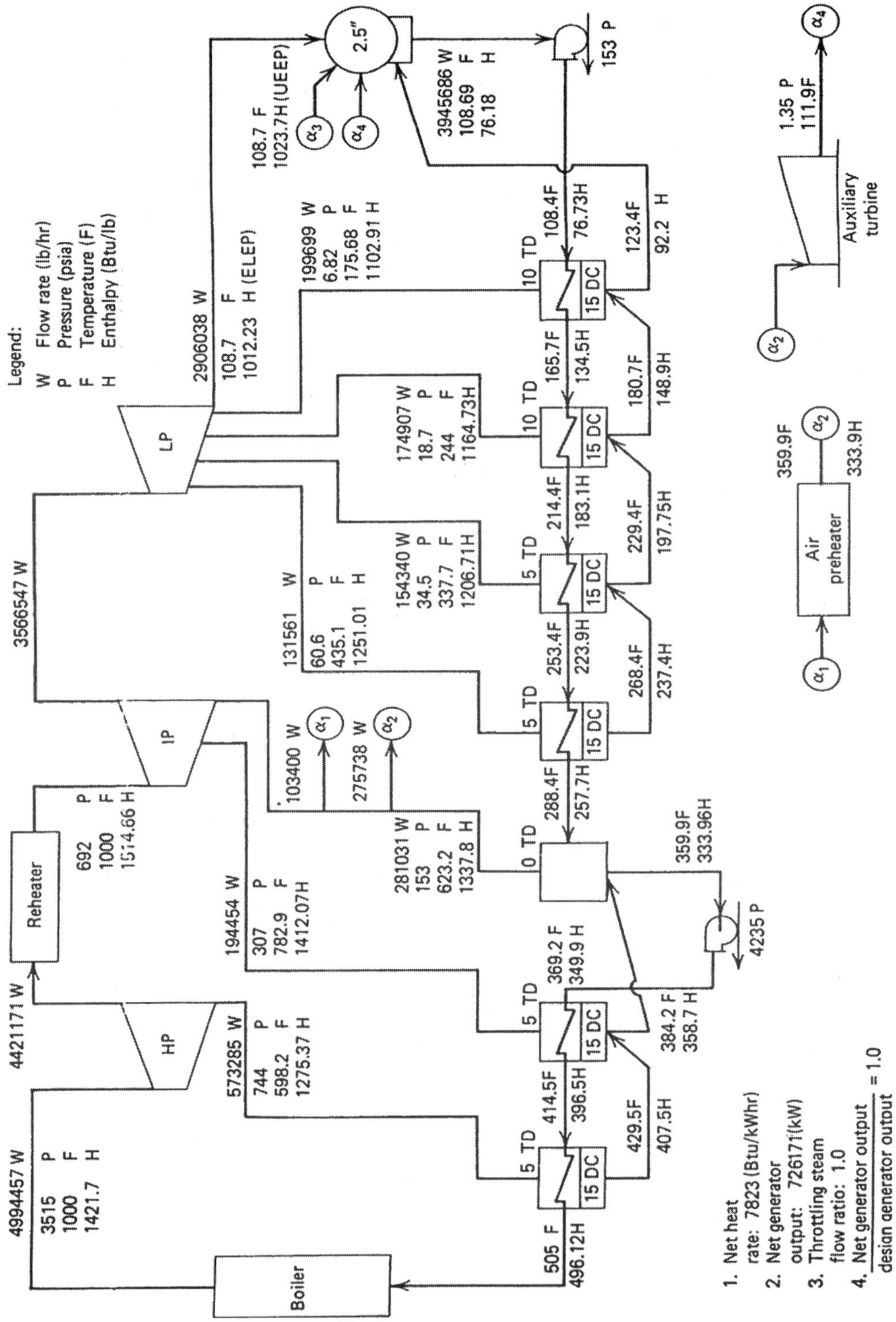

그림 4.1 Heat balance-Fossil 700 MW, 3500 psig/1000℉/1000℉

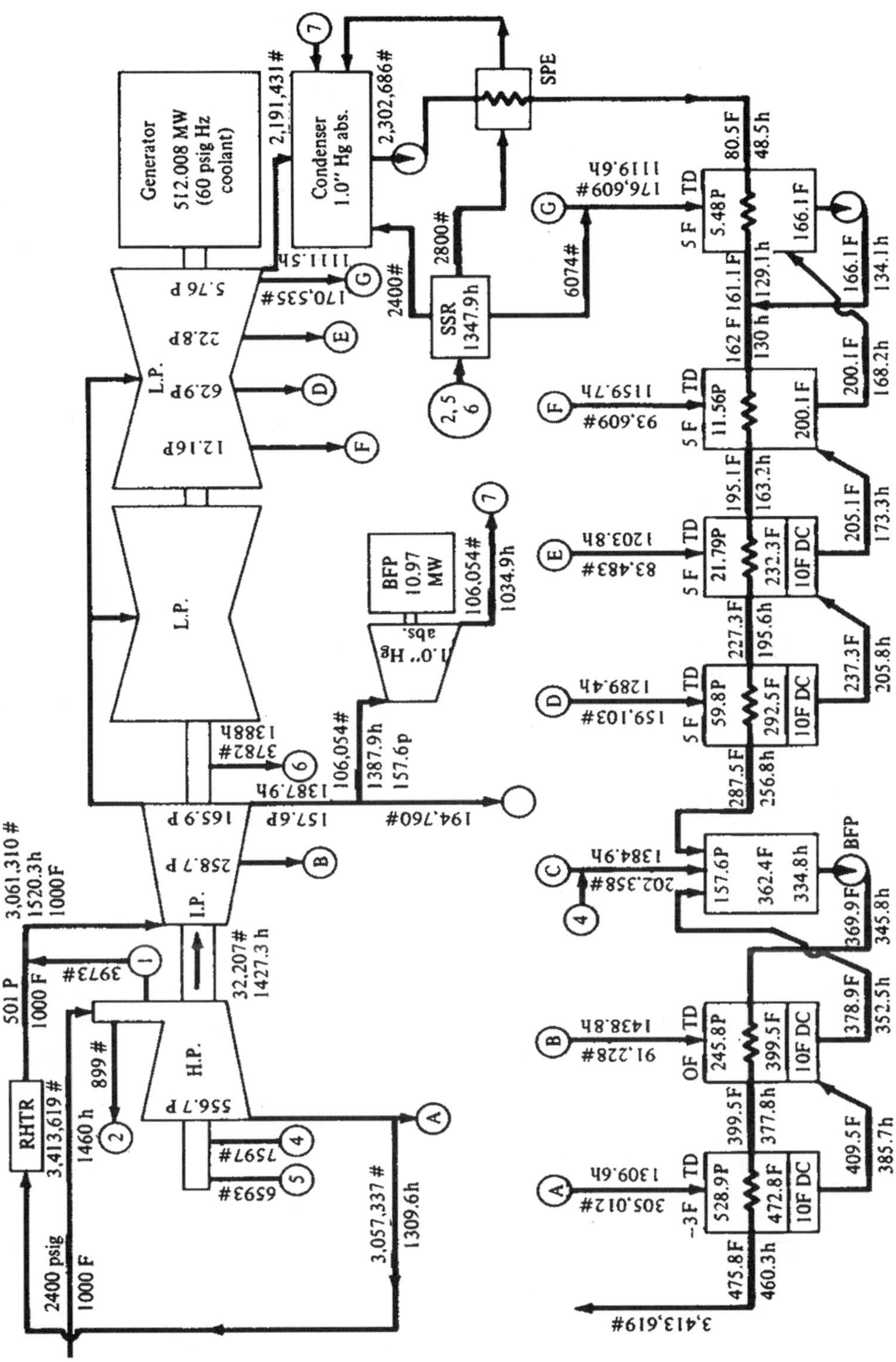

그림 4.2 Heat balance-Fossil 500 MW, 2400 psig/1000℉/1000℉

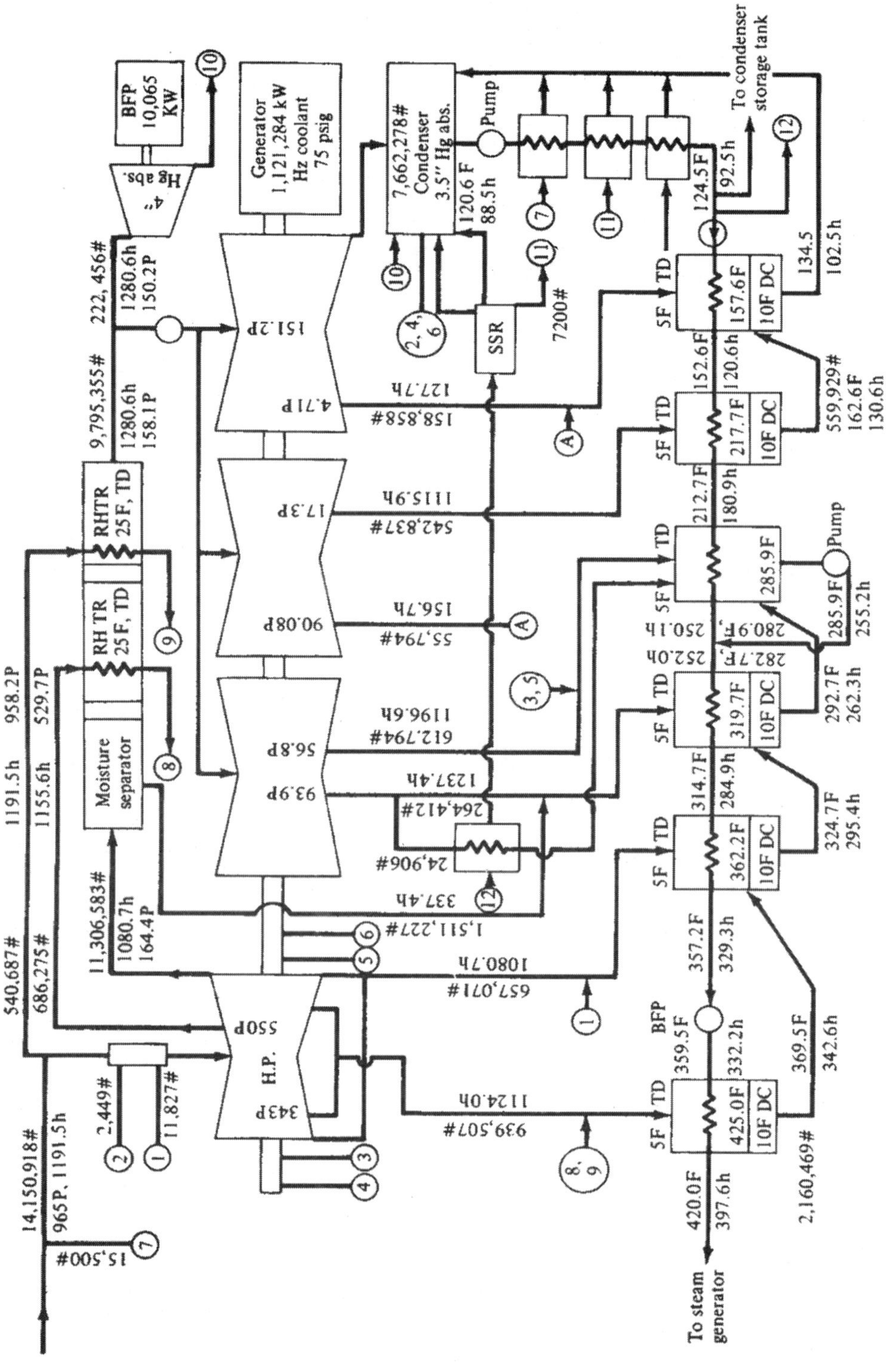

그림 4.3 Heat balance-Nuclear 1000 MW

부분의 여유만을 두기도 한다. 대부분의 운전자들은 VWO-OP 상태로 운전을 시도한다. 따라서 증기터빈 설계자는 VWO-OP 상태에서 증기터빈의 운전능력 여부를 반드시 명시해야 한다. 그리고 증기터빈을 VWO-OP 상태에서 운전할 수 있도록 설계한다면 증기발생기와 BOP 모두 VWO-OP 조건에 적합하도록 설계해야 한다. VWO-OP 상태에서 운전하면 매우 적은 비용으로 현저한 출력증강을 얻을 수 있기 때문에 VWO-OP 상태에서 운전할 수 있도록 설계하는 것이 바람직하다.

Heat balance는 VWO-OP, VWO-NP, 정격, 정격의 75%, 50%, 25%(또는 30%)에 대하여 작성한다.

4.2 증기터빈 섹션 성능

랭킨사이클 열효율은 작동유체의 온도와 압력이 증가할수록 높아지기 때문에 보일러에서 매우 높은 온도와 압력을 가지는 주증기가 만들어지며, 증기터빈에서는 높은 주증기 압력을 진공에 가까운 복수기 압력까지 팽창시킨다. 따라서 증기터빈은 유동질식 발생을 피하면서 고압의 증기를 복수기 압력까지 팽창시키기 위하여 다수의 단이 필요하며, 급격한 증기의 팽창으로 인한 비체적의 증가로 인하여 다수의 케이싱, 즉 HP터빈, IP터빈, LP터빈으로 분리시킨다. 그런데 이들 각각의 터빈에서는 그림 4.4에 나타나 있는 것처럼 서로 다른 성능특성을 나타낸다.

일반적으로 HP터빈 효율에는 HP터빈 입구에 설치되어 있는 스톱밸브와 컨트롤밸브에서 발생하는 교축손실과 HP터빈 출구에서 발생하는 배기손실이 포함된다. 그림 4.4에 나타나 있는 화력발전 HP터빈 효율은 IP터빈에 비해서 낮다. 이는 HP터빈 블레이드 길이가 IP터빈에 비해서 짧기 때문이다. 증기터빈 단에서 발생하는 손실은 그림 4.5에 나타나 있는 것처럼 블레이드 형상손실, 이차유동손실, 누설손실의 합으로 나타난다. 이 가운데 이차유동손실과 누설손실의 크기는 블레이드 길이에 관계없이 각 단에서 거의 일정한 크기를 가진다. 따라서 블레이드 길이가 길어질수록 이들 손실이 기여하는 비중이 작아지기 때문에 블레이드가 길어지면 단 효율이 증가한다. LP터빈은 IP터빈에 비해서 더 긴 블레이드를 가진다. 그럼에도 불구하고 LP터빈 효율은 IP터빈에 비해서 낮다. 이는 LP터빈 마지막 몇 단이 습증기 영역에서 운전되기 때문이다. 일반적으로 1% 평균습분은 1% 효율저하를 초래한다. 예를 들면, 원자력 HP터빈 입구와 출구에서의 습분은 각각 0%와 14%이다. 따라서 원자력 HP터빈에서 평균습분은 7%이다. 그러므로 원자력 HP터빈 효

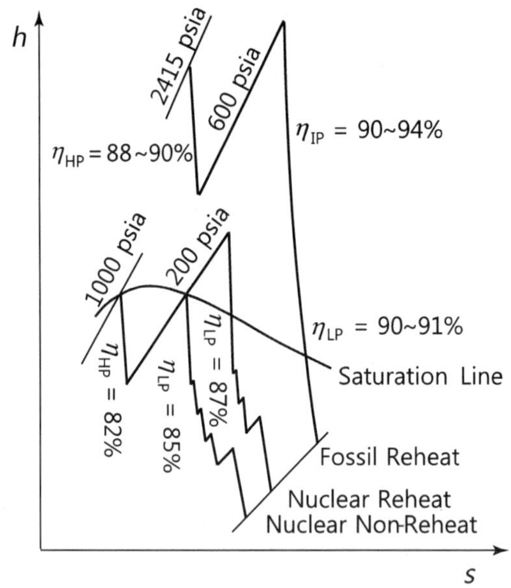

그림 4.4 증기터빈 부위별 성능

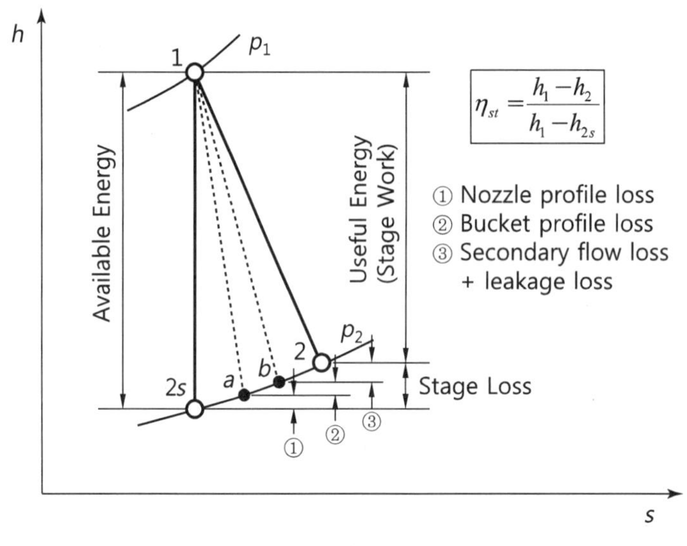

그림 4.5 증기터빈 단 효율

율은 화력발전 HP터빈에 비해서 약 7% 낮은 효율을 나타낸다. 이런 이유 때문에 원자력 발전 LP터빈에는 습분을 낮추기 위하여 습분제거 그루브를 가지는 버켓이 사용된다.

증기터빈 각 부위의 효율은 각 섹션 연결부에서 발생하는 손실의 포함 여부에 따라 다른 값을 가진다. 그림 4.6에 일반적인 IP터빈 효율을 나타냈다. 이 그림에서 모든 연결부

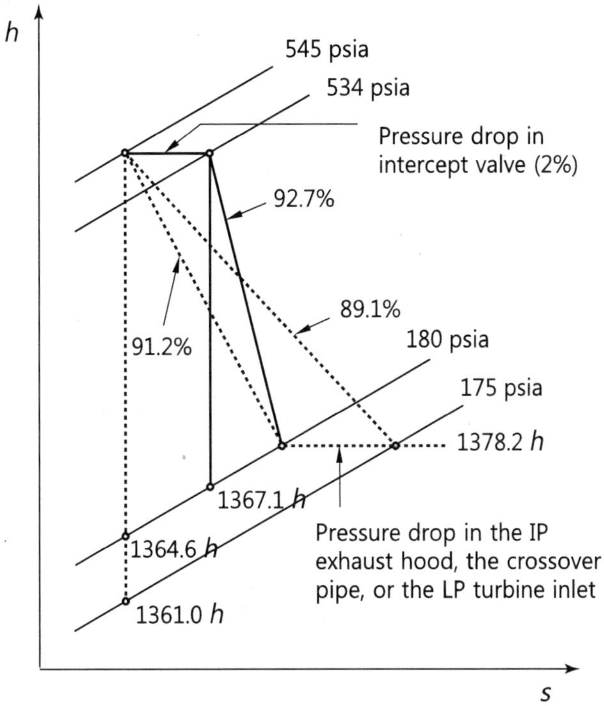

그림 4.6 연결부에서 발생하는 손실 포함 여부에 따른 IP터빈 효율

를 배제시킨 순수한 IP터빈 효율은 92.7%이다. 그러나 IP터빈 입구에 설치된 밸브에서 발생하는 교축손실을 포함시키면 IP터빈 효율은 91.2%로 약간 낮아진다. 그리고 여기에다 IP터빈 배기손실과 crossover pipe에서 발생하는 손실을 추가로 포함시키면 IP터빈 효율이 89.1%라는 것을 알 수 있다. 따라서 증기터빈 섹션별 효율을 정의하는 데 있어서 연결부에서 발생하는 손실을 포함하는 것인지, 아니면 배제시킨 것인지를 명확하게 제시해야 한다.

4.3 열률

발전효율을 정확하게 계산하는 것은 매우 어렵다. 이는 발전효율 계산에 필수적인 발전설비 주요 구성품의 효율, 주요 구성품의 연결부에서 발생하는 손실, 보조기기에서 소비되는 동력 등을 정확하게 계산하기 어렵기 때문이다. 따라서 발전효율은 열입력을 발전기 출력으로 나눈 값인 **열률**을 이용해서 나타낸다. 화력발전설비 주요 구성품 및 연결부에서 발생하는 손실은 다음과 같다.

① 보일러급수펌프에서는 마찰손실 및 누설손실 등이 발생하기 때문에 펌프 자체의 효율이 존재한다. 일반적으로 펌프 용량이 클수록 효율이 높다. 예를 들면, 500 MW급 화력발전에 사용되는 보일러급수펌프의 효율은 VWO 상태에서 약 84%이다. 그러나 부분부하운전 조건에서는 그 효율이 약간 낮아지는데, 정격의 75% 출력인 경우에는 약 83%, 정격의 50% 출력인 경우에는 약 67%의 효율을 가진다.

② 보일러는 보일러 배관에서 발생하는 마찰손실, 보일러 외벽으로 빠져나가는 열손실, 보일러 굴뚝을 통해서 빠져나가는 열손실, 보일러 튜브의 열전달 효율 등이 존재하기 때문에 보일러 자체의 효율이 존재한다. 일반적으로 보일러 효율은 약 85~92% 정도이다.

③ 증기터빈의 증기통로에서는 다양한 손실이 발생한다. 즉 증기터빈에서는 밸브에서 발생하는 교축손실, 블레이드에서 발생하는 형상손실 및 이차유동손실, 실에서 발생하는 누설손실, 습증기 영역에서 발생하는 습분손실, 각각의 터빈을 빠져나갈 때 발생하는 배기손실 등이 발생하며, 이로 인해 증기터빈은 약 90% 정도의 효율을 가진다.

④ 복수기에서도 손실이 발생한다. 복수기는 완전진공에 가까운 매우 낮은 압력에서 작동되기 때문에 대기 중의 공기가 복수기 연결부 틈새를 통해서 내부로 유입되며, 유입된 공기는 복수기 내부에 존재하는 비응축 가스와 함께 진공펌프를 이용해서 복수기 외부로 배출시킨다. 진공펌프에 사용되는 동력은 복수기 손실 가운데 하나이다.

⑤ 증기터빈과 발전기를 지탱하는 베어링에서 기계적 손실이 발생한다.

⑥ 발전기에서도 전기적 손실뿐만 아니라 마찰손실이 발생하기 때문에 발전기 자체의 효율(대개 98～99%)이 존재한다.

⑦ 발전소 보조기기(오일펌프, 팬 등)에는 전력을 공급해야 하기 때문에 실제적인 발전기 출력은 발전기에서 생산된 출력에서 이들에 공급한 전력을 빼주어야 한다.

이렇게 발전설비 주요 구성품에서 발생하는 다양한 손실로 인해서 발전효율을 정량적인 방법으로 정확하게 계산하는 것은 거의 불가능하다. 따라서 발전효율은 투입한 열량을 발전기 출력으로 나눈 값인 열률로 나타낸다. 즉 열률은 단위전력(1 kWh)을 생산하기 위하여 소비하는 열량을 의미하며, Btu/kWh 또는 kJ/kWh의 단위를 가진다.

$$heat\ rate = \frac{heat\ input}{generator\ output} \quad [\text{Btu/kWh, or kJ/kWh}] \tag{4.1}$$

한편, 열효율은 발전기 출력을 열입력으로 나눈 값으로 정의한다. 따라서 열효율은 다음과 같이 열률과 역수관계를 가진다.

$$\eta_{th} = \frac{3412.14}{\text{heat rate [Btu/kWh]}} = \frac{3600}{\text{heat rate [kJ/kWh]}} \tag{4.2}$$

열률을 이용하여 열효율을 계산하는 방법을 정확하게 이해하기 위해서는 식 (4.2)의 유도과정을 살펴볼 필요가 있다. 1 kcal는 물 1 kg의 온도를 1℃ 상승시키는 데 필요한 열량이며, 1 Btu는 물 1 lb의 온도를 1°F 상승시키는 데 필요한 열량이다. 한편, 열량은 다음과 같이 일로 변환시킬 수 있다.

$$1\ \text{kcal} = 427\ \text{kg}_f \cdot \text{m} = 427\ \text{kg} \cdot 9.81\ \text{m/s}^2 \cdot \text{m} = 4185\ \text{N} \cdot \text{m} = 4.185\ \text{kJ}$$
$$1\ \text{Btu} = 1\ \text{kcal} \cdot 1/2.204619 \cdot 5/9 = 0.252\ \text{kcal} = 1.055\ \text{kJ}$$

여기서 1/2.204619는 lb를 kg으로, 5/9는 화씨온도를 섭씨온도로 환산하기 위한 숫자이다.

이제 위 식의 양변을 시간 h로 나누면 다음과 같은 관계식을 얻는다.

$$1\ \text{Btu/h} = 1.055\ \text{kJ/3600 s} = 1.055/3600\ \text{kW}$$
$$\therefore\ 1\ \text{kWh} = 3600/1.055\ \text{Btu} = 3412.14\ \text{Btu}$$

한편, 국제단위계로 1 kWh는 다음과 같다.

$$1\ \text{kWh} = 1\ \text{kJ/s} \cdot 3600\ \text{s} = 3600\ \text{kJ}$$

따라서 공급한 열량이 모두 일로 변환될 때, 즉 100% 열효율을 가지는 경우 1 kWh의 전기를 생산하기 위해서는 영국단위계로 3412.14 Btu, 국제단위계로 3600 kJ의 열량이 필요하다는 것을 알 수 있다. 그러나 앞에서 살펴본 발전설비 주요 구성품에서 발생하는 비가역성으로 인해서 실제적으로 1 kWh의 전기를 생산하기 위해서는 이보다 많은 열량을 필요로 한다. 즉 열률은 항상 3412.14 Btu/kWh 또는 3600 kJ/kWh보다 큰 값을 가진다.

열률은 발열량 종류에 따라서 다른 값을 가진다. 미국에서는 HHV를 표준으로 사용하며, 유럽에서는 LHV를 사용한다. HHV는 산소 봄베 열량계를 이용한 실험실 분석을 통해서 구한다. 연료의 LHV는 HHV에서 연료에 포함되어 있는 수소가 연소하면서 발생하는 물과 연료에 포함되어 있는 수분이 기화되는 데 필요한 잠열을 빼주어서 계산한다. LHV를 계산하는 식은 다음과 같다.

$$\mathrm{LHV} = \mathrm{HHV} - H_{fg}(M + 8.94 \times \mathrm{H}_2)/100 \tag{4.3}$$

여기서 M은 무게를 기준으로 연료에 포함되어 있는 수분 %, H_{fg}는 기준온도인 25℃에서 물의 잠열, H_2는 무게를 기준으로 연료에 포함되어 있는 수소 %이다.

▌연습문제 4.1 HHV를 기준으로 어떤 발전소의 열효율을 계산하였더니 45%이다. 이 발전소의 열효율을 LHV를 기준으로 계산하여라. 이 발전소에 사용하는 석탄의 HHV는 12,540 Btu/lb이며, 석탄은 5.2%의 수분과 4.83%의 수소를 포함하고 있다.

풀이 HHV를 기준으로 열률을 계산한다.

$$\eta_{\mathrm{HHV}} = 3412.14/HR_{\mathrm{HHV}} = 0.45$$
$$HR_{\mathrm{HHV}} = 7{,}582.5 \text{ Btu/kWh}$$

식 (4.3)을 이용하여 LHV를 계산한다.

$$\mathrm{LHV} = 12540 - 1049.7(5.2 + 8.94 \times 4.83)/100 = 12032.15 \text{ Btu/lb}$$

LHV/HHV를 계산한다.

$$\mathrm{LHV/HHV} = 12032.15/12540 = 0.9595$$

LHV를 기준으로 했을 때 열률은 다음과 같다.

$$HR_{\mathrm{LHV}} = HR_{\mathrm{HHV}} \times 0.9595 = 7275.41 \text{ Btu/kWh}$$

따라서 LHV를 기준으로 열효율은 다음과 같다.

$$\eta_{\mathrm{LHV}} = 3412.14/HR_{\mathrm{LHV}} = 0.469$$

그러므로 LHV를 기준으로 계산한 열효율은 46.9%이며, HHV를 기준으로 계산한 열효율보다 큰 값을 가진다는 것을 알 수 있다. □

발전단가에 가장 큰 영향을 미치는 정미발전효율은 정미터빈열률(NTHR; Net Turbine Heat Rate), 보일러효율, 보조동력 소비량에 의해서 영향을 받는다. 미국에서 정미발전효율은 정미발전기출력에 대한 연료에너지 비로 정의된다. 연료에너지는 고위발열량을 기준으로 산출한다.

$$\mathrm{NPHR} = \frac{\mathrm{NTHR}}{(\eta_{Blr}/100)\times(100-\%AP)} \quad \text{[kJ/kWh, or Btu/kWh]} \tag{4.4}$$

여기서 NTHR은 정미터빈열률이며, 증기터빈에 공급된 열량을 정미발전기출력으로 나눈 값이다. η_{Blr}은 연료의 고위발열량을 기준으로 계산한 보일러효율이며, $\%AP$는 총 생산 출력 가운데 보조동력이 차지하는 비중을 퍼센트로 나타낸 값이다.

보일러효율은 증기에 흡수된 열량을 보일러에 공급된 연료에 포함되어 있는 열량으로 나눈 값이다.

4.4 발전설비 성능에 영향을 미치는 열역학적 요소

증기를 작동유체로 사용하는 발전설비에 대한 열역학적 사이클은 랭킨사이클이다. 그러므로 화력 및 원자력발전설비의 성능은 랭킨사이클을 구성하는 다양한 변수에 의해서 영향을 받는다. 아울러 발전설비 성능은 표 4.1에 나타나 있는 것처럼 주요 구성품에서 발생하는 압력손실에 의해서도 큰 영향을 받는다.

랭킨사이클을 구성하는 다양한 변수가 발전설비 열효율에 미치는 영향을 살펴보기 위하여 먼저 이상적인 카르노사이클을 살펴보기로 한다. 그림 4.7에서 사이클 1′-2′-3-4-1′는 이상적인 증기카르노사이클이다. 그러나 이 사이클은 실질적으로 구현하기 어렵다. 이는 상태 4에서 상태 1′까지 특정한 건도로 증기를 부분적으로 응축시키는 것은 실질적으로 어려우며, 물과 증기가 혼재된 습증기를 압축($1' \rightarrow 2'$)시키는 것은 기계적으로 어렵기 때문이다. 따라서 실질적인 증기사이클은 변형된 형태의 카르노사이클인 랭킨사이클이다. 즉 증기를 완전히 응축시켜서 순수한 응축수를 압축시키는 사이클 1-2-3-4-1이 랭킨사이클이다. 참고로, 물은 비압축성 유체이기 때문에 적은 동력을 이용하여 높은 압력으로 쉽게 압축시킬 수 있다.

카르노사이클은 두 개의 열원 사이에서 작동하는 사이클 가운데 효율이 가장 우수한 이상적인 사이클로서 1824년 프랑스 물리학자 카르노(N.L.S. Carnot)가 제안하였다. 카르노사이클의 열효율은 다음과 같다.

표 4.1 사이클 변수가 성능에 미치는 영향

Parameter		Base			
A. Condenser pressure, in.Hga	2.0	2.5	3.0	3.5	4.0
Relative net output (kW)	2,914	---	-4,073	-9,078	-14,091
Relative net heat rate (Btu/kWh)	-31.3	---	44.1	99.0	154.8
B. Pressure drop in boiler (including piping to the turbine), %	15	17	19	21	
Relative net output (kW)	346	---	-345	-732	
Relative net heat rate (Btu/kWh)	-4.0	---	3.9	8.3	
C. Pressure drop in reheater, %	5	7	9	11	
Relative net output (kW)	1,403	---	-1,445	-2,935	
Relative net heat rate (Btu/kWh)	-17.8	---	18.3	37.1	
D. Pressure drop in x-over pipe, %		0	3	5	7
Relative net output (kW)		---	-1,824	-3,037	-4,318
Relative net heat rate (Btu/kWh)		---	19.7	33.2	46.8
E. Main steam temperature, °F	950	1,000	1,050	1,100	
Relative net output (kW)	-35,474	---	34,585	68,738	
Relative net heat rate (Btu/kWh)	118.9	---	-106.0	-202.9	
F. Use of air preheater		Yes	No		
Relative net output (kW)		---	8,291		
Relative net heat rate (Btu/kWh)		---	-88.3		

Data is produced using fossil power plant of 726 MW, 3500 psig/1000°F/1000°F (see Fig. 4.1)

$$\eta_{th,\,Carnot} = 1 - \frac{T_4}{T_3} = 1 - \frac{T_L}{T_H} \tag{4.5}$$

여기서 T_L은 사이클저온, T_H는 사이클고온을 의미한다. 따라서 카르노사이클의 열효율을 향상시키기 위해서는 사이클저온을 낮추거나, 사이클고온을 높이면 된다는 것을 알 수 있다. 일반적으로 사이클저온은 주위 환경에 지배를 받기 때문에 낮추기가 어렵다. 따라서 카르노사이클 열효율을 향상시키기 위해서는 사이클고온을 높이는 방법을 이용하고 있다.

T-s 선도를 이용하면 계를 출입하는 열량의 크기와 방향을 살펴볼 수 있다. 이는 깁스 방정식과 열역학 제1법칙을 등치시키면 다음과 같은 관계가 성립하기 때문이다.

$$\delta q = T\,ds \tag{4.6}$$

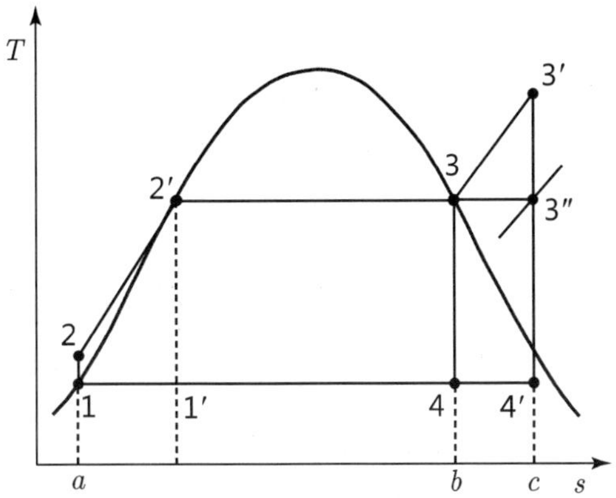

그림 4.7 이상적인 랭킨사이클

열역학적으로 열량은 경로함수이며, 수학적으로 불완전미분이므로 식 (4.6)을 양변 적분하면 다음과 같다.

$$q_{12} = \int_1^2 T\,ds \tag{4.7}$$

여기서 q_{12}는 과정 1 → 2가 진행되는 동안에 전달된 열량을 의미한다. 그리고 식 (4.7)은 전달된 열량의 크기는 T-s 선도에서 과정의 s축에 대한 투영면적 크기와 같다는 것을 나타낸다. 한편, 열역학적으로 양(+)의 부호를 가지면 열량이 계로 공급되었다는 것을 의미하며, 음(−)의 부호를 가지면 열량이 계를 빠져나갔다는 것을 의미한다.

열량의 출입 및 크기에 대한 내용을 파악하기 위하여 그림 4.8에 이상적인 랭킨사이클에 대한 T-s 선도를 나타냈다. 작동유체인 응축수는 보일러급수펌프를 지나는 동안 단열과정을 통해서 압력이 증가한다. 즉 응축수의 압력이 증가하는 과정에서 열량이 공급되지도 않으며, 열량이 외부로 빠져나가지도 않는다. 그리고 펌프에서 발생하는 손실을 무시하면 펌프에서 일어나는 압축과정은 등엔트로피과정이다. 그러므로 T-s 선도에서 과정 1 → 2의 s축에 대한 투영면적은 0이라는 것을 알 수 있다. 보일러에서는 정압상태에서 열량을 공급받는다. 따라서 그림 4.8(a)에 나타나 있는 것처럼 과정 2 → 3의 s축에 대한 투영면적이 공급받은 열량의 크기가 된다. 한편, 공급받는 열량의 부호는 양(+)이다. 즉 보일러에서 열량을 공급받는 동안에 작동유체의 엔트로피가 증가하기 때문에 식 (4.7)에 의하면 열량은 양(+)의 부호를 가진다는 것을 알 수 있다. 증기터빈에서는 단열과정을 통해서 증기가 팽창된다. 아울러 증기터빈에서 발생하는 각종 손실을 무시하면 증기의 팽창과정은 등엔트로피과정이다. 따라서 증기터빈에서 증기의 팽창과정이 일어나는 동안

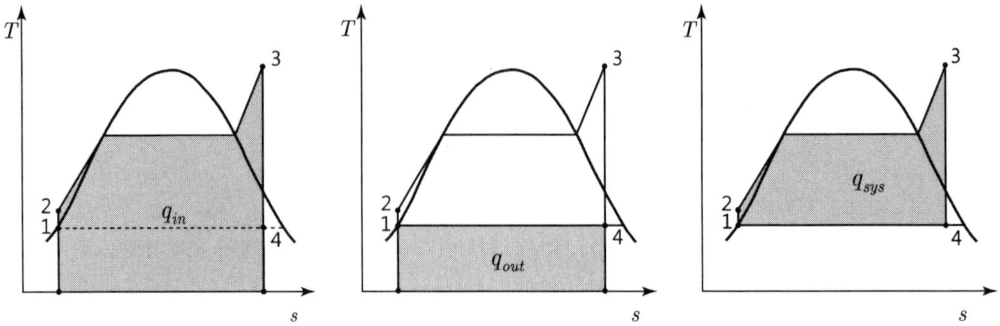

(a) 보일러 유입 열량 (b) 복수기 방출 열량 (c) 계 흡수 열량

그림 4.8 이상적인 랭킨사이클 T-s 선도

에 계를 빠져나가거나 계로 공급되는 열량이 없으며, 이는 T-s 선도에서 과정 3 → 4의 s축에 대한 투영면적이 0이라는 것을 통해서 확인할 수 있다. 복수기에서는 상변화에 관련된 열량이 외부로 빠져나가면서 등온과정이 유지된다. 즉 냉각수는 복수기를 통과하면서 약 10℃ 정도 온도가 상승하는데, 이는 계를 빠져나가는 열량이 냉각수에 전달되기 때문이다. 이렇게 복수기에서 빠져나가는 열량의 크기는 그림 4.8(b)에 나타나 있는 과정 4 → 1의 s축에 대한 투영면적과 같다. 복수기에서 열량이 빠져나간다는 사실은 T-s 선도에서 과정 4 → 1이 진행되는 동안에 작동유체의 엔트로피가 감소하며, 식 (4.7)에 의하면 이 과정에서의 열량은 음(−)의 부호를 가진다는 사실을 통해서 확인할 수 있다. 결국 랭킨사이클에서 일로 변환되는, 즉 사이클에서 실제로 이용하는 열량(공급 열량 − 배출 열량)의 크기는 그림 4.8(c)에 나타나 있는 것처럼 사이클 내부 면적이 된다.

4.4.1 과열

그림 4.9(a)에 원자력발전에 대한 랭킨사이클과 이에 대한 등가카르노사이클을 나타냈다. 이 그림에서 과정 2 → 3은 원자력 증기발생기에서 작동유체인 물이 열량을 공급받아 습증기로 변한 상태에서 습분분리기와 증기건조기를 통과하면서 포화증기가 생성되는 과정이다. 따라서 이 과정은 열량을 공급받는 과정이다. 이는 과정 2 → 3에서 엔트로피가 증가하기 때문에 q_{12}는 양의 값을 가진다는 것을 통해서 확인할 수 있다. 그리고 과정 4 → 1은 복수기에서의 응축과정으로서 열량이 계를 빠져나가는 과정이며, 빠져나가는 열량의 크기는 과정 4 → 1의 s축에 대한 투영면적의 크기이다. 랭킨사이클의 열효율은 랭킨사이클을 카르노사이클로 변형시키면, 즉 등가카르노사이클로 변형시키면 쉽게 살펴볼 수 있다. 그림 4.9(a)에서 사이클에 공급된 열량의 크기는 과정 2 → 3의 s축에 대한 투

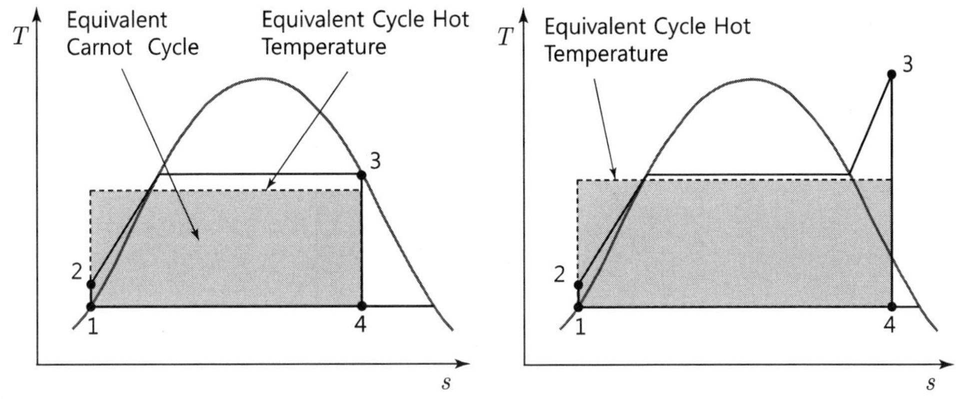

(a) 원자력발전 랭킨사이클 (b) 화력발전 랭킨사이클

그림 4.9 과열에 따른 랭킨사이클 효율 비교

영면적의 크기인데, 이 면적과 동일한 면적을 가지는 등가사이클고온을 결정하면 식 (4.5)를 이용하여 랭킨사이클의 열효율을 쉽게 구할 수 있다. 그리고 이 그림에서 원자력발전 랭킨사이클의 열효율은 동일한 사이클고온과 사이클저온에서 작동하는 카르노사이클의 열효율에 비해서 낮다는 것을 쉽게 확인할 수 있다.

증기를 과열시키면 랭킨사이클 열효율이 향상된다. 이는 그림 4.9(b)에서 확인할 수 있는 것처럼 증기의 과열은 물이 증발하는 온도보다 높은 온도에서 이루어지기 때문이다. 그러므로 그림 4.9(b)에서와 같이 증기를 과열시키면 증기를 과열시키지 않는 그림 4.9(a)보다 등가사이클고온이 더욱 올라가며, 이로 인해 증기를 과열시키면 랭킨사이클 열효율이 향상된다는 것을 확인할 수 있다. 이를 통해 화력발전 열효율이 원자력발전에 비해 높다는 것을 알 수 있다. 참고로, 그림 4.9에는 원자력발전과 화력발전 모두 동일한 사이클 압력으로 작동되는 것으로 나타나 있는데, 실제로는 화력발전의 사이클 압력이 원자력발전에 비해 훨씬 높다. 이런 이유 때문에 화력발전의 열효율은 원자력발전에 비해 훨씬 높다.

증기를 과열시키면 랭킨사이클 열효율이 향상된다는 사실은 과열에 따른 열량 변화를 분석함으로써 이해할 수 있다. 그림 4.10에서 증기를 과열시킨다는 것은 기본적인 랭킨사이클인 사이클 1-2-3-4-1과 과열에 의해 추가적으로 늘어나는 사이클 4-3-3′-4′-4를 결합시킨 것과 마찬가지이다. 이렇게 증기를 과열시키면 사이클에 추가된 열량의 크기는 빠져나가는 열량에 비해서 훨씬 크다. 따라서 증기를 과열시키면 랭킨사이클 열효율이 향상된다. 한편, 과열을 통해서 추가적으로 결합되는 사이클 4-3-3′-4′-4의 등가사이클고온은 사이클 1-2-3-4-1에 비해서 훨씬 높다. 그리고 사이클 4-3-3′-4′-4가 추가된다고 하

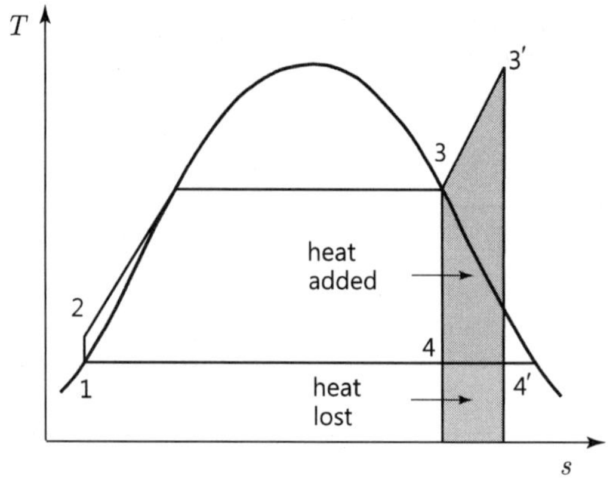

그림 4.10 과열에 의한 랭킨사이클 열량 변화 분석

더라도 사이클저온에는 변함이 없다. 따라서 증기를 과열시키면 랭킨사이클 열효율이 향상된다는 것을 쉽게 파악할 수 있다. 아울러 증기를 과열시키면 공급받는 열량이 증가하기 때문에 증기터빈 출력도 증가한다.

포화증기를 수집해서 포화온도보다 높은 온도로 계속해서 가열하면 증기가 과열된다. 따라서 그림 4.11에 나타나 있는 것처럼 과열은 초기의 화력발전에서부터 적용되어 사용되고 있다.

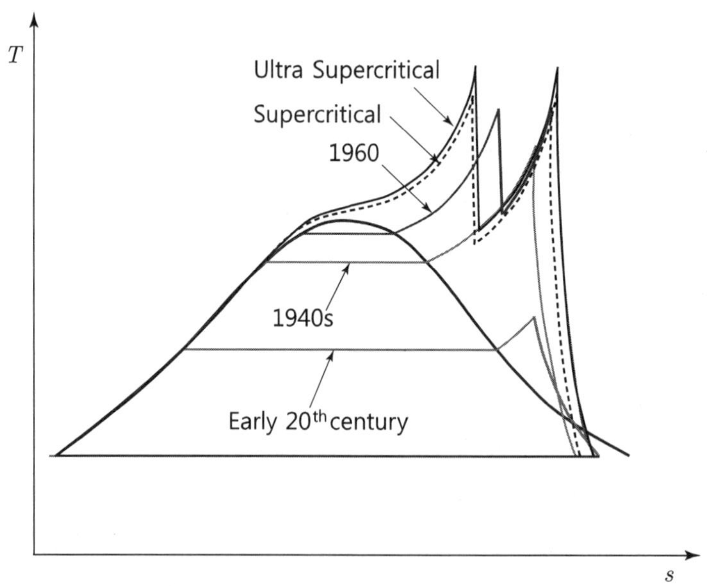

그림 4.11 랭킨사이클 개선 역사

4.4.2 복수기 압력

표 4.1에서 확인할 수 있는 것처럼 복수기 압력을 낮추면 랭킨사이클 열효율이 향상될 뿐만 아니라 출력도 증가한다. 복수기는 습증기 영역에서 작동한다. 그런데 습증기 영역에서 포화온도와 포화압력은 서로 연관되어 있다. 즉 습증기는 포화압력이 결정되면 포화온도가 결정되고, 포화온도가 결정되면 포화압력이 결정된다. 따라서 그림 4.12에서와 같이 복수기 압력을 p_4에서 $p_{4'}$로 낮추면 포화온도가 낮아지기 때문에 등가사이클저온이 낮아진다. 따라서 복수기 압력을 낮추면 그림 4.13에 나타나 있는 것처럼 랭킨사이클 열

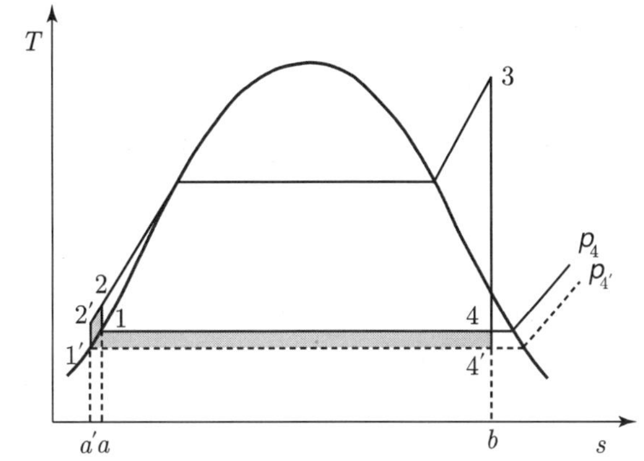

그림 4.12 복수기 압력 강하에 따른 랭킨사이클 변화

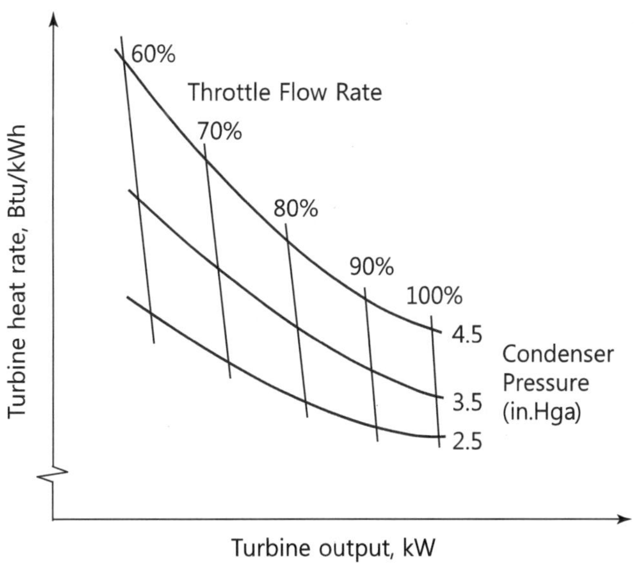

그림 4.13 복수기 압력 변화에 따른 랭킨사이클 열효율 및 출력 변화

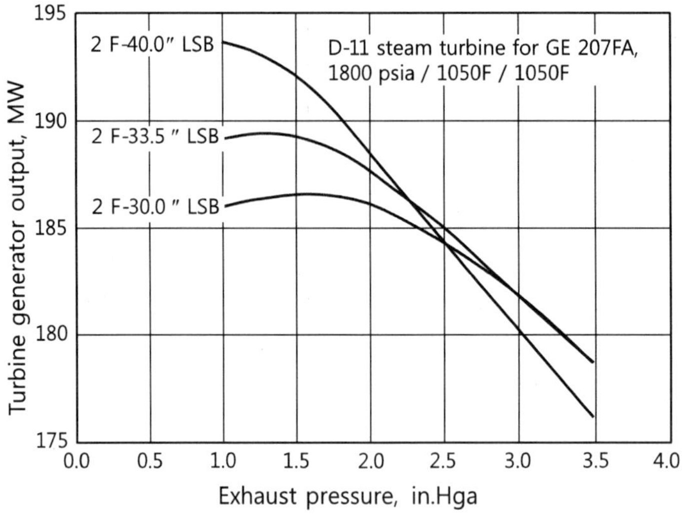

그림 4.14 복수기 압력 변화에 따른 복합발전용 증기터빈 출력 변화

효율이 향상된다.

복수기 압력을 p_4에서 $p_{4'}$로 낮추면 a'-2′-2-a-a'에 해당하는 열량이 사이클에 추가로 공급된다. 일반적으로 이 면적의 크기는 일로 전환된 열량의 증가량인 1-4-4′-1′-2′-2-1과 근사적으로 같다. 이는 복수기 압력을 낮추는 데 따른 추가적인 공급 열량이 모두 출력으로 바뀌었다는 것을 의미한다. 따라서 복수기 압력을 낮추면 표 4.1과 그림 4.13에 나타나 있는 것처럼 랭킨사이클 열효율뿐만 아니라 출력도 증가한다.

그림 4.14에 복수기 압력 변화에 따른 복합발전용 증기터빈 출력 변화를 나타냈다. 이 그림으로부터 LSB 길이에 따라 약간 다른 출력특성을 나타내지만 복수기 압력이 낮아짐에 따라 공통적으로 증기터빈 출력이 증가하는 것을 확인할 수 있다.

❙ 연습문제 4.2 복수기 압력이 2.5 in.Hga인 상태에서 발전기 출력이 700 MW, 열률이 7,826 Btu/kWh이다. 주증기 조건이 일정한 상태에서 복수기 압력이 4.5 in.Hga로 증가하였으며, 열률은 7,980 Btu/kWh가 되었다. 이때 나타나는 발전기의 출력변화율을 계산하여라.

풀이 열률은 다음과 같다.

$$HR = \frac{Q}{W} \tag{4.8}$$

여기서 HR은 열률, Q는 공급한 열량, W는 발전기 출력이다. 위 식으로부터 증기발생기에 공급되는 열량의 크기는 다음과 같다.

$$Q = 700{,}000 \ \text{kW} \cdot 7{,}826 \ \text{Btu/kWh} = 5{,}478.2 \times 10^6 \ \text{Btu/h}$$

식 (4.8)을 이용해서 복수기 압력이 증가했을 때의 출력을 계산하면 다음과 같다.

$$W' = 5{,}478.2 \times 10^6 \ \text{Btu/h} \ / \ 7{,}980 \ \text{Btu/kWh} = 686{,}491 \ \text{kW}$$

따라서 출력변화율은 다음과 같다.

$$\Delta W = (700{,}000 - 686{,}491) \ / \ 700{,}000 = -1.93\%$$

따라서 복수기 압력이 2.5 in.Hga에서 4.5 in.Hga로 높아짐에 따라 발전기 출력은 1.93% 줄어든다. □

▎연습문제 4.3 해수의 평균온도가 하절기에는 30℃, 동절기에는 10℃이다. 계절변화에 따른 이상적인 랭킨사이클 열효율을 비교하여라. 이 랭킨사이클의 등가사이클고온은 계절에 관계없이 300℃이다.

풀이 카르노사이클의 열효율 관계식을 이용하여 이 랭킨사이클의 열효율을 계산한다.

$$\eta_{th} = 1 - \frac{T_L}{T_H} = 1 - \frac{T_1}{T_3}$$

$$\eta_{th,S} = 1 - (30 + 273)/(300 + 273) = 0.471$$

$$\eta_{th,W} = 1 - (10 + 273)/(300 + 273) = 0.506$$

따라서 동절기 열효율($\eta_{th,W}$)이 하절기 열효율($\eta_{th,S}$)에 비해 3.5% 높다. □

4.4.3 사이클 압력

주증기 조건은 증기터빈 성능에 큰 영향을 미친다. 그러나 사이클 최고온도는 발전설비 신뢰도가 훼손되지 않는 온도로 제한된다. 이렇게 제한된 사이클 최고온도를 유지한 상태에서 사이클 압력(주증기 압력)을 증가시키면 그림 4.15에 나타나 있는 것처럼 랭킨사이클 열효율이 증가한다. 그러나 사이클 압력이 증가할수록 터빈 케이싱 두께가 증가하여 증기터빈은 더욱 큰 열관성에 직면한다. 그러므로 증기터빈은 회전하는 블레이드와

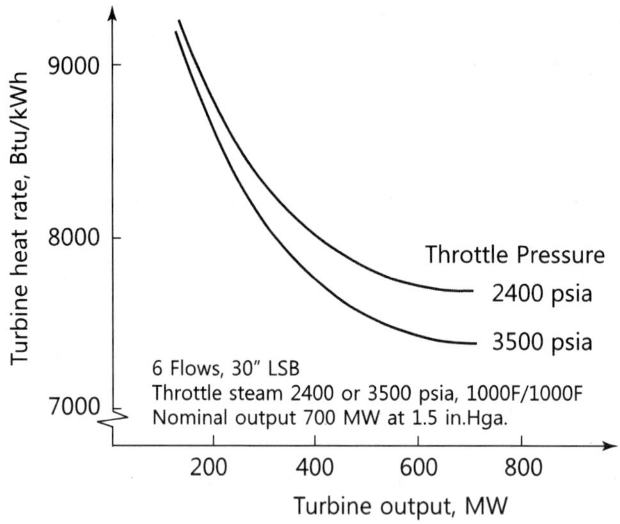

그림 4.15 사이클 압력 변화에 따른 랭킨사이클 열효율 비교

고정부품 사이에 발생하는 차동팽창을 최소화하기 위하여 서서히 예열 및 냉각시켜야 한다. 일반적으로 대형 증기터빈은 예열에 10시간 이상 소요된다.

그림 4.16에 사이클 최고온도를 일정하게 유지시킨 상태에서 사이클 압력이 서로 다른 두 개의 이상적인 랭킨사이클을 비교하여 나타냈다. 이 그림에서 사이클 압력을 3에서 3′로 증가시키면 계 내부로 유입되는 열량이 2-c-3′-2′-2만큼 증가하고 4′-c-3-4-4′만큼 감소한다. 그런데 유입열량 변화량을 비교하면 일반적으로 증가한 열량과 감소한 열량의 크기가 서로 비슷하다. 따라서 랭킨사이클 출력은 거의 변하지 않는다. 그러나 사이클을 빠져나가는 열량의 크기는 b′-4′-4-b-b′만큼 감소하기 때문에 랭킨사이클 열효율이 향상된다. 한편, 이런 사실은 등가카르노사이클 개념을 이용하면 쉽게 이해할 수 있다. 즉 사이클 압력을 증가시키면 사이클저온이 일정한 상태에서 등가사이클고온이 증가하기 때문에 열효율이 향상된다.

한편, 사이클 압력을 증가시키면 그림 4.16에서 확인할 수 있듯이 습증기 영역에서 운전되는 LP터빈 단 수가 증가하며, LSB 출구에서 습분이 증가한다. 이런 경우 습분손실이 증가하며, LSB의 습분침식이 증가하는 문제가 발생한다. 따라서 사이클 압력을 증가시키는 경우 이에 대한 해결책을 반영시켜야 한다. 실제적으로 이런 문제들은 HP터빈을 빠져나온 증기를 재열시켜서 해결하고 있다.

사이클 압력을 증가시키면 열입력 구간인 증발이 일어나는 온도가 높아진다. 사이클 압력을 계속해서 증가시키면 임계점에 도달하며, 그 이상의 압력인 초임계압력 상태로

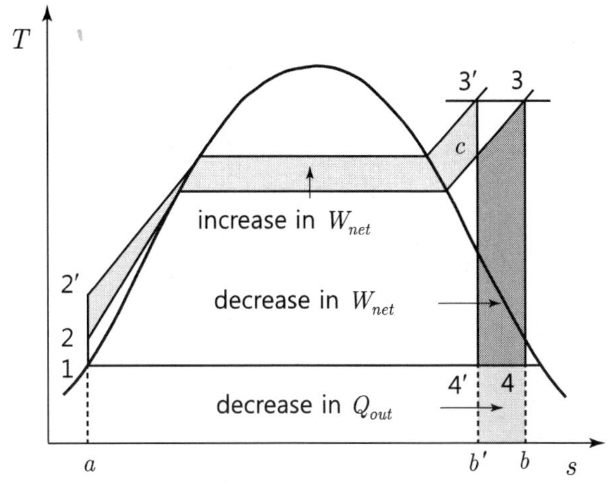

그림 4.16 사이클 압력 상승에 따른 랭킨사이클 효율 분석

증가시킬 수도 있다. 초임계압력 상태에서 물을 가열하면, 등온의 증발과정 없이 액체상태에서 곧바로 기체상태(과열증기)로 변한다. 따라서 초임계압 발전은 물과 증기를 분리시키는 드럼이 필요 없는 관류형 보일러를 사용한다. 한편, 초임계압 보일러는 높은 온도와 높은 압력에 견디기 위해서 크립특성이 우수한 두꺼운 튜브를 사용해야 한다. 이로 인하여 보일러 가격이 비싸지며, 열저항성이 증가하여 보일러 효율이 약간 낮아진다.

화력발전용 보일러에서는 유체마찰에 의하여 주증기 압력의 약 20~25%에 해당하는 크기의 압력손실이 발생하며, 표 4.1에 나타나 있는 것처럼 압력손실이 증가할수록 출력은 줄어들고 열효율은 낮아진다. 이는 압력손실이 증가할수록 보일러급수펌프 동력이 증가하기 때문이다.

그림 4.17에 초임계압 랭킨사이클과 아임계압 랭킨사이클을 비교하여 나타냈다. 이 그림으로부터 초임계압은 아임계압에 비해 더 높은 고온상태에서 열을 흡수하기 때문에 더 높은 사이클 효율을 가진다는 것을 알 수 있다. 결론적으로 사이클 압력 범위에 관계없이 사이클 압력을 증가시키면 랭킨사이클 열효율이 향상된다는 것을 알 수 있다. 이런 이유로 인해 최근에 설치되고 있는 고성능 대형 화력발전은 대부분 초임계압 발전이다.

그림 4.11에 나와 있는 것처럼 랭킨사이클의 사이클 압력은 1920년대 주로 사용되던 2.7 MPa에서부터 지속적으로 증가하고 있으며, 1970년대 이후에는 30 MPa급의 초임계압 랭킨사이클이 주로 채택되고 있다. 상업적 동력사이클의 작동온도 및 압력은 열효율과 설비 가격을 비교하는 고도의 경제성 평가에 의하여 결정된다.

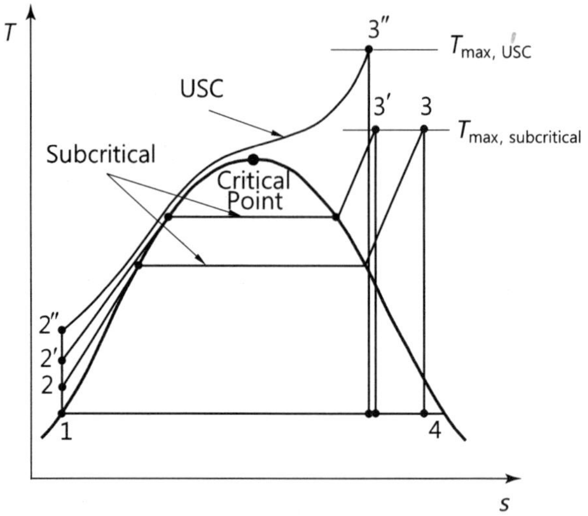

그림 4.17 Subcritical과 supercritical Rankine cycle 비교

4.4.4 재열

대형 화력발전에 재열사이클을 적용하면 사이클 효율이 약 2~3% 향상된다. 그림 4.18에 나타나 있는 T-s 선도에서 비재열사이클 1-2-3-4′-1과 재열에 따른 추가적인 재열 사이클인 4-5-6-4′-4를 분리하여 살펴보자. 이 추가적인 재열사이클은 비재열사이클에 비해서 더 높은 온도에서 열량(Q_{RH})을 공급받으며, 비재열사이클과 동일한 온도에서 열량을 방출하기 때문에 더 높은 열효율을 가진다. 따라서 이 두 사이클이 결합된 재열사이클은 비재열사이클에 비해서 높은 열효율을 가진다. 한편, T-s 선도에서 증기를 재열시키면 등가사이클고온이 높아지는 것을 확인할 수 있으며, 이를 통해서 재열사이클의 열효율이 비재열사이클에 비해서 높다는 것을 알 수 있다. 이상적인 재열사이클 열효율은 다음과 같다.

$$\eta_{th} = \frac{(h_3 - h_4) + (h_5 - h_6) - (h_2 - h_1)}{(h_3 - h_2) + (h_5 - h_4)} \tag{4.9}$$

재열사이클 열효율은 재열압력에 의해서 큰 영향을 받는다. 재열압력이 너무 높으면 더욱 높은 온도에서 열량을 공급받을 수 있지만 재열과정을 통해서 공급받는 열량의 크기가 작아지기 때문에 열효율 향상이 크지 않으며, 증기터빈 출력도 크게 증가하지 않는다. 재열압력이 너무 낮으면 재열과정을 통해서 공급받는 열량의 크기는 증가하지만 재열 평균온도가 낮아지기 때문에 사이클 효율 향상을 기대하기 어려워진다. 화력발전의

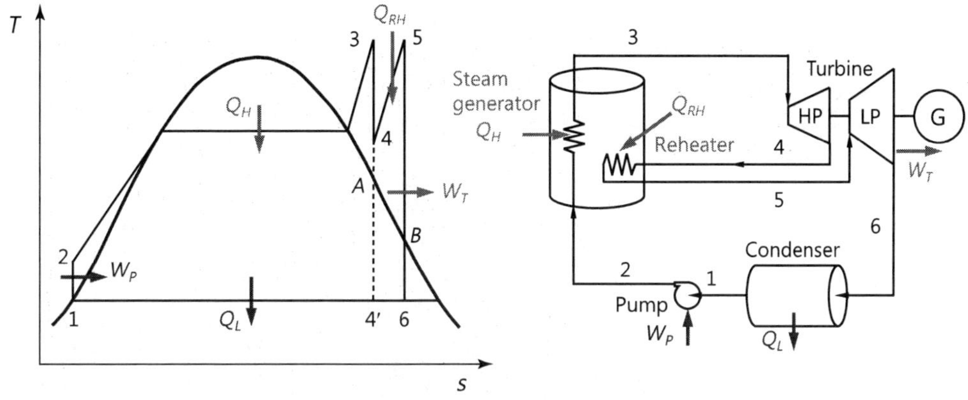

그림 4.18 재열 랭킨사이클 $T-s$선도 및 기기 구성도

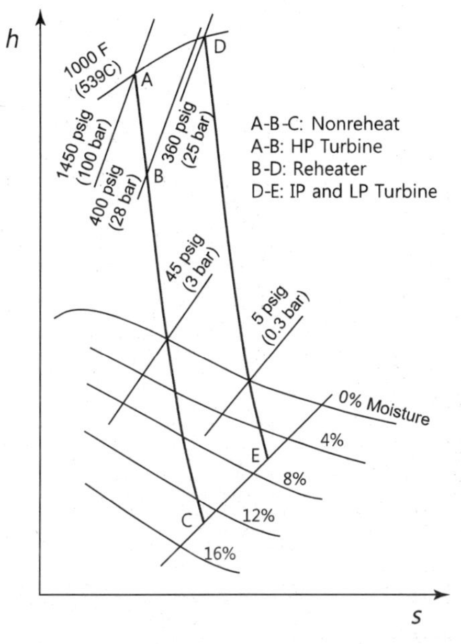

그림 4.19 비재열 및 재열 랭킨사이클 팽창선 비교

경우 최대의 열효율 향상을 위한 최적의 재열압력은 그림 4.19와 4.20(팽창선 C)에 나타나 있는 것처럼 사이클 압력의 약 1/4 정도이다.

재열사이클을 적용하면 열효율이 향상되기 때문에 모든 대형 화력발전과 대부분의 원자력발전은 재열사이클을 채택하고 있다. 화력발전은 그림 4.18에 나타나 있는 것처럼 HP터빈을 빠져나온 냉재열증기를 재열기로 보내서 재열시킨다. 재열을 통해 에너지 수준이 높아진 온재열증기는 IP터빈으로 공급되며, IP터빈을 빠져나온 증기는 crossover pipe를 거쳐서 LP터빈으로 보내진다. 이때 증기터빈 출구에서의 증기조건은 4′(비재열사이클)에서

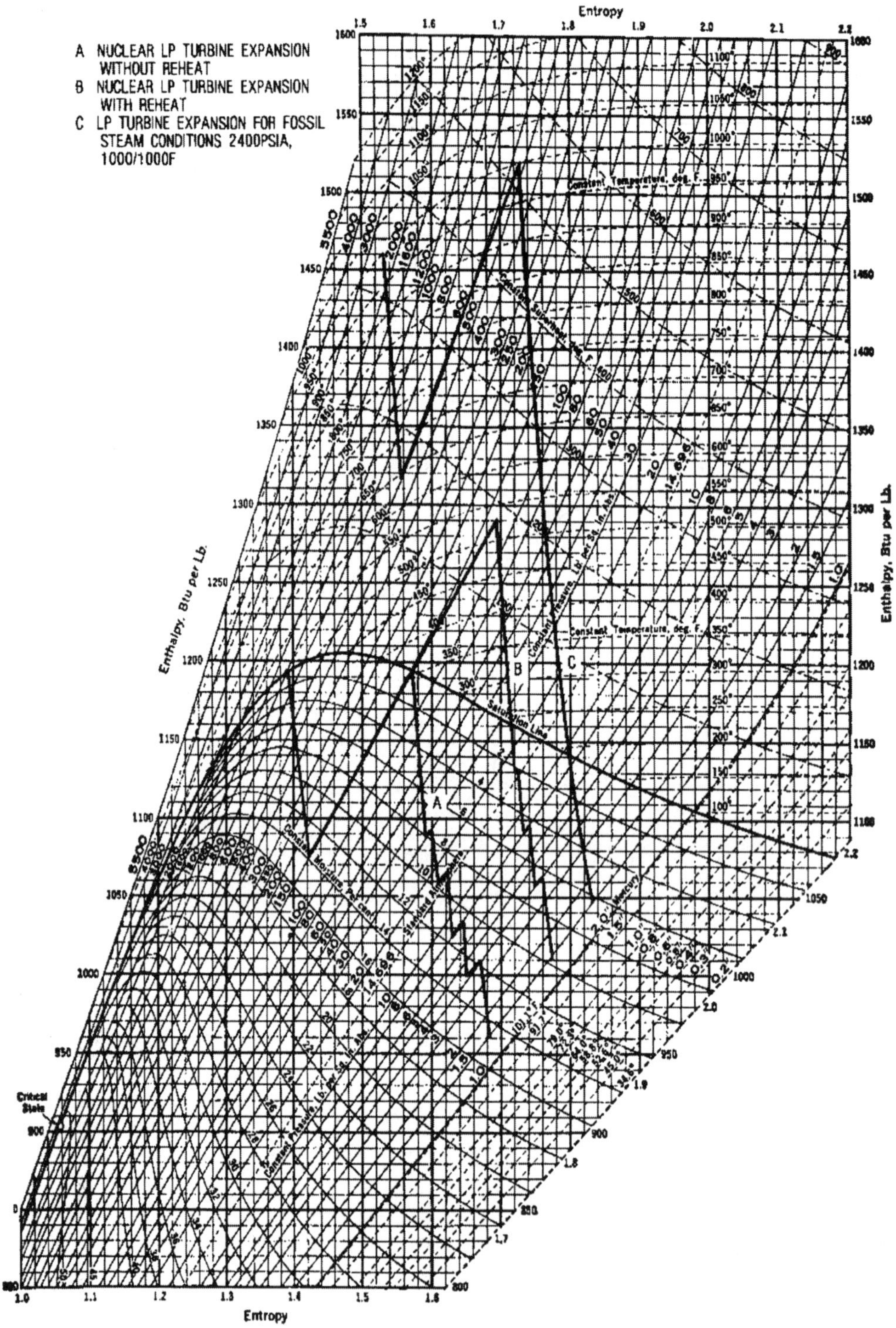

그림 4.20 화력발전 및 원자력발전 증기 팽창선

6(재열사이클)으로 바뀌기 때문에 습분이 크게 감소한다. 아울러 비재열사이클은 습분 생성구간이 A → 4′인 반면에 재열사이클은 B → 6으로서 비재열사이클에 비해서 크게 줄어든다. 이런 내용은 그림 4.19를 통해서도 확인할 수 있다. 결론적으로 재열사이클을 적용하면 열역학적으로 열효율이 향상될 뿐만 아니라 LP터빈에서 발생하는 습분손실이 줄어들기 때문에 추가적으로 열효율이 향상된다는 것을 알 수 있다. 아울러 재열사이클을 적용하면 LSB 습분침식이 줄어들기 때문에 증기터빈 성능저감 측면에서 유리하며, 유지보수비용 또한 절감되는 장점을 가진다.

표. 4.1에 나타나 있는 것처럼 재열기 및 재열에 관련된 배관에서 발생하는 압력손실이 증가할수록 출력은 줄어들고 열효율은 저하된다. 일반적으로 재열기 및 재열에 관련된 배관에서 약 7～10%의 압력손실이 발생하며, 이로 인해서 약 0.7～1.0%의 열효율이 저하된다. 화력발전의 경우 1% 압력손실은 약 0.1% 효율저하를 초래하는 반면에 원자력발전의 경우에는 약 0.15%의 효율저하가 나타난다.

화력발전은 그림 4.18에 나타나 있는 것처럼 보일러 내부에 단순히 재열기를 추가로 설치함으로써 전체적인 발전시스템에 큰 수정을 가하지 않고 재열사이클을 완성시킬 수 있다. 원자력발전 재열사이클은 그림 4.21과 4.22에 나타나 있는 것처럼 화력발전과 크게 다르다. 그림 4.20을 통해서 확인할 수 있듯이 원자력발전 HP터빈은 증기발생기로부터 포화증기를 공급받기 때문에 화력발전과 달리 습증기 영역에서 운전된다. 따라서 그림 4.22에 나타나 있는 것처럼 HP터빈을 빠져나온 습증기를 습분분리기에서 습분을 제거하여 다시 포화증기로 만든다. 이 포화증기를 곧바로 LP터빈으로 보내서 팽창시키는 것이 원자력 비재열사이클이며, 그림 4.20에서 팽창선 A가 여기에 해당된다. 그러나 원자력 비재열사이클은 LP터빈에서 발생하는 과도한 습분으로 인하여 습분손실이 크게 증가하기 때문에 많이 채택하지 않고 있다. 한편, 습분분리기를 통과시켜 만든 포화증기를 재열시켜서 LP터빈으로 보내주는 것이 원자력 재열사이클이며, 그림 4.20에서 팽창선 B가 여기에 해당된다. 2단으로 구성되어 있는 원자력발전용 재열기는 그림 4.23에 나타나 있는 것처럼 습분분리기와 결합되어 하나의 케이싱 내부에 설치된다. 이렇게 습분분리기와 재열기가 결합되어 있는 것이 MSR이다. 재열기 열원으로는 그림 4.22를 통해서 확인할 수 있듯이 원자력 증기발생기에서 생성된 포화증기를 사용한다. 따라서 LP터빈으로 공급되는 재열증기 온도(T_6)는 주증기 온도(T_3)보다 약간 낮다. 이렇게 MSR을 이용하여 증기를 재열시키면 그림 4.20과 그림 4.21에서 확인할 수 있듯이 LP터빈 증기통로 및 출구에서 습분을 크게 낮출 수 있다. 참고로, 그림 4.20에서 복수기 압력이 2.5 in.Hga인 경우 LP터빈 출구에서의 습분을 비교하면, 원자력 재열사이클과 비재열사이클에 대하여 각각 10%와 15% 정도이다. 따라서 재열사이클을 적용하여 약 5% 정도 습분

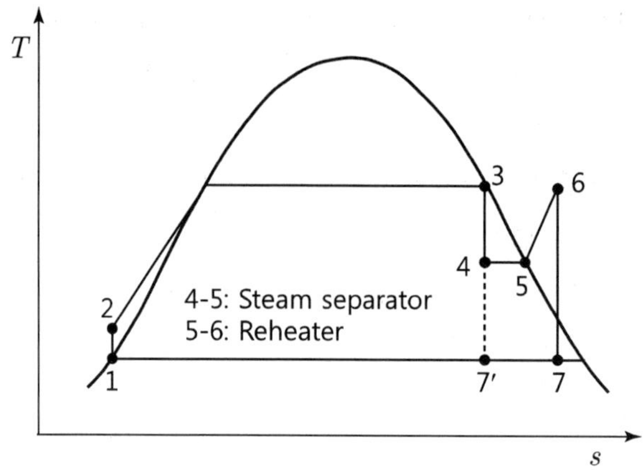

그림 4.21 원자력발전 재열사이클

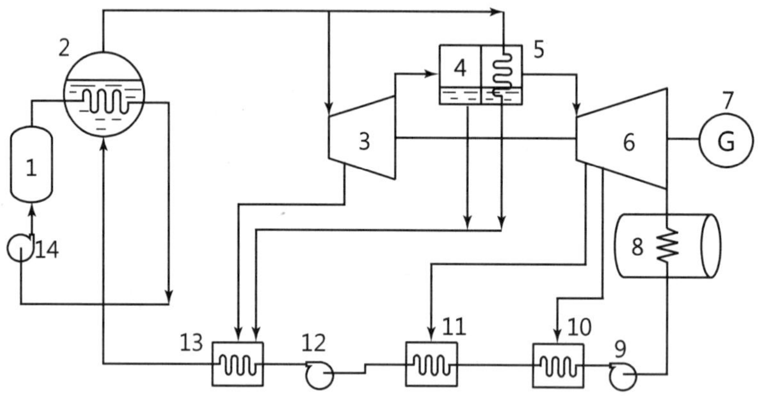

1-nuclear reactor, 2-steam generator, 3-HP turbine, 4-moisture separator, 5-reheater, 6-LP turbine, 7-generator, 8-condenser, 9-condensate pump, 10-LP FWH, 11-LP FWH, 12-BFP, 13-HP FWH, 14-main circulating pump

그림 4.22 원자력발전 흐름도

이 줄어들었다는 것을 확인할 수 있다. LP터빈 출구에서의 습분은 LP터빈 후반부 여러 단에 습분제거용 그루브를 가지는 버켓을 설치하여 증기통로에서 부분적으로 습분을 제거한 값이다.

그림 4.21에 나타나 있는 T-s 선도에서 원자력 재열사이클의 열효율은 비재열사이클에 비해서 낮다는 것을 알 수 있다. 그러나 재열을 통해 LP터빈에서 발생하는 습분손실을 크게 줄일 수 있기 때문에 실제적으로는 열효율이 향상된다. 그리고 재열을 통해서 증기터빈 출력을 증가시킬 수 있다는 것을 알 수 있다. 아울러 재열을 통해서 LSB 습분침식

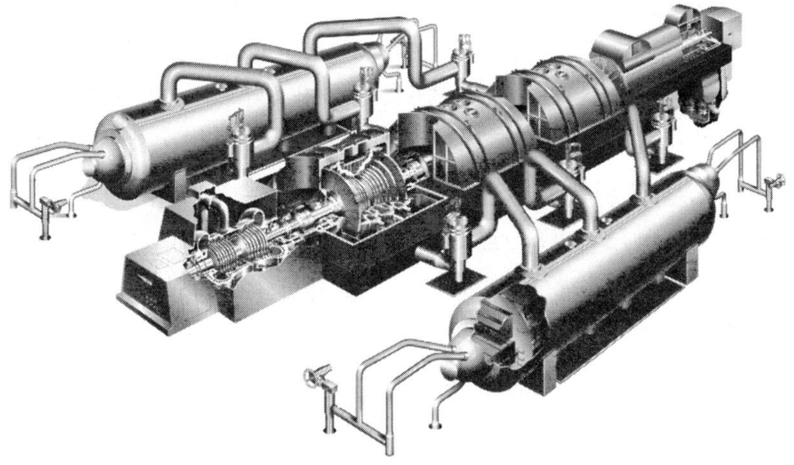

(a) 증기터빈과 MSR

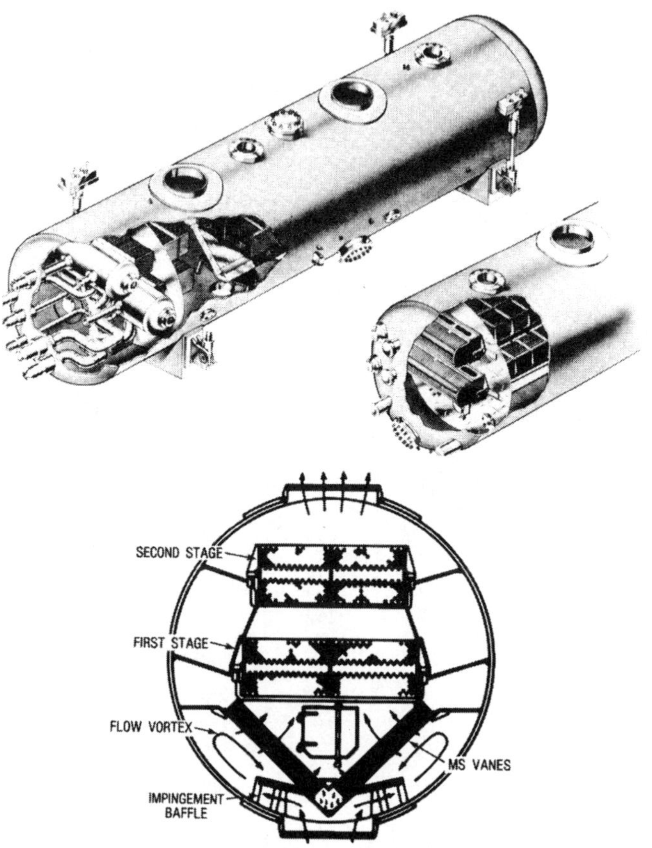

(b) MSR과 MSR 단면

그림 4.23 Moisture separator reheater (GE)와 APR 1400 증기터빈

도 줄일 수 있기 때문에 원자력발전에서도 재열사이클을 적용하는 것이 일반화되어 있다.

결과적으로 재열사이클을 적용하면 열역학적인 효율 향상과 증기터빈 출력증강뿐만 아니라 LP터빈 출구에서 건도를 높일 수 있다는 큰 장점이 있다. 일반적으로 사이클 압력이 증가할수록 터빈출구에서 건도를 일정수준 이상으로 유지하기 위하여 재열의 필요성이 크게 나타난다. 이런 이유로 인해 최근에 설치되고 있는 USC 화력발전은 2중 재열사이클을 채택하기도 한다. 일반적으로 2중 재열사이클을 채택하면 단일 재열사이클에 비해 약 1.6% 정도 열효율이 향상된다. 그러나 2중 재열사이클을 적용하는 경우에도 LP터빈 출구에서 증기는 항상 습증기 상태가 유지되도록 해야 한다. 만약 LP터빈 출구에서 증기의 상태가 과열증기가 된다면 다음과 같은 문제들이 발생한다.

1) 복수기로 유입되는 과열증기 비체적이 습증기에 비해 크기 때문에 복수기 크기를 증가시켜야 하며, 이로 인해 복수기 설치공간이 늘어나고 제작비가 증가한다.
2) LP터빈 출구에서 과열증기가 빠져나가면 증기의 비체적이 증가하기 때문에 더 긴 LSB를 사용해야 하며, 이는 제작비 증가를 초래한다.
3) LP터빈 출구에서 과열증기가 빠져나가면 증기의 비체적이 증가하기 때문에 배기손실이 증가한다.

표 4.2 2중 재열사이클 열효율 비교

Country	Plant	Rating MWe net (gross)	Press (bar)	Steam Temp (℃)	RH1 Steam Temp (℃)	RH2 Steam Temp (℃)	Effi. (%)
Denmark	Avedorevaerket 2	390	300	580	600	–	48.3
Denmark	Nordjyland 3	411	285	580	580	580	47
Denmark	Skaebaek 3	411	290	582	580	580	49
Holland	Hemweg 8	630	260	540	568	–	42
Finland	Meri Pori	550	244	540	560	–	45
Germany	Staudinger	509	262	545	562	–	43
Germany	Niederaussem K	965	275	580	600	–	45.2
Japan	Tachibanawan	1050	250	600	610	–	43.5
Japan	Isogo	600	266	600	610	–	?
China	Changshu	600	259	569	569	–	42
China	Wangqu	600	247	571	569	–	43
USA	Tanners Creek	580	241	538	552	566	39.8
USA	Duke Power	(1120)	241	538	538	–	?

표 4.2에 화력발전소 열효율을 비교하였다. 이 가운데 2중 재열사이클을 채택한 덴마크의 발전소를 살펴보면, 단일 재열사이클을 채택한 발전소에 비해서 열효율이 더 높다는 것을 확인할 수 있다.

4.4.5 재생사이클

앞에서 살펴본 재열사이클 특징은 랭킨사이클 T-s선도 오른쪽에서 열역학적으로 과정을 개선하여 사이클 열효율을 향상시키는 것이었다. 그런데 랭킨사이클을 자세히 살펴보면, 사이클 왼쪽에서 열효율 손실이 크게 발생한다는 것을 알 수 있다. 즉 그림 4.24에서 확인할 수 있듯이 급수펌프를 통해서 보일러로 보내진 급수는 이코노마이저에서 압축수 상태에서 포화수가 될 때까지 가열(과정 $2 \rightarrow 3$)된다. 그런데 이코노마이저에서 열량을 공급받는 평균온도는 증발기(과정 $3 \rightarrow 4$)에서의 평균온도에 비해서 현저하게 낮다. 이런 이유 때문에 랭킨사이클 열효율은 카르노사이클에 비해서 현저히 낮아진다. 따라서 이코노마이저에서 작동유체가 가열되는 온도를 높이면 사이클 효율을 크게 향상시킬 수 있다.

앞에서 증기카르노사이클을 만드는 것은 불가능하다는 것을 살펴보았다. 그러나 증기터빈에서의 팽창과정인 과정 $4 \rightarrow 5'$를 과정 $4 \rightarrow 5$로 대체시키면 랭킨사이클이 카르노사이클과 동일해지는 것을 알 수 있다. 즉 사이클 1-2-3-4-5-1은 사이클 1′-3-4-5′-1′와 열역학적으로 동일하다. 따라서 랭킨사이클 열효율은 급격히 향상된다. 재생사이클을 만드는 과정, 즉 과정 $4 \rightarrow 5$를 구현하는 방법은 그림 4.24에 나타나 있는 것처럼 응축수를 보일러에 공급하기 전에 터빈케이싱 둘레를 증기의 진행방향과 반대로 흐르면서 증기터빈 내

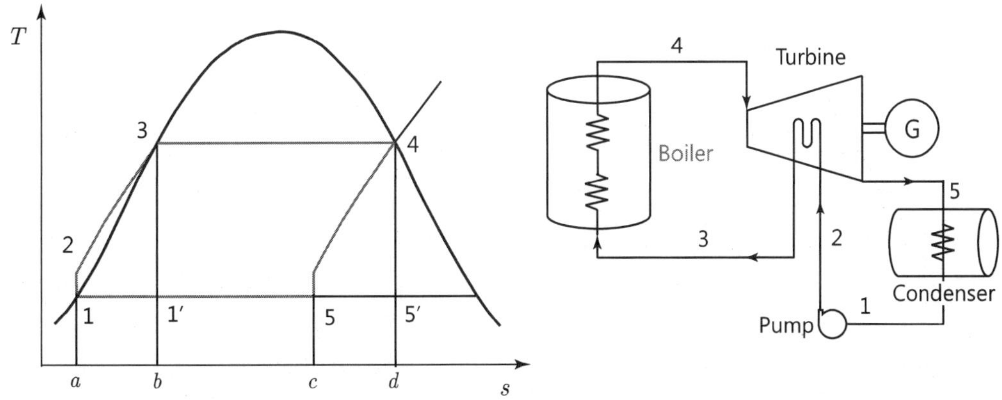

그림 4.24 이상적인 재생 랭킨사이클 T-s선도 및 기기 구성도

부를 흐르는 증기로부터 압축수로 가역적인 열전달이 일어나도록 유도해서 응축수를 포화온도까지 가열하면 된다. 가역적인 열전달이 일어난다는 것은 열전달이 일어나는 각각의 위치에서 증기의 온도가 압축수 온도에 비해서 높지만 그 차이는 극히 작다는 것을 의미한다. 그러므로 열교환이 일어나는 각 지점에서 증기의 온도는 압축수 온도와 같다고 할 수 있다. 따라서 T-s선도에서 증기터빈 내부를 흐르는 증기의 상태를 표시하는 과정 4 → 5는 과정 1 → 2 → 3과 정확히 평행을 이룬다. 결론적으로 면적 2-3-b-a-2와 면적 5-4-d-c-5는 각각 압축수로의 열전달량과 증기로부터의 열전달량을 나타내며, 이들 면적은 형상뿐만 아니라 크기도 동일하다. 따라서 급수가열을 통해서 최종적으로 얻어지는 사이클 1-2-3-4-5-1은 카르노사이클 1′-3-4-5′-1′와 같아져서 랭킨사이클의 열효율이 카르노사이클 열효율과 같아진다.

그러나 이상적인 재생사이클은 실제적으로 구현하는 것이 불가능하며, 실용적이지도 못하다. 그 이유는 증기터빈 내부를 흐르는 증기로부터 압축수로의 가역적인 열전달은 불가능하며, 가역적인 열전달이 일어난다고 하더라도 증기터빈에서 배출되는 증기의 습분이 크게 증가하기 때문이다.

실질적인 재생사이클은 그림 4.25에 나타나 있는 것처럼 증기터빈을 통과하는 증기의 일부분을 증기터빈 중간 단에서 추출하여 압축수를 가열하는 급수가열기를 이용하여 완성한다. 이렇게 압축수를 미리 가열하여 보일러에 공급하면 보일러에서는 압축수를 고온 상태에서 가열할 수 있기 때문에 열효율이 향상된다. 아울러 LP터빈을 빠져나가는 증기의 습분도 증가하지 않는다. 참고로, 그림 4.25에는 1기의 급수가열기가 설치되어 있지만 다수의 급수가열기를 설치하면 실제적인 재생사이클이 만들어진다. 따라서 그림 4.1, 4.2, 4.3에 나타나 있는 것과 같이 실제적인 대형 화력발전소 및 원자력발전소에는 7～10개

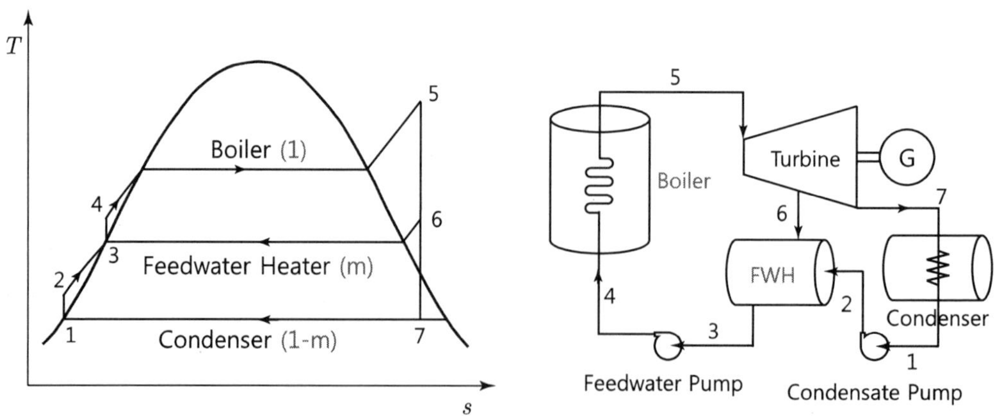

그림 4.25 한 개의 급수가열기가 설치된 이상적인 재생사이클

표 4.3 실제 화력발전소 급수가열기 수

Cycle	No. of feedwater heaters	HARP	Heat rate benefit
Single reheat (4500 psig/1100°F/1100°F)	7	No	Base
	8	No	+0.2%
	8	Yes	+0.6%
	9	Yes	+0.7%
Double reheat (4500 psig/1100°F/1100°F/1100°F)	8	No	Base
	9	No	+0.3%
	9	Yes	+0.2%
	10	Yes	+0.5%

의 급수가열기가 설치된다.

다수의 급수가열기를 설치하는 경우 이를 T-s 선도 상에 표시하기 쉽지 않다. 이는 증기터빈 중간 단에서 증기를 추출하기 때문에 사이클을 흐르는 작동유체의 질량유량이 일정하지 않기 때문이다.

이론적으로 무한히 많은 수의 급수가열기를 설치한다면 가역적인 열전달이 가능하기 때문에 이상적인 재생사이클을 얻을 수 있으며, 랭킨사이클 열효율을 카르노사이클과 동일하게 만들 수 있기 때문에 사이클 효율을 극대화시킬 수 있다. 그러나 급수가열기 대수가 증가하면 증기터빈에서의 추기점 및 배관 등도 동시에 증가하기 때문에 제작비가 증가한다. 따라서 급수가열기 대수를 결정하기 위해서는 고도의 경제성 평가가 요구된다. 표 4.3에 실제 발전소에 설치된 급수가열기 수와 그에 따른 증기터빈 성능변화를 나타냈다. 여기서 HARP(Heater Above Reheat Point)는 재열 지점보다 높은 온도를 가지는 증기를 추출해서 급수가열기로 보내주는 것을 의미한다. 전통적으로 탑히터로 보내는 가열증기는 냉재열증기를 이용하였다. 그러나 재생사이클의 효과를 극대화시키기 위해서는 탑히터를 빠져나와 보일러로 공급되는 급수온도는 높을수록 좋다. 따라서 HP터빈 중간단에서 냉재열증기보다 높은 온도를 가지는 증기를 추출하여 탑히터로 보내주는 것이 HARP이다. 증기사이클에 HARP를 도입하면 재열유량은 주증기 유량의 75~80% 정도로 줄어든다. 한편, HARP를 도입하지 않았을 때의 재열유량은 주증기 유량의 85~92% 정도이다. 따라서 HARP를 도입하면 보일러 크기 및 제작비가 줄어든다. 표 4.3에 나타나 있는 것처럼 사이클에 HARP를 포함시키면 열효율이 향상되는데, 이는 보일러로 공급되는 급수온도가 더욱 높아지기 때문이다.

재생사이클을 적용하면 LP터빈 최종 단을 통과하는 증기유량을 줄일 수 있기 때문에 증기터빈 제작비를 크게 줄일 수 있다. 그림 4.2에 나타나 있는 500 MW급 아임계 화력발전의 heat balance diagram에 의하면 LSB를 통과하여 복수기로 유입되는 증기의 질량 유량은 주증기 질량유량의 64.2%에 해당한다. 결론적으로 재생사이클을 적용하면 사이클 효율을 크게 향상시킬 수 있을 뿐만 아니라 LP터빈을 한 기를 줄일 수 있기 때문에 증기터빈 제작비가 크게 절감된다는 것을 알 수 있다.

4.4.6 LSB

LSB는 증기터빈 성능에 큰 영향을 미친다. LSB 길이는 배기유동 수, 즉 LP터빈 수에 의해서 결정된다. 일반적으로 LSB가 길어질수록 그림 4.14와 4.26에 나타나 있는 것처럼 전부하에서 열률이 낮아진다. 그러나 LSB가 길어질수록 부분부하운전 시에는 성능저하가 더 크게 나타나는데, 이는 부분부하운전 시 LSB 허브 부분에서 발생하는 turn-up region이 더욱 확장되기 때문이다.

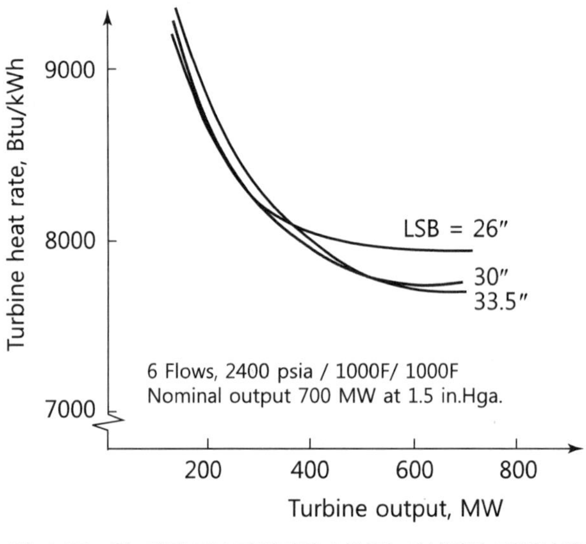

그림 4.26 한 개의 급수가열기가 설치된 이상적인 재생사이클

4.4.7 재열계통에서의 압력손실

재열계통에서 발생하는 압력손실이란 HP터빈 출구에서 보일러에 있는 재열기에 이르는 냉재열배관에서 발생하는 압력손실, 재열기 자체에서 발생하는 압력손실, 그리고 재열기로부터 IP터빈 인터셉트밸브에 이르는 온재열배관에서 발생하는 압력손실 모두를 합친

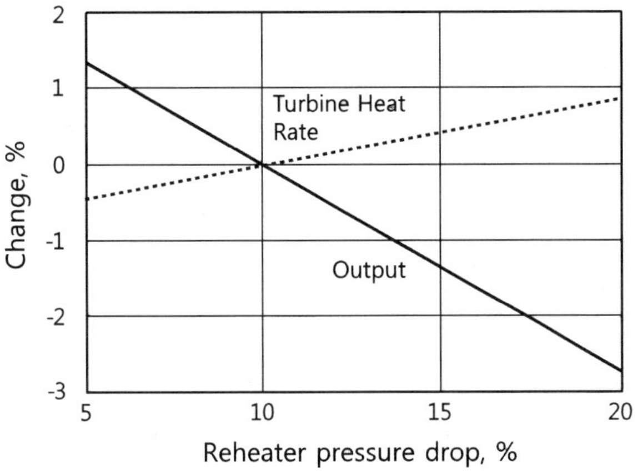

그림 4.27 재열계통 압력강하가 출력과 열률에 미치는 영향

것이다. 일반적으로 재열계통에서 발생하는 전체 압력손실의 크기는 HP터빈 배기압력의 10% 정도이다. 재열계통에서 발생하는 압력손실이 1% 줄어들면 그림 4.27에 나타나 있는 것처럼 열률은 약 0.1% 줄어들며, 출력은 약 0.3% 증가한다.

4.4.8 추기계통에서의 압력손실

추기계통에서 발생하는 압력손실 역시 발전소 출력과 열효율에 영향을 미친다. 추기계통이란 증기를 추출하는 지점과 급수가열기 셸 사이 구성품을 의미한다. 추기는 증기터빈 단 사이에서 하는 방법과 증기터빈 배기구에서 하는 방법이 있으며, 이 두 가지 방법이 동시에 사용되고 있다. 증기터빈 단 사이에서 추기하면 그림 4.28에서 볼 수 있듯이 추기계통에서는 통상적으로 증기터빈 단 압력의 6%에 해당하는 압력손실이 발생한다. 이 가운데 3%는 추기노즐에서 발생하며, 나머지 3%는 추기 배관과 밸브에서 발생한다. (통상적으로 추기노즐 출구에서의 압력은 터빈 단 셸 압력보다 2~3% 낮으며, 급수가열기는 노즐 출구에서의 압력보다 3~5% 낮은 압력에서 작동한다.) HP터빈 배기구와 IP터빈 배기구에서 추기하는 경우에는 추기노즐에서 발생하는 압력손실이 없기 때문에 추기계통에서 총 3%의 압력손실이 발생한다. 추기계통에서 발생하는 압력손실이 증가할수록 사이클 열률이 증가한다. 모든 추기계통에서 발생하는 압력손실이 2% 증가하면, 즉 압력손실이 6%에서 8%로 증가하면 발전소 출력은 약 0.09% 낮아지며, 열률은 약 0.09% 증가한다.

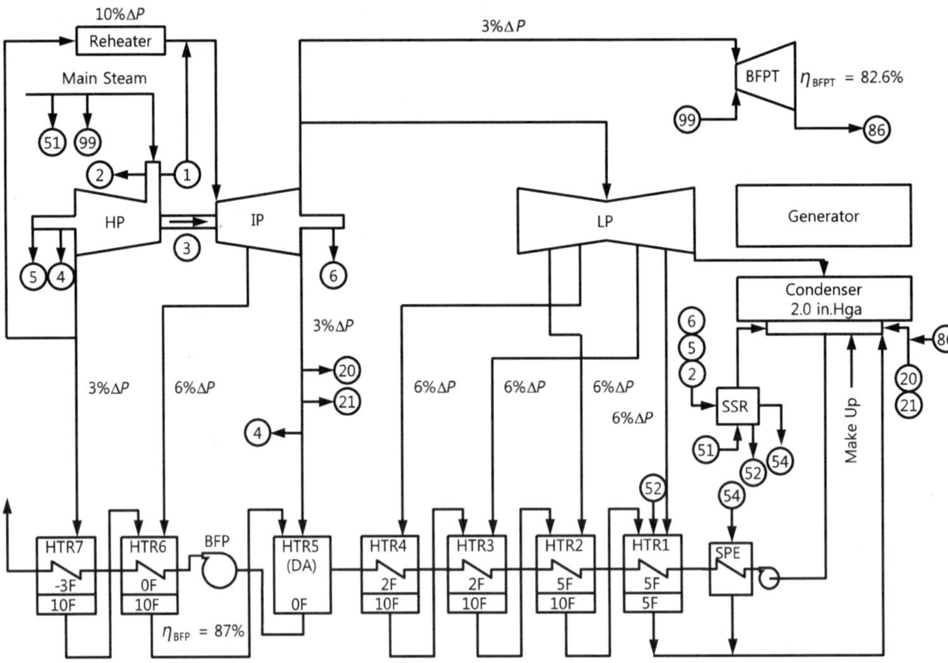

그림 4.28 추기계통에서의 압력손실

4.4.9 보급수 유량

증기는 사이클을 순환하면서 일부가 누설되어 손실이 발생한다. 아울러 보일러 블로다운과 수트 블로잉 관련하여 보일러에서 증기손실이 발생한다. 따라서 통상적으로 스로틀 유량의 1～3%에 해당하는 급수를 보충해주어야 한다. 보일러 블로다운은 보일러 내부에 적정한 화학적 특성을 유지하기 위하여 실시한다. 한편, 열병합발전의 경우에는 공정에 사용하는 증기가 전량 응축수로 회수되지 못한다는 것을 고려해야 한다. 일반적으로 급수보충은 복수기 핫웰에서 이루어진다. 그러므로 급수가열기와 급수펌프를 통과하는 총 유량이 증가하며, 증가된 유량은 보일러로 보내지는 동안에 급수가열기에서 열량을 공급 받는다. 따라서 급수보충을 통해서 급수가열기를 통과하는 유량이 증가하면 급수가열기에 더 많은 추기유량을 공급해야 하며, 더 큰 펌프 동력이 요구된다. 포화조건 상태에서 보일러 드럼에서 보일러 블로다운을 실시하는 것을 기준했을 때 보급수 유량 1%당 약 0.4% 열률이 증가하며, 약 0.2% 출력이 저하된다.

4.4.10 공기 예열

보일러에 공급되는 연소용 공기는 보일러에 공급되기 전에 공기가열기에서 보일러를 빠져나가는 연도가스에 의해서 가열된다. 따라서 연도가스 온도는 낮아지며, 보일러 효율은 향상된다. 그러나 보일러에 공급되는 공기의 온도가 너무 낮아서 연도가스 배출 온도가 이슬점보다 낮아지면 연도가스에 황산이 형성되어 공기가열기와 연도가스 덕트에 부식이 발생하기 때문에 공기예열기를 사용하여 보일러에 공급되는 연소용 공기의 온도를 높여준다. 공기예열기는 그림 4.29에 나타나 있는 것과 같이 공기가열기 앞에 설치한다. 공기를 예열시키기 위하여 LP터빈에서 뽑아낸 증기나 뜨거운 물이 가끔 열원으로 사용된다. 이런 열원은 즉시 이용가능할 뿐만이 아니라 열역학적으로도 이용도가 낮기 때문에 증기터빈에 미치는 영향이 매우 작은 편이다. 한편, 공기예열기 열원으로 그림 4.1에 나타나 있는 것처럼 IP터빈을 빠져나와 탈기기에 공급되는 증기의 일부를 공급받아 사용하기도 한다. 증기코일을 이용하는 공기예열기인 경우에는 공기 예열에 사용된 증기는 공기예열기 내부에서 응축된다. 뜨거운 물을 열원으로 사용하는 증기예열기는 탈기기로부터 포화수를 공급받아 사용한다. 공기예열기 내부에서 생성된 응축수는 탈기기로 펌핑해서 되돌려 보내거나 복수기로 보내지며, 플래시탱크와 같은 중간 저압 급수가열기로 보내지기도 한다.

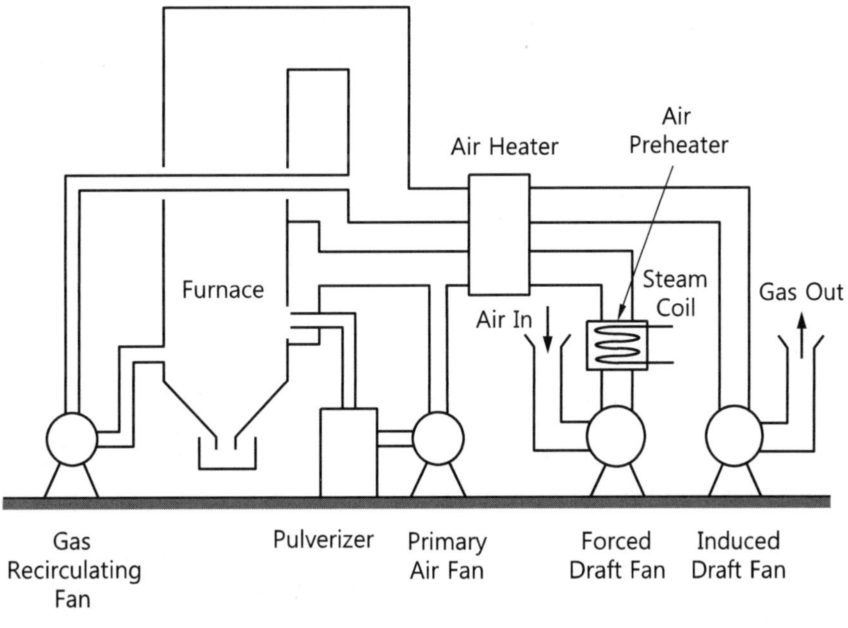

그림 4.29 공기예열기

4.4.11 응축수 과냉

복수기에서는 복수기 포화온도(0°F 과냉)에서 응축수가 생성된다. **응축수 과냉**이란 복수기 핫웰에 있는 응축수를 냉각시켜 응축수 온도를 증기터빈 배기압력에 해당하는 포화온도 이하로 낮추는 것을 말한다. 이렇게 응축수를 과냉시키는 이유는 펌핑과정에서 발생하는 기포를 억제하기 위함이다. 응축수를 과냉시키면 첫 급수가열기의 열용량이 증가하기 때문에 급수가열기로의 추기유량이 증가한다. 따라서 응축수를 과냉시키면 그림 4.30에 나타나 있는 것처럼 증기터빈 출력은 줄어들고 열률은 증가한다.

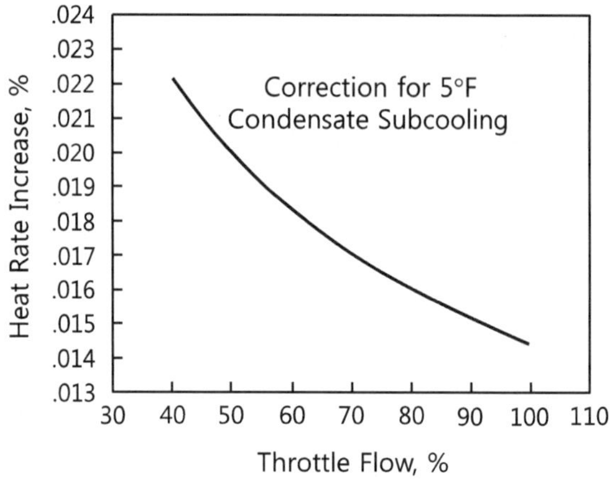

그림 4.30 응축수 과냉에 따른 열률 변화

4.4.12 과열 저감

과열 저감이란 주증기 및 재열증기와 같은 과열증기 온도를 낮추기 위하여 과열 증기 흐름 속으로 물을 분사하는 것을 말한다. 물 분사장치인 과열 저감기는 과열 저감된 증기의 온도를 감지하여 분사유량을 제어하는 온도조절장치와 함께 설치된다. 주증기 과열 저감에 사용하는 물은 보일러급수펌프 출구에서 공급받으며, 재열증기의 경우에는 보일러급수펌프 중간 단에서 공급받는다. 그러나 어떤 경우에는 최종 급수가열기 출구에서 공급받기도 한다. 주증기와 재열증기를 과열 저감하기 위하여 급수펌프 출구에서 분사유량을 공급받으면 증기터빈 열률이 낮아진다. 이는 주증기 과열 저감에 사용된 분사유량은 보일러 내부에서 증발하여 주증기의 일부가 되지만 분사유량은 고압 급수가열기를 우회하기 때문에 분사유량이 통과하는 급수가열기 수가 줄어들어 재생사이클 효과가 줄어들기 때문이다. 재열증기를 과열 저감하면 증기터빈 열률이 더욱 악화된다. 이는 재생사이

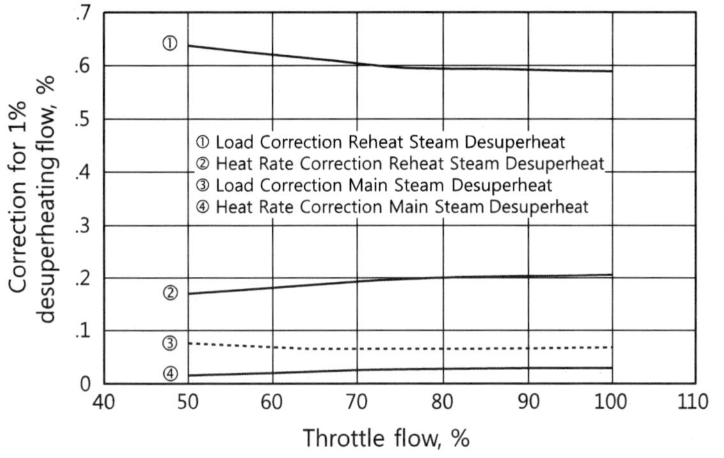

그림 4.31 Desuperheating에 따른 출력 및 열률 변화

클 효과가 줄어들 뿐만 아니라 과열 저감에 사용된 분사유량은 HP터빈을 우회하여 IP터빈과 LP터빈을 통과하기 때문이다. 즉 재열증기 과열 저감에 사용되는 분사유량은 비재열사이클을 형성하기 때문이다. 그림 4.31에 과열 저감에 따른 출력과 열률 변화가 나타나 있다.

4.4.13 탑히터 운전 배제

급수가열기 튜브에 누설이 발생하면 급수가열기를 운전에서 배제시킨다. 탑히터라 불리는 최종 급수가열기를 운전에서 배제시키면 증기터빈 출력은 증가하고 열률은 상승한다. 증기터빈 출력이 증가하는 이유는 탑히터를 운전에서 배제시키면 증기터빈으로부터 탑히터로 추기가 필요 없어서 추기가 이루어지는 단 하류로 흘러가는 증기유량이 증가하기 때문이다. 아울러 탑히터가 운전에서 배제되면 최종적으로 보일러에 공급되는 급수온도가 낮아지며, 일정한 온도의 주증기를 증기터빈에 공급하기 위하여 보일러에 더 많은 열량을 공급하기 때문에 증기터빈 출력이 증가한다. 그러나 탑히터가 운전에서 배제되면 재열사이클 효과가 줄어들기 때문에 열률이 상승한다.

일부의 경우 증기터빈 출력을 증가시키기 위하여 정상적인 탑히터를 배제시킨 상태에서도 운전할 수 있도록 설계하기도 한다. 이런 경우 보일러는 탑히터가 운전에서 배제된 상태에서 주증기 조건을 유지할 수 있도록 충분한 열용량을 갖추어야 한다. 아울러 증기터빈은 더 높은 HP터빈 배기압력, IP터빈 및 LP터빈의 증가된 출력, 증가된 전력생산, LSB를 통과하는 증가된 증기유량 등을 수용할 수 있도록 설계해야 한다. 따라서 탑히터

표 4.4 탑히터 운제 배제에 따른 증기터빈 성능 변화

Parameters (500 MW, 7 feedwater heaters)	Case	
	All heaters in service	Heater 7 out of service
HP turbine output, kW	151,400	142,823
IP and LP turbine output, kW	379,583	416,512
Generator and mechanical losses, kW	8,707	9,206
Net turbine output, kW	522,316	550,129
Net turbine heat rate, Btu/kWh	8,001	8,136
Final feedwater temperature, ℉	482	413
Turbine cycle heat input, MBtu/h	4,179	4,476
Turbine cycle heat rejection, MBtu/h	2,373	2,574
Steam loading on LSB, $lb/h/ft^2$	14,233	15,459

가 배제된 상태에서 출력증강이 요구되는 경우에는 증기터빈 제작사는 최적의 길이보다 더 긴 LSB의 적용을 검토해야 한다.

이미 설치되어 운전되고 있는 증기터빈의 경우에는 LSB를 통과할 수 있는 증기유량 한계 때문에 탑히터 운전 배제를 통한 증기터빈 출력증강이 어려울 수도 있다. 따라서 엔지니어나 운전자는 증기터빈 제작사 관련 자료를 검토하거나 제작사를 직접 접촉해서 탑히터 운전 배제에 따른 운전 한계를 사전에 검토해야 한다.

표 4.4에 나타나 있는 것처럼 탑히터가 운전에서 배제되면 HP터빈 출력은 줄어든다. 이는 HP터빈을 빠져나와 재열기로 보내지는 냉재열증기의 유량이 증가하여 HP터빈 출구 압력이 증가하기 때문이다. 그러나 증기유량 증가로 인해서 IP터빈과 LP터빈 출력은 현저하게 증가한다는 것을 알 수 있다.

4.4.14 급수가열기 설계 변수

급수가열기에는 급수와 가열증기의 직접적인 혼합이 일어나는 개방형 급수가열기와 직접적인 혼합이 일어나지 않는 밀폐형 급수가열기가 있다. 저압 및 고압 급수가열기는 밀폐형이며, 탈기기는 개방형 급수가열기이다. 참고로, 저압 급수가열기는 복수기와 탈기기 사이에 설치되는 급수가열기를 말하며, 고압 급수가열기는 탈기기와 보일러 사이에 설치되는 급수가열기를 말한다.

밀폐형 급수가열기는 그림 4.32에 나타나 있는 것처럼 세 개의 영역, 즉 과열 저감 영역, 응축 영역, 배수냉각 영역으로 구성되어 있다. 모든 밀폐형 급수가열기는 가열증기의

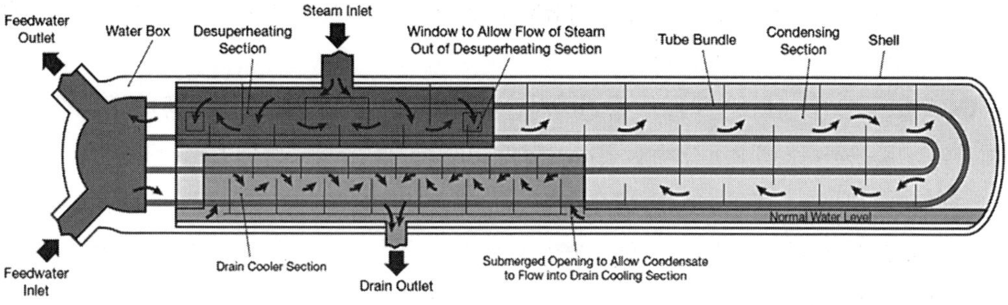

그림 4.32 밀폐형 급수가열기 (3-zones)

응축에 의해서 급수가 가열되는 응축 영역을 가지고 있다. 과열도가 높은 과열증기를 공급받는 급수가열기는 과열증기를 응축 영역에 공급하기 전에 포화온도보다 약 50°F 높은 온도로 낮추기 위하여 과열 저감 영역을 가지고 있다. 그러나 과열도가 100°F 이하인 과열증기를 공급받는 급수가열기에는 과열 저감 영역이 없어도 된다. 대개의 경우 사이클 효율을 향상시키기 위하여 급수가열기 내부에 배수냉각기를 설치한다. 배수냉각기는 배수가 가열기를 빠져나가기 전에 배수에 포함되어 있는 열을 회수하여 급수를 가열하는 장치이다. 그림 4.33에 밀폐형 급수가열기에서 나타나는 급수와 가열증기의 온도 변화 특성이 나타나 있다.

급수가열기 성능은 DCA(Drain Cooler Approach)와 TTD(Terminal Temperature Difference)에 의해서 결정된다. 따라서 이들은 heat balance diagram에 반드시 표시된다. DCA는 급수가열기를 빠져나가는 배수 온도와 급수가열기로 유입되는 급수 온도의

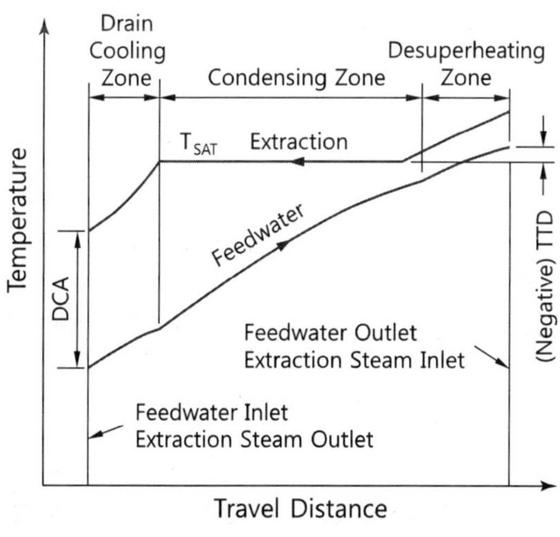

그림 4.33 밀폐형 급수가열기 온도 분포

차이를 말한다. TTD는 응축 영역의 작동압력에 대한 포화온도와 급수가열기를 빠져나가는 급수 온도의 차이를 말한다.

DCA를 줄이면 사이클 효율이 증가하지만 급수가열기 열교환 표면이 증가하기 때문에 제작비가 증가한다. 배수냉각기를 급수가열기 내부에 설치하는 경우 DCA에 대한 실질적인 최솟값은 10℉이며, 외부에 설치하는 경우에는 5℉이다.

그림 4.33에 나타나 있는 TTD는 과열 저감 영역을 가지는 급수가열기에 대한 것이다. 과열 저감 영역이 존재하면 급수가열기를 빠져나가는 급수의 온도가 응축 영역의 포화온도보다 높아질 수 있으며, 이런 경우에 TTD는 음(−)의 값을 가진다. 그러나 과열 저감 영역을 가지지 않는 급수가열기는 급수가열기를 빠져나가는 급수의 온도가 포화온도보다 낮기 때문에 TTD는 양(+)의 값을 가진다. 과열 저감 영역이 없는 급수가열기의 실질적인 TTD 하한선은 +2℉이다. 과열 저감 영역을 가지는 급수가열기의 TTD에 대한 음(−)의 값 한계는 급수가열기로 유입되는 가열증기의 과열도에 의해서 결정된다.

그림 4.34, 4.35, 4.36에 나타나 있는 것처럼 TTD와 DCA가 낮아질수록 사이클 효율이 향상된다. 이 그림들에 나타나 있는 데이터는 7개의 급수가열기가 설치된 500 MW급 화력발전에 대한 것이다.

사이클 효율을 향상시킬 수 있는 방법은 여기서 살펴본 것처럼 매우 다양하다. 그러나 이 가운데 어떤 방법이 가장 경제적인 것인지에 대한 내용을 조사하는 것은 매우 중요하다. 경제적으로 사이클 효율을 향상시킬 수 있는 기술 순위를 공개된 문헌(Weitzel and Tanzosh, 2010)에 소개된 내용을 인용하면 다음과 같다. 항목 우측에 있는 숫자는 단위

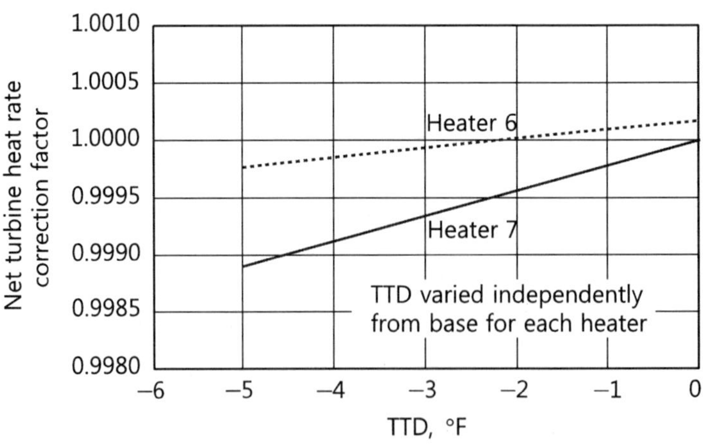

그림 4.34 TTD에 의한 증기터빈 열률 변화–급수가열기 6 및 7 (급수가열기 7대가 설치된 500 MW급 화력발전 기준)

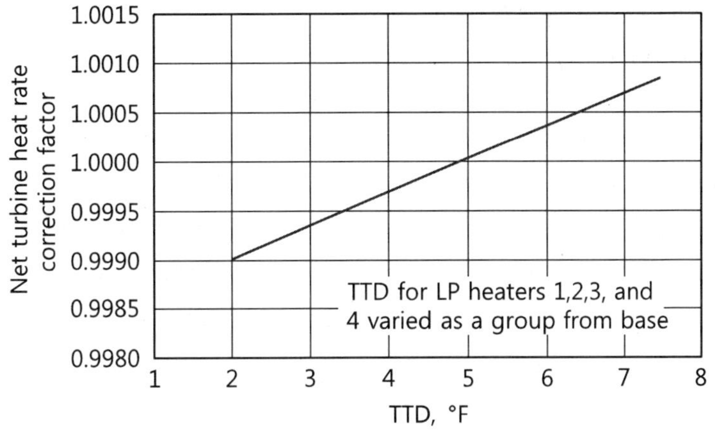

그림 4.35 TTD에 의한 증기터빈 열률 변화–급수가열기 1, 2, 3, 4
(급수가열기 7대가 설치된 500 MW급 화력발전 기준)

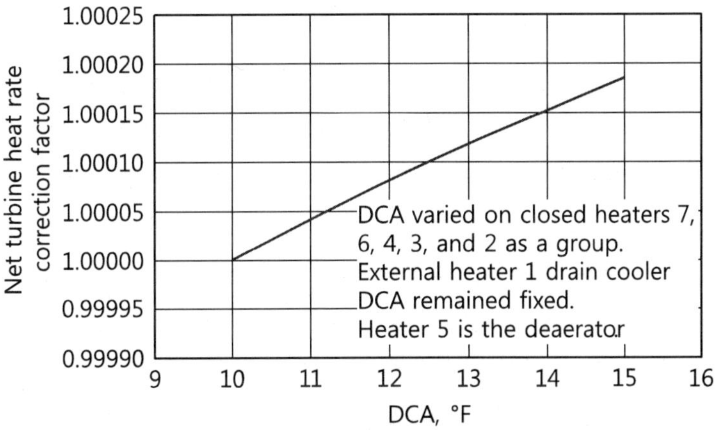

그림 4.36 DCA에 의한 증기터빈 열률 변화
(급수가열기 7대가 설치된 500 MW급 화력발전 기준)

정미열효율(LHV)을 향상시키는 데 소요되는 비용으로서 단위는 million US$이다.

1) 복수기 배압 강하, 4.6
2) 탑히터로의 추기유량 증가, 이코노마이저로 공급되는 급수 온도 상승, 5.7
3) 주증기 및 재열증기 온도 상승, 12.3
4) 주증기 온도 상승, 12.7
5) 증기터빈으로 구동하는 펌프 대신에 별도로 독립된 BFPT 사용, 14.2
6) 주증기 압력 상승, 39.1

7) 단일 재열에서 2중 재열로 변경, 56.7
8) 별도로 독립된 BFPT 복수기 사용, 60.7

사이클 효율 향상과 관련해서 주증기 온도는 주증기 압력보다 중요한 요소이다. 주증기 온도가 정해지면 최고의 사이클 효율을 가지는 주증기 압력이 정해진다. 그러나 주증기 압력이 증가하면 고압이 작용하는 부품의 두께가 증가하기 때문에 제작비가 증가하고, 부하변화율에 제한이 따르며, 시동시간이 길어지는 문제가 나타난다. 따라서 설계자는 최적의 주증기 압력을 선택해야 한다. 일반적으로 최적의 주증기 압력 근처에서는 압력 변화에 따른 사이클 효율 변화가 매우 작은 편이다.

4.5 증기터빈 Thermal Kit

증기터빈 제작사가 작성하는 TK(Thermal Kit)는 다양한 증기조건에 대한 증기터빈 성능을 계산하기 위하여 사용하는 여러 가지 특성곡선으로 구성된다. 증기터빈 성능 계산은 컴퓨터 프로그램을 이용하거나 수계산을 통해서 할 수 있는데, 컴퓨터 프로그램을 개발할 때 특성곡선을 사용한다. 아울러 TK는 실제의 증기터빈 시험 데이터를 증기터빈 설계성능이나 보증성능에 적합하도록 교정하는 데 사용하는 교정곡선을 포함한다. 이런 교정곡선을 이용하면 실제적인 성능과 보증성능을 쉽게 비교할 수 있다. 따라서 증기터빈 제작사는 보증조건과 실제적인 운전조건 사이에 달라질 수 있는 모든 사이클 변수의 조정을 인가받기 위하여 발주자에게 완벽한 한 세트의 교정곡선을 제출해야 한다. 그리고 교정곡선은 성능시험을 실시하기 전에 발주자에게 제출하여 사용법을 이해할 수 있도록 해야 한다. 그리고 제작사는 증기터빈 시험절차를 개발하여 성능시험을 실시하기 전에 시험절차의 사용 여부에 대하여 발주자와 합의해야 한다. 아울러 시험절차에는 실제 운전조건을 기준조건에 대하여 조정하는 방법이 기술되어 있어야 한다.

이 책에서 인용하는 TK는 415 MW 출력을 가지는 GE사 증기터빈에 대한 것이다(Drbal *et al.*, 2006). 이 증기터빈의 주증기 조건은 2,400 psig/1,000°F/1,000°F이며, 직렬형, 4 flow-26″ LSB를 가지는 응축터빈이다. 그리고 7개의 급수가열기를 가지며, 보일러급수펌프(BFP; Boiler Feedwater Pump)는 보일러급수펌프터빈(BFPT; Boiler Feed Pump Turbine)에 의하여 구동된다. 이 책에서 인용하는 TK는 다른 제작사의 것과 다를 수 있지만 정보의 형태와 표시 내용은 서로 동일하다. TK를 구성하는 특성곡선과 교정

표 4.5 Thermal Kit 구성요소

Characteristic curves	Correction curves
• Extraction stage shell pressures versus flow to the following stage • Grand leakage and mechanical losses • Expansion lines • HP turbine internal efficiency • HP turbine expansion line end points • Reheat turbine internal efficiency • Reheat turbine expansion line end points • Correction to expansion line end points • Exhaust loss curve • Generator losses • First-stage shell pressure versus throttle flow	• Throttle pressure correction • Throttle temperature correction • Reheat pressure drop correction • Reheat temperature correction • Exhaust pressure correction factors

곡선을 표 4.5에 나타냈다.

4.6 Thermal Kit 특성곡선

특성곡선은 다양한 증기조건에 대한 증기터빈 성능을 계산하기 위하여 사용하는 여러 가지 곡선이다. 여기서 몇 가지 중요한 특성곡선을 살펴보기로 한다.

4.6.1 팽창선

증기터빈 **팽창선**은 그림 4.37에 나타나 있는 것처럼 증기터빈에서 팽창하면서 달라지는 증기의 열적 상태를 몰리에르 선도에 나타낸 선이다. 팽창선은 증기터빈의 여러 추기점에 대한 증기의 엔탈피를 결정하기 위하여 스로틀, HP터빈 1단, 그리고 재열조건을 기준으로 나타낸다. 어떤 하나의 증기터빈 추기점에 대한 엔탈피를 팽창선에서 읽으면 그에 해당하는 추기압력을 읽을 수 있다. 따라서 팽창선은 추기압력을 설정하기 위하여 heat balance 및 추기 단 셸압력 곡선이나 상수와 함께 사용된다.

TK에서 HP터빈 팽창선은 단지 1단 하류에서의 증기팽창만을 표시한다. 그러나 HP터빈 1단에서 일어나는 증기팽창 또한 몰리에르 선도에 나타낼 수도 있다. HP터빈 입구에

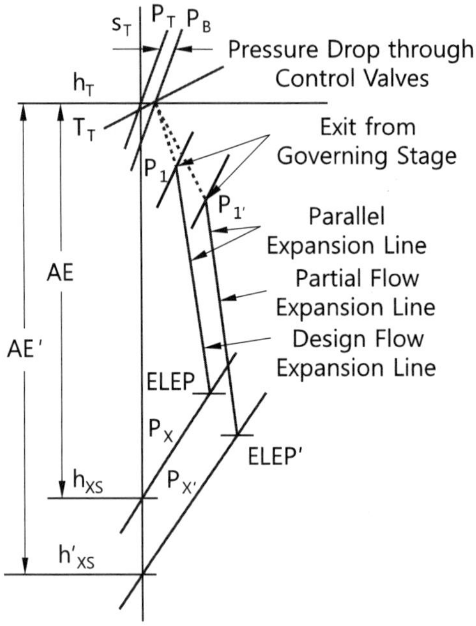

그림 4.37 HP터빈 증기팽창선

서는 약 3%의 압력손실이 발생한다. 즉 주증기 스톱밸브와 HP터빈 보울 조건 사이에는 스톱밸브와 컨트롤밸브에서 발생하는 교축손실로 인해서 약 3%의 압력손실이 발생한다. HP터빈으로 유입된 증기는 HP터빈 보울 조건에서 1단 출구조건으로 팽창한다. 그러나 HP터빈 보울 조건은 증기터빈 부하에 따라 달라진다. HP터빈 입구에서 3%의 압력손실이 발생한다는 것은 그림 4.38에 나타나 있는 'locus-of-valve best points'를 기준으로 heat balance가 작성되었다는 것을 의미한다. 즉 증기터빈 입구에는 무수히 많은 작은 밸브들이 설치되어 있으며, 증기가 그 각각의 작은 밸브를 통과하면서 3%의 압력손실이 발생한다고 가정한 상태에서 heat balance가 작성되었다는 의미이다. 그러나 partial arc admission 운전을 적용할 경우에는 컨트롤밸브의 열림 정도에 따라 교축손실이 달라지기 때문에 실제적인 증기터빈 열률은 'valve loop basis'를 따라 달라진다. 교축손실이 증가하면 HP터빈 1단을 통과하는 증기의 이용가능에너지가 줄어든다. 따라서 일부 증기터빈 제작사는 TK에 컨트롤밸브 위치 변화에 따른 열률 변화를 나타내는 곡선을 포함시키기도 한다.

부분부하운전 시 밸브에서 발생하는 교축손실에 의한 증기터빈 열률을 표시하는 또 다른 방법으로 'mean of valve loop basis'가 있다. 증기터빈의 실질적인 열률 변화를 나타내고 있는 valve loop basis를 살펴보면 부하변동에 따라 하나의 컨트롤밸브가 닫히고 새

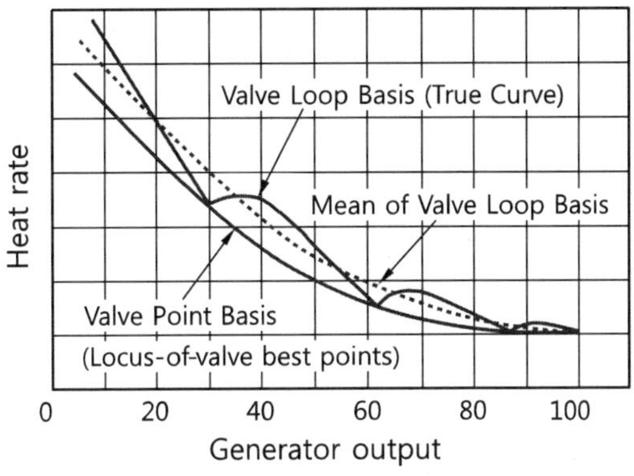

그림 4.38 컨트롤밸브 교축손실 표시 방법에 따른 열률 변화

로운 컨트롤밸브가 열리기 시작하는 부하에서 불연속점이 나타나며, 이 불연속점 근처에서 열률의 급격한 변화가 나타난다. Mean of valve loop basis는 이런 불연속점과 열률의 급격한 변화가 나타나지 않도록 증기터빈 열률을 부하변동에 따라 평균값을 가지는 부드러운 곡선으로 나타낸 것이다.

증기터빈을 스로틀압력이 일정한 상태에서 partial arc admission 운전을 적용하면 스로틀유량이 달라짐에 따라 HP터빈 1단을 빠져나온 증기의 열역학적 상태량이 달라진다. 따라서 HP터빈 1단에서의 이용가능에너지와 효율은 스로틀유량과 운전조건에 따라 달라진다. 그러므로 HP터빈 1단에서 유동조건이 달라지면 팽창선은 서로 평행하지 않게 된다. 그러나 HP터빈 2단부터는 부분부하운전 시에도 일정한 압력비가 유지되기 때문에 팽창효율이 일정하게 유지된다. 따라서 부분부하운전 시에도 HP터빈 1단을 제외한 나머지 단들에 대한 팽창선은 그림 4.37에 나타나 있는 것처럼 직선을 유지하며, VWO 운전에 대한 팽창선과 평행을 이룬다.

재열터빈(IP터빈과 LP터빈의 통칭) 팽창선은 그림 4.39에 나타나 있는 것처럼 IP터빈 입구에 설치되어 있는 스톱밸브와 인터셉트밸브에서 발생하는 압력손실을 반영하기 위하여 재열 스톱밸브와 IP터빈 보울 사이에 2% 압력손실을 포함한다. 한편, HP터빈과 IP터빈이 하나의 케이싱으로 구성된 조합형인 경우에는 HP터빈에서 누설되는 증기와 온재열 증기가 IP터빈 보울에서 합쳐져서 서로 혼합되기 때문에 새로운 엔탈피를 가지는 증기가 된다. 대부분의 소형 증기터빈에서 증기는 IP터빈을 빠져나온 후 곧바로 LP터빈으로 유입된다. 그러나 대형 증기터빈의 경우 IP터빈을 빠져나온 증기는 crossover pipe를 통해서 LP터빈으로 유입된다. 이때 crossover pipe에서는 2%의 압력손실이 발생한다.

몰리에르 선도에서 재열터빈 팽창선은 증기의 팽창이 종료되는 지점을 나타내는 ELEP까지 그린다. 따라서 ELEP는 heat balance를 작성하는 데 기준이 되는 증기터빈

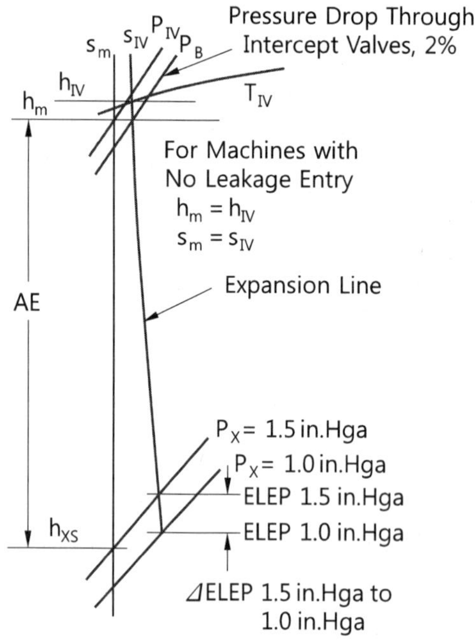

그림 4.39 재열터빈 증기팽창선

배압 선상에 위치하며, 이는 증기가 LP터빈에서 복수기 압력까지 완전하게 팽창한다는 것을 의미한다. 그러나 LP터빈을 빠져나가는 증기는 LP exhaust hood에서 발생하는 배기손실 때문에 결코 ELEP에 도달하지 못한다. LP exhaust hood는 LSB출구 단면과 복수기 플랜지 사이의 구성품을 말한다. 배기손실이란 leaving loss와 hood loss를 합친 것이다. Leaving loss는 LSB를 빠져나가는 증기에 포함되어 있는 운동에너지를 의미한다. LSB를 빠져나가는 증기에 포함되어 있는 운동에너지는 증기터빈에서 더 이상 사용할 수 없기 때문에 손실로 작용한다. Hood loss는 LP exhaust hood에서 발생하는 와류와 유체 마찰에 의한 손실을 의미한다. 따라서 실질적인 LP터빈 배기조건은 ELEP가 아니라 ELEP와 배기손실을 합친 값인 UEEP이다. 그러나 LSB 앞에 있는 단들은 배기손실에 의한 영향을 받지 않기 때문에 재열터빈 각 단에서의 증기조건을 나타내는 팽창선은 ELEP까지 그린다. 그리고 이 팽창선은 재열터빈 추기점에서의 증기조건을 결정하는 데 사용된다. IP터빈의 팽창선은 직선이다. 그러나 LP터빈 팽창선은 LP터빈 중간 단에서 발생하기 시작하는 습분에 의한 습분손실로 인해서 곡선 형태이다.

4.6.2 HP터빈 내부 효율

스로틀유량비 변화에 따른 HP터빈의 효율 특성곡선이 그림 4.40에 나타나 있다. 이 효율 특성곡선은 다양한 증기터빈 입구 증기조건 및 유량에 대해서 사용할 수 있다. 그리고 재열기에서 발생하는 압력강하의 작은 변화는 대개 무시한다.

HP터빈의 전체적인 효율을 나타내는 HP터빈 내부 효율은 HP터빈 스로틀조건으로부터 HP터빈 배기압력까지의 이용가능에너지에 적용된다. 이 효율 특성곡선에는 컨트롤밸브에서 발생하는 압력강하, HP터빈 1단 효율, 그리고 HP터빈 1단을 제외한 나머지 단들에 대한 전체적인 효율 등이 복합적으로 반영되어 있다. 그리고 이 효율 특성곡선은 locus-of-valve best points를 기준으로 그려져 있기 때문에 first admission 스로틀유량비를 초과하는 유량에 대해 컨트롤밸브가 부분적으로 열려서 발생하는 HP터빈의 효율 저

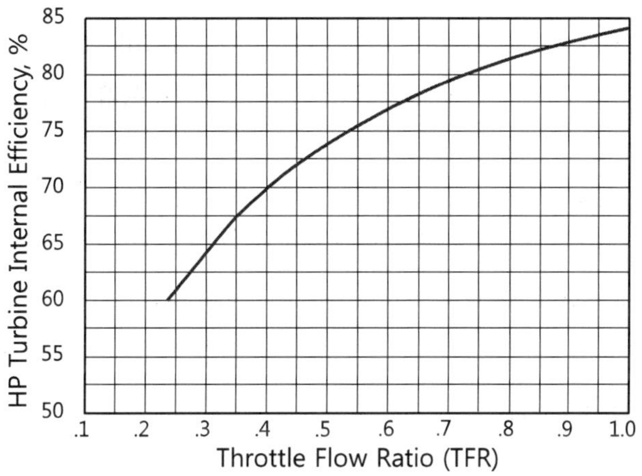

This curve is on a valve best point basis.

TFR = (throttle flow at any steam conditions) / (VWO throttle flow at same steam conditions)

Apply the efficiency from this curve to the available energy from the turbine stop valves to the HP turbine exhaust.

Break in curve is first admission point, throttling control occurs at all lower throttle flow ratios.

For off-rated steam conditions use equivalent TFR.

$$\mathrm{TFR}_{eq} = \frac{\text{Off-rated flow}}{\text{Design flow}} \sqrt{\frac{(p/\upsilon)_{\text{rated}}}{(p/\upsilon)_{\text{off-rated}}}}$$

그림 4.40 HP터빈 내부 효율 특성곡선

표 4.6 First admission에 대한 스로틀유량비 (GE)

Admission	Throttle flow ratio
1 (full throttling)	1.00
2	0.85
3	0.60
4	0.35
8	0.30

하를 반영하지 않고 있다. 높은 부하에서 운전하는 경우 이런 교축손실은 작은 편인데, 이는 교축손실이 발생하는 유량이 완전히 열려 있는 밸브를 통과하는 유량에 비해서 작기 때문이다. 그러나 증기터빈 부하가 낮아짐에 따라 교축손실이 발생하는 유량의 비중이 높아지기 때문에 밸브에서 발생하는 교축손실은 증기터빈 효율에 더 많은 영향을 미친다.

증기터빈에는 제한된 숫자의 밸브가 설치되며, 밸브 가운데 일부는 서로 동조하여 작동된다. 밸브와 admission 수는 설비의 의도된 운전모드, 설비 크기(출력), 그리고 제작사의 설계관행에 따라 결정된다. First admission 이하의 스로틀유량비인 경우 증기유량 조절은 컨트롤밸브 교축에 의해서 이루어진다. 이 경우 증기터빈으로 유입되는 모든 증기는 교축손실을 수반하기 때문에 효율저하가 더욱 뚜렷하게 나타난다. 여기서 채택한 예제에서 first admission에 해당하는 스로틀유량비는 그림 4.40에 나타나 있듯이 0.35이다. 표 4.6에 first admission에 대한 스로틀유량비를 나타냈다.

4.6.3 HP터빈 ELEPs

그림 4.41에 재열터빈 인터셉트밸브 입구압력 변화에 따른 HP터빈 ELEP 변화를 나타냈다. 이 특성곡선은 HP터빈 출구와 재열터빈 입구에 있는 인터셉트밸브 사이인 재열계통에서 10%의 압력손실이 발생한다고 가정하여 작성되었다. 이 특성곡선은 정격증기조건에 대해서만 적용할 수 있으며, 이 특성곡선을 이용하면 HP터빈을 빠져나가는 증기조건을 신속하게 파악할 수 있다. 그러나 앞에서 살펴본 HP터빈 효율에 대한 특성곡선을 이용하면 좀더 다양한 방법으로 HP터빈 배기조건을 결정할 수 있다.

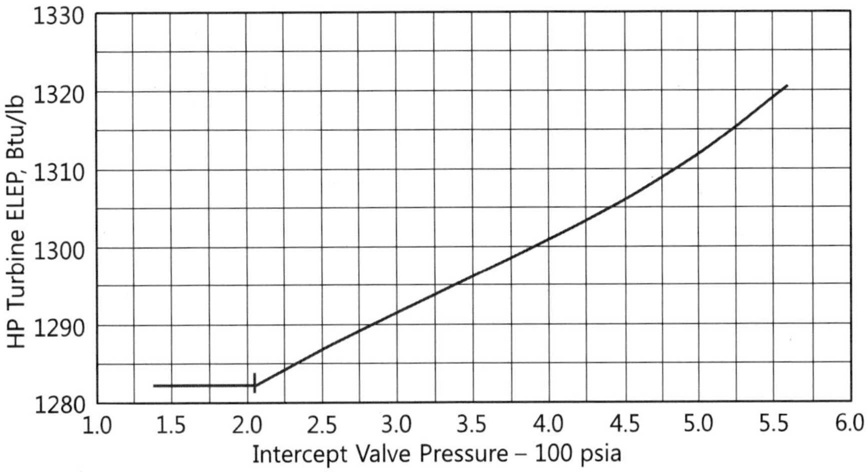

This curve assumes a pressure drop of 10 percent from high pressure turbine exhaust to intercept valve. These high pressure expansion line end points cannot be used for other pressure drops.

그림 4.41 HP터빈 ELEP

4.6.4 재열터빈 내부 효율

다양한 재열터빈 입구온도에 대한 재열터빈 내부 효율 특성곡선이 그림 4.42에 나타나 있다. 이 특성곡선은 HP터빈 ELEP에 대한 특성곡선과 마찬가지로 인터셉트밸브 입구압력의 함수로 나타나 있다. 인터셉트밸브 입구압력은 증기유량과 관계가 있기 때문에 효율을 나타낼 수 있는 적당한 변수이다.

HP터빈과 IP터빈이 하나의 케이싱으로 구성된 조합형인 경우에는 HP터빈에서 누설되는 증기가 IP터빈 입구에서 온재열증기와 합쳐져서 서로 혼합되기 때문에 IP터빈 보울에서 증기의 엔탈피는 누설증기와 재열증기의 혼합 엔탈피가 된다. 따라서 재열터빈 효율은 인터셉트밸브 입구압력 및 혼합 엔탈피와 1.5 in.Hga의 LP터빈 기준 배기압력 사이의 이용가능에너지에 적용된다. 즉 재열터빈 내부 효율을 이용하여 1.5 in.Hga의 배압에 해당하는 재열터빈의 ELEP를 결정할 수 있다. 참고로, 증기터빈 제작사들은 관례적으로 1.5 in.Hga의 배기압력을 기준압력으로 선택하고 있다. 배기압력이 달라졌을 때 ELEP를 결정하는 방법은 다음 절에서 살펴보기로 한다.

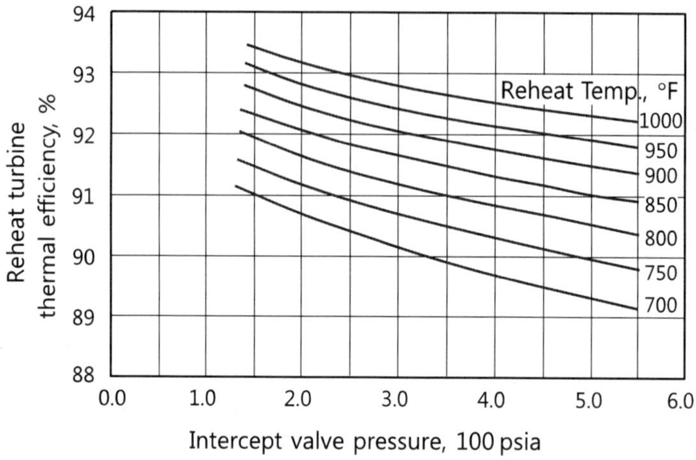

Apply efficiency to available energy between intercept valve pressure and bowl enthalpy (including packing leakage mixture if any) and 1.5 in.Hga

$ELEP_{1.5} = h_{bowl} - Eff. (AE)$

See ASME paper 62WA209 for construction of expansion line

그림 4.42 재열터빈 내부 효율 특성곡선

4.6.5 재열터빈 ELEPs

재열증기 온도 1,000°F에 대한 재열터빈 ELEP 특성곡선이 그림 4.43에 나타나 있다. 이 그림에서 ELEP는 재열터빈 배기압력 1.5 in.Hga를 기준하여 인터셉트밸브 입구압력의 함수로 나타나 있다. 이 특성곡선을 이용하면 정격온도를 가지는 재열증기에 대한 ELEP를 쉽게 구할 수 있다. 그러나 이 특성곡선은 재열증기 온도가 1,000°F인 경우에만 적용할 수 있기 때문에 재열터빈 내부 효율에 대한 특성곡선처럼 유연하지는 못하다. 여기서 계산된 ELEP는 배기압력이 달라지면 교정하여 사용할 수 있다. 이에 대한 내용은 다음 절에서 살펴보기로 한다.

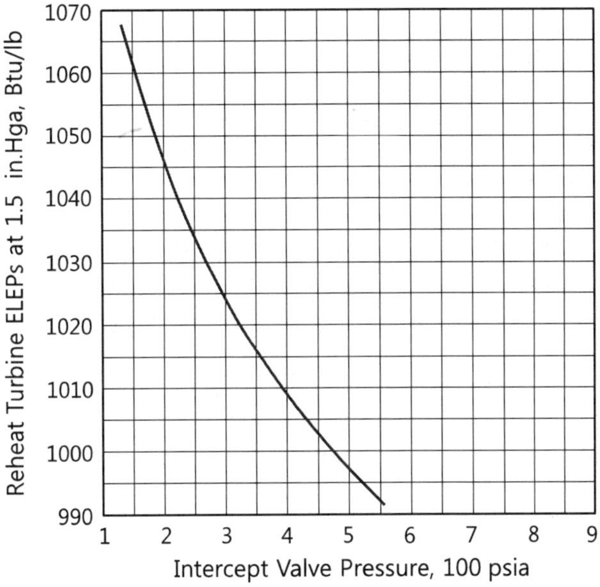

These ELEPs are for heat balance calculations in which grand leakage steam is used in the feedwater heating cycle.

To obtain the enthalpy of the steam entering the condenser, read the curve at 1.5 in.Hga and correct to the desired exhaust pressure, and correct for exhaust loss.

그림 4.43 재열터빈 내부 효율 특성곡선

4.6.6 배기압력에 대한 ELEP 교정

그림 4.44에 나타나 있는 특성곡선은 GE사가 작성한 배기압력 교정곡선이다. 이 특성곡선을 이용하면 배기압력이 1.5 in.Hga가 아닌 경우 앞서 논의한 두 세트의 특성곡선을 이용해서 계산된 ELEP를 교정할 수 있다. 이 특성곡선을 사용하는 방법은 그림 하단에 설명되어 있다. 이 특성곡선을 이용하면 0.5 in.Hga에서 5.0 in.Hga 사이의 배기압력에 대한 ELEP를 결정할 수 있다.

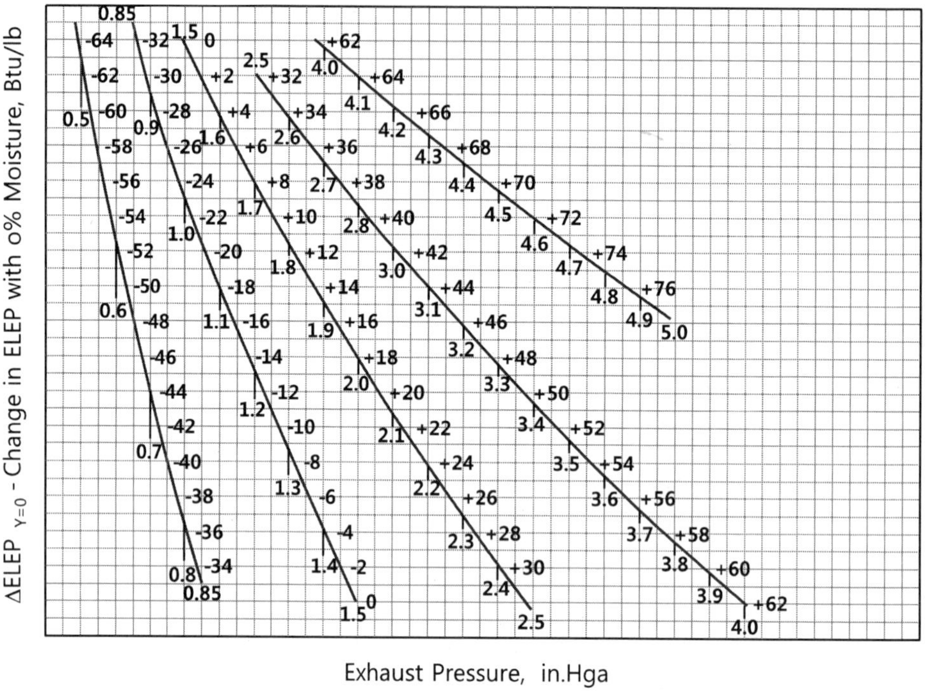

1. When ELEP at 1.5 in.Hga is in the moisture region, use the following equation: $\Delta ELEP = \Delta ELEP_{Y=0}(0.87)(1-0.01Y)(1-0.0065Y)$, Y=percent moisture at ELEP at 1.5 in.Hga.
2. When ELEP at 1.5 in.Hga is in the superheat region, multiply the change in ELEP at 0 percent moisture both by the factor 0.87 and the ratio of specific volume at ELEP under consideration to the dry saturated specific volume at 1.5 in.Hga.

그림 4.44 배기압력에 대한 ELEP 교정

4.6.7 배기손실

앞에서 언급했듯이 배기손실은 leaving loss와 hood loss의 합이며, 그림 4.45에 나타나 있는 것처럼 LSB 단면을 빠져나가는 증기속도에 의해서 가장 큰 영향을 받는다. 이 배기손실 특성곡선은 증기에 포함된 습분의 영향이 배제되어 있는 건배기손실을 결정하기 위하여 사용한다. 즉 배기손실 특성곡선에서 LSB 배기속도에 해당하는 배기손실을 읽으면 그 값이 건배기손실이다. 이제 ELEP에서의 습분을 이 그림에 주어진 계산식에 대입하면 실제적인 배기손실을 계산할 수 있다. 이렇게 계산된 배기손실과 고려하고 있는 배압에 해당하는 ELEP를 더해준 것이 UEEP이며, TEP(Turbine End Point)라고도 한다. 따라서 LP터빈을 빠져나가는 증기의 실질적인 엔탈피는 UEEP이다. 즉 LP터빈에 의해서 생산되는 동력은 LP터빈의 ELEP가 아니라 UEEP를 사용해서 결정한다.

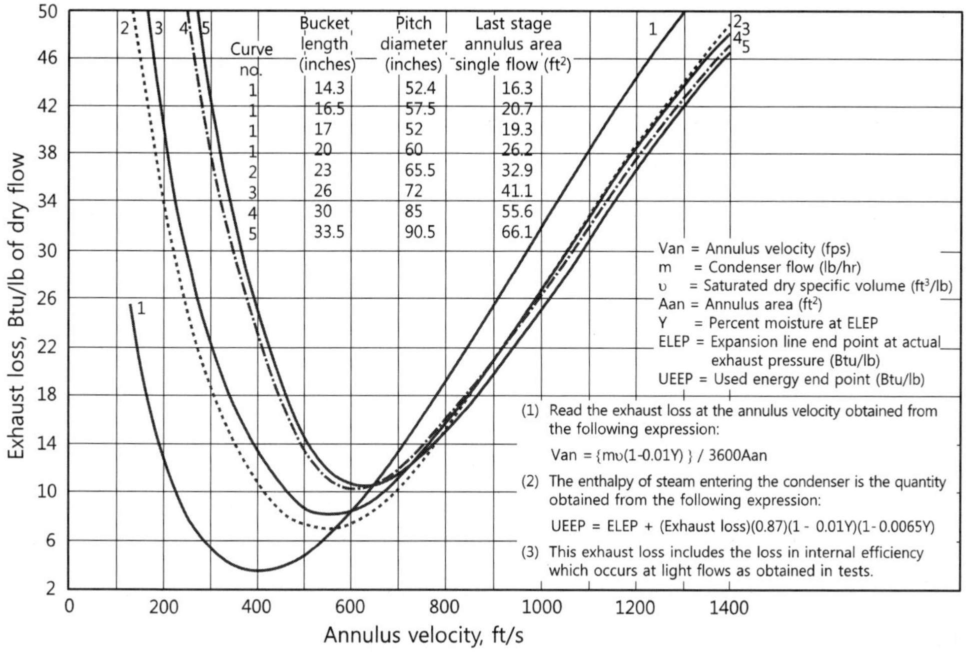

그림 4.45 배기손실 특성곡선 (GE)

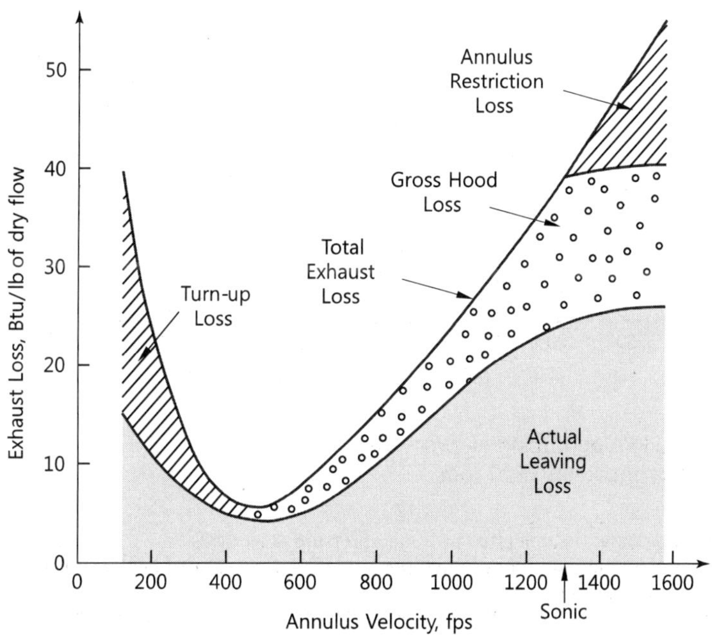

그림 4.46 손실 성분 분포가 포함된 배기손실 특성곡선

배기손실은 그림 4.46에 나타나 있는 것처럼 LSB 출구단면에서의 배기속도에 따라 actual leaving loss, turn-up loss, hood loss, annulus restriction loss로 구성된다. 그런데 배기손실을 leaving loss와 hood loss의 합이라고 정의하는 이유는 그림 4.46에서 이 두 가지 손실만 존재하는 속도영역에서 운전조건이 결정되기 때문이다. 그러나 부분부하운전과 같이 스로틀유량이 아주 작아지면 turn-up loss도 발생한다. 이들 각각의 손실에 대한 내용은 다음 장에서 자세하게 다루기로 한다.

4.6.8 발전기 손실

그림 4.47에 정격동력계수(rated power factor)에서의 터빈발전기 출력에 대한 발전기의 전기적 손실 특성곡선이 나타나 있다. 그리고 그림 하단에 수소압력이 정격이 아닌 경우 발전기 손실을 계산하기 위한 계산식이 나타나 있다. 발전기 손실은 발전기 출력에 대한 단위가 kW가 아니라 kVA에 대해서 나타내고 있다. 그러므로 설계와 다른 동력계수에서의 발전기 손실은 원하는 출력(kW 단위)과 정격동력계수를 원하는 동력계수로 나누

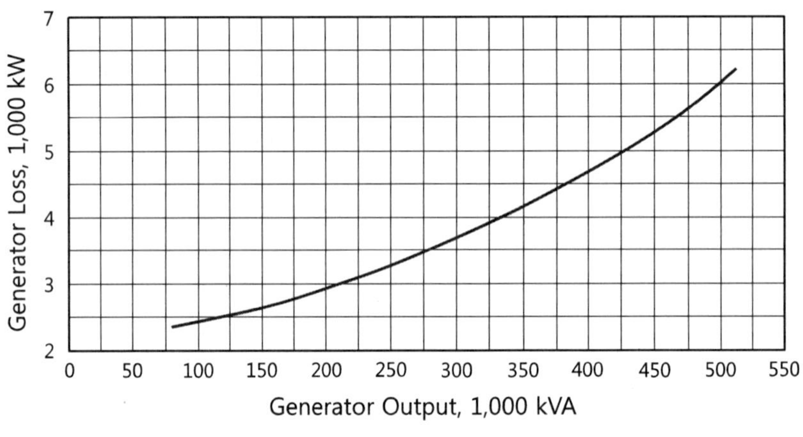

511,000 kVA at 45 psig H_2 pressure
Conductor cooled 3600 rpm

Note:
Generator losses assume rated hydrogen pressure at all loads.
Generator loss at reduced hydrogen pressure (P) = Loss at rated hydrogen pressure- 11.2(P_{rated} – P).
Use generator reactive capability curve to determine generator capability at reduced hydrogen pressure.
Turbine generator mechanical losses are not included in the generator loss curve.
If hydrogen and stator liquid coolers are located in the condensate line, the loss transferred to the coolers is 474 kW les than the generator loss at all loads.

그림 4.47 발전기 손실 특성곡선

어 준 값을 곱해서 구해진 값에 대한 발전기 손실을 특성곡선에서 읽어야 한다. 발전기 손실에는 터빈과 발전기에서 발생하는 기계적 손실이 배제되어 있다. 따라서 부하에 관계없이 일정한 크기를 가지는 기계적 손실은 별도로 반영해 주어야 한다.

4.6.9 스로틀유량 변화에 따른 1단 셸압력

스로틀유량이 달라지면 1단 셸압력이 달라진다. 그림 4.48에 스로틀유량 변화에 따른 1단 셸압력을 결정하기 위한 특성곡선이 나타나 있다. 이 특성곡선은 정격증기조건을 기준으로 작성되었다. 따라서 정격증기조건이 아닌 경우에는 특성곡선을 이용하기 전에 다음 관계식을 이용하여 교정 스로틀유량을 계산해야 한다.

$$\dot{m}_{th\ corrected} = \dot{m}_{th\ actual} \times \sqrt{\frac{v_{actual}}{v_{design}}} \tag{4.10}$$

여기서 $\dot{m}_{th\ corrected}$ 는 교정 스로틀유량(lb/h), $\dot{m}_{th\ actual}$은 실제 스로틀유량(lb/h), v_{actual}은 증기의 실제적인 비체적(ft^3/lb), v_{design}은 증기의 설계 비체적(ft^3/lb)이다.

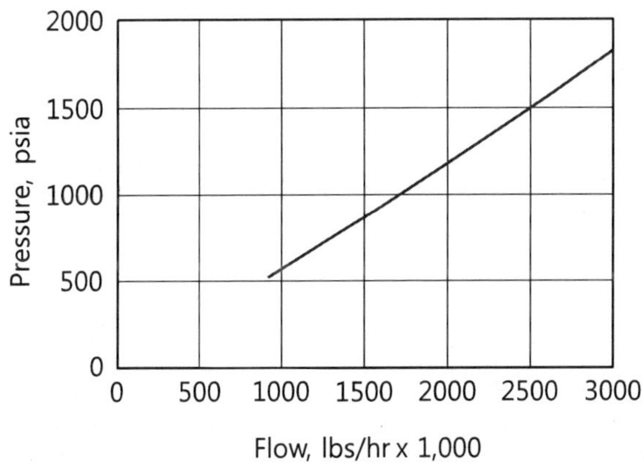

그림 4.48 스로틀유량 변화에 따른 1단 셸압력 특성곡선

4.7 Thermal Kit 교정곡선

Thermal Kit에 포함되는 교정곡선은 증기터빈 출력과 열률을 교정하기 위하여 사용하며, 보증조건에 적합하도록 증기터빈 실험 데이터를 교정하기 위하여 사용하기도 한다.

4.7.1 스로틀압력 교정

그림 4.49에 나타나 있는 스로틀압력 교정곡선은 증기터빈 스로틀압력이 정격압력과 달라졌을 때 증기터빈 출력과 열률을 교정하기 위하여 사용한다. 이 교정곡선은 컨트롤 밸브 열림 정도가 일정하게 유지된 상태에서 증기터빈 스로틀압력이 달라지는 경우에만 사용해야 한다. 한편, 이와 유사한 교정곡선으로 'ASME PTC(Power Test Code) 6.1, Interim Alternative Test Procedure for Steam Turbines'가 있다. 그러나 제작사는 증기터빈에 대해서 특별히 개발된 교정곡선을 작성할 수도 있다.

밸브의 열림 정도가 일정하게 유지된 상태에서 스로틀압력이 증가하면 증기터빈으로 공급되는 증기의 질량유량이 증가하기 때문에 증기터빈 출력이 증가한다. 그리고 스로틀

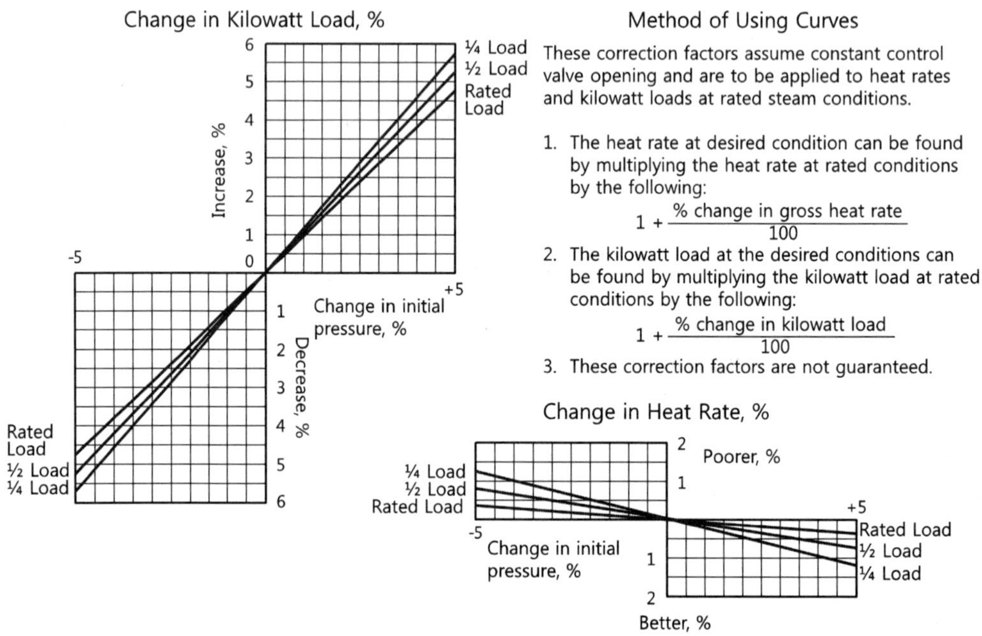

그림 4.49 스로틀압력 교정곡선

압력이 증가하면 이용가능에너지가 증가하기 때문에 사이클 효율이 향상된다.

4.7.2 스로틀온도 교정

그림 4.50에 스로틀온도 변화에 따른 교정곡선을 나타냈다. 이 교정곡선도 역시 컨트롤밸브 열림 정도가 일정하게 유지된 상태에서 증기터빈 스로틀온도가 달라지는 경우에만 사용해야 한다. 스로틀온도가 증가하면 증기의 비체적이 증가하여 증기터빈으로 공급되는 증기의 질량유량이 줄어들기 때문에 증기터빈 출력이 낮아진다. 그러나 스로틀온도가 증가하면 증기터빈에서 이용가능에너지가 증가하기 때문에 열률이 줄어든다.

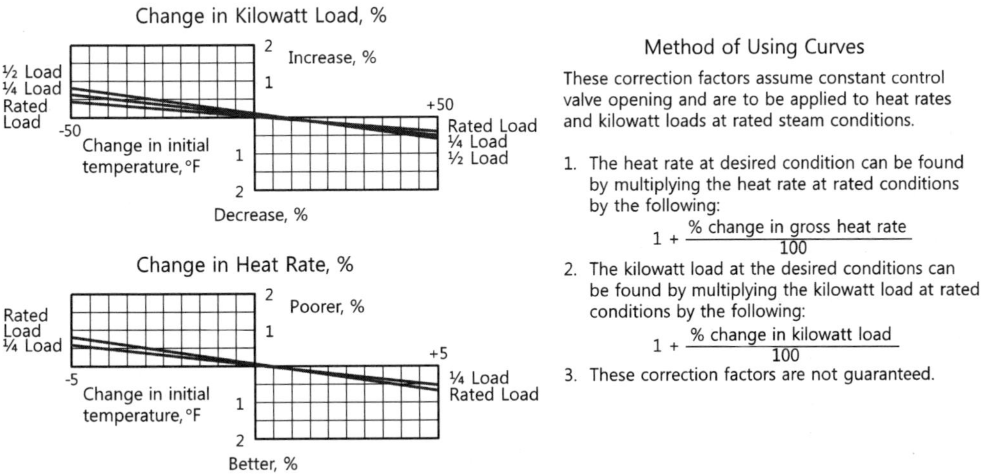

그림 4.50 스로틀온도 교정곡선

4.7.3 재열계통 압력손실 교정

재열계통에서 발생하는 압력손실이 줄어들면 증기터빈 출력은 증가하고 열률은 감소한다. 이는 재열계통에서 압력손실이 줄어들면 HP터빈 ELEP가 낮아지기 때문이다. 재열계통에서 발생하는 압력손실이 줄어들기 위해서는 재열기 효율이 증가해야 한다. 그림 4.51에 재열계통 압력손실에 따른 교정곡선을 나타냈다.

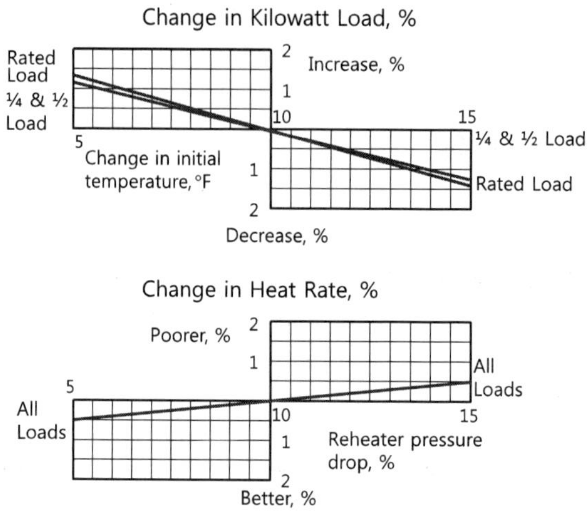

그림 4.51 재열압력손실 교정곡선

4.7.4 재열온도 교정

재열온도가 증가하면 증기터빈 출력이 증가하고 열률은 줄어든다. 재열온도 증가는 주증기 유량에 영향을 주지 않는다. 그러나 재열온도가 증가하면 인터셉트밸브 압력이 증가하기 때문에 HP터빈 ELEP가 높아져서 HP터빈 출력이 줄어든다. 그러나 HP터빈의 출력이 감소하더라도 재열온도의 증가로 인해서 증기의 이용가능에너지가 증가하기 때문

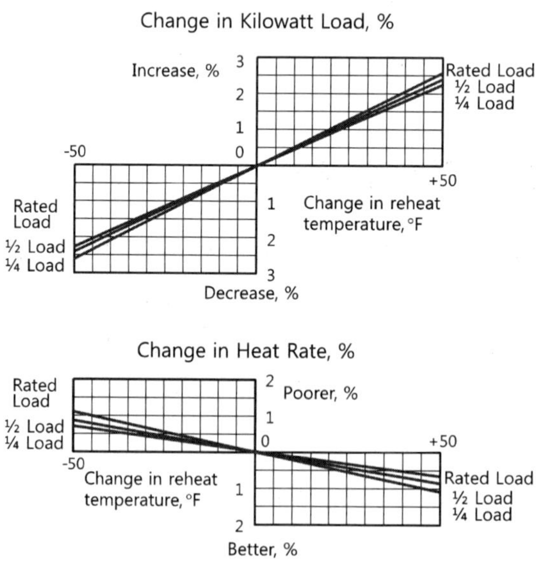

그림 4.52 재열온도 교정곡선

에 재열터빈의 출력이 증가하여 전체적으로 증기터빈 출력이 증가한다. 그림 4.52에 재열온도 변화에 따른 교정곡선을 나타냈다.

4.7.5 배기압력 교정

LP터빈 배기압력이 달라지면 이용가능에너지가 달라진다. 아울러 LP터빈 배기압력이 달라지면 배기손실과 LP터빈 배기유량도 영향을 받는다. 그림 4.53에 나타나 있는 배기압력 교정곡선에는 증기터빈 출력을 교정하는 계산식이 포함되어 있다. 공급 열량이 일정하게 유지되는 경우에만 적용할 수 있는 이 계산식에 의하면 증기터빈 열률은 증기터빈 출력에 반비례한다. LP터빈 배기압력이 낮아지면 첫째 저압 급수가열기에서의 응축수 온도 또한 낮아지는데, 이는 첫째 저압 급수가열기에서의 응축수 온도는 대체적으로 LP

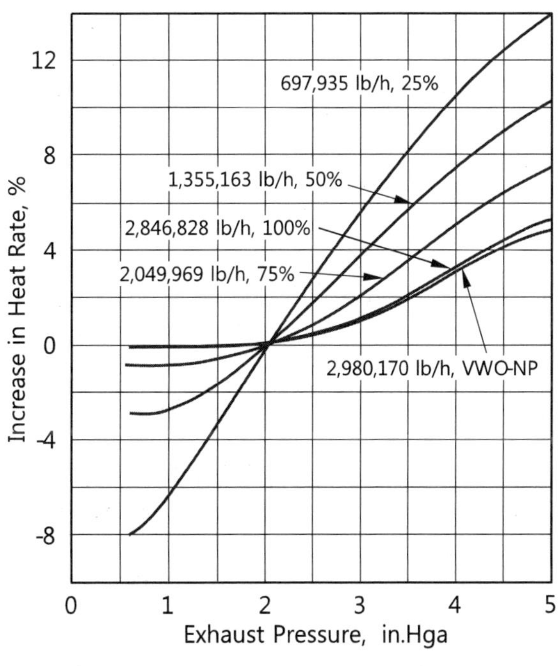

Values near curves are flows at 2400 psig, 1000 °F.
These correction factors assume constant control valve opening.
Apply corrections to heat rate and kW loads at 2.0 in.Hga. and 0.0 percent mu.

The percent change in kW load for various exhaust pressures is equal to (minus percent increase in heat rate) 100/(100 + percent increase in heat rate)

These factors give change in net turbine heat rate.

그림 4.53 배기압력 교정곡선

터빈 배기압력에 해당하는 포화온도이기 때문이다. 응축수 온도가 낮아지면 급수가열기로 더 많은 추기유량을 공급해야 하기 때문에 배기유량과 증기터빈 출력 모두 줄어든다. 아울러 배기압력이 낮아지면 배기손실이 증가한다. 이는 배기압력이 낮아지면 증기의 비체적이 증가하여 배기속도가 증가하기 때문이다. 그러나 이런 효과들은 이용가능에너지가 증가하기 때문에 상쇄된다. 그러므로 결과적으로 배기압력이 낮아지면 증기터빈 출력은 증가하고 효율도 향상된다. 그러나 배기압력을 계속해서 낮추다보면 증기터빈에 유동질식이 발생할 수 있다. 그림 4.53과 4.54에서 유추할 수 있듯이 유동질식이 발생하는 압력 이하에서는 이용가능에너지 증가에 따른 혜택이 없어진다. 응축수 온도를 계속해서 더욱 낮추면 급수가열기로의 추기유량이 증가하기 때문에 증기터빈의 출력과 효율 모두 줄어들 수 있다. Thermal kit에 사용된 증기터빈은 그림 4.53으로부터 VWO 조건에서 배기압력이 약 2.0 in.Hga일 때 유동질식이 발생한다는 것을 알 수 있다. 증기터빈 배기유량이 줄어들면 유동질식이 발생하는 증기터빈 배기압력은 낮아진다. 유동질식이 발생하는 조건은 증기터빈 설계, 배기유량, 배기압력에 의해서 영향을 받는다.

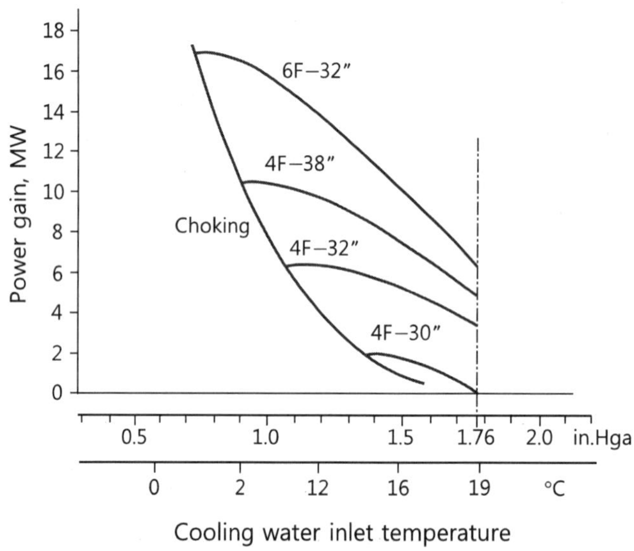

그림 4.54 배기압력 변화에 따른 증기터빈 출력 변화 (Siemens)

Chapter 05

터빈손실

최근 들어 강력하게 부상하고 있는 온실가스 저감대책과 높은 연료 가격으로 인하여 전 세계적으로 전력생산에 있어서 가장 큰 부분을 차지하는 화력발전의 열효율 향상이 시급한 당면과제로 떠올랐다. 그 가운데 상대적으로 값싼 연료를 사용하는 석탄화력발전의 열효율 향상이 시급한 문제로 떠올랐는데, 이는 상대적으로 더 높은 열효율을 가지는 가스터빈 복합발전에 대한 경쟁력을 유지하기 위함이다. 이런 시대적 요구에 발맞추어 화력발전 시스템의 열효율을 향상시키기 위하여 두 가지 방법이 적극적으로 추진되고 있다. 그 가운데 하나는 열역학적인 방법으로서 주증기 조건을 향상시킨 USC 발전시스템의 개발이며, 다른 하나는 유체역학적인 방법으로서 증기터빈에서 발생하는 각종 손실을 최소화시키는 것이다. 이와 관련된 기술은 첨단증기통로기술로 불리고 있으며, 첨단날개형상, advanced vortex blade, advanced seal system, advanced LP exhaust hood 등이 포함된다. 이 장에서는 증기터빈에서 발생하는 각종 손실과 그 각각의 손실을 최소화시키기 위한 방법에 대해서 살펴보기로 한다.

5.1 터빈손실

증기터빈에서 발생하는 손실은 터빈손실과 성능저감으로 구분하여 이해할 필요가 있다. **터빈손실**이란 신규로 제작한 깨끗한 상태의 증기터빈에서 발생하는 손실을 말한다. 증기터빈에서는 다양한 개소에서 다양한 원인으로 인하여 여러 가지 손실이 발생한다. 특히 증기의 에너지 변환이 일어나는 증기통로에서의 손실은 증기터빈에서 발생하는 손실의 대부분을 차지하고 있다. 대표적인 터빈손실로는 그림 5.1에 나타나 있는 것처럼 형상손실, 이차유동손실, 누설손실 등이 있으며, 이 가운데 누설손실 비중이 가장 크다.

증기터빈은 증기에 포함되어 있는 높은 수준의 열에너지를 기계적인 일로 변환시킨다. 따라서 증기터빈 성능을 극대화시키기 위해서는 에너지 변환 능력을 극대화시켜야 한다. 그런데 그림 5.2에 나타나 있는 것처럼 증기터빈의 에너지 변환 능력은 여러 가지 손실에 의해서 제약을 받는다. 증기터빈에서 발생하는 이런 손실들을 완전히 없애는 것은 불가능하기 때문에 증기터빈 성능을 향상시키기 위해서는 그림 5.2에 나타나 있는 것처럼 이들 손실의 크기를 줄여야 한다. 그림 5.2를 통해서 터빈손실은 블레이드, 실, LP exhaust hood 등에서 크게 발생하며, 밸브 및 연결부에서도 일부 발생한다는 것을 알 수 있다. 아울러 LP터빈에서는 습분에 의한 손실이 추가적으로 발생한다는 것을 알 수 있다. 그리고 Siemens는 손실이 크게 발생하는 부품의 설계를 개선하여 증기터빈 효율을

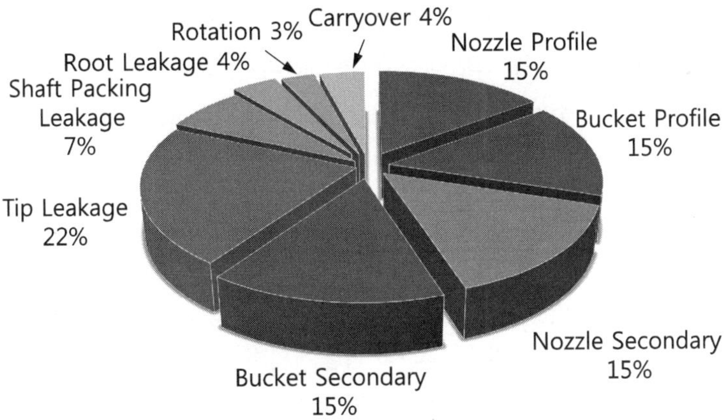

그림 5.1 증기터빈 손실 구성 (GE)

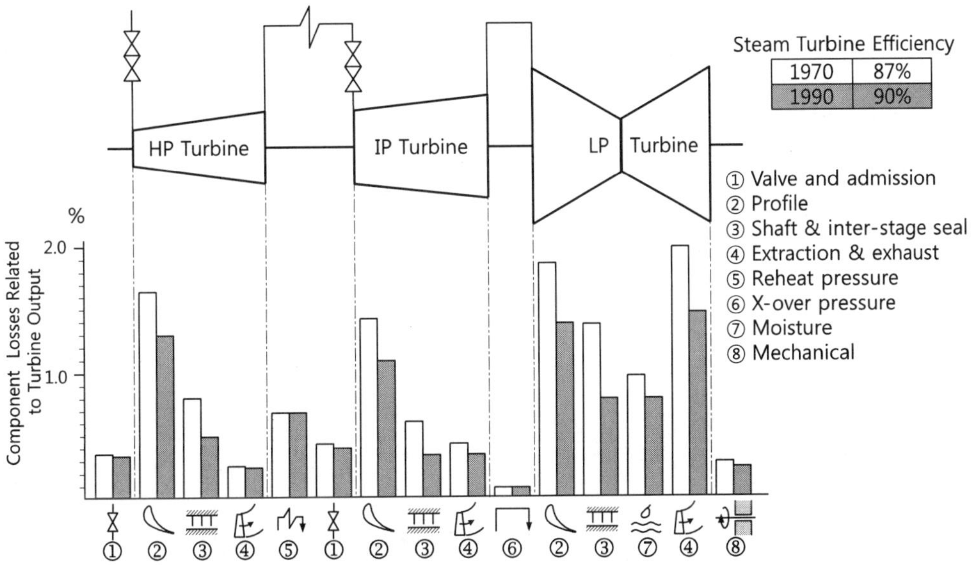

그림 5.2 손실 개선을 통한 증기터빈 성능향상 (600 MW 재열증기터빈, Siemens)

크게 향상시켰다는 것을 확인할 수 있다. 한편, 이 그림으로부터 단위 손실 가운데 LP exhaust hood에서 발생하는 손실이 가장 크다는 것을 확인할 수 있다. 이 손실에 대해서는 뒤에서 자세하게 살펴볼 예정이다.

증기터빈에서 발생하는 각종 손실은 열역학적으로 비가역성을 의미한다. 터빈손실과 성능저감을 열역학적으로 살펴보기 위하여 그림 5.3에 증기터빈 팽창선을 나타냈다. 만약 증기터빈에서 손실이 발생하지 않는다면 등엔트로피과정을 통해서 팽창(팽창선 A-B)이 일어나며, 가장 많은 일(동력)이 생산된다. 열역학적으로 팽창선 A-B에 대한 엔탈피낙차를 이용가능에너지라 한다. 그러나 증기통로에는 유동 장애물인 노즐과 버켓이 설치되어 있으며, 이들 표면에서 증기의 점성효과로 인하여 경계층이 형성되기 때문에 마찰손실이 발생한다. 아울러 증기통로는 환형으로서 블레이드 허브 쪽의 내벽과 팁 쪽의 외벽으로 구성되어 있기 때문에 이들 벽면에서도 경계층이 형성되고 마찰손실이 발생한다. 이 밖에도 증기터빈에서는 이차유동손실 및 누설손실과 같은 다양한 손실이 발생하기 때문에 증기터빈에서는 등엔트로피 팽창이 일어나지 못하고 실제적으로는 팽창선 A-C를 따라서 팽창이 일어난다. 따라서 팽창선 A-C에 대한 엔탈피낙차가 실제적으로 이용할 수 있는 에너지이며, **이용에너지**라 한다. 즉 이용에너지는 이용가능에너지에서 손실을 빼준 값으로서 손실이 작아질수록 이용에너지가 커진다.

여기서 증기터빈에서 손실이 발생함에 따라 증기의 팽창선이 엔트로피가 증가하는 방향으로 진행하는 이유를 살펴볼 필요가 있다. 구성품 표면에 경계층이 형성되면 증기의 운동량이 작아지고 그 표면에 유체마찰이 발생하여 점성가열이 일어난다. 이렇게 유체마찰에 의해서 발생된 열은 작동유체인 증기로 유입되기 때문에 증기터빈에서 팽창과정이 진행되면서 엔트로피가 증가한다. 그러므로 그림 5.3에서 확인할 수 있는 것처럼 ds는 양(+)의 값을 가진다. 아울러 증기터빈을 빠져나온 증기온도는 점성가열에 의해서 더욱 높아지기 때문에 상태 C에서의 엔탈피는 상태 B에 비해서 크다. 따라서 이용에너지는 이용가능에너지에 비해서 작아진다.

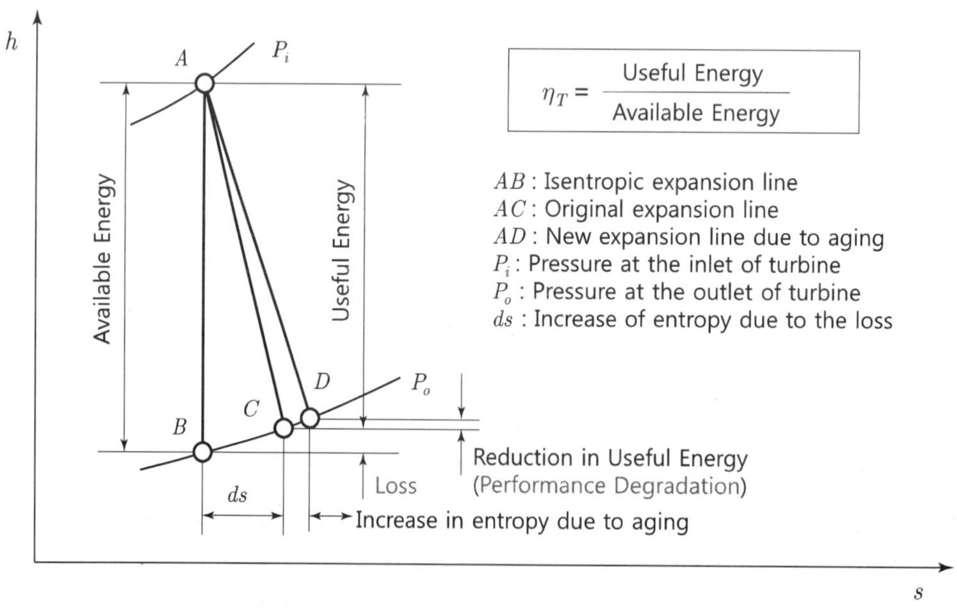

그림 5.3 터빈손실 및 성능저감

5.2 성능저감

성능저감이란 장기간 운전을 통해서 증기터빈 주요 구성품의 표면상태 및 형상이 달라져서 발생하는 추가적인 손실을 의미한다. 성능저감은 주로 블레이드 표면에 발생하는 침식, 부식, 파울링과 실 마모 등으로 야기된다. 신규로 제작된 증기터빈 블레이드 표면은 매끈하다. 그러나 증기터빈을 장기간 운전하면 위에서 언급된 원인들에 의하여 블레이드 표면이 거칠어지며, 심한 경우에는 블레이드 형상이 변경되어 터빈손실이 증가한다. 따라서 그림 5.4에 나타나 있는 것처럼 운전기간이 늘어날수록 증기터빈 효율이 점점 낮아진다.

증기터빈을 장기간 운전하면 증기에 포함되어 있는 이물질이 노즐과 버켓 표면에 부착되는 파울링이 발생한다. 파울링이 발생하면 노즐과 버켓 표면거칠기가 증가하여 마찰손실이 증가할 뿐만 아니라 유동통로가 좁아지기 때문에 손실이 증가한다. 높은 증기온도 및 증기속도 환경에서 운전되는 HP터빈 1단과 IP터빈 1단 블레이드에는 고체입자침식이 발생한다. 보일러 재열기 및 과열기 내벽에 형성된 산화철은 보일러를 기동할 때 발생하는 급격한 온도차에 의해서 떨어져 나와 증기에 포함되어 증기터빈으로 유입된다. 이들 고체입자는 블레이드 표면에 고속으로 충돌하여 블레이드 표면을 침식시켜 거칠게 만들

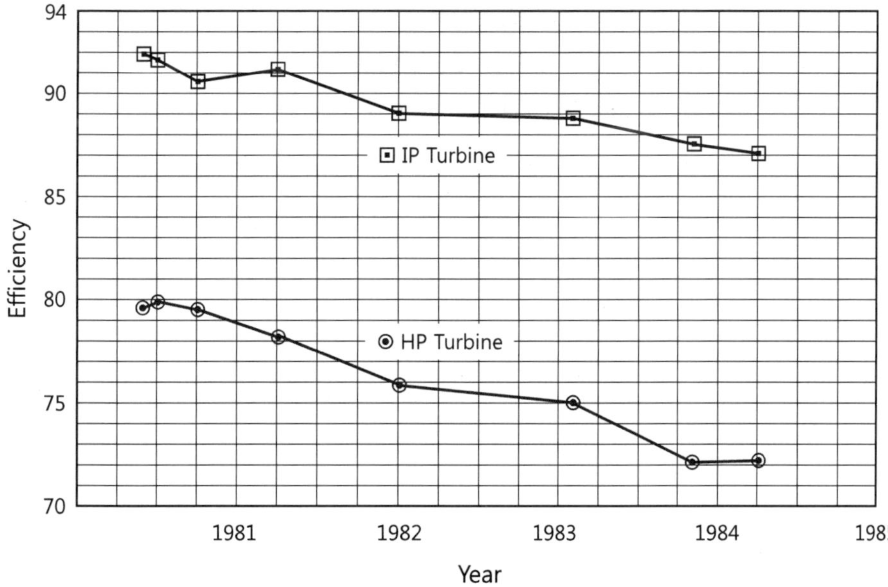

그림 5.4 증기터빈 성능저감

뿐만 아니라 블레이드 형상을 변경시켜 유체역학적 특성을 변화시킨다. LP터빈 후단은 습증기 영역에서 운전되는데, 이 영역에서는 부식이 발생한다. 한편, 습증기 영역에서 큰 회전속도를 가지는 LSB 팁 부위에는 습분침식이 발생한다. 이 밖에도 증기누설을 방지하기 위한 실에도 마모가 발생하여 증기터빈 손실은 더욱 증가한다. 일반적으로 실 마모는 정상적인 운전 상태에서는 발생하지 않으며, 주로 증기터빈 기동 및 정지 시에 공진영역을 지나면서 발생한다. 이처럼 증기터빈을 장기간 사용하면 주요 구성품의 표면거칠기 증가 및 형상 변화로 인하여 그림 5.3에 나타나 있는 팽창선 A-D를 따라 증기 팽창이 일어난다. 이때 이용에너지는 신규로 제작되었을 때보다 더욱 작아지는데, 그 차이가 성능저감이다. 그림 5.5에 성능저감 원인 및 구성비를 나타냈다. 이 그림에서 성능저감의 가장 큰 원인은 실 마모라는 것을 알 수 있다. 표 5.1에 증기터빈에서 나타나는 성능저감을 정리하여 나타냈다.

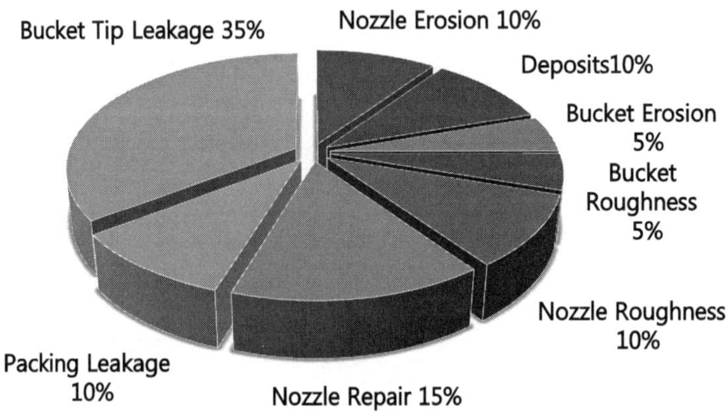

그림 5.5 증기터빈 성능저감 구성 (GE)

표 5.1 증기터빈 성능저감 가능성 및 원인

Potential	Components	Causes
high	LSB	• WDE
	HP-1 stage	• SPE - high velocity and temperature • creep (bucket) • high cycle fatigue - partial arc admission
	IP-1 stage	• SPE - high velocity and temperature • creep (bucket)
medium	LSB & L-1 stage	• corrosion
	stages with drilled hole in the vane for lacing wire	• corrosion
	HP-2,3 & IP-2,3	• SPE
	HP-1 & IP-1 diaphragm	• creep
	nozzle box	• SPE
low	All other components and stages in the units	

5.3 증기통로검사

증기통로검사(SPA; Steam Path Audit)는 증기터빈 성능저감을 확인하기 위하여 증기통로 상태를 평가하여 증기터빈 출력 및 효율 손실에 대한 위치 및 원인을 밝혀내는 것이다. 이렇게 SPA를 통해서 밝혀진 자료는 발전소 운영사가 문제가 발생한 증기통로 구성품을 수리할 것인지 아니면 교체할 것인지를 결정하는 데 사용한다. 그림 5.6에 일부 검사 항목 및 개소에 대한 예를 나타낸다.

SPA 항목은 다음과 같다.

1) 누설

- 노즐
- 버켓
- 글랜드 패킹
- 불완전하게 체결된 연결부
- 기타 다양한 누설

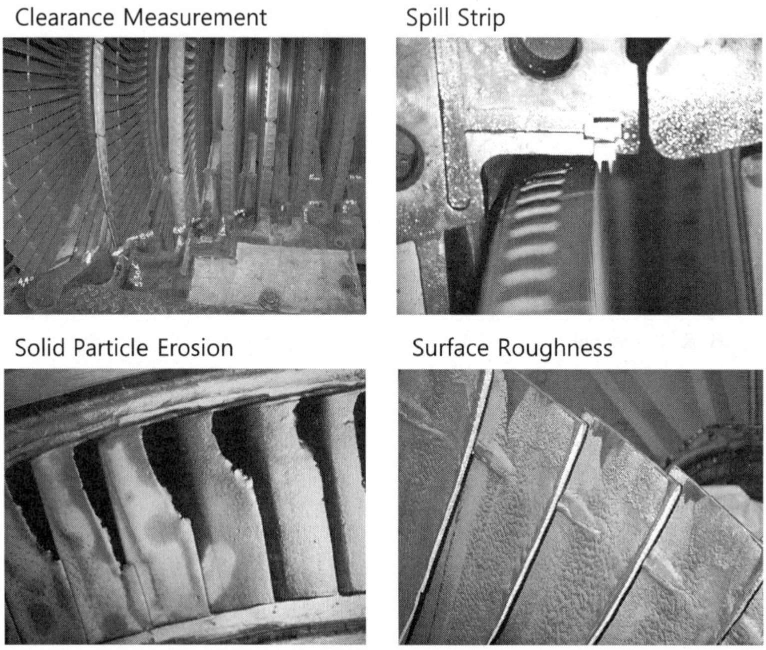

그림 5.6 증기통로검사 항목 및 개소 예

2) 표면거칠기

- 파울링
- 부식
- 고체입자침식
- 기계적 손상

3) 유동 막힘

- 파울링
- 외부 유입물질
- 기계적 손상

4) 유동통로 변경

- 고체입자침식
- 습분침식
- 기계적 손상

그림 5.7에 중형 화력발전(200 MW, 3,000 rpm, 14710 kPa/535℃/535℃, 2-Flow LP)에 대한 SPA 결과를 나타냈다. 이 그림을 통해서 버켓 팁과 글랜드 패킹에서 발생하는 증기누설에 의해서 가장 큰 동력손실이 발생했으며, 글랜드 패킹 교체를 통해서 동력과 열률이 크게 회복되었다는 것을 알 수 있다.

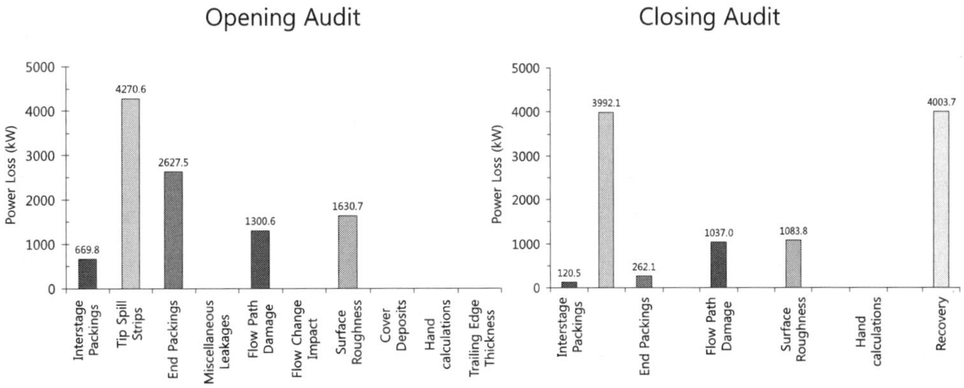

(a) Power

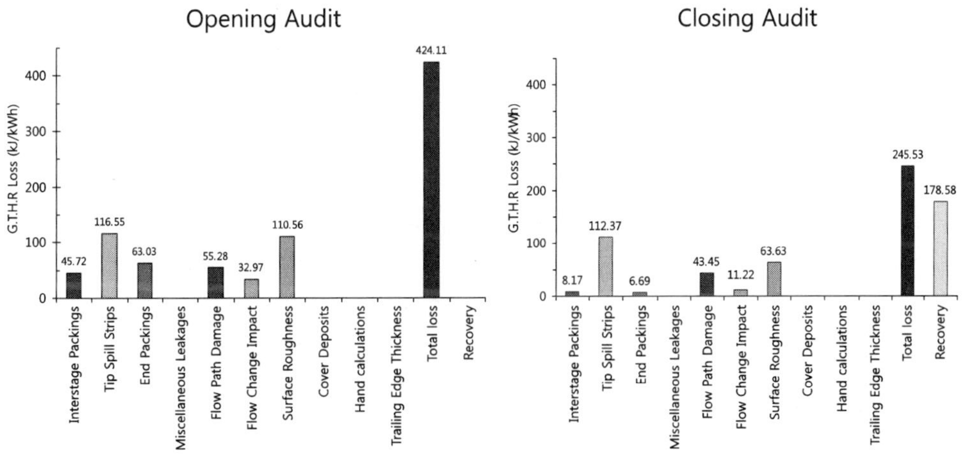

(b) Heat rate

그림 5.7 증기통로검사 결과 (예)

5.4 터빈손실 종류

5.4.1 형상손실

형상손실이란 블레이드 표면에서 발생하는 유체마찰에 의한 손실을 말한다. 그리고 블레이드 후류에 의해 발생하는 **뒷전손실**과 충격파 발생에 의한 **충격손실**도 형상손실에 포함된다. 형상손실에 영향을 미치는 요소로는 블레이드 유입속도, 블레이드 형상, 블레이드 표면거칠기, 레이놀즈수, 블레이드 표면적 등이 있다.

증기터빈 작동유체인 증기는 점성유체이기 때문에 블레이드 표면에 경계층이 형성되며, 블레이드 표면에 발생하는 유체마찰로 인해서 증기에 포함되어 있는 에너지의 일부분이 손실된다. 손실이 일어나는 원인을 열역학적으로 살펴보면, 작동유체에 포함되어 있는 에너지의 일부는 경계층 내부에서 열로 소산된다. 이런 현상을 점성가열이라 하는데, 점성가열이 일어나면 엔트로피가 증가하고 결과적으로 전압력손실이 발생한다. 아음속 블레이드의 경우 형상손실은 흡입면에서의 유체거동에 의하여 지배되는데, 이는 흡입면에서 유동속도가 더 빠르게 나타나며, 유동박리가 발생할 수도 있기 때문이다. 일반적으로 표면마찰로 인한 손실의 80% 이상이 흡입면에서 발생한다.

블레이드 흡입면에서의 유동 특징은 그림 5.8에 나타나 있는 것처럼 층류에서 난류로

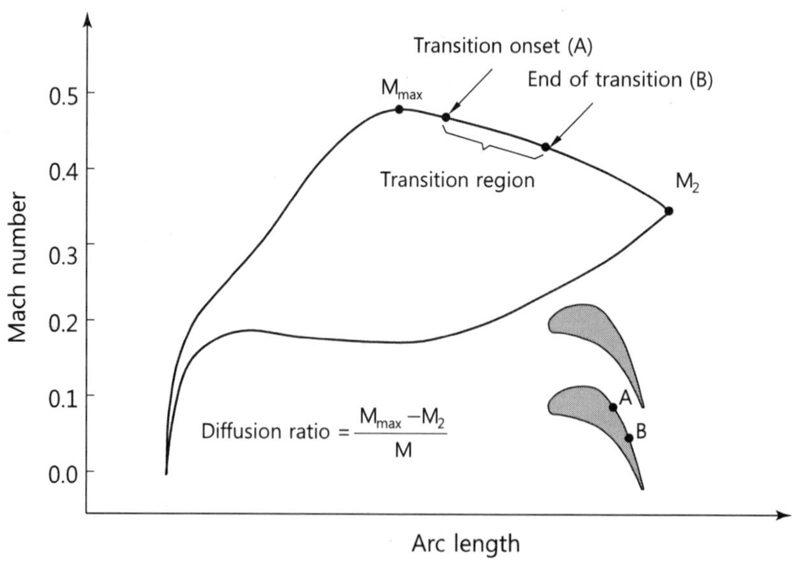

그림 5.8 대표적인 반동터빈 블레이드 마하수 분포 (Havakechian and Greim, 1999)

천이가 일어나는 위치, 천이영역 길이, 확산비에 의해서 구분된다. 형상손실의 크기를 줄이기 위해서는 층류에서 난류로의 천이가 일어나는 지점을 뒷전 쪽으로 보내야 한다. 이는 마찰손실의 크기가 층류에서는 속도의 제곱에 비례하는 데 반해서 난류에서는 속도의 세제곱에 비례하기 때문이다. 그러나 천이 발생 지점을 뒤쪽에 위치시키면 블레이드 부하 또한 뒤쪽에 위치하며, 흡입면에서의 확산비도 더욱 커진다.

노즐과 버켓 표면거칠기에 따른 단효율 손실은 노즐과 버켓 표면거칠기 돌출 높이에 대한 경계층 두께의 비율 및 레이놀즈수에 의해서 영향을 받는다. 표면에서 돌출된 두께가 매우 작은 경우에도 경계층 두께가 작으면(레이놀즈수가 크면) 마찰손실이 크게 발생한다. 노즐과 버켓 표면이 거칠어지는 원인으로는 세 가지가 있다. 첫째는 그림 5.9에 나타나 있는 것처럼 블레이드 표면에 파울링이 발생하기 때문이다. 그림 5.9(a)에 나타나 있는 것처럼 증기에 포함되어 있는 오염물질이 표면에 부착되어 파울링이 발생한다. 한편, 자주 발생하는 현상은 아니지만 그림 5.9(b)에 나타나 있는 것처럼 복수기에서 누설이 발생하여 해수가 유입되면 블레이드에 염분이 부착되어 극심한 파울링이 발생한다. 표면거칠기가 증가하는 둘째 원인은 보일러 벽면에서 생성된 산화철이 증기터빈으로 유입되어 고속의 증기에 의해 가속되어 버켓에 고속으로 충돌하여 발생하는 고체입자침식 때문이다. 표면거칠기가 증가하는 셋째 원인은 그림 5.10에 나타나 있는 것처럼 외부유입 물질이 노즐과 버켓 표면에 부딪쳐서 손상을 입히는 FOD(Foreign Object Damage) 때문이다.

형상손실 크기를 결정하는 것은 매우 복잡한데, 이는 블레이드 흡입면, 압력면, 설치 방향, 크기, 블레이드 표면거칠기 등과 같은 많은 요인이 작용하기 때문이다. 일반적으로 블레이드에 대한 마찰손실은 앞전, 뒷전 흡입면, 뒷전 압력면 세 영역으로 구분하여 평가한다. 노즐 흡입면 거칠기는 압력면 거칠기에 비해서 단효율에 약 3배의 영향을 미친다. 노즐 앞전의 거칠기는 버켓에서 발생하는 단효율 손실에 가장 큰 영향을 미친다. 한편, 버켓 앞전 흡입면 거칠기는 압력면 거칠기에 비해 단효율에 약 2배 이상 영향을 미친다. 충동터빈은 대부분의 압력강하가 노즐에서 발생하기 때문에 표면거칠기에 의해서 발생하는 단효율 손실의 약 75%가 노즐에서 발생한다.

동일한 표면거칠기를 가지는 경우 그림 5.11에서 확인할 수 있듯이 IP터빈이나 LP터빈에서보다 HP터빈에서 더욱 큰 손실이 발생한다. 이는 그림 5.12에서 확인할 수 있듯이 HP터빈에서 나타나는 레이놀즈수가 IP터빈이나 LP터빈에서보다 더 크기 때문이다. 한편, HP터빈은 고온에서 운전되며, HP터빈 1단에서의 증기속도는 매우 빠르기 때문에 고체입자충돌에 의한 블레이드 침식이 빠르게 진행된다. 블레이드 침식이 발생하면 유지보수비용이 증가할 뿐만 아니라 표면거칠기가 증가하여 형상손실이 커진다. 이런 이유 때문에 HP터빈 1단 블레이드는 고체입자침식을 방지하기 위하여 블레이드 표면을 코팅처리한다.

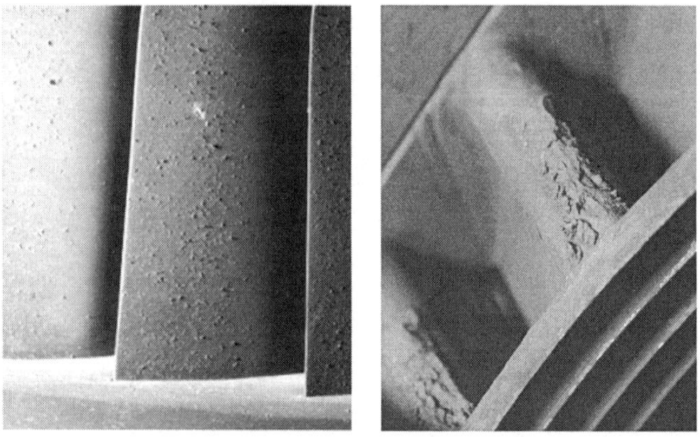

노즐 표면 노즐 앞전

(a) 증기에 포함된 오염물질 부착

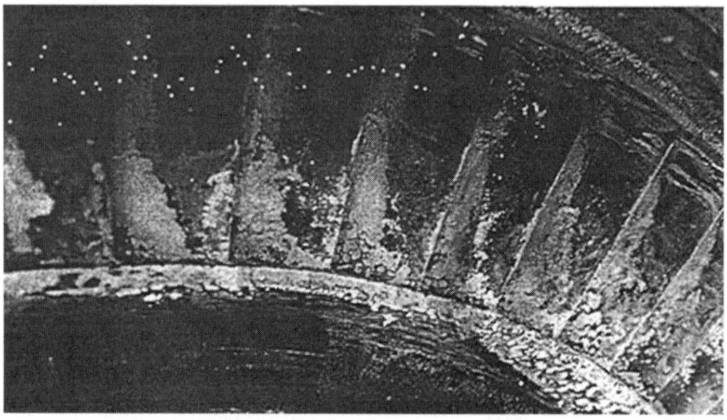

(b) 복수기 누설에 따른 소금유입으로 발생된 노즐 파울링

그림 5.9 노즐 표면 파울링

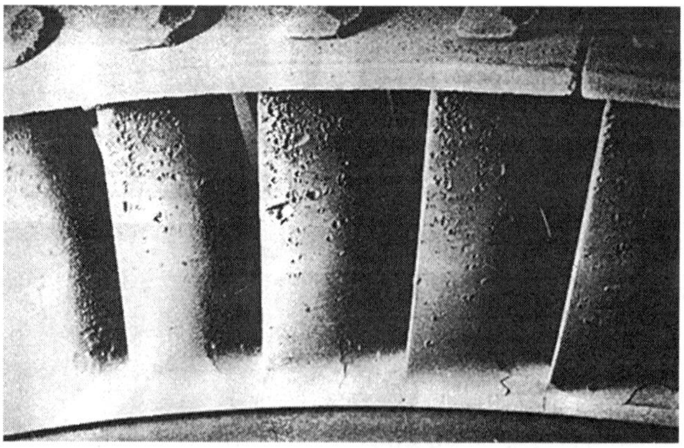

그림 5.10 버켓 입구부 FOD

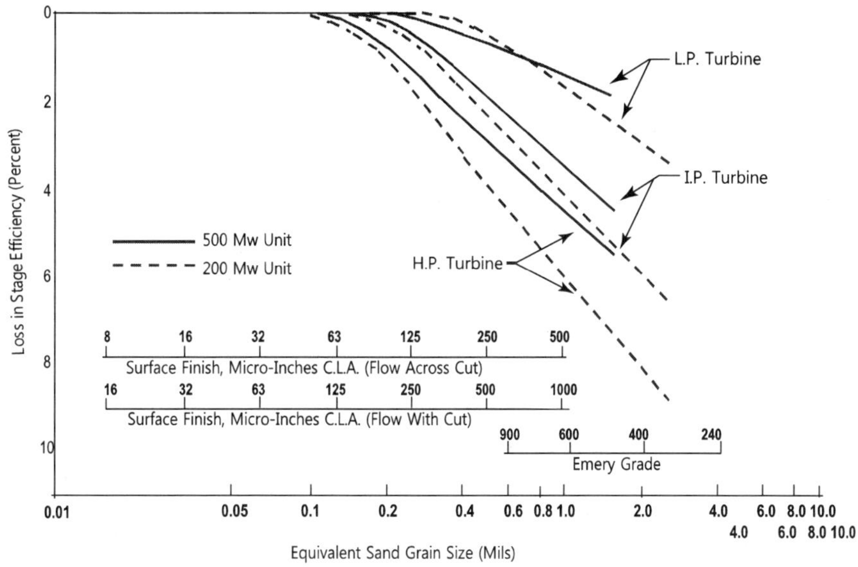

그림 5.11 표면거칠기에 따른 효율 손실 (Albert, GER-4190)

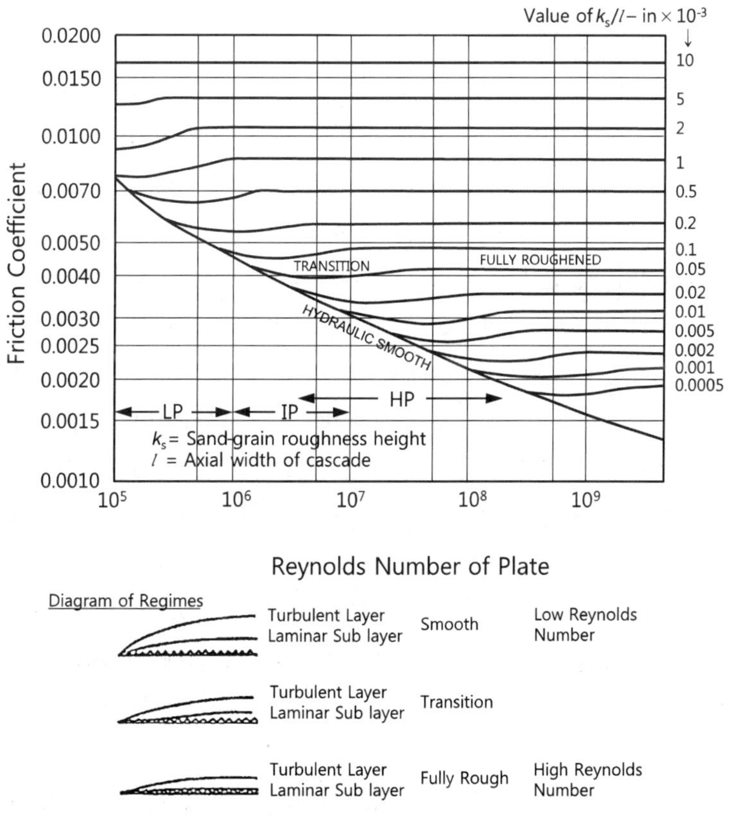

그림 5.12 증기터빈 레이놀즈수 분포

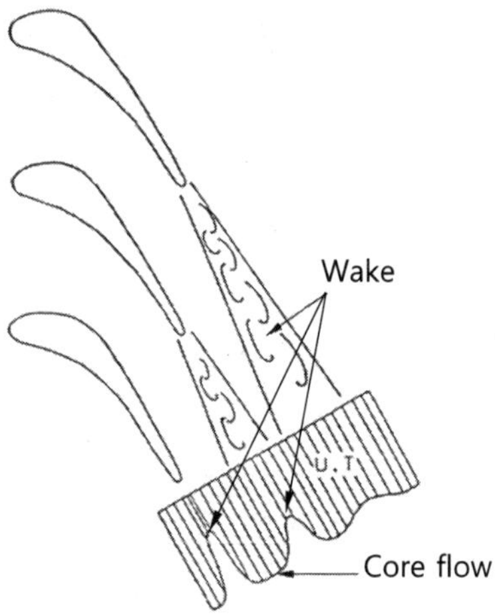

그림 5.13 노즐 뒷전 후류강도 변화

뒷전손실도 형상손실에 포함된다. 유동이 노즐 뒷전을 떠날 때 노즐 표면에 형성되는 유동경계층으로 인하여 그림 5.13에 나타나 있는 것처럼 노즐 뒷전 하류에 후류가 발생한다. 노즐 뒷전에서는 블레이드 곡률반경이 갑자기 작아지기 때문에 유동박리가 일어나며, 유동박리로 인해서 발생한 와류가 주기적으로 떨어져 나가는 와류진동이 발생한다. 이렇게 떨어져 나온 와류의 집합체를 후류라 한다. 노즐 뒷전 근처에서 후류 속도는 경계층에 의해 영향을 받지 않는 코어유동에 비해 훨씬 작으며, 하류로 갈수록 유체점성과 난류효과로 인하여 속도가 회복되면서 노즐 뒷전으로부터 충분히 멀어지면 속도가 코어유동과 거의 동일해진다. 버켓이 후류 영역을 지날 때 단효율이 저하되는데, 이는 후류 영역에서는 증기속도가 낮아서 버켓으로 유입되는 증기의 받음각이 설계 각과 달라지기 때문이다. 충동터빈 버켓은 그림 5.14(a)에서 볼 수 있는 것처럼 앞전 형상이 뾰족한 편이다. 따라서 받음각 변화에 민감하게 반응하여 받음각이 달라지면 그림 5.15에 나타나 있는 것처럼 반동터빈에 비해서 효율이 급격하게 저하된다. 이에 반해 반동터빈은 그림 5.14(b)에서 볼 수 있는 것처럼 버켓 앞전형상이 뭉툭하여 받음각 변화를 어느 정도 흡수한다. 따라서 반동터빈은 받음각이 달라지더라도 충동터빈에 비해서 상대적으로 효율 저하가 작게 나타난다. 그러나 받음각이 달라지면 충동터빈 및 반동터빈 모두 효율이 저하되는 것을 피할 수 없다. 그런데 후류는 블레이드 표면에 형성되는 유동경계층으로 인해서 발생하는 것이기 때문에 후류로 인해서 발생하는 뒷전손실은 형상손실에 포함시킨다.

노즐과 버켓 사이 축방향 간격을 넓게 유지시키면 후류에 의한 손실을 최소화시킬 수 있다. 이는 그림 5.13에 나타나 있는 것처럼 노즐 뒷전에서 멀리 떨어질수록 후류 속도가 더 많이 회복되기 때문이다. 만약에 후류가 다른 블레이드에 의해 방해받지 않는다면 출구 각 방향으로 블레이드 시위길이의 약 3~4배 되는 길이를 흘러가는 동안에 서서히 회복되어 코어유동 속도와 동일해진다. 그러나 노즐과 버켓 축방향 간격을 크게 유지시키면 터빈 로터축 길이가 증가하여 제작비가 증가하고 로터축 진동특성이 나빠지는 단점이 발생한다.

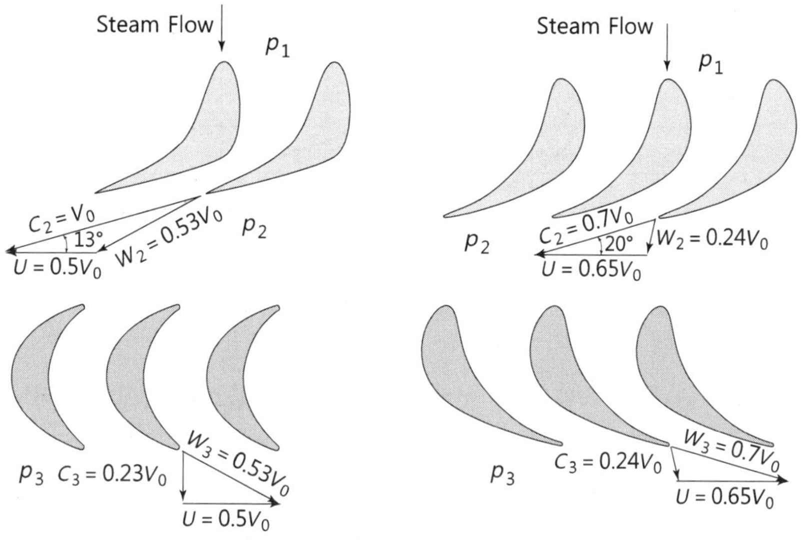

그림 5.14 충동터빈과 반동터빈 비교

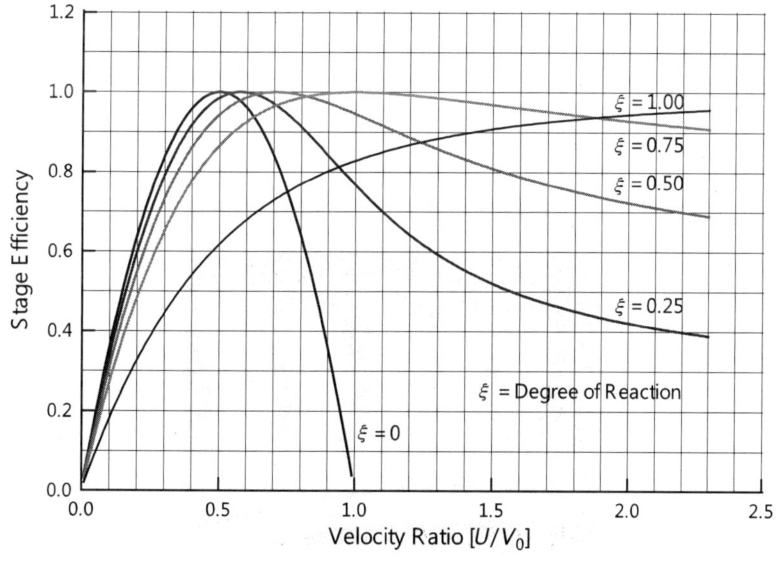

그림 5.15 단효율과 속도비 관계 (Reinker and Mason, GER-3646D)

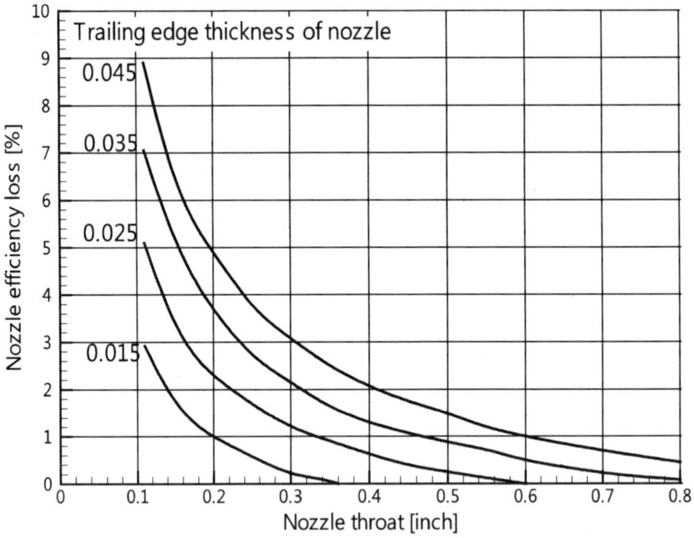

그림 5.16 뒷전 두께에 대한 노즐효율 손실 (Albert, GER-4190)

그림 5.16에 노즐 목의 폭과 노즐 뒷전 두께에 대한 노즐효율 손실이 나타나 있다. 이 그림으로부터 노즐 뒷전 두께가 증가할수록 효율이 낮아지는 것을 확인할 수 있는데, 이는 노즐 뒷전 두께가 증가하면 노즐 뒷전 하류에서 발생하는 후류의 강도가 강해지고 후류 영역이 확장되기 때문이다. 일반적으로 HP터빈과 IP터빈에 사용하는 노즐 뒷전 두께는 단에 따라서 15~25 mils로 설계한다.

천음속이나 초음속 터빈은 블레이드 뒷전에서 유동박리 및 충격파와 팽창파가 발생하여 추가적인 손실이 발생한다. 그러나 증기터빈의 경우 저압터빈 마지막 단을 제외하고는 모든 단이 아음속 영역에서 운전되기 때문에 증기터빈에서 발생하는 충격손실은 크지 않다.

그림 5.17 노즐 뒷전 침식 (Cofer, IV *et al.*, GER-3713)

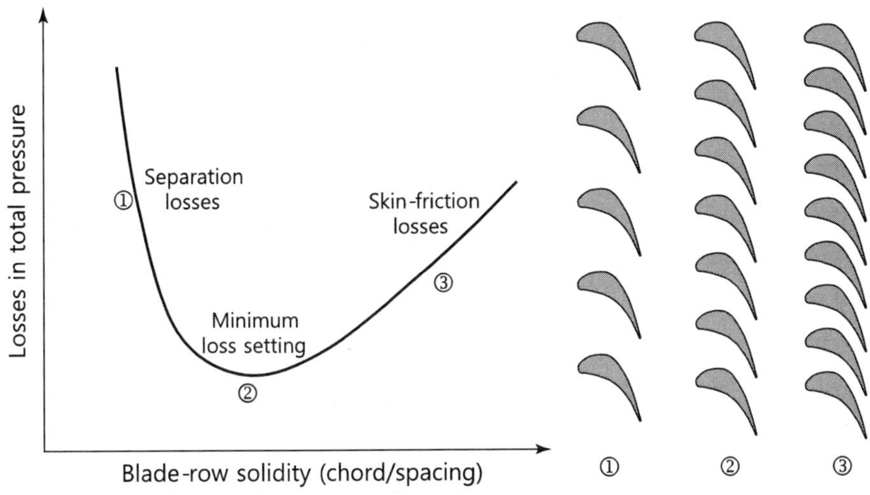

그림 5.18 블레이드 설치간격에 따른 손실

노즐과 버켓에 유입되는 유동각이 설계조건과 달라지면 **탈각손실**(off-angle losses)이 발생한다. 블레이드 받음각이 설계조건과 달라지는 것을 탈설계조건이라 하는데, 증기터빈은 노즐 뒷전에서 발생하는 후류영역을 지날 때 버켓으로 유입되는 증기속도가 작아지기 때문에 탈설계조건으로 운전된다. 이 밖에 증기통로를 흐르는 증기의 체적유량이 설계조건과 달라지는 경우에도 탈설계조건으로 운전된다. 이렇게 받음각 크기가 달라져서 발생하는 탈각손실은 노즐 뒷전의 침식과 잘못된 수리 때문에 더욱 증가하기도 한다. 그림 5.17에서 볼 수 있는 것처럼 노즐 뒷전은 충분히 많이 떨어져나갈 때까지 침식이 진행된다. 이런 경우 노즐 뒷전 두께는 두꺼워지고 탈각손실 또한 증가한다.

그림 5.18에 블레이드 설치간격에 따른 손실을 비교하여 나타냈다. 인접한 블레이드와의 접선방향 간격이 너무 넓으면 흡입면에서 유동박리가 발생하기 쉬우며, 유동제어가 어려워 다음 열로 유입되는 유동각을 정확하게 맞추기 어렵기 때문에 탈각손실이 발생한다. 이에 반해 블레이드 사이의 간격이 너무 좁아지면 제작비가 증가할 뿐만 아니라 블레이드 표면적이 증가하기 때문에 형상손실이 커진다.

5.4.2 이차유동손실

이차유동손실이란 증기통로에서 발생하는 이차유동에 의한 손실을 말한다. 이차유동손실은 증기터빈에서 발생하는 전체손실 가운데 약 30%를 차지한다. **이차유동**이란 증기통로에 설치되어 있는 유동 장애물인 블레이드를 지나면서 발생하는 다양한 와류를 말한

(a) 사각기둥 앞에서의 말발굽와류

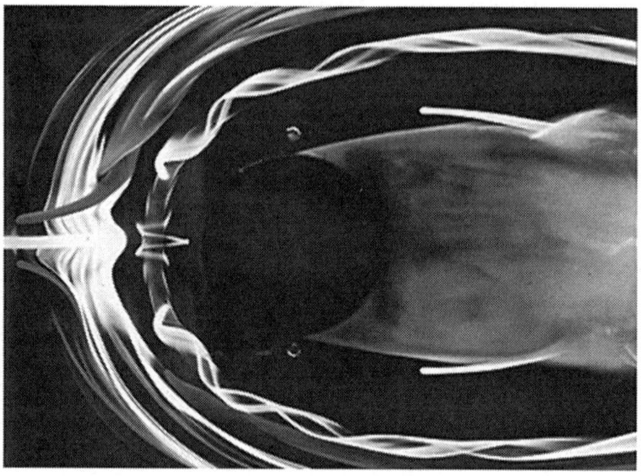

(b) 실린더 앞에서의 말발굽와류

그림 5.19 말발굽와류

다. 증기통로에서 발생하는 이차유동을 이해하기 위해서는 우선 말발굽와류를 이해해야 한다. **말발굽와류**란 그림 5.19에 나타나 있듯이 유동이 장애물 앞에서 두 갈래로 나누어지면서 만들어지는 말발굽 형태의 선회유동을 말한다. 말발굽와류는 장애물의 형태에 관계없이 나타나는데, 이는 그림 5.19(a)와 5.19(b)에 각각 나타나 있는 사각기둥과 실린더 전면에 서로 유사한 말발굽와류가 형성되는 것을 통해서 확인할 수 있다. 말발굽와류는 교각 주위를 흐르는 물에서 항상 나타나기 때문에 일상에서도 쉽게 찾아볼 수 있다.

말발굽와류의 생성 구조가 그림 5.20에 나타나 있다. 블레이드 루트와 팁 양쪽 벽면에서는 벽면경계층이 형성된다. 블레이드 앞전 상류에서 벽면경계층 유동은 역압력구배에 의하여 속도가 줄어들면서 안장점 S_1에서 유동박리가 일어난다. 이렇게 유동박리가 일어

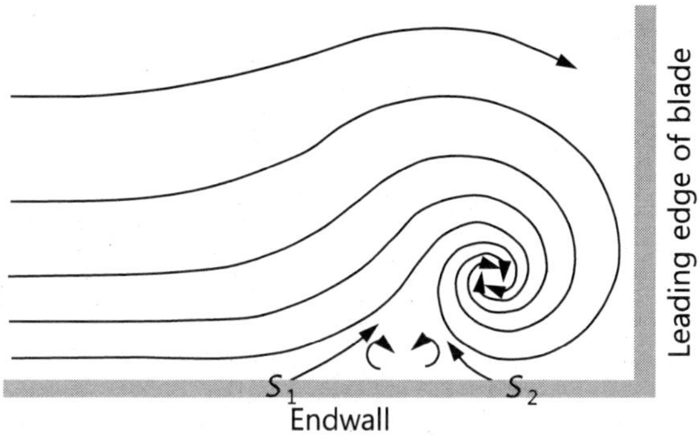

그림 5.20 말발굽와류 생성 구조

나면서 또 다른 안장점인 S_2가 생겨난다. 이렇게 상류에서의 경계층은 재순환영역에서 감겨 올려지면서 앞전 전면에서 두 갈래로 나누어진다. 말발굽와류의 회전방향은 큰 운동량을 가지는 축방향 주유동과 작은 운동량을 가지는 경계층 사이에 발생하는 마찰에 의해서 결정된다. 블레이드 앞전 전면에서 두 갈래로 나누어진 와류는 그림 5.21(a)에 나타나 있는 것처럼 한 갈래는 흡입면, 다른 한 갈래는 압력면 쪽으로 흘러간다.

압력면으로 유입된 한 갈래의 와류는 압력면과 유동통로를 구성하는 이웃한 블레이드의 흡입면 사이에 발생하는 압력차에 의해서 이웃한 블레이드 흡입면 쪽으로 흘러간다. 이렇게 압력면으로 유입되어서 이웃한 블레이드의 흡입면 쪽으로 흘러가는 와류를 **통로와류**라 한다. **카운터와류**라 불리는 흡입면으로 유입된 다른 한 갈래의 말발굽와류는 계속해서 흡입면을 따라 뒷전으로 흘러간다. 그러므로 흡입면 뒷전에는 그림 5.21에서 확인할 수 있는 것처럼 두 개의 와류가 공존한다. 그런데 두 와류의 회전방향은 서로 반대이다. 따라서 이 두 와류는 유동조건에 따라 하나로 합쳐지기도 하며, 또는 점성 상호작용에 의해서 완전히 소산되기도 하며, 어떤 경우에는 독립적으로 존재하기도 한다. 카운터와류는 '정체점와류' 또는 '앞전와류'라고도 불린다.

축류터빈에서 실제적으로 발생하는 이차유동 구조는 그림 5.21(b)에 나타나 있는 것처럼 매우 복잡하며, 유동조건에 따라 약간 다른 형태를 가진다. 주와류는 말발굽와류에 의하여 생성된 것이며, 코너와류는 벽면과 블레이드 압력면 또는 흡입면 사이에서 주이차유동의 박리에 의해서 생성된다. 한편, 다수의 제3와류는 전단구동 이차유동에 의해서 만들어진다.

축류터빈에서 이차유동에 의해서 손실이 발생하는 이유는 다음과 같다.

1) 버켓으로 와류가 유입되면 와류의 반지름방향 속도성분 때문에 버켓 성능이 저하된다.

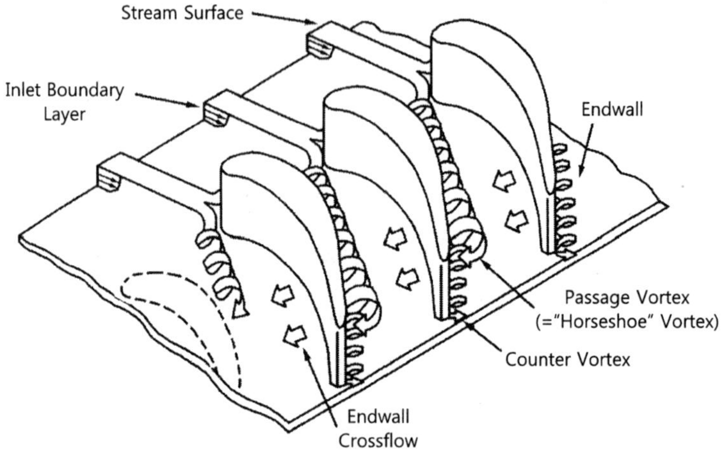

(a) Model of Langston (1980)

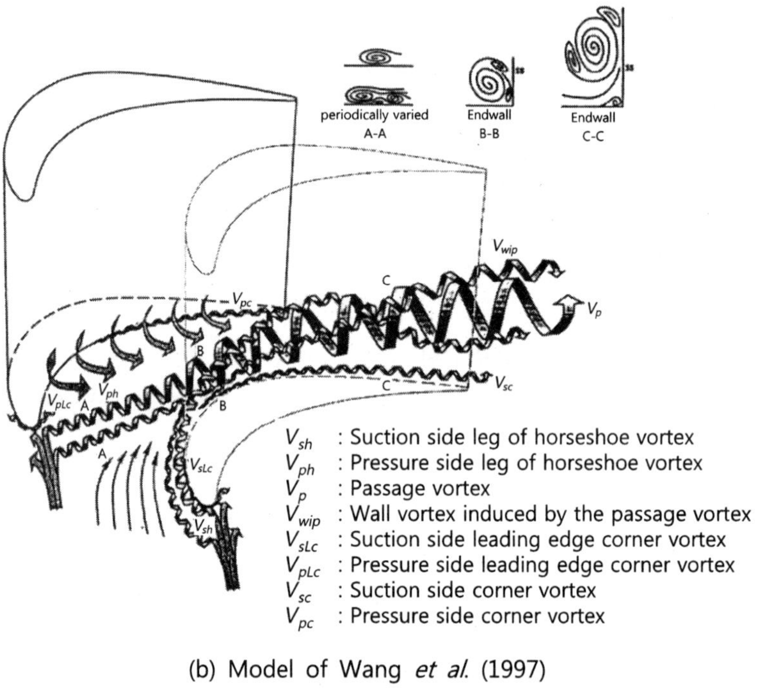

(b) Model of Wang *et al.* (1997)

그림 5.21 축류터빈 블레이드에서의 이차유동 구조

2) 버켓으로 와류가 유입되면 버켓은 최적의 받음각을 유지하지 못하기 때문에 버켓 성능이 저하된다.

3) 와류는 그 내부에서 자체적으로 운동에너지가 소산되기 때문에 터빈 성능이 저하된다.

4) 노즐 흡입면에서 통로와류와 카운터와류는 서로 회전방향이 반대이기 때문에 서로

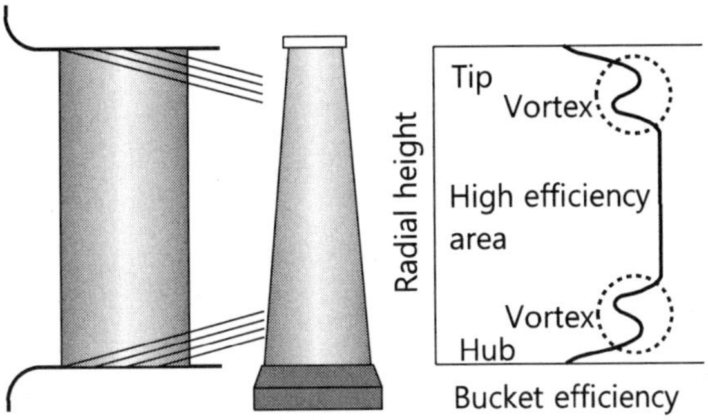

그림 5.22 이차유동으로 인한 블레이드 반지름방향 효율 분포

간섭하여 운동에너지가 소산되며, 이로 인해 터빈 성능이 저하된다.

5) 블레이드 통로를 흘러가는 와류로 인하여 블레이드 표면에서 유동박리가 발생할 수 있으며, 이로 인해 터빈 성능이 저하된다.

따라서 와류가 유입되면 그림 5.22에 나타나 있는 것처럼 버켓 루트와 팁 근처에서 효율이 현저하게 낮아진다. 이 그림에서 확인할 수 있는 매우 중요한 사실은 버켓 길이가 짧아지면 이차유동으로 버켓 통로가 가득 채워지기 때문에 단효율이 크게 낮아진다는 것이다. 버켓 길이가 짧으면 이차유동으로 인한 손실이 전체 단손실의 60%까지 차지한다. 그 반대로 버켓의 길이가 길어지면 효율이 가장 좋은 중간 부분의 길이가 늘어나기 때문에 단효율이 향상된다. 이런 이유 때문에 IP터빈 효율이 HP터빈에 비해서 우수한 것이다.

이차유동손실을 줄이기 위하여 일부 증기터빈 제작사는 그림 5.23에 나타나 있는 후방부하날개를 개발하여 사용하고 있다. 후방부하날개는 블레이드 날개에서 발생하는 최대 압력차가 날개 후방에 나타난다. 압력면으로 유입되는 말발굽와류가 압력면에서 떨어져 나가는 위치는 블레이드 앞부분 부하 형태에 의해서 좌우된다. 버켓통로 앞부분에서 큰 유동선회가 나타나는 전방부하날개는 후방부하날개에 비해 말발굽와류가 압력면에서 일찍 떨어져 나와 흡입면에 더욱 빨리 부착된다. 통로와류와 카운터와류는 흡입면 뒷전 근처에서 합류한다. 그런데 이 두 와류는 회전방향이 서로 반대이기 때문에 두 와류 사이에 간섭이 발생하여 작동유체가 가지고 있는 운동에너지가 소산된다. 따라서 후방부하날개를 사용하여 이들 두 와류의 간섭을 지연시키면 이차유동손실이 줄어든다.

이차유동손실을 가장 크게 줄일 수 있는 방법은 AVB(Advanced Vortex Blade)를 이용하는 것이다. 현재 대부분의 증기터빈 제작사는 AVB를 적용하고 있으며, 이를 통해 2% 가까운 단효율 향상을 얻고 있다. AVB의 기본적인 개념은 증기통로 벽면에서 발생

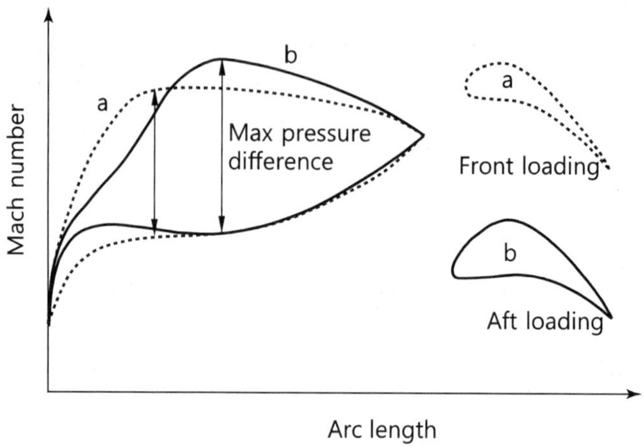

그림 5.23 전방부하날개와 후방부하날개 비교

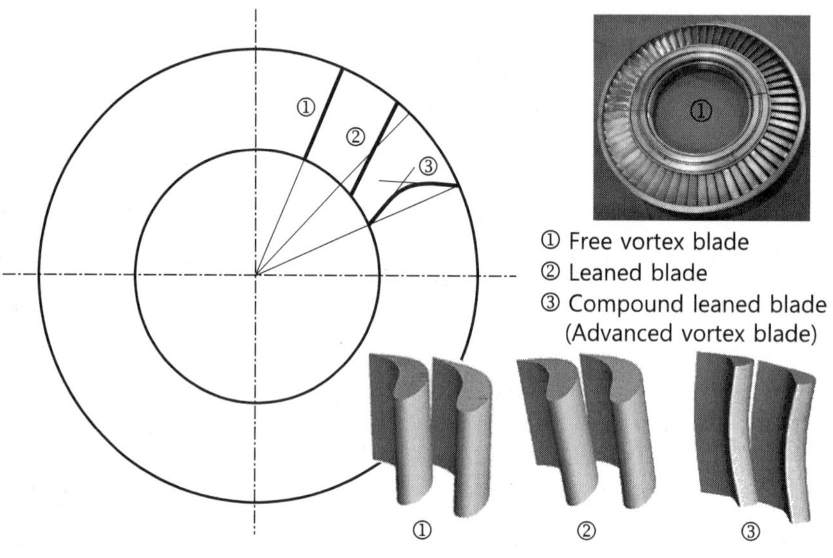

그림 5.24 Advanced vortex blade

하는 유동 경계층을 약화시키기 위하여 벽면을 따라 흐르는 유량을 줄여주는 것이다. 이렇게 해주면 증기통로에서 발생하는 이차유동 강도가 줄어든다. 그림 5.24에 세 가지 노즐 형상을 비교하여 나타냈다. FVB(Free Vortex Blade)는 반지름방향을 따라 이웃 노즐과 형성하는 노즐통로 유동 단면적이 일정한 비율로 달라지기 때문에 구조적으로 반지름방향으로 유량을 제어하기 힘든 형상이다. AVB는 기본적으로 증기통로 양쪽 벽면에서 블레이드를 직선 형태로 경사지게 배치하고 중앙 부위에서 곡선으로 연결시키기 때문에 반지름방향을 따라서 구부러진 형상을 가진다. 이런 형상의 노즐을 한 열에 배치시키면

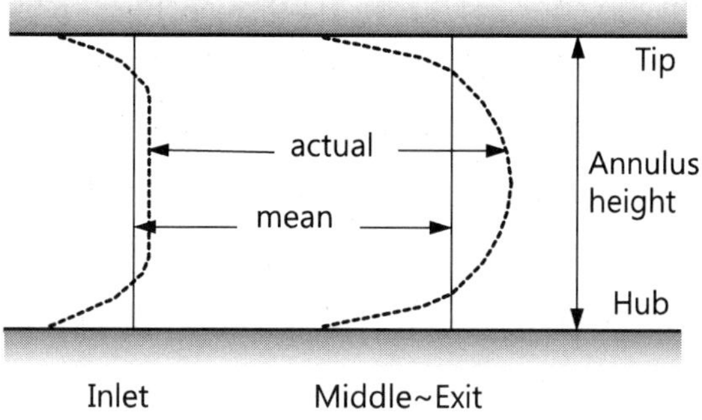

그림 5.25 반지름방향으로의 축방향 속도 분포

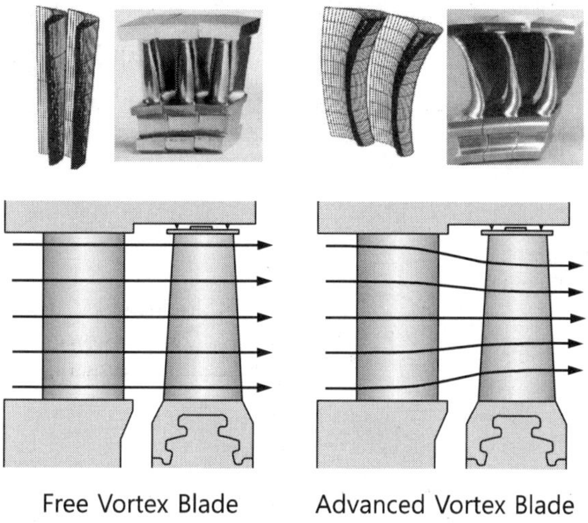

그림 5.26 Advanced vortex blade 설계 개념 및 버켓 형상

이웃한 노즐 사이에 형성되는 노즐통로 유동 단면적이 FVB에 비해서 양쪽 벽면에서는 줄어드는 반면에 중앙 부위는 변하지 않는다. 그러므로 그림 5.25에 나타나 있는 것처럼 중앙 부위에서는 상대적으로 유속이 증가하고 양쪽 벽면 근처에서는 유속이 줄어들어 이차유동 강도가 줄어든다. 아울러 노즐통로를 빠져나간 증기유량을 효율이 상대적으로 우수한 버켓 중앙 부위로 집중시키면 단효율이 향상된다.

AVB를 적용하는 경우 그림 5.26에 나타나 있는 것처럼 버켓 형상도 노즐과 마찬가지로 반지름방향을 따라서 휘어진 형상이다. 이는 노즐통로와 마찬가지로 버켓통로 양쪽 벽면에서 유속을 작게 하여 버켓통로에서 발생하는 이차유동 강도를 줄이기 위함이다. FVB의 경우 노즐을 빠져나가는 증기속도가 반지름방향을 따라서 비례적으로 변하기 때문에 버켓으로 유입되는 증기의 상대속도 방향 역시 반지름방향을 따라서 비례적으로 달라진다. 그러나 AVB의 경우에는 노즐을 빠져나가는 증기속도가 반지름방향을 따라 비례적으로 변하지 않기 때문에 그림 5.27을 통해서 유추할 수 있듯이 버켓으로 유입되는 증기의 상대속도 크기와 방향 모두 반지름방향을 따라 달라진다. 따라서 AVB의 반지름방향 반동도 분포는 FVB와 크게 달라진다. AVB는 반지름방향을 따라 반동도를 조절할 수 있기 때문에 루트부와 팁부의 반동도를 조절하여 단효율 향상을 도모하고 있다. 일반적으로 AVB는 루트에서의 반동도를 적당히 증가시켜 버켓 효율을 향상시키며, 버켓 팁에서는 누설손실을 줄이기 위해서 반동도를 줄인다.

이차유동손실을 줄이기 위한 방법으로 그림 5.28에 나타나 있는 contoured sidewall이 있다. 이 방법은 버켓 팁 쪽 노즐 벽면 형상을 축방향을 따라 노즐통로 하류로 가면서 낮추어서 노즐통로 상부에서 빠져나가는 증기를 버켓 중앙부로 더 많이 집중되게 하는 것이다. 이 방법을 이용하더라도 노즐통로에서 발생하는 이차유동 강도를 줄이기는 어렵다. 그러나 버켓통로에서 발생하는 이차유동 강도는 약간 줄일 수 있다. 이 방법은 실제 증기터빈에 많이 적용되지 않고 있다.

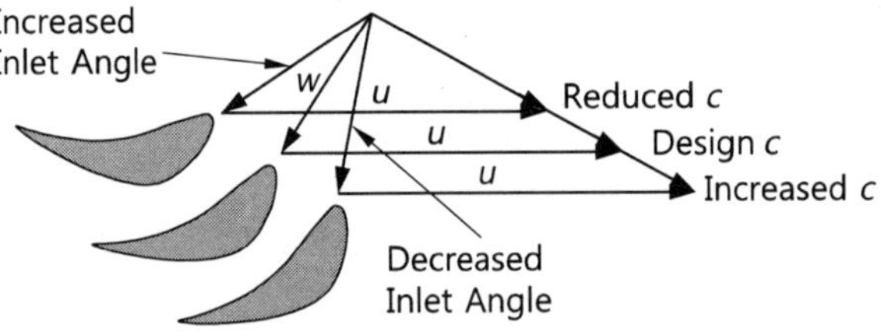

그림 5.27 노즐출구 유속 변화에 따른 버켓 입사각 변화

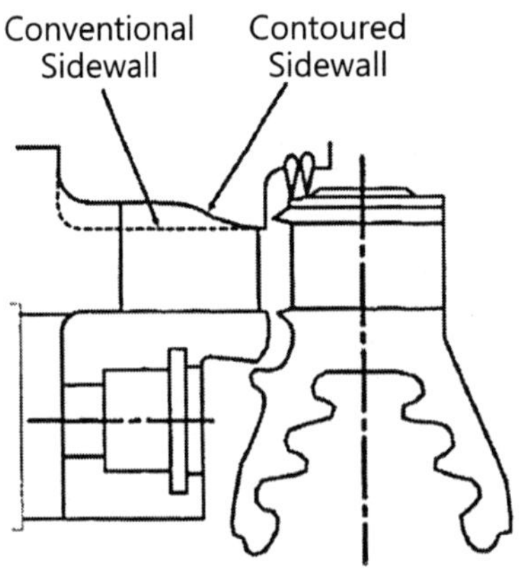

그림 5.28 Contoured sidewall

5.4.3 누설손실

누설손실은 형상손실 및 이차유동손실과 함께 축류터빈에서 발생하는 3대 손실 가운데 하나이며, 이들 가운데 가장 큰 비중을 차지한다. 누설손실은 기본적으로 회전체와 고정체가 맞물리는 지점에 존재하는 간극을 통한 증기누설에 의해서 발생한다. 증기누설은 그림 5.29에 나타나 있는 것처럼 버켓 팁과 다이어프램 루트, 그리고 각각의 터빈 끝단에 있는 글랜드 패킹에서 발생한다. 누설유량은 실 간극, 실 사이 압력차, 실 형상 등에 의해 결정되며, 실 간극을 줄이고 실 형상을 개선해서 줄일 수 있다.

팁 누설은 버켓 팁과 케이싱 사이 간극을 통해서 발생한다. 버켓 팁에서 발생하는 누설손실은 증기터빈 전체에서 발생하는 손실의 약 22%를 차지할 정도로 증기터빈 성능에 큰 영향을 미친다. 팁 누설은 실을 가로지르는 버켓 열 압력차에 의해서 발생하며, 누설유량은 실 사이 압력차, 실 간극 면적, 실 형상에 의해서 결정된다. 그림 5.30에 버켓 팁 실 형상과 유량계수를 나타냈다. 누설손실은 실 사이 압력차가 클수록 증가하기 때문에 증기터빈 후반부에 있는 단에서보다 버켓 길이가 짧은 HP터빈 앞부분에 있는 단에서 더

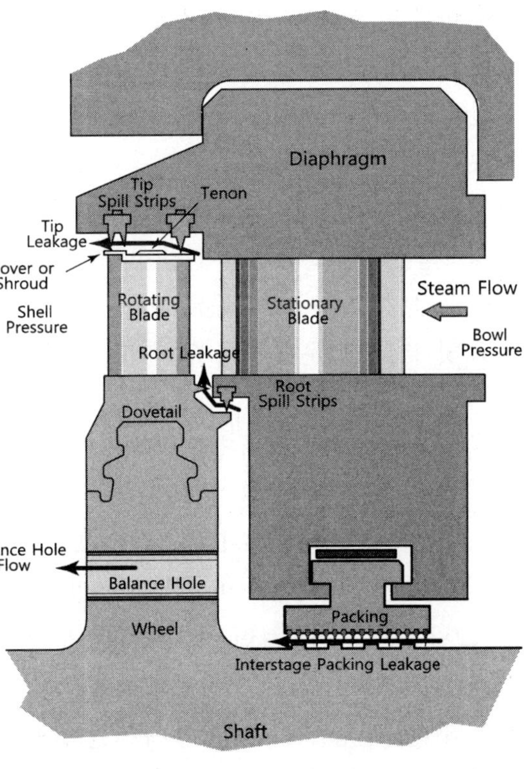

그림 5.29 증기터빈 단에서 증기흐름

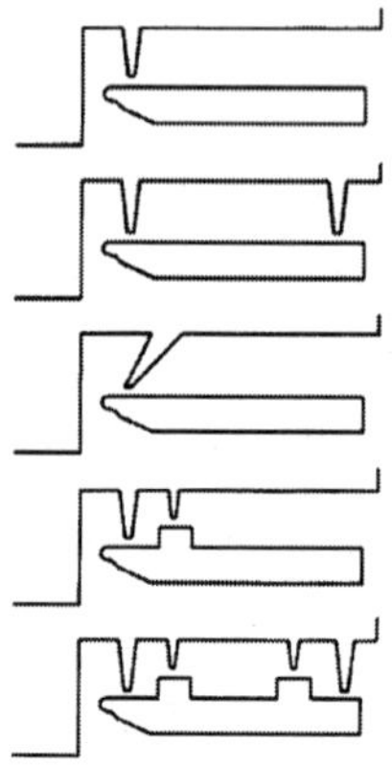

그림 5.30 버켓 팁 실 형상 및 유량계수

크게 발생한다. 팁 누설을 줄이기 위해서는 버켓 열의 반지름방향 압력차를 최적화시켜야 한다. 즉 버켓 팁에서의 반동도는 작게 하고 버켓 루트에서의 반동도는 크게 해야 한다.

버켓 팁 실 설계는 실 사이의 압력차에 의해 영향을 받는다. 즉 버켓 열에서 큰 압력차가 발생하는 반동터빈의 버켓 팁 실은 라비린스 실로 설계하는 반면에 작은 압력차가 발생하는 충동터빈은 그림 5.29에 나타나 있는 것처럼 spill strip으로 설계한다.

버켓 팁에서 증기누설이 발생하면 버켓을 통과하는 증기유량과 속도가 줄어들기 때문에 증기터빈 출력이 낮아진다. 그리고 버켓 팁 실을 통과하는 증기는 교축손실로 인해서 에너지를 잃기 때문에 실을 빠져나온 후에 주유동과 합류하더라도 동력 발생에 기여하지 못한다. 작동유체가 이상기체인 경우 교축과정이 일어나면 교축과정 전후에 압력만 낮아지고 엔탈피는 일정하게 유지된다. 그러나 작동유체가 증기인 경우 교축과정이 일어나면 압력뿐만 아니라 온도도 낮아지기 때문에 결국 엔탈피가 낮아진다. 이런 현상을 줄-톰슨 효과라 한다.

버켓 커버가 없는 자유팁 버켓에서의 팁 누설은 커버가 있는 경우와 비교하면 누설 형태가 훨씬 복잡하며, 누설손실 또한 증가한다. 이런 이유 때문에 대형 화력발전 증기터빈의 모든 버켓은 커버를 씌우고 있으며, 원자력발전 증기터빈은 버켓 길이가 매우 긴 LP 터빈 후반부 일부를 제외하고 모든 버켓에 커버를 씌우고 있다. 자유팁 버켓 열 출구에서의 유동이 나타나 있는 그림 5.31을 살펴보면 버켓 흡입면 루트 부위에 형성되는 이차유동보다 팁 부위에 형성되는 이차유동의 크기와 강도가 훨씬 더 크다는 것을 확인할 수 있다. 이런 현상은 버켓 팁에서 발생하는 누설유동 구조를 살펴보면 이해할 수 있다. 그림 5.32에 자유팁 버켓 통로에서 발생하는 와류 구조가 나타나 있다. 버켓 커버가 없으면

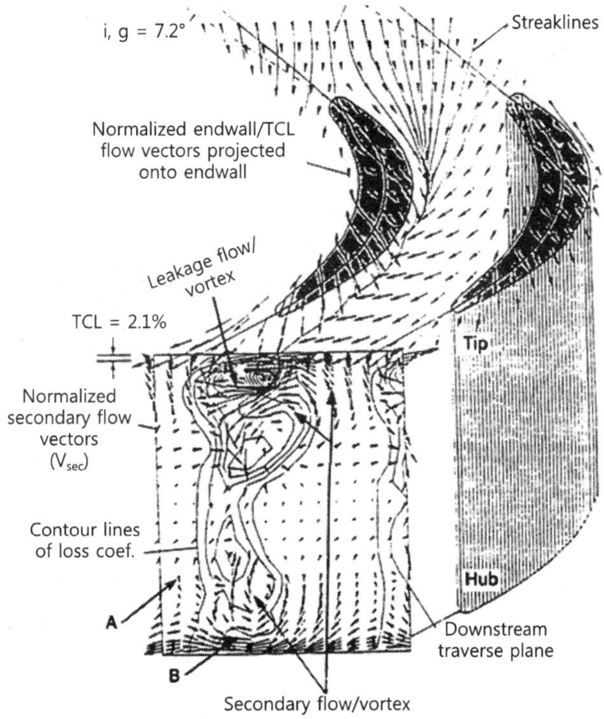

그림 5.31 자유팁 버켓 출구유동

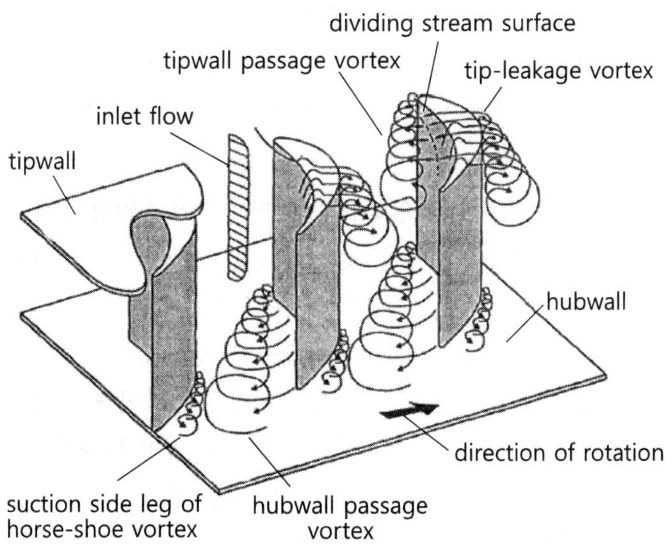

그림 5.32 자유팁 버켓에서 발생하는 와류 구조 (Sjolander, 1997)

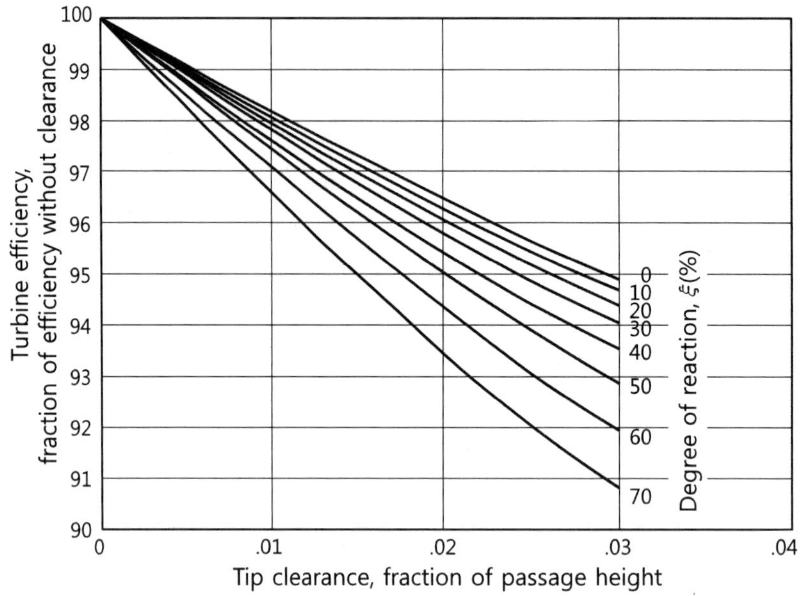

그림 5.33 자유팁 버켓에서 팁 간극이 증기터빈 효율에 미치는 영향

팁 근처의 압력면에 있는 증기가 팁 간극을 통해서 흡입면 쪽으로 넘어가면서 팁와류를 형성하며, 팁 근처에서 발생하는 말발굽와류인 이차유동과 합류한다. 버켓 루트에서는 이차유동만 존재하는 데 반해서 팁에서는 팁와류와 이차유동이 공존하기 때문에 더욱 복잡하고 강도가 강한 와류가 형성된다. 팁와류 강도는 팁 간극, 버켓 방향전환(blade turning), 반동도, 블레이드 부하(압력면과 흡입면 사이의 국부적인 압력차)에 의해서 영향을 받는다. 그림 5.33에 자유팁 버켓의 반동도와 팁 간극 변화에 따른 증기터빈 효율을 나타냈다.

버켓 팁에서 발생하는 증기누설로 인해서 특별한 현상인 **스팀휠**이 발생하기도 한다. 만약 어떤 원인에 의해서 로터축이 반지름방향으로 약간 이동하면 한쪽에서는 팁 누설간극이 줄어들어 팁에서 발생하는 누설유량이 줄어들고 버켓을 통과하는 유량은 증가한다. 그러나 그 반대쪽에서는 팁에서의 누설유량이 증가하고 버켓을 통과하는 유량은 줄어들기 때문에 버켓에서 발생하는 회전동력 크기는 그 반대편에 비해서 작아진다. 이렇게 로터축을 중심으로 반대방향에서 크기가 서로 다른 회전동력이 발생하면 로터축에 진동이 발생하는데, 이 형태의 진동은 오일휩이나 휘어진 로터축에 의해서 발생하는 진동형태와 다르다. 실 마모가 증가하면 스팀휠 강도는 약해진다.

그림 5.34에 나타나 있는 것처럼 로터축 끝단 케이싱과 맞닿는 글랜드 패킹에서도 증기누설이 발생한다. 글랜드 패킹에서 발생하는 누설손실은 증기터빈 전체에서 발생하는

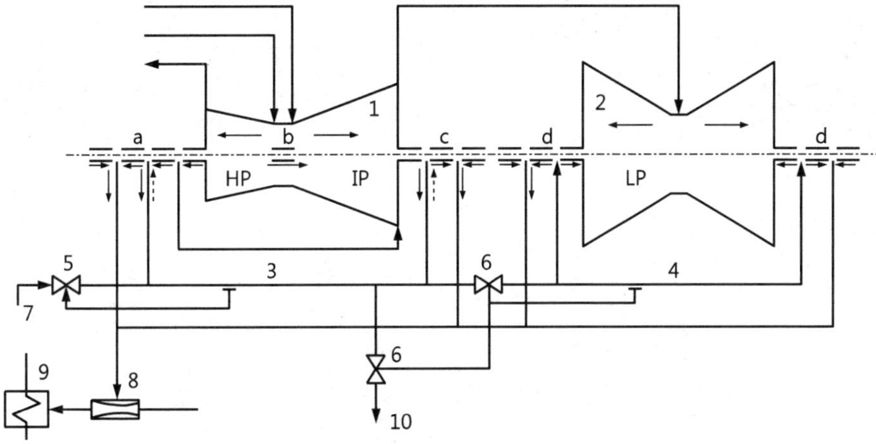

1-integrated HP-IP casing and its front (a), central (b), and rear (c) seals, 2-two double flow LP casings and their end seals (d), 3&4-headers of the HP-IP and LP end seals, 5&6-gland governors of steam pressure in these headers, 7-outside source of sealing steam, 8-gland steam ejector, 9-gland steam condenser, 10-to a feedwater heater.

그림 5.34 글랜드 패킹 실에서의 증기 흐름

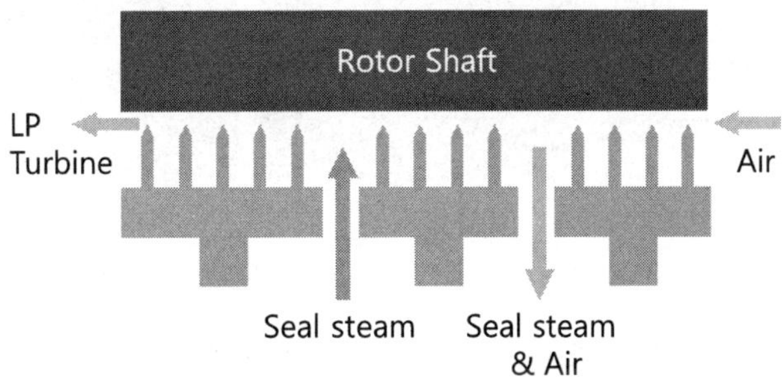

그림 5.35 LP터빈 패킹 실에서의 증기 흐름

손실의 약 7%를 차지한다. 글랜드 패킹 끝단은 외부에 노출되어 있기 때문에 내부에 높은 압력이 형성되는 HP터빈과 IP터빈은 증기가 외부로 유출되지 않도록 해주어야 하며, 끝단에 진공압력이 형성되는 LP터빈은 공기가 LP터빈 내부로 유입되지 못하도록 해주어야 한다. 따라서 그림 5.35에 나타나 있는 것처럼 HP터빈과 IP터빈에서는 패킹 끝단에서 공기가 유입되도록 해주며, 실 중간에서 누설증기와 합류시켜 외부로 배출시킨다. LP터빈은 실 중간에 누설 방지용 증기를 공급하여 끝단에서 유입되는 증기와 함께 외부로 배출시킨다. 외부로 배출시킨 증기-공기 혼합물은 gland steam condenser로 보내서 열교환 후에 배출시킨다.

최근 들어 누설손실을 줄이기 위해서 그림 5.36에 나타나 있는 브러시 실이 많이 사용

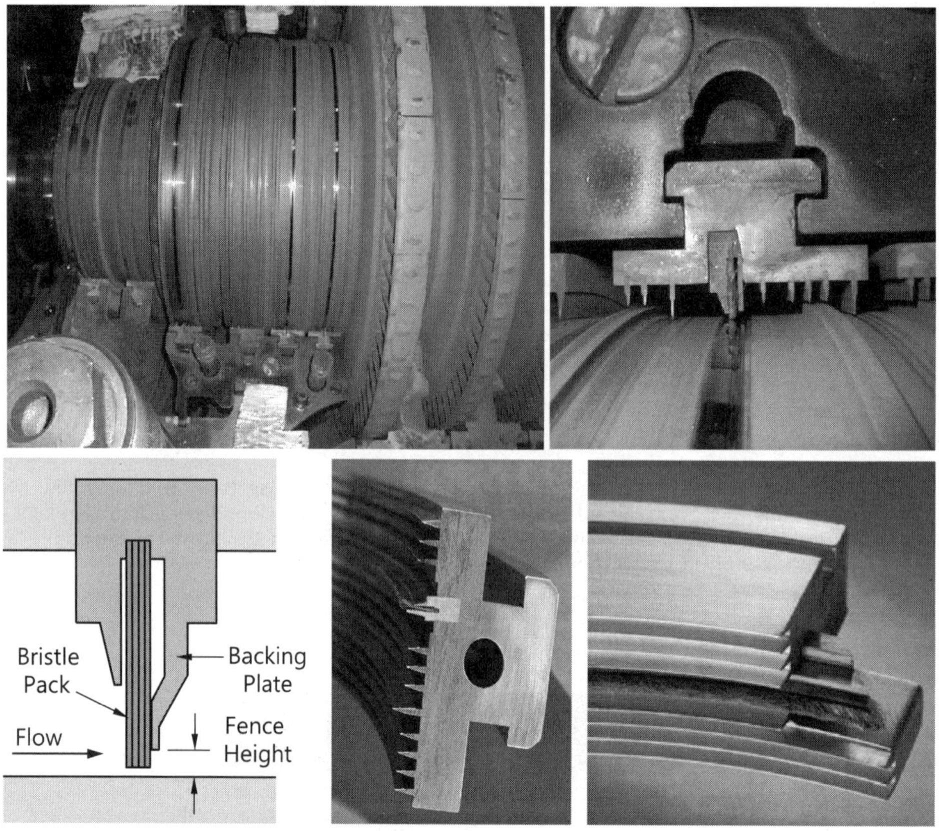

그림 5.36 브러시 실

되고 있다. 브러시 실은 변형된 형태의 라비린스 실이다. 라비린스 실 중간에 끼워지는 브러시는 유연성을 가진 재료로 만들어지기 때문에 로터축과 접촉하면서 증기누설을 최소화시킬 수 있다. 브러시 실은 그림 5.37에 나타나 있는 것처럼 발전용 가스터빈 다이어프램 루트 실에도 사용되고 있다.

다이어프램과 로터축이 맞닿는 부분에서도 노즐 열에 형성되는 큰 압력차로 인하여 누설손실이 발생하며, 증기터빈 전체 손실의 약 4%를 차지한다. 일반적으로 다이어프램 루트에는 그림 5.38에 나타나 있는 가변간극 패킹을 사용한다.

가변간극 패킹은 증기터빈을 기동하는 동안에 공진이 발생하는 임계속도를 지날 때 발생하는 실 마모를 방지하기 위하여 개발되었다. 가변간극 패킹은 증기터빈을 기동하는 동안에는 증기유량과 압력이 매우 낮기 때문에 스프링 힘에 의하여 로터축과 실 사이에 큰 간극이 유지된다. 증기터빈이 정상적으로 운전되면 가변간극 패킹을 눌러주는 압력힘이 스프링에 의한 힘보다 커져서 가변간극 패킹을 반지름방향 안쪽으로 밀어주기 때문에

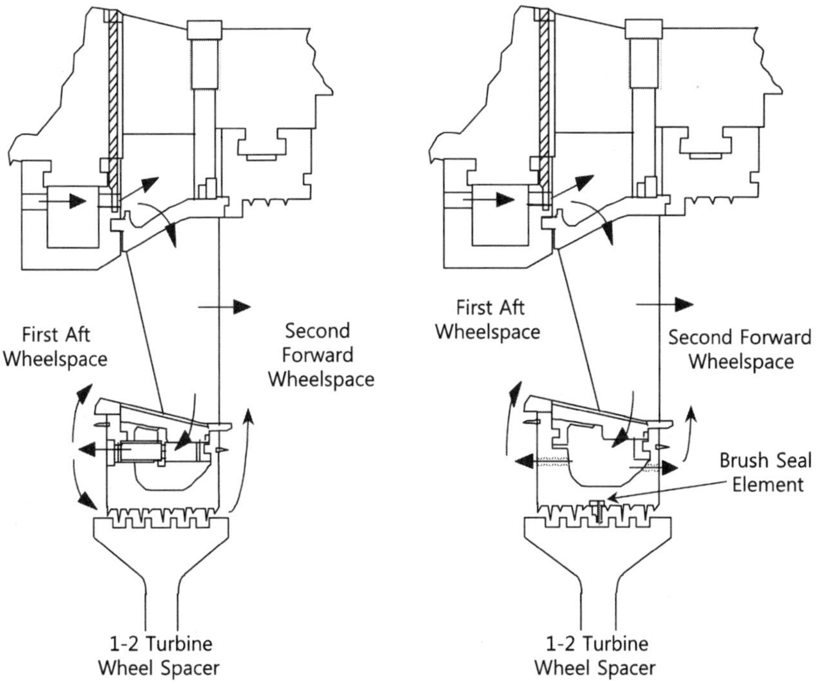

그림 5.37 가스터빈 다이어프램 브러시 실

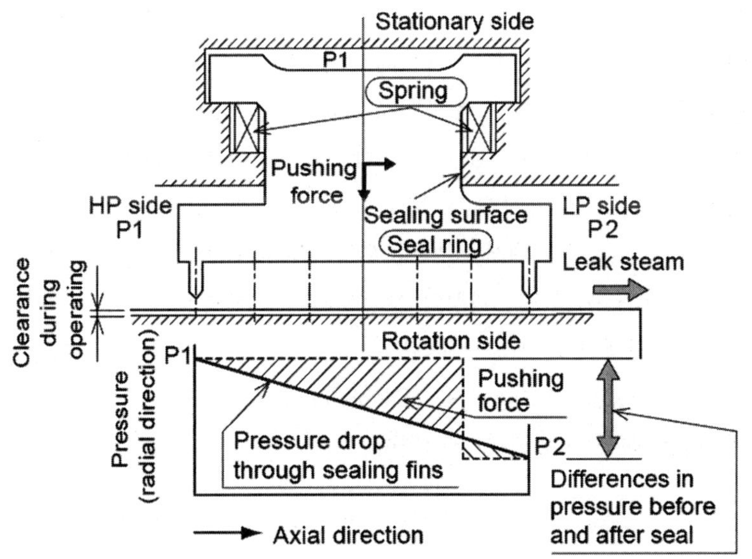

그림 5.38 가변간극 패킹

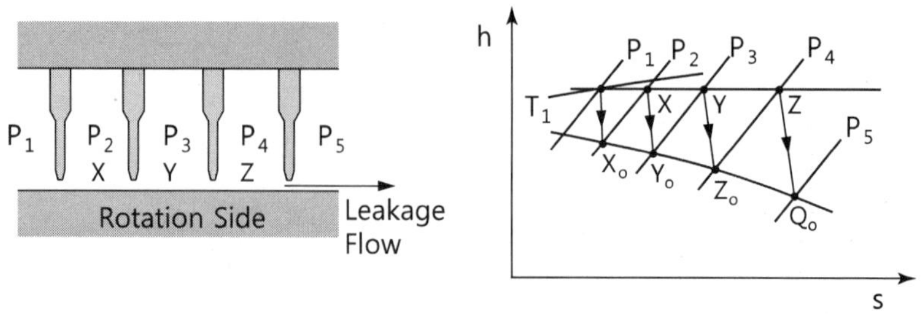

그림 5.39 라비린스 실에서의 압력 및 엔탈피 변화

실 간극이 작아져서 누설손실이 줄어든다. 스프링으로 실을 눌러주는 전통적인 패킹과는 달리 가변간극 패킹에 설치되어 있는 스프링은 로터축과 패킹 사이의 반지름방향 간극이 약 0.15인치를 유지하도록 해준다. 그러나 증기터빈에 공급되는 증기유량이 증가하여 증기압력이 상승하면 패킹을 눌러주는 압력이 증가하기 때문에 패킹이 기계적으로 정지하는 지점까지 스프링을 밀어준다. 가변간극 패킹은 이런 방법을 통해서 증기터빈 기동 초기에 발생하는 실 마모 문제를 해결하였다. 따라서 가변간극 패킹을 사용하면 오랜 기간 동안 높은 효율을 유지할 수 있으며, 유지보수를 위한 시간 간격을 늘려주고 유지보수비용도 줄어든다.

실을 통과한 증기의 엔탈피는 낮아진다. 그림 5.39에 나타나 있는 것처럼 증기가 첫째 실 스트립을 지나면 증기압력은 실 입구압력 P_1에서 P_2로 낮아지며, 엔탈피는 X_o로 줄어든다. 그런데 첫째와 둘째 실 스트립 사이에 형성되어 있는 공간에서 증기의 운동에너지가 회복되면서 엔탈피는 상태 X로 회복된다. 이때 엔탈피가 회복되더라도 압력(P_2)은 일정하게 유지된다. 이 공간에 있는 증기가 둘째 실 스트립을 지나면 증기는 더 많이 팽창해서 상태 X로부터 압력 P_3인 상태 Y_o까지 팽창한다. 이때도 마찬가지로 둘째와 셋째 실 스트립 사이에 형성되는 공간에서 증기의 운동에너지가 회복되면서 엔탈피가 증가하여 증기는 상태 Y가 된다. 이런 팽창과정과 운동에너지 회복과정은 최종적으로 팽창이 일어나는 상태 Q_o까지 진행된다. 따라서 실을 통과한 증기의 엔탈피는 낮아진다는 것을 알 수 있다. 상태 $X_o \cdots Q_o$를 연결한 선을 'Fanno curve'라 한다.

누설손실은 다음 식을 이용해서 계산한다.

$$\Delta kW = \dot{m} \cdot \Delta h \tag{5.1}$$

여기서 $\dot{m}$은 누설유량, Δh는 실을 통과하면서 발생하는 엔탈피낙차이다. 누설유량은 다음과 같은 마틴방정식을 이용해서 계산한다.

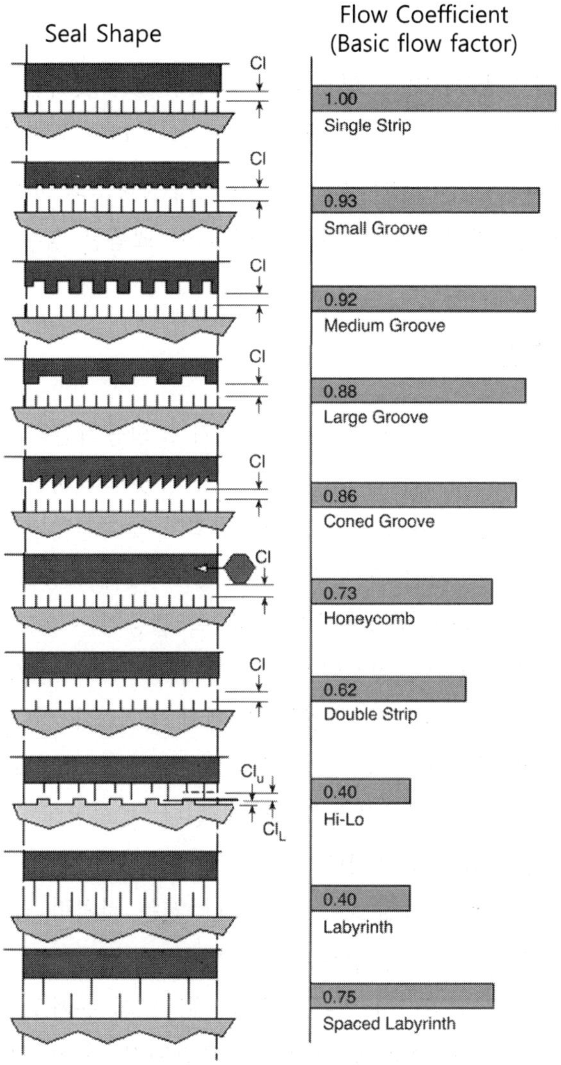

그림 5.40 마틴방정식에 사용되는 기본유량계수

$$\dot{m} = k\phi(\pi d_s cl)\sqrt{\frac{p_i(1-1/x^2)}{v_i(n+\ln x)}} \tag{5.2}$$

여기서 k는 0.472이며, 질량유량을 lb/s로 환산하기 위한 상수이다. ϕ는 마틴방정식에 대한 유량계수, d_s는 환형 누설면적에 대한 평균지름(in), cl은 누설간극(in), p_i는 실 입구 압력(psi), x는 실 입구와 출구의 압력비(입구압력/출구압력), v_i는 실 입구 증기의 비체적(ft^3/lb), n은 실 스트립 개수이다. 마틴방정식에 대한 유량계수는 다음과 같다.

$$\phi = \phi_1 \cdot \phi_2 \tag{5.3}$$

여기서 ϕ_1은 기본유량계수이며, 그림 5.40에 나타나 있는 것처럼 실 형상에 따라 다른 값을 가진다. 그리고 ϕ_2는 실 스트립의 뾰족함 정도를 나타낸다. 만약에 실 스트립이 원주방향으로 100% 마모가 발생하였으면 $\phi_2 = 1.0$, 원주방향으로 50% 마모가 발생하였으면 $\phi_2 = 0.9$, 마모가 발생하지 않아서 실 스트립 끝이 뾰족한 경우에는 $\phi_2 = 0.8$이다.

5.4.4 과포화손실

응축충격손실이라고도 불리는 **과포화손실**은 증기가 포화증기선을 가로질러 팽창하면서 습증기 영역으로 진입했을 때 증기 응축이 약간 지연되었다가 순간적으로 응축이 시작되면서 발생하는 손실이다. 증기 응축이 지연되면 압력이 낮아지는 것보다 더 빠르게 온도가 낮아지는데, 이런 현상을 과냉 또는 과포화라 한다. 따라서 증기 응축이 지연되는 동안 증기는 열역학적 평형상태에서 벗어나게 된다. 즉 습증기는 온도가 결정되면 그에 해당하는 압력이 결정되며, 압력이 결정되면 온도가 결정되는데 증기 응축이 지연되면서 압력보다 온도가 더 빠르게 낮아지면서 평형상태에서 벗어나게 된다. 포화증기선 아래에서 증기 팽창이 지속되다가 그림 5.41에 나타나 있는 Wilson line에 도달하면 증기 응축이 시작되면서 증기는 다시 평형상태에 도달하게 된다. 평형상태에 도달하면서 증기 응축이 갑자기 일어나서 물방울이 생기면 증기가 수축되면서 압력이 증가한다. 즉 증기 수축이 시작되면 증기 상태는 그림 5.41에 나타나 있는 것처럼 압력이 p_s에서 p_n으로 증가한다. 압력이 증가하면 증기가 수축되어 증기의 운동에너지가 감소하기 때문에 손실이 발생하며, 이는 그림에 나타나 있는 것처럼 엔트로피 증가로 나타난다. 이렇게 증기 응축이 지연되다가 Wilson line에 도달하여 응축되기 시작하면서 발생하는 손실이 응축충격손실이라고도 불리는 과포화손실이며, 증기터빈에서 발생하는 피할 수 없는 손실이다.

보일러에서 열량을 공급받은 증기는 증기터빈에서 팽창하면서 포화조건에 도달하기 이전까지는 증기에 저장되어 있는 과열에너지를 방출한다. 포화조건에 도달한 증기는 계속해서 팽창하면서 증기에 포함되어 있는 잠열의 일부를 방출하는데, 이때 증기에 물방울이 생성된다. 그러나 기체상태에서 액체상태로 열전달이 이루어지기 위해서는 유한한 시간이 요구된다. 그런데 증기통로에서 증기의 팽창은 무척 빠르게 일어난다. 즉 crossover pipe와 재열기를 통과하는 시간을 제외하면 증기는 HP터빈으로 유입된 후에 약 0.2초 이내에 IP터빈과 LP터빈을 거쳐서 복수기로 완전히 빠져나간다. 이렇게 증기는 순식간에

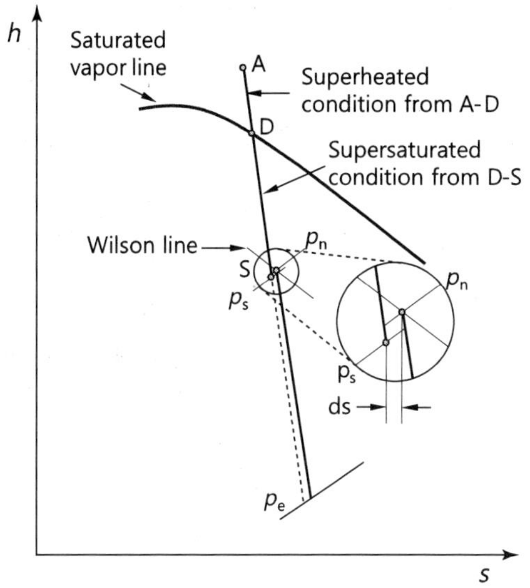

그림 5.41 Wilson line

팽창하기 때문에 포화증기선 아래에서도 순간적으로 과열상태가 지속된다. 즉 증기터빈에서 팽창하는 증기가 과열상태로부터 포화증기선을 가로질러 습증기로 팽창하는 경우에 증기의 팽창이 너무 빨리 진행되어 습분 생성이 지연된다. 따라서 증기는 포화증기선을 가로지르는 동시에 응축이 일어나지 않고 포화증기선 약간 아래에서 본격적인 응축이 일어나서 열역학적으로 평형상태에 도달하면서 정상적인 증기조건을 따르게 된다. 이렇게 실질적으로 응축이 일어나는 위치의 집합이 Wilson line이다. 그리고 포화증기선과 Wilson line 사이에 있는 증기는 준평형 상태에 머무르게 되며, 비정상적인 증기조건을 따른다. 즉 포화증기선과 Wilson line 사이의 구간에 있는 증기는 실질적으로 습증기가 아니기 때문에 과열증기 특성을 그대로 유지한다. 따라서 이 구간에 존재하는 증기를 과포화증기, 또는 과냉증기라 한다.

포화증기선 60 Btu 아래 존재하는 Wilson line은 다양한 압력 상태에서 어떤 밴드를 형성한다. Wilson line은 초기에 포화증기선 아래 습분이 4%인 곳에 위치하는 것으로 알려져 있었다. 그러나 Yellot는 Wilson line이 포화증기선 아래 습분이 3.2%인 지점에 위치하는 것을 최종적으로 확인하였다.

증기는 Wilson line에서 갑자기 응축되며, 이 압력상태에서 열역학적으로 평형이 이루어진다. 즉 Wilson line에서의 건도는 그 곳에서의 압력과 비체적(또는 엔트로피)에 의하여 결정된다. 그리고 이런 현상은 급격한 증기의 팽창이 일어나는 노즐과 버켓 모두에서 일어난다.

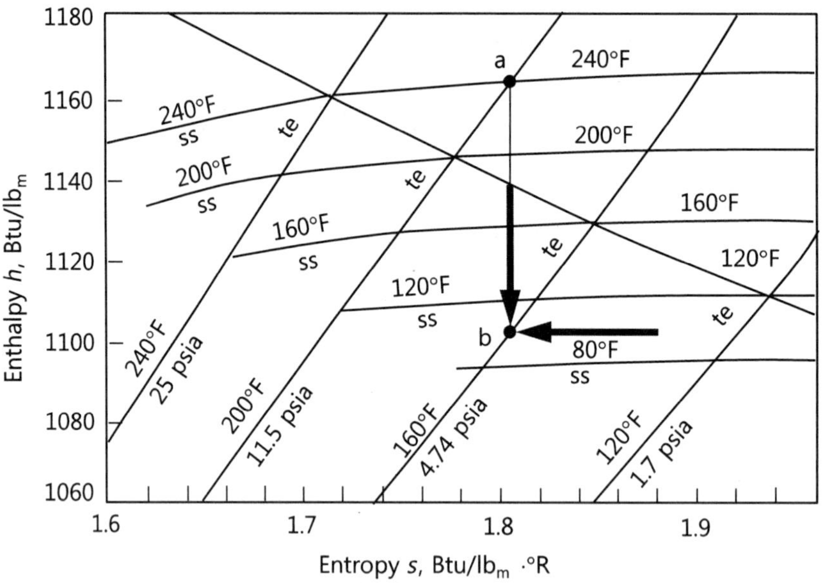

그림 5.42 과포화 (ss, 점선)와 열역학적 평형 (te, 실선)을 나타내는 h-s선도

응축충격은 그림 5.42에 나타나 있는 과포화 영역에 대한 수정 h-s선도를 이용하면 더욱 자세하게 이해할 수 있다. 열역학적으로 평형이 이루어진 상태에서 어떤 온도를 가지는 습증기는 하나이며, 그에 해당하는 오직 하나의 포화압력을 가진다. 예를 들면, 그림 5.42에서 160°F의 온도를 가지는 습증기 압력은 4.74 psia이다. 그런데 포화증기선과 Wilson line 사이에 존재하는 증기는 습증기가 아니기 때문에 과열증기처럼 행동한다. 즉 이 영역에서 증기온도는 습증기 조건을 따르지 않고 과열증기 조건을 따른다. 따라서 그림 5.42에 나타나 있는 것처럼 증기가 상태 a에서 상태 b로 팽창이 일어나는 경우에 상태 b에 있는 과포화증기는 열역학적으로 평형이 이루어진 상태의 온도인 160°F가 아니라 과열증기 온도인 105°F가 된다. 그러므로 증기는 과냉된 것과 같은 효과가 나타난다. 실제적인 압력을 저온에 해당하는 압력으로 나눈 값을 과포화도, 또는 과냉각도라 한다. 참고로, 포화증기선과 Wilson line 사이에 존재하는 증기는 과열증기처럼 행동한다고 했지만 실질적으로 이 구간에서 물방울 생성이 지연되는 것이며, 물방울이 전혀 없는 것이 아니라 약간의 물방울을 포함하고 있다.

증기가 팽창하여 Wilson line에 도달하면 급격한 응축이 발생하고 다시 열역학적 평형이 유지된다. 이 과정에서 일부 응축된 증기가 기화하면서 엔탈피가 방출되어 결과적으로 압력이 갑자기 상승하고 비체적과 속도가 감소한다. 이런 현상을 응축충격이라 하며, 이는 비록 동일하지는 않지만 초음속 노즐에서 발생하는 수직충격파 전후에 나타나는 현

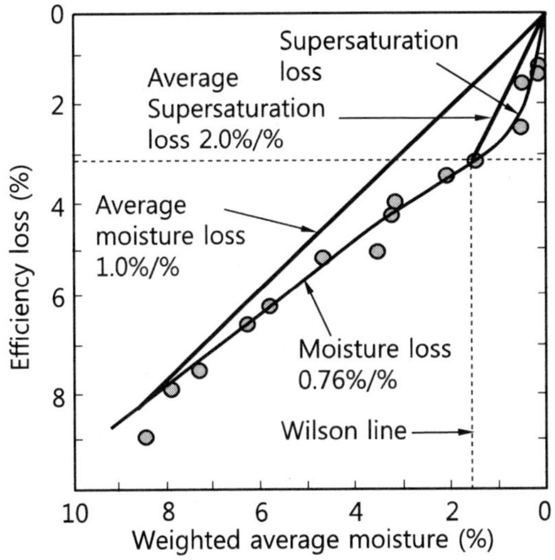

그림 5.43 과포화손실 및 습분손실 (experimental data from Cotton)

상과 비슷하기 때문에 응축충격이라고 한다. 응축충격은 추가적인 손실을 유발시키는 비가역과정이다.

그림 5.43에 과포화손실과 습분손실을 측정한 실험 데이터가 나타나 있다. 이 그림에 의하면 가중평균습분 1%당 2%의 응축충격손실이 수반되는 것을 확인할 수 있다. 여기서 가중평균습분이란 관찰 부분 입구와 출구에서의 습분을 더하여 2로 나누어준 값을 말한다. 따라서 이 그림에 나타나 있는 것처럼 Wilson line은 습분이 3.2% 되는 지점에 위치하기 때문에 가중평균습분은 1.6%이다.

그림 5.44에 증기터빈에서의 물방울 생성을 개념적으로 나타냈다. Wilson line에서 증기의 응축이 시작되면 지름이 0.5~1.0 μm(일부 문헌에 의하면 지름이 0.01 μm)인 매우 작은 물방울들이 생성되어 안개를 형성한다. 정적인 자연상태에서 자연적으로 생성되는 물방울 크기가 대략 3 μm라는 것을 고려하면 Wilson line에서 생성되는 물방울 크기는 매우 작다는 것을 알 수 있다. 이 물방울들은 격렬한 난류유동에 의하여 서로 충돌하면서 표면장력에 의해 서로 합쳐져서 더욱 큰 물방울로 성장한다.

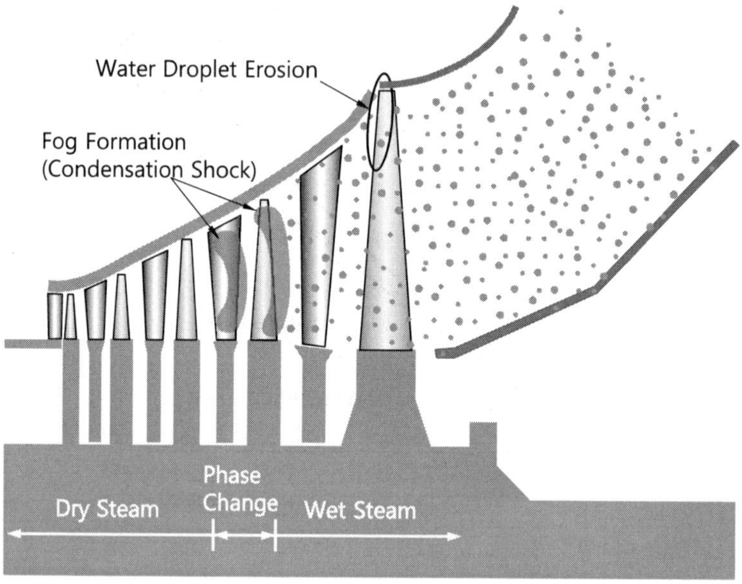

그림 5.44 증기터빈에서의 물방울 생성

5.4.5 습분손실

증기가 LP터빈에서 팽창하면서 포화증기선과 Wilson line 사이에서는 과포화손실이 발생하며, Wilson line 아래서는 증기 중에 생성된 물방울에 의하여 습분손실이 발생한다. Wilson line을 지나면서 생성되는 물방울은 지름이 1 μm 이하로 매우 작아서 증기에 포함되어 하류로 흘러간다. 그러나 이들 작은 물방울들은 하류로 흘러가면서 난류유동에 의해 서로 부딪치면서 합쳐져서 큰 물방울로 성장한다. 증기와 함께 흘러가는 큰 물방울은 관성을 가지기 때문에 증기의 유선이 급격히 바뀌는 노즐통로 내부에서 증기유선으로부터 이탈하여 노즐 표면에 충돌하면서 부착된다. 노즐 표면에 부착된 물방울은 수막을 형성하며, 이 수막은 증기유동에 의한 전단력으로 인하여 노즐 뒷전으로 흘러간다. 그림 5.45에 나타나 있는 것처럼 수막은 노즐 뒷전에서 떨어져 나와 약 200 μm 정도의 지름을 가진 비교적 큰 물방울이 된다. 노즐 뒷전에서 떨어져 나오는 시점에서 물방울 속도는 0이다. 따라서 물방울과 증기속도 사이에는 큰 미끄럼 속도가 존재하며, 이로 인해 물방울 표면에는 큰 전단력이 작용하여 물방울은 그림 5.46에 나타나 있는 것처럼 작은 크기의 물방울로 다시 분열된다. 증기터빈 내부의 유동조건에 따라 약간의 차이가 있겠지만 노즐 뒷전에서 떨어져 나온 큰 물방울은 분열되어 평균지름 약 30 μm 크기의 물방울이 된다. 이렇게 큰 물방울이 작은 물방울로 분열되면서 증기에 의해서 가속되어 하류로 흘

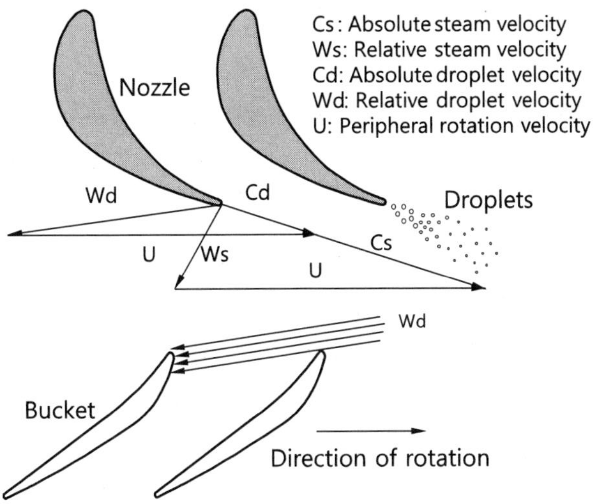

그림 5.45 증기 및 물방울 유동에 대한 속도삼각형

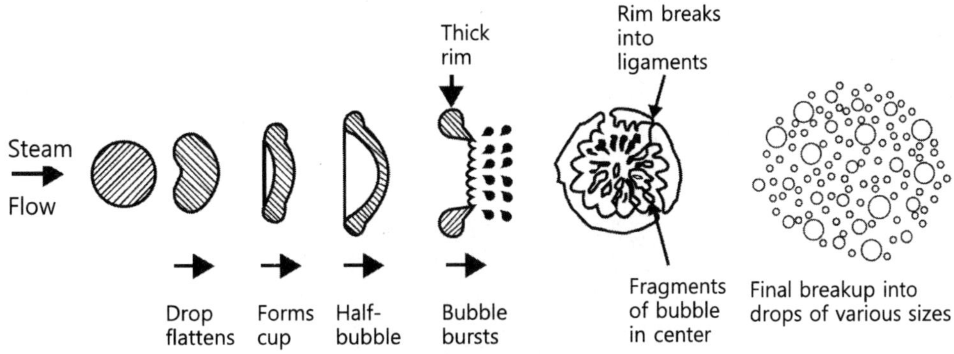

그림 5.46 웨버 수가 14 이상일 때 물방울 분열

러간다. 그런데 물방울이 가속되어 하류로 흘러가는 이유는 물방울이 증기로부터 운동량을 전달받기 때문이다. 즉 증기는 물방울을 가속시키기 위하여 운동량을 잃어버리며, 반대로 물방울은 증기로부터 운동량을 전달받아 가속되면서 증기와 함께 하류로 흘러간다. 따라서 증기에 물방울이 포함되어 있으면 증기는 운동량을 물방울에 빼앗기기 때문에 손실이 발생한다. 이런 손실을 'inter-phase drag loss'라 한다(Guo *et al.*, 2007).

노즐 뒷전에서 떨어져 나온 저속의 물방울은 그림 5.45에 나타나 있는 것처럼 버켓 흡입면 앞전에 충돌하며, 이로 인해서 두 가지 중요한 현상이 나타난다. 하나는 LSB 습분 침식이며, 다른 하나는 증기터빈 출력저하이다. 증기터빈 출력이 저하되는 원인은 버켓이 회전하는 반대방향으로 물방울이 유입되어 충돌하면서 발생하는 충격량이 회전하고 있는 버켓에 제동력으로 작용하기 때문이다. 이런 손실을 'braking loss'라 한다(Guo *et al.*,

2007). 그러므로 습증기 영역에서 운전되는 증기터빈 단은 과열증기 영역에서 운전되는 단에 비하여 효율이 낮다.

버켓 표면에 부착된 물방울도 수막을 형성하며, 이 수막은 증기유동에 의해서 축방향으로 끌려가기도 하지만 버켓 회전에 의한 원심력으로 인해서 반지름방향을 따라 버켓 팁 쪽으로 끌려간다. 결과적으로 출력의 일부가 수막의 운동량을 증가시키는 데 사용되기 때문에 손실이 발생하며, 이를 'pumping loss'라 한다(Guo *et al.*, 2007).

습분손실을 피할 수는 없다. 물론 ELEP가 과열영역에 위치하도록 설계하면 습분손실을 피할 수는 있다. 그러나 이렇게 설계하면 복수기가 커지며, 복수기로 빠져나가는 열량이 증가한다. 습분손실 크기는 일반적으로 가중평균습분을 기준으로 나타내며, 그림 5.43에 나타나 있는 것처럼 가중평균습분 1%에 대해서 약 1% 정도의 효율 손실이 나타난다.

습분손실은 원자력발전에서 더욱 크게 발생한다. 원자력발전 HP터빈에 유입되는 증기의 습분은 거의 0이며, HP터빈을 빠져나가는 증기의 습분은 14% 정도이다. 따라서 원자력발전 HP터빈에서 가중평균습분은 7%이기 때문에 화력발전 HP터빈에 비해서 효율이 약 7% 낮다. 그리고 비재열 원자력발전 LP터빈은 화력발전 LP터빈에 비해서 효율이 약 5% 정도 낮다. 이는 화력발전 LP터빈은 출구에서 6%의 습분을 가지는 데 반해서 원자

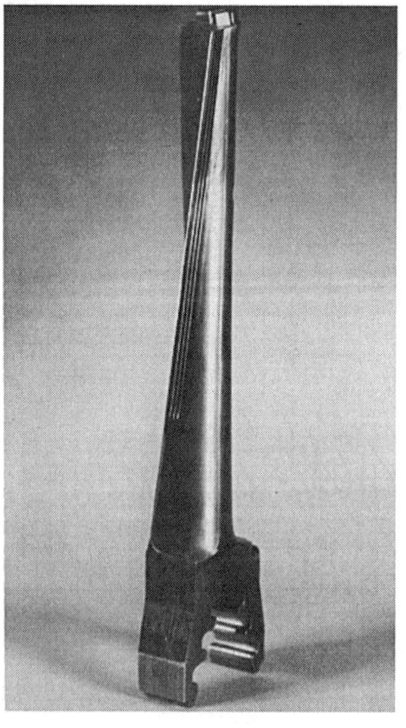

그림 5.47 습분제거용 그루브가 설치된 버켓

력발전 LP터빈은 15%의 습분을 가지기 때문이다. 원자력발전 LP터빈이 화력발전 LP터빈 효율보다 낮은 값을 가지는 추가적인 원인으로는 원자력발전 LP터빈 LSB의 경우 자유팁 블레이드이기 때문이다. 버켓 커버가 없으면 누설손실이 증가한다.

일반적으로 LP터빈 출구에서 습분이 12%를 초과하지 않도록 설계한다. 습분이 12%를 초과하면 LSB에 심각한 습분침식이 발생하여 성능이 낮아지며, LSB 교체에 따른 유지보수비용이 증가한다. 따라서 습분침식에 대비하기 위하여 화력발전에는 티타늄합금으로 제작한 LSB가 사용되고 있다. LP터빈 출구에서 습분이 12%를 초과하면 습분제거장치의 사용을 고려해야 한다. 화력발전은 LP터빈 출구에서 습분이 12%를 초과하지 않지만 원자력발전은 대부분 초과한다. 따라서 원자력발전 증기터빈에서는 증기터빈 증기통로 내부에서 습분을 제거하기 위하여 그림 5.47에 나타나 있는 습분제거용 그루브가 설치된 버켓을 사용한다. 이런 버켓을 사용하면 증기통로에서 물방울이 제거되면서 증기의 엔탈피가 상승한다. 그림 5.48에 있는 비재열 원자력발전 팽창선을 살펴보면, 불연속이 나타나면서 국부적으로 엔탈피가 증가하는 것을 볼 수 있는데, 이는 습분제거용 그루브가 설치된 버켓에서 물방울이 제거된 효과로 나타나는 현상이다. 습분제거용 그루브가 흡입면 앞전에 설치되어 있는 이유는 그림 5.45에 나타나 있는 것처럼 버켓으로 유입되는 물방울이 이 부분에 충돌하기 때문이다.

원자력발전은 LP터빈 출구에서 습분을 줄여주기 위하여 습분제거용 그루브가 설치된 버켓을 이용하는 것과 병행하여 대부분 재열사이클을 채택하고 있다. 일반적으로 비재열

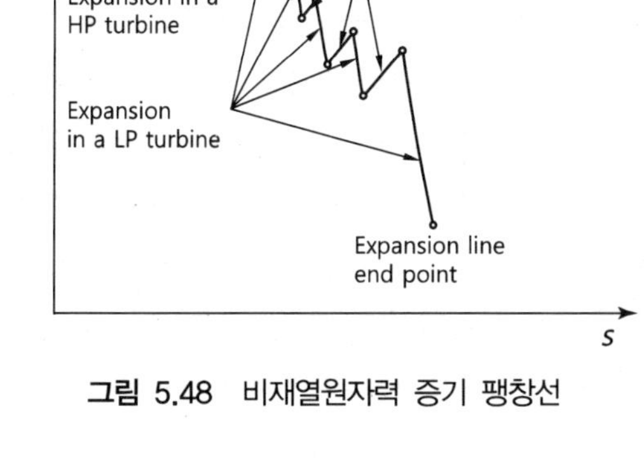

그림 5.48 비재열원자력 증기 팽창선

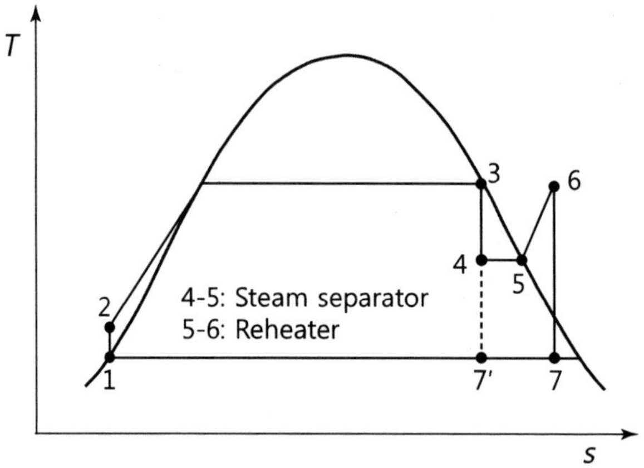

그림 5.49 재열사이클 원자력발전 T-s선도

원자력발전 LP터빈 출구에서 습분은 약 15%인데 반해서 재열 원자력발전은 10% 이하로 줄어든다. 따라서 재열사이클을 적용하면 LP터빈 출구에서 약 5% 정도의 습분을 줄일 수 있다. 원자력발전에서는 증기의 재열을 위하여 MSR을 사용한다. 재열사이클 원자력발전에 대한 T-s선도를 그림 5.49에 나타냈다. 이 그림에서 과정 $4 \rightarrow 5$는 HP터빈을 빠져나온 증기의 습분이 MSR의 습분분리기에서 제거되는 과정이며, 과정 $5 \rightarrow 6$은 MSR의 재열기에서 증기가 재열되는 과정이다. 그런데 이 선도로부터 재열사이클을 적용하면 사이클 효율이 낮아진다는 것을 알 수 있다. 즉 재열을 통해서 추가되는 사이클인 4-5-6-7-7′-4의 등가사이클고온은 비재열사이클인 1-2-3-7′-1의 등가사이클고온보다 낮다. 그러나 실질적으로 재열 원자력발전 열효율은 비재열 원자력발전 열효율에 비해 높다. 이는 재열 원자력발전 LP터빈 출구 습분이 비재열 원자력발전에 비해 크게 낮아서 습분손실이 크게 줄어들기 때문이다.

5.4.6 배기손실

배기손실은 LP exhaust hood, 즉 LSB 출구단면으로부터 복수기 플랜지 사이에서 발생하는 손실이며, LSB를 빠져나가는 증기의 절대속도에 의해서 가장 큰 영향을 받는다. 일반적으로 정격출력 상태에서 증기터빈에서 이용가능에너지의 약 3%에 해당하는 크기의 배기손실이 발생한다. 배기손실은 leaving loss와 hood loss를 합친 것이다. Leaving loss는 LSB 출구단면을 빠져나가는 증기의 운동에너지를 의미한다. 증기터빈에서 LSB를 제외한 모든 단을 떠나는 증기에 포함되어 있는 운동에너지는 다음 단에서 이용할 수 있다. 그러나 LSB를 빠져나간 증기는 복수기로 보내지기 때문에 그 속에 포함되어 있는 에너

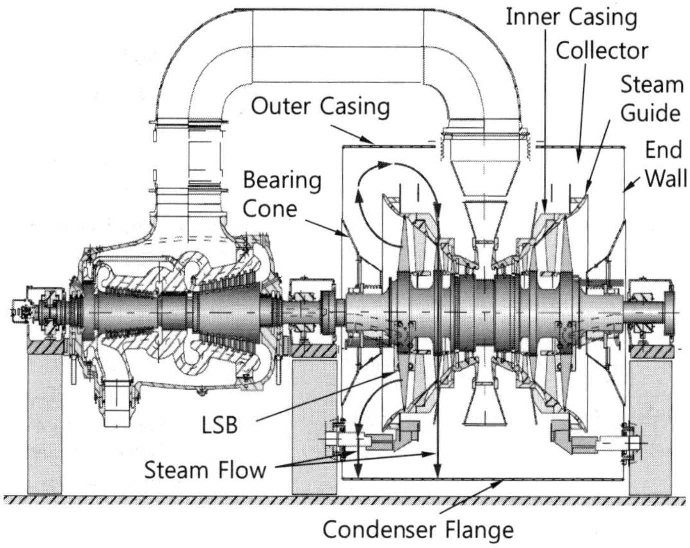

그림 5.50 하방 배기 구조의 LP터빈

지는 더 이상 이용할 수 없다. 따라서 LSB를 빠져나가는 증기에 포함되어 있는 운동에너지를 leaving loss라 한다. 대형 화력발전 및 원자력발전에서 복수기는 LP터빈 바로 아래에 위치하기 때문에 LP터빈을 빠져나간 증기는 그림 5.50에 나타나 있는 것과 같이 축방향으로부터 반지름방향으로 방향을 전환하여 아래로 향하는 구조로 되어 있다. 따라서 LP exhaust hood의 역할은 LSB를 빠져나간 축방향 증기유동을 반지름방향으로 전환하는 것이다. 아울러 LP exhaust hood는 디퓨저 역할, 즉 LSB를 빠져나간 고속의 증기에 포함되어 있는 운동에너지를 압력에너지로 회복시키는 역할을 한다. 그런데 LSB를 빠져나가 복수기 플랜지에 도달하는 동안에 압력손실이 발생한다. 이렇게 LP exhaust hood에서 발생하는 압력손실에 의한 손실을 hood loss라 한다.

복수기 입구 증기조건과 LSB 출구 증기조건은 배기손실 때문에 달라진다. 복수기 입구 증기조건을 ELEP라 하며, LSB 출구 증기조건을 UEEP 또는 TEP(Turbine End Point)라 한다. 그러므로 그림 5.51에 나타나 있는 것처럼 UEEP는 ELEP와 배기손실의 합과 같다.

배기손실은 그림 5.52에 나타나 있는 것처럼 LSB 출구단면을 빠져나가는 증기속도에 의해서 결정되며, 속도 크기에 따라 leaving loss, turn-up loss, hood loss, annulus restriction loss로 구성된다. 그런데 배기손실을 leaving loss와 hood loss의 합이라고 하는 이유는 증기터빈은 대부분 이 두 가지 손실이 존재하는 속도 영역에서 운전되기 때문이다.

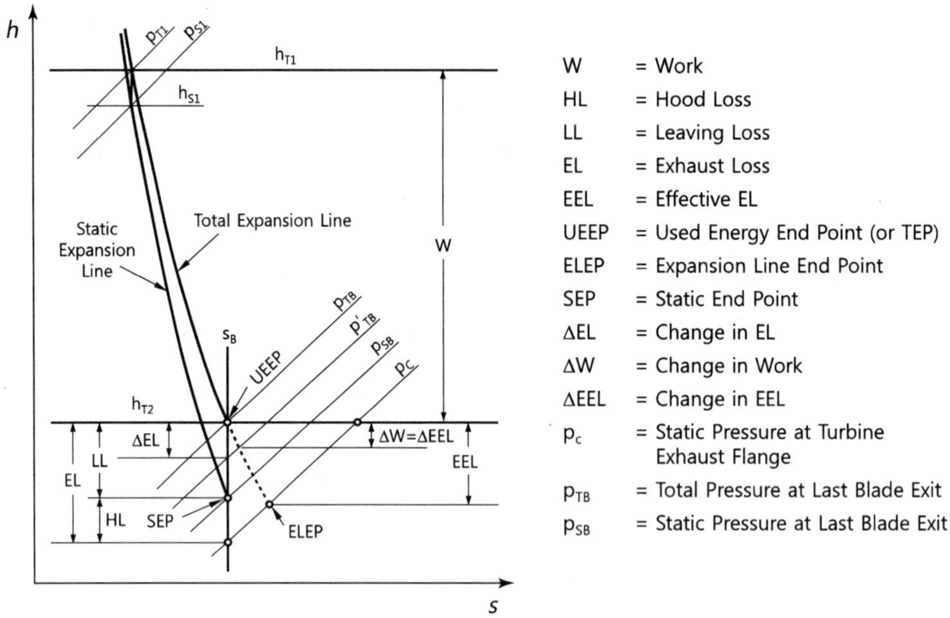

그림 5.51 배기손실

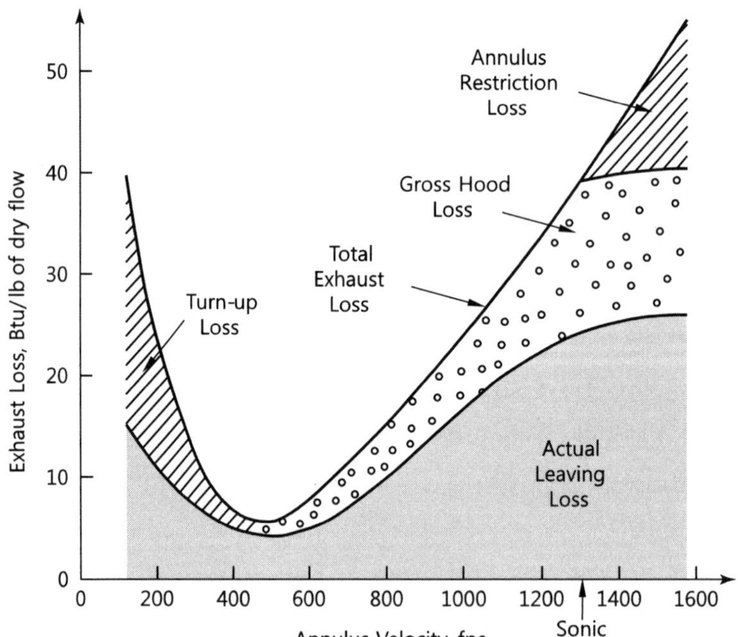

그림 5.52 배기손실 구성요소

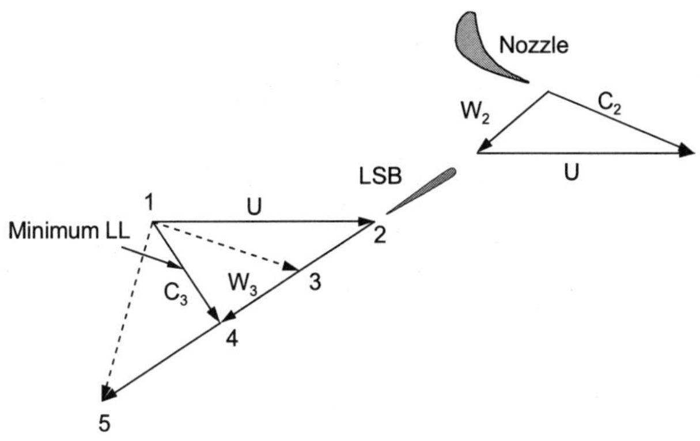

그림 5.53 LSB 속도삼각형

Leaving loss는 LSB를 빠져나가는 증기에 포함되어 있는 운동에너지이며, 크기는 LSB를 빠져나가는 증기의 절대속도에 의해서 결정된다. 그림 5.53에 나타나 있는 LSB 속도삼각형에서 LSB를 빠져나가는 증기의 상대속도(W_3) 크기가 0이면, 증기의 절대속도(C_3) 크기는 LSB 회전속도인 U이다. 이 상태에서 LSB를 빠져나가는 증기의 상대속도가 점점 증가하면 증기의 절대속도는 점점 작아진다. 그러므로 그림 5.52에서 확인할 수 있는 것처럼 LSB를 빠져나가는 상대속도가 증가할수록 leaving loss가 점점 작아진다. 그리고 LSB를 빠져나가는 증기의 상대속도가 점점 증가하여 절대속도와 직각을 이룰 때 leaving loss는 가장 작게 발생한다. 이는 그림 5.53에 나타나 있는 것처럼 LSB를 빠져나가는 증기의 상대속도와 절대속도가 직각을 이룰 때 절대속도 크기가 가장 작아지기 때문이다. 이때가 그림 5.52에서 LSB를 빠져나가는 증기속도가 약 500 fps일 때이다. 이 상태에서 LSB를 빠져나가는 증기의 상대속도가 더욱 증가하면 절대속도 또한 증가하기 때문에 leaving loss도 증가한다.

대형 화력발전에서 LSB를 빠져나가는 증기속도는 약 270～300 m/s (900～1000 ft/s) 정도이며, 이로 인해 증기터빈 이용가능에너지의 약 2～3%에 해당하는 크기의 손실이 발생한다. 그림 5.52에서 증기터빈을 빠져나가는 증기속도가 줄어들면 배기손실도 작아진다는 것을 알 수 있다. 실제적으로 증기터빈을 부분부하로 운전하면 증기의 질량유량이 작아져서 LSB를 빠져나가는 증기속도가 줄어들기 때문에 배기손실이 줄어든다. 그리고 LSB 길이를 증가시키면 LSB 출구 단면적이 증가하기 때문에 LSB를 빠져나가는 증기속도가 작아져서 배기손실이 줄어든다. 그러나 배기손실을 줄이기 위하여 LSB 길이를 증가시키면 증기터빈 제작비가 증가하기 때문에 고도의 경제성 검토가 요구된다. 아울러 LP터빈 수를 늘리면 LP터빈 출구에서의 속도가 줄어들기 때문에 leaving loss가 줄어든

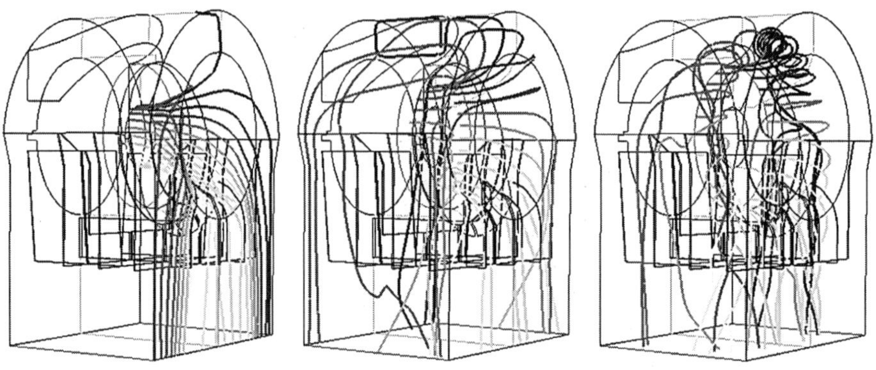

(a) LSB 루트 출발 유동 (b) LSB 피치 출발 유동 (c) LSB 팁 출발 유동

그림 5.54 LP exhaust hood에서의 증기 path lines

다. 그러나 이 방법 또한 증기터빈 제작비가 현저하게 증가하기 때문에 현실적으로 이용하지 않고 있다. 한편, 화력발전은 원자력발전에 비해서 짧은 LSB를 사용하기 때문에 leaving loss가 더 크게 발생한다.

Hood loss는 LSB를 빠져나간 증기가 LP exhaust hood를 흘러가면서 발생하는 구성품과의 마찰과 유동 중에 발생하는 와류로 인해서 발생하는 손실이다. 유체가 흘러가면서 발생하는 마찰손실은 피할 수 없다. 따라서 hood loss를 줄이기 위해서는 LP exhaust hood에서 발생하는 와류 발생을 최소화시켜야 한다.

LP exhaust hood를 구성하는 요소 가운데 steam guide와 bearing cone은 그림 5.50에서 확인할 수 있는 것처럼 LSB를 빠져나간 증기유동을 축방향으로부터 반지름방향으로 전환시키는 역할을 한다. 특히 steam guide는 Coanda effect를 이용하여 증기의 방향전환을 유도하는 결정적인 역할을 수행하는 가장 중요한 구성품이다. Coanda effect란 유체가 벽면을 따라 흘러가려는 경향을 나타낸다는 것을 의미한다. 그런데 steam guide를 따라서 흘러가는 증기는 그림 5.54에 나타나 있는 것처럼 steam guide를 떠나면서 와류가 된다. 그런데 이렇게 발생하는 와류의 강도와 크기가 증가할수록 증기에 포함되어 있는 운동에너지가 소멸되기 때문에 손실이 증가한다. 따라서 성능이 우수한 LP exhaust hood를 설계하기 위해서는 고도의 유체역학적 기술이 요구된다.

그림 5.2에서 증기터빈에서 발생하는 단일 손실 가운데 LP exhaust hood에서 발생하는 배기손실이 가장 크다는 것을 알 수 있다. 아울러 그림 5.55에 나타나 있는 것처럼 복수기 압력을 낮추면 열효율이 크게 향상된다. 그런데 hood loss를 줄이면 복수기 압력을 낮추는 것과 동일한 효과가 발생한다. 최근 들어 발전설비 선진업체들은 CFD 기술을 이용한 고성능 LP exhaust hood를 개발하여 신규로 개발하는 증기터빈에 적용하고 있다.

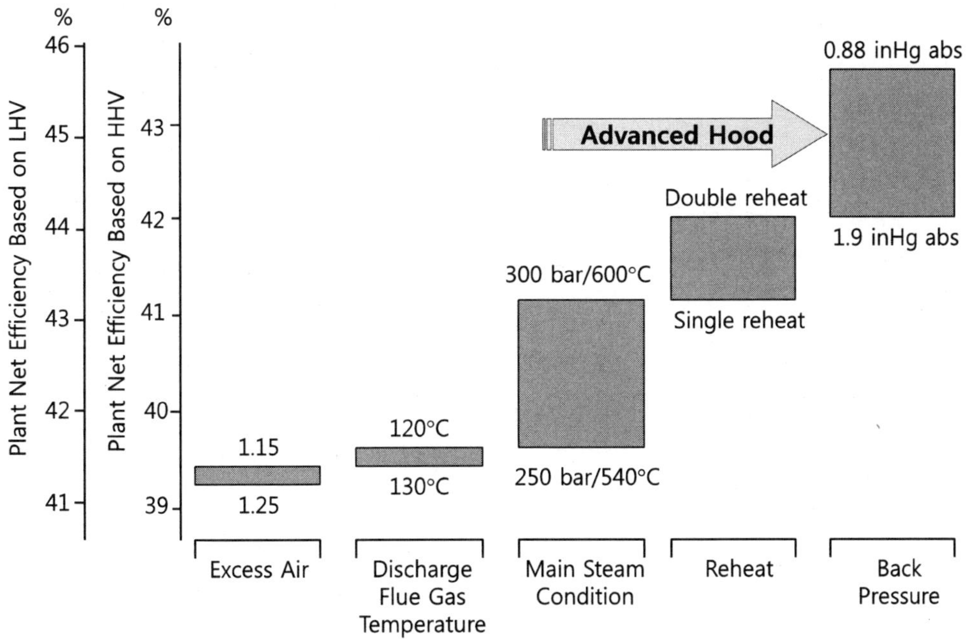

그림 5.55 석탄화력발전 효율 향상 (Siemens)

아울러 오래 전에 설치한 증기터빈 개량에도 고성능 LP exhaust hood를 적용하여 열효율을 크게 향상시키고 있다.

Turn-up loss는 LSB를 통과하는 증기유량이 줄어들었을 때 그림 5.56에 나타나 있는 것과 같이 LSB 루트 근처에 선회유동이 형성되어 발생하는 손실이다. Turn-up region을 가로질러 회전하는 LSB는 압축기 역할을 하기 때문에 그림 5.52에 나타나 있는 것처럼 LSB 출구에서 배기속도가 작아지면 배기손실이 급격하게 증가한다. LSB가 압축기 역할을 한다는 증거는 부분부하운전 시 L-1 단에서 추기하는 증기압력이 복수기 압력보다 낮다는 것을 통해서 나타난다.

LSB 루트에 선회유동이 형성되면 유체마찰에 의한 열(windage heat)이 발생한다. 선회유동은 정체된 유동이기 때문에 LSB가 선회유동을 가로질러 회전하면서 유체마찰이 발생하며, 이로 인해서 마찰열이 발생한다. 이렇게 발생하는 마찰열에 의한 온도상승을 방지하기 위하여 그림 5.57에 나타나 있는 것처럼 LSB 하류 선회유동 내부로 물을 분사해준다. 이를 위해 steam guide에 90° 간격으로 네 개의 물 분사노즐을 설치한다. LSB 출구 증기온도가 60℃(140℉)에 도달하면 물 분사를 시작하며, LSB 출구 증기온도가 107℃(225℉)에 도달하거나 L-1 단 출구 증기온도가 260℃(500℉)에 도달하면 증기터빈이 트립된다.

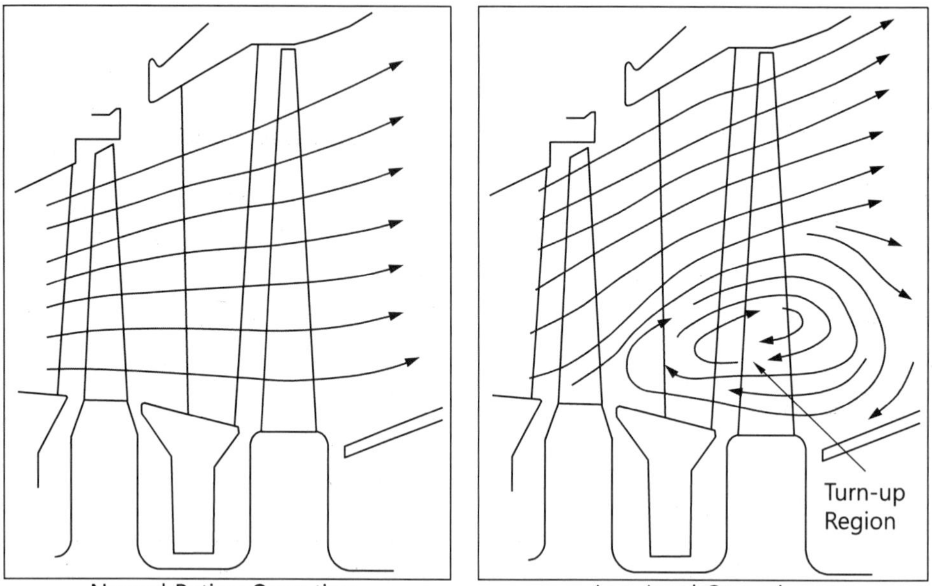

그림 5.56 LSB 증기유동(GE)

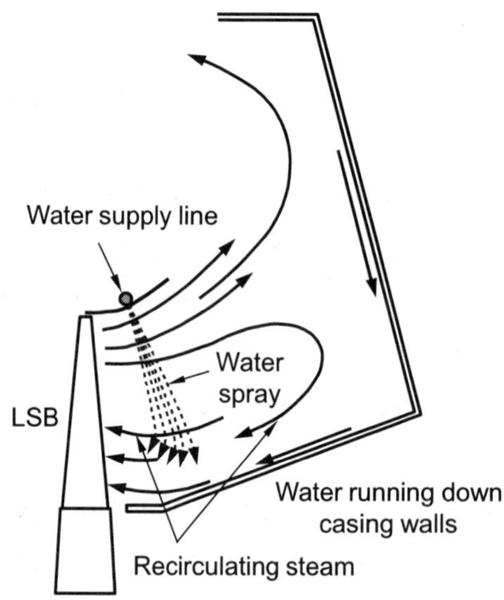

그림 5.57 LSB 하류 물 분사

LSB 출구에 물을 분사하면 선회유동으로 인하여 물방울이 증기와 함께 LSB 루트 쪽으로 유입되어 LSB 루트 뒷전 흡입면과 충돌하면서 습분침식이 발생한다. 버켓 뒷전 두께는 형상손실을 작게 유지하기 위하여 매우 얇게 설계된다. 그런데 LSB 루트에는 큰 원심응력이 작용한다. 그리고 하방 배기 구조를 가지는 LP터빈의 LSB 출구단면에는 원

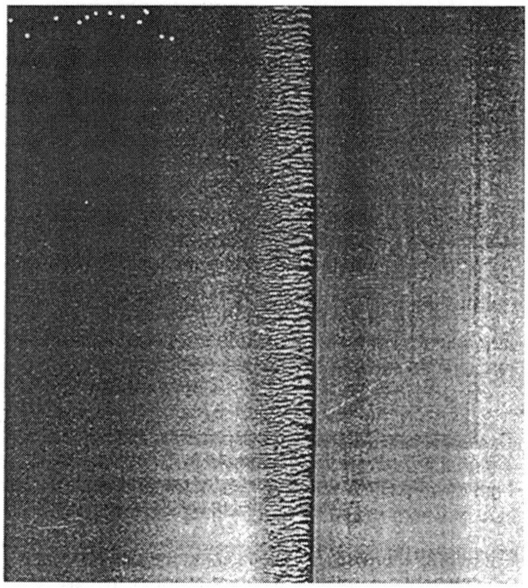

그림 5.58 LSB 루트 흡입면 뒷전 습분침식

주방향을 따라 구조적인 유동 불균형이 발생하기 때문에 LSB는 진동을 수반한다. 따라서 LSB 루트 뒷전에 습분침식이 발생하면 크랙이 발생하기 쉬우며, 이로 인해 LSB가 절단되는 대형사고 발생 위험성이 증가한다. 일일 기동/정지하는 복합발전용 증기터빈은 부분부하운전이 짧은 주기로 반복된다. 따라서 일일 기동/정지 복합발전용 증기터빈 LSB는 루트 뒷전 흡입면에서 발생하는 습분침식 진행 정도를 세심하게 관찰해야 한다. 그림 5.58에 LSB 루트 뒷전 흡입면에 발생한 습분침식 형상이 나타나 있다.

Annulus restriction loss는 LSB를 빠져나가는 증기속도가 음속에 도달했을 때 발생하기 시작하는 손실이다. LSB를 가로지르는 증기의 압력비가 충분히 높아서 임계압력비에 도달하면 LSB를 빠져나가는 증기속도는 음속이 된다. 그런데 이 상태에서 LSB 입구압력이 더욱 높아질수록 음속의 크기가 더욱 증가하기 때문에 LSB를 빠져나가는 증기속도는 증가한다. 그러나 임계압력비를 초과하는 경우 기준압력을 초과하는 압력은 일을 생산하지 못한다. 따라서 이를 'annulus restriction loss'라 한다. 정상적인 운전조건에서 LSB를 빠져나가는 증기의 마하 수는 약 0.7 정도이다. 따라서 annulus restriction loss는 실제로 거의 일어나지 않는다.

LSB에 커버가 없으면 LSB 팁 간극을 통해서 많은 증기가 빠져나가 steam guide를 따라 흐르면서 유동이 가속되기 때문에 그림 5.59에 나타나 있는 것처럼 팁 간극 하류에 국부적인 초음속 영역이 형성되며, 이로 인해 유동박리가 일어난다. 그런데 유동박리가 시작되는 위치는 steam guide를 따라서 상류와 하류로 이동하기 때문에 이로 인해서 진

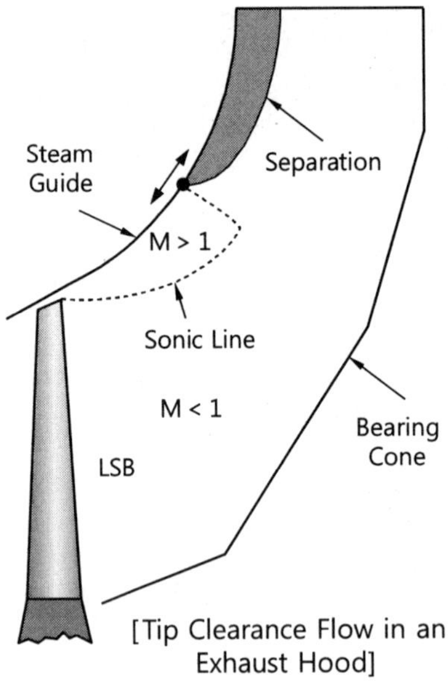

그림 5.59 LP exhaust hood 팁 간극 유동

동이 발생한다.

▌연습문제 5.1 그림 5.60은 실제 증기터빈에 대한 heat balance 가운데 LP터빈 부위를 나타낸 것이다. 이 그림에 나타나 있는 자료를 참고하여 UEEP를 계산하여 그림에 나타나 있는 값과 비교하여라. 그리고 계산된 UEEP를 이용하여 LP터빈 출력을 계산하여라. 이 증기터빈의 주요 사양은 출력 700 MW, 6 flow, 30″LSB이다. 배기손실곡선은 그림 5.61에 있는 GE사 자료를 참고하여라.

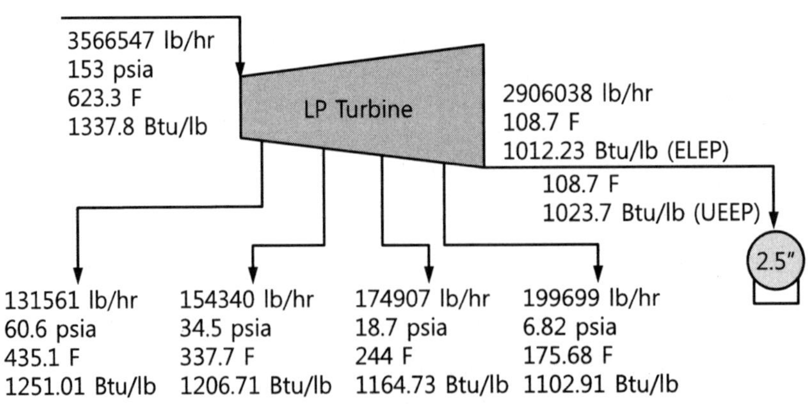

그림 5.60 LP터빈 heat balance

풀이 LSB를 빠져나가는 증기속도 V_{an}을 계산한다. 이를 위해 하나의 LSB 출구단면을 빠져나가는 증기의 질량유량을 계산한다.

$$\dot{m} = \text{total mass flow rate exiting LSB/number of flows}$$
$$= 2{,}906{,}038/6 = 484{,}340 \text{ lb/hr}$$

복수기 압력을 이용하여 증기표에서 비체적을 찾는다.

$$v = 274.86 \text{ ft}^3\text{/lb (@ } p = 2.5 \text{ in.Hga)}$$

LSB 출구 단면적은 그림 5.61에 있는 자료를 이용한다. 그리고 LSB 출구에서 습분을 증기표를 이용하여 찾는다.

$$A_{an} = 55.6 \text{ ft}^2$$
$$Y = 9.36\% \text{ (@ } p = 1.22833 \text{ psia, } h = 1012.23 \text{ Btu/lb)}$$

그림 5.61에 주어져 있는 식을 이용하여 LSB를 빠져나가는 증기속도를 계산한다.

$$V_{an} = \frac{\dot{m}\,v\,(1 - 0.01\,Y)}{3600\,A_{an}}$$

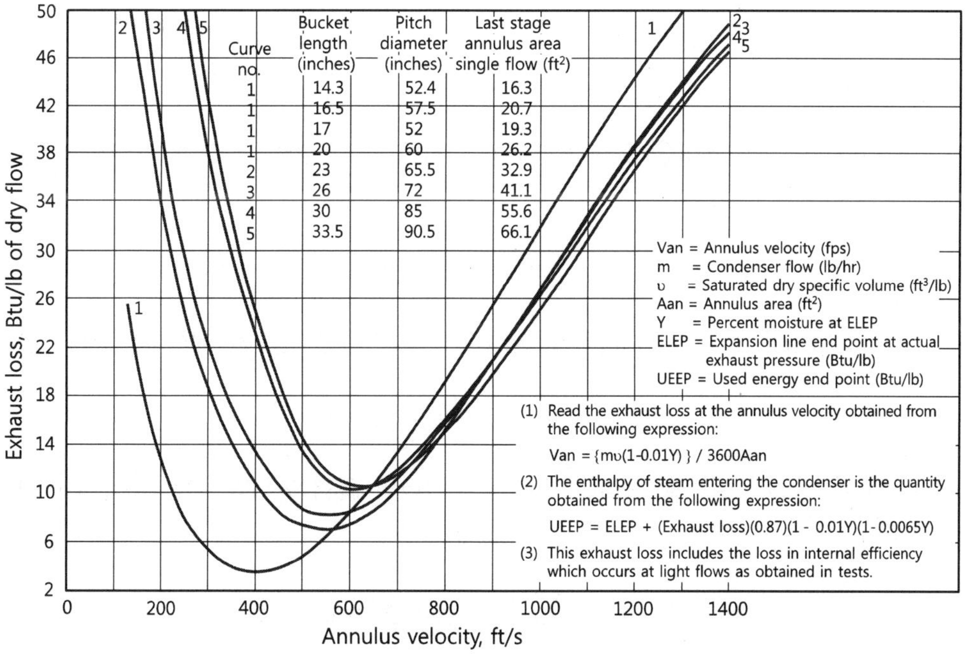

그림 5.61 배기손실곡선 (3,600 rpm, GE)

$=484{,}340 \times 274.86 \times (1-0.01 \times 9.36) / (3600 \times 55.6) = 602.8$ fps

그림 5.61에 나타나 있는 배기손실곡선으로부터 V_{an}에 해당하는 값을 찾으면 배기손실은 약 11 Btu/lb이다. 그런데 배기손실곡선에서 찾은 값은 습분효과가 반영되지 않은 건배기손실(dry exhaust loss)이다. 따라서 그림 5.61에 나타나 있는 식을 이용하여 실질적인 배기손실을 계산한다.

$$\begin{aligned}\text{Actual exhaust loss} &= (\text{Exhaust loss})(0.87)(1-0.01\text{Y})(1-0.0065\text{Y}) \\ &= 11 \times 0.87 \times (1-0.01 \times 9.36)(1-0.0065 \times 9.36) \\ &= 8.15 \text{ Btu/lb}\end{aligned}$$

UEEP는 다음 관계식을 이용하여 계산한다.

$$\begin{aligned}\text{UEEP} &= \text{ELEP} + \text{Actual exhaust loss} \\ &= 1012.23 + 8.15 = 1020.38 \text{ Btu/lb}\end{aligned}$$

여기서 계산된 UEEP는 heat balance에 주어진 값보다 작다. 이런 차이가 발생하는 이유는 UEEP를 계산하기 위하여 GE사 자료를 사용하였기 때문인 것으로 판단된다. 참고로, 문제에서 주어진 heat balance는 GE사 자료가 아니다.
열역학 제1법칙을 이용하여 증기터빈 출력을 계산할 수 있는 식을 유도한다.

$$q_{12} = h_2 - h_1 + \frac{1}{2}\left(C_2^2 - C_1^2\right) + g\left(z_2 - z_1\right) + w_{12}$$

증기터빈에서의 팽창은 단열과정이며, 위치에너지 변화는 무시할 수 있으므로 위 식은 다음과 같이 된다.

$$w_{12} = h_{o,1} - h_{o,2}$$

위 식 양변에 증기의 질량유량을 곱해주면 증기터빈 출력을 계산하는 식이 된다.

$$W_{12} = \dot{m}\left(h_{o,1} - h_{o,2}\right)$$

다수의 입구와 출구를 가지는 경우에 증기터빈 출력은 다음 식을 이용하여 계산한다.

$$W_T = \sum \dot{m} h_{o,inlet} - \sum \dot{m} h_{o,outlet}$$

따라서 LP터빈 출력은 다음과 같다.

$$W_{LP} = 3{,}566{,}547 \times 1337.8 - 131{,}561 \times 1251.01 - 154{,}340 \times 1206.71$$
$$- 174{,}907 \times 1164.73 - 199{,}699 \times 1102.91 - 2{,}906{,}038 \times 1012.23$$
$$= 1{,}054.95 \times 10^6 \text{ Btu/hr, or } 309{,}159 \text{ kW } (1\text{Btu} = 0.252 \text{ kcal} = 1.055 \text{ kJ}) \quad \square$$

토의 1) 그림 5.61의 배기손실곡선에 나타나 있는 배기손실은 습증기에 포함되어 있는 습분 효과가 배제되어 있는 건배기손실이다. 따라서 실질적인 배기손실을 계산하기 위해서는 습분을 계산하여 습분 효과를 반영시켜 주어야 한다.

2) 배기손실곡선은 LSB 길이에 따라서 달라지며, LSB 길이가 동일하더라도 LP exhaust hood 형상이 달라지면 다른 값을 가진다. 따라서 새로운 LP터빈을 설계할 때 동일한 LSB를 사용하더라도 새로 개발한 LP exhaust hood를 사용하면 완전히 새로운 하나의 배기손실곡선을 생성시켜야 한다.

3) LP터빈의 실질적인 출력은 LP터빈 입구와 LSB 출구 사이의 엔탈피낙차에 의해서 결정된다. 따라서 LP터빈의 실질적인 출력을 계산하기 위해서는 ELEP가 아니라 UEEP를 사용해야 한다.

5.4.7 열전달손실

증기터빈 내부는 고온이 유지되는 반면에 외부에는 온도가 낮은 터빈빌딩 내부의 공기로 채워져 있기 때문에 **열전달손실**이 발생한다. 증기터빈에서는 전도, 대류, 복사 열전달을 통하여 손실이 발생한다. 전도에 의한 손실은 증기터빈 케이싱과 지지계통 사이에서 주로 발생한다. 대류 열전달에 의한 손실은 증기터빈 케이싱 표면으로부터 터빈빌딩 내부 공기로의 열전달을 통하여 발생한다. 대류 열전달은 증기온도가 높은 HP터빈 케이싱에서 활발하게 일어난다. 그러나 HP터빈 케이싱은 표면적이 작고 단열재로 덮여있기 때문에 단열이 잘 되어 있어서 대류 열전달에 의한 손실이 크게 발생하지 않는다. Crossover pipe도 비교적 고온의 증기가 흘러가지만 단열재로 덮여있기 때문에 대류 열전달에 의한 손실이 거의 발생하지 않는다. LP터빈 외부 케이싱 표면온도는 터빈빌딩 내부온도보다 약간 높은 온도를 유지하기 때문에 단열재를 씌우지 않으며, 대류 열전달에 의해서 발생하는 손실도 크지 않다. 증기터빈 표면온도는 복사 열전달이 활발하게 일어날 정도로 높지 않기 때문에 복사 열전달에 의한 손실은 거의 발생하지 않는 편이다.

비록 터빈빌딩 내부는 증기터빈 표면으로부터의 열전달에 의하여 따뜻하게 느껴지지만 증기터빈에서 발생하는 전체적인 열손실은 매우 작아서 일반적으로 무시된다. 그러나 기계 구동용 증기터빈과 같은 소형터빈의 경우 열전달에 의한 손실은 작은 편이지만 무시할 수 없는 정도의 크기를 가진다.

5.4.8 기계손실

증기터빈은 고속회전체이기 때문에 다수의 저널베어링과 스러스트베어링에 의하여 지지된다. 그러므로 증기터빈에서는 각각의 베어링에서 발생하는 유체마찰에 의해서 기계손실이 발생한다. 발전소에서는 오일펌프 등을 구동하기 위하여 증기터빈에서 생산된 동력의 일부를 사용한다. 이렇게 보조기기에 공급해주는 동력을 일반적으로 기계손실로 분류한다. 그리고 증기터빈에 감속기어가 설치되어 있으면 여기서 추가적인 기계손실이 발생한다.

기계손실은 실질적으로 증기터빈 부하에 관계없이 일정한 편이다. 그러므로 증기터빈 부하가 작아질수록 기계손실이 차지하는 비율이 증가한다. 그리고 증기터빈이 커지면 기계손실이 차지하는 비율이 작아진다. 일반적으로 기계손실은 증기터빈 이용가능에너지의 1% 이하로서 크지 않은 편이다.

5.4.9 전기손실

전기손실은 발전기에서 발생하는 손실을 말한다. 발전기는 증기터빈에 맞물려 고속으로 회전하기 때문에 발전기 내부에서 유체마찰이 발생한다. 따라서 발전기가 고속으로 회전할수록 효율이 낮아진다. 따라서 3000 rpm 또는 3600 rpm 발전기는 1500 rpm 또는 1800 rpm 발전기에 비해서 효율이 낮다. 그리고 발전기 또한 베어링에 의하여 지지되기 때문에 손실이 발생한다. 최근 대형 수소냉각 발전기 효율은 약 98～99% 정도이다.

Chapter 06

LP터빈

6.1 개요
6.2 구조
6.3 Last Stage Blade
6.4 Cold-End Optimization
6.5 운전 유연성

6.1 개요

LP터빈이란 터빈에 유입되는 증기조건이 압력은 200 psia 이하이면서 온도는 400∼700℉ 정도이며, 약 0.5∼2.5 in.Hga의 압력에서 작동하는 복수기로 증기를 배출하는 터빈을 말한다. LP터빈의 대표적인 구성품은 로터축, 노즐과 버켓, 다이어프램, 내부케이싱, 외부케이싱, LP exhaust hood, 베어링, crossover pipe 등이다.

HP터빈과 IP터빈의 효율은 주로 증기통로에서 발생하는 유동손실 함수이기 때문에 매우 정확하게 예측할 수 있다. 증기터빈에서 발생하는 유동손실은 모든 기하학적 치수와 유동조건에 대하여 체계적인 실험을 통하여 밝혀졌다. 그러나 LP터빈 설계에 있어서 이용도, 효율, 제작비 등을 경제적으로 최적화시키는 것은 쉬운 일이 아니다. 이는 LP터빈이 습증기 영역에서 운전되고 3차원 유동형태를 나타내는 관계로 성능과 관련된 변수들을 완벽하면서 정확하게 측정하기 어렵기 때문이다. LP터빈을 체계적으로 실험하기 위해서는 많은 비용이 소요되기 때문에 LP터빈 효율을 정확하게 분석하기 위한 데이터 수집이 어려운 편이다. 아울러 LP터빈 효율을 이론적으로 분석하는 것은 매우 어렵다. 따라서 대부분의 경우에 있어서 일부 지점에서 측정한 데이터를 이용한 실험적 평가를 통해서 LP터빈의 성능 및 유동특성을 분석하였으며, 이로 인해서 설계 성능과 실제 성능에는 차이가 발생할 수밖에 없었다. 최근에는 CFD 기술의 도움으로 이런 문제가 해결되고 있다. 그러나 CFD 기술을 이용하더라도 상변화에 관련된 문제는 해결할 수 없기 때문에 습증기에 관련된 문제는 아직도 완벽하게 해결되지 않고 있다. 결론적으로 LP터빈을 최적화시키기 위해서는 문제의 복잡성을 잘 알고 있으면서 적절한 가정에 대한 문제점을 해결할 수 있는 엔지니어의 경험에 의존할 수밖에 없는 실정이다.

6.2 구조

대형 LP터빈은 그림 6.1에 나타나 있는 것처럼 double flow로 설계한다. Double flow 구조는 single flow에 비해서 추력 발생이 적으며, 짧은 LSB를 사용할 수 있기 때문에 제작비가 절감된다. 그러나 double flow 구조는 하방형 LP exhaust hood를 사용하기 때문에 LSB 성능이 낮아지며, 진동이 증가하는 문제를 가지고 있다. 그림 6.2에 LP터빈 구성품을 나타냈다.

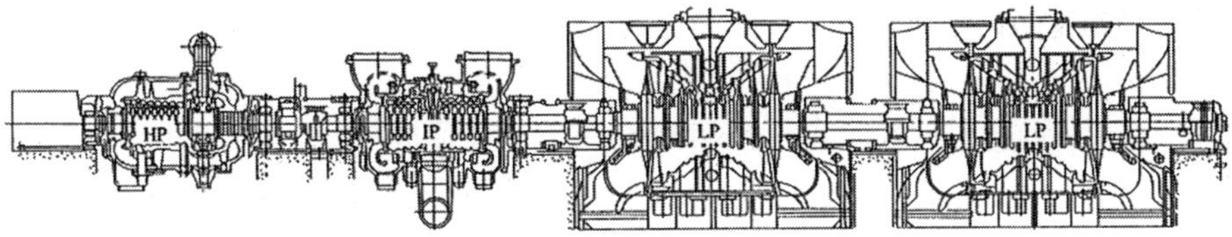

(a) TC4F-40″ 1,000 MW (60 Hz)

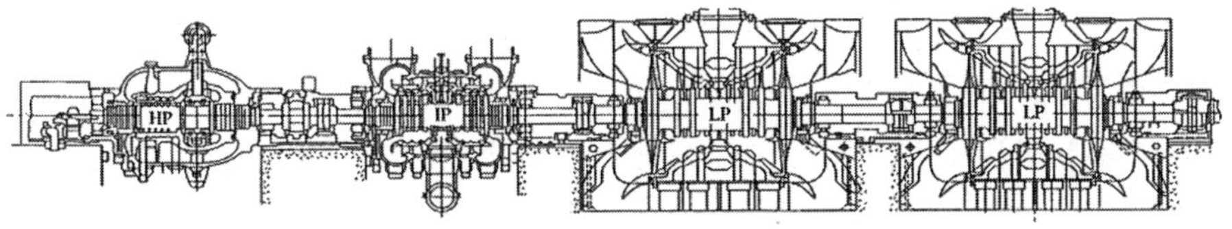

(b) TC4F-43″ 1,000 MW (50 Hz)

그림 6.1 증기터빈 배열 (Hitachi)

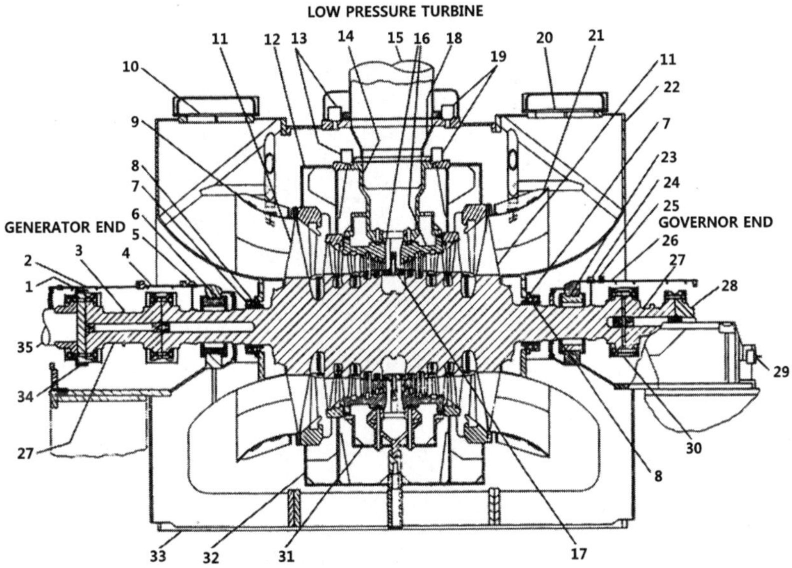

1 SPEED SENSING PICKUP
2 COUPLING COVER
3 DIFFERENTIAL EXPANSION PICKUP LOCATION
4 BEARING COVER
5 VIBRATION PICKUP
6 NO. 4 BEARING
7 GLAND
8 GLAND SEAL
9 EXHAUST FLOW GUIDE
10 BREAKABLE DIAPHRAGM
11 BLADING
12 INNER CYLINDER COVER NO. 2
13 TOP SEALING DIAPHRAGMS
14 INNER CYLINDER COVER NO. 1
15 TURBINE STEAM INLET
16 BLADE RINGS
17 INLET FLOW GUIDE
18 CROSSOVER PIPE ADAPTER
19 TOP SEALING DIAPHRAGMS
20 BREAKABLE DIAPHRAGM
21 EXHAUST FLOW GUIDE
22 OUTER CYLINDER COVER
23 NO. 3 BEARING
24 VIBRATION PICKUP
25 BEARING AND COUPLING COVER INNER
26 BEARING AND COUPLING COVER OUTER
27 COUPLING
28 HP-IP ROTOR
29 CENTERING BEAM
30 COUPLING GUARD
31 INNER CYLINDER BASE NO. 1
32 INNER CYLINDER BASE NO. 2
33 OUTER CYLINDER BASE
34 TURNING GEAR COUPLING SPACER
35 GENERATOR ROTOR

그림 6.2 LP터빈 구성품

6.2.1 Steam Inlet

LP터빈 상부에 설치되어 있는 crossover pipe를 통해서 공급되는 증기는 그림 6.3에 나타나 있는 것처럼 steam inlet을 통해서 LP터빈으로 유입된 후에 환형으로 고르게 펴져서 LP터빈 1단으로 유입된다. 전통적으로 많이 사용되는 steam inlet 형상이 그림 6.4에 나타나 있다. 증기터빈은 기본적으로 증기가 원주방향을 따라 고르게 분포할수록 성능이 향상된다. 기본적으로 steam inlet의 기능은 LP터빈 입구에서 증기를 환형으로 고르게 분포시켜 1단으로 유입시키는 것이다. 따라서 최근에는 그림 6.5에 나타나 있는 것처럼 CFD 기술을 이용하여 LP터빈 입구에서 증기를 환형으로 고르게 분포시키기 위한 연구가 활발하게 진행되고 있다.

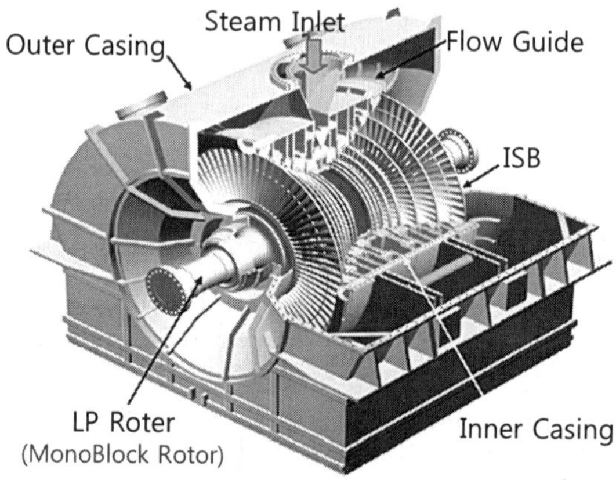

그림 6.3 LP터빈 형상 (MHI)

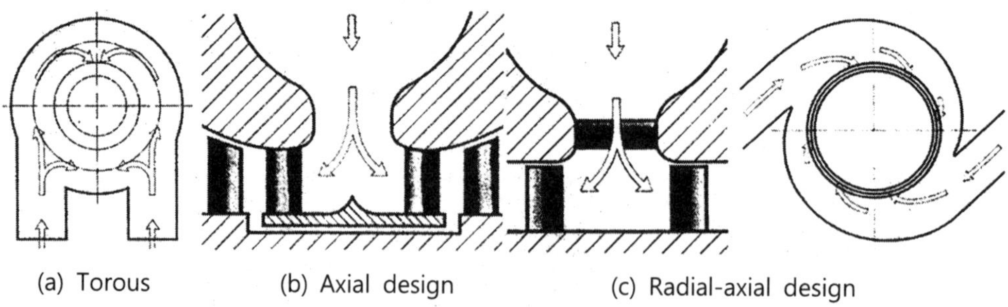

그림 6.4 전통적인 steam inlet

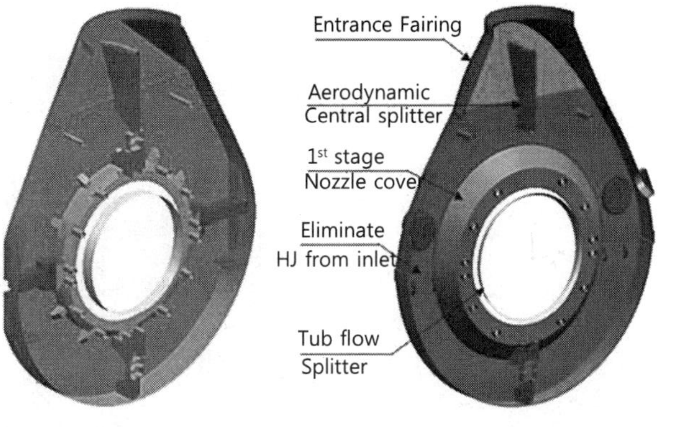

개선전 개선후

(a) 형상

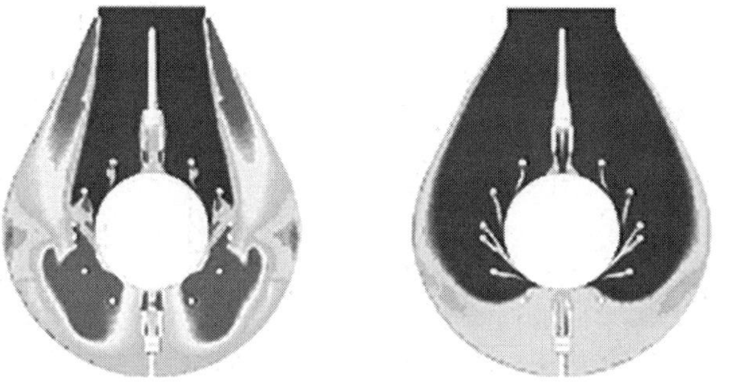

개선전 개선후

(b) 증기속도 분포

그림 6.5 Steam inlet 설계 개선 (GE)

6.2.2 케이싱

LP터빈은 입구부터 출구까지 온도차가 매우 크기 때문에 케이싱을 2중 구조로 제작하여 각각의 케이싱에서 발생하는 온도차를 적게 하여 케이싱의 열변형을 방지한다. 내부 케이싱에는 노즐과 다이어프램(블레이드 링)이 장착된다. 외부케이싱은 LP터빈 외형을 형성한다. 외부케이싱 외부는 대기압, 내부는 복수기 진공압력이 작용하기 때문에 외부케이싱에는 약 500톤의 진공하중이 작용한다. 외부케이싱은 진공하중 이외에 내부케이싱 중량과 약 150톤 정도의 외부케이싱 자중이 작용한다. 따라서 외부케이싱은 이들 하중에 견딜 수 있도록 강도와 강성을 확보하기 위하여 내부 여러 곳에 지지대와 리브가 설치되어 있다.

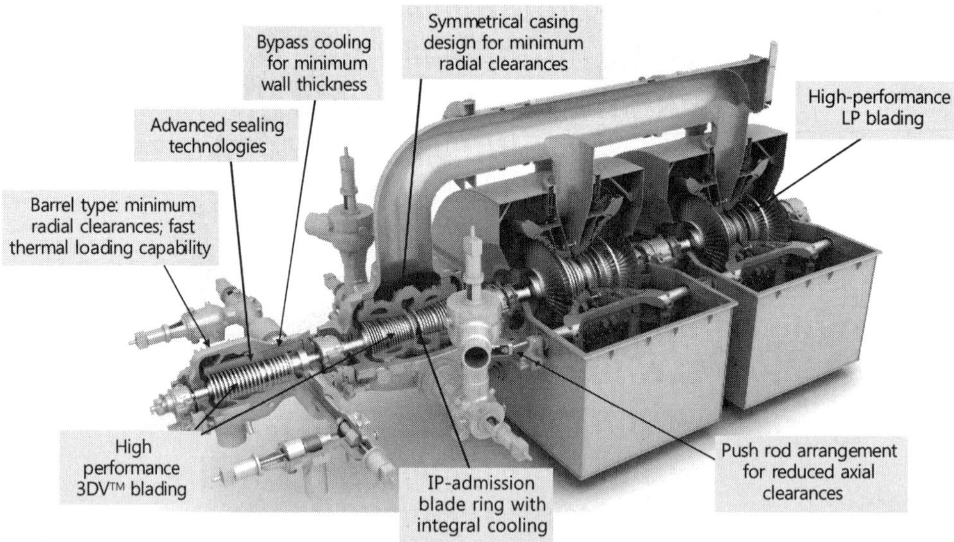

그림 6.6 축 간극을 줄이기 위한 푸시로드가 설치된 LP터빈 (SST5-6000, Siemens)

Siemens는 푸시로드를 이용하여 LP터빈 로터축과 내부케이싱 사이에 발생하는 축방향 차동팽창을 조절하고 있다. 로터축과 케이싱 사이 간극이 작아지면 누설손실이 줄어들기 때문에 효율이 향상된다.

외부케이싱 상부에는 동판으로 제작된 대기 방출판이 설치되어 있다. 대기 방출판은 증기터빈 안전장치로서 복수기에 냉각수 공급이 정지되거나 어떤 다른 원인에 의해서 LP exhaust hood 압력이 대기압보다 높은 압력(130～140 kPa)으로 올라가면 외부케이싱 외부로 증기압력이 작용하여 동판이 칼날에 의해 절단되면서 증기를 외부로 방출시켜 LP exhaust hood 및 복수기 파손을 방지한다. 만약 운전 중에 배압이 상승하면 경보가 울리며, 계속해서 상승하면 low vacuum trip이 작동하여 증기터빈을 트립시켜 LP exhaust hood와 복수기를 보호하지만 그 이상으로 올라가면 최종적으로 대기방출판이 절단되면서 증기터빈을 보호한다.

6.2.3 LP Exhaust Hood

LP exhaust hood는 LSB 출구단면으로부터 복수기 플랜지 사이에 있는 모든 구성품을 포함한다. 따라서 LP exhaust hood는 LP터빈과 복수기를 연결시켜 주는 매우 중요한 구성품이다. LP exhaust hood는 그림 6.7을 통해서 유추할 수 있듯이 축방향 증기유동을 반지름방향으로 전환시키는 역할을 한다. 아울러 LP exhaust hood는 LSB를 빠져나온

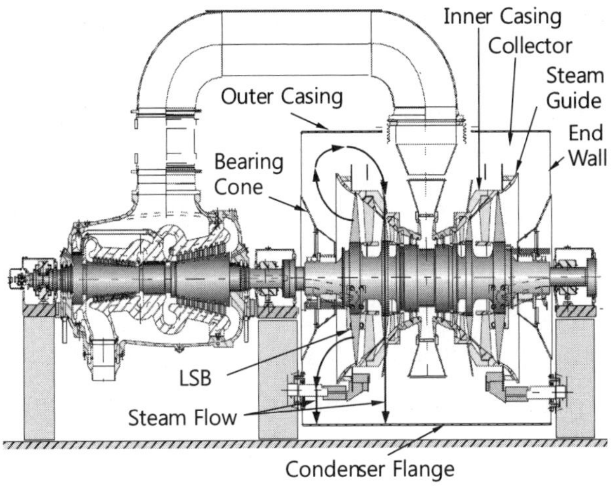

그림 6.7 LP exhaust hood (Siemens)

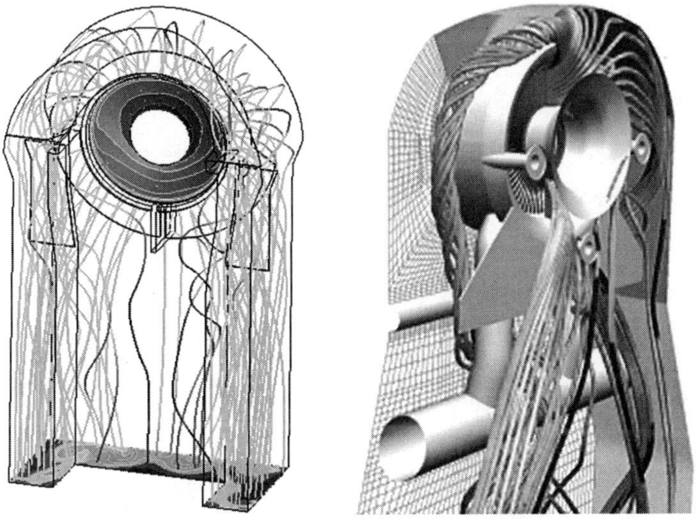

그림 6.8 LP exhaust hood 내부 증기유동

고속의 증기에 포함되어 있는 운동에너지를 압력에너지로 변환시켜 주는 디퓨저 역할을 수행한다. LP exhaust hood 내부에서는 그림 6.8에 나타나 있는 것처럼 구조적으로 복잡한 3차원 유동형태가 나타나며, 형상이 복잡하기 때문에 완벽한 디퓨저 역할을 수행할 수 있는 최적의 형상을 도출하기 위해서는 고도의 유체역학 기술이 요구된다. 더구나 LP 터빈 효율은 LP exhaust hood에서 발생하는 배기손실에 의해서 큰 영향을 받는다. 일반적으로 배기손실은 증기터빈 이용가능에너지의 약 3%에 해당하는 것으로 알려져 있다.

따라서 발전설비 선두업체를 중심으로 첨단 형상의 LP exhaust hood를 개발하기 위한 경쟁이 지속되고 있다.

Steam guide와 bearing cone은 축방향으로 LSB를 빠져나온 증기의 진행방향을 반지름방향으로 전환시키는 역할을 한다. 이 밖에도 bearing cone은 베어링 설치공간을 마련하여 LP터빈 로터축 길이를 짧게 해준다. 그리고 steam guide는 Coanda effect를 이용하여 LSB를 빠져나온 축방향 증기유동을 반지름방향으로 전환시키는 실질적인 역할을 한다.

Steam guide를 빠져나온 증기유동은 LP터빈 수평이음부를 기준으로 상부와 하부에서 서로 다른 형태를 가진다. 그림 6.7에 나타나 있듯이 수평이음부 하부에서 steam guide를 빠져나온 증기는 곧바로 복수기로 배출된다. 그러나 수평이음부 상부에서 steam guide를 빠져나온 증기는 collector를 거쳐서 외부케이싱과 내부케이싱 사이의 공간을 통해서 복수기로 배출된다. 따라서 수평이음부 상부에서 LSB를 빠져나오는 증기는 하부에서 빠져나오는 증기에 비해서 더 먼 거리를 이동하기 때문에 더 큰 압력손실이 발생한다. 따라서 LSB 출구단면을 빠져나오는 증기유량은 상부보다는 하부에 집중되는 구조를 가진다. 이렇게 하방형 배기구조를 가지는 LP터빈은 LSB 출구단면에서 원주방향을 기준으로 구조적으로 불균일한 유동이 나타나며, 이로 인해서 LSB 성능이 저하되고 진동이 증가하는 단점이 나타난다.

소형 증기터빈은 그림 6.9(a)에 나타나 있는 것처럼 주로 축방향 배기구조를 가진다. 축방향 배기구조는 LSB 출구단면에서 원주방향으로 유동이 균일하기 때문에 진동으로부터 자유로우며, LSB 성능저하가 나타나지 않는다. 아울러 하방형 배기구조에 비해서 배기손실도 줄어든다. 그러나 축방향 배기구조는 증기가 축방향을 따라서 복수기로 배출되

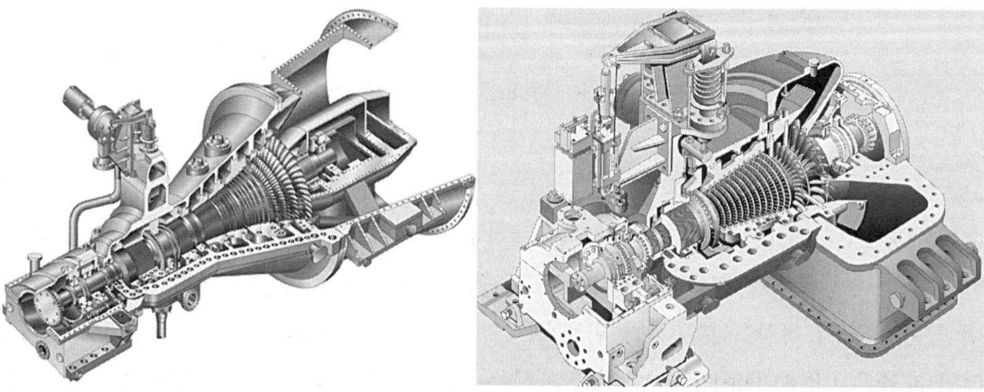

(a) 축방향 배기 (SST-800, Siemens)　　(b) 하방형 배기 (SST-600, Siemens)

그림 6.9 소형 증기터빈

기 때문에 플랜트 설치면적이 증가하는 단점이 있다. 증기터빈 설치면적에 제약이 따르는 경우에는 소형이라도 그림 6.9(b)에 나타나 있는 것처럼 하방형 배기구조로 설계한다. 선박추진용 증기터빈은 대부분 하방형 배기구조를 가진다.

6.2.4 LP터빈 로터축

블레이드가 장착되어 있는 로터축은 LP터빈 전체 가격의 약 40%를 차지한다. 그리고 로터축 가격은 허브 지름에 의해서 좌우된다. 그런데 로터축 가격을 낮추기 위하여 허브 지름을 줄이면 버켓 단 수와 로터축 길이가 증가한다. 이는 단에서의 엔탈피강하 크기는 버켓의 회전속도 제곱에 비례하기 때문이다. 로터축이 가늘고 길어지면 회전체 동력학 측면에서 많은 문제가 발생한다. 아울러 로터축이 길어지면 터빈빌딩이 커지기 때문에 발전소 건설비용이 증가한다.

단 수와 허브 지름은 LP터빈 구성과 로터축 설계를 결정하는 가장 중요한 요소이다. 그림 6.10에 LP터빈에 사용하고 있는 로터축 종류를 나타냈다.

열박음 로터축은 초대형 잉곳을 확보하기 어려울 때 사용한다. 열박음 로터축은 지름이 작은 로터축을 제작한 후에 휠 디스크를 제작하여 열박음을 통하여 일체화시킨다. 그러나 열박음 로터축은 제작이 쉬운 반면에 기동/정지 시 불안정한 진동이 발생하기 쉬우며, 휠 디스크에 응력부식균열이 발생하는 단점을 가지고 있다. 이런 단점 때문에 최근에는 거의 채택하지 않고 있다.

최근에는 제강기술이 발달하여 가공중량 200톤 정도의 일체형 로터축을 제작하여 사용하고 있다. 일체형 로터축은 열박음 로터축에 비해서 강도가 한층 높으며, 응력부식균열이 나타나지 않기 때문에 신뢰성이 높다. 그러나 일체형 로터축은 열박음 로터축에 비해서 제작에 많은 시간이 소요된다. 국내 화력발전 LP터빈 로터축은 모두 일체형이며, 원자력발전은 영광 5.6호기와 울진 5.6호기부터 모두 일체형을 사용하고 있다.

용접 로터축은 원자력발전과 같은 대형 LP터빈에 사용되고 있다. 현재는 용접기술과 열처리기술이 발달하여 몇 개의 로터를 용접으로 연결하여 하나의 로터축으로 제작한 용접 로터축을 많이 사용하고 있다. 용접 로터축의 장점은 가격이 상대적으로 저렴한 작은 잉곳 여러 개를 이용하기 때문에 전체적으로 가격이 저렴하다는 것이다. 아울러 제작단계에서 재료결함 검사가 용이하기 때문에 신뢰성이 우수하다. 일반적으로 로터축 내부 빈 공간은 부식을 방지하기 위하여 진공을 유지시킨다. 한편, 용접 로터축은 두 가지 이상의 서로 다른 재료를 용접하여 사용할 수 있기 때문에 로터축 온도분포에 따른 최적의 로터축을 제작할 수 있다. 최근에는 초임계압 발전에서 나타나는 고온부식을 줄이기 위

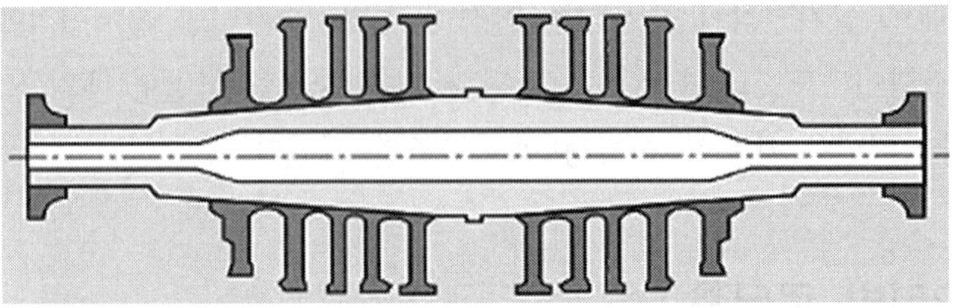

(a) Shrunk-on rotor

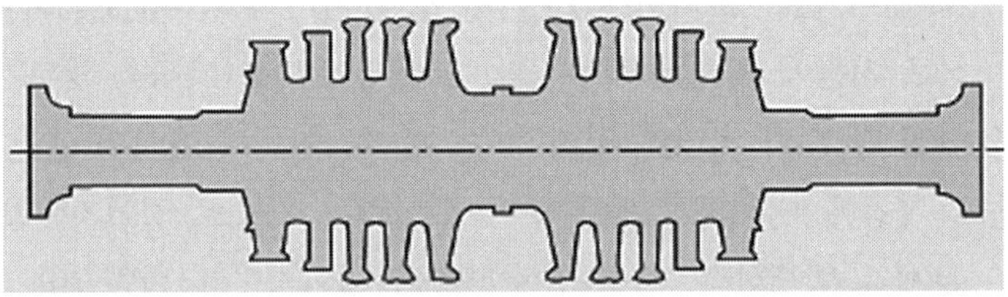

(b) Monoblock rotor

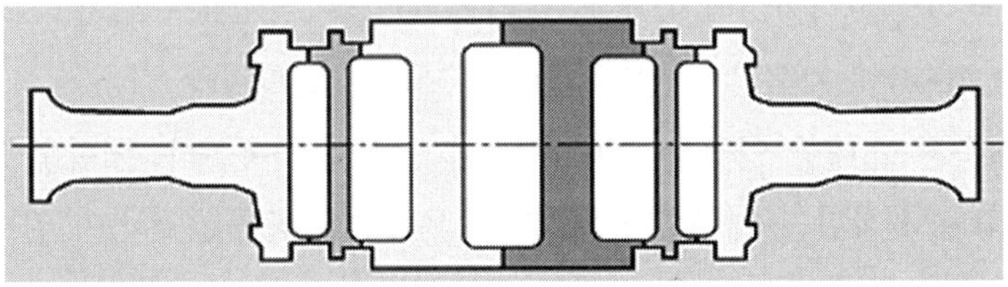

(c) Welded rotor

그림 6.10 로터축 종류

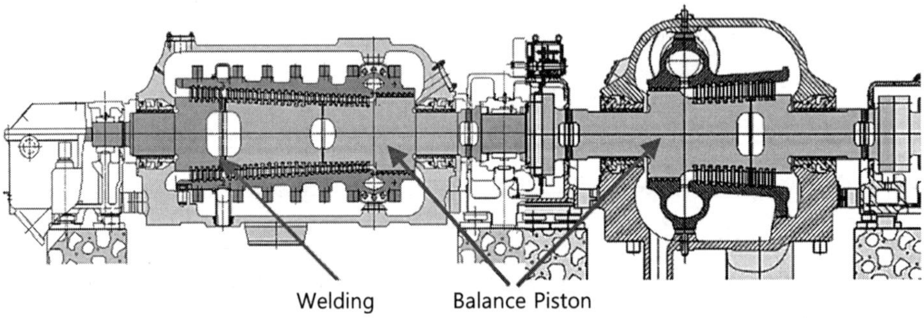

그림 6.11 700℃급 증기터빈 용접 로터축

해서 전통적으로 사용하던 CrMoV에 9Cr과 12Cr강을 용접하여 사용하고 있다. 그림 6.11에 Alstom사의 USC 증기터빈 용접 로터축을 나타냈다.

6.3 Last Stage Blade

증기터빈이 대형화되면서 기술적으로 가장 크게 개선이 이루어진 구성품 가운데 하나는 LSB(Last Stage Blade)이다. 그림 6.12에 LSB 형상을 나타냈다. LSB의 중요한 특징은 다음과 같다.

1) LSB는 LP터빈 형상을 결정하는 중요한 요소이다.
2) LSB 길이는 사이트 대기조건과 응축계통에 의해서 큰 영향을 받는다.
3) LSB가 길어질수록 배기손실이 감소하여 증기터빈 성능이 향상된다. 그러나 동일한 출력을 가지는 증기터빈의 경우 LSB가 길어질수록 제작비가 증가한다.
4) LSB는 큰 출력을 생산한다. 대형 화력발전의 경우 증기터빈 전체 출력의 약 10%가 LSB에서 생산된다. 복합발전의 경우에는 증기터빈 전체 출력의 15~17% 정도가 LSB에서 생산된다.
5) LSB가 길어지면 큰 회전속도가 나타나는 LSB 팁 부위에서 초음속유동이 발생한다. 따라서 길이가 긴 LSB 팁 부위 날개형상은 초음속유동에 적합한 수축-확산노즐 형태를 가진다.
6) LSB는 습증기 영역에서 운전되며, 큰 회전속도를 가지는 팁 부위에서는 큰 속도로 물방울과 충돌하기 때문에 습분침식이 발생한다. 따라서 대부분의 LSB는 화염 경화나 방식막 부착 등을 통해서 습분침식에 대비하고 있다. 최근에는 증기터빈이 대형화되면서 습분침식 저항성이 뛰어난 티타늄합금을 이용하여 제작한 LSB가 많이 사용되고 있다.
7) LSB는 길이가 길기 때문에 루트와 도브테일에 큰 인장응력이 발생한다. 최근에는 인장응력을 이겨내기 위해서 티타늄합금을 이용하여 LSB를 제작하고 있다. 철의 비중은 7.83인데 반해서 티타늄합금의 비중은 4.5이다. 따라서 상대적으로 가벼운 티타늄합금을 이용하면 더 긴 LSB를 제작할 수 있으며, 이를 통해 더 넓은 LSB 배출면적을 확보할 수 있기 때문에 티타늄합금으로 제작된 LSB는 습분침식 방지뿐만 아니라 증기터빈 성능향상에도 크게 기여한다. 그러나 티타늄합금은 고가이며, 가공성이 불량하기 때문에 티타늄합금 LSB는 가격이 비싸다.
8) LSB는 길어질수록 고유진동수가 작아지기 때문에 진동특성이 나빠진다.
9) 원자력발전용 증기터빈은 화력발전에 비해서 회전속도가 절반이기 때문에 일반적으로 더 긴 LSB를 사용한다. 원자력발전용 LSB는 루트와 도브테일에서 발생하는 인

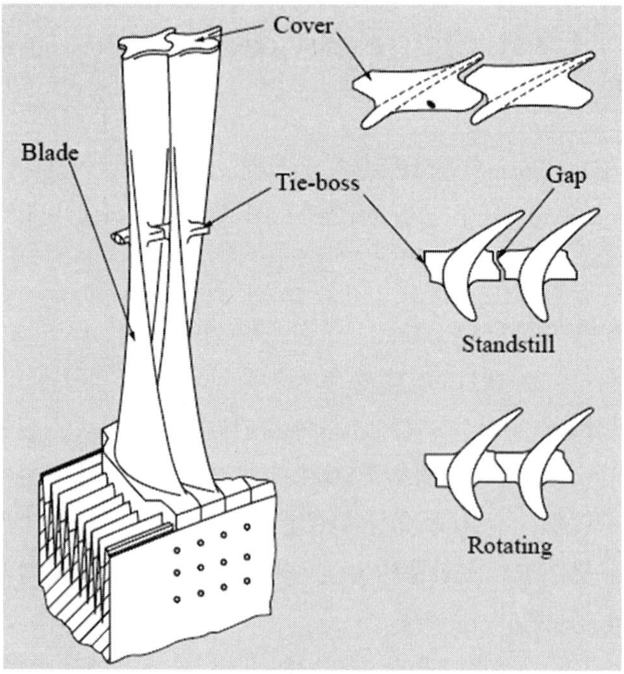

(a) 화력발전용 LSB

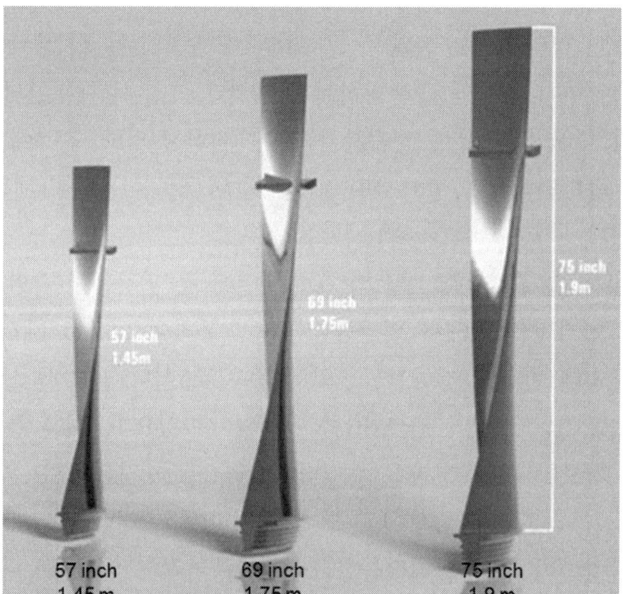

(b) 원자력발전용 LSB

그림 6.12 LSB 형상

장응력을 줄이기 위해서 LSB에 커버를 설치하지 않는다. 따라서 원자력발전 LSB에서는 상대적으로 누설손실이 크게 발생한다.

6.3.1 LSB가 LP터빈 형상 및 성능에 미치는 영향

LP터빈은 크기가 작을수록 제작비가 절감되며, 진동제어가 용이하기 때문에 경제적이다. 그러나 증기터빈 용량이 증가하면서 LP터빈 크기도 증가하였으며, 특히 LSB 활동길이도 크게 증가하였다. LP터빈 특징은 그림 6.13에 나타나 있는 것처럼 LSB 길이와 피치지름에 의해서 좌우되는 출구면적에 의해서 결정된다. 출구면적은 다음과 같다.

$$S_{out} = \pi d_p^2 (h/d_p) \tag{6.1}$$

여기서 d_p는 LSB 피치지름, h는 LSB 활동길이이다. 만약에 LP터빈 크기를 줄이기 위해서 LSB 허브지름을 줄이면 LSB 피치지름도 줄어들기 때문에 동일한 출구면적을 유지시키기 위해서는 LSB 길이를 증가시켜야 하며, 이는 h/d_p의 증가로 연결된다. 그러나

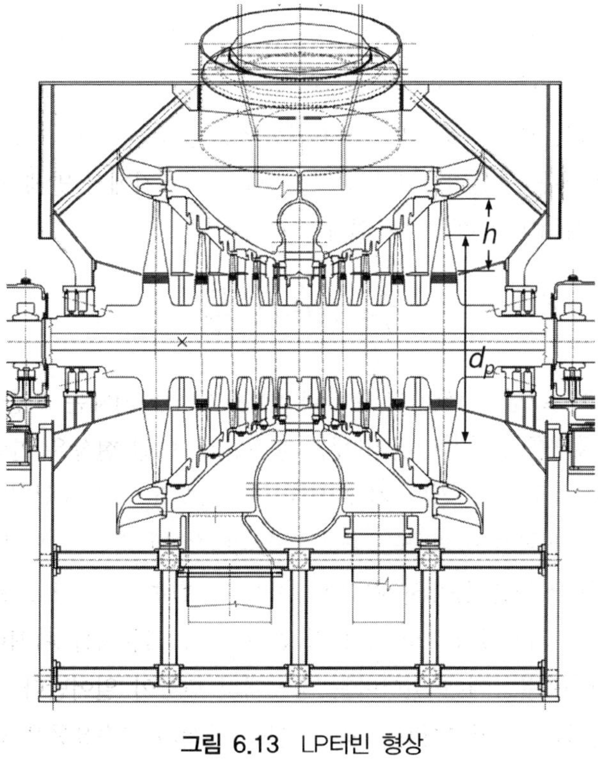

그림 6.13 LP터빈 형상

h/d_p는 LP터빈 마지막 단에서 일어나는 3차원 유동에 큰 영향을 미치는 매우 중요한 요소이다. 현재 통상적으로 h/d_p는 0.3～0.35 사이의 값을 사용하고 있으며, 극단적인 경우에는 0.38까지 사용하고 있다. 일반적으로 h/d_p 값이 커질수록 공기역학적으로 우수한 블레이드를 설계하기 어려워진다. 그리고 LP터빈 출구면적이 결정된 상태에서 h/d_p가 증가하면 LSB가 길어진다. 블레이드는 길이가 길어지면 고유진동수가 작아지기 때문에 진동에 따른 위험성이 증가한다.

LSB가 길어지면 출구면적이 증가한다. 예를 들면, LSB를 40인치 대신에 45인치를 사용하면 출구면적이 28% 넓어진다. 출구면적이 넓어지면 LSB 출구단면을 빠져나가는 증기속도가 줄어들기 때문에 배기손실이 줄어들어 LP터빈 성능이 향상된다. 그러나 LSB가 길어지면 자재비와 건설비가 증가한다.

LSB 길이 증가는 블레이드에 작용하는 원심응력에 의해서 제한을 받는다. LSB에 작용하는 원심응력을 줄이고 더 긴 LSB를 사용할 수 있는 한 가지 방법은 강철보다 가벼우면서 강한 티타늄합금을 사용하여 LSB를 제작하는 것이다.

6.3.2 LSB 유동 특성

LSB는 증기터빈 블레이드 가운데 가장 큰 회전반지름을 가지기 때문에 높은 회전속도를 가지며, 높은 압력비에서 운전되기 때문에 그림 6.14에 나타나 있는 것처럼 통로 내부에 초음속유동이 발생한다. LSB에서 일어나는 유동을 살펴보기 위해서 우선 노즐과 디퓨저에서 일어나는 유동을 살펴보기로 한다. 노즐과 디퓨저에서 발생하는 고속유동은 다음과 같은 식을 이용하여 분석할 수 있다.

$$\frac{dA}{A} = (M^2 - 1)\frac{dV}{V} \tag{6.2}$$

아음속유동인 경우 그림 6.15(a)에 나타나 있는 것처럼 기체는 노즐을 통과하면서 가속된다. 그리고 디퓨저를 통과하면서 기체는 감속된다. 이런 현상은 연속방정식을 이용해서 쉽게 이해할 수도 있다. 그러나 기체가 초음속으로 노즐에 유입되면 그림 6.15(b)에 나타나 있는 것처럼 노즐을 통과하는 동안 감속되어서 더 작은 속도로 노즐을 빠져나간다. 이런 사실은 식 (6.2)를 통해서 확인할 수 있다. 한편, 기체가 초음속으로 디퓨저에 유입되면 디퓨저를 통과하면서 가속되어 더 큰 속도로 디퓨저를 빠져나간다. 이렇게 초음속유동에서는 아음속유동에서 일어나는 정반대의 현상이 일어난다.

노즐과 디퓨저를 하나로 연결시킨 수축-확산노즐에서의 고속유동은 터보기계에서 매우

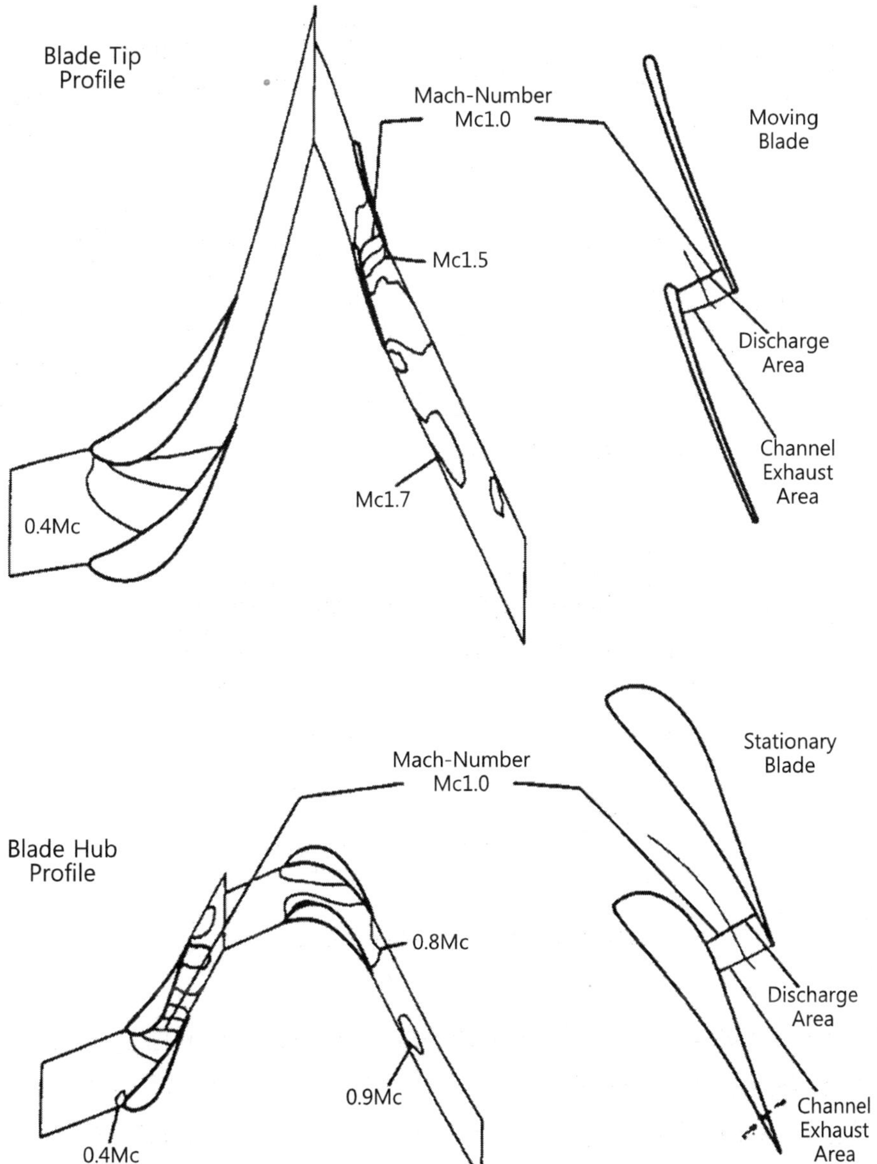

그림 6.14 마하수 분포 (32″LSB, 3600 rpm, Siemens)

유익한 유동형태를 나타낸다. 그림 6.16에 나타나 있는 수축-확산노즐에 아음속으로 기체가 유입되면, 수축되는 부분을 지나면서 기체의 가속이 이루어지고 목에서 음속에 도달하여 유동질식이 발생한다. 목을 지나면서 초음속으로 가속되어 확산노즐을 통과하면서 유동은 더욱 가속된다. 따라서 아음속으로 수축-확산노즐에 유입된 기체의 압력은 하류

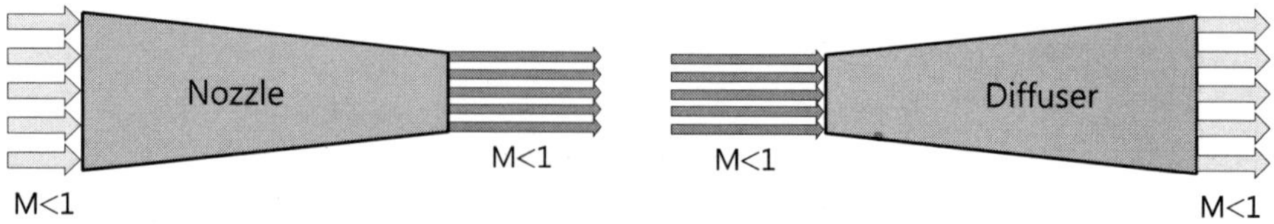

(a) 아음속유동

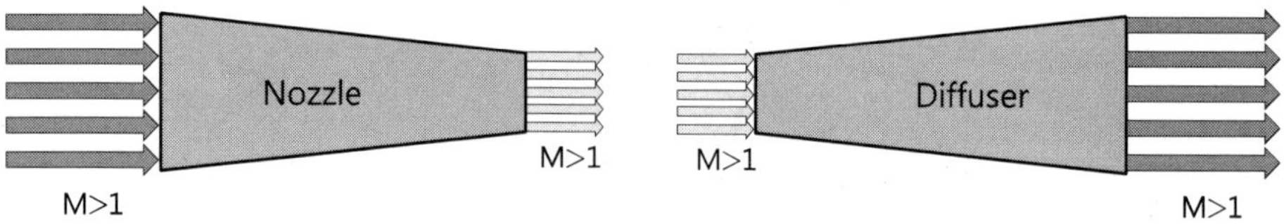

(b) 초음속유동

그림 6.15 노즐과 디퓨저에서의 유동

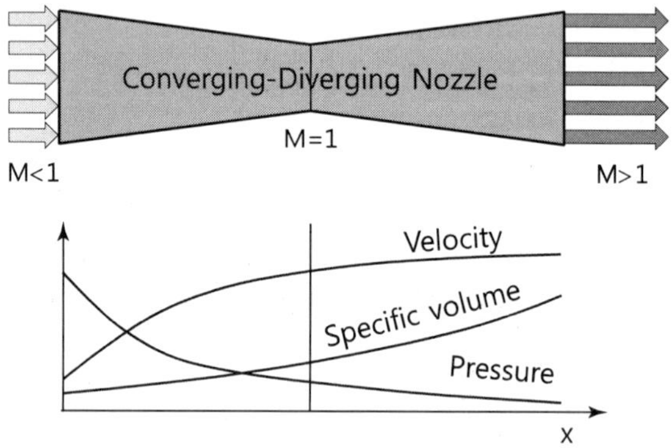

그림 6.16 수축-확산노즐에서의 유동가속

로 가면서 낮아지며, 속도는 증가한다. LSB 통로를 이렇게 수축-확산노즐 형태로 설계하면 LSB 상류압력을 하류에서 복수기 압력으로 원활하게 떨어뜨릴 수 있으며, LSB 효율이 향상된다. 그림 6.17에 나타나 있는 LSB 단면을 살펴보면 수축-확산노즐 형태로 되어 있다는 것을 알 수 있다.

수축-확산노즐에 초음속으로 기체가 유입되면 그 내부에서 유동이 감속되어 출구에서 아음속으로 빠져나간다. 초음속으로 유입된 기체유동은 수축노즐을 통과하면서 감속되어 노즐 목에서 음속이 된다. 노즐 목을 통과하면서 감속된 기체유동은 확산노즐을 통과하면서 더욱 감속된다. 따라서 초음속으로 수축-확산노즐에 유입된 기체의 압력은 하류로 가면서 높아지며, 속도는 감소한다. 이런 유동형태는 하류로 가면서 압력이 점차 낮아지는 증기터빈에서는 나타나지 않으며, 초음속 항공기용 가스터빈 압축기 입구덕트 설계에

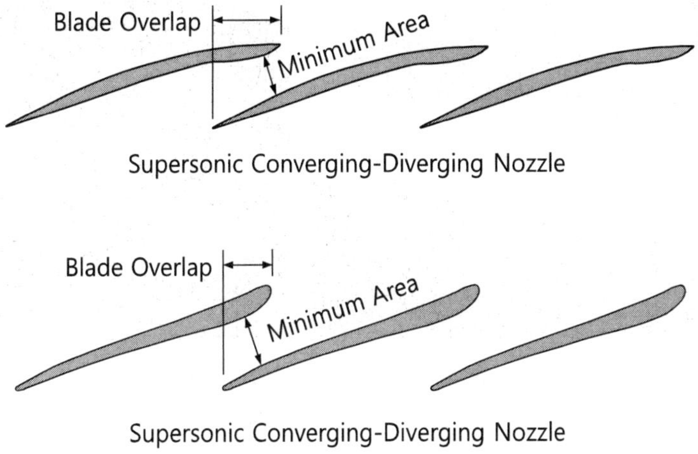

그림 6.17 LSB 단면 형상 (GE)

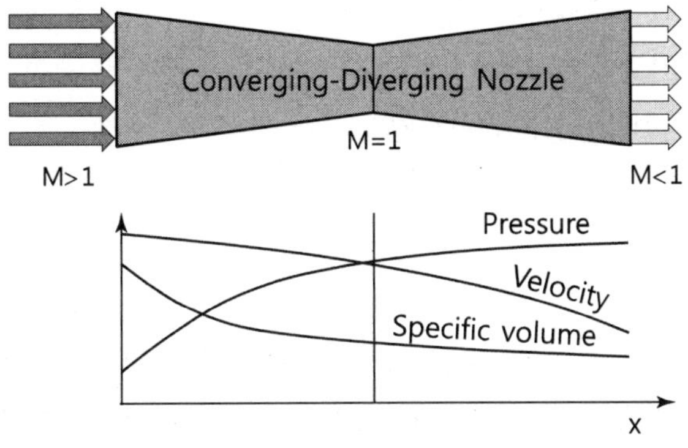

그림 6.18 수축-확산노즐에서의 유동감속

이용되고 있다.

6.3.3 첨단 L-0 노즐

최근 개발된 첨단 L-0 노즐은 그림 6.19에 나타나 있는 것처럼 접선방향뿐만 아니라 축방향으로도 경사(tangential and axial lean)지게 설계되어 있다. 접선방향 경사는 유동에 반지름방향 힘이 작용하도록 유도해서 허브영역으로 더 많은 유량이 흐르도록 해준다. 그리고 효율이 가장 우수한 중간 부위로 가장 많은 유량이 흐르도록 해준다. 따라서 허브영역에서 유동박리가 발생하는 것을 방지하며, 팁 쪽으로 흐르는 유량이 줄어들기 때문에 경계층에서 발생하는 손실이 줄어든다. 참고로, 허브 부분은 반동도가 가장 낮기

그림 6.19 첨단 L-0 노즐 형상

때문에 가장 많은 동력을 생산한다. 아울러 부분부하운전 시 LSB 허브영역에서 재순환영역이 발생하는 것을 약화시킬 수 있다.

축방향 경사는 LSB 습분침식 가능성을 최소화시킬 수 있도록 노즐과 LSB 간격을 조절하기 위하여 도입되었다. 그리고 LSB에서 발생하는 진동을 줄여주기 위해서 팁 부위에서 노즐과 LSB 간격을 넓게 유지시킨다.

6.3.4 플러터

플러터란 블레이드 팁 부위가 진동으로 인하여 심하게 떨리는 현상을 말한다. 일반적으로 증기터빈을 낮은 부하로 운전하거나 LP터빈 배압이 높아지면 LSB로 유입되는 유속이 줄어들어 그림 6.20에 나타나 있는 것처럼 음(-)의 받음각이 나타나기 때문에 LSB에 불규칙한 진동이나 플러터가 발생한다. 음의 받음각이 나타나면 블레이드 압력면에 유동박리가 발생하여 실속플러터에 의한 진동이 발생한다.

브레이드는 그 주위에 형성되는 불규칙한 유동으로 인해서 구조적으로 불안정하게 된다. 발전설비가 대형화되면서 LP터빈 배기면적이 증가하여 블레이드가 더욱 길어지게 되었다. 그러므로 블레이드는 불규칙한 유동에 의하여 발생하는 동적부하를 감당할 수 있도록 설계된다. 그러나 LSB는 천음속유동과 물방울이 포함된 열악한 조건에서 운전된다. 그러므로 LSB는 기계적으로 안전하고 우수한 공기역학적 성능을 발휘할 수 있도록 구조적으로 테이퍼 형상으로 되어 있으며, 비틀려 있다. 그러나 LSB 팁에 커버를 씌우지 않으면 LSB는 매우 유연해서 팁 진동을 제어하기 어렵기 때문에 플러터가 쉽게 발생한다.

플러터 원인으로는 조화여기, 불규칙 또는 광대역여기, 자체여기 등이 있다. 조화여기

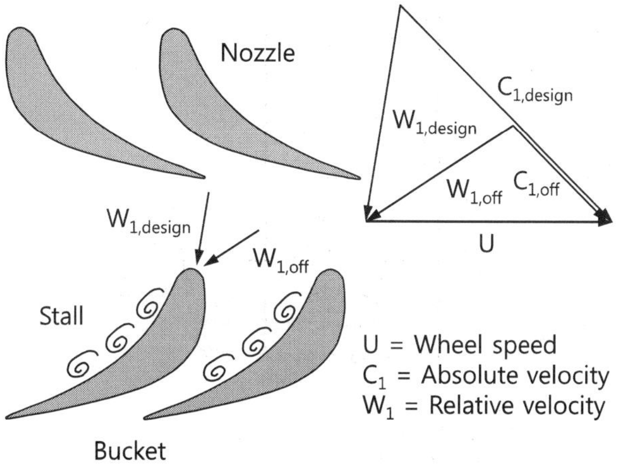

그림 6.20 Flutter 발생 원리

란 주기적으로 발생하는 유동교란에 의한 가진력을 의미한다. 길이가 긴 블레이드는 조화여기를 피할 수 있도록 설계단계에서 조정한다. 불규칙 또는 광대역여기는 기본적으로 노즐을 통과하는 유동이 일시적으로 불규칙해져서 발생하는 가진력을 의미한다. 예를 들면, 유동통로가 갑자기 변경되거나 증기추출이 일어나는 경우 블레이드에 플러터가 발생하기 시작한다. 자체여기란 외부에서 가진력이 발생하지 않으며, 내부적으로 가진력이 발생하는 것을 의미한다. 저부하운전과 LP터빈 배압이 높아질 때 발생하는 실속플러터가 여기에 속한다.

6.4 Cold-End Optimization

LSB 출구단면을 빠져나가는 증기에 포함되어 있는 운동에너지는 거의 모두 손실되는 것이라고 가정한다. 배기증기 체적유량($\dot{m}v$)은 증기터빈 출력과 복수기 운전조건에 의해서 결정된다. 그러므로 주어진 체적유량에 대해서 손실되는 운동에너지 크기는 오직 배기면적에 의해서만 결정된다. 따라서 경제성을 확보하기 위하여 최적의 배기면적, 즉 LSB 길이를 선택하는 것은 중요한 문제이다. 이런 절차를 cold-end optimization이라고 한다.

Cold-end optimization을 수행하기 위해 고려하는 대상은 그림 6.21에 나타나 있듯이 LP터빈, 복수기, 가장 낮은 압력에서 운전되는 급수가열기, 냉각수계통 등이다. Cold-end

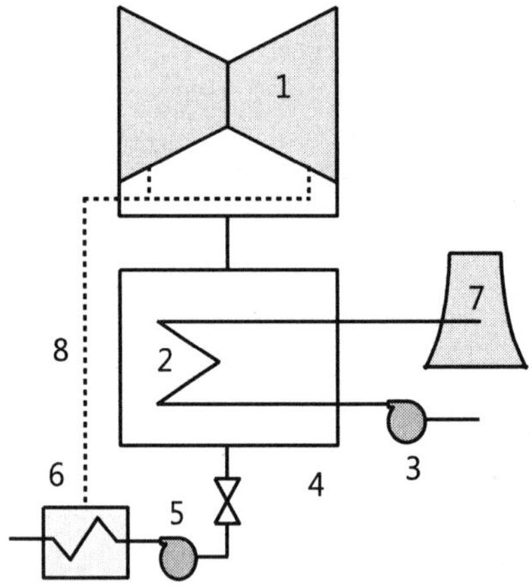

1. LP Turbine 2. Condenser
3. Cooling water pump
4. Main condensate control valve
5. Condensate pump 6. LP Feed water heater 1
7. Cooling tower 8. Extracted steam

그림 6.21 Cold-end optimization 고려 대상 구성품

optimization을 수행하는 데 있어서 복수기 압력은 자유롭게 선택할 수 없다. 왜냐하면 복수기 압력은 기후조건, 즉 대기온도, 습도, 냉각수 온도 등에 따라서 달라지기 때문이다. 그러나 주어진 제한조건 범위 안에서 조사하여 경제적으로 최적인 조건을 찾아낸다.

복수기 압력이 낮아지면 증기터빈에서의 엔탈피강하 크기는 증가하지만 가장 낮은 압력에서 운전되는 급수가열기 입구에서의 응축수 온도는 낮아진다. 이런 경우에 급수가열기로 보내주기 위해서 추출하는 증기유량이 증가하기 때문에 LSB를 통과하는 증기유량은 감소한다. 따라서 최적의 복수기 압력이 존재하게 된다. 복수기 압력을 선정하면 증기터빈 출력, 구성품 가격, 운전비용 등을 포함한 일련의 변수들이 결정된다. 어떤 주어진 기후조건에서 복수기압력을 낮추기 위해서는 냉각수 유량과 복수기 열교환 면적을 증가시켜야 하기 때문에 발전설비 제작비가 증가한다. 아울러 건식 또는 습식 냉각탑은 열저항성이 크기 때문에 복수기가 커지며, 이로 인해서 최적의 복수기 압력이 높아진다.

LSB 출구단면을 빠져나가는 증기의 운동에너지는 복수기 압력이 감소할수록 증가한다. 그러나 복수기 압력이 어떤 압력에 도달하면 LSB에 유동질식이 발생하기 시작한다. 이 상태에서 복수기 압력을 더 낮추더라고 증기터빈에서의 엔탈피강하 크기는 달라지지 않는다.

6.5 운전 유연성

운전 유연성을 확보하고 있으면 효율적인 비용으로 발전소를 운전할 수 있다. 운전 유연성이란 발전기 출력을 신속하게 증가시킬 수 있는 능력을 말한다. 대형 화력발전에서도 전력망 주파수가 크게 낮아지는 경우에는 응축수 스로틀링을 통하여 주파수를 조절할 수 있는 기능을 가지고 있다. 만약에 전력망 주파수가 낮아져서 고출력이 요구될 때 증기터빈이 하이브리드 운전을 채택했다면 증기터빈 컨트롤밸브를 개방하여 출력을 증가시킨다. 그러나 이미 모든 컨트롤밸브가 완전히 열려 있다면 출력을 더 이상 증가시킬 수 없기 때문에 주파수 조절은 불가능하다. 운전 유연성을 확보하기 위해서는 전부하의 90% 내지 95%의 출력을 생산하면서 컨트롤밸브는 약간 닫혀 있게 된다. 한편, 그림 6.22에 나타나 있는 것처럼 하이브리드 운전은 수정 변압 운전이라고도 한다.

증기터빈 출력을 증가시키기 위하여 컨트롤밸브를 개방하는 동시에 응축수 조절밸브 스로틀링을 통해서 저압 급수가열기로 흘러가는 응축수 질량유량을 줄인다. 그리고 일정한 응답시간을 고려하여 저압 급수가열기와 탈기기/급수탱크로 공급하는 추기 질량유량을 줄인다. 이 경우에 증기터빈을 통과하는 증기의 질량유량이 증가하기 때문에 증기터빈 출력이 증가한다. 이렇게 증가하는 출력 크기는 미리 설정되어 있는 메인 컨트롤밸브 위치, 응축수 조절밸브 스로틀링, 실질적인 증기터빈 출력 등에 의해서 결정된다. 그리고

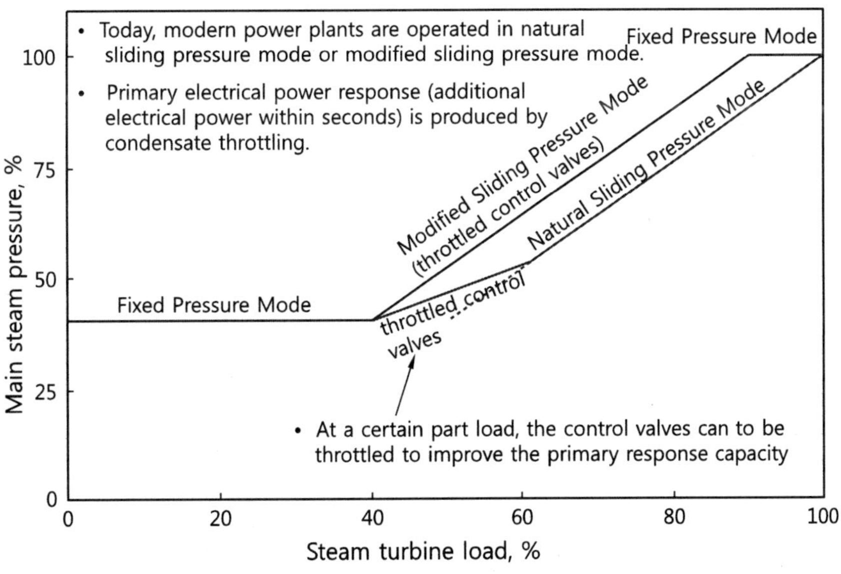

그림 6.22 수정 변압 운전 (하이브리드 운전)

추기 배관에 신속하게 작동하는 밸브를 적용하면 주파수 조절 응답시간을 최적화시킬 수 있다.

이렇게 응축수 스로틀링을 실시하는 목적은 보일러 천이거동을 원활하게 하기 위함이다. 주파수 조절을 위해 응축수 스로틀링을 실시하는 초기에 축적된 응축수는 복수기 핫웰이나 별도의 응축수 수집탱크에 보관한다. 주파수 조절이 시작되는 동시에 출력 요구 조건을 만족시키기 위하여 보일러 연소율도 증가시킨다. 이때 보일러에서 생산되는 증기 유량이 증가하기 때문에 급수저장탱크 수위는 점차 낮아진다. 증기터빈 출력이 증가하기 시작하면 응축수 조절밸브를 점진적으로 열어서 보일러로 공급해주는 응축수 유량을 증가시킨다. 그리고 원하는 출력까지 증가된 후에 급수계통은 다시 정상상태에 도달한다. 아울러 급수계통이 정상상태에 도달한 후에는 급수저장탱크를 재충진시킨다. 한편, 원하는 출력에 도달했을 때 저압 급수가열기와 탈기기로 흘러가는 응축수 유량이 증가하기 때문에 증기터빈으로부터 급수가열기로의 추기 유량도 증가한다. 이때 발전기 출력도 줄어든다. 그러므로 이런 영향이 나타나지 않도록 보일러 열소율을 증가시킨다. 그러나 이때 최대허용 과열기 출구 유량은 100% BMCR(Boiler Maximum Continuous Rating)로 제한된다.

Chapter 07

USC 증기터빈

석탄화력발전은 높은 신뢰성, 낮은 연료 가격 및 연료 공급 안정성, 경쟁력 있는 발전단가 등으로 인해서 여전히 전 세계적으로 가장 중요한 전기에너지 공급원이다. 그러나 석탄은 대체 가능한 에너지 자원이 부족한 상태에서 전기에너지 생산을 위해서 지속적으로 사용할 수밖에 없기 때문에 지구 온난화 원인물질인 이산화탄소 배출 저감을 위하여 발전효율 향상에 대한 요구가 꾸준히 제기되고 있다. 이는 발전효율 향상을 통하여 연료소비를 줄임으로써 이산화탄소를 포함한 각종 공해물질 배출을 줄이는 동시에 이산화탄소 포집에 관련된 비용을 줄일 수 있기 때문이다. 따라서 아임계 발전보다 더 높은 주증기 조건을 이용하는 USC 발전은 고효율과 낮은 공해물질 배출에 대한 대안이 되고 있다.

전 세계적으로 증가하고 있는 에너지 수요에 대처하는 데 있어서 일차적으로 고려해야 할 가장 중요한 요소는 깨끗하면서 저렴한 비용으로 전력을 생산하는 것이다. 발전단가를 결정하는 가장 중요한 요소는 발전소 건설에 따른 투자비와 연료 가격이다. 그러나 가까운 장래에 이산화탄소 제거에 관련된 비용 또한 발전단가에 포함될 예정이다. 따라서 최근 들어 이산화탄소 배출과 관련된 비용이 많은 관심을 받고 있다. 현재 석탄화력발전 배기가스에서 효율적으로 이산화탄소를 제거하는 기술은 없다. 따라서 현재는 배기가스에 포함되어 있는 이산화탄소를 분리하여 압축시켜 저장하는 방법을 사용하고 있다.

연료 구입비용과 대기 중으로 배출되는 이산화탄소량에 영향을 미치는 가장 중요한 요소는 정미발전효율이다. 가격 측면에서 전 세계적으로 많은 지방에 분포하고 있는 석탄은 천연가스에 비해서 훨씬 안정적이다. 그러나 천연가스에 비해서 더 많은 이산화탄소를 배출하는 석탄발전은 효율 향상이 절실하게 요구되고 있다. 따라서 현재는 주증기 조건을 향상시켜 높은 열효율을 유지하고 있는 USC 발전이 석탄화력발전 시장을 지배하고 있다.

최근 들어 증기터빈 설계기술과 고온소재 개발을 통하여 발전효율이 크게 향상되었다. 특히 주증기 온도를 700℃ 이상으로 높인 A-USC 발전시스템이 개발 완료단계에 있다. A-USC 발전시스템은 이산화탄소 제거와 관련된 저압의 증기와 동력 소비로 인해서 발전효율이 10% 정도 낮아지는 것을 반영하더라도 40%를 초과하는 정미발전효율을 얻을 수 있다. 이를 위해 고온부에는 고온 내열소재인 니켈합금 적용이 검토되고 있다.

7.1 USC 증기터빈

7.1.1 USC 증기터빈 개요

GE사 자료(1995년 발표)에 의하면 그림 7.1에 나타나 있는 것처럼 500 MW 용량을 가지는 석탄화력발전 효율을 1% 향상시키면 연간 4억 원의 연료비를 절감할 수 있다. 그러나 2010년 국내 자료에 의하면 동일한 기준으로 연간 40억 원 정도의 연료비를 절감할 수 있다. 따라서 연료비 절감을 통한 경제성 확보 측면에서 발전효율 향상은 매우 중요한 문제이다. 발전효율 향상은 그림 7.1에 나타나 있는 것처럼 크게 두 가지 방법으로 진행되고 있다. 하나는 기계적으로 효율을 향상시키는 방법으로, 증기통로에서 발생하는 공기역학적 손실과 누설손실을 줄이는 방법이다. 이에 대한 가장 대표적인 예는 이차유동손실을 줄이기 위한 advanced vortex blade 개발과 누설손실을 줄이기 위한 첨단 실의 적용을 들 수 있다. 이 밖에도 연소과정 최적화, 복수기 운전압력 강하, 증기터빈 내부효율 향상 등을 통하여 발전효율이 향상되고 있다. 다른 하나는 열역학적으로 효율을 향상시키는 방법으로, 주증기 온도와 압력을 높이는 방법이다. USC 증기조건은 통상적으로 주증기 압력이 250 bar 이상이며, 주증기 및 재열증기 온도가 600℃ 이상인 것을 말한다. 주증기 조건을 향상시키면 열역학적으로 사이클 효율이 향상된다. 석탄화력발전에서 주증기 및 재열증기 온도를 28℃(50°F) 올릴 때마다 열률이 약 1.5% 향상된다.

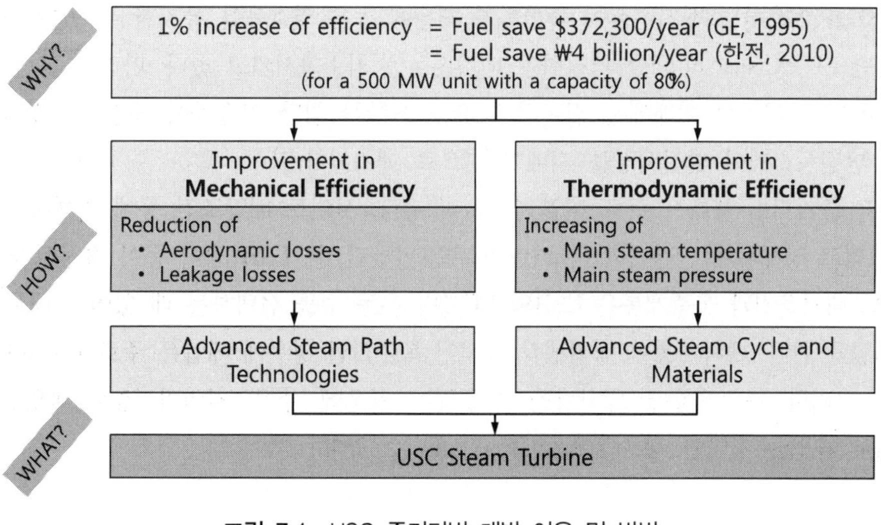

그림 7.1 USC 증기터빈 개발 이유 및 방법

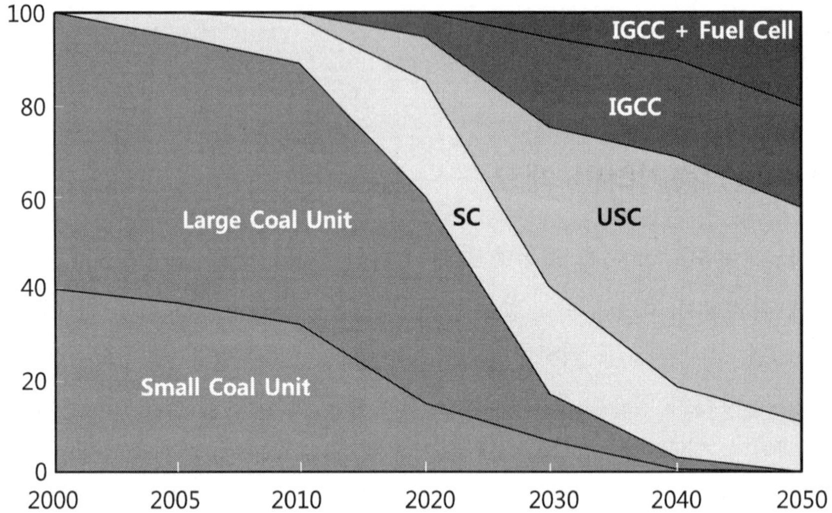

그림 7.2 석탄을 사용하는 발전시스템 유형별 미래 예측

USC 발전은 이론적으로 물의 임계점보다 높은 수준의 주증기 온도와 압력을 이용하여 전기를 생산하는 것을 의미한다. 그러나 실제적으로 USC 발전시스템에는 USC 증기조건뿐만 아니라 여러 가지 증기터빈 효율을 향상시키기 위한 첨단기술들이 동시에 적용되고 있다. 한편, 주증기 압력이 상승함에 따라 동일한 크기의 증기터빈으로 공급되는 증기의 질량유량이 증가하기 때문에 증기터빈 출력이 증가한다. 아울러 LSB를 통과하는 증기의 체적유량이 증가하기 때문에 USC 증기터빈에는 더욱 긴 LSB가 요구된다. 따라서 최근에는 45인치 대형 티타늄 LSB가 개발되어 사용되고 있는 추세이다. 이렇게 길어진 LSB를 이용하면 배기손실이 줄어들기 때문에 높은 열효율을 유지할 수 있다. 이밖에도 첨단 LP exhaust hood를 개발하여 배기손실을 최소화시키고 있다. 따라서 그림 7.2에 나타나 있는 것처럼 미래에는 길어진 LSB를 포함한 첨단 기술들이 종합적으로 적용된 USC 발전시스템이 발전시장을 지배할 것으로 예측된다.

USC 증기터빈 형태는 주로 재열 수, 설비 용량, 사이트 배압조건 등에 의해서 결정된다. 그리고 상세설계 단계에서 각 터빈의 유동 수, 단 수, LSB 길이 등이 결정된다. 특히 사이트 대기조건과 응축계통은 LSB와 LP터빈 유동 수를 선택하는 데 있어서 매우 중요한 역할을 한다. 냉각계통이 직접냉각 방식인 복수기인 경우에 배압은 주로 1.5 in.Hga가 된다. 그러나 복수계통에 냉각탑을 이용하는 경우에 추운 지역인 경우 배압은 1.5 in.Hga, 따뜻한 지역인 경우 3.5 in.Hga가 될 수 있다.

7.1.2 화력발전 분류

화력발전은 일차적으로 정압상태에서 물을 가열할 때 나타나는 상태변화를 기준으로 아임계와 초임계 발전으로 분류할 수 있다. 그리고 초임계 발전은 증기온도 조건에 따라서 초임계, 초초임계(USC), 첨단 초초임계(A-USC) 발전으로 분류한다. 그런데 이들 세 가지 초임계 발전시스템에서 일어나는 물의 상태변화 형태는 서로 동일하다. 그러나 증기터빈에 공급되는 증기온도가 높아질수록 정미발전효율이 향상되며, 고온 부품에 사용되는 소재 종류와 냉각방식에 차이가 있으며, 핵심부품 설계기술 및 발전소 운전에 관련된 기술적인 난이도가 서로 다르기 때문에 세 가지 형태로 세분하고 있다. 한편, 증기온도가 상승함에 따라 최대 이용가능에너지를 가지는 증기압력 또한 높아지기 때문에 증기온도 상승과 더불어 증기압력 또한 증가하는 경향을 가진다. 표 7.1에 화력발전 분류를 나타냈다.

압력이 가해진 상태의 물을 압축수(그림 7.3의 상태 A)라 한다. 압력이 가해진 상태의 물을 가열하여 일정한 온도에 도달하면 끓기 시작하는데, 이 상태를 포화수(그림 7.3의 상태 B)라 한다. 물이 끓기 시작하는 온도는 압력이 증가할수록 높아진다. 물이 끓기 시작하는 상태에서 계속해서 가열하면 그림 7.4에 나타나 있는 것처럼 물의 일부가 증발하여 증기가 된다. 이때 물과 증기가 혼재되어 있는 상태를 습증기(그림 7.3의 상태 C)라 한다. 물이 증발하는 동안에 온도가 일정하게 유지되는데, 이는 물이 증발하는 동안에 공

표 7.1 화력발전 분류

Nomenclature	Steam conditions	Net plant efficiency, %	Net plant heat rate (HHV), Btu/kWh
Subcritical	2400 psig (16.5 MPa) 1050°F/1050°F (565℃/565℃)	35	9751
Supercritical (SC)	>3600 psig (24.8 MPa) 1050°F/1075°F (565℃/585℃)	38	8981
Ultrasupercritical (USC)	>3600 psig (24.8 MPa) 1100°F/1150°F (593℃/621℃)	>42	<8126
Advanced ultrasupercritical (A-USC)	5000 psig (34.5 MPa) 1292°F (700℃) and above	>45	<7757

급되는 열량이 물의 상태변화에 사용되는 잠열로 작용하기 때문이다. 그리고 계속해서 가열이 지속되면 물의 증발이 완료된다. 이 상태를 포화증기(그림 7.3의 상태 D)라 한다. 포화증기를 계속해서 가열하면 과열증기(그림 7.3의 상태 E)가 된다. 가열이 지속되는 동안 과열증기 온도는 계속해서 증가한다.

그런데 압력을 더욱 증가시킨 상태에서 물을 가열하면 그림 7.3과 7.4에서 확인할 수 있는 것처럼 포화수와 포화증기 사이가 점차 좁혀지며, 어떤 압력에 도달하면 이 두 상태점이 일치하게 된다. 이 점을 임계점(그림 7.3의 상태 K)이라 하며, 임계점에서는 물의 표면장력이 없어진다. 따라서 임계점이나 임계점보다 높은 압력에서 물의 상이 변하는 경우에 액체와 기체 사이에 뚜렷한 구분이 나타나지 않는다. 즉 물이 끓지 않고 순간적으로 과열증기로 바뀐다. 물의 임계압력은 3208 psia(22.09 MPa), 임계온도는 374.14℃(705°)이다. 물을 임계압력보다 낮은 압력에서 가열하여 생산된 증기를 이용하는 화력발전이 아임계 발전이다. 전통적으로 아임계 발전은 2400 psig(16.55 MPa)의 주증기 압력을 사용하고 있다. 이에 반해 물을 임계압력보다 높은 압력에서 가열하여 생산된 증기를 이용하는 화력발전이 초임계 발전이다. 아임계 발전은 초임계 발전에 비해서 열효율은 낮지만 시스템이 간단하고, 신뢰도가 높으며, 가격이 저렴하고, 기술적으로 위험성이 낮기 때문에 개발도상국에서는 아직도 많이 건설하고 있다.

물을 임계압력보다 높은 압력에서 가열하면 그림 7.3과 7.4에 나타나 있는 것처럼 물은 증발과정을 거치지 않고 곧바로 과열증기로 변한다. 따라서 초임계 발전용 보일러에는 물과 증기를 분리하는 장치인 드럼이 없는 것이 특징이다. 드럼에서 분리시킨 포화증기는 과열기에서 가열하여 과열증기로 만들어서 에너지 수준을 더욱 높인 후에 증기터빈

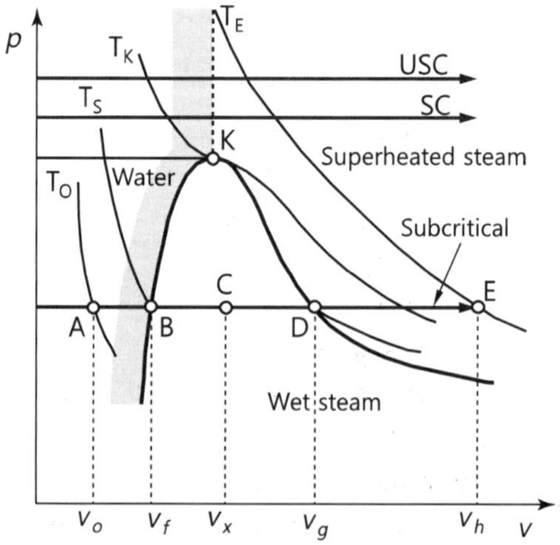

그림 7.3 물의 정압가열 ($p-v$ 선도)

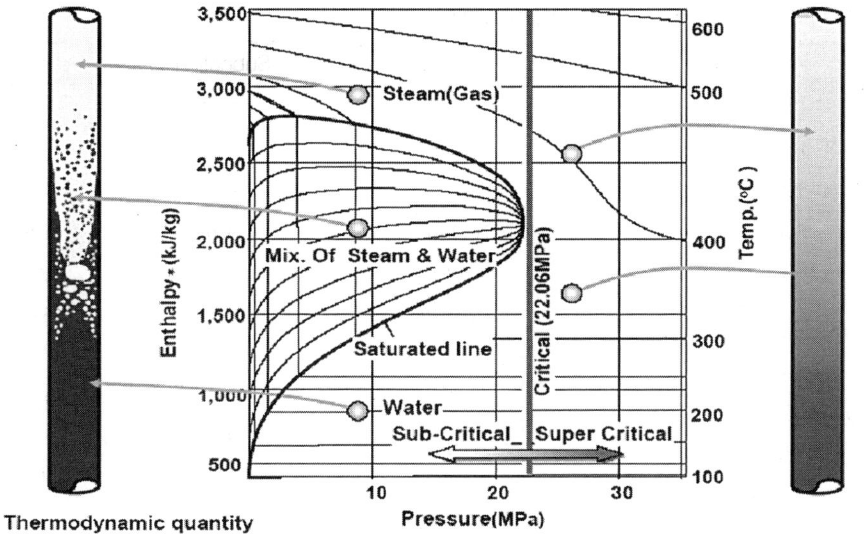

그림 7.4 물의 정압가열 (h-p 선도)

으로 공급한다. 그런데 과열증기를 더욱 높은 온도까지 가열하여 이용가능에너지를 증가시키기 위해서는 더욱 높은 압력에서 가열해야 한다. EPRI는 증기터빈에 공급되는 주증기 온도가 593℃(1100℉)를 초과하는 발전시스템을 USC 발전이라 정의하여 초임계 발전과 구분하고 있다. 그리고 최근 들어 증기터빈에 공급되는 주증기 온도가 700℃ (1292℉)를 초과하는 발전시스템을 A-USC로 정의하여 분류하고 있다. 초임계 발전을 이렇게 세 가지로 구분하는 이유는 이들 각각의 발전시스템에 사용되는 기술수준과 내열소재에 차이가 있기 때문이다. 그러나 열역학적으로 초임계 발전, USC 발전, A-USC 발전은 서로 차이가 없다.

USC 발전은 아임계 발전에 비해서 높은 주증기 압력을 이용하기 때문에 발전소 건설에 따른 투자비가 증가하고, 신뢰도와 운전 유연성이 낮아지는 단점을 가진다. 그러나 USC 발전은 발전효율이 증가하기 때문에 연료 소비량이 줄어들며, 이로 인해서 이산화탄소를 비롯한 각종 공해물질 배출이 줄어드는 장점을 가진다. 아울러 USC 발전은 표 7.2에 나타나 있는 것처럼 아임계 발전에 비해서 발전단가가 낮아지기 때문에 경제적이다. 이런 이유 때문에 최근에 A-USC 개발이 진행되고 있다.

표 7.2 아임계 발전과 USC 발전 투자비 및 발전단가 비교

<table>
<tr><th colspan="2">Parameter</th><th>Units</th><th>Subcritical</th><th>USC</th></tr>
<tr><td colspan="2">Plant size</td><td>MW</td><td>600</td><td>600</td></tr>
<tr><td colspan="2">Net plant efficiency</td><td>%, LHV</td><td>38.0</td><td>46.0</td></tr>
<tr><td colspan="2">Total investment cost</td><td>EU/kW</td><td>874</td><td>920</td></tr>
<tr><td colspan="2">Fuel price</td><td>EU/GJ, bituminous</td><td>1.6</td><td>1.6</td></tr>
<tr><td colspan="2">Load factor</td><td>%</td><td>85</td><td>85</td></tr>
<tr><td colspan="2" rowspan="2">Cost of electricity</td><td>c/kWh</td><td>3.5</td><td>3.3</td></tr>
<tr><td>UK p/kWh</td><td>2.3</td><td>2.2</td></tr>
<tr><td rowspan="3">Breakdown of cost of electricity</td><td>Fuel</td><td rowspan="3">c/kWh</td><td>1.5</td><td>1.2</td></tr>
<tr><td>Capital</td><td>1.3</td><td>1.4</td></tr>
<tr><td>O&M</td><td>0.7</td><td>0.7</td></tr>
</table>

7.1.3 열효율 및 이용도 향상

최초의 초임계 발전은 1957년 상업운전을 개시한 미국 전력회사의 Philo 6호기와 영국의 Drakelow C 발전소이다. Philo 6호기의 설비용량은 120 MW, 증기유량은 675,000 lb/h, 증기조건은 4500 psig/1150℉/1050℉/1000℉로서 이중재열 시스템을 채택하고 있다. 1959년에는 미국 필라델피아 전력회사에서 Eddystone 초임계 발전소를 건설하였다. 이 발전소의 설비용량은 325 MW, 증기유량은 2,000,000 lb/h, 정미발전효율은 고위발열량을 기준으로 40%이다. 이 발전소는 초기에 증기조건 5000 psig/1200℉/1050℉/1050℉로 운전하였으나 나중에 4700 psig/1130℉/1030℉/1030℉로 운전하였다. 증기조건을 낮춘 이유는 심각한 기계적 문제와 소재에 관련된 문제 때문이었다. 이 발전소는 고온에서 운전되는 두꺼운 부품의 소재로서 열전도성이 낮으면서 높은 열팽창계수를 가지고 있어서 높은 열응력과 피로균열이 발생하기 쉬운 오스테나이트 강을 사용했기 때문에 문제가 되었다. 이 밖에도 USC 발전시스템 개발 초기에는 컨트롤밸브 마모 및 파열, 블레이드 열응력 및 고체입자침식, 복잡해진 시동절차로부터 발생하는 문제점들이 복합적으로 나타났다. 이런 문제들로 인해 초기의 USC 발전은 아임계 발전에 비해 발전소 유지보수 비용이 증가하였으며, 운전유연성과 신뢰도가 낮아졌다. 따라서 USC 발전시스템은 높은 열효율에도 불구하고 개발 초기에는 한 동안 각광받지 못했으며, 결과적으로 신규 발전소는 다시 아임계 발전시스템을 채택했다. 그 이후에 45년이 넘는 기간 동안 USC 발전기술이 지속적으로 발전하여 발전시스템이 점차 완벽해졌다. 전 세계적인 운전기록에 의하면 현재는 USC 발전시스템의 이용도가 아임계 발전과 동등하거나 그보다 높은 상태가

되었다.

최근에는 A-USC에 대한 연구가 활발하게 진행되고 있다. 미국에서 연구가 진행되고 있는 A-USC 발전소의 설비용량은 792 MW이며, 증기조건은 36.2 MPa/735.5℃/760℃(5250 psig/1356℉/1400℉)로서 단일재열 시스템을 고려하고 있다. 이코노마이저로 공급되는 최종 급수온도는 332.8℃(631°)로서 매우 높은 편이다. 이를 위해서 HARP를 적용하였다. 예상되는 정미열률은 6293.1 Btu/kWh(6633 kJ/kWh)이다. 보일러 열효율 89~90%와 총 출력의 6.5~7.5%가 보조동력으로 소비되는 경우에 예상되는 정미발전효율은 44.6~45.6%이다. 700℃급 발전설비에 있어서 이중재열을 채택하는 경우에 열효율은 단지 0.7% (HHV) 상승할 것으로 예상하고 있다. 이는 538℃(1000℉)급 발전설비에 이중재열을 채택하면 단일재열에 비해서 열효율이 1.5~2.0% 향상되는 것에 비하면 효과가 작은 편이다. 따라서 최초의 A-USC 발전소는 단일재열을 채택할 예정이며, 이중재열에 따른 비용 및 장점을 더욱 자세하게 평가하여 타당성이 입증되는 경우에 후속 발전소에는 이중재열을 채택할 예정이다.

주증기 조건 및 일렬 축 증기터빈의 단위 기당 출력과 열효율에 대한 변천사가 그림 7.5에 나타나 있다. 앞서 언급했듯이 주증기 조건을 향상시키면 열효율 및 단위 기당 출력이 증가한다. 이런 이유 때문에 OECD 국가에서 신규로 건설되는 발전소는 대부분 USC 발전이 차지하고 있다.

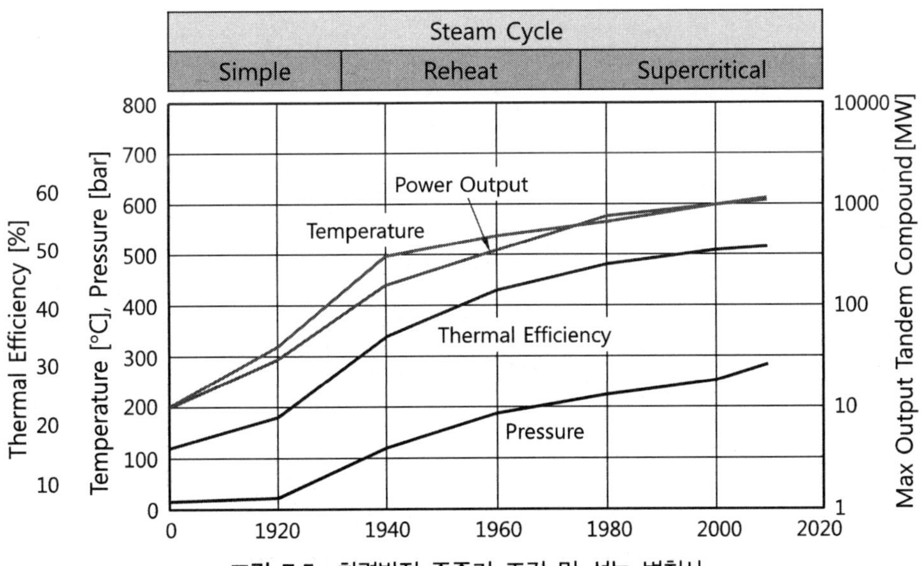

그림 7.5 화력발전 주증기 조건 및 성능 변천사

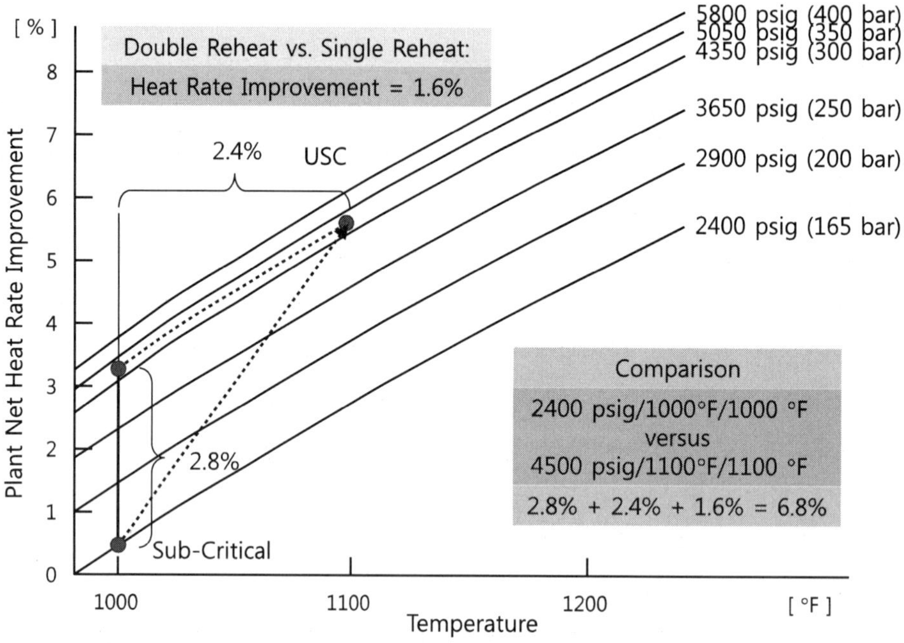

그림 7.6 USC에 의한 열률 개선 (Siemens)

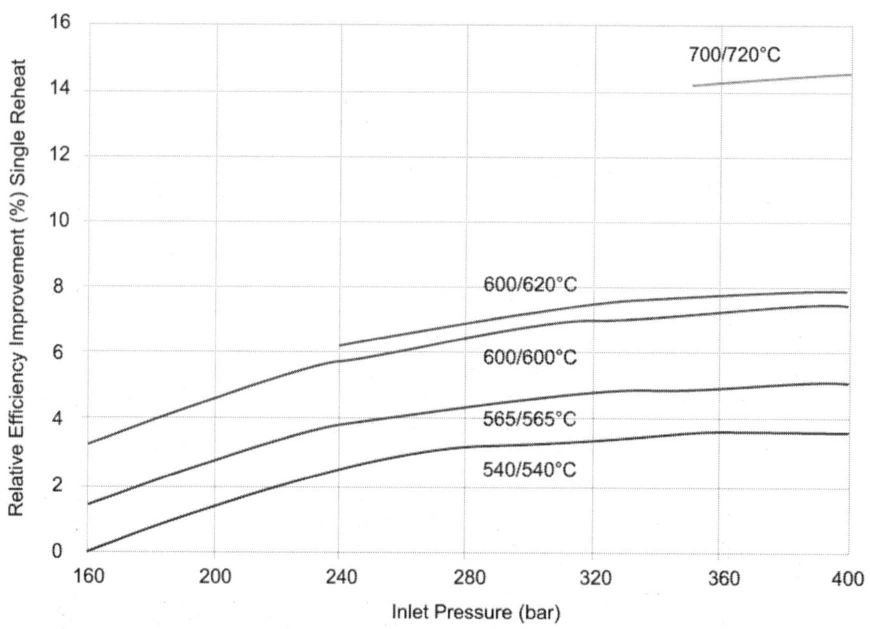

그림 7.7 USC 증기 조건에 대한 효율 향상

그림 7.6에 주증기 조건 상향에 따른 열률 개선을 나타냈다. 가장 대표적인 아임계 발전의 주증기 조건인 2400 psig/1000℉를 USC 주증기 조건인 4500 psig/1100℉로 높이면, 주증기 압력 상승에 따라서 열률이 약 2.8% 개선되며, 주증기 온도 상승에 따라서 열률이 약 2.4% 개선된다. 그리고 단일재열을 이중재열로 개선하면 추가적으로 열률이 약 1.6% 개선된다. 따라서 이중재열을 채택한 USC 발전은 단일재열 아임계 발전에 비해서 열률이 약 6.8% 개선된다.

그림 7.7에 단일재열을 기초로 USC 증기조건에 대한 효율 향상을 나타냈다. 이 그림에서 발전효율 향상은 주증기 온도 증가에 따라서 비례적으로 증가한다는 것을 알 수 있다. 그러나 주증기 압력이 충분히 높은 상태에서는 더 이상 주증기 압력을 증가시켜도 효율 향상을 기대하기 어렵다는 것을 알 수 있다.

7.2 USC 사이클 최적화

신규 발전소를 건설하는 경우에 발전설비 용량, 사용 연료, 사이트 조건, 냉각계통 등을 고려하여 사이클을 최적화시킨다. 일반적인 랭킨사이클 최적화 항목은 다음과 같다.

1) 복수기 압력 축소
2) 보일러 연도가스 축소
3) 보일러 압력손실 및 누설 축소
4) 잉여 연소공기 최소화
5) 열손실 최소화
6) 보일러 및 증기터빈 구성품 설계기술 향상
7) 주증기 변수 최적화
8) 단일재열 또는 이중재열 적용
9) 급수온도 최적화

최근에는 경쟁적인 시장에서 생존하기 위하여 경제성을 확보한 발전시스템 개발이 요구되고 있다. 이를 위하여 경제성 분석을 바탕으로 고도의 USC 기술이 반영된 사이클 최적화 기법이 요구되고 있다. 그림 7.8에 석탄화력발전 효율향상에 관련된 항목 및 각 항목에 대한 효율향상 크기가 나타나 있다. 그러나 효율을 크게 향상시킬 수 있더라도 과도한 투자비가 요구되는 경우에는 효율향상에 제한이 따른다. 이는 기술적인 향상을 통

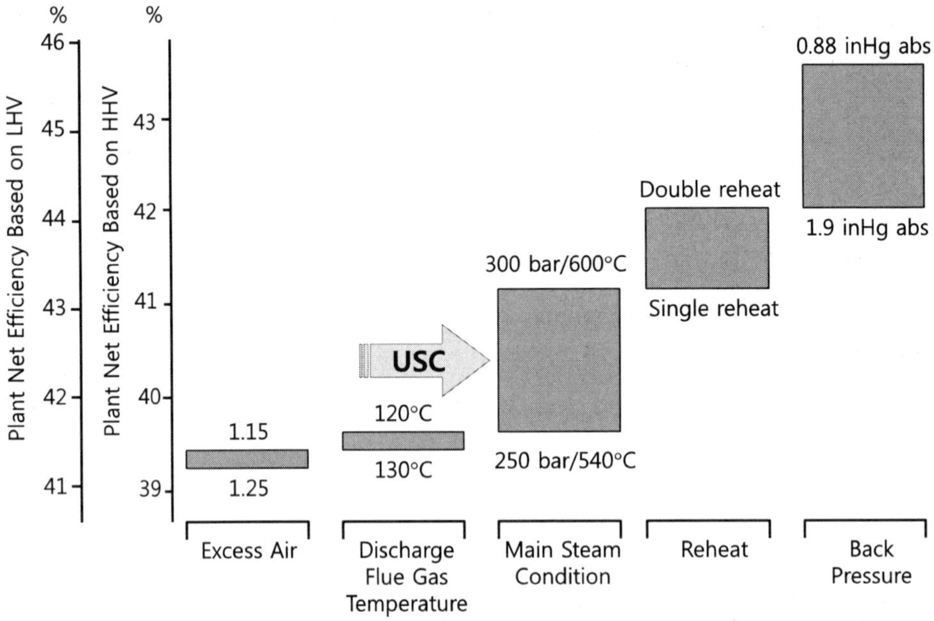

그림 7.8 석탄화력발전 효율 향상

표 7.3 발전설비 열효율 향상을 위한 기술개발 투자 경제성 분석 (1994년 자료)

Ranking	Activities	Cost (million US$/% net LHV efficiency)
1	Reducing condenser back pressure	4.6
2	Increasing to 8th extraction point feedwater heater to raise feedwater temperature	5.7
3	Raising main steam temperature and reheat steam temperature	12.3
4	Raising main steam temperature	12.7
5	Using separate BFPT instead of main turbine driven pump	14.2
6	Raising main steam pressure	39.1
7	Changing from single to double reheat	56.7
8	Using separate BFPT condenser	60.7

하여 발전설비 성능이 크게 향상된다고 하더라도 경제성을 갖추지 못하면 오늘날 경쟁적인 시장에서 선택받지 못하기 때문이다. 표 7.3에 Weitzel and Tanzosh (2010)가 인용한 1994년도 자료를 통하여 발전설비 열효율 향상을 위한 기술개발 투자 순서를 살펴볼 수 있다. 그러나 이 자료는 오래 전에 발표된 자료로서 현재 상황에서는 적합하지 않은 것으로 판단된다. 예를 들면, 현재는 급수온도를 높이기 위하여 HARP를 채택하고 있다. 그

러나 경제성을 확보한 고성능 USC 발전설비를 개발하기 위해서는 표 7.3에 나타나 있는 것과 같은 방법으로 각각의 항목들에 대한 경제성 평가가 반드시 진행되어야 한다.

7.2.1 재생 사이클

보일러 이코노마이저로 공급되는 최종 급수온도가 높아지면 보일러에서의 열 유입이 줄어든다. 따라서 최종 급수온도가 높아지면 보일러 크기가 줄어들어 보일러 제작비가 낮아진다. 그러나 이코노마이저로 공급되는 급수온도를 높이기 위해서는 보일러 연도가스 온도를 낮추는 문제를 해결해야 한다. 한편, 최종 급수온도를 높이기 위해서는 증기터빈으로부터 더 많은 고온증기를 추출하여 탑히터로 보내주어야 하기 때문에 복수기로 배출하는 열량이 줄어든다. 아울러 최종 급수온도를 높이기 위해서는 급수가열기 숫자가 증가한다. 그런데 급수가열기 숫자가 많아질수록 급수 가열과정이 가역과정에 가까워진다. 따라서 이렇게 다양한 원인에 의해서 최종 급수온도가 높아지면 정미발전효율이 향상된다.

급수가열기 배치는 어떤 주어진 USC 증기조건에 대하여 가장 높은 열효율을 얻을 수 있도록 설계한다. 일반적으로 주증기 조건이 높아지면 급수가열기 숫자가 증가하며, 최종 급수온도가 높아진다. 대부분의 USC 증기조건에 있어서 최종 급수온도를 높이기 위하여 HARP 채택이 바람직해 보인다. 그러나 HARP의 채택은 증기터빈 및 보일러 설계에 큰 영향을 미친다. 따라서 급수온도 상승에 따른 최선의 경제적인 해결책을 결정하기 위하여 발전계통 전체를 최적화시킬 필요가 있다. HARP를 채택하는 경우에 탑히터 위에 별도의 과열 저감기를 사용하면 추가적인 성능향상을 얻을 수 있다.

7.2.2 주증기 온도

그림 7.9에 나타나 있는 것처럼 증기의 이용가능에너지는 증기온도에 비례해서 증가한다. 그런데 동일한 온도에서 가장 큰 이용가능에너지가 나타나는 증기압력 또한 증기온도가 증가함에 따라 같이 증가한다. 그러나 증기압력이 이용가능에너지 크기 변화에 미치는 영향은 증기온도에 비해서 상대적으로 작다.

증기의 이용가능에너지가 증가할수록 증기터빈 효율이 증가한다. 이는 이용가능에너지가 증가할수록 성능이 우수한 HP터빈과 IP터빈에서의 팽창구간이 늘어나기 때문이다. 그러나 증기온도를 높이기 위해서는 내열소재 및 고온부품에 대한 냉각기술 개발이 뒷받침되어야 한다. 고가의 내열소재를 적용하는 경우 USC 증기조건 적용을 통해서 얻어지

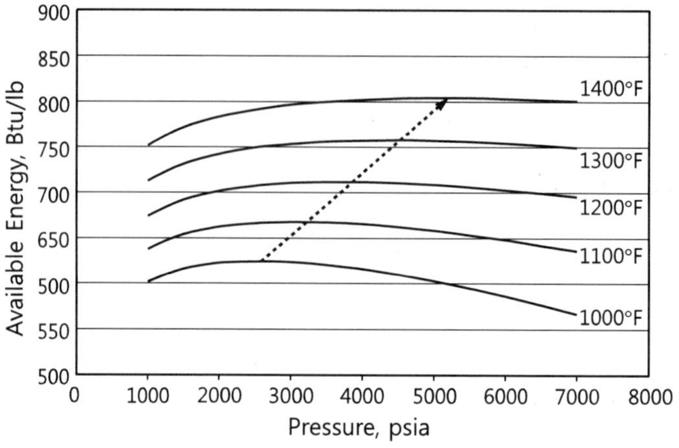

그림 7.9 증기온도 및 압력 변화에 따른 이용가능에너지 크기 변화

는 열효율 향상에 따른 경제적인 효과가 상쇄될 수 있기 때문에 체계적인 경제성 분석이 요구된다. 최근에 개발하고 있거나 개발한 USC 증기터빈은 새로운 기법의 냉각기술이 적용되고 있다.

7.2.3 주증기 압력

주증기 온도는 발전효율을 향상시키기 위하여 일차적으로 고려해야 할 가장 중요한 요소이다. 주증기 압력은 발전효율 향상 측면에서는 온도에 비해서는 덜 중요하지만 증기터빈 설계 및 운전과 관련된 가장 중요한 요소이다. 주증기 압력이 높아지면 구성품 두께가 증가하여 구성품 가격이 높아질 뿐만 아니라 발전설비 부하변동에 제한이 따르며, 기동시간이 길어지는 단점이 나타난다. 그러므로 주증기 온도와 압력은 최적화시켜야 하며, 최적의 특성과 가격을 가지는 자재를 선정해야 한다.

USC 발전의 가장 중요한 목적은 열효율 향상을 통해서 발전단가를 낮추는 동시에 지구온난화 원인물질인 이산화탄소를 비롯한 각종 공해물질 배출을 최소화시키는 것이다. 발전단가를 낮추기 위해서 증기조건을 평가할 때 증기온도 및 압력 상승에 따른 사이클 효율 향상을 반드시 살펴보아야 한다. 전통적인 단일재열 사이클 주증기 조건인 2400 psig/1000°F로부터 4500 psig/1100°F를 초과하는 수준으로 주증기 조건을 향상시킴으로써 발전설비 성능이 크게 향상되었다. 재열사이클에서 주증기 압력을 향상시키면 사이클 효율이 향상되는데, 이것이 USC 증기조건을 채택하는 이유이다. 그러나 어떤 정해진 주증기 온도에 대하여 주증기 압력을 너무 높게 설정하면 열역학적인 장점이 없어질 수 있다.

이는 주증기 압력이 증가하면 증기의 체적유량이 크게 줄어들어 증기터빈 블레이드 길이가 짧아지고 폭이 증가하여 대표적인 기계적 손실인 형상손실, 이차유동손실, 누설손실이 증가하여 주증기 압력상승에 따른 열역학적 효율 향상을 모두 상쇄시킬 수 있기 때문이다. 참고로, 증기온도가 600℃/620℃인 경우에 주증기 압력을 300 bar 이상으로 높이는 것은 경제적으로 효과가 없는 것으로 알려져 있다.

7.2.4 재열압력

일반적으로 재열압력은 주증기 압력의 1/4에 해당하는 압력이 많이 사용되었다. 따라서 냉재열압력 선정은 발전시스템 설계에 통합되어 있었다. 그러나 높아진 증기조건에서 운전되는 USC 발전에서는 그 중요성을 감안하여 분리하여 취급하고 있다. 열역학적으로 최적화된 상태에서 열률을 비교하면, HARP를 적용하는 경우에 열률이 약 0.5% 개선된다. 그러나 HARP를 채택하지 않은 상태에서 보일러를 설계하는 경우에 사이클 성능이 약간 낮아지더라도 경제적인 관점에서 더 낮은 재열압력을 선호하는 경향이 있다. 이 경우 정미열률은 약 0.6～0.7% 증가한다. HARP를 채택하면 최적의 재열압력은 낮아지고 최적의 최종 급수온도는 더 높아진다. 재열압력과 급수온도는 모두 보일러 설계 및 제작비에 큰 영향을 미친다. 따라서 HARP 채택을 고려하는 경우에 경제적으로 최적의 사이클을 구성할 수 있도록 세심한 주의를 기울여야 한다.

HARP를 채택하지 않은 이중재열 시스템인 경우 최고의 성능을 발휘할 수 있는 일차 재열압력을 선정해야 한다. 그러나 보일러 및 배관계통을 고려한 경제적인 측면에서 살펴보면 대체로 최고 성능을 나타내는 일차 재열압력보다 낮은 압력이 선호되고 있다. 따라서 일차 재열압력은 열역학적으로 최적인 압력보다 낮은 압력을 선택하는 반면에 이차 재열압력은 LP터빈으로 유입되는 증기온도를 낮추기 위하여 약간 높은 압력을 선택한다.

7.2.5 LP터빈 입구 온도

USC 증기 조건은 LP터빈 입구온도에 큰 영향을 미친다. 일반적으로 USC 발전에서 재열증기 온도는 주증기 온도에 비해서 약간 높다. 그런데 어떤 정해진 crossover 압력에 대하여 온재열증기 온도가 증가하면 그 증가분과 거의 동일한 크기로 crossover 온도가 증가한다. 그러나 최대로 허용할 수 있는 LP터빈 입구온도는 로터와 crossover pipe 및 LP exhaust hood 구성품 제작에 사용된 소재에 의해서 제한을 받는다. 이들 가운데 특히 로터 소재에 대한 온도 한계가 가장 문제가 된다. 아울러 온재열증기 온도는 응력부식균열에 의해서 영향을 받는 LSB에서의 습분 함량에도 영향을 미친다.

일단 재열증기 조건이 결정되면, LP터빈에 유입되는 증기조건을 결정할 수 있다. 만약 crossover 온도가 너무 높으면 온도를 낮추기 위하여 IP터빈 출력을 증가시키고 LP터빈 출력은 낮춘다. 그러나 IP터빈 출력을 증가시키면 crossover 온도는 낮아지지만 사이클 효율에 영향을 미치며, IP터빈 단 수 또는 단 부하가 증가하며, IP터빈 마지막 단 버켓 길이가 길어지며, crossover pipe가 커지거나 crossover pipe를 통과하는 증기의 압력손실이 증가한다.

한편, LP터빈 입구온도는 재열압력과 crossover 압력을 이용해서 조절할 수 있다. LP터빈 입구온도를 낮추기 위해서 재열압력을 높이거나 crossover 압력을 낮추어야 한다. 그러나 HARP를 채택하는 경우에는 정미발전효율을 향상시키기 위하여 낮은 재열압력을 선정하기 때문에 LP터빈 입구온도가 증가한다.

7.3 대표적인 USC 증기터빈

7.3.1 Siemens USC 증기터빈

Siemens USC 증기터빈 형상이 그림 7.10에 나타나 있다. 이 증기터빈의 성능 특성은

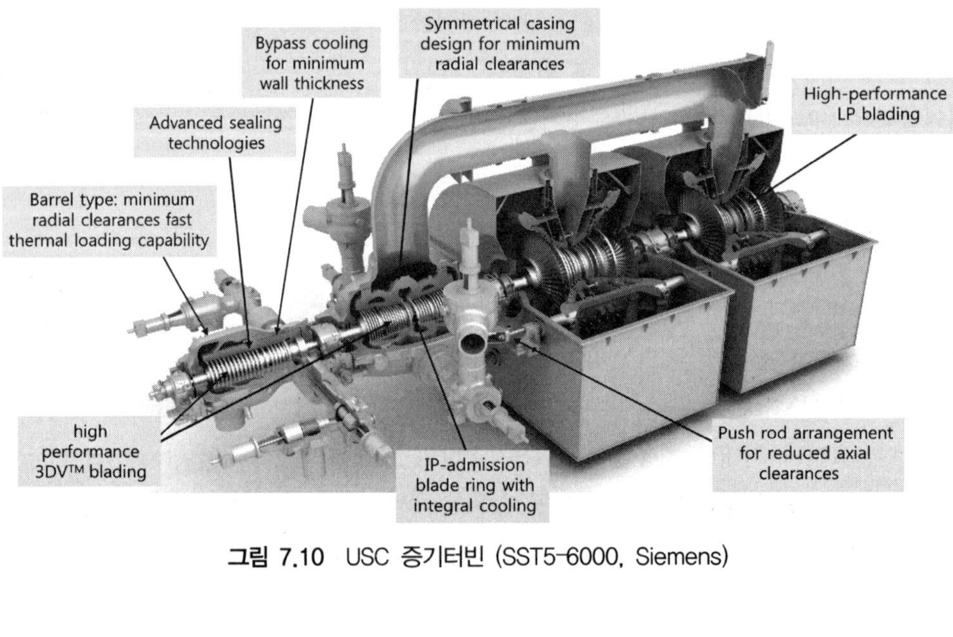

그림 7.10 USC 증기터빈 (SST5-6000, Siemens)

표 7.4 Siemens USC 증기터빈 성능 특성

Key technical features	
Model	SST5-6000
Gross power output	813 MW
Net plant efficiency (based on cooling tower)	~45.6% (@design point)
Main steam conditions	280 bar/600℃/610℃
LP turbine - LSB	4 Flow - 45″
Feedwater preheating	9-stages
Final feedwater temperature	308℃
Specific CO_2 emission	well below 800 g/kWh

표 7.4에 나타나 있다. 이 밖에도 Siemens는 주증기 조건이 300 bar/600℃/620℃이면서 6-flow LP터빈으로 구성된 1200 MW급 USC 증기터빈도 보유하고 있다.

(1) HP터빈

HP터빈은 그림 7.11에 나타나 있는 것처럼 원통형으로 설계된 외부케이싱과 하나의 내부케이싱으로 구성되어 있으며, 300 bar의 압력과 600℃ 온도에 견딜 수 있도록 설계되었다. 케이싱을 원주방향을 따라서 대칭인 원통형으로 설계하면 정상상태 및 천이운전

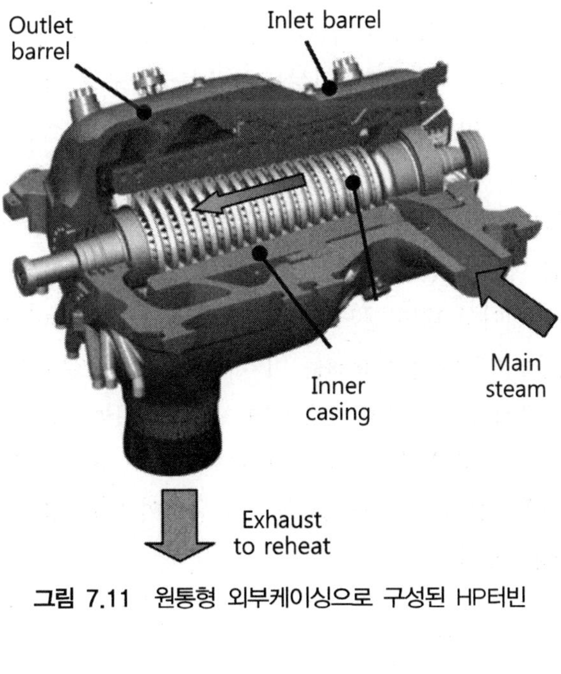

그림 7.11 원통형 외부케이싱으로 구성된 HP터빈

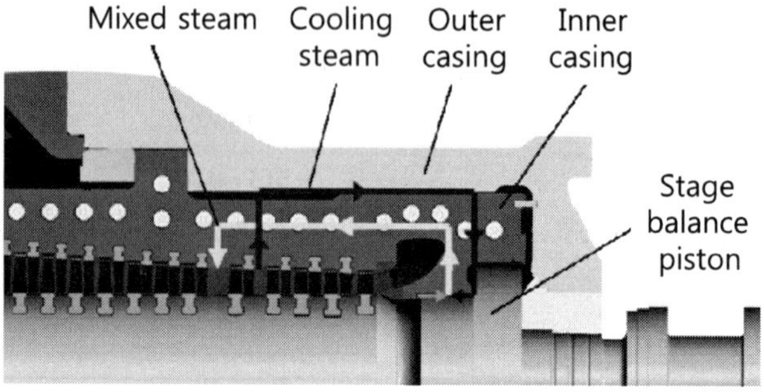

그림 7.12 HP터빈 내부우회냉각계통

동안에 변형을 최소화시킬 수 있기 때문에 고정체와 회전체 사이의 간극을 최소화시킬 수 있어서 누설손실이 크게 줄어든다. 원통형 외부케이싱은 축방향으로 분리되는 구조로 되어 있기 때문에 케이싱 두께 조절을 통하여 높은 압력에서 운전할 수 있도록 설계할 수 있다. 그리고 원통형 외부케이싱은 수평 조인트가 없기 때문에 최적의 열변형 거동 특성을 나타낸다. 따라서 내부케이싱과 블레이드 사이 반지름방향 간극을 최소화시킬 수 있기 때문에 증기터빈 효율을 극대화시킬 수 있다. 아울러 브러시실과 마모성 코팅과 같은 첨단 실 기술을 적용하여 증기 누설을 더욱 줄였다.

USC 증기터빈은 높아진 증기온도 및 압력으로 인해서 각종 구성품이 두꺼워진다. 두꺼워진 구성품의 마주보는 반대편의 표면온도가 크게 차이가 나는 경우에는 예열시간이 길어지기 때문에 증기터빈 기동시간에 제한을 받는 경우가 발생한다. 이런 문제를 극복하기 위하여 Siemens는 그림 7.12에 나타나 있는 내부우회냉각계통을 가지는 특수한 형태의 HP터빈을 개발하였다. 즉 내부케이싱에 반지름방향으로 작은 구멍을 뚫어서 소량의 냉각용 증기가 HP터빈의 내부케이싱과 외부케이싱 사이의 작은 환형 공간으로 빠져나갈 수 있도록 해준다. 그리고 이 냉각증기는 밸런스피스톤 쪽으로 흘러가서 내부케이싱 쪽으로 흘러들어간다. 이런 냉각방법이 개발되지 않았다면 외부케이싱 내면은 주증기온도에 노출되기 때문에 신속한 기동특성을 기대하기 어렵다. 아울러 새로 개발된 냉각기술을 이용하여 외부케이싱 내면 온도를 낮춤으로써 크립 응력이 줄어들고 설계수명이 연장되는 효과를 얻을 수 있다. Siemens는 이와 같은 새로운 설계기술 및 냉각기술을 개발하여 HP터빈의 외부케이싱 두께를 줄였으며, 신속한 기동특성을 확보하였다.

한편, 고온에 노출되는 HP/IP터빈 로터축과 내부케이싱 등은 9-12%CrMoV 강을 이용하여 제작하였다. 그리고 증기터빈 효율을 높이기 위하여 USC 증기터빈에 3차원으로 설계된 블레이드를 적용하였다.

(2) IP터빈과 LP터빈

IP터빈은 620℃의 재열증기 온도에 견딜 수 있도록 설계되었으며, 1단 블레이드는 니켈합금으로 제작되었다. 그리고 로터 표면온도를 낮추기 위하여 와류냉각을 이용하였다. 와류냉각 원리는 로터 표면에서 증기의 상대속도를 줄여서 온도를 낮추는 것이다. IP터빈은 그림 7.13에 나타나 있는 것처럼 복류 구조로 되어 있으며, 내부케이싱과 외부케이싱으로 구성되어 있다. IP터빈 1단은 full arc admission 구조로 되어 있다.

LP터빈은 상부와 하부케이싱으로 분리되어 있어 수평 조인트로 체결되는 구조이며, 복류 구조로 되어 있다. IP터빈 외부케이싱과 LP터빈 내부케이싱을 직접 연결하는 푸시로드는 LP터빈 로터와 내부케이싱의 열팽창을 축방향으로 평행하게 일어나도록 해준다. 이렇게 함으로써 로터와 케이싱 사이의 간극을 줄여서 누설손실을 줄이도록 해주고 있다. 현재는 강철로 제작한 45인치 LSB를 적용하고 있지만 티타늄합금 LSB로 교체할 예정이다. 그리고 주파수 조절 기능을 수행할 수 있도록 응축계통에 응축수 스로틀링을 적용하고 있다.

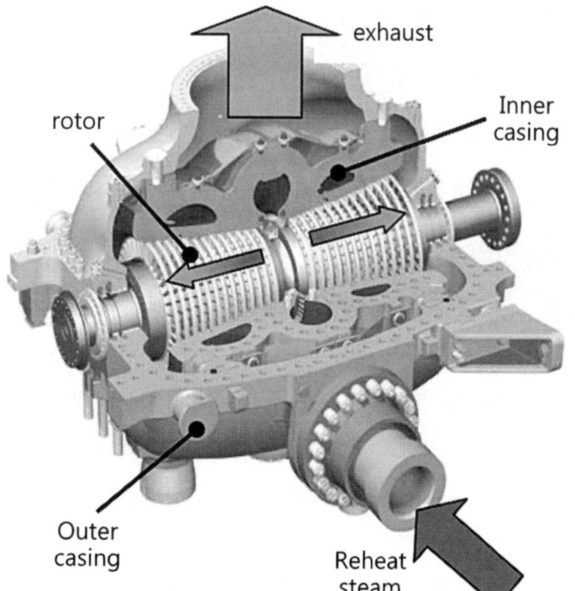

그림 7.13 IP터빈 형상

7.3.2 GE USC 증기터빈

GE는 표 7.5에 나타나 있는 성능을 가지는 두 가지 새로운 USC 증기터빈 모델을 보유하고 있다. 하나는 그림 7.14에 나타나 있는 1050 MW 출력을 가지는 cross-compound USC 증기터빈이며, 다른 하나는 주증기 조건이 약간 더 상승한 1000 MW 출력을 가지는 tandem compound USC 증기터빈이다.

표 7.5 GE USC 증기터빈 성능 특성

Key technical features		
Gross power output	1050 MW	1000 MW
Net plant efficiency (based on cooling tower)	48.7% (@design point)	?
Main steam conditions	250 bar/600℃/610℃	260 bar/610℃/621℃
LP turbine - LSB	4 Flow - 48″	4 Flow - 45″
Arrangement of rotor shaft	Cross-compound	Tandem-compound

(a) 1050 MW, cross-compound

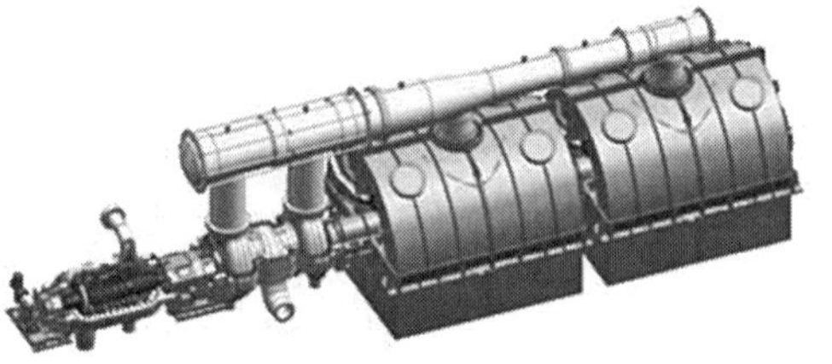

(b) 1000 MW, tandem compound

그림 7.14 USC 증기터빈 (1050 MW, cross-compound, GE)

(1) HP터빈

그림 7.15에 나타나 있는 GE사 USC 1000 MW HP터빈의 가장 큰 특징은 partial arc admission을 없애고 full arc admission을 적용했다는 것이다. 이를 위해 부분부하운전과 주파수조절을 위해서 전통적으로 사용해왔던 노즐박스와 control stage를 없앴다. 그리고 주증기는 상부와 하부에 각각 하나씩 설치되어 있는 주증기 파이프를 통해서 공급받는다. 내부케이싱은 상부와 하부에 각각 하나씩 설치하여 수평조인트에서 체결하여 하나로 조합한다. 새로 개발된 내부케이싱은 그림 7.15에 나타나 있는 것처럼 기존 내부케이싱

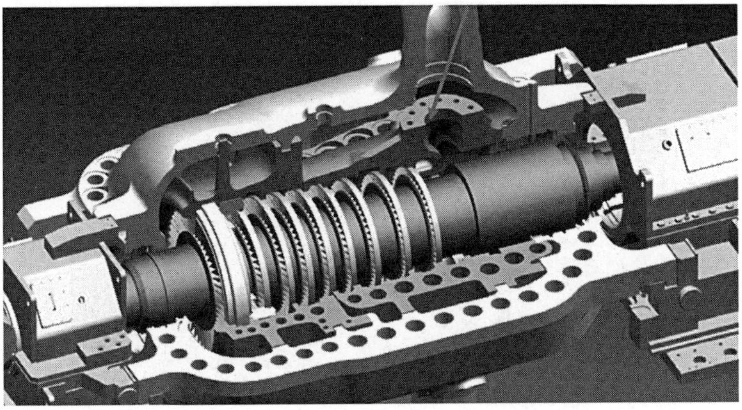

그림 7.15 HP터빈 (USC 1000 MW, GE)

과 달리 축방으로 분리되어 있다. 이렇게 하면 고온에서 운전되는 상류 내부케이싱만 고온소재로 제작할 수 있기 때문에 제작비를 크게 절감할 수 있다. 참고로, 최근에 고온용 소재로 많이 사용되고 있는 니켈합금 가격은 9-12크롬강에 비해서 10배 이상 비싸다.

기존 증기터빈은 천이운전 동안에 증기압력과 출력을 조절하기 위하여 컨트롤밸브를 사용하였다. 그리고 대부분 부분부하운전을 위해서 partial arc admission 운전을 채택하였다. 따라서 HP터빈 1단 버켓은 1단 노즐에 구조적으로 만들어지는 비활동 아크로 인해서 HP터빈 나머지 단에 비해서 효율이 5～10% 정도 낮았다. 아울러 HP터빈 1단 버켓은 비활동 아크를 주기적으로 지나면서 발생하는 고주기피로에 견딜 수 있도록 튼튼하게 설계하였다. GE는 이런 문제를 해결하기 위하여 HP터빈 1단에 full arc admission을 적용하였으며, 1단 버켓은 기존 증기터빈의 1단 버켓에 비해서 더 큰 반동도와 세장비를 가지도록 설계하였다. 따라서 HP터빈 1단 버켓 효율이 HP터빈 나머지 단의 효율과 비슷한 수준에 도달하였다.

HP터빈 1단이 항상 full arc admission으로 운전되도록 설계를 변경함에 따라 증기터빈이 주파수 조절기능, 즉 증기터빈 출력을 전부하 이상으로 신속하게 증가시킬 수 있는 기능을 계속해서 확보할 수 있도록 또 다른 설계변경이 필요하였다. 이를 위해 GE는 HP터빈 1단을 우회하여 추가적으로 증기를 공급해줄 수 있도록 과부하밸브를 사용하였다. 그리고 부분부하운전을 위해서 변압 운전을 적용하였다.

HP터빈 1단부터 4단 버켓은 고온에서 요구되는 크립강도를 만족시키기 위하여 니켈합금으로 제작하였으며, 나머지 단 버켓은 12크롬강을 이용하여 제작하였다. 그리고 10개의 모든 단 버켓은 그림 7.16에 나타나 있는 것처럼 일체형 커버를 가지며, 버켓 팁에는 첨단 실을 설치하여 누설손실을 최소화시켰다. 그리고 1단과 2단 휠은 외부에서 공급되

그림 7.16 Intergral cover bucket (GE)

는 냉각증기를 이용하여 냉각시키는 구조이다. HP터빈 글랜드 패킹에는 브러시실과 가변간극실 및 전통적으로 로터축에 사용하던 실을 조합해서 사용하였다.

(2) IP터빈

IP터빈은 그림 7.17에 나타나 있는 것처럼 복류 구조이며, 하부에서 급수가열용 증기를 추출하도록 설계하였다. 그리고 Siemens와 달리 IP터빈 케이싱을 하나로 설계하였다. 8개 단으로 구성되어 있는 IP터빈의 모든 버켓은 일체형 커버를 가지고 있으며, 모든 버켓 팁에는 첨단 실을 설치하였다. 8개 단 가운데 최초 3개 단 버켓은 니켈합금으로 제작하였으며, 나머지 단 버켓은 12크롬강으로 제작하였다. 그리고 1단과 2단 휠은 HP터빈으로부터 공급받는 냉각증기를 이용하여 냉각된다. IP터빈 글랜드 패킹에는 가변간극실과 전통적으로 로터축에 사용하던 실을 조합해서 사용하였다.

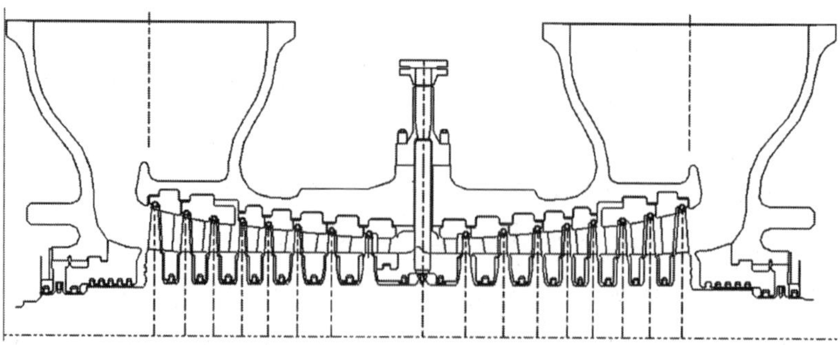

그림 7.17 IP터빈 단면 (USC 1000 MW, GE)

(3) LP터빈

LP터빈은 그림 7.18에 나타나 있는 것처럼 5단으로 구성되어 있으며, 네 군데에서 급수가열용 증기를 추출할 수 있는 구조로 되어 있다. 증기터빈이 대형화되면서 LP터빈 수를 늘리지 않고 LSB 길이를 증가시켜서 증가된 증기유량을 처리하고 있다. LP터빈 수가 증가하면 상대적으로 짧은 LSB를 이용할 수 있지만 증기터빈 제작비가 전체적으로 증가하며, 증기터빈 전체 길이가 증가하여 진동제어가 어려워지는 동시에 터빈빌딩 크기가 증가하여 발전소 건설비가 증가하는 문제가 발생한다. LP터빈 수를 늘리지 않는 경우에는 LSB 길이가 길어지기 때문에 LP터빈이 전체적으로 커지며, 이로 인해서 LP터빈 로터축 길이가 증가한다. 따라서 GE는 LSB 길이를 늘리면서 로터축 길이를 줄이기 위하여 LP터빈 단 수를 5단으로 줄였다. 참고로 GE는 33.5인치와 40인치 LSB를 사용하는 LP터빈은 6단으로 구성되어 있다. 최근에는 LP터빈의 축방향 길이를 줄이기 위하여 LSB 출구단면과 외부케이싱 end wall 사이의 간격을 줄이기 위한 기술개발도 경쟁적으로 진행되고 있다.

LP터빈 마지막 단에는 45인치 티타늄 블레이드를 사용했으며, 전통적으로 사용해오던 핑거형 도브테일 대신에 curved axial entry 도브테일을 적용하였다. 한편, LP터빈 최초

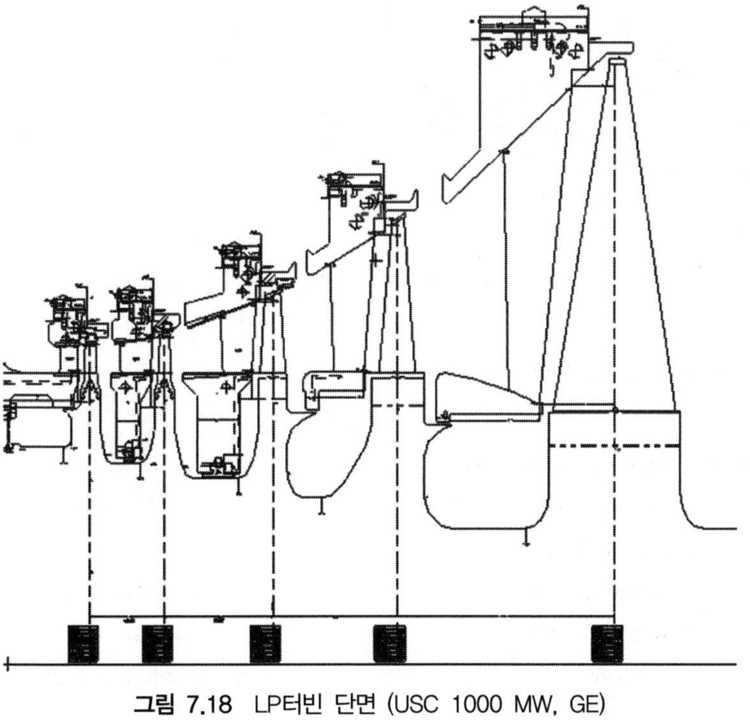

그림 7.18 LP터빈 단면 (USC 1000 MW, GE)

2개 단에는 최적의 효율을 유지할 수 있도록 높은 반동도를 가지는 버켓을 사용하였다. 그리고 누설손실을 줄이기 위하여 첨단 브러시실을 적용하였다.

7.3.3 두산중공업 USC 증기터빈

국내의 대표적인 발전설비 전문기업인 두산중공업은 2007년 그림 7.19에 나타나 있는 1000 MW USC 증기터빈 개발을 완료하였다. 개발 완료된 USC 증기터빈 성능 특성을 표 7.6에 정리하였다.

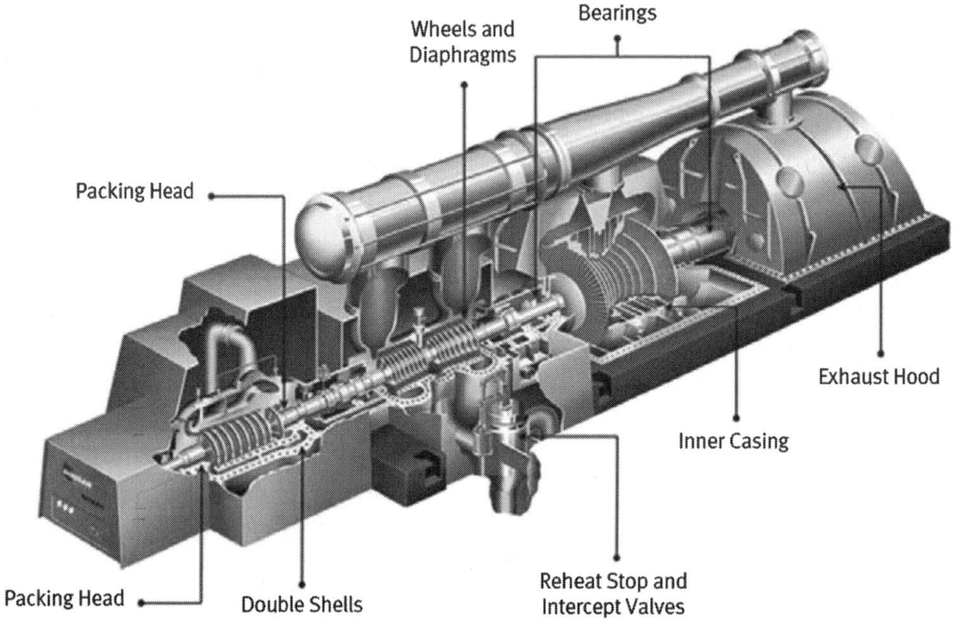

그림 7.19 USC 증기터빈 (1000 MW, 두산중공업)

표 7.6 두산중공업 USC 증기터빈 성능 특성

Key technical features	
Output @ max guarantee rating	1000 MW
Output @ VWO	1100 MW
Net plant efficiency	49%
Main steam conditions	260 bar/610℃/621℃
LP turbine - LSB	4 Flow - 45″
Cycle	Single reheat regenerative

7.4 A-USC

A-USC는 증기터빈으로 공급되는 주증기 온도가 700~760℃(1292~1400°F)인 석탄 화력발전소를 의미한다. 주증기 온도가 높아지면 발전효율이 향상된다. 참고로, 760℃의 증기가 공급되는 경우에 카르노사이클 효율은 69.9%인데 반해서 예상되는 A-USC의 정미발전효율은 52.7%(6825 kJ/kWh, or 6475 Btu/kWh)이다. 발전효율이 향상되면 연료소비가 줄어들기 때문에 전기를 생산하면서 발생하는 이산화탄소 배출이 줄어든다. 따라서 A-USC 발전의 목적은 발전효율을 향상시켜서 연료소비를 줄임으로써 이산화탄소 배출을 줄이는 동시에 이산화탄소 포집에 소요되는 비용을 줄이기 위함이다.

표 7.7에서 확인할 수 있듯이 700℃ A-USC 발전소 총 건설비는 초임계 발전소에 비

표 7.7 발전 유형별 성능 및 가격 비교 (EPRI, 2011)

Parameters	Subcritical	Super-critical	1100°F USC	1290°F A-USC
Main steam, °F/psia	1005/2600	1080/3800	1120/4000	1290/5100
Net efficiency, % (HHV)	36.5	38.5	39.2	43.4
Net heat rate, Btu/kWh (HHV)	9370	8880	8720	7880
Coal flow, lb/hr	840,600	797,000	782,700	707,000
Flue gas, ACFM(actual ft^3/min)	2,107,000	2,016,000	2,107,000	2,107,000
Make-up water, gpm	4,260	3,750	3,650	3,300
NOx & SOx, lb/MWh	0.280	0.266	0.261	0.236
CO_2, lb/MWh from plant	1980	1880	1840	1660
Fuel cost, $/MBtu (HHV)	1.80	1.80	1.80	1.80
TPC, $/kW	1,780	1,800	1,840	1,990
Capital, $/MWh	28.9	29.3	29.9	32.3
Fixed O&M, $/kW-yr	48.5	49.1	50.3	54.3
Var. O&M, $/MWh (2)	1.57	1.47	1.43	1.33
Fuel, $/MWh (1)	16.9	16.0	15.7	14.2
LCOE, $/MWh	53.9	53.3	53.8	55.1
Dispatch cost, $/MWh (=(1)+(2))	18.5	17.5	17.1	15.5
CO_2 adder, $/MWh ($25/ton of CO_2)	24.8	23.5	23.0	20.8
LCOE, $/MWh	78.7	76.8	76.8	75.9
Dispatch cost, $/MWh	43.2	41.0	40.1	36.3

해서 약 11% 비싸다. 이는 USC 발전 고온 부품에는 페라이트와 스테인리스 강이 사용되는 데 반해서 A-USC에는 이들보다 고가의 소재인 니켈합금이 사용되기 때문이다. 그러나 니켈합금 가격이 점차 하락하고 있기 때문에 A-USC 발전소와 초임계 발전소 건설비 차이는 줄어들 것으로 예상된다. 그러나 석탄을 연료로 사용하는 발전소에 대한 경제성 분석 자료에 의하면 CCS(CO_2 Capture and Storage, or Carbon Capture for Sequestration) 설비를 갖춘 A-USC 발전이 MWh당 발전소 건설비가 가장 낮은 것으로 나타나고 있다. A-USC 발전소에 CCS 설비를 설치하면 이산화탄소를 90% 포집하면서 발전단가를 더 낮출 수 있다.

현재 A-USC 발전에 대한 연구는 50Hz 발전설비에 집중되어 있다. 이는 60Hz 발전설비는 50Hz에 비해 고속으로 회전하기 때문에 동일한 소재를 사용하는 경우에 응력 요구조건을 만족시키기 위하여 온도를 약 40°F 낮추어야 하며, 이로 인해서 효율이 상대적으로 낮아지기 때문이다.

사이클 효율향상과 관련하여 가장 중요한 요소는 주증기 온도이며, 주증기 압력은 사이클 효율향상보다는 발전소 운전특성과 발전소 건설비를 고려하여 선정한다. 주증기 온도가 증가하면 최적의 주증기 압력도 증가한다. A-USC 발전의 주증기 온도 700~760℃에 해당하는 최적의 주증기 압력은 5000～5500 psi이다. 그림 7.9에 나타나 있는 것처럼 단일재열사이클을 기준으로 했을 때, 주증기 온도가 1000°F이면 최대의 이용가능에너지는 주증기 압력이 2500 psia일 때 나타나며, 1200°F인 경우에는 4000 psia, 그리고 1400°F인 경우에는 5000 psia에서 나타난다. 그러나 주증기 압력이 증가할수록 부품 가격이 상승한다. 아울러 부품이 두꺼워지기 때문에 이로 인해서 발전소 부하변동에 큰 제약이 따르며, 시동시간도 길어진다. 따라서 주증기 압력은 최적의 운전특성과 발전소 건설비를 고려하여 선정해야 한다.

주증기 온도가 538~593℃(1000~1100°F)인 단일재열사이클을 이중재열사이클로 개선하면 효율이 1.5～2.0% 향상된다. 그러나 증기조건이 35 MPa/680℃/700℃(5075 psia/1256°F/1292°F)인 경우에 단일재열사이클을 이중재열사이클로 개선하면 효율이 단지 0.7% 향상되는 것으로 보고되고 있다. 한편, 이차 재열증기 온도가 고온인 경우에 니켈 합금으로 제작된 지름이 훨씬 더 큰 파이프가 요구된다. 또한 제2 재열터빈 앞부분에도 니켈 합금으로 제작된 버켓을 사용해야 한다. 따라서 A-USC에 이중재열사이클을 적용하는 경우 효율향상은 크지 않으면서 제작비가 크게 증가한다. 아울러 이중재열사이클 운전은 HP터빈, IP1터빈, IP2터빈의 증기온도 차이를 조절해야 하기 때문에 더욱 어렵다. 따라서 최초의 A-USC 발전소에는 단일재열사이클이 적용될 예정이며, 이중재열사이클은 나중에 적용될 것으로 보인다.

7.5 이산화탄소 포집

전 세계적으로 꾸준히 증가하고 있는 에너지 수요에 대처하기 위해서 일차적으로 고려해야 할 가장 중요한 사항은 공해배출이 적으면서 저렴한 비용으로 전기를 생산해야 한다는 점이다. 석탄은 전 세계 많은 지역에 비교적 고르게 분포하고 있기 때문에 천연가스에 비해서 가격이 훨씬 안정적이다. 그러나 그림 7.20에서 확인할 수 있는 것처럼 석탄화력발전은 천연가스를 사용하는 복합발전에 비해서 두 배 정도 더 많은 이산화탄소를 배출한다. 최근 들어 지구 온난화가 가속화되면서 이산화탄소 배출과 관련된 비용이 많은 관심을 받고 있다. 따라서 신규로 석탄화력발전소를 건설하는 경우에 CCS 설비를 설치하거나 나중에 이산화탄소를 포집할 수 있도록 준비가 되어 있는 발전소 설계가 점차 요구되고 있다. 저렴한 비용으로 전기를 생산하기 위해서는 발전효율을 향상시켜야 한다. 발전효율을 향상시키면 이산화탄소 배출, 이산화탄소 포집 비용, 물 사용, 먼지, SOx 및 NOx 배출, 연료 소비 등을 줄일 수 있다. 발전효율은 주증기 조건을 상승시켜 향상시킬 수 있다. 주증기 및 재열증기 온도를 28℃(50°F) 올릴 때마다 정미발전열률은 약 1.5% 향상된다. 그리고 그림 7.21에 나타나 있는 것처럼 발전효율이 1% 향상될 때마다 이산화탄소 배출이 약 2.5% 줄어든다.

A-USC 발전의 궁극적인 목적은 석탄화력발전의 열효율을 최대로 높여서 이산화탄소를 포집하기 위하여 사용되는 동력과 열량으로 인해서 발전효율이 낮아지더라도 석탄화

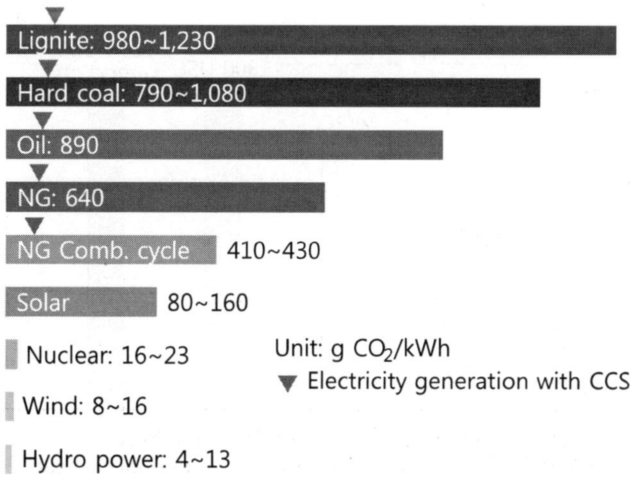

그림 7.20 발전형태 별 CO_2 배출

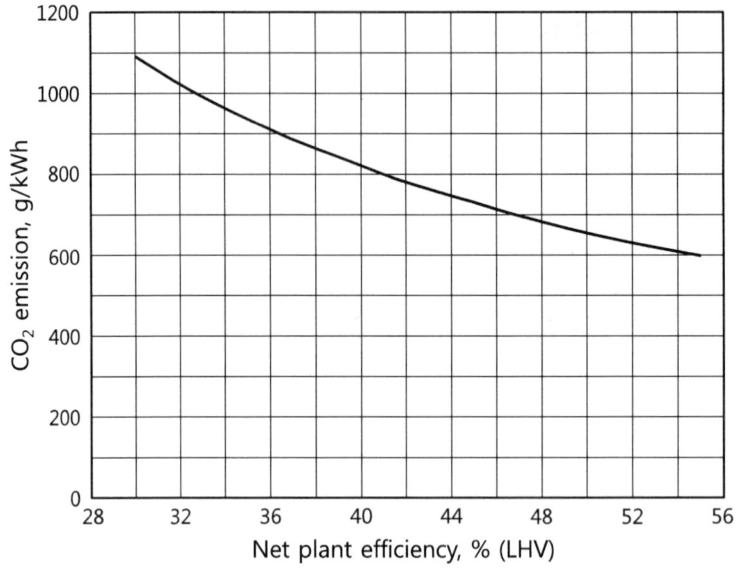

그림 7.21 발전효율 향상에 따른 이산화탄소 배출 저감

력발전이 발전시장에서 지속적으로 경쟁력을 유지하도록 하기 위함이다. CCS 설비 설치에 따른 발전효율 변화를 그림 7.22에 비교하여 나타냈다. 발표되는 자료마다 약간 차이가 있기는 하지만 CCS 설비를 설치했을 때 발전효율은 약 9~10% 낮아진다. 이는 용매 재생을 위하여 이산화탄소 포집장치에 저압의 증기를 공급해주어야 하는데, 그 증기를

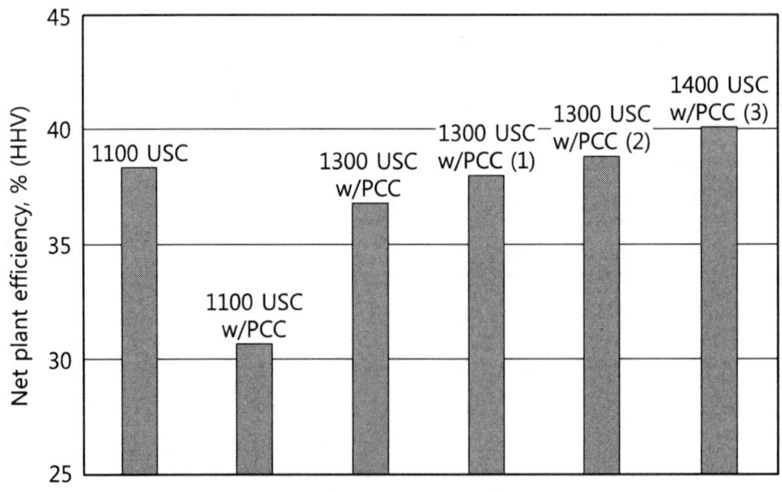

그림 7.22 CCS 설비 설치에 따른 발전효율 비교

LP터빈으로부터 공급받으며, 그 양이 LP터빈을 통과하는 증기유량의 약 40%에 해당하기 때문이다. 따라서 이산화탄소 포집에 따른 효율저하로 인해서 이산화탄소 배출이 더욱 엄격하게 규제되는 경우에는 효율이 40%보다 낮은 기존 석탄화력발전은 발전시장에서 경쟁력을 유지하기 어려운 형편이다.

7.5.1 이산화탄소 포집 방법

이산화탄소를 포집하는 방법으로는 그림 7.23에 나타나 있는 것처럼 네 가지가 있다. 이 가운데 연소 후 포집, 산소-연료 연소, 연소 전 포집 세 가지 방법이 발전소에서 이산화탄소를 포집하기 위하여 사용되고 있다.

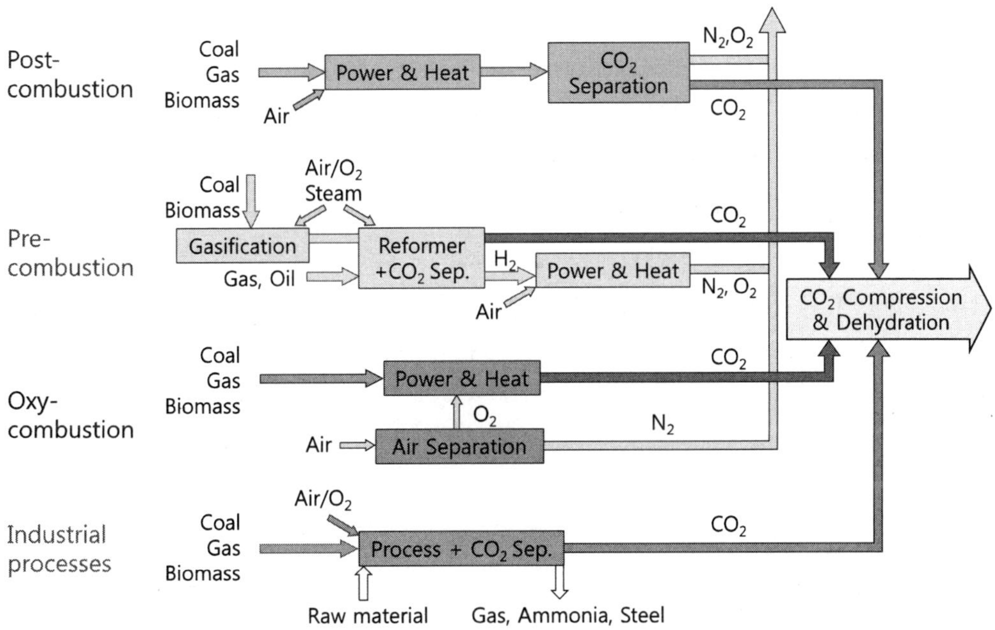

그림 7.23 이산화탄소 포집 절차

(1) 연소 후 포집

연소 후 포집은 연료가 공기와 함께 연소되어 발생한 연도가스로부터 이산화탄소를 분리하는 방법이다. 이 방법은 그림 7.24에 나타나 있는 것처럼 연도가스가 스택을 통해서 빠져나가기 전에 연도가스를 냉각시켜 이산화탄소를 포집한다. 연도가스로부터 이산화탄소를 분리하는 데 사용하는 가장 일반적인 방법은 알칼리 용매를 사용하는 화학적 흡수법이다. 이산화탄소는 산성이기 때문에 연도가스를 액체의 알칼리 용매를 통과시키면 이산화탄소가 용매와 결합된다. 이를 흡수과정이라 하며, 흡수과정은 그림 7.25에 나타나 있는 흡수칼럼에서 일어난다. 연도가스는 흡수장치 하부로 유입되며, 용매는 흡수장치 상부로 펌핑한다. 연도가스와 용매가 흡수장치에서 반응하여 이산화탄소가 용매에 흡수되면 이산화탄소가 농축된 용매가 흡수장치 하부로 낙하하며, 이를 이산화탄소 분리장치(CO_2 stripper)로 펌핑한다. 이산화탄소 분리장치에서 이산화탄소가 농축되어 있는 용매는 용매 형태에 따라서 100～140℃로 가열한다. 이렇게 가열하면 흡수과정과 반대로 과정이 일어나서 대부분의 이산화탄소가 방출되며, 방출된 순수한 이산화탄소를 압축시켜 저장소로 이송한다. 그리고 약간의 이산화탄소를 포함하고 있는 용매는 재사용하기 위하여 흡수장치로 되돌려 보낸다. 다양한 용매가 흡수/재생 공정에 사용될 수 있으며, 각각의 용매들은 각자의 장점과 단점을 가지고 있다. 용매 선택과 관련하여 가장 중요한 점은 이산화탄소 흡수공정에서 에너지 손실을 줄일 수 있어야 한다는 것이다. 현재 이산화탄소를 흡수하기 위하여 가장 많이 사용하고 있는 용매는 MEA(monoethanolamine)이다. 그리고 액체 암모니아 역시 연도가스로부터 이산화탄소를 포집하기 위하여 사용하고 있다.

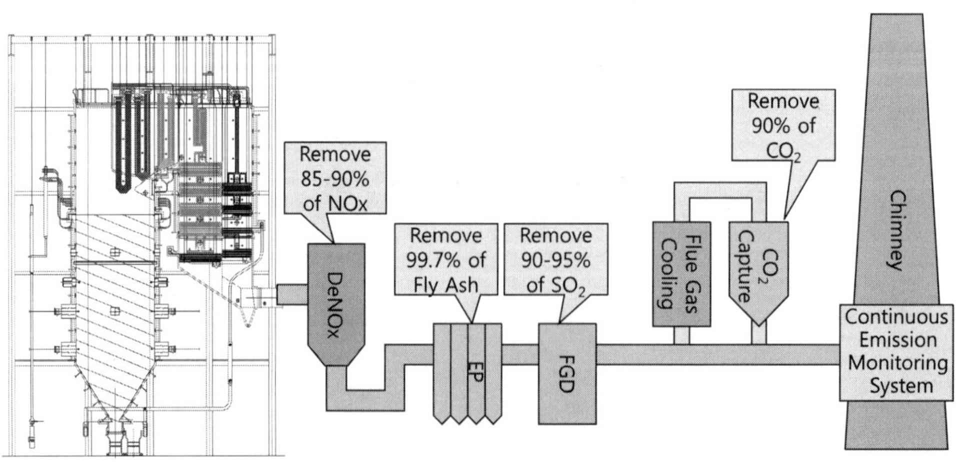

그림 7.24 연소 후 이산화탄소 포집 발전 계통도

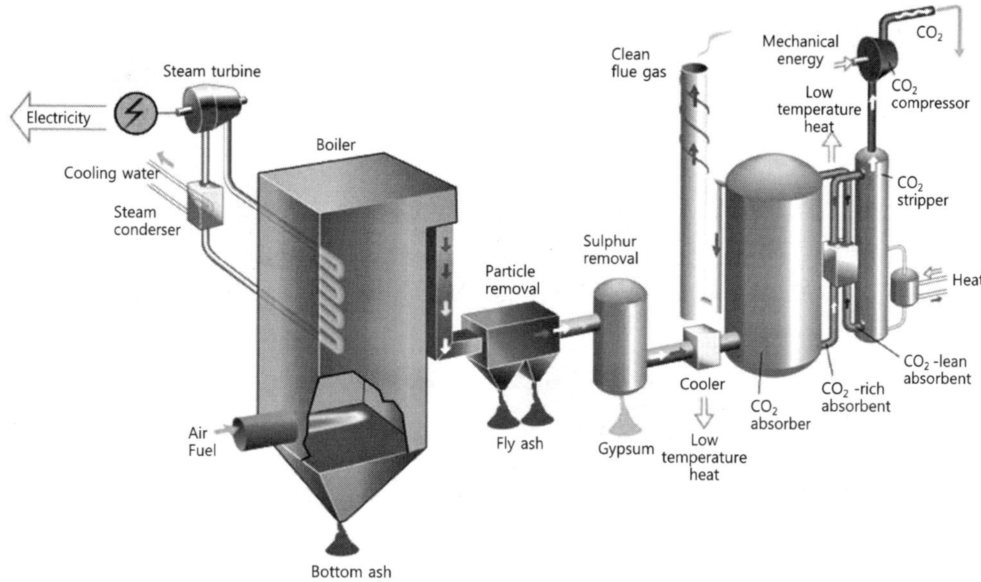

그림 7.25 연소 후 이산화탄소 포집 공정

이산화탄소 포집에 소비되는 에너지를 줄이기 위하여 새로운 MEA를 개발하기 위한 노력이 전개되고 있다. MHI와 간사이전력은 효율적인 새로운 용매인 KS-1을 개발하였다. KS-1은 1몰의 아민(amine)과 1몰의 이산화탄소가 반응하기 때문에 이산화탄소 흡수 효율이 높으며, 이로 인해서 용매 재생에 소비되는 에너지가 줄어든다. MHI의 발표에 따르면 새로운 용매인 KS-1은 MEA에 비해서 용매 재생에 소비되는 에너지를 약 20% 줄일 수 있다.

(2) 산소-연료 연소

산소-연료 연소 포집방법은 공기 대신 순수한 산소를 이용하여 연료를 연소시키는 방법이다. 연료의 연소에 공기 대신 산소를 사용하면 연도가스는 주로 증기(물)와 이산화탄소로 구성된다. 따라서 연도가스에 포함되어 있는 증기를 응축시켜 제거하면 농축된 이산화탄소를 쉽게 분리할 수 있다. 연료가 순수한 산소 속에서 연소하면 화염온도가 매우 높아진다. 그러므로 이산화탄소 그리고/또는 증기가 많이 포함된 연도가스를 연소기로 재순환시켜서 화염온도를 낮춘다. 산소는 대개 저온 공기분리장치를 이용하여 생산한다. 따라서 이 방법은 그림 7.26에 나타나 있는 것처럼 가장 중요한 요소가 공기분리장치이다.

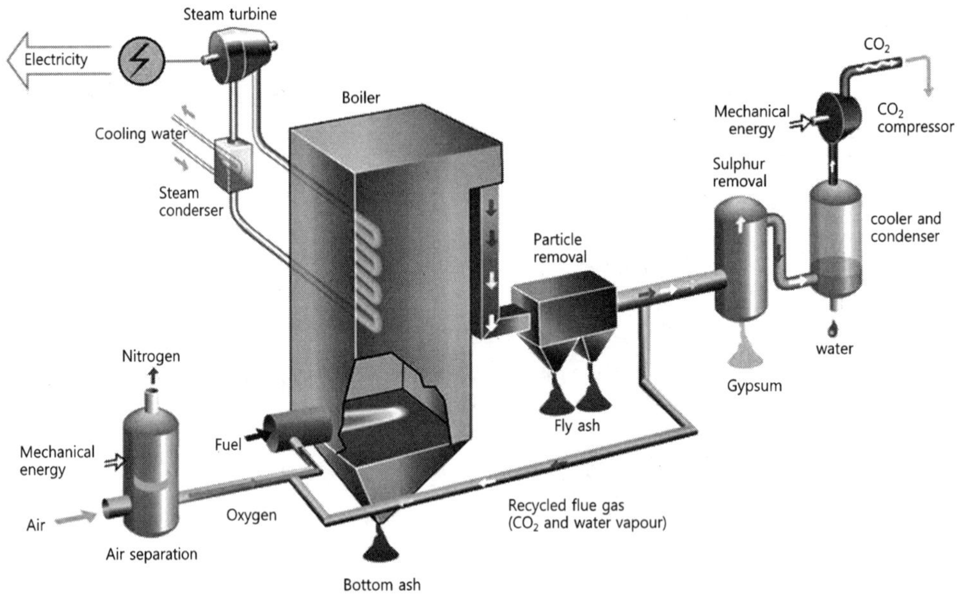

그림 7.26 산소-연료 연소 이산화탄소 포집 공정

(3) 연소 전 포집

연소 전 포집이란 연소하기 전에 연료로부터 탄소를 제거하는 방법이다. 이는 일차연료를 반응기에서 반응시켜 일차연료를 이산화탄소와 수소로 분리시킨 후에 수소를 연료로 사용하는 방법이다. 이 방법에는 일산화탄소와 수소로 구성되어 있는 syngas를 생산하기 위하여 연료와 산소 또는 공기 그리고/또는 증기의 반응을 포함한다. 이렇게 만들어

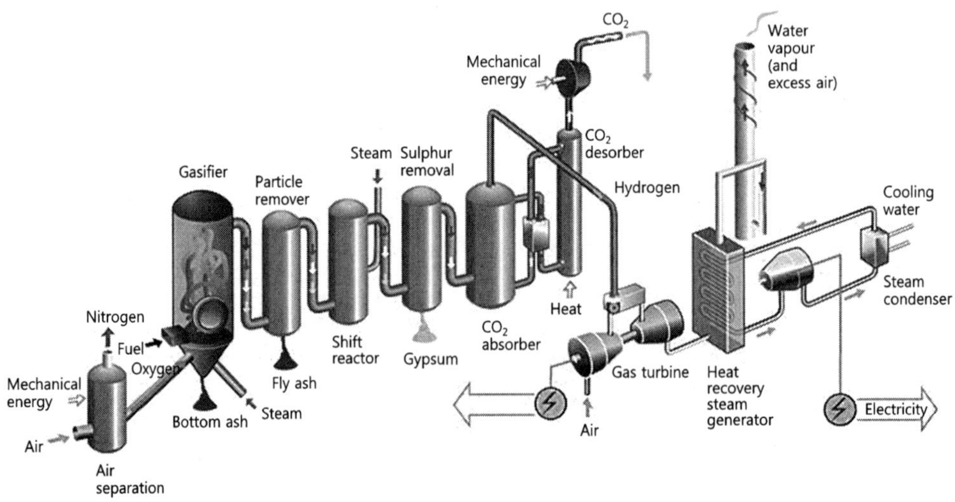

그림 7.27 연소 전 이산화탄소 포집 공정

진 수소는 가스터빈 연료로 직접 사용할 수 있다. 수소를 연소시키면 이산화탄소가 배출되지 않으며, 수소 연소로 생성된 배기가스는 물로 구성된다. 그림 7.27에 연소 전 이산화탄소 포집 공정이 나타나 있다.

7.5.2 이산화탄소 포집 준비 설계

이산화탄소 포집을 준비하여 설계한 발전소는 필요한 경우에 경제적이면서 손쉬운 방법으로 CCS 설비를 추가로 설치할 수 있다. 유럽연합에 소속되어 있는 국가들의 경우 300 MW 이상의 화력발전소를 신규로 건설할 때는 의무적으로 이산화탄소 포집을 준비하여 설계하도록 강제하고 있다. 이렇게 하는 목적은 CCS 설비를 설치하기 위한 공간을 설계단계에서 미리 확보하고 발전소와 CCS 설비 연결부를 미리 마련함으로써 나중에 큰 어려움 없이 CCS 설비를 설치할 수 있도록 하기 위함이다. 이산화탄소 포집을 준비하여 발전소를 설계하기 위해서는 다음 사항을 검토해야 한다.

1) 이용 가능한 이산화탄소 운송수단 및 저장 방법
2) 향후 이산화탄소 포집장치 개조에 대비한 충분한 부지 확보
3) 향후 개조 및 이산화탄소 포집장치 집적화에 대한 경제적 및 기술적 평가

이산화탄소를 포집하기 위해서는 용매를 재생시키기 위한 저압의 증기, 용매 펌프와 이산화탄소 압축기를 구동시키기 위한 전기에너지, 냉각수 등이 필요하다. 발전소와 CCS 설비 경계면에서의 질량유량과 에너지유량은 이산화탄소 포집과정에 따라 달라진다. 따라서 이산화탄소 포집장치가 설치된 화력발전소가 경쟁력을 확보하기 위해서는 발전소와 이산화탄소 압축기를 포함한 이산화탄소 포집장치 사이에 열 통합(heat integration)을 최적화시켜야 한다.

이산화탄소 포집을 준비하여 설계하는 발전소의 경우 다음과 같은 네 가지 사항을 반드시 고려해야 한다.

1) 물 공급 및 냉각탑: 설계 착수 시점부터 토목과 발전소 레이아웃에 추후에 있을 CCS 설비 용량 확대를 반영해야 한다.
2) 보조동력 소비: 이산화탄소 포집장치 개조 후에는 이산화탄소 압축에 더 많은 전기가 소요된다. 따라서 충분한 공간, 추가적인 보조 변압기, 스위치야드, 선로 등을 고려해야 한다.
3) 증기 추출: 이산화탄소 포집에 사용되는 용매를 재생시키기 위하여 증기터빈으로부터 많은 양의 증기를 추출하여 이산화탄소 포집장치에 공급해야 한다. 증기터빈으

로부터 추출되는 증기유량은 LP터빈을 통과하는 증기유량의 약 40% 정도이다. 증기를 추출하는 과정에 소요되는 자본적 지출(capital expenditures)을 낮게 유지시켜야 할 뿐만 아니라 전부하 및 부분부하운전에서 스로틀링과 관련하여 열역학적으로 효율이 낮아지지 않도록 해야 한다. 한편, 경쟁 관계에 있는 다른 용매 및 이산화탄소 포집절차를 적용하는 경우 저압 증기의 수요와 특성이 달라진다.

4) 연도가스 통로: 이산화탄소 포집장치와 연도가스 덕트를 연결하는 경우에 추가적으로 연도가스 팬을 설치하고 탈황설비를 확장하여 설치할 수 있도록 충분한 공간을 확보해야 한다.

그림 7.28에 Siemens가 이산화탄소 포집을 준비하여 발전소를 설계할 때 고려하는 사항들을 나타냈다.

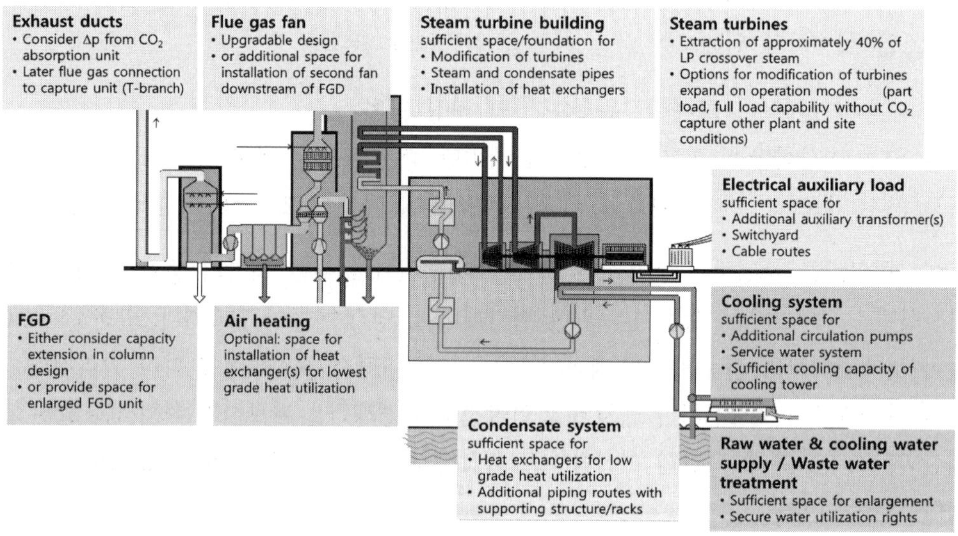

그림 7.28 이산화탄소 포집 준비 발전소 설계 시 고려사항 (Siemens)

7.6 USC 소재

석탄화력발전에서 공해물질 배출을 충분히 낮추기 위해서는 최첨단 고효율 발전기술을 적용해야 한다. 이를 위해서 가장 직접적이면서 경제적인 방법은 주증기 온도와 압력을 충분히 올리는 것이다. 그런데 주증기 온도와 압력을 올리기 위해서는 높은 온도와 압력

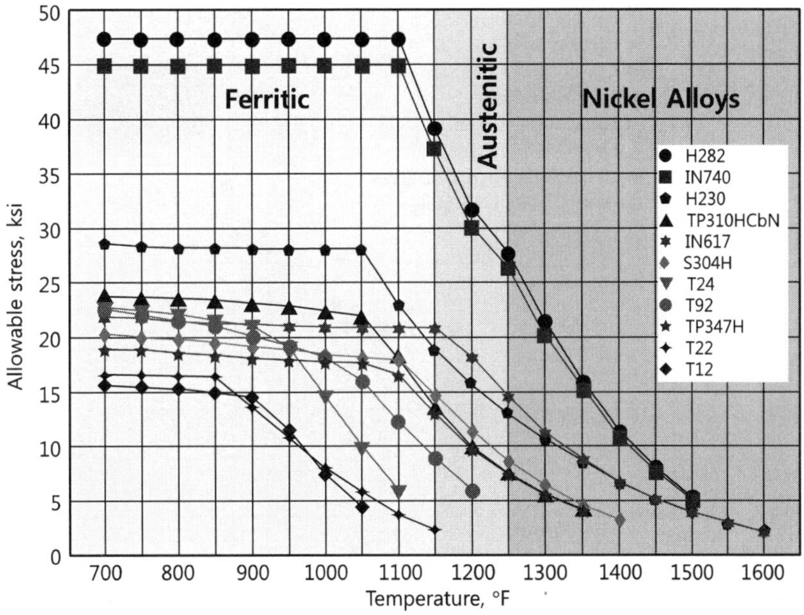

그림 7.29 허용응력

에서 응력, 크립, 부식과 관련된 요구조건을 만족시킬 수 있는 첨단소재가 요구된다. USC 발전은 초기에 높은 온도와 압력으로 인해서 신뢰도와 운전 유연성이 문제시되었다. 특히 증기가 접촉하는 부분에 작용하는 높은 압력으로 인해서 발생하는 부식이 가장 큰 문제가 되었다. 그런데 대부분의 효율향상은 압력을 상승시켜서 얻어지는 것이 아니라 온도를 상승시켜 얻어진다. 따라서 잠정적으로 목표압력으로 설정해 놓은 38.5 MPa보다 낮은 압력에서 고온응력 및 고온부식에 대한 요구조건을 만족시키는 소재를 적용함으로써 경제적인 USC 발전소를 건설할 수 있다. 페라이트는 620℃ 이내에서는 고온응력을 만족시키기 때문에 USC 기술을 적용하는 데 있어서 아무런 문제가 없었다. 그러나 증기조건이 A-USC로 상승함에 따라서 페라이트와 스테인리스 강은 더 높은 고온응력과 부식 저항성을 가지는 니켈 합금으로 대체될 예정이다. 그림 7.29에 나타나 있는 것처럼 대부분의 발전설비 소재는 1100°F 이상의 온도에서는 허용응력이 급격하게 감소하기 때문에 A-USC 증기조건에서 니켈 합금만이 고온응력을 만족시킨다. 그러나 문제는 니켈 합금의 소재 가격이다. 그림 7.30에 나타나 있는 고온응력에 대한 소재가격을 살펴보면, 니켈 합금은 9-12크롬강에 비해서 10배 이상 가격이 높다. 이 때문에 표 7.7에서 확인할 수 있는 것처럼 A-USC 발전소 총 건설비는 초임계 발전소에 비해서 약 11% 높아진다.

고온에서 높은 압력이 작용하는 부품은 높은 크립 파단응력을 보유해야 한다. 그림

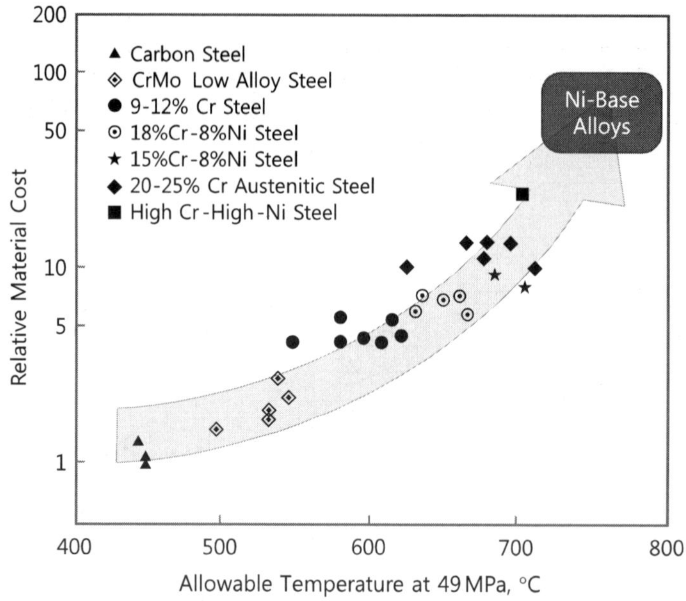

그림 7.30 고온응력에 대한 소재가격 상대비교

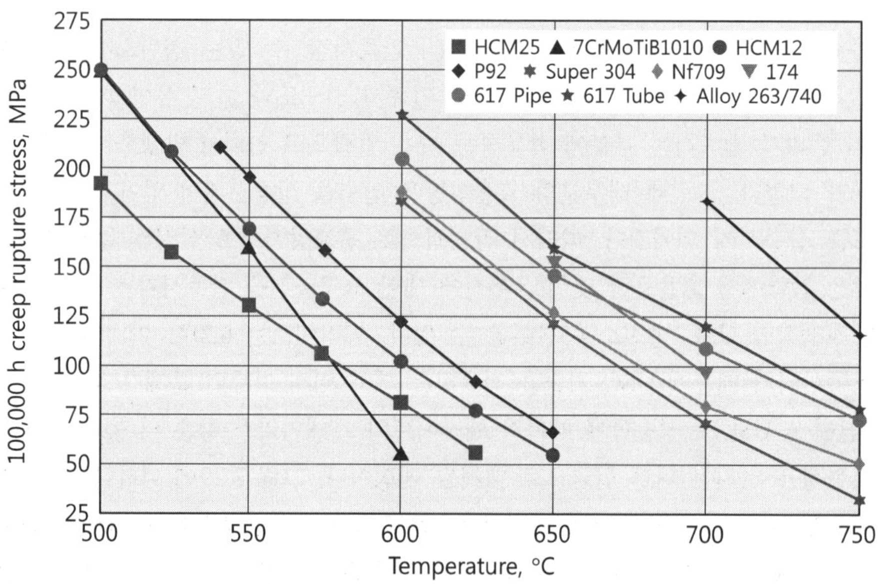

그림 7.31 크립 파단응력 (AD 700 candidates)

7.31에 나타나 있는 것처럼 온도가 증가할수록 크립 파단응력은 급격하게 낮아지는 특성을 가진다. 한편, USC 발전설비는 급수의 질에 더욱 민감하게 반응하기 때문에 응력부식 균열로부터 설비를 보호하기 위하여 응축수 전체 유량을 폴리싱해야 한다.

Chapter 08

고체입자침식

증기터빈을 장기간 운전하면 노즐과 버켓의 표면 상태뿐만 아니라 형상이 달라지기 때문에 성능이 낮아지며, 이들 핵심부품의 수리나 교체를 위해서 증기터빈 운전을 일정한 기간 동안 정지시켜야 하기 때문에 이용도가 낮아지며, 유지보수비용이 증가한다. 증기터빈 성능저감을 유발시키는 대표적인 원인으로 고체입자침식(SPE; Solid Particle Erosion), 습분침식(WDE; Water Droplet Erosion), FOD(Foreign Object Damage), 부식, 파울링 등이 있다. 이런 현상의 대부분은 증기에 포함되어 있는 이물질에 의해서 발생하기 때문에 피할 수 없다. 그러므로 이런 현상이 나타나는 것을 최대한 지연시키기 위한 기술들이 개발되어 증기터빈 설계에 적용되고 있다.

SPE는 고체입자 충돌에 의한 모재의 침식을 의미한다. 작은 고체입자들이 반복적으로 모재와 충돌하면 모재의 일부가 충돌 표면에서 뜯겨져 나가기 때문에 모재손실이 발생한다. SPE는 그림 8.1에 나타나 있는 것처럼 모재와 충돌하는 고체입자에 의해서 발생하기 때문에 다양한 변수에 의하여 영향을 받는다. 충돌하는 고체입자에 관련된 변수로는 크기, 경도, 형상, 충돌속도, 충돌각 등이 있으며, 모재에 관련된 변수로는 경도 및 온도 등이 있다. 일반적으로 유체의 속도가 1 m/s 이상이면 SPE가 발생하기 시작한다. 그러나 충돌하는 고체입자가 매우 작은 경우에는 매우 높은 속도에서 SPE가 발생하기 시작한다.

SPE는 금속재료 표면에 형성되어 있는 녹을 제거하기 위한 샌드브라스트와 금속재료 절단을 위한 고속의 워터제트커팅과 같이 산업에 유익하게 이용되고 있다. 그러나 증기터빈과 같이 기계적으로 작동하는 완성품 내부에서 SPE가 발생하면 성능과 유지보수비용 측면에서 부정적인 영향이 나타난다. 증기터빈에서 SPE로 인해서 발생하는 부정적인 영향을 살펴보면, 1) 구성품의 표면을 거칠게 만들어 마찰손실을 증가시키며, 2) 터빈 블

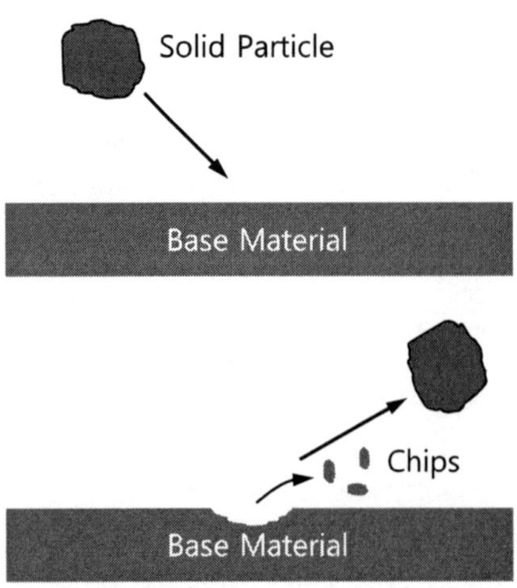

그림 8.1 SPE 개념

레이드와 같은 핵심 구성품의 형상을 변경시켜 유체역학적 성능을 저하시키며, 3) 구성품의 침식에 의해서 수명이 단축되고 유지보수 기간 및 비용이 증가한다는 점이다.

증기터빈을 포함한 발전설비에서 발생하는 SPE는 성능저감 및 유지보수비용 증가라는 중대한 문제를 발생시키기 때문에 설계자 및 운전자 모두에게 중요한 문제로 인식되고 있으며, 이를 해결하기 위하여 다양한 기술을 개발하여 적용하고 있다. 여기서는 증기터빈에서 일어나는 SPE에 대한 다양한 변수, 메커니즘, 저감방법 등에 대해서 살펴보기로 한다.

8.1 표면손상

8.1.1 마모와 침식

표면손상이란 물체 표면에서 일어나는 물체의 물리적/화학적 변화를 총괄적으로 의미하는 용어로서 구조물의 형상 및 성분 변화를 수반한다. 표면손상에 의한 형상 변화의 대표적인 예로는 돌출, 함몰, 칩 생성, 크랙 등이 있다. 표면손상 가운데 구조변화, 소성변형, 표면크랙 등은 모재의 손실이 일어나지 않는 반면에 마모, 침식, 부식은 모재손실을 동반한다. 한편, 파울링이 발생하는 경우에는 표면에 부착된 이물질로 인해서 모재 표면이 돌출되는 동시에 표면거칠기가 증가한다. 표면손상이 발생하면 구성품 기능이 저하되어 효율이 낮아진다.

모재손실을 동반하는 표면손상은 마모, 침식, 부식으로 구분할 수 있다. 마모는 어떤 한 물체와 그 물체의 표면에 접촉하는 물체 사이에 서로 미는 힘이 작용하여 발생하는 재료손실을 의미한다. 기계부품을 장기간 사용하면 마찰 부분이 닳아서 기능이 저하되어 더 이상 사용할 수 없게 되는 경우가 있다. 2개의 물체 사이에 상대운동이 일어날 때 미끄러짐이나 굴림에 의해 표면이 닳게 되는 현상을 마모라고 한다. 마모율은 재료의 조합, 하중, 속도, 재료의 경도 및 표면거칠기 등에 의해서 영향을 받는다. 대표적인 마모 종류로는 연마마모, 광택마모, 충돌마모가 있다. 연마마모는 그림 8.2에 묘사되어 있는 것처럼 모재 표면과 접촉하고 있는 연마제가 외부에서 작용하는 힘에 의해서 미끌어질 때 발생한다. 두 물체 사이의 미끌림에 의하여 마모가 발생하는 경우 'two body abrasive wear'라 한다. 그리고 두 물체 사이에 다른 이물질이 끼어들어 그 물질이 연마제 역할을 하는 경우 'three body abrasive wear'라 하며, 베어링에서 흔히 나타난다. 광택마모란 두

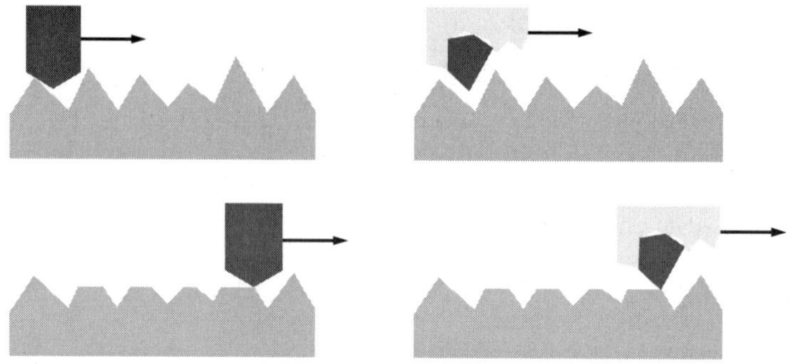

그림 8.2 연마마모

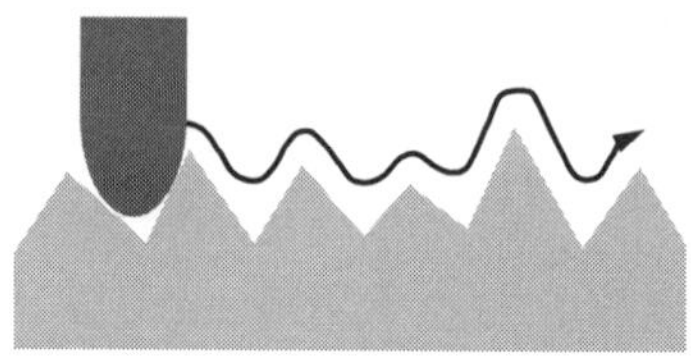

그림 8.3 광택마모

개의 물체가 서로 부딪쳐서 적어도 하나의 물체 표면에 소재 일부가 제거되어 광택표면을 생성시키는 마모를 말한다. 광택마모는 그림 8.3에 묘사되어 있는 것처럼 연마제에 작용하는 힘이 매우 작아서 연마제가 모재 표면의 굴곡을 따라 진행한다. 광택마모는 그림 8.4에 나타나 있는 것처럼 증기터빈 블레이드 표면을 매끈하게 처리하기 위하여 사용한다. 충돌마모는 두 물체 사이에 충격적인 접촉이 반복적으로 일어날 때 발생한다.

침식은 고체입자가 물체 표면에 충돌할 때 발생하며, 모재손실을 동반한다. 대표적인 침식 종류로는 SPE, WDE, 슬러리침식, 캐비테이션침식 등이 있다. 이 가운데 SPE와 WDE는 발전설비에서 흔하게 나타나기 때문에 이 책에서 자세히 살펴볼 예정이다. 슬러리란 고체입자와 액체의 혼합물을 의미한다. 슬러리침식은 슬러리가 고속으로 흘러가면서 방향이 급격히 바뀌는 경우 슬러리에 포함되어 있는 고체입자가 액체의 유선으로부터 이탈하여 물체 표면에 충돌할 때 발생한다. 캐비테이션침식은 액체 내부에서 반복적으로 일어나는 핵형성, 성장 그리고 공동 또는 거품이 격렬하게 붕괴될 때 발생한다. 캐비테이션침식은 수력발전용 수차와 선박추진용 프로펠러 등에서 흔하게 발생한다.

부식은 금속 표면이 산화 또는 화학적으로 변질되는 것을 말하며, 접촉하는 물질에 따라서 크게 다르게 나타난다. 부식은 계속적으로 일어나는 성질이 있으며, 액체와 접촉하고 있을 때 일어나는 습식, 비교적 고온기체와 접촉할 때 일어나는 건식으로 구분한다.

그림 8.4 광택마모를 이용한 블레이드 표면처리

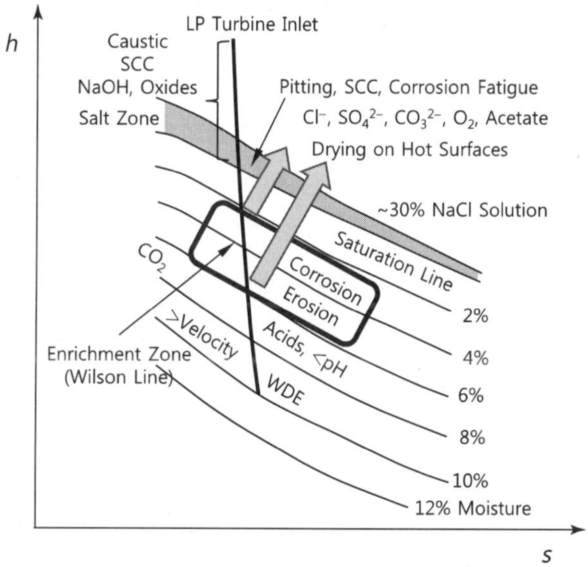

그림 8.5 습증기 영역에서 발생하는 손상 종류

예를 들면, 상온에서 철이 녹스는 것은 습식이고, 고온 할로겐 기체 속에서 금속이 소모되는 것은 건식이다. 증기터빈에서는 그림 8.5에 나타나 있는 것처럼 포화증기선 근처에서 주로 부식이 발생한다. 부식은 증기터빈 로터 휠과 블레이드에 피팅을 발생시켜 표면 거칠기를 증가시킨다. 한편, 응력집중이 발생하는 부분에 부식이 발생하면 SCC(Stress

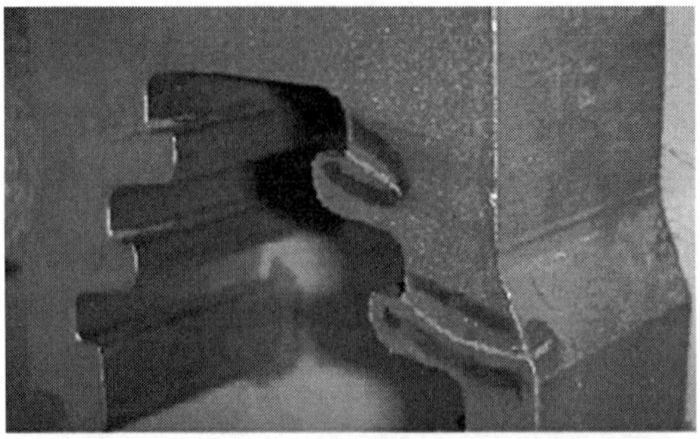

그림 8.6 버켓 도브테일에 발생한 stress corrosion cracking

Corrion Cracking)가 발생한다. 그림 8.6에 SCC가 발생한 도브테일을 나타냈다. 이 밖에도 LP터빈 후단 핑거형 도브테일을 가지는 버켓을 체결하기 위한 핀에서도 SCC가 자주 발생한다.

8.1.2 석탄화력발전에서 발생하는 표면손상

석탄화력발전의 경우 석탄 연소 후에 생성되는 회분에 의하여 보일러 내부에서 다양한 문제들이 발생하는데, 대표적인 예로는 화로 근처 벽면튜브에서 발생하는 부식과 슬래깅, 과열기 및 재열기에서 발생하는 부식 및 파울링, 이코노마이저에서 발생하는 튜브의 SPE 등이 있다. 보일러 튜브의 부식은 화염과의 직접적인 접촉, 슬래깅, 파울링 등에 의해서 발생한다. 이런 여러 가지 문제들에 의해서 그림 8.7에 나타나 있는 것처럼 석탄화력발전소의 이용도가 약 7% 정도 낮아진다. 한편, 증기터빈에서는 그림 8.8에 나타나 있는 것처럼 SPE, 문지름, 파울링, WDE, SCC 등이 발생하며, 이로 인해서 석탄화력발전소 이용도가 약 5% 정도 낮아진다.

SPE에 의한 블레이드 손상은 증기터빈의 효율, 신뢰도, 수명, 유지보수 기간 및 비용 등에 큰 영향을 미친다. 터빈 블레이드에 SPE가 발생하는 이유는 그림 8.9에 나타나 있는 것처럼 노즐통로에서 증기가 급격히 가속되면서 방향이 바뀌기 때문에 증기에 포함되어 있는 큰 관성력을 가지는 고체입자들이 증기의 유선으로부터 이탈하여 노즐 뒷전 근처에 충돌하기 때문이다. 한편, 노즐을 빠져나온 고속의 고체입자는 버켓 앞전 흡입면과 뒷전 압력면에 충돌하면서 SPE를 유발시킨다.

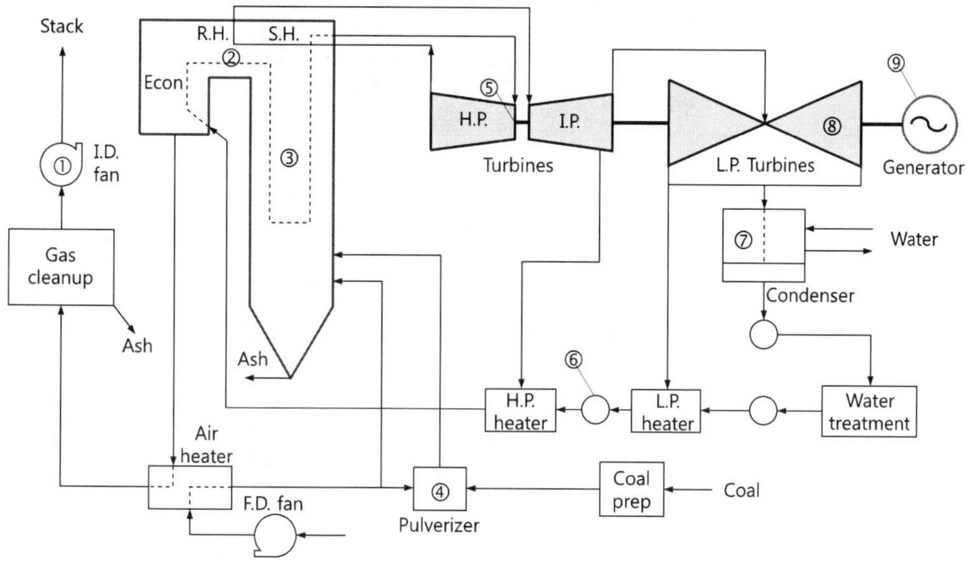

① Fans (0.6%) ② Boiler tubes (4.2%) ③ Fouling/slagging (2.8%) ④ Pulverizers (0.6%) ⑤ Bearings (2.0%)
⑥ Pumps (1.7%) ⑦ Condenser (3.8%) ⑧ Turbine blades (2.7%) ⑨ Generator (3.8%)

그림 8.7 석탄화력발전 이용도 저감 (EPRI)

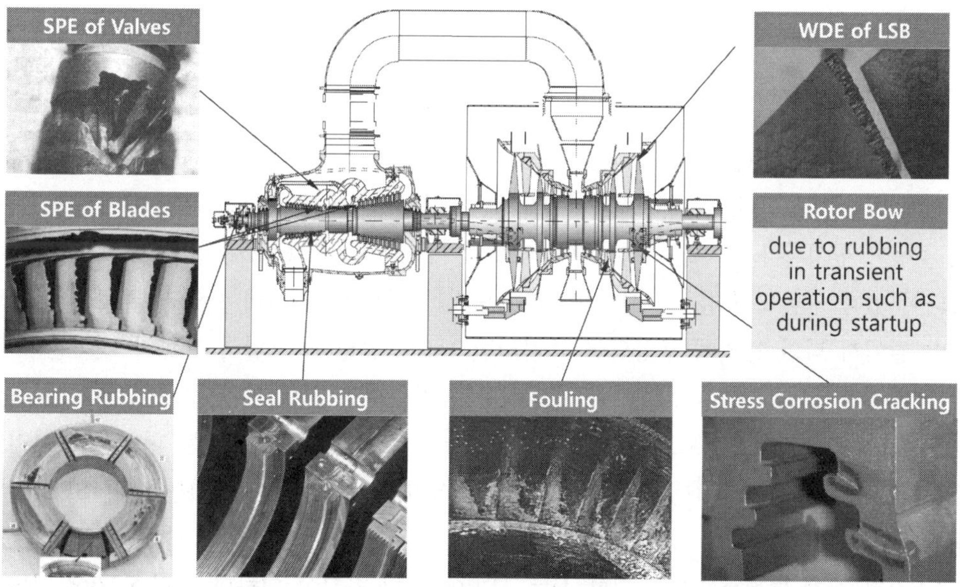

그림 8.8 증기터빈에서 발생하는 손상

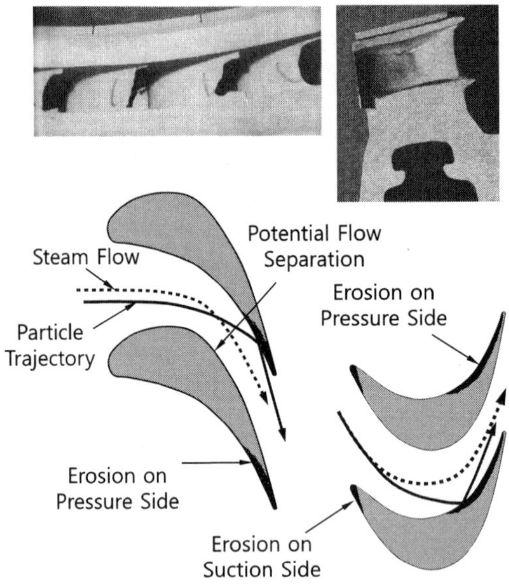

그림 8.9 증기터빈 블레이드 SPE

8.2 고체입자 생성

증기터빈에서 SPE를 발생시키는 고체입자는 보일러 튜브 내부 벽면에서 부식에 의해서 형성되는 쇳녹이다. 물이 채워진 보일러 튜브를 고온에서 장시간 운전하면 튜브 내벽에 쇳녹이 형성된다. 이 쇳녹은 산화철 가루인 마그네타이트(Fe_3O_4)이며, 튜브 내벽에 부착되어 있다가 온도변화가 크게 일어나는 보일러 기동/정지 시에 보일러 튜브 내벽으로부터 떨어져 나와 증기에 부양되어 증기터빈으로 유입된다. 보일러 튜브와 쇳녹은 서로 다른 열팽창계수를 가진다. 따라서 냉간시동을 자주하면 SPE 발생이 증가한다. 쇳녹의 밀도는 5.08 g/cm^{3}이며, 모스 경도 6.0으로 매우 단단한 입자이다. 쇳녹 형상은 모서리가 각지거나 톱니모양이기 때문에 비록 크기가 작더라도 고속으로 충돌하면 쉽게 SPE가 발생한다.

GE사가 실제 발전소에서 측정한 쇳녹 크기에 대한 자료에 의하면 그림 8.10에 나타나 있는 것처럼 대부분 지름이 50 μm 이하이다. 그러나 100 μm 이상의 입자도 많이 포함되어 있다. 모재와 충돌하는 입자의 크기는 SPE에 큰 영향을 미친다.

이 밖에도 보일러 수처리가 잘못되면 그림 8.11에 나타나 있는 것처럼 보일러 튜브 내

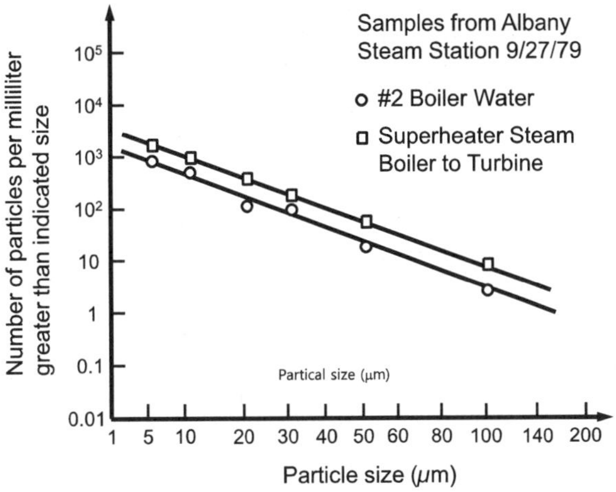

그림 8.10 보일러에서 발생하는 쇳녹 크기 분포 (from Sumner *et al.*, 1985)

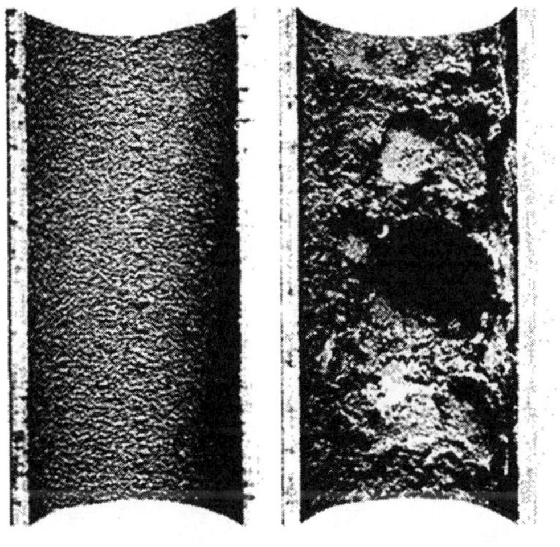

그림 8.11 보일러 튜브 내벽에 생성된 침전물 (from Babcock & Wilcox, 1972)

벽에 침전물이 부착된다. 이런 침전물은 열전달을 방해할 뿐만 아니라 보일러 수의 염분을 농축시켜 튜브를 부식시킨다. 따라서 이런 경우에도 보일러에서 SPE 원인물질인 고체입자가 생성된다.

8.3 기체-입자 2상유동

다상유동이란 상이 서로 다른 물질들이 혼합되어 흘러가는 것을 의미한다. 이 가운데 기체-입자 2상유동은 각종 산업현장에서 가장 많이 나타나는 다상유동 가운데 하나이다. 기체로는 공기가 가장 대표적이며, 열기관의 경우 고온의 연소가스가 기체에 해당된다. 입자로는 먼지나 모래 같은 고체입자가 가장 대표적이며, 물방울과 같은 액적도 입자로 취급된다. 기체-입자 2상유동은 발전설비에 있어서 가장 많이 나타나는 다상유동이다. 석탄화력발전을 살펴보면, 미분기에서 보일러 화로까지 연결된 미분탄 공급관에서의 일차공기-미분탄 유동, 보일러 내부에서의 연도가스-회분 유동, 보일러 튜브 내부 및 증기터빈 내부에서의 증기-쇳녹 유동, LP터빈 후단의 습증기 영역에서의 증기-물방울 유동 등이 기체-입자 2상유동이다. 원자력발전의 경우 1차계통인 증기발생기 내부에 있는 습분분리기와 증기건조기, 그리고 HP터빈과 LP터빈 대부분의 영역에서 발생하는 증기-물방울 유동이 기체-입자 2상유동이다. 또한 발전 형태에 관계없이 복수기 내부에서의 유동 또한 기체-입자 2상유동이다. 따라서 발전설비를 설계하거나 운영하는 데 있어서 기체-입자 2상유동에 대한 기술적인 이해가 필수적으로 요구된다.

2상유동의 특징은 상 사이에 이루어지는 물리량 교환을 의미하는 커플링을 들 수 있다. 커플링에는 열커플링, 운동량커플링, 질량커플링이 있다. 커플링에 대한 개념을 자세하게 이해하기 위하여 뜨거운 고속의 기체유동 속에 차가운 물을 스프레이를 이용하여 저속으로 분사하는 경우를 살펴보자. 스프레이로 분사된 액적 속으로 기체로부터 열전달이 이루어져 기체는 온도가 낮아지고 액적의 온도는 증가한다. 이런 현상을 열커플링이라 한다. 한편, 고속의 기체유동 속으로 분사된 액적들은 액적들에 작용하는 기체의 유체역학적인 힘에 의하여 가속되어 고속의 기체와 함께 이동한다. 이때 액적들은 기체로부터 운동량을 전달받아 가속되는 것이며, 기체는 액적에 운동량을 전달하기 때문에 운동량이 작아진다. 이런 현상을 운동량커플링이라 한다. 고속의 뜨거운 기체 속으로 분사된 액적들은 기화되어 점점 크기가 작아지고 최종적으로는 모두 기화되어 없어질 수도 있다. 이런 경우 기체의 질량은 증가하고 입자의 질량은 줄어드는데, 이를 질량커플링이라 한다. 결론적으로 2상유동에서 커플링이란 에너지보존법칙과 질량보존법칙을 다르게 표현한 것이다.

2상유동의 경우 다양한 물리량 교환이 일어나기 때문에 유체역학적 해석이 매우 복잡하고 어려운 것이 특징이다. 기체유동과 입자유동 차이는 상의 정보전달에 대한 메커니즘이다. 기체는 연속체이며, 기체유동의 경우 압력이 존재하기 때문에 압력파에 의하여 기체 사이에 정보가 전달된다. 따라서 기체유동은 연속체방정식을 이용하여 해석이 가능하다. 그러나 입자는 불연속체이며, 입자가 매우 많아서 입자구름을 형성하더라도 그 내부에 압력이 존재하지 않기 때문에 입자 사이에 정보전달이 없는 것이 특징이다. 그러므로 입자유동을 연속체방정식을 사용하여 정확하게 해석하기 쉽지 않다.

8.3.1 기체-입자 2상유동 해석방법

기체-입자 2상유동은 앞서 언급했듯이 상 사이에 다양한 물리량 교환을 수반하기 때문에 해석이 매우 어렵고 복잡하다. 2상유동을 해석하기 위해서는 실험적인 방법과 CFD 해석을 이용하는 두 가지 방법이 있다. 실험적인 방법은 실제적인 유동조건을 만들고 계측장비를 이용하여 기체 및 입자유동을 측정하는 방법이다. 그러나 이 방법은 온도와 압력이 높은 경우에는 실제적인 유동조건을 구현하기가 쉽지 않고 형상이 복잡한 구조물의 경우 유동측정이 어렵기 때문에 제한적으로 사용되고 있다. 이에 반해서 CFD를 이용한 해석방법은 구조물의 복잡성이 전혀 문제가 되지 않을 뿐만 아니라 가혹한 유동조건들도 쉽게 구현이 가능하기 때문에 가장 많이 사용하고 있다.

CFD 해석을 이용한 기체-입자 2상유동 해석방법으로는 Lagrangian approach와 Eulerian approach가 있다. 추적방법이라고도 불리는 Lagrangian approach는 입자에 작용하는 힘의 평형을 이용하여 기체의 난류유동 속에서 입자의 이동 궤적을 계산하는 방법이다. 따라서 Lagrangian approach를 이용하면 관심영역에서 입자가 어떻게 흘러가는지 자세하게 해석할 수 있다. 이 방법을 이용해서 입자유동에 대해서 얻을 수 있는 정보는 임의의 위치에서 입자의 이동속도 및 방향, 입자가 구조물과 충돌하는 위치, 충돌각, 충돌속도 등이 있다. 그리고 입자의 위치를 연속적으로 연결하면 입자의 이동 궤적이 얻어진다. Two-fluid model이라고도 불리는 Eulerian approach는 입자들을 입자구름으로 처리한다. 그리고 이 입자구름을 하나의 연속체로 가정하여 입자유동 해석을 위한 지배방정식을 하나 더 만든다. 따라서 Eulerian appoach를 이용하여 2상유동을 해석하는 경우 두 개의 연속체 지배방정식을 이용한다.

발전설비 해석의 경우 Lagrangian approach가 일반적으로 사용된다. 그 이유는 터빈 블레이드를 포함한 각종 핵심부품은 쇳녹이나 물방울 같은 입자의 충돌에 의해서 손상이 발생하는데, Lagrangian approach를 이용하면 입자 충돌과 관련된 다양한 변수를 정확하게 예측할 수 있기 때문이다. 그러나 Eulerian approach는 입자유동에 대한 벽면경계조건이 개발되지 못하고 있기 때문에 입자 충돌을 예측하지 못한다(Lee, 1997). 따라서 Eulerian approach는 발전설비에서 발생하는 다양한 구성품 손상을 해석하는 데 거의 사용되지 않고 있다.

8.3.2 Lagrangian Approach를 이용한 입자유동 해석

기체-입자 2상유동에서 입자유동은 입자에 작용하는 힘의 평형을 적분해서 해석할 수 있다. 힘의 평형이란 아래 식 (8.1)에서와 같이 입자에 작용하는 모든 힘의 합은 입자를 가속시키기 위한 힘으로 작용한다는 의미이다.

$$\frac{du_p}{dt} = F_D(u - u_p) + g_x(\rho_p - \rho)/\rho_p + F_x \tag{8.1}$$

$$F_D = \frac{18\mu}{\rho_p d_p^2}\frac{C_D Re}{24}$$

여기서 $F_D(u-u_p)$는 단위질량의 입자에 작용하는 항력, u는 기체 속도, u_p는 입자 속도, μ는 기체 점성계수, ρ는 기체 밀도, ρ_p는 입자 밀도, d_p는 입자 지름, C_D는 항력계수, Re는 상대 레이놀즈수로서 다음과 같이 정의된다.

$$Re = \frac{\rho d_p |u_p - u|}{\mu} \tag{8.2}$$

한편, 식 (8.1)의 오른쪽 둘째 항은 중력에 의한 힘을 나타내며, 마지막 항 F_x는 입자에 작용하는 추가적인 모든 힘을 나타낸다. 추가적인 힘에는 입자 둘레의 기체를 가속시키는 데 필요한 힘인 virtual mass force가 있으며, 다음과 같이 정의한다.

$$F_x = \frac{1}{2}\frac{\rho}{\rho_p}\frac{d}{dt}(u - u_p) \tag{8.3}$$

압력구배가 나타나는 기체 속에 존재하는 입자에는 다음과 같은 힘이 추가적으로 작용한다.

$$F_x = \left(\frac{\rho}{\rho_p}\right) u_p \frac{\partial u}{\partial x} \tag{8.4}$$

온도구배가 존재하는 기체 속에 떠있는 작은 입자에는 온도구배 반대방향으로 다음과 같이 정의하는 thermophoretic force가 추가적으로 작용한다.

$$F_x = D_p^T \frac{1}{T}\frac{\partial T}{\partial x} \tag{8.5}$$

여기서 D_p^T는 계수(thermophoretic coefficient)이다. 이 밖에도 1 μm 이하의 입자에 작

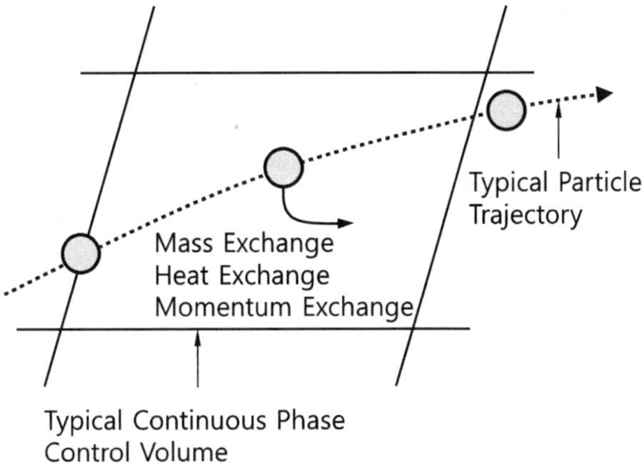

그림 8.12 증기터빈 노즐통로에서 고체입자 거동

용하는 힘인 Brownian force와 전단에 의한 양력인 Saffman's lift force가 있다. 그러나 비교적 큰 입자에 대한 이런 힘들의 크기는 상대적으로 매우 작기 때문에 이 힘들이 SPE에 미치는 영향은 거의 없다.

이제 식 (8.1)을 시간에 대해서 적분하면 입자속도인 u_p를 구할 수 있으며, 다음과 같은 관계식이 성립한다.

$$\frac{dx}{dt} = u_p \tag{8.6}$$

식 (8.6)을 양변 적분하면 그림 8.12에 나타나 있는 것과 같이 일정한 시간간격에 대한 입자 위치를 계산할 수 있다. 따라서 일정한 크기의 작은 시간간격을 이용하여 입자의 다음 위치를 계속해서 계산하면 입자 궤적을 찾아낼 수 있다.

입자 운동을 계산하다가 입자가 벽면에 부딪치면 그림 8.13에 나타나 있는 것과 같은 입자유동 벽면경계조건을 사용하여 입자 충돌 후의 운동조건을 결정할 수 있다. 입자가 충돌 후에 반사되는 경우 'reflect' 경계조건을 사용한다. 이때 충돌 후의 입자 속도 및 반사각은 복원계수를 이용하여 계산한다. 입자가 충돌 후에 벽면에 부착되는 것을 해석할 때는 'escape' 경계조건을 사용한다.

Lagrangian approach를 이용한 CFD 해석을 통해서 입자유동을 해석하는 방법으로 one-way coupling, two-way coupling, four-way coupling이 있다. One-way coupling 방법은 먼저 입자유동을 배제시킨 상태에서 CFD 해석을 이용해서 기체유동에 대한 수렴해를 얻는다. 그리고 기체유동에 대한 수렴해를 이용하여 입자유동을 해석한다. 그러므로 오직 기체유동으로부터 입자유동으로의 물리량 전달만 반영시킬 수 있으며, 입자유동으

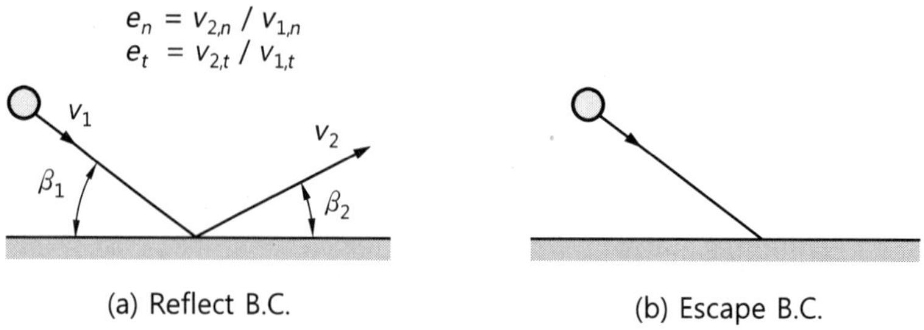

그림 8.13 입자유동 벽면경계조건

로부터 기체유동으로의 물리량 전달은 불가능하기 때문에 이 방법을 비커플링 계산이라고도 한다. 이 방법은 모든 입자의 질량과 운동량의 합이 매우 작아서 기체유동에 크게 영향을 주지 못하는 경우에 이용하면 매우 편리하다. 커플링 계산이라고도 불리는 two-way coupling 방법은 기체에 포함되어 있는 입자가 차지하는 비중이 커서 입자의 존재가 기체유동에 미치는 영향을 무시할 수 없는 경우에 사용한다. 이 방법은 기체유동을 해석한 후에 기체유동으로부터 입자유동으로 물리량 전달을 반영하여 입자유동을 해석한다. 이제 반대로 입자유동 해석결과를 이용하여 입자유동으로부터 기체유동으로 물리량 전달을 반영하여 기체유동을 해석한다. 이렇게 반복적으로 계산하여 기체유동과 입자유동에 대한 수렴해가 얻어질 때까지 해석을 수행한다. Four-way couling은 two-way coupling 방법에 입자 간 충돌을 고려한 방법이다.

8.3.3 Stokes Number

St(Stokes number)는 기체-입자 2상유동 특성을 나타내는 무차원수이다. St는 입자의 응답시간에 대한 유체의 특성시간 비를 나타내는 무차원수로서 다음과 같이 정의한다.

$$St = \frac{\tau_a}{\tau_c} \tag{8.7}$$

$$\tau_a = \frac{\rho_p d_p^2}{18\mu}$$

$$\tau_c = \frac{L_c}{V_c}$$

여기서 τ_a는 입자의 공기역학적 응답시간, τ_c는 기체의 특성시간으로서 기체의 특성길이 (L_c)를 기체의 특성시간(V_c)으로 나눈 값이다.

St가 1보다 작으면 입자의 응답시간은 기체의 특성시간에 비해 작기 때문에 입자는 기체의 유선변화에 쉽게 동조한다. 즉 입자는 기체의 유선을 잘 추종하기 때문에 유동 중간에 장애물이 있더라도 부딪치지 않고 하류로 흘러간다. 그러나 St가 1보다 크면 입자의 응답시간이 기체의 특성시간에 비해 크기 때문에 입자는 기체의 유선을 잘 추종하지 못한다. 이런 현상은 질량이 큰 입자유동을 살펴보면 쉽게 이해할 수 있다. 질량이 큰 입자는 큰 St를 가지기 때문에, 즉 큰 관성력을 가지기 때문에 기체의 유선이 급격히 변하면 입자는 관성에 의해서 기체의 유선으로부터 쉽게 이탈한다. 그림 8.14에 엇갈림 배열 보일러 관군에서의 회분 유동을 나타냈다. 이 그림으로부터 St가 작은 입자는 기체의 유선을 잘 추종하고 있지만, St가 큰 입자는 기체의 유선으로부터 쉽게 이탈하여 튜브 표면에 충돌하는 것을 확인할 수 있다.

그림 8.15에 증기터빈 노즐통로에서 증기 유선과 고체입자 궤적을 나타냈다. 이렇게 증기 유선이 급격히 변하면 증기에 포함되어 있는 비교적 큰 고체입자는 큰 St를 갖기 때문에 증기 유선으로부터 쉽게 이탈하여 노즐표면에 충돌한다. 따라서 기체-입자 2상유동에서 St를 계산하면 유동해석을 하지 않고도 입자유동을 유사하게 예측할 수 있다.

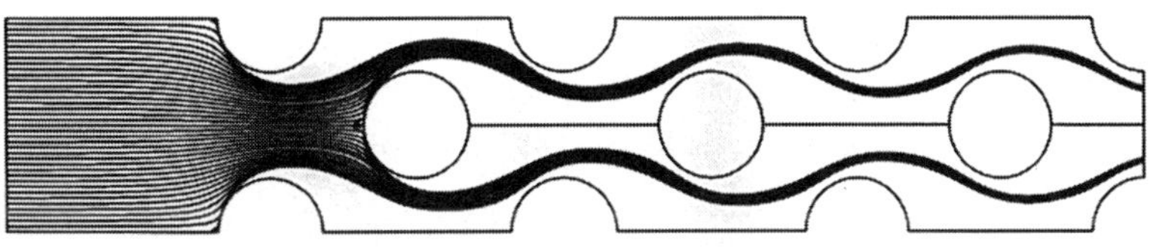

(a) St = 0.25 (d_p = 5 μm)

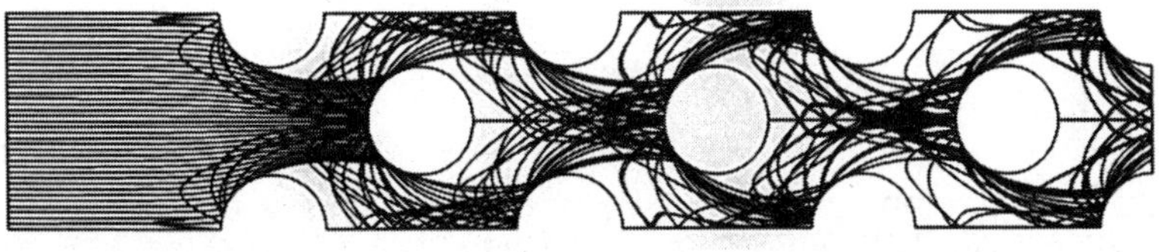

(a) St = 1.74 (d_p = 13 μm)

그림 8.14 엇갈림 배열 관군에서 회분 거동 (from Lee, 1997)

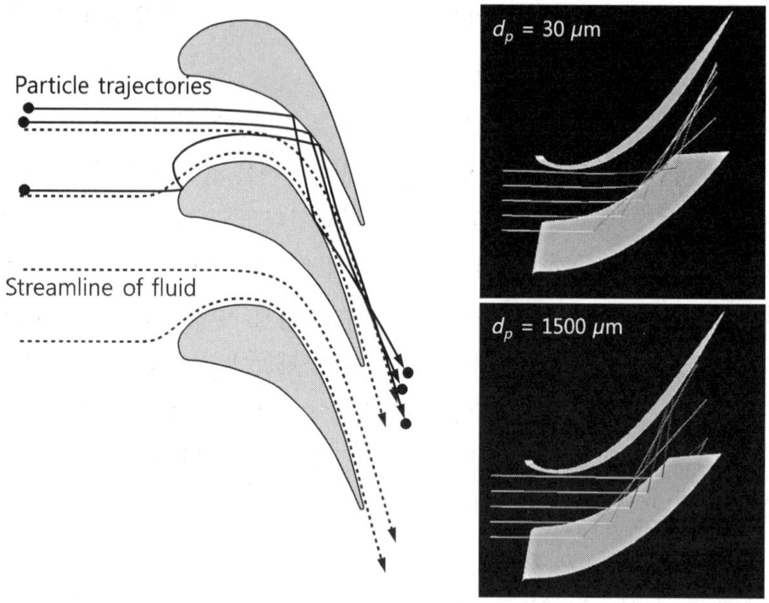

그림 8.15 증기터빈 노즐통로에서 고체입자 거동 (from Hamed *et al.*, 2005)

8.4 SPE 메커니즘

SPE를 정확하게 이해하기 위해서는 SPE 메커니즘, 즉 SPE가 발생하는 과정을 자세하게 이해해야 한다. 아울러 SPE 메커니즘을 정확하게 이해해야 SPE를 지배하는 각종 변수를 이해할 수 있다. SPE 메커니즘과 변수는 SPE를 정확하게 예측하기 위한 SPE 모델을 개발하기 위하여 반드시 필요하다. 그림 8.16에 SPE를 계산하기 위한 절차를 나타냈다.

SPE는 충돌하는 입자에 의해서 발생하는 모재손실이기 때문에 입자와 모재에 관련된

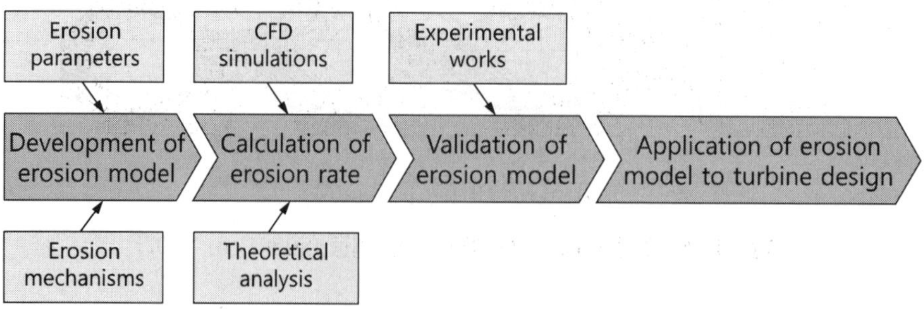

그림 8.16 침식 계산 절차

많은 변수에 의하여 영향을 받는다. 일반적으로 모재는 연성재료와 취성재료로 구분하며, 발전설비에 사용되는 거의 모든 재료는 연성재료이다. 연성재료에 대한 SPE 메커니즘으로는 절단, 변형, 파쇄, 판 등이 있다.

8.4.1 절단

Finnie(1960)는 SPE는 입자가 모재의 일부를 절단(cutting)하거나 긁어낸다(gouging)는 가정에 기초하여 SPE를 계산하기 위한 최초의 해석적인 모델을 제안하였다. 그림 8.17에 나타나 있는 것처럼 각진 입자가 모재에 충돌하는 경우 충돌하는 입자의 운동에너지 일부는 모재에 칩을 만들며, 나머지는 열로 소산되거나 일부는 입자가 파쇄되는 데 사용되기도 하며, 반사되는 입자의 운동에너지로도 사용된다. 따라서 각진 입자가 충돌하면 모재 표면 일부를 절단하며, 침식률은 입자의 운동에너지에 비례하고 모재의 전단응력에 반비례한다. 이를 수식으로 표현하면 다음과 같다.

$$E = Cf(\beta)\frac{mV^n}{\sigma} \tag{8.8}$$

여기서 E는 침식률, C는 상수, $f(\beta)$는 충돌각에 대한 함수, m은 입자 질량, V는 입자 충돌속도, σ는 모재 전단응력을 나타낸다. Finnie가 제안한 절단 메커니즘에 의하면 식 (8.8)에서 충돌속도 지수 n값은 2이다. 그러나 다양한 실험결과 연성재료에 대한 n값은 2.2～2.8 정도인 것으로 밝혀졌다(Humphrey, 1990). 이 모델은 입자가 어떤 경사각을 가지고 물체에 충돌하는 경우에는 비교적 정확하지만 입자가 수직으로 충돌하는 경우에 SPE가 일어나지 않는다는 단점을 가진다. 그러나 입자가 물체에 수직으로 충돌하더라도 실제로 SPE가 일어난다.

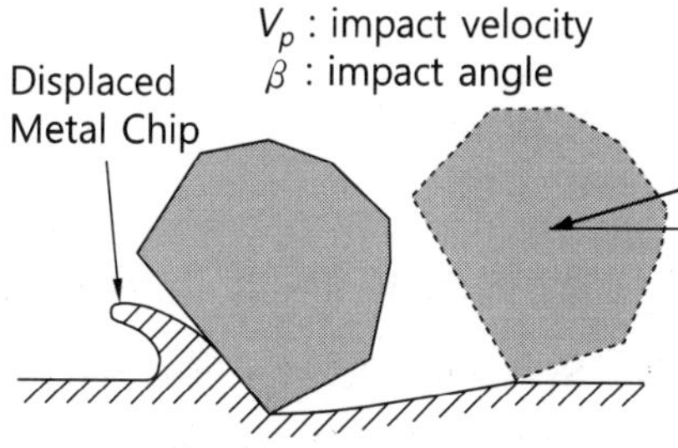

그림 8.17 Cutting mechanism

8.4.2 변형

Bitter(1963)는 SPE는 절단과 변형이 조합되어 일어난다고 제안하였다. 입자가 모재에 반복적으로 충돌하는 경우 모재에 탄성충돌이 아무리 반복되어도 SPE는 일어나지 않는다. 그러나 충돌이 계속되는 동안 탄성 한계를 초과하면 소성변형이 발생한다. 그 결과 나타나는 변형경화는 탄성한계를 더욱 증가시키고 추가적인 소성변형이 일어난다. 이런 경우 모재 표면은 더욱 경화되고 취성이 증가하여 더 이상 소성변형이 일어나지 않고 취성파단이 일어나서 모재손상이 발생한다.

8.4.3 파쇄

Tilly(1973)는 연성재료의 SPE는 두 단계로 일어난다는 파쇄 메커니즘을 제안하였다. 첫 번째 단계에서는 그림 8.18에 나타나 있는 것처럼 입자가 모재 표면에 충돌하면서 모재 표면이 함몰되며, 칩이 발생할 수도 있다. 두 번째 단계에서는 입자가 작은 조각들로 쪼개지면서 동시에 바깥쪽으로 흩어져 비산한다. 이 메커니즘은 입자의 충돌속도가 매우 큰 경우에 나타난다.

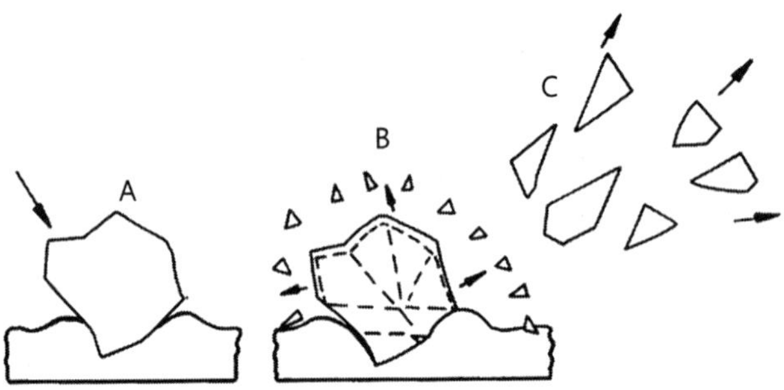

그림 8.18 Fragmentation mechanism

8.4.4 판

Bellman과 Levy(1981)는 연성재료에 대한 SPE를 조사하여 판 메커니즘을 제안하였다. 그들은 주사전자현미경(SEM; Scanning Electron Microscope)으로 침식된 모재 표면을 조사한 결과 SPE는 입자의 충돌에 의하여 모재표면이 단조되는 동시에 돌기도 발생한다는 것을 확인하였다. 연속적으로 충돌하는 입자들에 의하여 돌기는 또 다시 단조되어 높은 응력의 얇은 판이 만들어지며, 계속해서 유입되는 입자들에 의하여 이 판들은 모재로부터 떨어져 나간다. 그들은 실제로 떨어져 나온 금속 입자들을 SEM을 이용하여 분석한 결과 대부분이 콘플레이크와 형상이 비슷한 판 조각이라는 것을 확인하였다. 이 판 메커니즘은 입자의 충돌각 크기에 관계없이 일어나는 것으로 확인되었다. 그림 8.19는 모재 표면의 상태와 내부 상태를 나타낸 것이며, 그림 8.20은 모재 표면의 깊이 방향으로 경도를 나타낸 것이다. 이 그림에서 입자의 연속적인 충돌에 의하여 모재 표면이 경화되는 것을 확인할 수 있는데, 이를 가공경화라 한다. 가공경화를 인위적으로 발생시키는 작업 방법으로는 재료 표면에 잔류압축응력을 발생시키는 숏피닝이 있다.

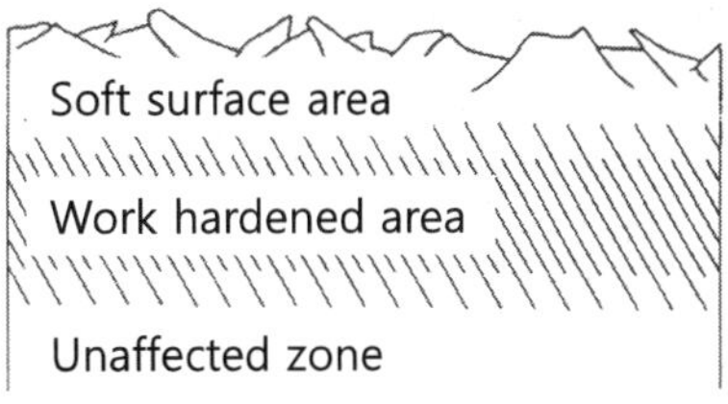

그림 8.19 Platelet mechanism

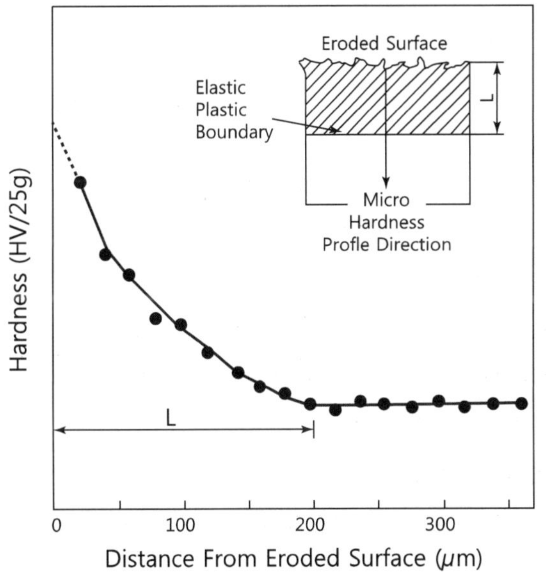

그림 8.20 SPE에 의한 모재의 깊이 방향 경도 변화

8.5 SPE 변수

SPE는 충돌하는 입자와 모재와의 상관관계에 의하여 발생하는 현상이기 때문에 입자와 모재에 관련된 다양한 변수들에 의해서 영향을 받는다. SPE는 대개 부정적인 영향을 미치기 때문에 SPE가 일어나지 않게 하거나 일어나더라도 최소화시키는 것이 중요하다. 따라서 SPE에 가장 큰 영향을 미치는 변수를 살펴보는 것은 매우 중요하다. 아울러 침식률을 계산하기 위해서는 SPE에 관련된 변수들을 정량적으로 분석할 필요가 있다.

입자에 관련된 변수로는 입자 형상, 경도, 크기, 충돌속도, 충돌각, 농도 등이 있으며, 모재에 관련된 변수로는 경도 및 온도가 있다. 이들 변수들을 반영하여 SPE를 계산하기 위한 수학적 모델을 식 (8.9)에 나타냈다.

$$E = K \cdot C_p \cdot f(\beta) \cdot V^n \cdot g(d_p) \cdot h(T) \tag{8.9}$$

여기서 E는 SPE에 의한 침식률, K는 상수, C_p는 모재 단위면적당 충돌하는 입자 수를 나타내는 입자 농도, $f(\beta)$는 충돌각에 대한 함수, $g(d_p)$는 입자 크기에 대한 함수, V는 입자 충돌속도, n은 충돌속도에 대한 지수, $h(T)$는 모재 온도에 대한 함수를 나타낸다. 식 (8.9)에서 각 변수는 단위화시킨다. 그리고 실험을 통하여 확보한 상수를 이용하면 침식률을 정확하게 계산할 수 있다. 참고로, 앞에서 언급한 변수 가운데 식 (8.9)에 포함되지 않은 변수들은 상수에 포함된다. 예를 들면, 입자 형상 및 경도, 그리고 모재 경도는 식 (8.9)에 포함되지 않았다. 그 이유는 보일러에서 발생한 쇳녹은 각진 입자이고 비교적 일정한 경도를 가지고 있기 때문에 그 형상과 경도를 굳이 수학적 모델에 반영하지 않아도 비교적 정확한 침식률을 계산할 수 있기 때문이다. 그리고 동일한 경도를 가지는 소재라도 종류에 따라서 다른 침식률을 나타내기 때문에 모재 종류나 경도는 상수에 반영시켜 처리하는 것이 오히려 편리하다.

여기서 논의하는 SPE 변수들에 대한 기술적 내용은 증기터빈에만 적용되는 것이 아니라 일반 산업현장에서 일어나는 SPE에 대해서도 사용할 수 있다.

8.5.1 충돌속도

입자 충돌속도는 SPE에 가장 큰 영향을 미치는 변수이다. 충돌속도는 두 가지 측면에서 살펴보아야 한다. 첫째는 SPE가 일어나기 시작하는 충돌속도인 한계속도이다. 증기터

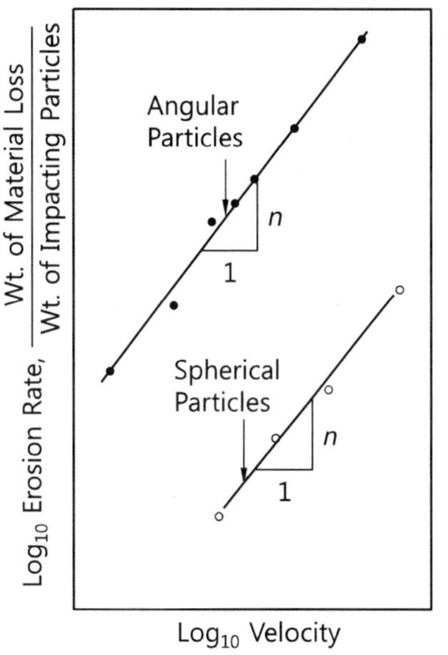

그림 8.21 입자 형상 및 충돌속도가 SPE에 미치는 영향

빈의 경우 보일러에서 생성된 쇳녹에 의한 SPE는 약 700 fps(213 m/s) 이상에서 발생한다(Sumner *et al.*, 1985). 이 때문에 증기터빈의 경우 고온이면서 고속의 증기유동이 통과하는 HP터빈 1단과 IP터빈 1단 블레이드에 SPE가 집중적으로 일어난다.

입자 충돌속도와 관련된 둘째로 중요한 사실은 그림 8.21에 나타나 있는 것처럼 침식률은 충돌속도의 n제곱에 비례한다는 것이다(Humphrey, 1990). 실험결과에 따르면 침식률은 충돌의 속도 n제곱에 비례하며, 연성재료의 경우 n값은 약 2.2~2.8 정도의 값을 가지는 데 반해서 취성재료는 2~4의 값을 가진다. 따라서 침식률은 그림 8.21에서 확인할 수 있듯이 충돌속도에 의해 매우 큰 영향을 받는다는 것을 알 수 있다. 참고로 n값은 그림 8.21에 나타나 있는 실험결과의 기울기 값이다. 침식률은 지수 n값에 의해 크게 달라지기 때문에 지수 n값은 정확하게 결정되어야 한다.

일반적으로 침식률은 충돌하는 입자가 가지는 운동에너지에 비례하는 것으로 추측되어 충돌속도의 제곱에 비례할 것으로 예상하였다. 그러나 충돌하는 입자의 운동에너지는 그 일부만이 모재에서 칩을 만들고, 열을 발생시키고, 반사되는 입자의 운동에너지로 사용될 뿐만 아니라 어떤 경우에는 입자가 파쇄되는 데 사용된다. 물리적으로 입자 충돌 시 발생하는 에너지 손실은 충돌하는 입자와 반사되는 입자의 운동에너지 차이이다. Raask (1988)에 의하면 Hutchings *et al.*은 충돌각 30°로 탄소강에 충돌하는 강철 구 충돌속도와 반사속도를 측정하여 가로축에 충돌속도를 표시하고 세로축에 에너지손실을 표시한

그래프 분석을 통하여 이들 변수는 직선 기울기 2.3을 가진다는 것을 확인하였다. 이 실험을 통하여 침식률 계산식에 포함되는 충돌속도의 지수인 n값은 충돌하는 입자가 충돌하면서 잃어버리는 에너지 크기에 의해서 결정되며, 충돌하는 입자의 운동에너지에 대한 지수 값인 2보다 큰 값을 가진다는 것을 확인하였다.

8.5.2 충돌각

SPE에 의한 침식률은 입자 충돌각에 따라서 크게 달라진다. 충돌각은 그림 8.22에 나타나 있는 것처럼 충돌이 일어나는 모재 표면과 입자 운동방향이 이루는 각도로 정의한다. 입자 충돌각에 대한 영향은 다양한 실험을 통하여 연성재료 및 취성재료 모두에 대해서 잘 알려져 있다. 유리나 세라믹 같은 취성재료 침식률은 그림 8.22에 나타나 있는 것처럼 sine 커브 형상을 가지며, 충돌각이 90°일 때 최댓값을 가진다. 강, 알루미늄, 구리 등과 같은 연성재료는 충돌각이 0°일 때 침식률 0이며, 약 15°와 30° 사이에서 최댓값을 가지며, 충돌각이 그 이상으로 커지는 경우에 침식률은 감소하고 90°일 때 최대 침식률의 절반 내지는 1/4 정도로 작아진다.

그림 8.23에 연성재료에 대한 입자 충돌각 변화에 따른 침식 형상을 나타냈다. 이 그림에서 입자 충돌각이 30°인 경우 충돌각이 60°와 90°인 경우에 비해서 더 많은 침식이 일어나는 것을 확인할 수 있다. 한편, 증기터빈 블레이드의 경우 충돌각이 0°에서부터 90°까지 분포하기 때문에 충돌각에 대한 효과를 정확하게 반영시키는 것이 중요하다.

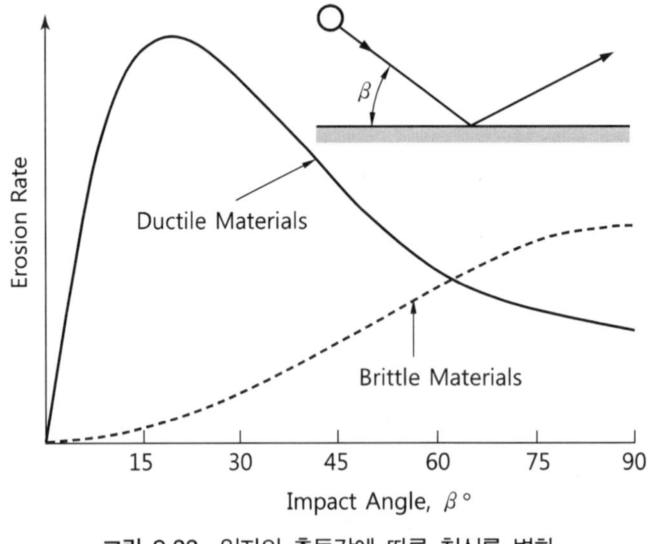

그림 8.22 입자의 충돌각에 따른 침식률 변화

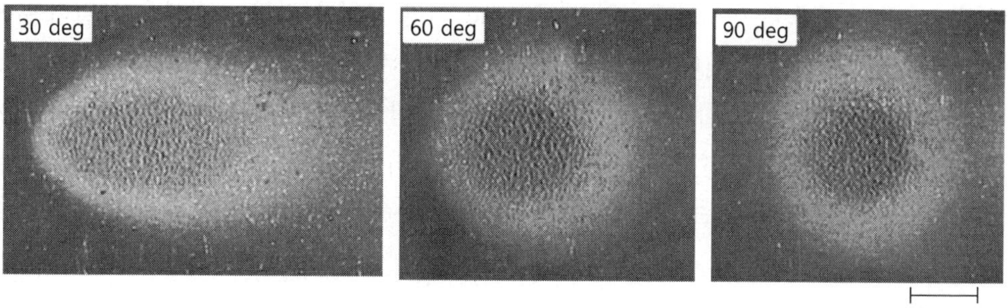

그림 8.23 입자의 충돌각에 따른 침식 형상 (from Hamed *et al.*, 2006)

8.5.3 입자 크기

매우 작은 입자는 기체유동을 잘 추종해서 기체의 유선이 급격히 변하더라도 기체의 유선으로부터 이탈하지 않는다. 공기유동을 기준으로 물방울 지름이 3 μm 이하이면 공기 유선과 물방울 궤적은 거의 일치하기 때문에 유동장 중간에 장애물이 있더라도 충돌이 일어나지 않는다. 그리고 매우 작은 크기의 입자는 물체와 충돌하더라도 침식을 유발시키지 못한다. 따라서 SPE를 유발시키기 시작하는 입자 크기가 존재하며, 그림 8.24에 나타나 있는 d_o를 한계크기라 한다. 한계크기는 충돌속도에 큰 영향을 받기 때문에 한계크기는 충돌속도와 하나의 조합을 가진다. 그림 8.24에 나타나 있는 Tilly (1973)의 실험에 의하면, 충돌속도가 244 m/s(800 fps)일 때 한계크기는 5 μm이다. Fan *et al.* (1992)은

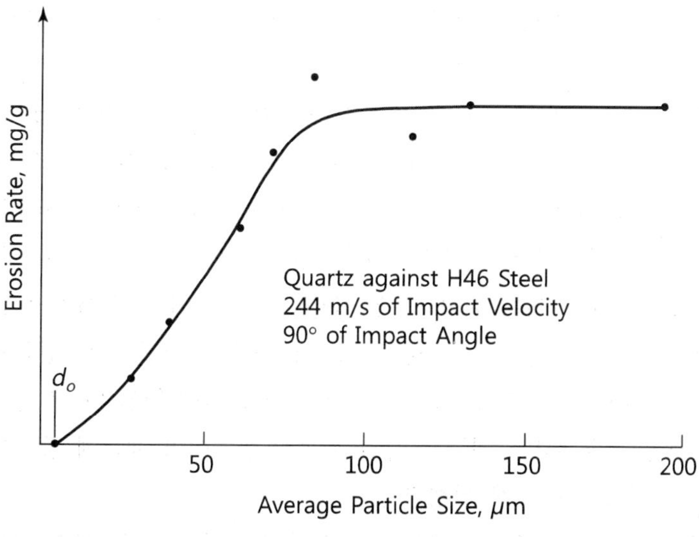

그림 8.24 입자 크기에 따른 침식률 변화 (from Tilly, 1973)

연도가스의 유동속도가 6~20 m/s일 때 20 μm 이하 크기를 가지는 회분은 보일러 튜브에 침식을 유발시키지 못한다는 것을 실험을 통해서 확인하였다.

입자 크기와 관련된 또 한 가지 중요한 사실은 그림 8.24에서 볼 수 있듯이 입자 크기가 일정한 수준에 도달하면 입자 크기가 더욱 커지더라도 침식률이 증가하지 않는다는 것이다. 이 그림에서 입자 크기가 약 120 μm를 초과하는 경우에 침식률에 변화가 거의 없다는 것을 확인할 수 있다. 이를 한계효과라 하는데, 이런 한계효과가 나타나는 이유는 아직 밝혀지지 않고 있다(Shewmon, 1981).

8.5.4 입자 형상

SPE 변수 가운데 가장 흥미로운 변수가 입자 형상이다. 입자 형상은 침식에 큰 영향을 미치는데, 많은 연구자(Levy and Man, 1989; Brown *et al.*, 1983; Raask, 1969)들에 의해서 그림 8.21에 나타나 있는 것처럼 각진 입자는 동일 크기의 둥근 입자에 비해서 훨씬 더 큰 침식을 유발시킨다는 것을 확인하였다. 이런 현상이 나타나는 이유 가운데 하나는 일반적으로 입자가 각질수록 입자의 경도가 증가하기 때문인 것으로 알려져 있다(Raask, 1988). 대개의 기술문헌에 공개되고 있는 침식 데이터는 입자 형상이 불명확하게 나타나고 있는데, 이는 입자 형상을 측정하기가 매우 어렵기 때문이다. 이는 입자 형상을 정량적으로 분석하는 경우 입자의 각진 정도는 어떤 일정한 값을 가지는 것이 아니라 통계적으로 넓은 영역의 값을 가지기 때문이기도 하다.

입자 형상이 정확하게 반영된 SPE 데이터는 드물기 때문에 입자 형상에 대한 영향을 정확하게 평가하는 것은 어렵다. 다만 소수의 연구자들이 입자 형상이 SPE에 미치는 효과를 정량적으로 분석한 결과를 정리하여 입자 형상에 대한 내용을 살펴보기로 한다. Raask(1969)는 연강을 이용한 비교적 저속에서의 SPE 실험에서 100 μm 크기를 가지는 각진 석영입자는 동일 크기의 유리구에 비해서 10배 높은 침식률을 가진다는 것을 확인하였다. Levy and Chik(1983)은 철 입자를 이용한 AISI 1020강에 대한 SPE 실험을 통해서 각진 입자는 둥근 입자에 비해서 4배 높은 침식률을 가진다는 것을 밝혀냈다. Sparks and Hutchings(1991)는 취성재료인 세라믹에 대한 SPE 실험에서 충돌속도가 52 m/s 이하인 경우 각진 실리카입자는 둥근 입자에 비해서 10배 높은 침식률을 가진다는 것을 확인하였다. 결론적으로 각진 입자는 둥근 입자에 비해 훨씬 더 큰 침식률을 가지는데, 보일러 튜브에서 발생하는 쇳녹은 각진 형상의 입자이기 때문에 증기터빈 블레이드에서 SPE가 상대적으로 빠르게 진행된다.

Winter and Hutchings(1974)는 납과 강을 모재로 이용한 SPE 실험에서 그림 8.25에

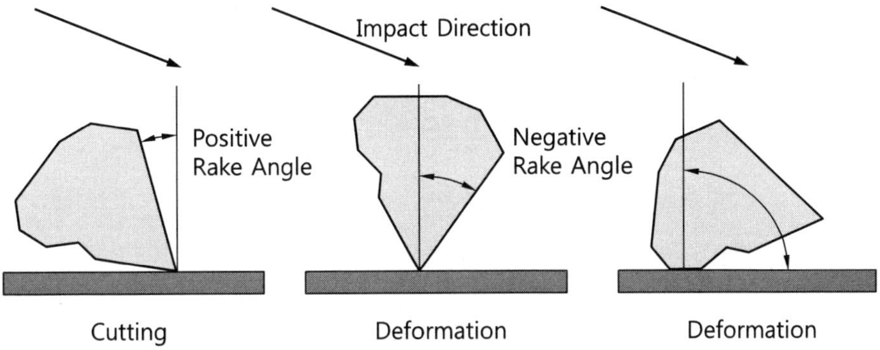

그림 8.25 각진 입자의 방향이 SPE에 미치는 영향

나타나 있는 것과 같이 각진 입자의 방향이 모재의 변형과 절단에 미치는 영향을 분석하였다. 그들은 입자의 경사각(rake angle)이 양(+)이거나 매우 작은 음(−)의 값을 가지는 경우에는 절단이 주요 SPE 메커니즘이며, 큰 음의 경사각을 가지는 경우에는 변형이 주요 SPE 메커니즘이라는 것을 밝혀냈다. 여기서 입자의 경사각이란 그림에 표시되어 있는 것처럼 충돌하는 입자의 선단 각도와 모재표면에 직각을 이루는 면 사이의 각을 의미한다. 따라서 각진 입자는 동일한 입자라도 경사각은 입자 형상과 입자가 모재와 충돌하는 지점에서의 입자 위치에 따라 달라진다. 이에 반해 둥근 입자는 큰 음의 경사각을 가지기 때문에 모재는 변형을 통해서 침식된다. 그러나 각진 입자는 양의 경사각뿐만 아니라 음의 경사각도 가지기 때문에 변형과 절단을 동시에 유발시킨다. 따라서 SPE 메커니즘은 입자 형상에 따라서 달라지며, 실제로 Brown *et al.*(1983)은 실험을 통해서 이런 사실을 확인하였다.

각진 입자와 둥근 입자의 영향을 비교하는 경우 각진 입자는 둥근 입자에 비해 훨씬 더 큰 침식률을 가질 뿐만 아니라 충돌각에 대한 영향도 달라지게 한다. Kleis(1969)는 저탄소강을 이용한 SPE 실험을 통해서 충돌입자가 점점 둥글어지면서 최대의 침식이 일어나는 충돌각이 20°에서 45°로 달라진다는 것을 확인하였다. 이런 사실은 후에 다른 연구자(Beckmann and Gotzmann, 1981)에 의해서 다시 확인되었다.

앞에서 살펴보았듯이 입자 형상은 침식에 큰 영향을 미친다. 그러나 모든 입자의 각진 정도를 측정하는 것은 매우 어렵다. 일반적으로 둥글기와 세장비가 입자의 각진 정도를 측정하는 데 가장 많이 이용되고 있다. 둥글기는 다음과 같이 정의한다(Thomas *et al.*, 1991).

$$R = \frac{P^2}{4\pi A} \tag{8.10}$$

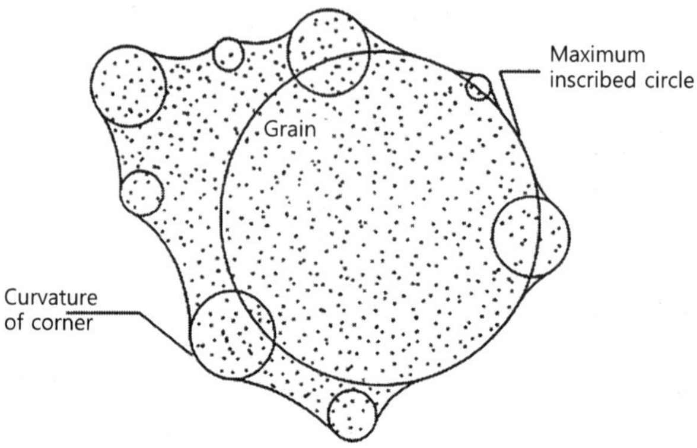

그림 8.26 각진 입자의 둥글기 측정

여기서 R은 입자의 둥글기, P는 입자의 둘레, A는 입자의 면적을 나타낸다. 따라서 가장 짧은 둘레를 가지는 원이 가장 작은 값의 둥글기를 가지며, 입자 형상이 불규칙해질수록 둘레가 길어지기 때문에 더 큰 값의 둥글기를 가진다.

다른 연구자들(Head and Harr, 1970; Jennings *et al.*, 1976)은 입자분석기를 사용하여 다른 형태로 둥글기를 분석하였다. 이들이 사용한 방법은 입자의 각진 정도를 정량화시키기 위하여 그림 8.26에 나타나 있는 것과 같이 입자 코너에서의 곡률반지름을 이용하였다. 이들은 입자 둥글기를 다음과 같이 정의하였다.

$$R = \frac{\sum c}{I_R N} \tag{8.11}$$

여기서 R은 입자 둥글기, c는 입자 코너에서의 곡률반지름, I_R은 최대 내접원의 반지름, N은 측정한 코너 수를 나타낸다.

입자 형상을 나타내는 값으로 세장비가 사용되기도 하며, 세장비는 다음과 같이 정의한다.

$$AR = \frac{W}{L} \tag{8.12}$$

여기서 AR은 세장비, W는 입자 폭, L은 입자 길이를 나타낸다. 따라서 길이가 긴 입자일수록 더 작은 세장비를 가진다.

침식률을 계산하는 수학적 모델인 식 (8.9)에는 입자 형상에 대한 항이 없다. 이는 입자 형상이 한 가지라는 의미이다. 그러나 모재에 충돌하는 입자 형상이 다양하게 존재한다면 입자 형상에 대한 항을 추가해야 한다. 그림 8.27에 석탄화력발전소에서 만들어진 회분 형상이 나타나 있다. 이 그림에서 볼 수 있듯이 회분은 각진 입자와 둥근 입자를 동

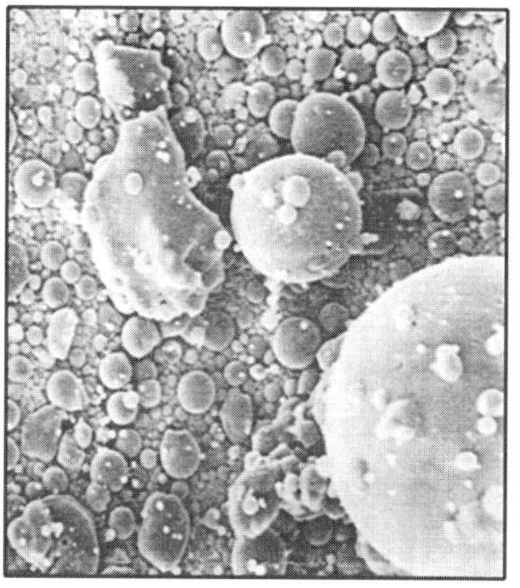

그림 8.27 회분 형상

시에 가지고 있다. 각진 입자는 대부분 석영입자이며, 둥근 입자는 세노스피어 및 프레로스피어이다. 이런 경우에는 입자 형상을 반영하거나 각진 입자와 둥근 입자에 대한 각각의 계산을 별도로 수행해서 그 결과를 합치면 된다.

8.5.5 입자 경도

입자 경도가 작으면 입자가 모재와 충돌할 때 입자가 파쇄되거나 충돌하는 부분이 부분적으로 손상될 수 있다. 그러나 입자 경도가 충분히 큰 경우에는 충돌하는 입자의 형상은 대개 변하지 않는다. 따라서 입자 경도에 따른 침식률은 그림 8.28에 나타나 있는 것처럼 입자 경도가 증가하면서 급격히 증가하다가 일정한 경도 이상에서는 입자 경도가 더욱 증가하더라도 변하지 않고 일정하게 유지된다. 이 밖에도 Levy and Chik (1983)은 80 m/s 속도에서 비커스 경도 115～3000 kg_f/mm^2를 가지는 다양한 입자를 이용하여 AISI 1020 탄소강에 대한 실험을 통하여 입자 경도가 약 700 kg_f/mm^2에 도달할 때 까지는 침식률이 증가하다가 그 이상에서는 입자 경도가 증가하더라도 침식률은 더 이상 증가하지 않고 일정하게 유지되는 것을 확인하였다.

그림 8.28에 나타나 있는 내용을 정리하면 다음과 같다.

1) 충돌하는 입자 경도가 모재 경도에 비해서 충분히 작아도 침식은 일어난다.
2) 충돌입자의 경도가 증가함에 따라 침식률은 지속적으로 증가한다. 그러나 입자 경

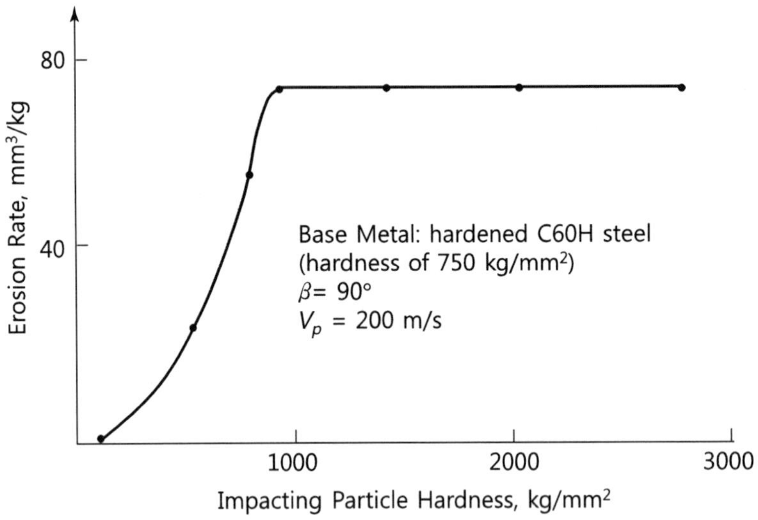

그림 8.28 입자 경도에 따른 침식률 변화 (from Raask, 1988)

도가 일정 수준 이상으로 커지면 침식률은 더 이상 증가하지 않고 일정하게 유지된다. 침식률 증가가 일어나지 않기 시작하는 경도를 임계경도라 한다.

3) 입자의 임계경도는 모재 경도에 의해서 영향을 받는다.
4) 입자 경도가 모재 경도보다 충분히 큰 경우에는 입자 경도는 더 이상 침식률에 영향을 미치지 못한다.

그러나 4)의 내용은 항상 옳은 것은 아니다. 일반적으로 입자 경도가 증가할수록 입자 형상은 더욱 날카로워진다. 따라서 경도가 증가함에 따라 입자 형상이 달라지는 경우에는 침식률이 증가할 수 있다.

충돌하는 입자가 동일한 종류일 때 입자 경도는 독립된 변수로 취급되지 않고 상수에 포함시킬 수 있다. 이 같은 이유로 식 (8.9)에 입자 경도에 대한 항은 제외되어 있다.

8.5.6 입자 농도

입자 농도란 단위시간당 모재의 단위면적에 충돌하는 입자 개수를 의미하며, 충돌빈도라고도 불린다. 침식률은 충돌하는 입자 개수에 직접적으로 비례하기 때문에 침식률은 입자 농도에 선형적으로 비례하여 증가한다. 그러나 일반적인 2상유동의 경우 입자 농도는 단위체적당 입자가 차지하고 있는 체적이나 질량을 의미한다. 따라서 SPE와 관련하여 입자 농도를 고려하는 경우 입자 농도에 대한 뚜렷한 구분이 필요하다.

입자 농도가 충분히 높은 경우에 침식률은 입자 농도가 증가함에 따라 선형적으로 증가하지 않으며, 오히려 감소할 수도 있다. 이는 입자 농도가 충분히 큰 경우에 모재에 충돌하기 위하여 진입하는 입자와 충돌 후 반사되어 나오는 입자들이 서로 충돌하여 입자의 충돌속도와 충돌각이 달라지기 때문이다. 그림 8.29에 튜브에 충돌하는 입자 궤적과

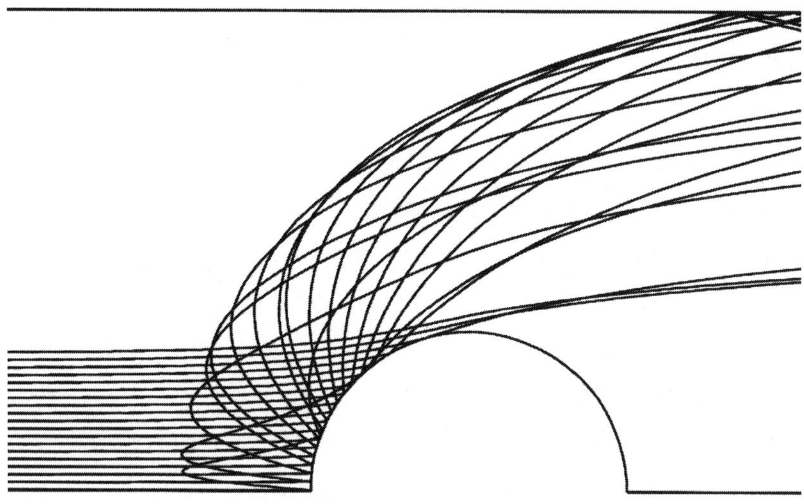

(a) 입자 궤적

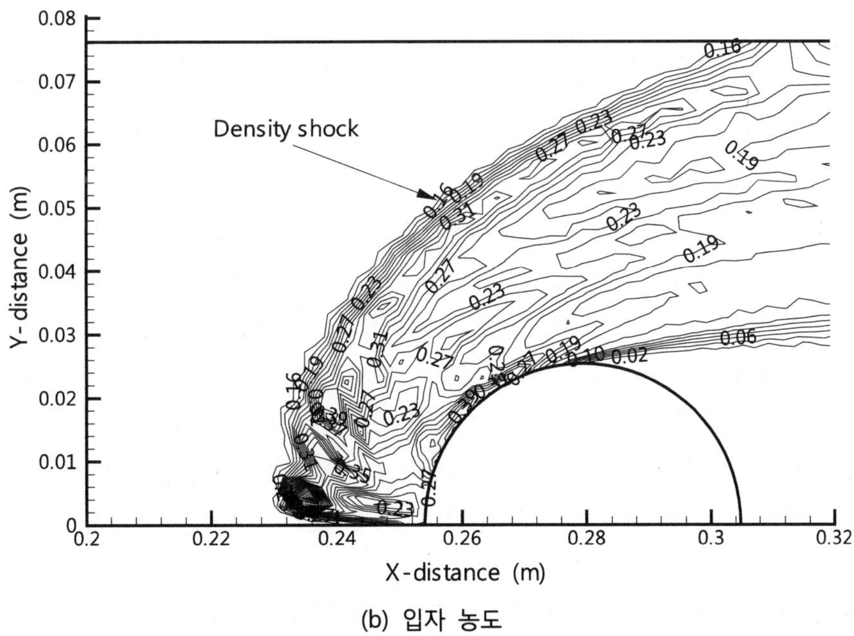

(b) 입자 농도

그림 8.29 튜브 주위 입자의 궤적 및 농도 (from Lee, 1997)

농도를 나타냈다. 이 그림으로부터 튜브의 정체점 근처에 충돌한 입자는 충돌 후 반사되어 정체점 앞부분에서 다시 방향이 바뀌면서 속도가 거의 0에 가깝게 된다. 따라서 그림에서 확인할 수 있듯이 이 부분에서의 입자 농도는 매우 높아진다. 또한 이 그림에서 입자 농도는 마치 고속의 기체유동에 의해서 형성되는 궁형충격파와 유사한 형상을 가진다. 이는 이 부분에 입자 농도가 급격히 증가하기 때문인데, 이렇게 입자 농도가 높은 지역으로 입사하는 입자들은 이 부분에서 반사되는 입자들과 충돌할 가능성이 높아진다. 따라서 입자 농도가 충분히 크면 침식률은 입자 농도에 선형적으로 비례하여 증가하지 않을 수도 있다.

입자 농도가 비교적 높은 석탄화력발전용 보일러의 회분에 의한 입자 농도는 대개 10~20 g/m^3이며(Raask, 1969), 입자 부하는 2% 미만이다(Bauver *et al.*, 1984). 입자 부하란 입자 농도와 같은 의미로 사용되며, 입자의 질량유량에 대한 기체의 질량유량 비로 정의된다. Shida and Fujikawa(1985)는 입자 농도가 20~120 g/m^3 범위에서는 입자 농도가 증가함에 따라 침식률은 선형적으로 증가한다는 것을 밝혔다. 입자 농도가 증기터빈 블레이드 침식에 미치는 영향을 연구한 공개된 자료를 찾기는 매우 어렵다. 그러나 일반적으로 증기터빈에서 쇳녹의 입자 농도는 석탄화력발전용 보일러의 회분 입자 농도에 비해 크게 작을 것으로 판단된다. 따라서 증기터빈 블레이드의 침식률은 입자 농도에 선형적으로 비례한다고 볼 수 있다.

8.5.7 모재 온도

침식률은 모재 온도에 의해서 영향을 받는다. 대부분의 재료는 고온에서 산화가 빠르게 진행되며, 모재 표면의 소성(plasticity)이 증가한다. 이런 현상은 모재 표면에 입자 충돌에 의한 침식을 막아주는 일종의 보호막 역할을 한다. 따라서 고온에서는 침식률이 낮아진다. 그러나 고온에서는 침식과 고온부식이 복합적으로 일어나서 침식률이 증가하기도 한다. 따라서 고온에서의 침식률 변화는 소재에 따라서 다르게 나타날 수 있다. 한편, Gat and Tabakoff(1978)는 고온실험을 통해서 모재 온도가 용융온도의 절반 아래에서는 소성변형과 가공경화가 일어나더라도 온도가 증가함에 따라 회복과정이나 풀림이 가속된다는 것을 확인하였다. 대부분의 소재는 그림 8.30에 나타나 있는 것처럼 온도가 증가함에 따라 일정온도까지는 침식률이 낮아지다가 그 후에는 비교적 급격하게 상승하는 경향을 가진다.

증기터빈의 경우 HP터빈 1단과 IP터빈 1단을 통과하는 증기 온도가 가장 높으며, 이곳에 설치되는 블레이드 소재 용융온도의 절반을 상회한다. 증기터빈의 경우 HP터빈

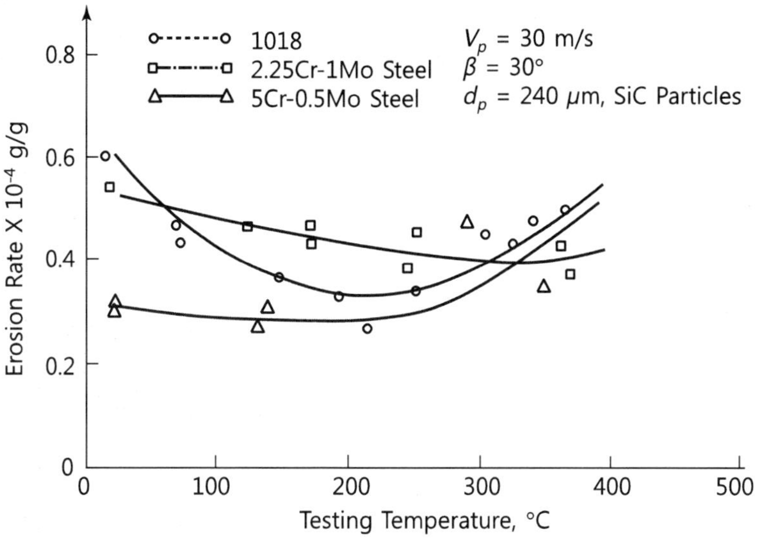

그림 8.30 모재 온도 변화에 따른 침식률 변화

1단과 IP터빈 1단 블레이드에서 가장 심한 SPE가 일어나는데, 그 주된 원인이 입자의 충돌속도에 의한 것임은 확인되었지만 온도에 의한 영향은 아직 공개된 자료를 통해서는 확인되지 않고 있다. 그러나 USC 발전은 주증기 온도가 더 낮은 아임계 발전보다 SPE에 의한 노즐과 버켓 보수/교체 비율이 1.5배 더 높게 나타나고 있다. 이렇게 노즐과 버켓 보수/교체 비율이 크게 증가한 원인으로는 주증기 온도가 증가함에 따른 보일러에서 더 많은 산화철 가루가 생성되기도 했지만 HP터빈과 IP터빈 1단 노즐과 버켓 온도가 상승했기 때문인 것으로도 판단된다.

8.5.8 모재 경도

모재의 기계적 특성은 경도, 열처리, 가공경화 등에 의해서 달라질 수 있다. Finnie(1972)는 순수재료의 경도는 침식 저항성과 비례한다는 것을 밝혔다. SPE가 일어나면 모재 표면 하부에 가공경화가 일어난다. 따라서 순수재료의 모재는 초기 경도보다 가공경화가 침식률에 더 많은 영향을 미치는 것으로 밝혀졌다. 그러나 열처리된 탄소강의 경우 모재의 경도와 침식률에는 특별한 관계가 없다는 것이 밝혀졌다. 그림 8.31에 다양한 소재에 대한 침식률이 나타나 있다.

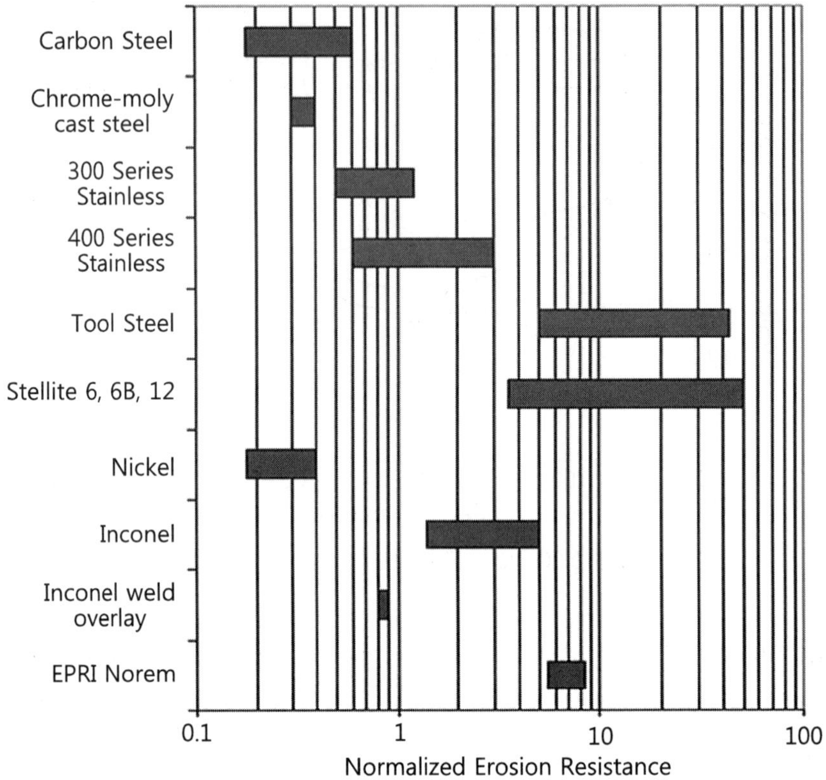

그림 8.31 모재 종류에 따른 침식률 비교 (from Horowitz, 2004)

8.6 증기터빈에서 발생하는 SPE

8.6.1 밸브 SPE

보일러 튜브에서 생성된 쇳녹은 HP터빈에 도달하기 전에 스톱밸브와 컨트롤밸브를 통과한다. 스톱밸브는 모든 부하영역에서 완전히 열려 있다. 그리고 컨트롤밸브는 부분부하 운전 때는 부분적으로 열려서 증기터빈으로 공급되는 증기유량을 조절하며, 전부하운전 때는 완전히 열린다. 일반적으로 스톱밸브 가운데 하나는 바이패스밸브라고도 불리는 파일럿밸브를 포함하고 있다. 파일럿밸브는 증기터빈 기동 시 초기 증기압력에서 열리도록 설계되어 있으며, 증기터빈 출력이 15~25%에 도달할 때까지 주증기를 우회시켜 IP터빈으로 공급한다. 앞서 언급했듯이 보일러 온도변화가 크게 나타나는 기동 초기에 튜브 표

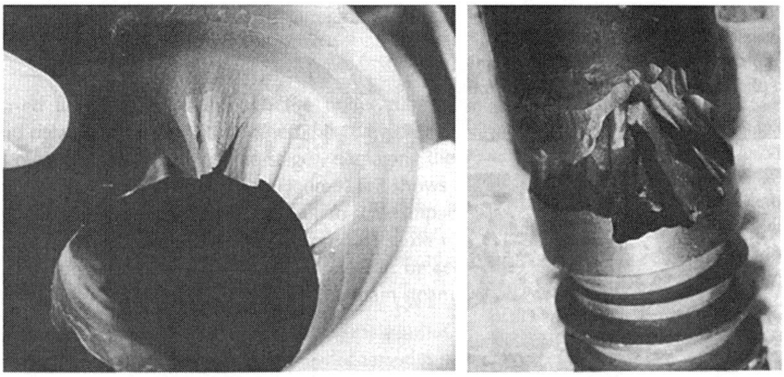

(a) 밸브시트 (b) 밸브스템

그림 8.32 파일럿밸브 침식 (from Sanders, 2001)

면에서 쇳녹이 집중적으로 떨어져 나와 증기터빈으로 유입된다. 따라서 파일럿밸브는 그림 8.32에 나타나 있는 것처럼 SPE에 의한 손상이 심각하게 발생한다.

그림 8.33에 Mazur *et al.*(2004)이 연구한 파일럿밸브 형상과 SPE에 의해 침식된 밸브시트가 나타나 있다. SPE 발생을 억제하기 위하여 고체입자를 제거할 수 없는 경우에는 SPE 변수를 조절하여 침식을 최소화시키는 것이 가장 좋은 방법이다. 이 연구에서는 그림 8.34에 나타나 있는 것처럼 밸브시트 형상을 개선하여 고체입자가 충돌하는 면적을 확장시키고 충돌각이 최대 침식이 일어나는 각도가 되지 않도록 조절하였다. 대부분의 SPE에 대한 연구는 이렇게 조절 가능한 SPE 변수를 찾아내어 SPE를 최소화시키는 것이 주류를 이룬다.

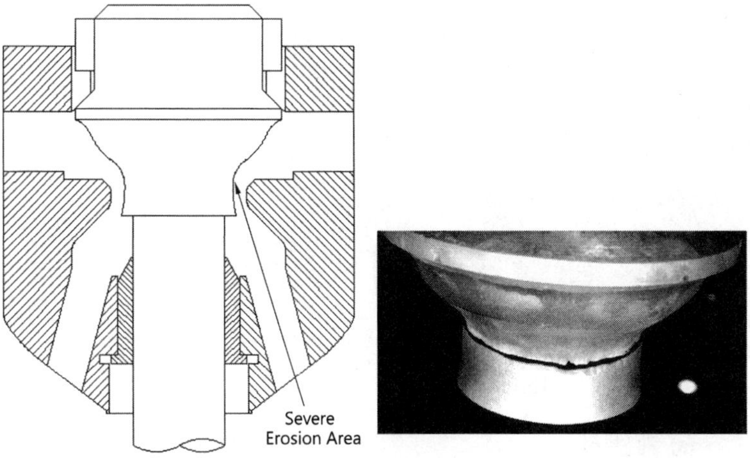

그림 8.33 파일럿밸브 및 침식된 밸브 형상 (from Mazur *et al.*, 2004)

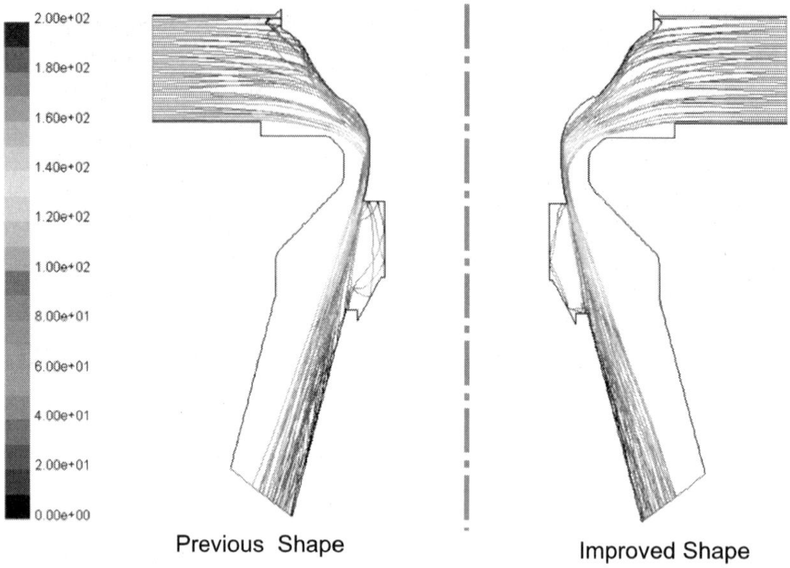

그림 8.34 파일럿밸브 형상 개선에 따른 고체입자 궤적 비교 (from Mazur *et al.*, 2004)

한편 도시바는 그림 8.35에 나타나 있는 것처럼 밸브 형상을 완전히 변경하여 밸브스템에서 발생하는 SPE를 방지하고 있다. 개선된 형상에서 밸브를 통과한 쇳녹은 밸브 중앙에서 순간적으로 정체되기 때문에 하류로 흘러가더라도 충돌속도가 크게 작아진다.

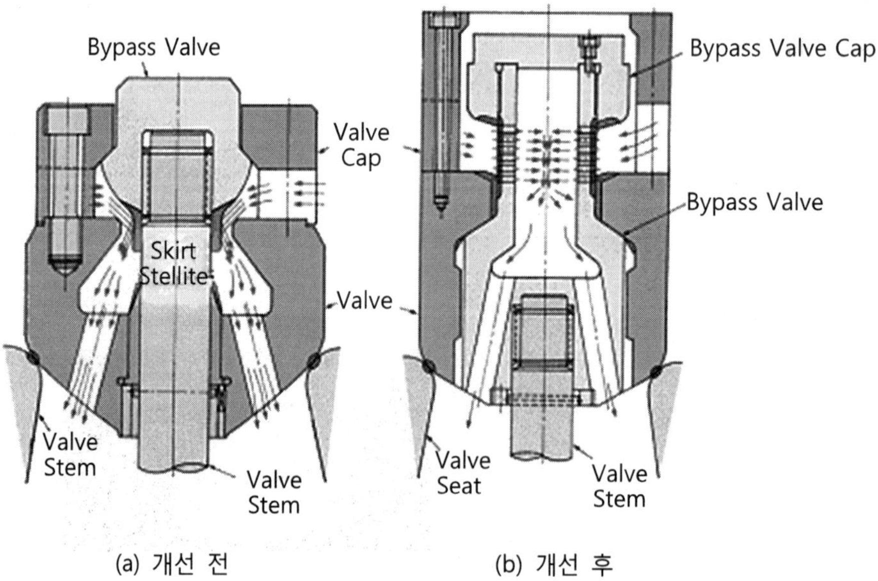

그림 8.35 SPE 저감형 파일럿밸브 (Toshiba)

8.6.2 블레이드 SPE

터빈 블레이드는 작동유체인 고온고압의 증기가 가지고 있는 열에너지를 기계적인 에너지로 변환시켜주는 핵심부품이다. 블레이드 형상은 최대의 효율로 에너지 변환이 이루어지도록 설계되어 있다. 따라서 블레이드 형상이 어떤 원인에 의해서 달라지면 증기터빈 성능이 크게 낮아진다. 블레이드 형상을 달라지게 하는 원인으로는 SPE, FOD, 파울링 등이 있다. 이 가운데 SPE는 HP터빈 1단과 IP터빈 1단 블레이드 형상을 변화시키는 주된 원인이다. 이 가운데 HP터빈 1단에서는 매우 큰 출력이 생산되기 때문에 SPE로 인한 출력손실이 발생하지 않도록 주의해야 한다. SPE에 의해서 블레이드 형상이 달라질 때 발생하는 문제를 증기터빈 효율 관점에서 정리하면 다음과 같다.

1) 블레이드 표면거칠기를 증가시켜 형상손실이 증가한다.
2) 노즐 뒷전에 침식이 발생하면 노즐 출구면적이 커지기 때문에 버켓으로 유입되는 증기의 운동에너지가 줄어든다.
3) 노즐 뒷전에 침식이 발생하면 노즐을 빠져나오는 증기 배출각도가 설계조건과 달라져서 버켓 효율이 낮아진다.
4) 노즐 뒷전에 침식이 발생하면 노즐 뒷전이 두꺼워지기 때문에 노즐 후류 강도가 증가하여 버켓 가진력이 커진다.
5) 버켓 앞전에 침식이 발생하면 버켓으로 유입되는 증기의 입사각이 설계조건과 달라져서 탈각손실이 발생한다.
6) 버켓 팁과 케이싱 사이에 설치되어 있는 실에 침식이 발생하면 실 면적이 증가하여 누설손실이 증가한다.
7) 증기터빈 블레이드에서 발생하는 SPE는 증기터빈 강제운전정지의 잠재적인 원인이 되며, 유지보수기간 연장, 유지보수비용 증가, 점검주기 단축 등 많은 문제를 발생시킨다.

증기터빈의 경우 짧게는 운전 개시 3년 만에 심각한 SPE가 발생하지만 어떤 경우에는 1년 만에도 심각한 SPE가 발생한다. SPE는 온도가 가장 높으면서 증기 속도가 가장 빠른 HP터빈 1단과 IP터빈 1단에서 주로 발생하며, 이들 각각의 노즐에서 발생하는 침식 형태는 그림 8.36에 나타나 있는 것처럼 서로 다르게 나타난다. 즉 HP터빈 1단 노즐은 노즐 뒷전 압력면, IP터빈 1단 노즐은 노즐 뒷전 흡입면에 침식이 발생한다.

HP터빈 1단 노즐 뒷전 압력면에 침식이 발생하는 이유는 그림 8.36(a)에 나타나 있는 것처럼 노즐통로를 지나는 입자가 노즐 뒷전 압력면에 집중적으로 충돌하기 때문이다.

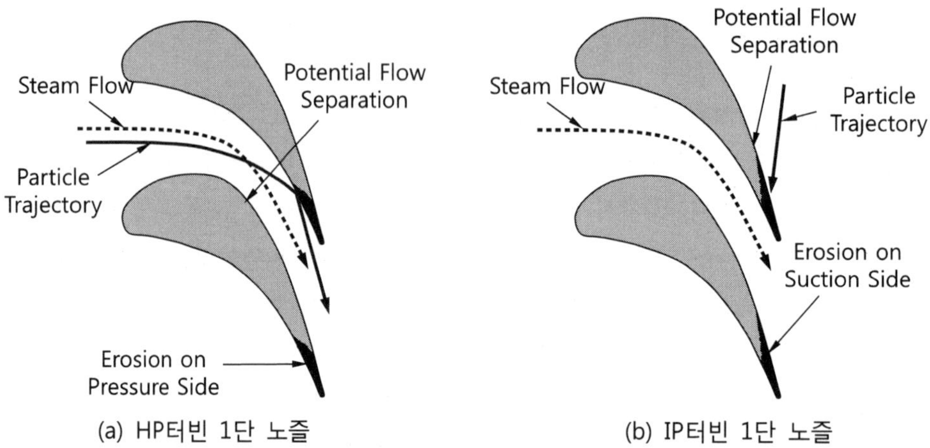

그림 8.36 SPE에 의한 노즐 뒷전 침식

노즐통로에서 증기가 급격하게 가속되면서 증기에 포함되어 있는 쇳녹 입자 또한 급격하게 가속되어 큰 관성력을 가지기 때문에 노즐통로 하류에서 증기 유선이 급격하게 변하면서 입자는 증기 유선으로부터 쉽게 이탈하여 노즐 뒷전 압력면에 충돌한다. 아울러 이때 입자 충돌속도는 SPE가 일어나기 시작하는 한계속도를 초과한다. 그림 8.37에 네 개의 컨트롤밸브를 가지면서 partial arc admission으로 운전되는 증기터빈의 부하에 따른 HP터빈 1단 노즐통로에서 증기와 입자의 속도를 비교하여 나타냈다. 이 그림으로부터 부분부하로 운전하는 경우 입자 속도가 한계속도를 초과하는 것을 확인할 수 있다. 이렇

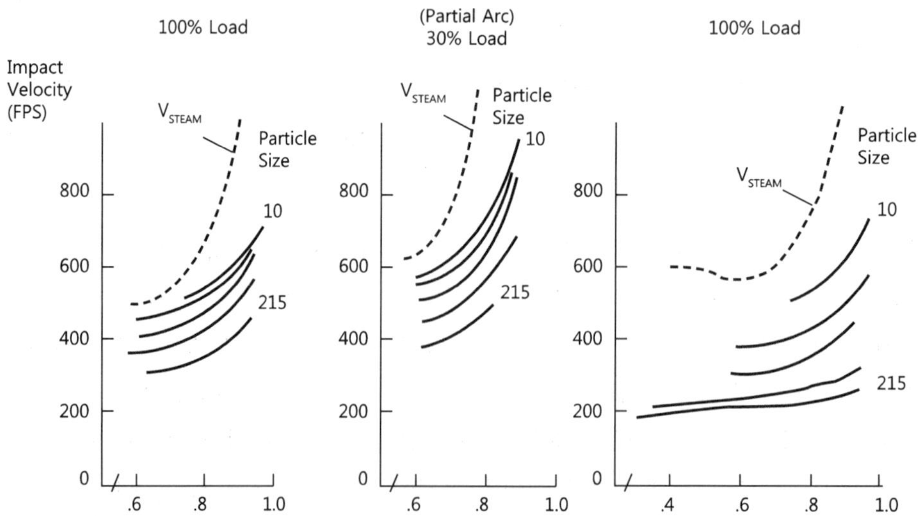

그림 8.37 HP터빈 1단 노즐통로에서 부하에 따른 증기와 입자 속도 (from Sumner *et al.*, 1985)

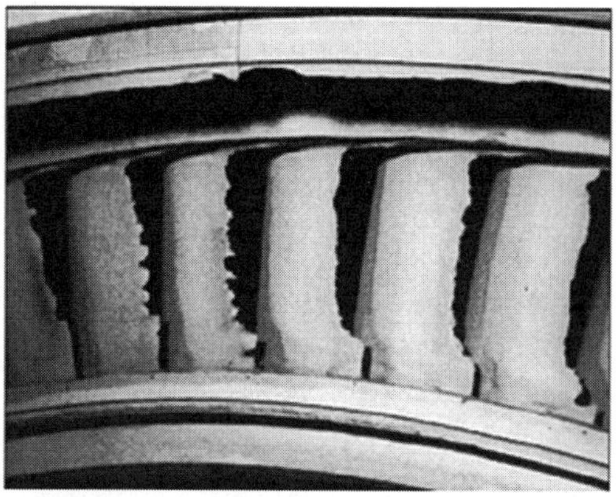

그림 8.38 IP터빈 1단 노즐 침식 형상 (from Sumner *et al.*, 1985)

게 입자 속도가 커지는 이유는 부분부하로 운전하는 경우 컨트롤밸브에서 압력비가 커지면 유동질식이 발생하여 증기 속도가 음속이 되기 때문이다. 결론적으로 partial arc admission으로 운전하는 경우 전부하로 운전하는 것이 SPE와 관련하여 훨씬 유리하며, 잦은 부하변동 운전은 HP터빈 1단 노즐에 심각한 SPE를 유발시킨다는 것을 알 수 있다. 부분부하운전에서는 full throttling 운전이 partial arc admission에 비해서 HP터빈 1단 노즐의 SPE 방지에 훨씬 유리하다.

IP터빈 1단 노즐통로에서 증기속도는 HP터빈 1단 노즐통로에서의 증기속도보다 느리며, SPE가 일어나기 시작하는 한계속도보다 작다. 따라서 IP터빈 1단의 노즐 뒷전 압력면에서 침식이 일어나지 않는다. 그러나 그림 8.36(b)와 8.38에 나타나 있는 것처럼 IP터빈 1단 노즐에서는 노즐 뒷전 흡입면에 침식이 발생한다. 이에 대한 이유는 그림 8.39에 나타나 있는 IP터빈 1단에서의 증기와 입자에 대한 속도삼각형을 통해서 확인할 수 있다. 입자는 크기가 증가할수록 증기에 의해서 가속되기 어렵다. 따라서 이 그림에 나타나 있는 것처럼 큰 입자의 속도는 작은 입자에 비해서 작으며, 증기속도에 비해서는 훨씬 작다. 따라서 큰 입자가 버켓으로 유입되는 상대속도는 Wa, 작은 입자의 상대속도는 Wb로 나타낼 수 있다.

상대적으로 작은 입자가 버켓통로에 유입되는 경우 그림 8.39에 나타나 있는 것처럼 입자는 버켓 앞전 흡입면에 충돌한 후에 증기의 유속으로 인하여 버켓 하류로 흘러간다. 그러나 큰 입자는 그림 8.40에 나타나 있는 것처럼 버켓 앞전 흡입면에 충돌한 후에 노즐 쪽으로 Wa_r의 속도로 반사되어 나온다. 그런데 버켓은 회전하고 있기 때문에 충돌한 입자는 Wa_r의 속도와 버켓 회전속도의 합으로 표시된 V_p의 속도로 노즐 뒷전 흡입면에 충돌한다. 입자의 충돌속도 V_p는 Wa에 비해서 훨씬 크며, 한계속도보다 크기 때문에 IP

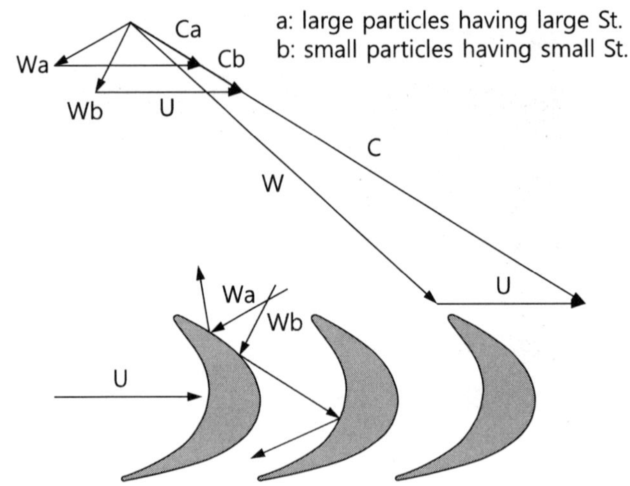

그림 8.39 IP터빈 1단에서 입자에 대한 속도삼각형

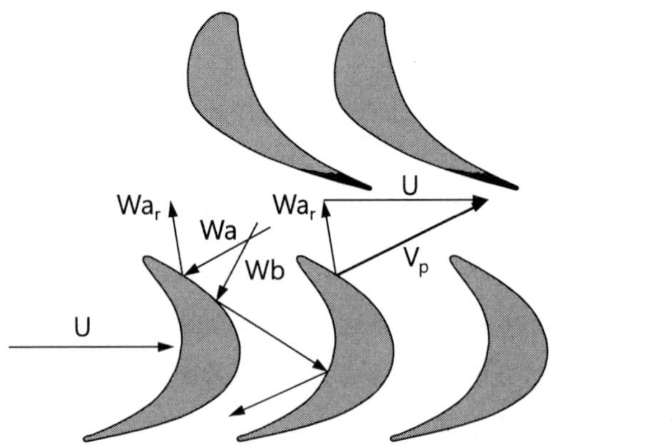

그림 8.40 IP터빈 1단 버켓에 충돌한 큰 입자의 충돌 후의 속도삼각형

터빈 1단 노즐 뒷전 흡입면에 침식이 발생한다.

노즐 뒷전 흡입면에 충돌한 큰 입자는 되튀어 나와서 증기의 유속으로 인하여 다시 버켓통로에 유입된다. 그런데 이 유입속도는 작은 편이라서 다시 버켓 앞전 흡입면에 충돌한 후 그림 8.41에 나타나 있는 것처럼 또 다시 노즐 뒷전 흡입면에 반복적으로 충돌한다. 그런데 노즐을 빠져나오는 증기유동에 의해서 입자에는 원심력이 작용하기 때문에 큰 입자의 궤적을 반지름방향으로 나타내면 그림 8.41과 같이 된다. 즉 큰 입자는 반복적으로 노즐과 버켓에 충돌하면서 버켓 팁 쪽으로 흘러가며, 최종적으로 실을 빠져나가면서 실과 테논에도 침식을 발생시킨다.

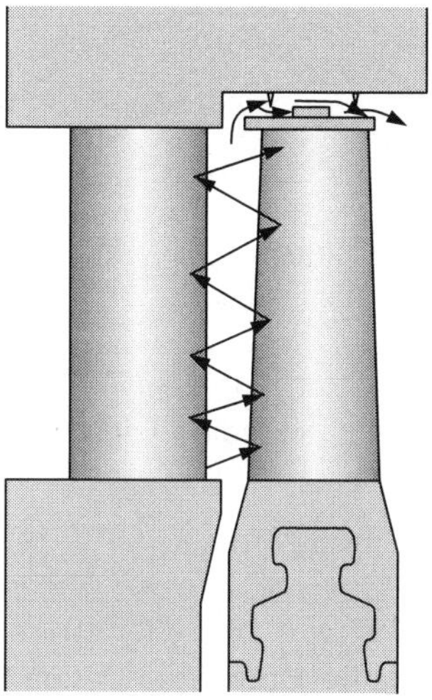

그림 8.41 IP터빈 1단에서 큰 입자의 반지름방향 궤적

그림 8.40에 나타나 있는 원리와 마찬가지로 노즐통로에서 가속된 고체입자는 버켓 앞전 흡입면과 뒷전 압력면에 충돌하여 그림 8.42에 나타나 있는 것처럼 침식을 발생시킨다. 노즐통로에서 가속된 비교적 큰 입자는 버켓 앞전 흡입면에 충돌하여 침식을 발생시킨다. 이에 반해 버켓통로에 유입된 고체입자는 급격하게 변하는 증기의 유선으로부터 이탈하여 버켓 뒷전 압력면에 충돌하여 침식을 발생시킨다. 버켓 앞전에 발생하는 침식은 버켓으로 유입되는 증기의 입사각을 변화시켜 탈각손실을 유발시킨다. 그림 8.43에 버켓 앞전 침식에 따른 버켓의 효율저하를 나타냈다. 이 그림으로부터 버켓 앞전에 심각한 침식이 일어나는 경우 약 10% 정도 효율이 저하되는 것을 확인할 수 있다.

버켓 뒷전 압력면에 발생하는 침식은 앞전 흡입면에 발생하는 침식에 비해 정도가 심하지 않으며, 증기의 유동각 변화에도 큰 영향을 미치지 않기 때문에 버켓 효율에 큰 영

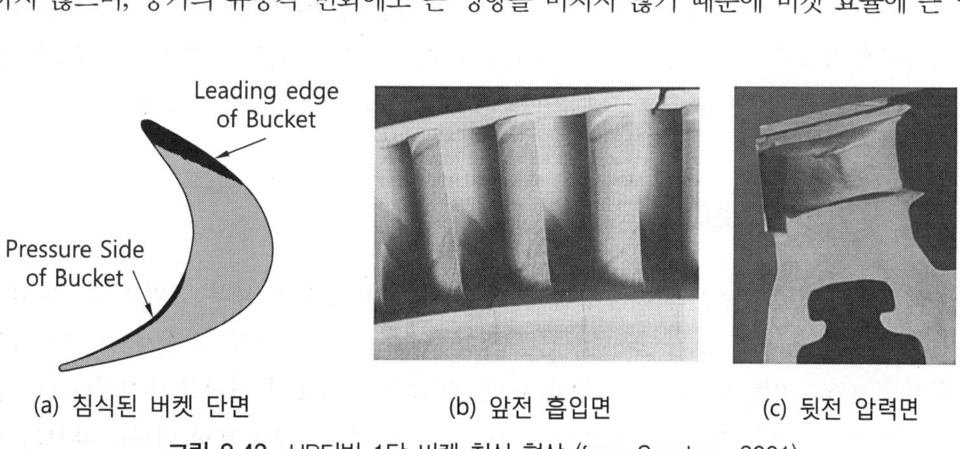

(a) 침식된 버켓 단면 (b) 앞전 흡입면 (c) 뒷전 압력면

그림 8.42 HP터빈 1단 버켓 침식 형상 (from Sanders, 2001)

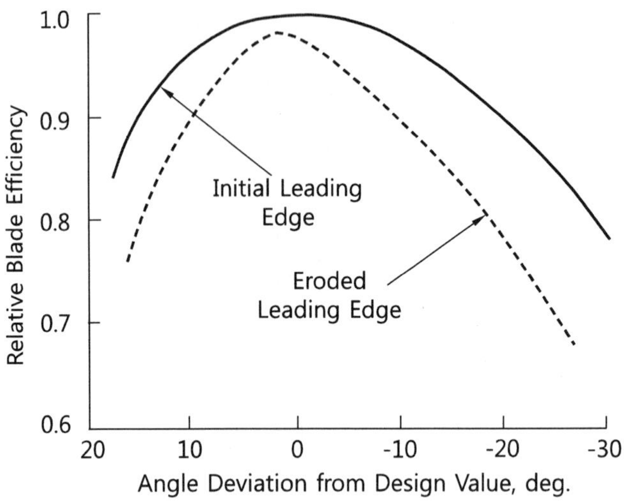

그림 8.43 HP터빈 1단 버켓의 침식에 따른 효율 변화 (from Cotton, 1993)

향을 미치지는 않는다. 그러나 이런 침식은 버켓 파손의 원인이 되기 때문에 매우 위험하다.

8.7 SPE 저감 방법

증기터빈에서 발생하는 SPE를 최소화시키기 위하여 사용하는 일차적인 방법은 보일러 튜브에서 쇳녹 생성을 차단시키는 것이다. 그러나 보일러 튜브에서 쇳녹이 생성되는 경우에는 증기터빈으로 유입되기 전에 쇳녹을 제거하는 방법이 사용된다. 그러나 쇳녹이 증기터빈에 유입되는 경우에는 SPE를 최소화시키기 위한 방법으로 블레이드 형상을 바꾸는 방법과 블레이드 표면을 코팅하여 내식성을 향상시키는 방법이 사용된다.

8.7.1 튜브 크로마이징

증기터빈에서 발생하는 SPE를 방지하기 위하여 보일러 튜브 내부 표면을 크로마이징 하는 방법이 사용되고 있다. 크로마이징은 철강 표면에 크롬을 침투·확산시켜서 Fe-Cr의 합금층을 형성시키는 방법이다. 크로마이징을 하면 표면 경도가 커지고 내식성이 향상된다. 또한 튜브 내부를 크로마이징 하면 쇳녹 발생을 막을 수 있을 뿐만 아니라 튜브의 열교환 특성을 향상시켜 보일러 효율이 향상된다. 보일러 튜브 내부 표면을 크로마이징 하는 데 소요되는 비용은 SPE가 심각하게 발생되는 경우 1년간 수리비용의 절반 정도인 것으로 알려져 있다. 실험결과와 실제 플랜트에서의 운전 실적에 의하면 보일러 튜브 내부 표면을 크로마이징 하면 영구적으로 SPE를 피할 수 있다.

이 밖에도 보일러 튜브를 화학적으로 세척하는 방법도 사용하고 있는데, 세척제는 침전물을 분석하여 결정한다. 이 방법은 부분적으로 고체입자의 농도를 줄여주기는 하지만 약 5년 간격으로 주기적으로 실시해야 한다는 단점을 가지고 있다.

8.7.2 입자 분리기 사용

증기에 부양되어 흘러가는 고체입자는 관성을 가지기 때문에 증기 유선이 급격히 변하는 경우 증기 유선으로부터 쉽게 이탈한다. 이런 고체입자의 성질을 이용하여 입자 분리기를 사용하면 고체입자가 증기터빈으로 유입되는 것을 방지할 수 있기 때문에 블레이드 침식을 줄일 수 있다. 그림 8.44에 스톱밸브에 부가적으로 설치된 입자 분리기가 나타나 있다. 이 그림에서 구조물의 형상 변화에 유연하게 적응하는 증기는 거의 직각으로 밸브 플레이트로 유입되는 데 반해서 고체입자는 관성과 원심력으로 인해서 밸브 플레이트로부터 점점 멀어지고 최종적으로 고체입자 수집관에 포집된다. 포집된 입자들은 증기터빈

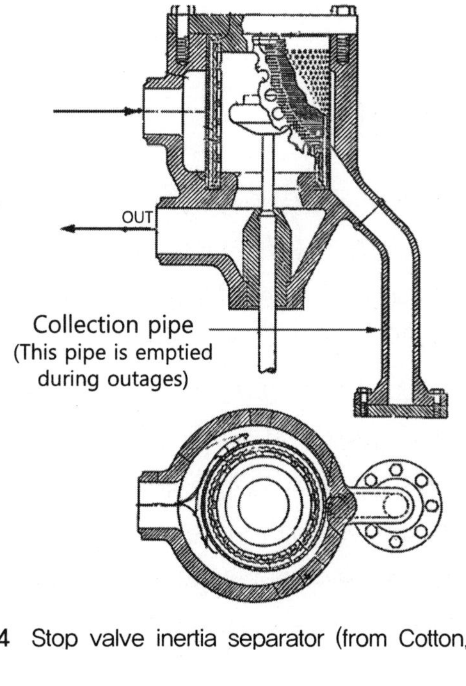

그림 8.44 Stop valve inertia separator (from Cotton, 1993)

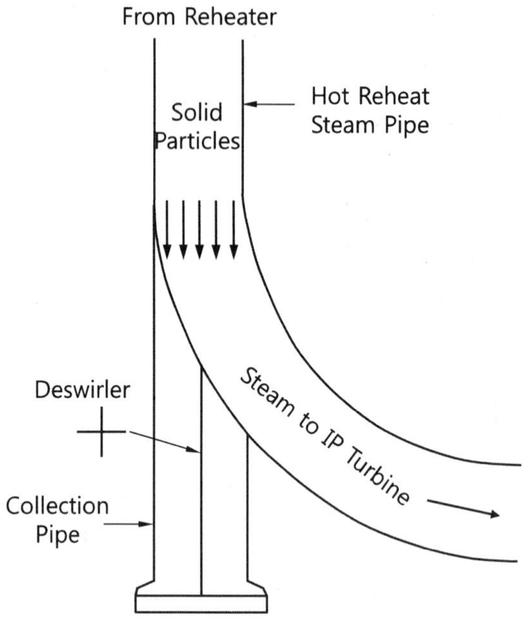

그림 8.45 Hot reheat pipe inertia separator (from Cotton, 1993)

운전정지 기간 동안에 제거한다.

그림 8.45에 재열기로부터 IP터빈으로 유입되는 온재열증기 파이프에 설치되어 있는 관성 분리기가 나타나 있다. 이 관성 분리기는 단순하게 증기의 유동방향을 직각으로 방향을 바꾸어 고체입자가 증기 유선으로부터 이탈하도록 유도해서 입자를 제거한다.

8.7.3 블레이드 설계변경

HP터빈 1단 노즐은 그림 8.46(a)에서 볼 수 있듯이 주로 압력면 뒷전에서 침식이 발생한다. 그런데 이 부분에서 입자의 충돌각 분포를 살펴보면, 그림 8.47에 나타나 있듯이 침식이 최대로 일어나는 15°와 30° 사이에 분포한다. 따라서 그림 8.46(b)에 나타나 있는 것처럼 노즐 형상을 개선하면 입자의 충돌각이 작아지며, 그림 8.47에서 확인할 수 있는 것처럼 침식률을 절반 정도로 낮출 수 있다. 물론 노즐 형상을 개선하지 않고 내식성 재료를 이용하여 코팅처리만 하더라도 침식률을 크게 낮출 수 있다. 그러나 노즐 형상 개선과 코팅처리를 병행하면 침식률을 더욱 크게 낮출 수 있다. 그림 8.48에 개선 전 노즐에 발생한 침식 형상과 노즐 형상 개선과 코팅처리를 한 개선 노즐에 발생한 침식 형상을 비교하여 나타냈다. 이 그림으로부터 설계개선이 이루어진 노즐은 개선 전 노즐에 비해서 2배의 사용기간이 경과했음에도 초기 형상을 그대로 유지하고 있는 것을 확인할 수

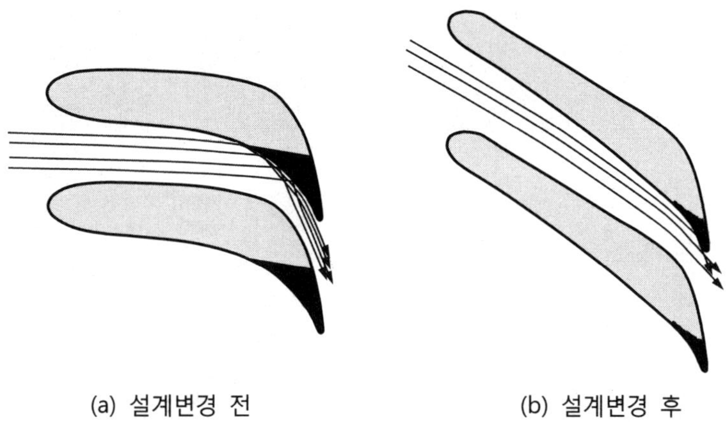

그림 8.46 HP터빈 1단 노즐 설계변경 형상 (GE)

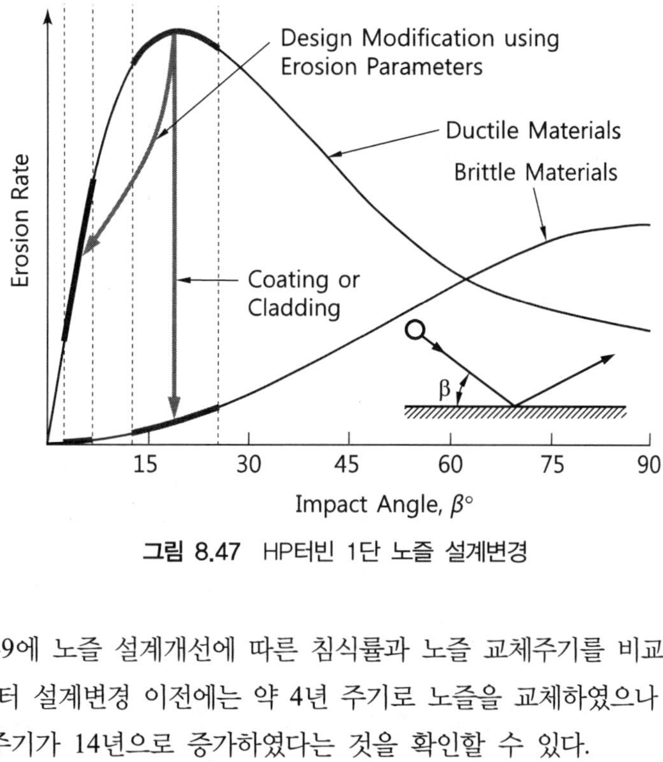

그림 8.47 HP터빈 1단 노즐 설계변경

있다. 그림 8.49에 노즐 설계개선에 따른 침식률과 노즐 교체주기를 비교하여 나타냈다. 이 그림으로부터 설계변경 이전에는 약 4년 주기로 노즐을 교체하였으나 설계개선 후에는 노즐 교체주기가 14년으로 증가하였다는 것을 확인할 수 있다.

IP터빈 1단 노즐 뒷전 흡입면에 발생하는 침식은 앞에서 살펴보았듯이 버켓 앞전 흡입면에 충돌하고 반사되어 나온 입자가 노즐 뒷전 흡입면에 충돌하기 때문에 발생한다. 그리고 그림 8.50(a)에 나타나 있는 것처럼 노즐 뒷전 흡입면에 충돌한 입자가 다시 주유동과 합류하여 반복적으로 버켓 앞전 흡입면에 충돌하기 때문에 심각한 침식이 발생한다. 이런 경우 그림 8.50(b)에 나타나 있는 것처럼 노즐과 버켓 사이의 축간거리를 길게 유지

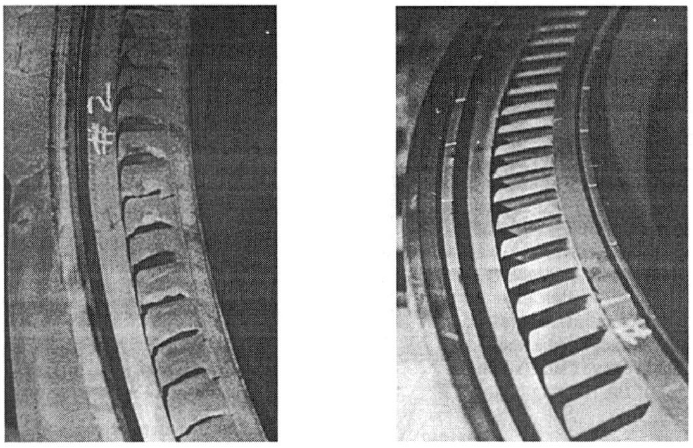

(a) 설계변경 전 (운전 18개월 후)　　(b) 설계변경 후 (운전 3년 후)

그림 8.48 HP터빈 1단 노즐 침식 형상 (from Cotton, 1993)

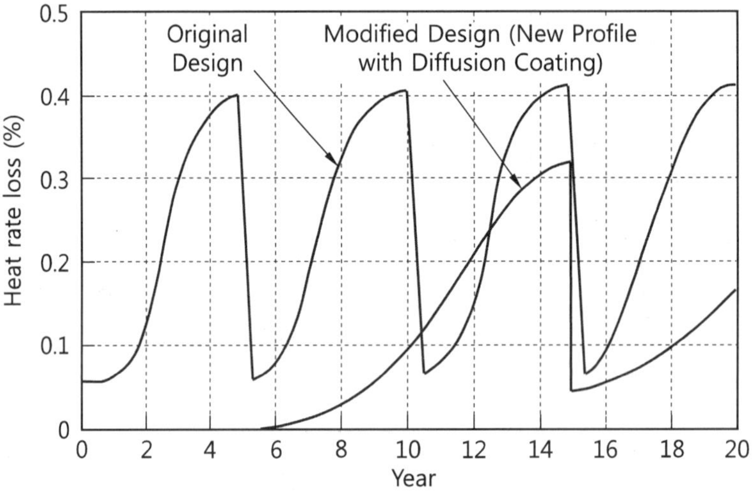

그림 8.49 HP터빈 1단 노즐 형상 변경 및 코팅에 따른 침식률 및 효율변화 비교 (from Cofer *et al.*, 1996)

시키면 버켓에 충돌하고 반사되어 나온 입자가 고속의 증기에 의하여 축방향으로 충분히 감속되기 때문에 노즐 뒷전에 충돌하지 않고 다시 버켓으로 유입된다. 이런 경우 반복적인 충돌이 일어나지 않기 때문에 노즐 뒷전 침식이 현저하게 줄어든다. 그림 8.51에 노즐과 버켓 사이 축간거리 증가를 통한 침식저감 및 침식저감이 효율저하에 미치는 영향을 비교하여 나타냈다. 이 그림을 통하여 노즐과 버켓 사이의 축간거리를 증가시키면 영구적으로 침식의 영향을 최소화시킬 수 있다는 것을 알 수 있다. 그러나 노즐과 버켓 사이

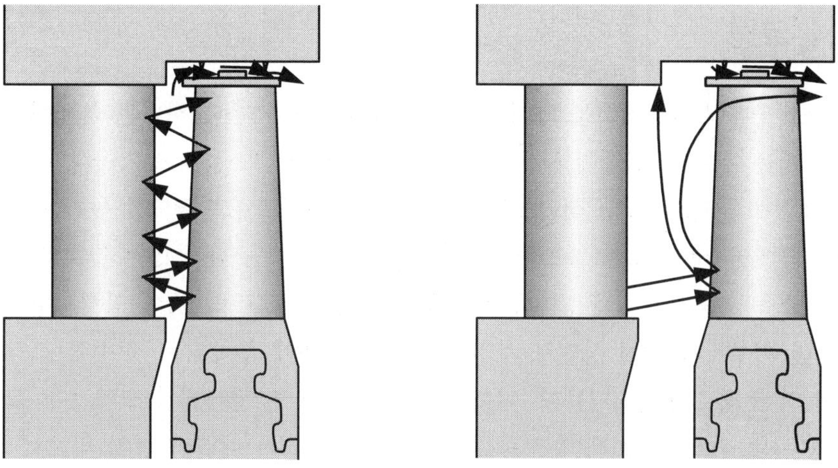

(a) 설계변경 전 (b) 설계변경 후(2X axial distance)

그림 8.50 IP터빈 1단 노즐 설계변경

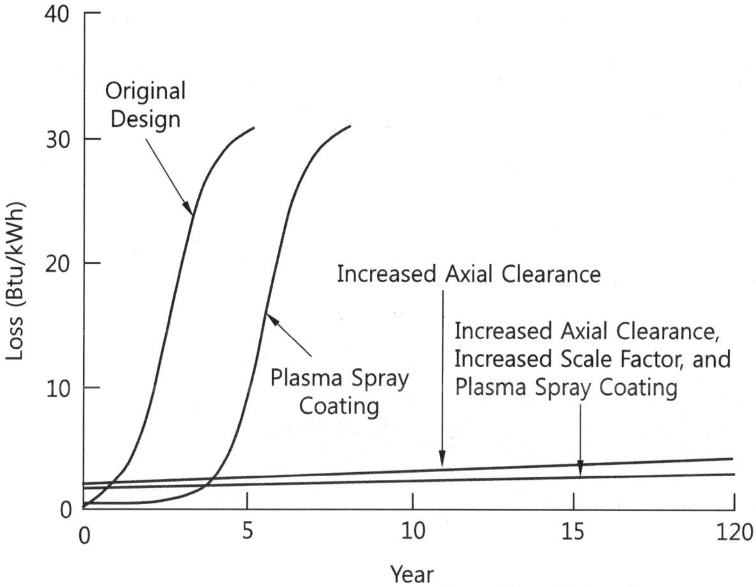

그림 8.51 노즐과 버켓 사이 축간거리 증가를 통한 침식저감 (from Sumner *et al.*, 1985)

축간거리가 증가하면 로터축 길이가 증가하여 제작비가 증가하며, 로터축 진동특성도 나빠지는 단점이 발생한다.

8.7.4 코팅

증기터빈 블레이드의 침식을 방지하는 효과적인 방법 가운데 하나는 블레이드의 표면 경도를 높이는 것이다. 블레이드 모재의 경도를 전체적으로 높이면 가공성에 문제가 발생하기 때문에 플라스마 스프레이 코팅을 통해서 블레이드 표면경도를 높이는 방법이 널리 사용되고 있다. 플라스마 스프레이 코팅은 그림 8.52에 나타나 있는 것처럼 고온의 플라스마 가스를 반응시켜 고온상태에서 고속으로 분사시키고 그 속에 융착시킬 파우더를 주입시키면 파우더가 액체 상태로 가열되어 모재 표면에 부착되는 것이다. 코팅층은 12 mils 정도의 두께로 형성시키는데, 이를 위해서는 여러 번 반복해서 코팅한다. 크롬 카바이드(Cr_2C_3) 플라스마 스프레이 코팅을 하는 경우 12크롬 계열의 강에 비해서 약 20배 정도 내식성이 향상된다.

확산코팅 방법도 블레이드 내식성을 향상시키는 방법으로 많이 사용되고 있다. 확산코팅이란 코팅하고자 하는 표면을 가스상태나 액체상태 금속에 노출시켜서 효과적으로 확산시키면 모재의 표면 조성이 변한다. 확산코팅 이후에는 표면의 기계적 특성을 회복시키기 위하여 열처리해준다. 확산코팅을 하면 12크롬 계열 강에 비해서 약 30배 정도 내식성이 향상된다. 확산코팅을 하는 경우 코팅층 두께는 약 2 mils로서 플라스마 스프레이 코팅층 두께에 비해 훨씬 얇다.

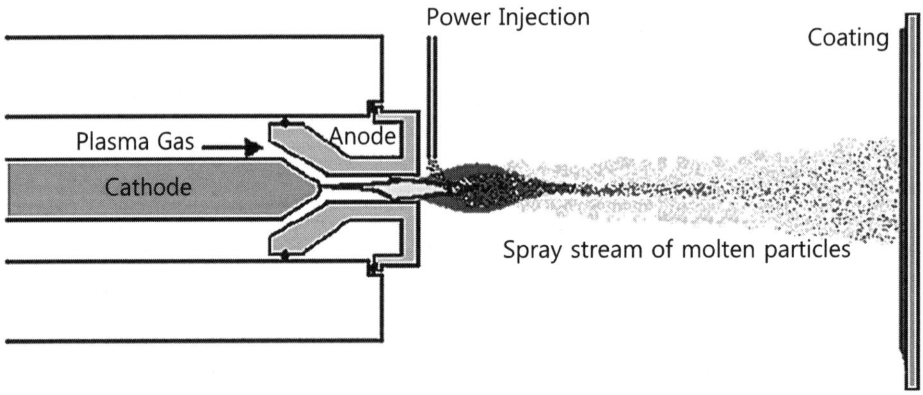

그림 8.52 Plasma spray coating

8.8 Foreign Object Damage

증기터빈 외부에서 증기통로 내부로 유입된 물체를 foreign objects라 하며, 이들이 증기터빈 구성품과 충돌하여 발생하는 손상을 FOD(Foreign Object Damage)라 한다. 외부 유입물질은 증기통로를 흘러가면서 노즐 및 버켓과 충돌하여 이들 표면에 심각한 손상을 유발시킨다. 특히 그림 8.53에 나타나 있는 것처럼 대형 외부유입물질은 버켓 하나를 열에서 이탈시킬 정도의 손상을 유발시킬 수도 있다. 이런 경우에 열에서 이탈한 버켓은 그 버켓이 떨어져 나온 열에 있는 다른 많은 버켓을 파손시키는 심각한 문제가 발생할 수도 있다. 특히 길이가 긴 버켓이 열에서 이탈하면 증기터빈이 동적평형을 잃어버려 진동이 위험한 수준에 도달하기 쉬우며, 이런 경우 강제로 설비 운전을 정지시켜야 한다. 그러나 작은 블레이드가 파손되는 경우에는 설비의 동적평형에 영향을 미치지 않기 때문에 버켓 파손이 발생했다는 신호가 감지되지 않는 경우도 있다. 이런 경우에는 유지보수를 위해서 설비를 분해할 때까지 버켓 파손이 감지되지 않는다.

증기통로 내부의 어떤 구성품에서 분리되어 떨어져 나와 증기통로를 흘러가는 물체를 domestic objects라 하며, 이들이 증기터빈 구성품과 충돌하여 발생하는 손상을 DOD(Domestic Object Damage)라 한다. 증기통로 내부에서 구성품 일부가 떨어져 나오는 경우에 노즐과 버켓의 손상이 발생하지 않는 경우도 있다. 예를 들면, 버켓 커버나 타이와이어가 파손되는 경우 그 파손된 조각들은 케이싱, 다이어프램, 증기 또는 물 배출구

그림 8.53 버켓에 발생한 FOD

그림 8.54 큰 물질에 의한 블레이드 FOD/DOD

에 박혀서 증기통로로 들어오지 않는다. 그러나 이런 현상이 흔하게 나타나지는 않는다. 또 다른 예로는 LSB 일부가 떨어져 나오는 경우에 이들은 곧바로 복수기로 들어가기 때문에 증기터빈에 손상을 입히지는 않는다. 그러나 LSB에서 큰 물질이 떨어져 나와 복수기로 들어가면 복수기 튜브와 충돌하여 튜브를 절단하거나 튜브에 심각한 손상을 입힌다. 이런 경우에 냉각수가 응축수와 혼합되어 증기터빈에 파울링이 발생하는 것을 포함하여 화학적으로 바람직하지 못한 영향을 미치게 된다.

증기통로 구성품에서 떨어져 나온 물질이 증기통로로 유입되면 블레이드와 충돌하여 그림 8.54에 나타나 있는 것처럼 충격피트를 만들고 심한 경우에는 블레이드 파단이 일어나기도 한다. 따라서 FOD와 DOD는 블레이드의 효율 및 내구성에 심각한 영향을 미친다. 특히 블레이드 뒷전에 FOD나 DOD가 발생하면 증기터빈 효율저하가 뚜렷하게 나타난다.

증기통로로 유입된 물질의 크기가 작은 경우에는 그림 8.55에 나타나 있는 것처럼 버켓 앞전 흡입면에 작은 흠집이 생성되어 표면거칠기가 증가한다. 이렇게 작은 흠집이 많이 발생하면 유동박리가 촉진되며, 와류가 발생하기 때문에 블레이드 효율이 현저하게 낮아진다.

버켓 앞전이 손상되면 받음각이 달라져서 버켓의 유입손실(incidence loss)이 증가한다. 블레이드 팁 근처에서 떨어져 나온 물질은 실을 손상시키기 때문에 누설손실을 증가시킨다.

보일러 튜브 내부에는 FOD 원인물질인 용접비드 및 용접 스패터(weld spatter)와 같은 고체 물질이 포함되어 있을 가능성이 많다. 따라서 용접비드와 같은 비교적 큰 입자들을 포집하기 위하여 스톱밸브 근처에 스크린을 설치하기도 한다. 그러나 매우 작은 입자

그림 8.55 작은 물질에 의한 블레이드 FOD/DOD

들은 스크린을 통과하여 증기통로로 유입된다. 이런 미세한 입자들은 미세한 스크린을 사용하여 제거한다. 그러나 이런 미세 스크린을 사용하면 추가적인 압력손실이 발생하기 때문에 일반적으로 운전개시 약 6~8주 동안만 사용한다.

유지보수를 수행하는 동안에 작업에 관련된 외부 물질이 설비 내부에 떨어져서 FOD 원인물질이 되는 경우도 있다. 일반적인 경우 볼트나 너트를 비롯하여 각종 공구 등이 대표적인데, 이런 물질들이 설비 내부로 떨어지지 않도록 작업에 신중을 기해야 한다.

Chapter 09

블레이드 습분침식

물방울이 물체 표면에 고속으로 충돌하면 충돌 표면에 매우 높은 압력이 발생하여 물체 표면이 손상되는데, 이를 **습분침식**(WDE; Water Droplet Erosion) 또는 물방울침식이라 한다. 물방울은 기체와 함께 흘러가기도 하며, 빗방울과 같이 자연 상태로 존재하기도 한다. 대개의 경우 습분침식은 침식이 일어나는 물체가 고속으로 이동하여 물방울과 충돌하여 발생한다. 그러나 밸브 및 복수기 상부 튜브에서 발생하는 습분침식은 정지해 있는 물체에 고속의 물방울이 충돌하여 습분침식이 발생한다. 증기터빈의 경우 회전속도가 가장 크면서 습증기 영역에서 운전되는 LSB 팁 부위에서 습분침식이 발생한다. 습분침식이 LSB 팁에서 발생하는 이유는 팁이 가장 큰 회전속도를 가지기 때문에 물방울과 가장 큰 속도로 충돌하기 때문이다. 습분침식은 고속으로 비행하는 비행기와 미사일 등에서도 많이 발생한다. 고속으로 비행하는 비행기와 미사일 등이 빗속을 비행할 때 빗방울과 충돌하여 습분침식이 발생하는데, 특히 비행기 전면 유리가 파손되면 조종사는 시야 확보가 어렵기 때문에 매우 위험한 상태에 빠지게 된다. 이런 이유로 인해서 항공기용 창문 소재에 대한 습분침식 연구가 많이 이루어졌다. 이 밖에도 헬리콥터 로터 블레이드 습분침식에 대한 연구도 많이 이루어졌다.

습분침식에 대한 연구는 크게 세 가지로 구분할 수 있다. 첫째는 습분침식을 계산하기 위한 수학적 모델의 개발이다. 여기에는 물방울 충돌이론, 습분침식 메커니즘, 습분침식에 영향을 미치는 변수 등에 대한 연구가 포함된다. 둘째는 습분침식이 발생한 상태에서 이차적으로 발생하는 문제들에 대한 연구이다. 여기에는 과다한 습분침식이 발생한 블레이드의 응력분포, 진동특성, 단효율에 미치는 영향 등에 대한 연구가 포함된다. 셋째는 습분침식으로부터 블레이드를 보호할 수 있는 방법의 개발이다. 여기에는 물방울 제거, 방식막(erosion shield) 부착, 블레이드 표면처리, LSB용 첨단소재 개발, LSB 설계개선 등에 대한 연구가 포함된다. 여기서는 첫째와 셋째에 대한 내용을 살펴보기로 한다.

9.1 물방울 충돌

9.1.1 물방울 충돌 이론

물방울이 고체 표면에 고속으로 충돌할 때 나타나는 물방울 유동은 매우 복잡하다. 물은 가장 대표적인 비압축성유체이다. 그러나 물방울이 물체 표면에 고속으로 충돌하면 그림 9.1에 묘사되어 있는 것처럼 충돌이 일어난 면 근처 일부 영역에서는 압축되어 압

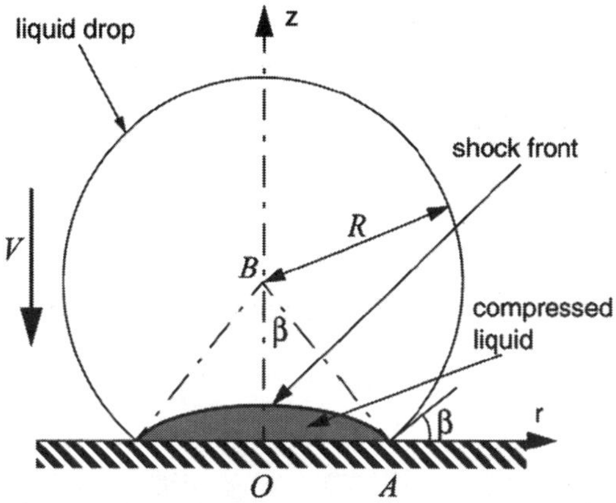

그림 9.1 물방울 충돌 (from Haller *et al.*, 2002)

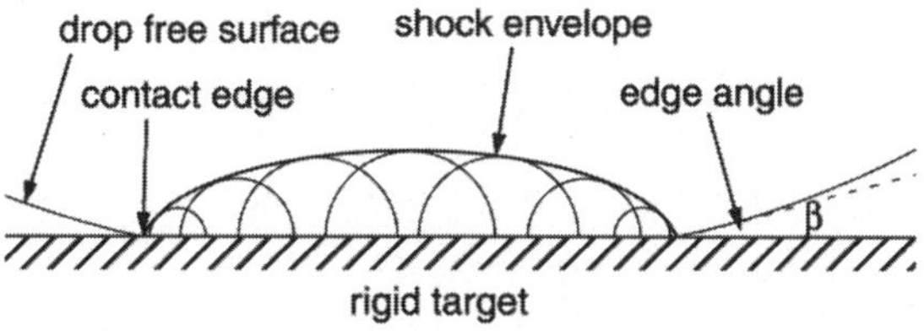

그림 9.2 물방울 충돌 시 충격파 거동 (from Haller *et al.*, 2002)

력과 밀도가 크게 증가하는 반면에 그 물방울의 나머지 부분은 충돌을 인지하지 못한 상태로 존재한다. 이렇게 두 영역을 뚜렷하게 구분하는 것이 그림에 나타나 있는 충격파 전면이다. 충격파 전면이란 그림 9.2에 나타나 있는 것처럼 충돌하는 물방울과 충돌이 일어나는 물체의 접촉점 가장자리에서 연속적으로 발생하는 충격파에 의해서 만들어지는 충격파 외피(shock envelope)를 말한다. 물방울이 물체 표면에 충돌하는 순간 충돌면과 접촉하고 있는 물방울 표면에는 높은 압력이 발생하며, 그 압력은 물방울 내부로 음속으로 전달된다. 그런데 충돌이 일어난 면에서 물방울 접촉면 가장자리 속도가 초음속이면 그림에 나타나 있는 것과 같은 형상의 충격파 전면이 형성된다. 따라서 충격파 전면 내부에 있는 영역은 압축되어 밀도가 높은 영역이며, 그 외부 영역에는 충돌하기 전의 물방울이 가지고 있던 압력이 작용하기 때문에 충돌 물방울 내부는 충격파 전면을 기준으로 두 영역으로 뚜렷하게 구분된다.

물방울 충돌 초기에 충격파 전면은 물방울 접촉면 가장자리에 붙어 있는 상태이다. 그러나 시간이 지나면서 그림 9.3에 묘사되어 있는 것처럼 충격파 전면이 접촉면 가장자리를 떠나서 물방울 자유표면에 걸치게 된다. 이렇게 충격파 전면이 물방울 접촉면

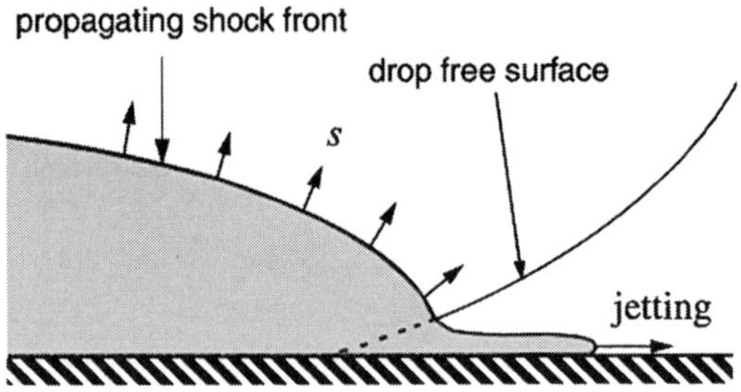

그림 9.3 제트 분출 (from Haller *et al.*, 2002)

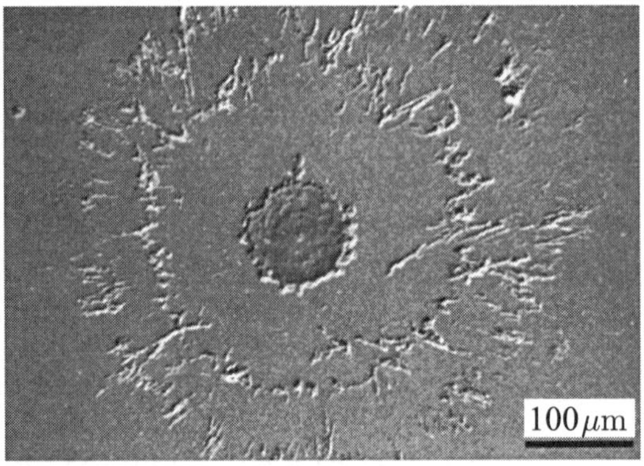

그림 9.4 충돌 후 튀긴 액체 니켈 물방울 (from Haller *et al.*, 2002)

가장자리를 가로질러 자유표면으로 이동하는 순간 접촉면 가장자리에서 제트분출이 일어난다. 이 때문에 물방울은 그림 9.4에 나타나 있는 것처럼 충돌 후에 방사형으로 퍼진다.

그림 9.5에 고속의 물방울 충돌을 CFD를 이용하여 해석한 결과가 나타나 있다. CFD 해석에 사용된 물방울 지름은 200 μm, 충돌속도는 500 m/s이다. 이 그림을 통해서 충돌이 일어난 후에 충돌면에 인접한 영역에 압력이 상승하여 밀도가 증가하는 영역이 생성되는 것을 확인할 수 있다. 아울러 충격파 전면이 접촉면 가장자리를 가로질러 물방울 자유표면에 걸쳐있는 것을 확인할 수 있다. 그러나 이 그림에서 제트분출은 비교적 느리게 진행되고 있는 것을 확인할 수 있다.

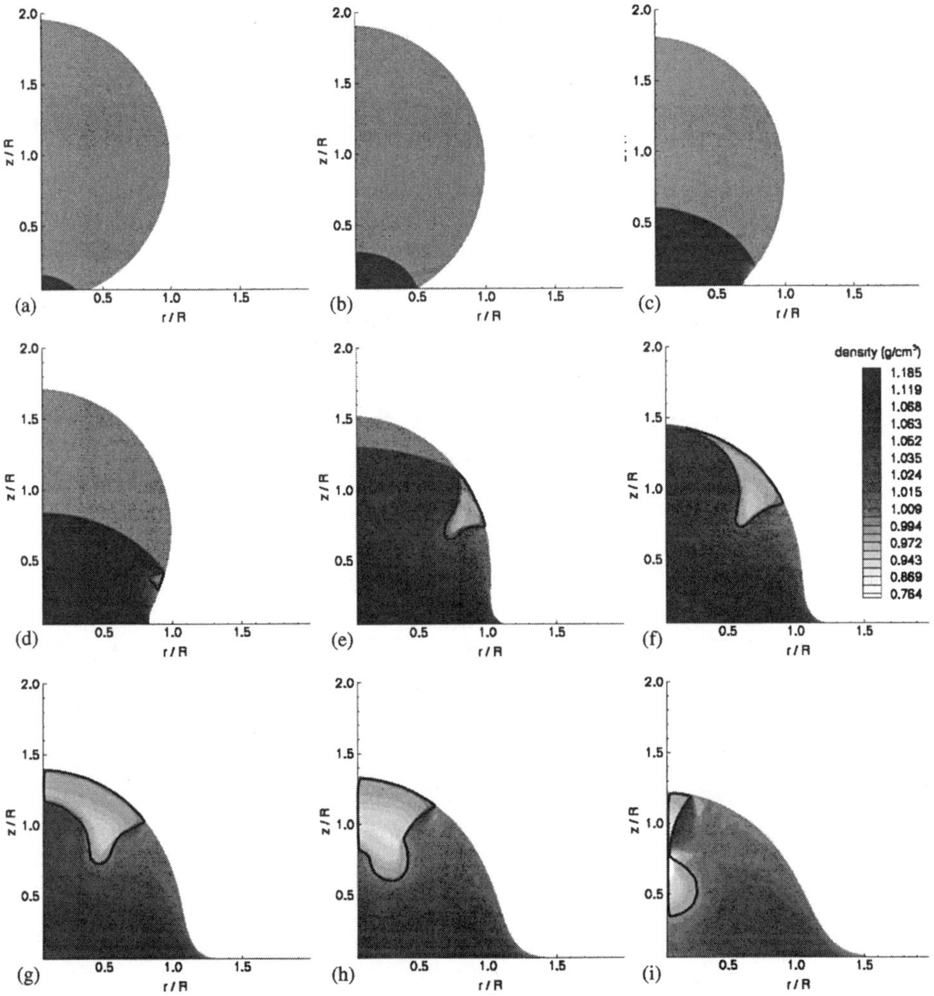

그림 9.5 충돌 물방울 형상 및 밀도 변화 (충돌속도=500 m/s, 물방울 크기=200 μm)
(a) 7.98, (b) 18.04, (c) 38.04, (d) 56.96, (e) 95.58, (f) 109.33, (g) 123.24, (h) 138.94, (i) 162.58 ns (from Haller *et al.*, 2002)

9.1.2 수격 압력

물방울이 충돌하면 충돌면에 인접해있는 물방울 내부가 부분적으로 압축되면서 충돌면에는 **수격압력**이 발생한다. 수격압력은 물방울 충돌 후에 나타나는 모재 손상에 대한 직접적인 원인으로 작용하며, 물방울 접촉면 가장자리 속도가 초음속을 유지하는 동안 지속적으로 작용한다. 물방울 충돌 후 충돌면에 작용하는 압력 크기는 다음과 같다.

$$P_c = \frac{V\rho_1 C_1 \rho_2 C_2}{\rho_1 C_1 + \rho_2 C_2} \tag{9.1}$$

여기서 V는 충돌속도, ρ는 밀도, C는 충격파 속도, 하첨자 1과 2는 각각 물방울과 충돌 물체를 나타낸다. 만약 물방울이 강체와 충돌한다면 식 (9.1)은 다음과 같이 된다.

$$P = \rho_1 C_1 V \tag{9.2}$$

이 압력을 일반적으로 수격압력이라 한다. 이 압력은 접촉면 가장자리에서 약간 더 커지며, 충격파 전면이 접촉면 가장자리를 가로질러 물방울 자유표면에 걸치는 순간 더욱 커져서 약 3배가 된다. 그러나 이 3배의 높은 압력은 순간적으로 나타났다가 사라지기 때문에 대개 무시된다. 한편, 고속으로 충돌하는 물방울에 발생하는 수격압력을 계산하기 위해서 필요한 충격파 속도는 다음 식을 이용하여 계산한다.

$$C_1 = C_0 + kV \tag{9.3}$$

여기서 C_0는 음속으로서 물의 경우 1647 m/s, k는 상수로서 1.921이며, V는 충돌속도이다.

그림 9.6에 200 μm 크기를 가지는 물방울이 500 m/s 속도로 충돌할 때 발생하는 수격압력 크기를 나타냈다. 이 그림으로부터 물방울이 충돌할 때 나타나는 수격압력은 대기압에 비해서 10,000배 이상 높다는 것을 알 수 있다.

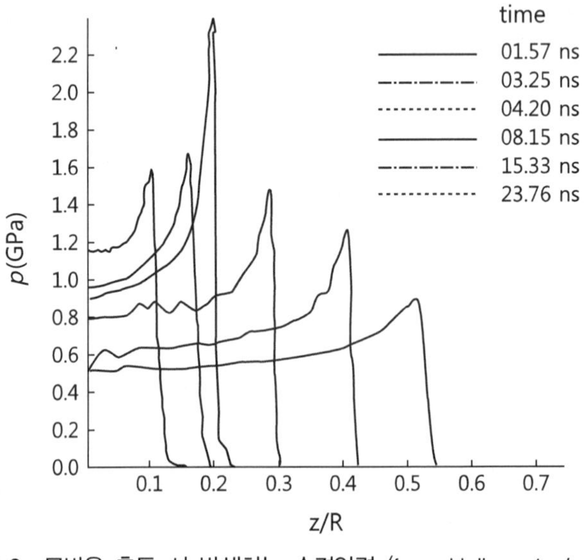

그림 9.6 물방울 충돌 시 발생하는 수격압력 (from Haller *et al.*, 2002)

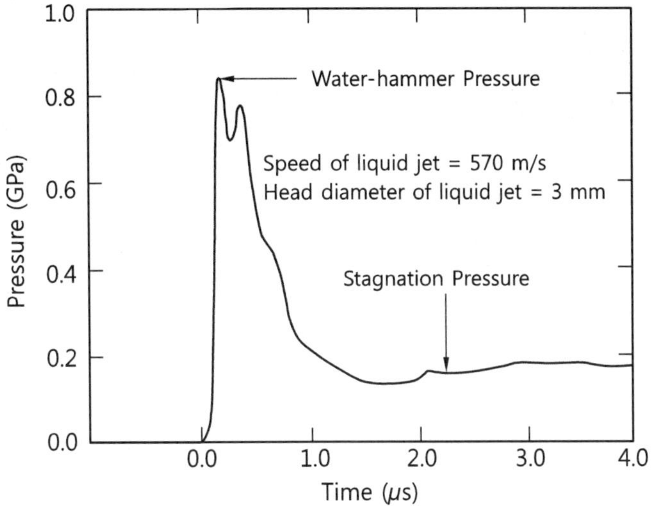

그림 9.7 워터제트 충돌 시 발생 압력 (from Shi *et al.*, 1995)

워터제트의 경우 충돌 초기에는 충격면에 수격압력이 발생하며, 충돌이 일어난 직후부터는 연속적으로 일어나는 충돌로 인해서 충돌면에 정체압력이 발생한다. 정체압력 크기는 그림 9.7에서 확인할 수 있듯이 수격압력에 비해 매우 작은 편이다. 한편, 워터제트의 경우 제트가 고속으로 충돌하는 것이기 때문에 제트와 충돌이 일어나는 물체 사이의 거리가 증가함에 따라 수격압력 크기가 작아진다(Shi *et al.*, 1995). 이는 워터제트의 이동거리가 증가함에 따라 공기저항으로 인하여 제트 선단의 형상이 달라질 뿐만 아니라 선단이 작은 물방울들로 쪼개지기 때문이다(Obara *et al.*, 1995). 일반적으로 제트 선단은 곡면형상을 가진다.

그림 9.8에 워터제트 충돌에 의하여 침식된 표면 형상이 나타나 있다. 이 그림으로부터 충격 표면 중앙 부위에 크레이터가 형성되어 있으며, 표면에 발생하는 미세 균열들이 원주방향을 따라서 배열되어 있는 것을 확인할 수 있다.

물방울이나 워터제트가 물체 표면에 충돌할 때 물체 표면에 수막이 형성되어 있으면 물체 표면에 발생하는 수격압력은 그림 9.9에 나타나 있는 것처럼 수막 두께가 증가할수록 작아진다. 이는 물체 표면에 있는 수막이 충돌하는 물방울의 운동에너지 일부를 흡수하기 때문이다. 증기터빈 블레이드는 고속으로 회전하기 때문에 블레이드 표면에 부착되어 있는 수막은 원심력으로 인하여 블레이드 팁 쪽으로 신속하게 떨어져 나가기 때문에 수막이 존재하더라도 그 두께는 매우 작다.

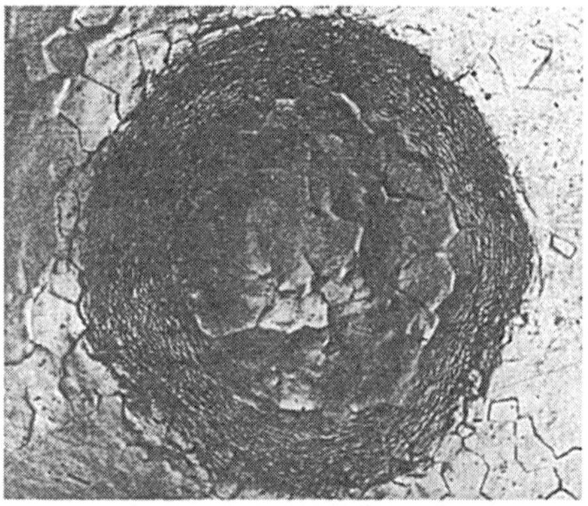

(a) Al, 충돌속도 = 750 m/s

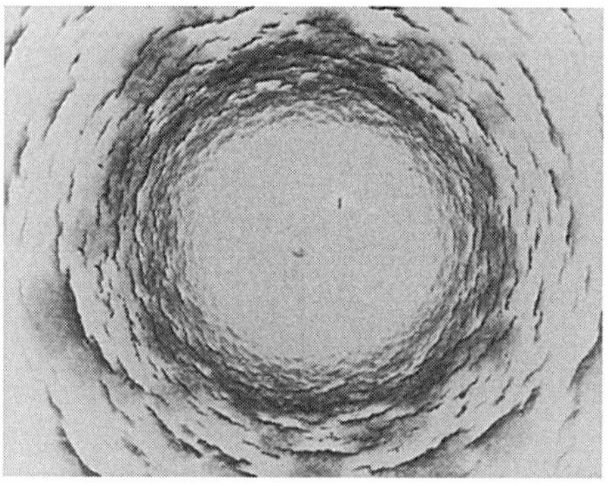

(b) Zinc sulfate, 충돌속도 = 300 m/s

그림 9.8 워터제트 충돌에 의하여 침식된 표면 형상 (from Preece and Macmillan, 1977; Field, 1999)

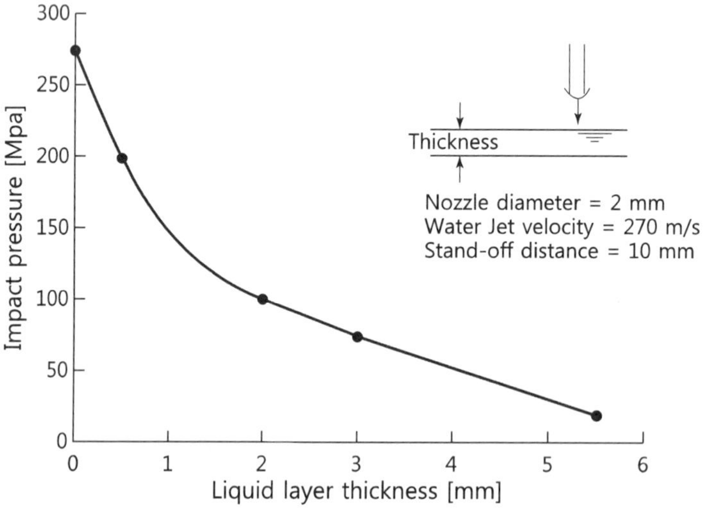

그림 9.9 수막 두께에 따른 수격압력 변화

9.2 습분침식 메커니즘

물방울 충돌에 의한 침식 메커니즘은 연성재료와 취성재료로 구분해서 살펴보아야 한다. 연성재료에 물방울이 충돌하면 초기에 약간의 소성변형이 발생하며, 이로 인해 충돌 초기에는 표면에 얕은 크레이터가 형성된다. 침식환경이 오랜 기간 지속되면 이런 얕은 크레이터들이 서로 겹쳐지면서 소성변형이 일어난 층이 떨어져 나간다. 그리고 물방울

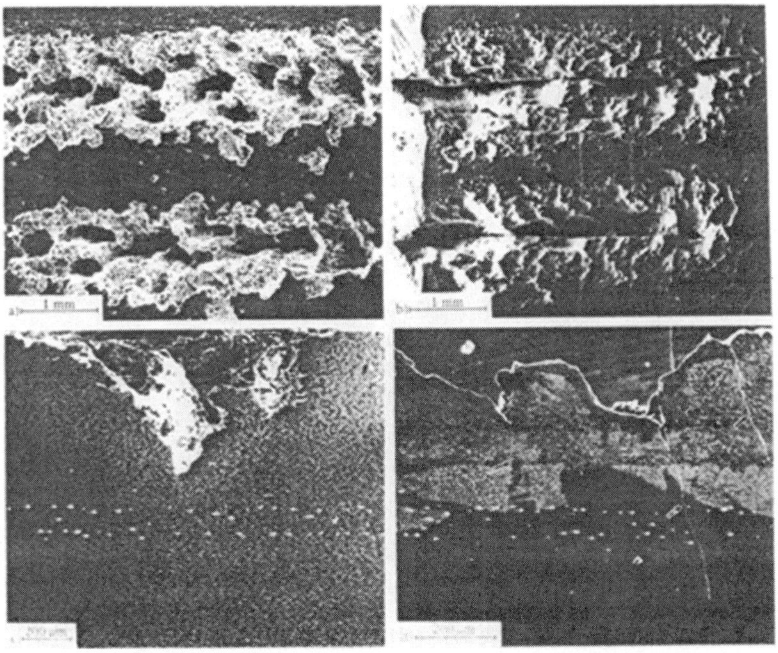

(a) 연성재료 (b) 취성재료

그림 9.10 습분침식 표면 형상 (from Gerdes *et al.*, 1995)

충돌이 지속되는 동안 가공경화가 발생하기 때문에 국부적으로 파단 가능성이 높아지며, 이로 인해서 얇은 판 형태의 칩이 떨어져 나간다. 그림 9.10(a)에 연성재료에 대한 침식 형상이 나타나 있다.

높은 경도를 가지는 취성재료는 소성변형 능력이 떨어지기 때문에 균열에 의하여 침식이 진행된다. 취성재료가 장기간 습분침식에 노출되면 충돌 표면 밑에 다수의 균열이 발생하며, 이들 균열이 서로 교차하면서 비교적 큰 조각 형태의 칩이 떨어져 나간다. 그러나 이렇게 큰 조각의 칩이 떨어져 나간다 하더라도 취성재료의 내식성은 연성재료에 비해서 훨씬 높은 편이다. 일반적으로 재료의 경도가 증가할수록 취성이 증가하며, 습분침식 저항성이 증가한다. 이런 이유로 인해서 습분침식이 발생하는 증기터빈 블레이드의 표면 경도를 높이기 위하여 화염 경화를 실시하거나 경도가 높은 스텔라이트로 제작한 방식막을 취부한다. 그림 9.10(b)에 취성재료에 대한 침식 형상이 나타나 있다. 그림 9.10(b)의 하부에 있는 그림은 침식이 발생한 부분의 절단면을 나타낸 사진이다. 이 그림으로부터 습분침식으로 인해서 균열이 발생하고 있는 것을 확인할 수 있다.

습분침식은 그림 9.11에 나타나 있는 것처럼 침식률을 기준으로 분류할 수 있다. 습분침식 환경에 놓이게 되면 초기에는 일정한 기간 동안 습분침식이 발생하지 않는다. 이를

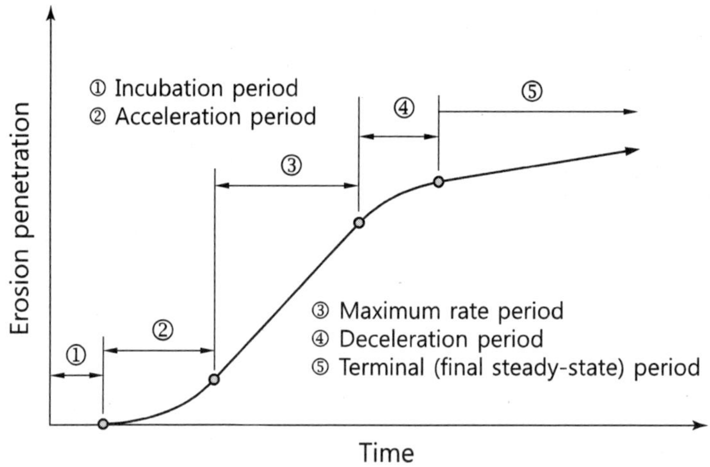

그림 9.11 습분침식 단계별 분류

잠복기라 한다. 그러나 습분침식 조건이 가혹해서 물방울 하나에도 침식이 발생하는 경우 잠복기는 나타나지 않는다. 잠복기가 지나면 침식률이 급격하게 증가하는 가속기에 접어든다. 그리고 가속기 이후에 최대의 침식률이 나타난다. 그러나 일반적인 습분침식 실험결과에 의하면 이 기간은 비교적 짧게 나타난다. 그리고 이후 감속기에 접어들었다가 최종적으로 침식률이 일정하게 유지되는 정상상태가 지속된다. 이렇게 최종적으로 정상상태의 침식률이 나타나는 이유는 충돌하는 표면 하부에 가공경화가 완료되어 침식이 일정한 형태로 진행되기 때문이다. 그러나 일부 실험결과에 의하면 침식률이 계속해서 작아지는 경우도 있으며, 일부 취성재료의 경우 침식률이 다시 한 번 더 증가하는 경우도 있다.

9.3 블레이드 습분침식

LSB의 습분침식은 노즐 뒷전에서 떨어져 나온 물방울들이 고속으로 회전하는 LSB 앞전 흡입면에 충돌하여 발생한다. LSB에 습분침식이 발생하면 출력 및 효율저하, 유지보수비용 증가, 이용도 저하 등과 같은 심각한 문제들이 발생한다. 습분침식은 습분과 블레이드 회전속도가 증가할수록 동반하여 증가하며, 복수기 설계압력이 낮아질수록 증가한다. 습분침식으로부터 LSB를 보호하기 위해서는 물방울 충돌이 집중적으로 일어나는 LSB 팁 근처의 앞전 흡입면의 경도를 높이거나 경도가 높은 소재로 LSB를 제작해야 한다.

습분침식 발생 과정이 그림 9.12에 나타나 있다. 증기통로를 통과하는 증기가 포화증기선 아래에 위치하면 증기의 일부분이 응축되어 물방울이 생성된다. 이 물방울들은 생성 초기에 1 μm 이하의 지름을 가지기 때문에 안개처럼 존재한다. 그러나 이런 물방울들이 격렬한 난류유동에 의해서 서로 부딪치면서 합쳐져서 더욱 큰 물방울로 성장한다. 이렇게 성장한 물방울들은 노즐에서 가속되면서 급격히 변하는 증기 유선으로부터 이탈하여 노즐 벽면에 충돌하여 그 표면에 수막을 형성시킨다. 이렇게 형성된 수막은 증기흐름에 의한 전단력으로 인하여 노즐 뒷전으로 이동하며, 최종적으로는 노즐 뒷전으로부터 떨어져 나와 증기유동과 합류한다. 노즐 뒷전에서 떨어져 나오는 물방울 초기속도는 0이며, 증기 속도는 매우 크기 때문에 물방울과 증기 사이에 발생하는 미끄럼 속도가 매우 크다. 이렇게 큰 미끄럼 속도로 인해서 물방울 표면에는 큰 전단력이 작용하기 때문에 물방울이 잘게 부수어진다. 이런 현상을 물방울 분열 또는 무화라 한다. 이렇게 분열된 물방울의 크기는 지름이 약 30 μm 정도로서 블레이드와 충돌하여 블레이드 표면에 큰 수격압력을 발생시켜 습분침식을 유발시킨다.

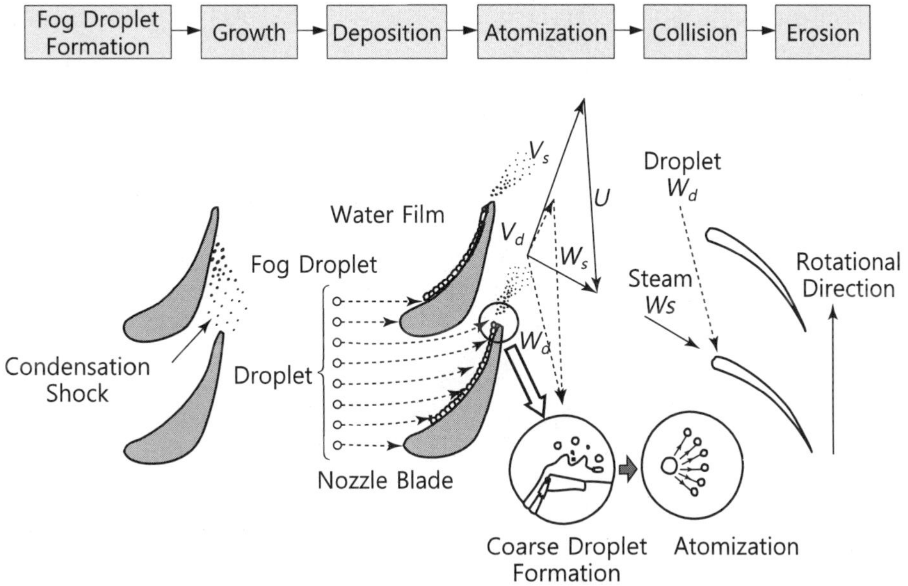

그림 9.12 블레이드 습분침식 발생 과정 (from Yasugahira *et al.*, 1988)

9.3.1 물방울 속도삼각형

LSB 습분침식은 주로 팁 앞전 흡입면에 발생한다. 습분침식이 LSB 팁에 발생하는 이유는 팁이 가장 큰 회전속도를 가져 물방울과 가장 큰 속도로 충돌하기 때문이다. 그리고 습분침식이 흡입면에 발생하는 이유는 그림 9.13에 나타나 있는 물방울에 대한 속도삼각형을 통해서 이해할 수 있다. 노즐 뒷전에서 떨어져 나온 물방울은 초기 속도가 0이며, 증기에 의해서 가속되면서 분열된다. 따라서 물방울의 절대속도(Cd)는 증기의 절대속도(Cs)보다 훨씬 작다. 그런데 LSB 팁의 큰 회전속도 때문에 LSB와 충돌하는 물방울의 상대속도(Wd)는 LSB로 유입되는 증기의 상대속도(Ws)보다 더 커진다. 그리고 물방울은 로터 축과 거의 직각을 이루어 LSB로 유입된다. 따라서 물방울 충돌은 이웃한 LSB의 간섭으로 인하여 앞전 흡입면에서만 발생한다. 아울러 물방울은 LSB 표면과 거의 직각으로 충돌하기 때문에 높은 수격압력이 발생한다.

원자력발전용 증기터빈의 LSB 이전에 있는 일부 단에 설치되어 있는 버켓은 그림 9.14에 나타나 있는 것과 같이 습분제거용 그루브를 가지고 있다. 이는 증기통로 내부에서 습분을 미리 제거하여 습분손실을 줄이는 동시에 LSB에서 발생하는 습분침식을 줄여주기 위함이다. 그림 9.13에 나타나 있는 것처럼 물방울은 버켓 앞전 흡입면에 집중적으로 충돌하기 때문에 이곳에 습분제거용 그루브를 설치하면 물방울을 효과적으로 제거할 수 있다.

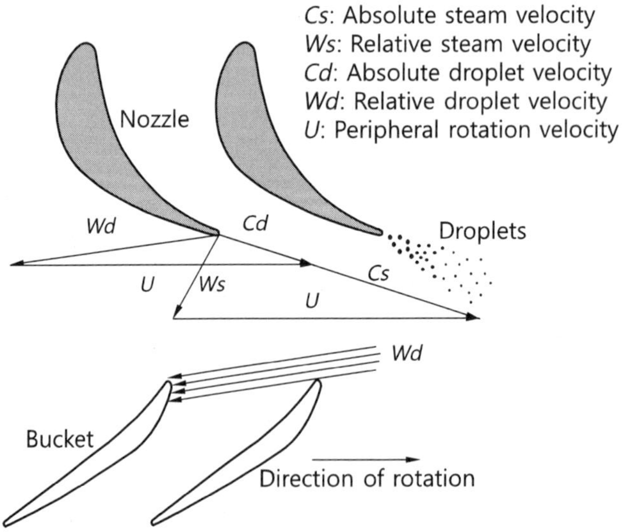

그림 9.13 물방울 속도삼각형

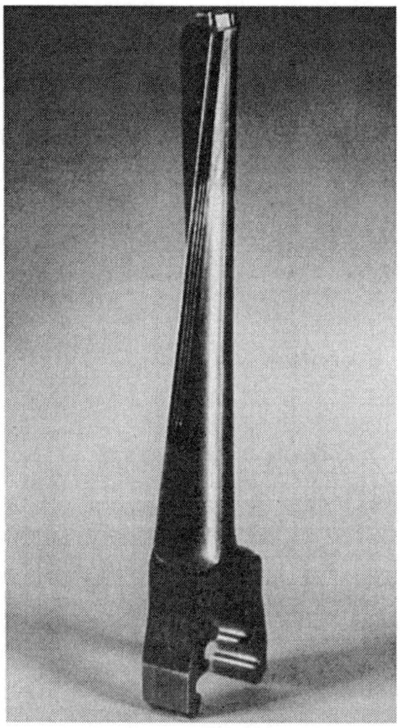

그림 9.14 습분제거 그루브가 설치된 버켓 (GE)

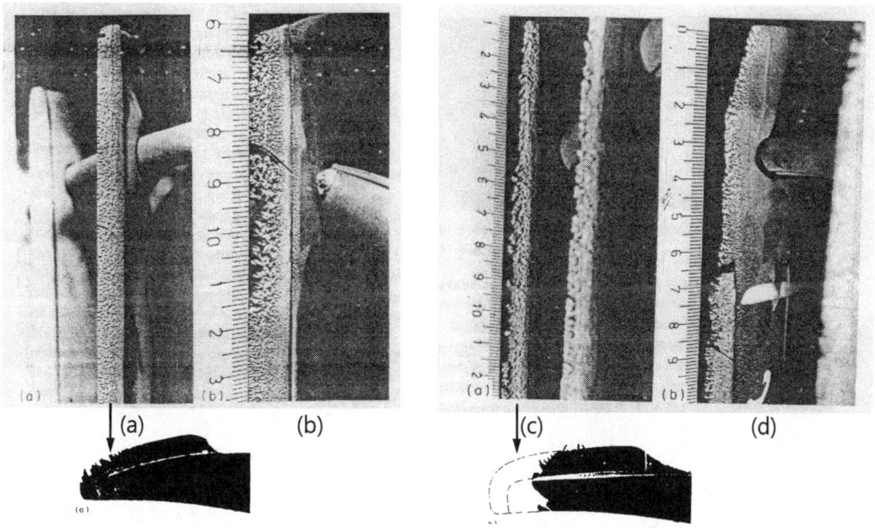

(a) 8,785 h of turbine operation
(b) 20,489 h of turbine operation
(c) 56,384 h of turbine operation
(d) 82,910 h of turbine operation

그림 9.15 습분침식이 일어난 블레이드 형상 (from Stanisa Ivusic, 1995)

그림 9.15에 습분침식이 발생한 블레이드 형상이 나타나 있다. 이 그림에서 볼 수 있듯이 습분침식이 발생하면 블레이드 표면거칠기가 크게 증가하며, 블레이드 형상 또한 크

게 변하기 때문에 효율저하가 비교적 크게 나타난다. LSB는 증기터빈 전체 출력의 10% 정도를 생산하기 때문에 LSB가 손상되면 공기역학적 손실이 증가하여 증기터빈 전체의 출력 및 성능이 저하될 뿐만 아니라 유지보수비용이 증가하는 문제가 발생한다.

9.3.2 물방울 부착

증기에 포함되어 있는 물방울은 노즐통로에서 급격히 가속되면서 관성력을 가지며, 그림 9.16에 나타나 있는 것처럼 노즐통로에서 증기 유선이 급격하게 변하면 물방울은 증기 유선으로부터 이탈하여 노즐 압력면에 충돌한 후 부착된다. 이렇게 노즐 압력면에 부착되는 물방울량은 반동도가 작아질수록 증가한다. 이는 반동도가 작아질수록 노즐에서 유동가속이 증가하며, 노즐 선회각이 증가하여 유동방향이 급격하게 바뀌기 때문이다. 노즐통로를 빠져나온 증기는 큰 접선방향 속도를 가지기 때문에 물방울에 원심력이 작용하여 그림 9.16의 우측에 나타나 있는 것처럼 물방울은 바깥 벽면 쪽으로 이동한다. 따라서 LSB 팁 근처에는 물방울이 많이 분포하여 습분침식이 증가한다. 일반적으로 노즐을 통과하면서 노즐 표면에 부착되는 물방울은 노즐을 통과하는 전체 물방울의 5% 이하인 것으로 알려져 있다.

버켓에 충돌한 물방울은 버켓 표면에 수막을 형성하며, 수막은 버켓 회전에 의해서 발생하는 원심력으로 인해서 버켓 팁 쪽으로 흘러간다. 버켓 팁 쪽으로 흘러간 물방울을 증기통로 외부로 제거하지 않으면 버켓 팁 쪽에 더 많은 물방울이 분포하기 때문에 LSB 팁에서 발생하는 습분침식이 더욱 심화된다.

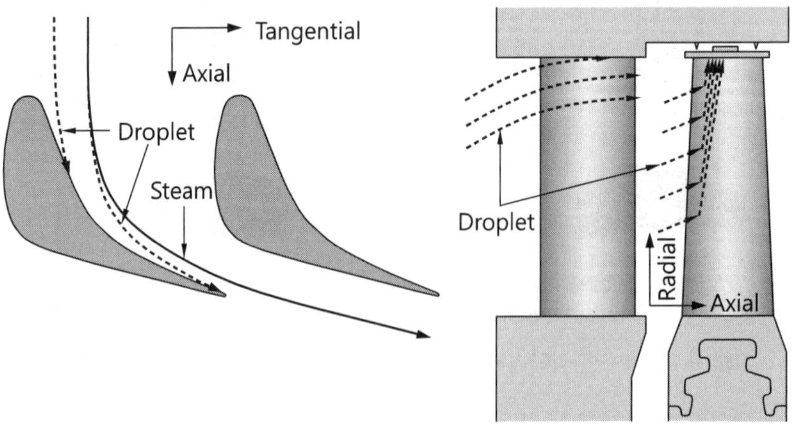

그림 9.16 물방울 부착

9.3.3 LSB 루트 뒷전 흡입면 습분침식

일반적으로 LSB 팁 근처 앞전 흡입면에 습분침식이 발생하지만 그림 9.17에 나타나 있는 것처럼 LSB 루트 뒷전 흡입면에서도 습분침식이 발생할 수 있다. 증기터빈을 전부하로 운전할 때는 그림 9.18(a)에 나와 있는 것처럼 LSB 길이방향 전체에 걸쳐서 증기가 원활하게 빠져나간다. 그러나 낮은 부분부하로 운전할 때는 증기유량이 크게 줄어들기 때문에 LSB 팁 근처에서는 증기가 정상적으로 흘러가지만 루트부에서는 그림 9.18(b)에 나타나 있는 것처럼 증기의 재순환영역(turn-up region)이 형성된다. 그런데 LSB가 재순

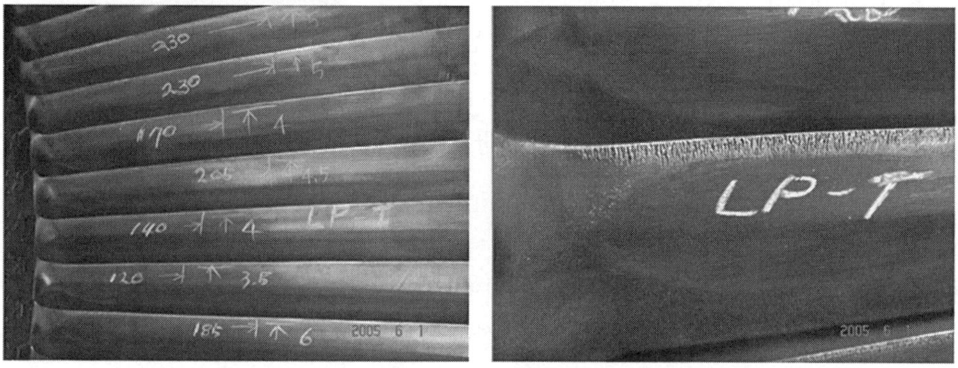

그림 9.17 LSB 뒷전 흡입면 습분침식 (출처: 한전KPS)

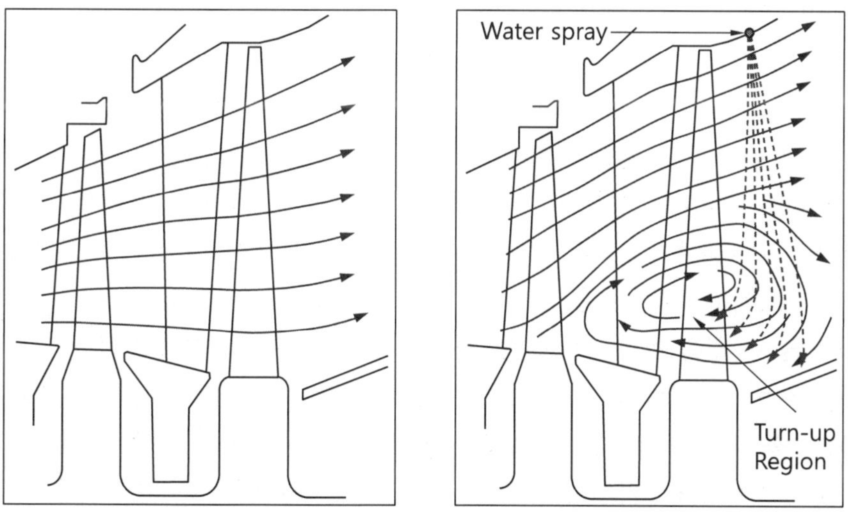

(a) 전부하운전 시 증기 유선　　(b) 부분부하운전 시 증기유선

그림 9.18 LSB 근처 증기 유선 분포 및 물 분사

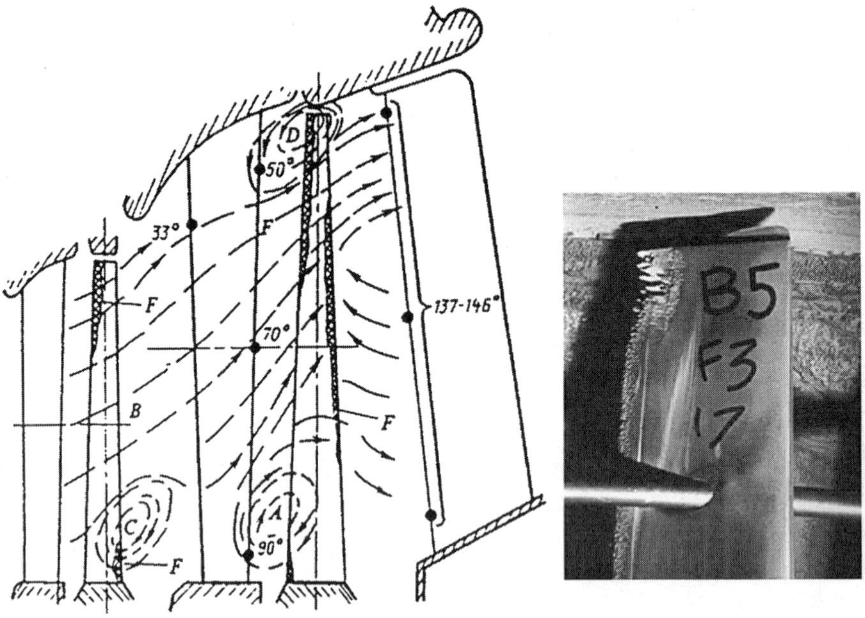

그림 9.19 LP터빈 재순환영역

환영역을 가로질러 고속으로 회전하기 때문에 재순환영역 내부에 고립되어 있는 증기에 마찰열이 발생한다. 이를 windage heat라 한다. 고립되어 있는 재순환영역에서 발생하는 windage heat는 지속적으로 상승하기 때문에 그림 9.18에서와 같이 재순환영역 내부에 물을 분사해서 냉각시킨다. 대개의 경우 물 분사노즐은 스팀가이드에 90도 간격으로 4개가 설치되어 있다. 그리고 대부분의 경우 복수기 핫웰에 있는 응축수를 분사용 물로 이용한다. 이렇게 분사되는 물의 양이 과열된 증기를 냉각시키기 위한 양보다 많은 경우 남는 양의 물은 물방울 상태로 LP exhaust hood에 자유롭게 존재하며, 증기와 함께 LSB 쪽으로 역류하여 LSB 루트 뒷전 흡입면에 충돌하여 습분침식을 유발시킨다.

LP exhaust hood에서 형성되는 재순환영역은 그림 9.19에 나타나 있는 것처럼 매우 복잡한 형태로 나타나기도 한다. 이런 경우에는 LSB 길이방향 중앙 부위 뒷전에서 습분침식이 일어나기도 한다. 한편, 재순환영역은 LSB 팁 근처에서도 형성된다. 이런 경우 그림에서 볼 수 있는 것처럼 LSB 팁 근처에 심각한 습분침식이 발생한다.

LSB 루트부 뒷전 흡입면에 심각한 습분침식이 발생하면 매우 위험하다. 그림 9.20에 LSB 뒷전 흡입면에서 발생한 습분침식 형상과 액체침투탐상 비파괴검사법을 이용하여 발견한 균열이 나타나 있다. 버켓 뒷전 두께는 형상손실을 작게 유지하기 위하여 매우 얇게 설계한다. 그런데 LSB 루트에는 큰 원심응력이 작용한다. 그리고 하방 배기 구조를 가지는 LP터빈의 LSB 출구단면에는 원주방향을 따라서 구조적인 유동 불균형이 발생하

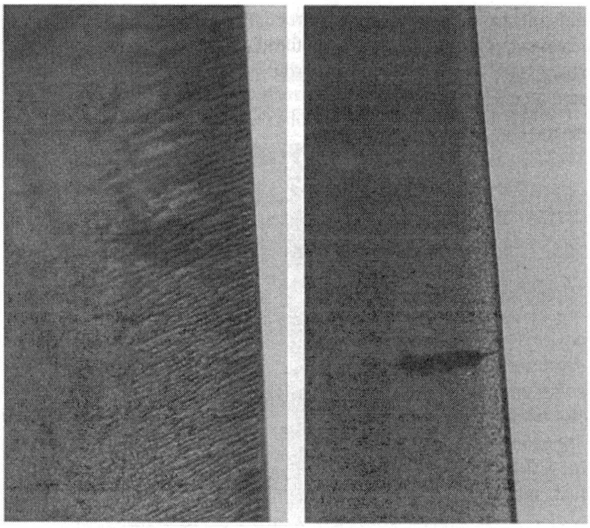

(a) 흡입면 습분침식　　　(b) 균열 발생 (압력면)

그림 9.20 LSB 뒷전 습분침식 형상 및 균열 생성 (from Sanders, 2001)

기 때문에 LSB는 진동을 수반한다. 따라서 LSB 루트 뒷전에 습분침식이 발생하면 균열이 발생하기 쉬우며, 이로 인해 LSB가 절단되는 대형사고 발생 위험성이 증가한다. 일일 기동/정지하는 복합발전용 증기터빈은 부분부하운전이 짧은 주기로 반복된다. 따라서 일일 기동/정지 복합발전용 증기터빈 LSB는 루트 뒷전 흡입면에서 발생하는 습분침식 진행 정도를 세심하게 관찰해야 한다.

9.4 습분침식 변수

증기터빈 블레이드 습분침식을 정확하게 이해하기 위해서 습분침식 메커니즘과 습분침식 변수를 살펴보는 것이 매우 중요하다. 증기터빈 블레이드 습분침식은 물방울과 블레이드 소재와의 상호작용에 의하여 발생한다. 따라서 습분침식에 영향을 미치는 변수로는 물방울에 관련된 변수와 블레이드 소재에 관련된 변수들이 있다.

블레이드가 회전하고 있는 상태에서 습분침식을 조사하는 것은 쉬운 일이 아니다. 이는 증기터빈 운전조건에 맞는 습분을 형성시켜주기 위해서는 많은 양의 증기가 필요하며, 실제로 증기터빈이 운전되는 조건에서는 습분침식 진행속도가 빠르지 않기 때문에

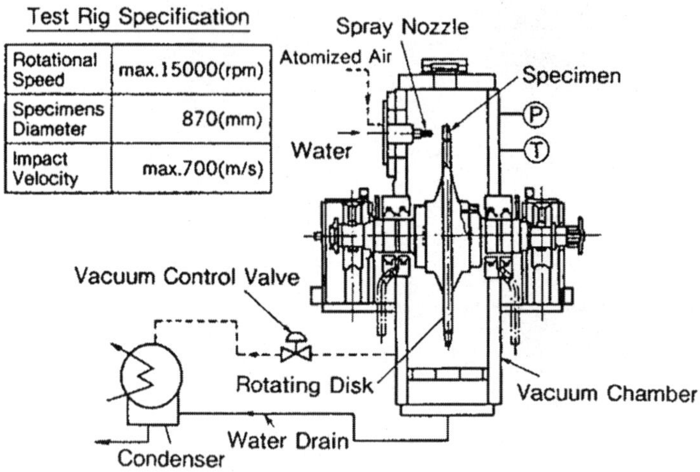

그림 9.21 고속 습분침식 실험장치 개략도 (from Yasugahira *et al.*, 1988)

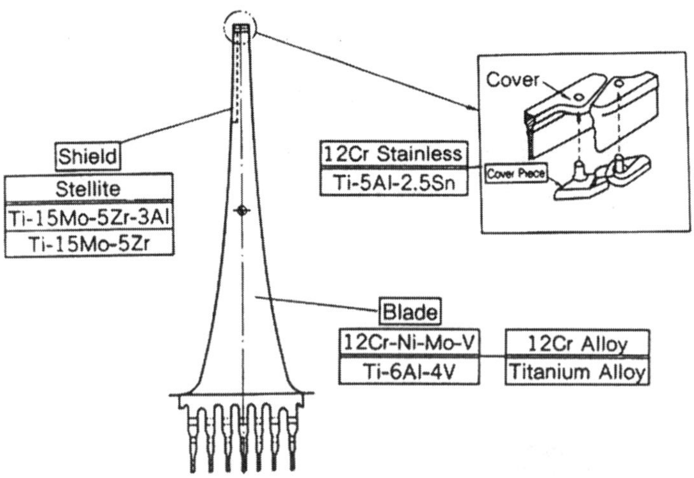

그림 9.22 LSB 소재 (from Yasugahira *et al.*, 1988)

실험 데이터를 획득하기 위하여 많은 시간이 소요되기 때문이다. 이런 경제적/시간적 문제를 극복하기 위한 습분침식 실험장치가 일본의 Hitachi사에 의해서 개발되었다. 그림 9.21에 나타나 있는 Hitachi사의 습분침식 실험장치 특징은 블레이드 시편을 회전판 끝단에 부착하고 고속으로 회전시켜 물방울과 충돌시키는 것이다. 그리고 회전판 회전속도를 조절하면 원하는 물방울 충돌속도를 얻을 수 있으며, 습분침식 데이터를 빠른 시간에 얻기 위하여 증기터빈에서 나타나는 물방울 충돌속도보다 더 높은 충돌속도를 얻을 수 있다. 물방울은 분무노즐을 통해서 공급하며, atomizing air의 압력조절을 통하여 물방울

표 9.1 블레이드 소재 기계적 성질

	Materials	Vickers Hardness	Density (g/cm^3)	Application
12Cr Alloy	12Cr-Ni-Mo-V	348	7.8	Blade
	Stellite	429	8.4	Erosion shield
	12Cr Stainless	235	7.7	Cover piece
Titanium Alloy	Ti-6Al-4V	302	4.4	Blade
	Ti-15Mo-5Zr-3Al	435	5.0	Erosion shield
	Ti-15Mo-5Zr	462	5.0	Erosion shield
	Ti-5Al-2.5Sn	295	4.5	Cover piece

크기를 조절한다.

블레이드에 대한 습분침식 변수를 살펴보기 위해서 우선 고려할 것이 블레이드 소재이다. 그림 9.22에 40인치 LSB에 사용되는 소재가 나타나 있다. 그리고 이들 소재에 대한 기계적 성질을 표 9.1에 정리하여 나타냈다. 이 표에서 알 수 있듯이 티타늄합금은 12Cr강에 비해서 약 60%의 비중을 가지기 때문에 상대적으로 가볍다. 이 밖에도 티타늄합금은 12Cr강에 비해서 인장응력이 훨씬 크고 내부식성이 뛰어나다. 따라서 티타늄합금은 L-1단 블레이드와 LSB 소재로 많이 사용되고 있다.

9.4.1 충돌 물방울량

충돌하는 물방울량이 적으면 습분침식률은 충돌하는 입자량에 비례한다. 그러나 충돌하는 물방울량이 많으면 실험을 통해서 물방울량이 습분침식률에 미치는 영향을 정확하게 파악할 필요가 있다. 이는 물방울량이 증가할수록 충돌표면에 수막이 형성되어 충돌하는 물방울의 운동에너지를 저감시킬 뿐만 아니라 충돌 후에 되튀는 물방울이 존재하기 때문에 충돌면에 진입하는 물방울 진행방향이 달라질 수 있기 때문이다.

그림 9.21에 나타나 있는 실험장치에서 회전 디스크에 매달려 있는 블레이드 시편은 회전 디스크가 한 바퀴 회전할 때마다 주기적으로 습분침식 환경에 놓이게 된다. 그러므로 물방울 충돌에 의해서 형성된 수막이 원심력에 의해 제거될 수 있는 충분한 시간적 여유를 가진다. 따라서 그림 9.23에 나타나 있는 실험결과에 의하면 습분침식률은 충돌하는 물방울량에 비례하는 것으로 나타나 있다. 증기터빈 블레이드 또한 고속으로 회전하기 때문에 물방울 충돌에 의해서 형성되는 수막은 매우 얇다. 결론적으로 증기터빈 블레이드에 발생하는 습분침식률은 충돌하는 물방울량에 비례하며, 다음과 같은 관계를 가

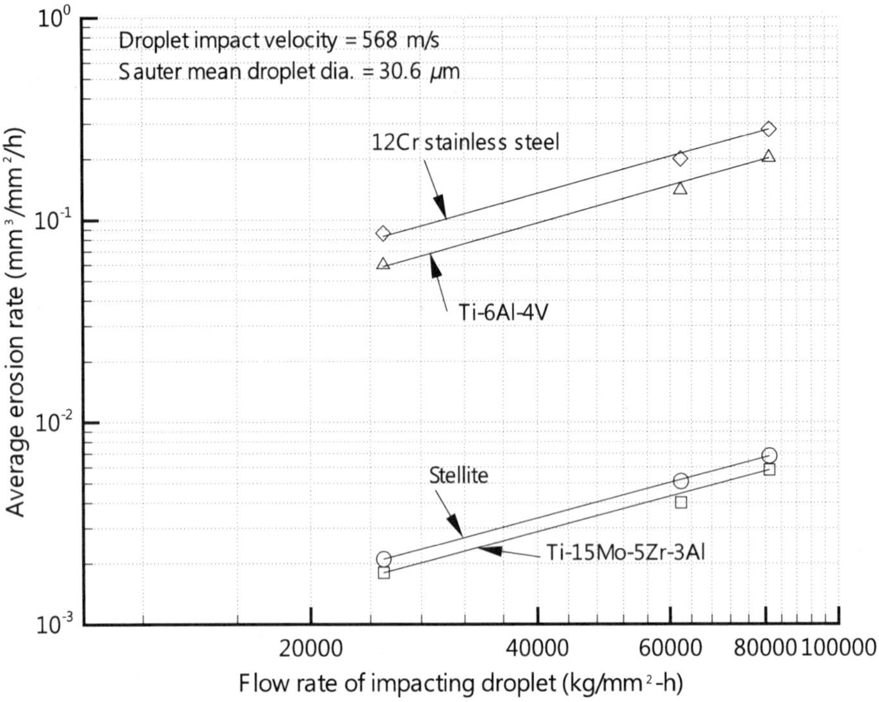

그림 9.23 충돌 물방울량에 따른 침식률 변화 (from Tsubouchi *et al.*, 1990)

진다는 것을 알 수 있다.

$$E = km_d \tag{9.4}$$

여기서 E는 습분침식률, k는 상수, m_d는 단위시간당 충돌하는 물방울량을 나타낸다.

증기터빈 LSB를 빠져나가는 증기의 평균 습분은 10~12% 정도이다. 그러나 그림 9.24에서 확인할 수 있는 것처럼 노즐을 빠져나오면서 발생하는 증기의 선회유동에 의한 원심력과 버켓 표면에 형성된 수막에 작용하는 원심력으로 인해서 팁 근처에 물방울이 집중된다. 특히 LSB 팁 부위는 가장 큰 회전속도를 가지기 때문에 이곳에 집중된 물방울과 가장 큰 속도로 충돌하여 습분침식이 집중적으로 발생한다. 따라서 습분침식을 정확하게 예측하기 위해서는 LSB 입구에서 스팬방향을 따라 정확한 습분 데이터를 확보해야 한다.

그림 9.25에 증기온도 변화에 따른 LP터빈 내부 습분분포가 나타나 있다. 이 그림으로부터 증기온도가 상승할수록 습분이 낮아지는 것을 확인할 수 있다. 그림 9.26에는 LSB 출구에서 측정한 습분분포가 나타나 있다. 이 그림으로부터 화력발전용 증기터빈의 경우 LSB 팁 부위에서 가장 높은 습분이 나타나는 것을 알 수 있다.

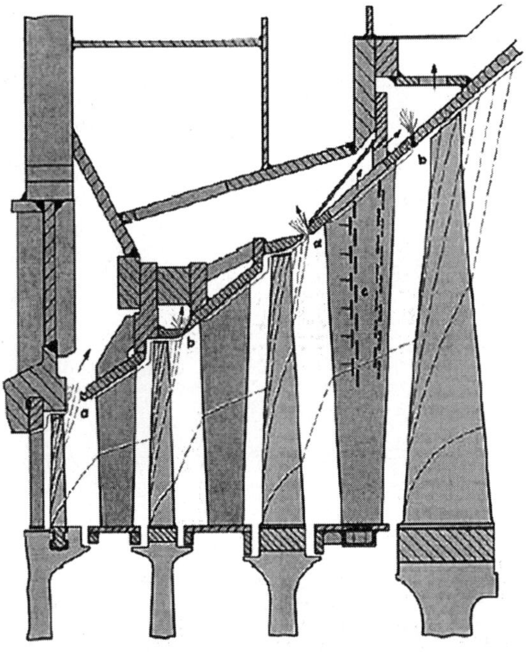

그림 9.24 LP터빈 물방울 경로

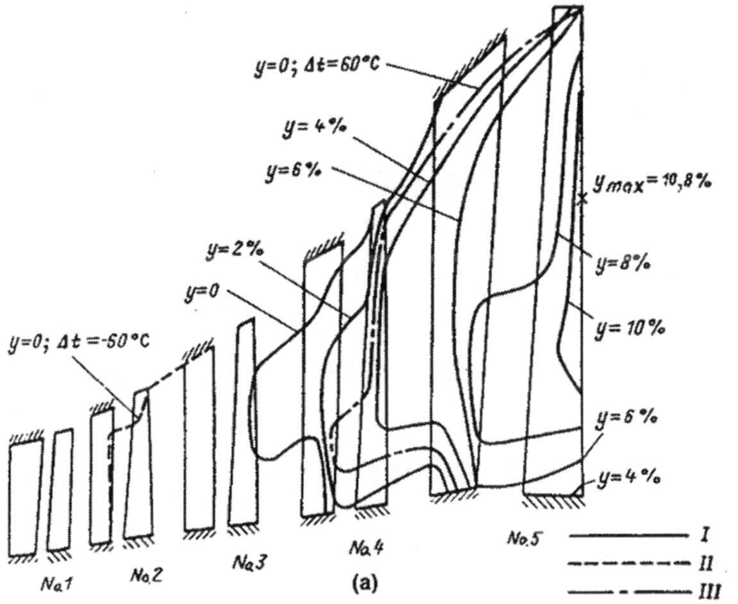

I – rated operating condition
II – with decreased initial steam temp. ΔT= −60°C
III – with increased initial steam temp. ΔT= 60°C

그림 9.25 LP터빈 내부 습분분포 (from Leyzerovich, 1977)

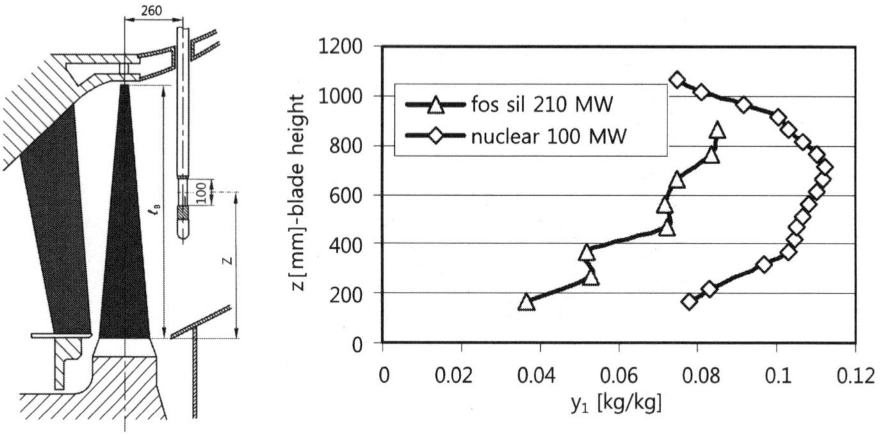

그림 9.26 LSB 출구에서의 습분분포 (from Petr and Kolovratnik)

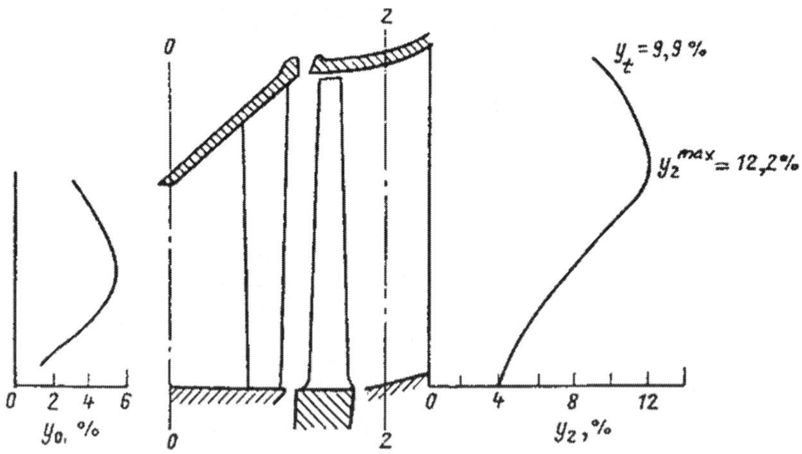

그림 9.27 LP터빈 내부 습분분포 (from Leyzerovich, 1977)

그림 9.27에 L-1단 버켓 출구와 LSB 출구에서의 스팬방향 습분분포가 나타나 있다. 이 그림으로부터 스팬방향 습분분포는 서로 유사한 경향을 나타내지만 LSB에서는 습분이 가장 높게 나타나는 부분이 팁 부위로 이동하고 있는 것을 확인할 수 있다.

9.4.2 물방울 충돌속도

물방울 충돌속도에 대한 습분침식 실험결과가 그림 9.28에 나타나 있다. 이 그림에 나타나 있는 실험결과는 다음과 같은 수식으로 표현할 수 있다.

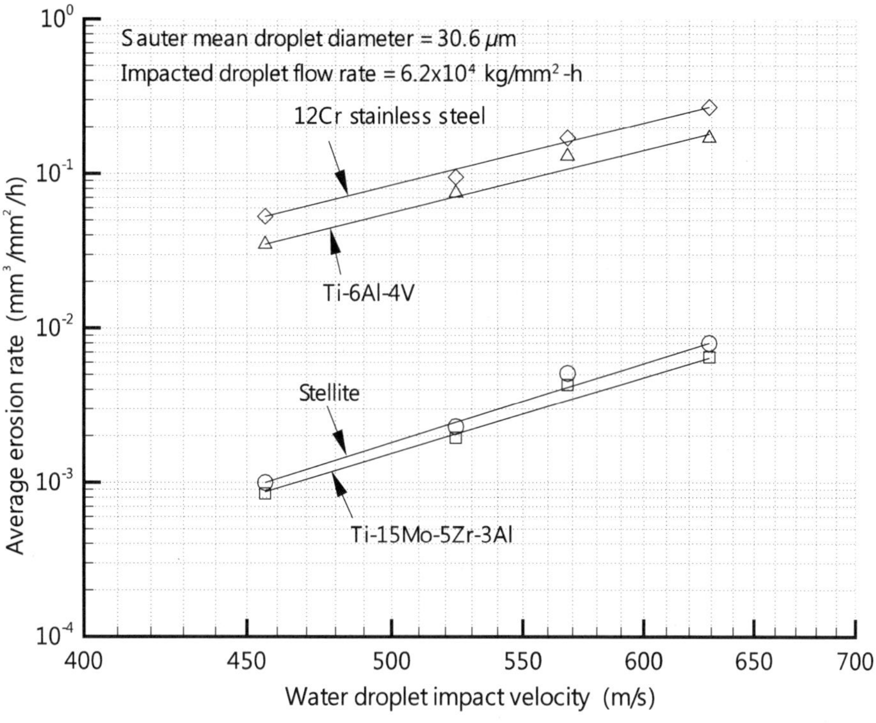

그림 9.28 물방울 충돌속도에 따른 침식률 변화 (from Tsubouchi *et al.*, 1990)

$$E = kV^{\alpha} \qquad (9.5)$$

여기서 E는 습분침식률, k는 비례상수, V는 물방울 충돌속도, α는 충돌속도에 대한 지수이다. 이 실험결과에 의하면 α값은 2보다 훨씬 큰 5~6이다. 이렇게 침식률이 충돌하는 물방울의 운동에너지에 비례하지 않고 충돌속도의 약 다섯 제곱에 비례하여 증가하는 이유는 아직 물리적으로는 정확하게 밝혀지지 않고 있다.

최근에는 발전설비의 대형화 및 성능 향상을 위하여 LSB 길이가 증가하는 추세이다. 국내의 경우에도 화력발전을 기준으로 33.5인치(850.9 mm) LSB가 일반적으로 사용되었으나 40인치(1016 mm) LSB도 많이 사용하고 있다. 그리고 국내의 발전설비 전문기업인 두산중공업은 45인치(1143 mm) LSB를 채용한 1,000 MW급 USC 증기터빈을 개발하였다. LSB 길이를 증가시키기 위해서는 습분침식에 관련된 문제를 반드시 해결해야 한다. 이는 LSB 길이가 증가하면 물방울 충돌속도가 증가하여 습분침식이 급격하게 증가하기 때문이다. 식 (9.5)에서 살펴보았듯이 습분침식률은 충돌속도의 다섯 제곱에 비례하여 증가하기 때문에 습분침식에 대한 해결책 없이는 LSB 길이 증가가 어렵다는 것을 알 수 있다. 그림 9.29에 나타나 있는 것처럼 일본 Hitachi사는 LSB의 팁 속도가 600 m/s

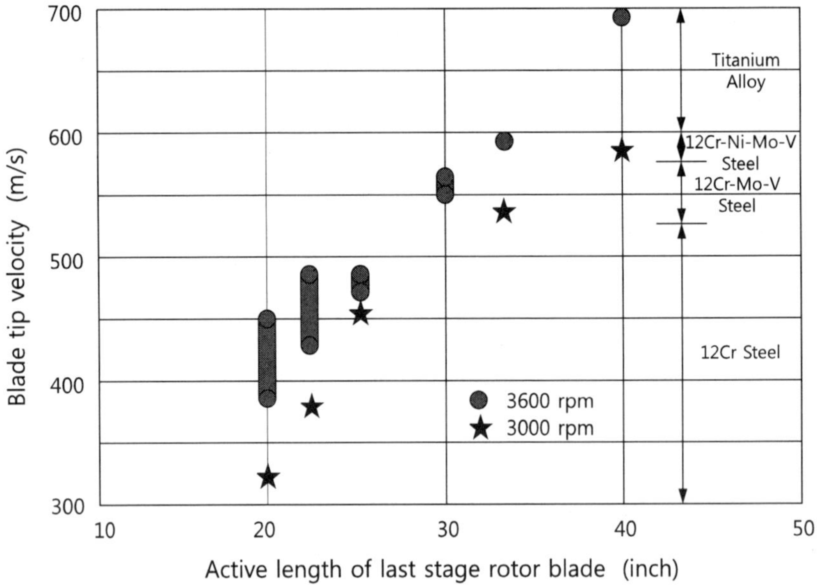

그림 9.29 LSB 팁 속도에 따른 LSB 소재 (from Tsubouchi *et al.*, 1990)

이상일 때 티타늄합금으로 제작한 LSB를 이용하여 습분침식에 대비하고 있다. 그림 9.29에 나타나 있는 블레이드 회전속도에 따른 소재 선정은 절대적인 것은 아니더라도 LSB를 제작하기 위한 소재 선정에 참고가 될 수 있을 것이다.

물방울 충돌속도가 작으면 습분침식이 발생하지 않는다. 물방울 침식이 발생하기 시작하는 충돌속도를 한계속도라 한다. 그림 9.30에 실제로 운전하고 있는 발전소에서 얻어

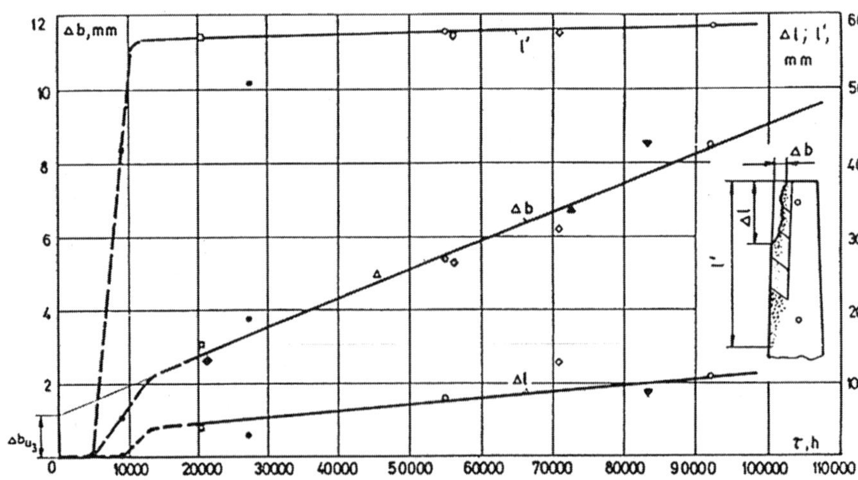

그림 9.30 LSB 습분침식 (from Stanisa and Ivusic, 1995)

진 습분침식 결과가 나타나 있다. 이 그림으로부터 LSB 팁으로부터 l'지점 이내에서만 습분침식이 일어나고 있다는 것을 확인할 수 있다. 따라서 이를 통해서 한계속도 크기를 짐작할 수 있다.

9.4.3 물방울 충돌각

습분침식은 물방울 충돌 시 발생하는 수격압력에 의해서 발생한다. 대개의 습분침식 실험은 수직방향 충돌을 이용해서 수행되었으며, 경사충돌에 대한 내용은 공개된 문헌에서 찾아보기 매우 어렵다. 그러나 경사충돌 시 발생하는 수격압력 크기는 수직충돌 시 발생하는 수격압력에 비해 작을 것임은 쉽게 예측할 수 있다. 그림 9.31에 워터제트 입사각을 달리해서 구한 수격압력이 나타나 있다. 이 그림을 통해서 충돌각이 수직으로부터 15° 이상 기울어지면 충돌면에 발생하는 수격압력 크기가 크게 작아진다는 것을 알 수 있다.

그림 9.32에 실제 운전 중인 LSB 앞전에 발생한 습분침식 크레이터 형상이 나타나 있다. 이 그림으로부터 크레이터는 물방울 충돌방향과 평행하게 성장한다는 것을 확인할 수 있다. 따라서 물방울 충돌각은 습분침식 초기에만 영향을 미친다는 것을 알 수 있다. 그리고 물방울 충돌 표면에 일단 크레이터가 발생하기 시작하면 그 이후에는 수직충돌이 일어나는 경우와 동일하게 습분침식이 진행된다. 따라서 충돌각은 습분침식과 관련하여 잠복기 산정 및 한계속도 결정에 큰 영향을 미칠 것으로 판단된다. 그러나 불행하게도 아

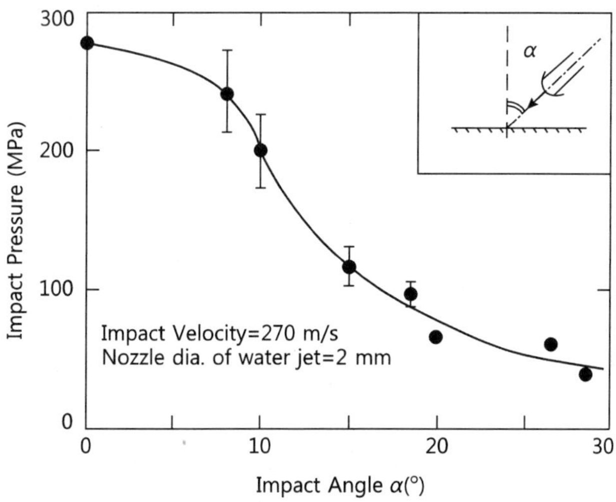

그림 9.31 워터제트 충돌각 변화에 따른 수격압력 (from Shi *et al.*, 1995)

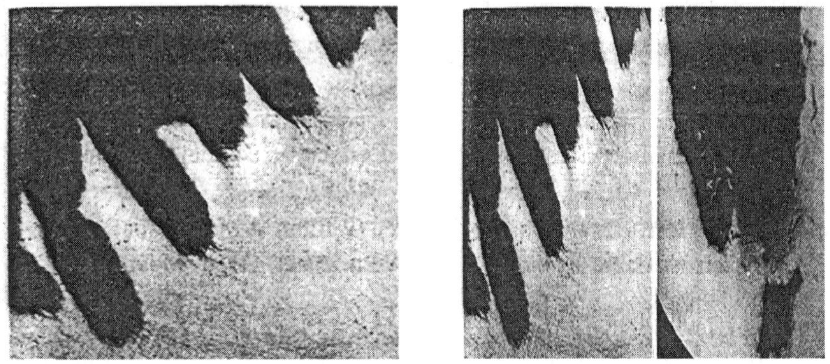

(a) 물방울 충동방향으로 성장한 크레이터　　　　(b) 크레이터 확대 형상

그림 9.32 LSB 앞전에 발생한 침식 크레이터 (from Stanisa and Ivusic, 1995)

직 그 영향을 정량적으로 판단할 실험결과를 얻기는 힘든 실정이다.

9.4.4 물방울 크기

물방울 크기에 대한 습분침식 실험결과가 그림 9.33에 나타나 있다. 이 그림에 나타난 결과는 다음과 같은 수식으로 나타낼 수 있다.

$$E = kd^{\beta} \tag{9.6}$$

여기서 E는 습분침식률, k는 비례상수, d는 물방울 지름, β는 물방울 지름에 대한 지수이다. 이 실험결과에 의하면 β값은 12Cr강과 Ti-6Al-4V은 약 2이며, 스텔라이트와 Ti-15Mo-5Zr-3Al은 약 4.5이다. 따라서 물방울 크기는 습분침식에 영향을 미치는 중요한 변수 가운데 하나라는 것을 알 수 있다.

LSB에 충돌하는 물방울 크기는 노즐 뒷전 두께, 노즐에서 떨어져 나온 물방울 속도와 증기속도 차이인 미끄럼 속도, 노즐과 LSB 사이의 축간거리에 의해서 영향을 받는다. 노즐 뒷전 두께는 형상손실을 줄이기 위해서 최대한 얇아야 한다. 아울러 노즐 뒷전 두께가 얇아질수록 노즐 뒷전에서 떨어져 나오는 물방울 크기도 작아진다.

Tsubouchi *et al.*(1990)은 실험을 통해서 노즐 뒷전에서 떨어져 나오는 물방울은 약 100～200 μm 크기의 지름을 가진다는 것을 확인하였다. 또한 이렇게 떨어져 나온 물방울들은 증기에 의해서 가속되는 동안 큰 미끄럼 속도에 의하여 작은 물방울로 분열되며, LSB에 충돌하는 지점에서 물방울 지름은 약 25～40 μm이며, 평균지름은 약 30μm 정도 되는 것을 확인하였다. 그림 9.34에 노즐 뒷전에서 발생하는 후류를 따라 흐르는 물방

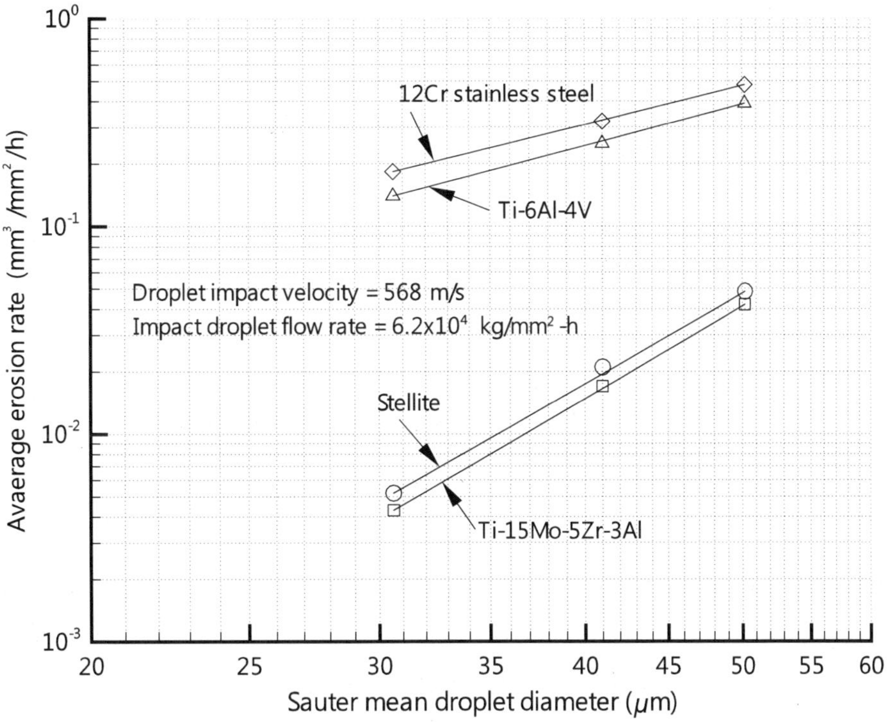

그림 9.33 물방울 크기에 따른 침식률 변화 (from Tsubouchi *et al.*, 1990)

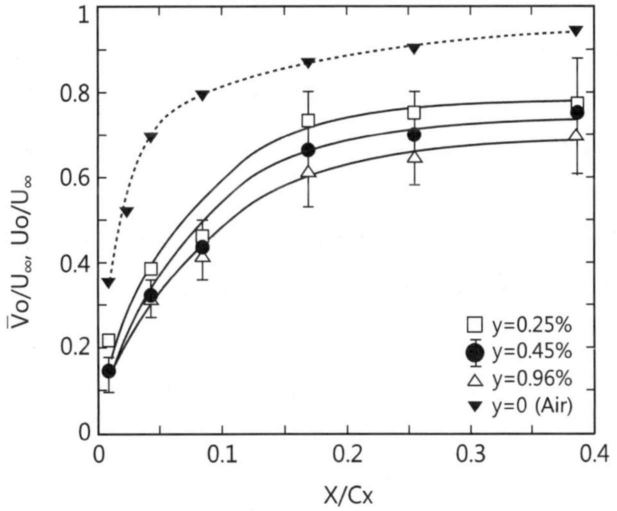

그림 9.34 노즐 뒷전 후류를 따라 흐르는 물방울 속도 (from Tsubouchi *et al.*, 1990)

울 속도가 나타나 있다. 이 그림에서 Uo는 후류 축을 따라 흐르는 증기 속도이며, Vo는 물방울 속도, Cx는 블레이드의 축방향 폭을 나타낸다. 이 그림을 통해서 노즐 뒷전에서

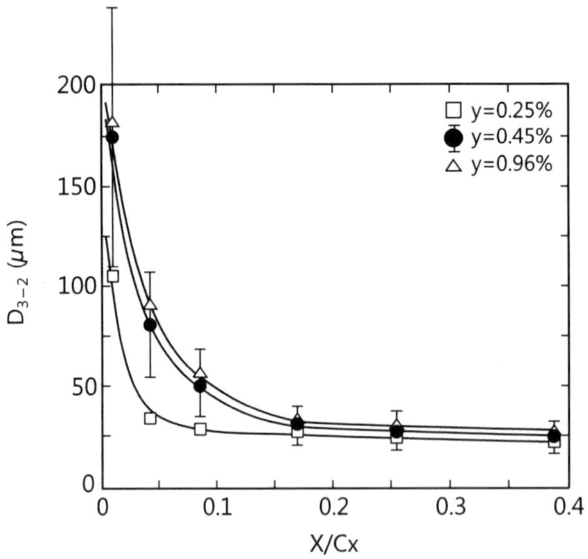

그림 9.35 노즐 뒷전 후류를 따라 흐르는 물방울 크기 변화 (from Tsubouchi *et al.*, 1990).

떨어져 나간 물방울이 급격하게 가속되는 것을 알 수 있다. 이에 대한 이유는 그림 9.35에 나타나 있는 물방울 크기의 변화를 살펴보면 쉽게 이해할 수 있다. 즉 노즐 뒷전에서 떨어져 나온 물방울은 큰 미끄럼 속도에 의해서 작은 물방울들로 분열되기 때문에 물방울들의 스토크스 수가 작아져서 유체 흐름에 의해서 쉽게 가속되는 것이다. 한편, 이 그림으로부터 축간거리가 블레이드 폭의 0.2 정도 되는 지점으로부터 그 하류에서는 물방울들은 거의 일정한 크기를 유지하는 것을 확인할 수 있다. 이는 물방울이 충분히 가속되어져서 미끄럼 속도가 충분히 작아졌기 때문이다.

노즐 후류를 따라 흐르는 물방울 크기는 어떤 분포를 가진다. 이는 그림 9.36에 나타나 있는 것처럼 매우 복잡한 메커니즘에 의해서 물방울이 분열되기 때문이다. 이렇게 어떤 크기분포를 가지는 물방울들에 대한 습분침식을 편리하게 계산하기 위해서는 물방울 크기를 하나로 결정할 필요가 있다. 일반적으로 습분침식을 계산하기 위해서 다음과 같이 정의하는 Sauter mean diameter를 일반적으로 사용한다.

$$D_{3-2} = \frac{\sum N_i D_i^3}{\sum N_i D_i^2} \tag{9.7}$$

여기서 D_{3-2}는 Sauter mean diameter, N_i는 물방울 개수, D_i는 물방울 지름을 의미한다.

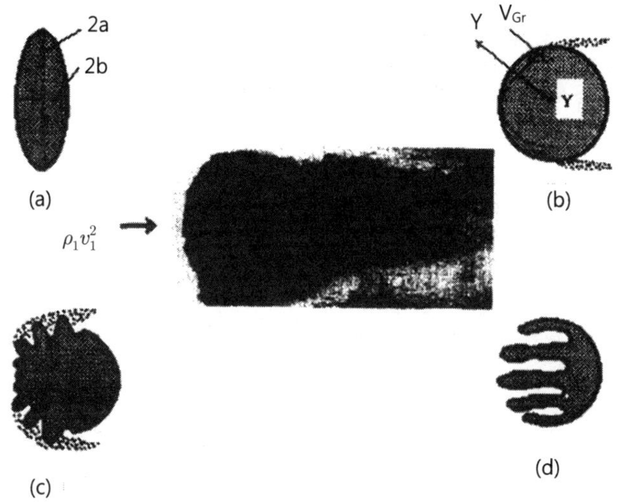

(a) Deformation of droplet kernel
(b) Formation of joined boundary gas + liquid layer
(c) Surface wave formation due to Kelvin-Golmgolz instability
(d) Surface wave formation due to Reyley-Taylor instability

그림 9.36 미끄럼 속도에 의한 물방울 분열 (from Gelfand, 1996)

9.4.5 소재 경도

LSB 소재 경도에 따른 습분침식률이 그림 9.37에 나타나 있다. 이 그림으로부터 두 가지 중요한 사실을 확인할 수 있다. 첫째는 경도가 증가할수록 습분침식에 대한 저항성이 증가한다는 것이다. 그리고 둘째는 동일한 경도를 가지는 경우에도 재질이 다르면 서로 다른 침식 저항성을 가진다는 것이다. 이 그림에서 티타늄합금인 Ti-6Al-4V는 동일한 경도를 가지는 12Cr강에 비해서 약 10배의 침식 저항성을 가진다는 것을 확인할 수 있다.

그림 9.37에 나타나 있는 습분침식률과 경도의 관계는 다음과 같은 수식으로 표현할 수 있다.

$$E = kH^{\gamma} \tag{9.8}$$

여기서 E는 습분침식률, k는 비례상수, H는 LSB 소재 경도, γ는 소재 경도에 대한 지수이다. 이 실험결과에 의하면 γ값은 12Cr강은 약 -4, 티타늄합금은 약 -2이다.

일반적으로 LSB는 습분침식 저항성을 확보하기 위하여 높은 경도를 가지는 소재로 제

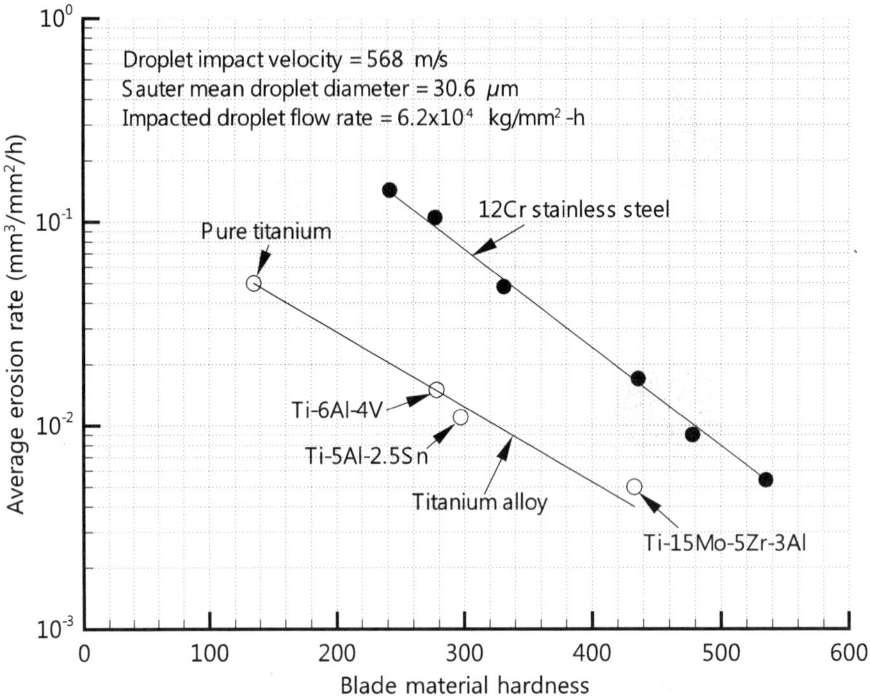

그림 9.37 소재 경도에 따른 침식률 변화 (from Tsubouchi *et al.*, 1990)

작되어야 한다. 그러나 경도가 높아질수록 취성이 증가하기 때문에 가공성이 불량해지는 단점이 나타난다. 이런 이유 때문에 화염 경화, 방식막 부착, 레이저 표면처리 등과 같이 습분침식이 발생하는 부위에 한해서 국부적으로 경도를 증가시키는 방법이 많이 사용되고 있다.

9.5 습분침식 모델

습분침식률을 정량적으로 계산하기 위해서는 수학적 모델이 요구된다. 앞에서 논의한 습분침식 변수들은 다음과 같은 침식 모델을 이용하면 습분침식률을 비교적 정확하게 계산할 수 있다.

$$E = k \cdot f(m) \cdot g(V) \cdot h(d) \cdot j(H) \tag{9.9}$$

여기서 E는 습분침식률, k는 비례상수, $f(m)$은 물방울 유량에 대한 함수, $g(V)$는 충돌

표 9.2 습분침식 모델 변수 값

Materials	Flow rate m_{ref} ($\times 10^4$kg/mm^2–h)	Imapct vel.		Droplet size		Hardness	
		V_{ref} (m/s)	α	V_{ref} (μm)	β	H_{ref} (HV)	γ
12Cr Stainless	6.2	568	5.06	30.6	1.95	242	-4.15
Stellite	6.2	568	6.47	30.6	4.51	135	-1.97
Pure titanium	6.2	568		30.6		135	-1.97
Ti-6Al-4V	6.2	568	5.09	30.6	2.07	135	-1.97
Ti-5Al-2.5Sn	6.2	568	6.20	30.6	4.60	135	-1.97
Ti-15Mo-5Zr-3Al	6.2	568	6.20	30.6	4.60	135	-1.97
Ti-15Mo-5Zr	6.2	568	6.20	30.6	4.60	135	-1.97

속도에 대한 함수, $h(d)$는 물방울 크기에 대한 함수, $j(H)$는 LSB 소재 경도에 대한 함수이다. 이들 각각의 함수는 각각의 변수에 대한 기준 값을 이용하여 단위화시키면 다음과 같은 수식이 된다.

$$E = k \cdot \left(\frac{m}{m_{ref}}\right) \cdot \left(\frac{V}{V_{ref}}\right)^{\alpha} \cdot \left(\frac{d}{d_{ref}}\right)^{\beta} \cdot \left(\frac{H}{H_{ref}}\right)^{\gamma} \tag{9.10}$$

앞에서 살펴보았던 실험결과들을 이용하면 표 9.2에 나타나 있는 결과를 얻을 수 있다.

9.6 터빈 블레이드 습분침식 방지 방법

대형 발전용 증기터빈은 대부분 응축터빈이며, 증기터빈 출력과 효율을 극대화시키면서 복수기 크기를 제한하기 위하여 LSB는 습증기 영역에서 운전된다. 따라서 고속으로 회전하는 LSB 팁 부위는 습분침식 환경에 놓이게 된다. 그러나 발전설비 평균수명이 30년 이상이라는 것을 고려하면 LSB 팁 부위에서 습분침식이 거의 일어나지 않아야 한다. 앞에서 언급했듯이 LSB에 심각한 습분침식이 발생하면 LSB 교체에 따른 유지보수비용 증가, 효율저하, 출력저하, 이용도 저하 등과 같은 심각한 문제가 발생한다. 따라서 습분침식을 방지할 수 있는 기술이 절대적으로 필요하다.

9.6.1 내부 습분 제거

A. Water catcher belt

증기통로에서 생성된 물방울을 LSB에 도달하기 이전에 증기통로 내부에서 water catcher belt를 이용해서 부분적으로 제거할 수 있다. 그림 9.16을 이용해서 설명했듯이 노즐을 통과하는 물방울에는 원심력이 작용하여 비교적 많은 양의 물방울이 증기통로 바깥쪽 벽면에 부착되어 하류로 흐른다. 아울러 버켓에 충돌하여 부착된 물방울들은 버켓 회전에 의한 원심력으로 인하여 버켓 팁 쪽으로 이동하여 뒷전에서 떨어져 나가서 역시 증기통로 바깥쪽 벽면에 충돌한다. 따라서 그림 9.38에 나타나 있는 것과 같이 LP 터빈 내부 케이싱에 water catcher belt (or water collect slot)를 설치하여 물방울을 제거한다.

Water catcher belt의 치수 A는 물방울이 들어갈 수 있는 축방향 간극, S는 버켓 중심선과 물방울 입구 중심선 사이의 거리이며, R은 물이 들어오는 입구에서 상부로의 반지름방향 거리로서 물방울이 되튀어 나가는 것을 방지하기 위하여 비교적 크게 한다. 그리고 D는 lip 깊이로서 포집된 물방울들은 배수를 위하여 LP터빈 내부 케이싱 하부로 보내지는데, 물방울들이 하부로 흐르는 동안 water catcher belt 밖으로 빠져나가지 못하게 한다. Water catcher belt에 포집된 물방울들이 효과적으로 제거되도록 하기 위하여 증기 유량의 약 0.5%를 함께 불어 넣는다. 그림 9.39에 포집된 물방울 배수통로가 나타나 있다.

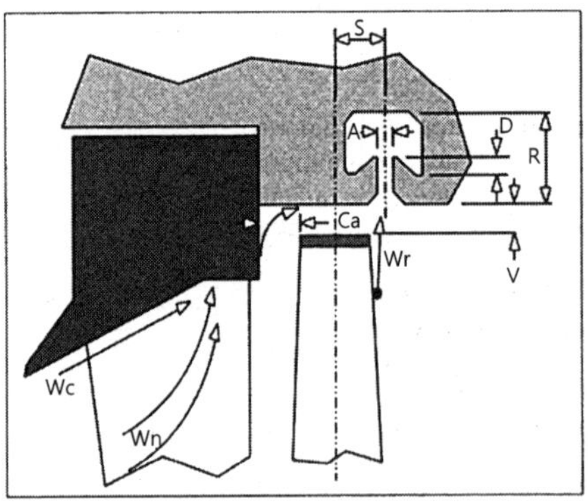

(a) 일반 버켓

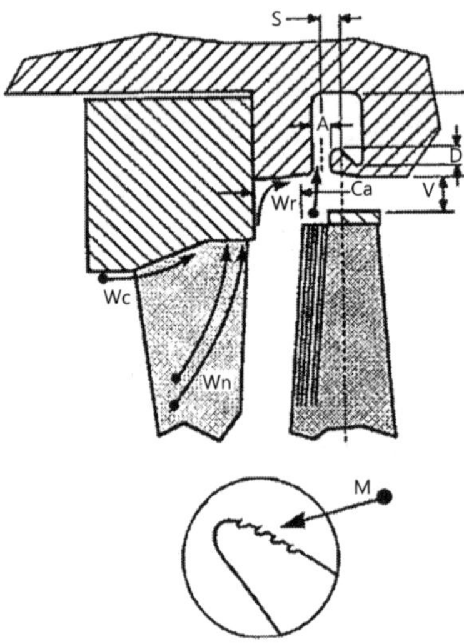

(b) 습분제거 홈이 설치된 버켓

그림 9.38 Water catcher belt (from Sanders, 2001)

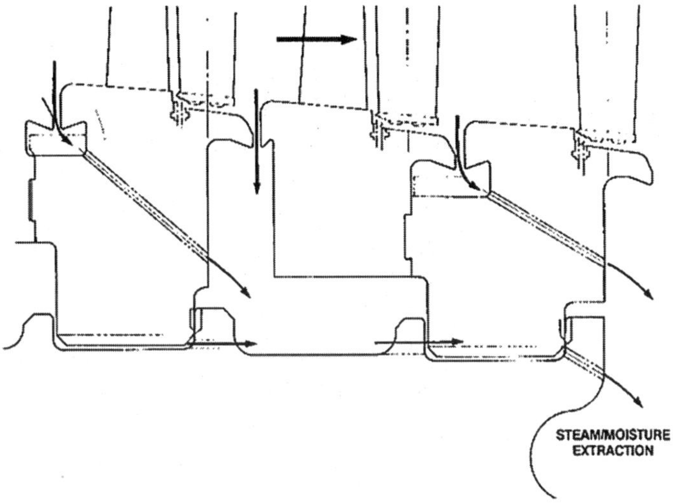

그림 9.39 LP터빈 배수 통로 (GE)

B. 습분제거 그루브가 설치된 버켓 사용

대형 화력발전용 증기터빈은 습분손실을 줄이고 복수기 크기를 제한하기 위하여 LSB 출구에서 습분이 10～12%를 초과하지 않도록 제한된다. 그러나 주증기 온도 및 압력이 화력발전에 비해 크게 낮은 원자력발전 LP터빈은 그림 9.40에 나타나 있는 것처럼 대부분의 단이 습증기 영역에서 운전되며, 내부적으로 습분을 제거하지 않으면 LSB 출구에서의 습분이 12%를 초과한다. 이런 경우 그림 9.14에 나타나 있는 것과 같이 버켓 앞전 흡입면에 습분제거 그루브를 설치하여 LSB 출구에서의 습분을 낮출 수 있다. 참고로, 그림 9.40에서 ELEP 습분을 살펴보면, 원자력 비재열사이클(팽창선 A)은 약 14.7%, 원자력 재열사이클(팽창선 B)은 약 9.7%이다. 이들 팽창선을 자세히 살펴보면 ELEP에 도달하기 전에 톱니모양으로 엔탈피가 상승하는 부분들이 존재하는 것을 볼 수 있는데, 이런 현상은 습분제거 그루브가 설치된 버겟이 사용되었다는 것을 의미한다. 그리고 만약에 습분제거 그루브가 설치된 버켓을 사용하지 않았다면 원자력 비재열사이클은 약 18.0%, 원자력 재열사이클은 약 11.7% 정도로서 습분제거 그루브가 설치된 버켓을 이용하여 각각 3.3%와 2.0% 정도 습분이 제거되었다는 것을 알 수 있다.

그림 9.41에 습분제거 그루브가 설치된 버켓 사용에 따른 증기터빈 출력과 효율 변화를 살펴보기 위하여 확대한 증기 팽창선을 나타냈다. 습증기 상태에서 물방울을 제거하면 건도가 증가면서 엔탈피도 증가한다. 그런데 압력이 일정한 상태에서 건도가 증가하기 때문에 엔트로피도 증가한다. 이런 상태에서 계속해서 팽창이 진행되면 LP터빈 각 단에서 일의 크기는 거의 동일하게 나타난다. 이 그림에 의하면 LP터빈에 습분제거 그루브

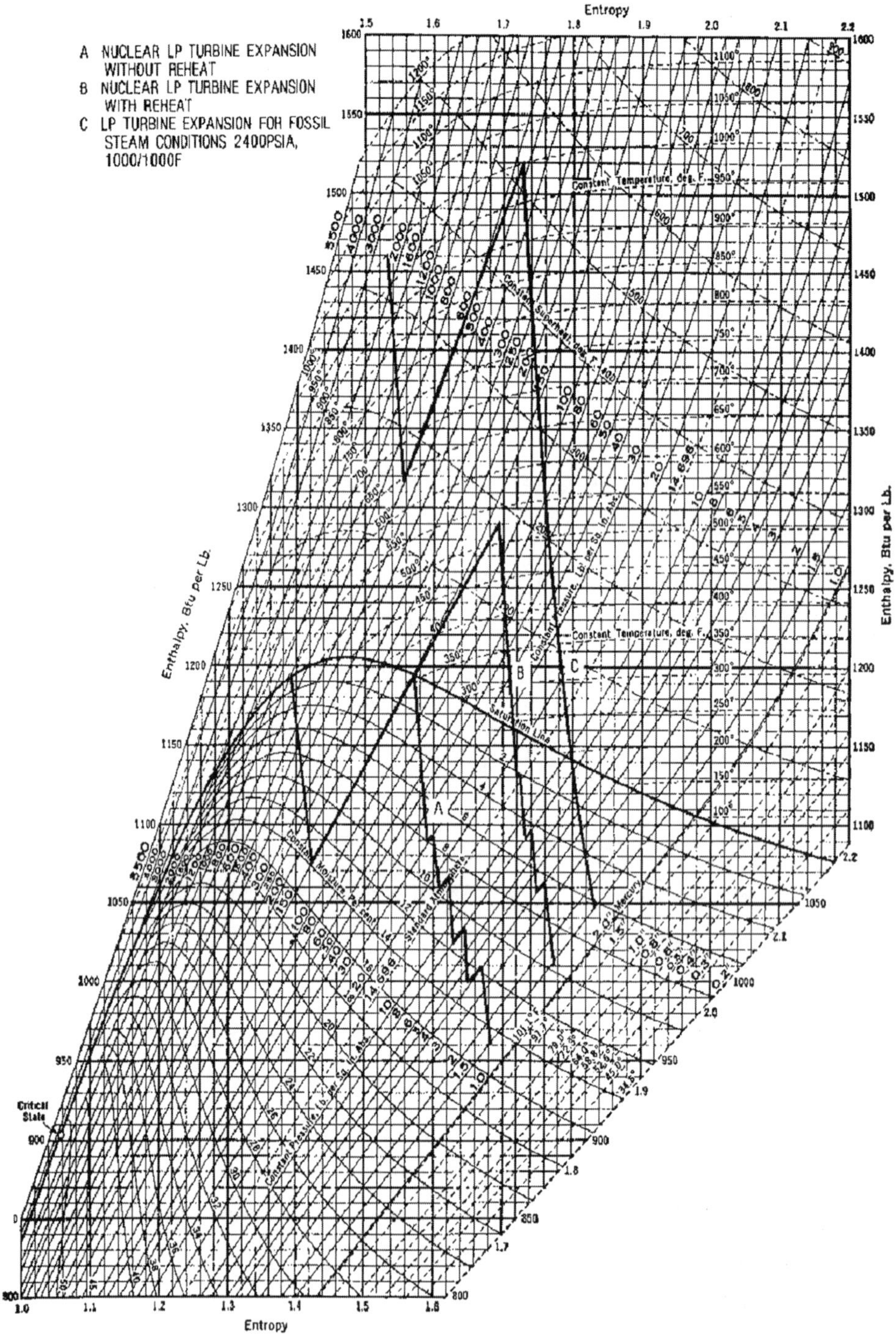

그림 9.40 증기터빈 팽창선도 (from Moore, 1985).

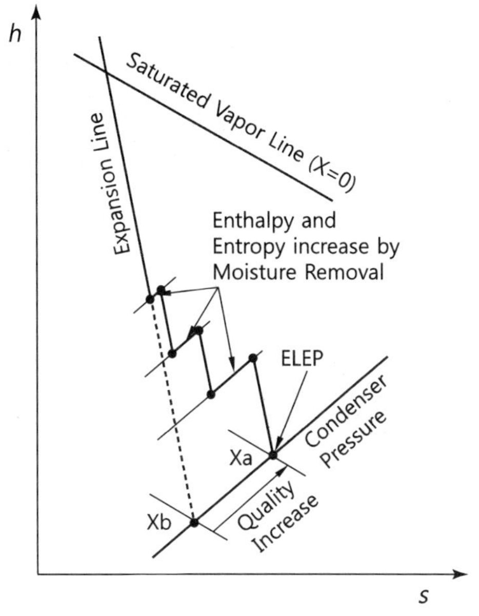

그림 9.41 습분제거 홈을 가진 버켓 사용에 따른 증기 팽창선 변화

가 설치된 버켓을 사용하는 경우에 터빈에서 생산되는 동력의 크기에는 거의 변화가 없다는 것을 알 수 있다. 그러나 습분이 감소함에 따라 LP터빈에서 습분손실이 감소할 것이다. 따라서 버켓에 습분제거 홈을 갖는 버켓을 설치하면 LP터빈의 효율이 약간 상승한다.

C. 수막 흡입구 설치

LSB 습분침식은 노즐 뒷전에서 떨어져 나온 물방울에 의해서 발생한다. 따라서 그림 9.42에 나타나 있는 것처럼 마지막 단 노즐 압력면에 수막 흡입구를 설치하면 효과적으로 습분침식을 줄일 수 있다. 그러나 이 방법은 노즐 내부를 중공으로 제작해야 하며, 노즐 표면에 수막 흡입구를 제작해야 하고, 수막을 흡입하기 위한 저압통로를 제작하기 위한 비용이 증가하는 단점이 있다. 그러나 증기터빈이 대형화되면서 수막 흡입구 설치는 LSB 습분침식 방지를 위하여 반드시 필요할 것으로 여겨진다.

앞에서 설명했듯이 노즐 표면에 부착된 물방울은 수막을 형성하고 그 수막은 증기유동에 의한 전단력으로 인하여 노즐 뒷전에 모여서 떨어져 나간다. 따라서 그림 9.43에 나타나 있는 것처럼 노즐 뒷전에 흡입구를 만들고 중공으로 제작된 노즐 내부에 저압을 유지시키면 노즐 뒷전에 있는 물을 흡입하여 LSB 습분침식을 줄일 수 있다. 그러나 이 방법을 적용하면 효과적으로 습분침식을 줄일 수 있으나 노즐 뒷전이 두꺼워지기 때문에 형

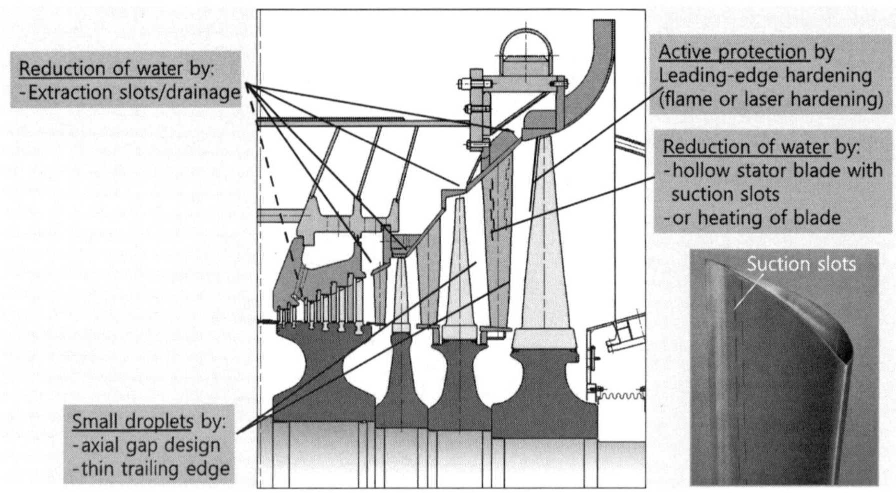

그림 9.42 노즐 표면 suction slots (Siemens)

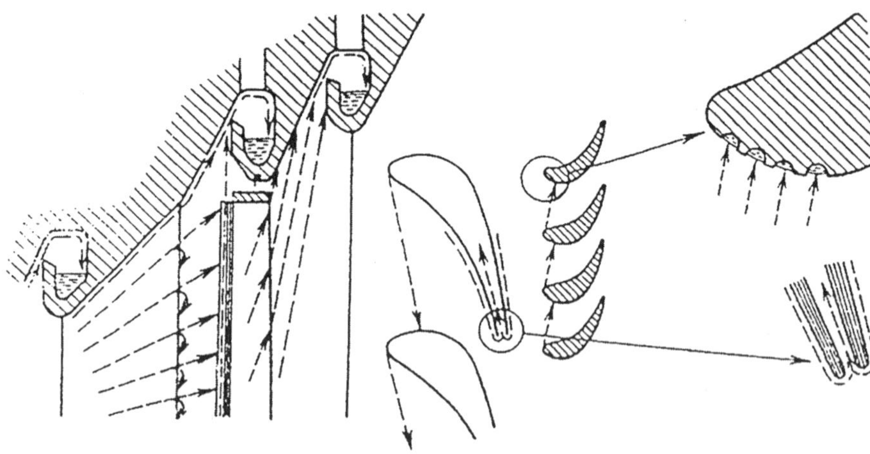

그림 9.43 노즐 뒷전 suction slots (Siemens)

상손실이 증가하는 단점이 발생한다. 참고로, 마지막 단 노즐 뒷전 두께는 얇게 제작하는 경향이 있는데, 이는 노즐 뒷전에서 떨어져 나가는 물방울 크기를 작게 유지시켜 습분침식을 줄여주기 위함이다. 이런 경우 노즐 후류의 강도가 작아지기 때문에 형상손실이 줄어드는 부가적인 장점을 가진다.

이 두 가지 모두 독일의 지멘스에서 개발한 방법인데, 노즐 표면에서 수막을 제거하기 위해서는 물과 함께 일정한 양의 증기도 흡입하기 때문에 LSB 출력이 약간 감소한다.

D. 노즐 표면 slit

일본의 MHI는 노즐 표면에 그림 9.44에 나타나 있는 것과 같이 반지름방향을 따라서 틈(slit)을 만들어 노즐 표면에 형성된 수막을 제거하는 방법을 개발했다. 제거된 수막은 노즐 내부에 있는 구멍을 통해 배수한다. 그러나 이 방법은 습분침식 방지 효과는 작을 것으로 보인다.

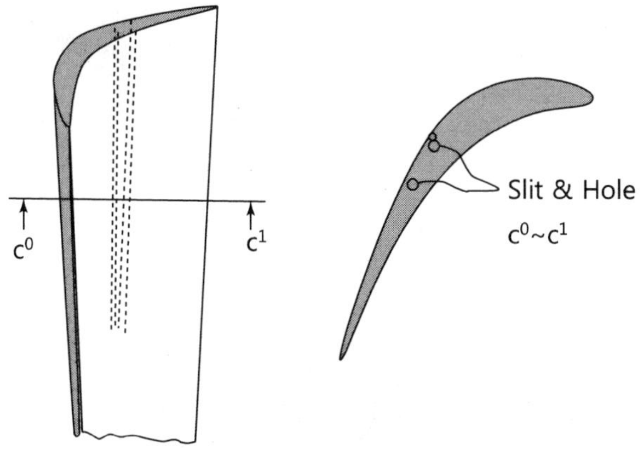

그림 9.44 노즐 표면 slots (MHI)

9.6.2 외부 습분 제거

증기통로 외부에서 습분을 제거하는 방법은 원자력발전에서 사용된다. 원자력발전 증기발생기 U튜브 상부에서 생성된 증기의 건도는 약 25%이며, 일차적으로 습분분리기를 통과하면서 대부분의 습분을 제거하여 건도 약 96%의 증기가 된다. 이 증기는 이차적으로 chevron vane으로 구성된 증기건조기를 통과한 후 99.75% 이상의 건도를 가지는 건포화증기가 되어 HP터빈으로 공급된다. HP터빈을 빠져나온 증기는 약 14% 정도의 습분을 포함하고 있다. 이 증기에 포함되어 있는 습분을 제거한 상태에서 LP터빈으로 보내주는 것이 원자력 비재열사이클이며, 습분을 제거한 후에 재열시켜 LP터빈으로 보내주는 것이 원자력 재열사이클이다. 원자력 비재열사이클은 ELEP 습분이 높기 때문에 LP터빈에서 습분손실이 크게 나타나고 LSB 습분침식이 과도하게 발생하기 때문에 일반적으로 채택하지 않는다. 원자력 재열사이클은 HP터빈을 빠져나온 증기의 습분을 제거한 후 재열기로 보내 과열증기로 만들어서 LP터빈으로 보내준다. 재열기는 두 개의 열교환기로 구성되어 있으며, 습분분리기와 동일 몸체로 구성되어 있다. 그림 9.45에 습분분리기와 2개의 재열기로 구성된 2단 MSR 형상이 나타나 있다. 증기를 재열시키기 위한 열원으

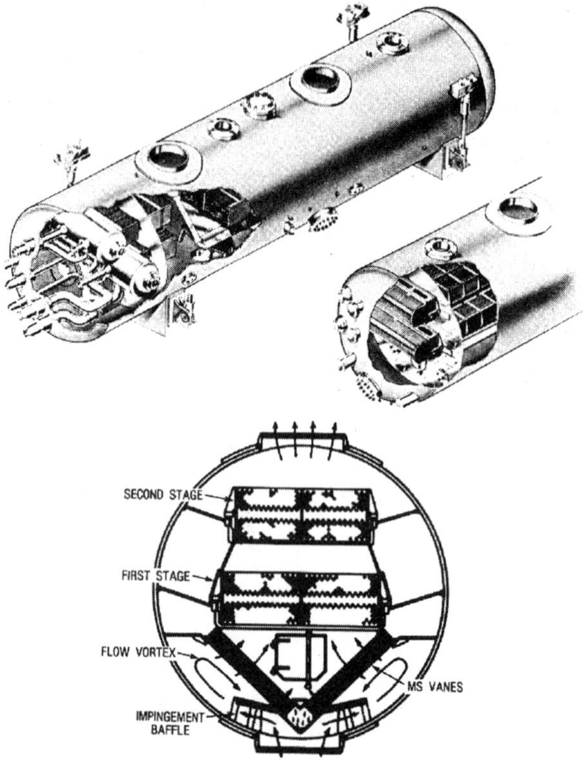

그림 9.45 2단 MSR (from Moore, 1985)

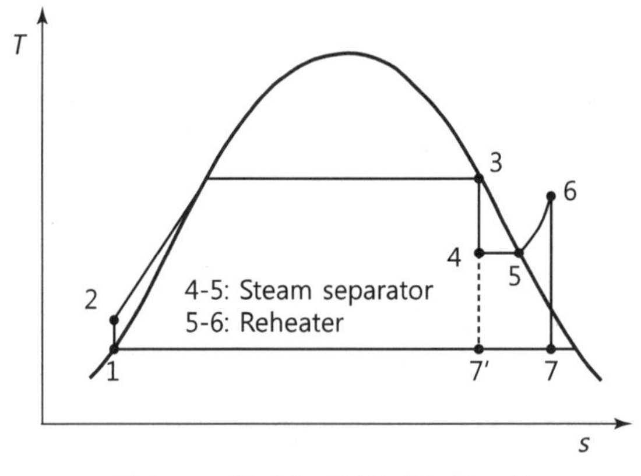

그림 9.46 원자력 재열사이클 T-s선도

로는 HP 터빈에서 추출한 증기와 원자력 증기발생기에서 생성된 주증기가 사용된다.

그림 9.46에 원자력 재열사이클에 대한 T-s선도가 나타나 있다. 이 그림에서 과정 4-5는 습분제거 과정이며, 과정 5-6은 재열과정이다. 재열이 끝난 후 증기온도는 주증기

온도보다 낮은데, 이는 재열을 위한 최종열원으로 주증기가 사용되기 때문이다. 한편, 이 그림에서 재열사이클의 이론적인 열효율을 살펴보면, 재열을 통해서 사이클 효율이 낮아지는 것을 알 수 있다. 그럼에도 불구하고 재열사이클을 채택하는 이유는 실제적으로 LP 터빈에서 습분손실이 크게 줄어들기 때문에 열효율 측면에서 비재열사이클에 비해서 우수하며, 습분침식 또한 크게 줄일 수 있는 장점이 있기 때문이다.

9.6.3 습분 조절

LSB에 유입되는 증기의 습분을 줄이기 위해서 블레이드를 가열하는 방법을 고려할 수 있다. 그러나 이 방법은 시스템이 복잡해지고 제작비용이 증가할 뿐만 아니라 큰 효과를 얻기도 어렵다.

LP터빈 어떤 단에 기계적 손상이 발생하는 경우 그림 9.47에서 볼 수 있는 것처럼 이용가능에너지가 작아지고 엔트로피는 증가한다. 따라서 증기터빈 출력과 효율 모두 낮아지지만 ELEP에서 건도는 향상된다. 그러나 이렇게 건도가 높아지는 것은 인위적 조절을 통해서 나타나는 현상은 아니다.

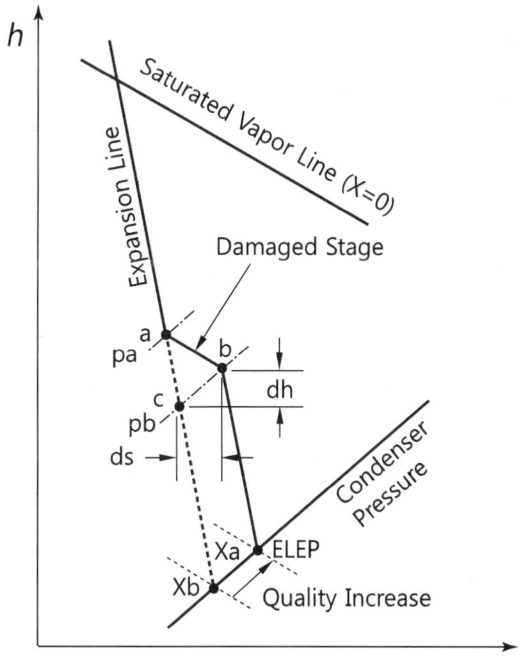

그림 9.47 터빈 단 손상에 따른 습분 변화

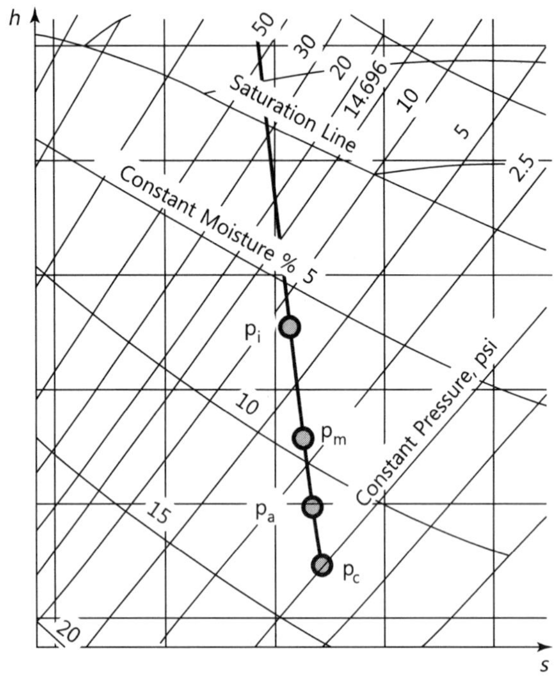

그림 9.48 LSB 근처에서의 증기팽창선

복수기 압력을 높이면 ELEP 건도를 높일 수 있기 때문에 LSB 습분침식을 줄일 수 있을 것처럼 보인다. 그러나 복수기 압력을 올리더라도 실제로는 습분침식에 거의 영향을 미치지 못한다. 이런 사실을 확인하기 위하여 그림 9.48에 나타나 있는 LSB 근처의 증기팽창선을 살펴보기로 한다. 이 그림에서 p_c는 복수기 설계 압력, p_i는 마지막 단 입구압력, p_m은 LSB 입구압력이다. 그런데 복수기 압력이 p_c에서 p_a로 상승하더라도 p_i의 변화는 거의 일어나지 않는다. 이는 아음속유동인 경우 상류유동은 하류유동에 의해서 영향을 받는다는 사실과 다르다. 그 이유는 비록 마지막 단 입구와 출구에서의 유동이 아음속유동이지만 LSB를 통과하면서 유동질식이 발생하므로 상류유동은 하류유동에 의해 거의 영향을 받지 않기 때문이다. 따라서 복수기 압력을 높이더라도 LSB 입구에서의 유동조건은 거의 변하지 않기 때문에 습분침식을 줄이지 못한다.

9.6.4 방식막 부착

앞에서 습분침식 저항성은 블레이드 소재 경도에 비례하여 증가한다는 것을 살펴보았다. 그런데 경도가 증가할수록 블레이드 가공성이 불량해지는 단점이 나타난다. 이런 경

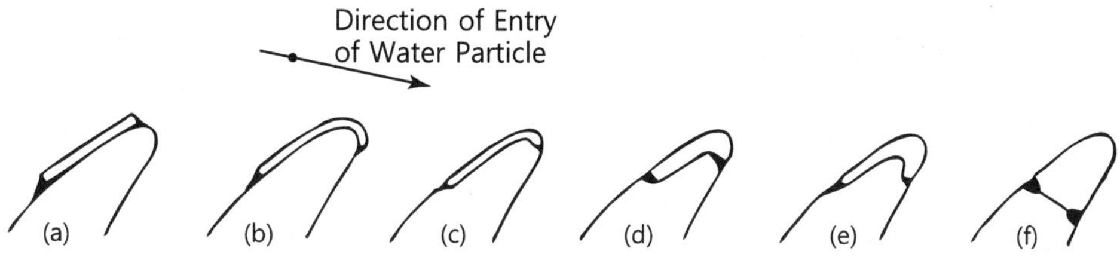

그림 9.49 Erosion shield 형상

우 그림 9.22에 나타나 있는 것처럼 블레이드 모재는 제작성이 우수한 재질을 사용하고 습분침식이 발생하는 부분에는 경도가 높은 소재를 이용하여 방식막을 제작하여 부착시키는 방법을 이용하면 습분침식에 대비할 수 있다. 방식막은 EBW(Electro Beam Welding)를 포함한 다양한 방법의 용접을 이용하여 부착시킨다.

방식막 소재로는 스텔라이트가 가장 많이 사용되고 있다. 방식막을 부착시키기 위해서는 버켓 앞전 흡입면 부위를 가공해야 한다. 그러나 반지름방향으로 방식막이 시작되는 부위에 응력집중 현상이 발생하여 버켓이 파손되는 경우가 가끔 발생하기 때문에 세심한 주의가 요구된다. 한편, 방식막 형상은 제작성과 효율을 종합적으로 고려하여 결정한다. 그림 9.49에 다양한 방식막 형상이 나타나 있다. 이 가운데 (a)와 (b)는 LSB 흡입면에서 유동박리가 일어나기 쉽기 때문에 LSB 효율저하가 나타나기 쉽다. 일반적으로 LSB는 증기터빈 전체 출력의 10% 정도를 생산하기 때문에 LSB의 효율저하는 피하는 것이 좋다.

9.6.5 화염 경화

LSB 모재로 많이 사용하는 12Cr강은 경도가 높아질수록 습분침식 저항성이 향상된다. LSB 습분침식 저항성을 향상시키기 위하여 가장 많이 사용하는 방법이 화염 경화인데, 습분침식이 주로 일어나는 LSB 팁 부위 앞전 흡입면에 국부적으로 실시한다. 화염 경화 방법으로는 화염직접접촉과 유도가열이 있다. LSB 모재로 많이 사용하는 12Cr강의 브리넬경도는 약 260 정도이지만 화염 경화를 통하여 경도를 약 420 정도로 높일 수 있다. 화염 경화는 12Cr강으로 제작한 33.5인치 이하의 화력발전용 LSB와 원자력발전용 LSB에 가장 많이 적용되고 있다.

9.6.6 티타늄 블레이드

LP터빈에서 증기가 팽창되면서 온도와 압력이 낮아지면 그림 9.50에 나타나 있는 것처럼 포화증기선 근처에서 다양한 불순물이 응축된다. 이런 불순물들은 터빈 구성품에 부식을 발생시키는 원인물질이다. 따라서 LP터빈 후단 블레이드는 부식과 습분침식에 견

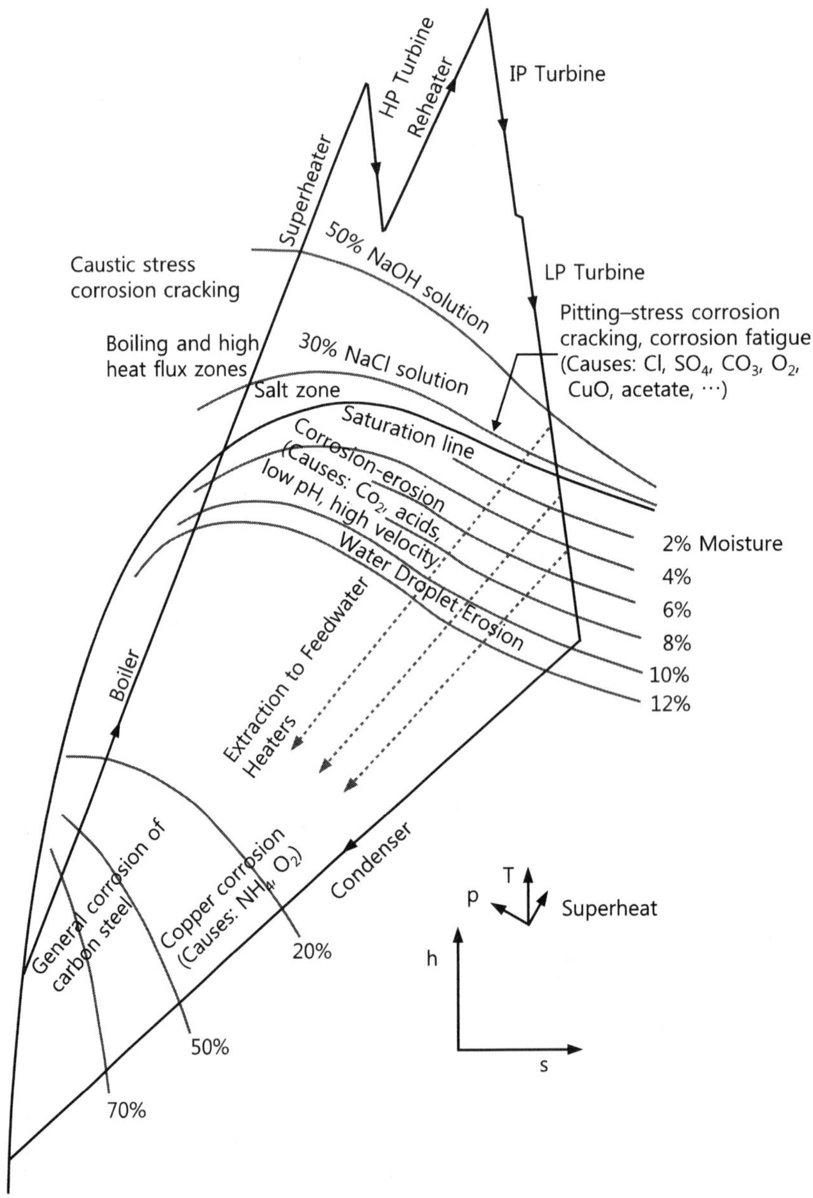

그림 9.50 불순물 응축에 대한 몰리에르 선도

그림 9.51 LP터빈 로터 축 끝 실 부분 부식 형상

딜 수 있는 소재의 사용이 요구된다. 그림 9.51에 나타나 있는 LP터빈 로터 축 끝 실 부분에 발생한 부식 형상에서 알 수 있듯이 부식이 일어나면 그 표면에 많은 피트가 발생하여 파손되기 쉽다. 특히 큰 응력이 작용하는 버켓 도브테일 부식은 응력부식균열(SCC; Stress Corrosion Cracking)을 초래하기 때문에 매우 위험하다.

첨단소재인 티타늄합금은 12Cr강에 비해서 가벼우면서도 내부식성과 습분침식 저항성이 우수하여 L-1단과 L-0단 블레이드 소재로 매우 적합하다. 최근에는 터빈 블레이드 효율이 정점에 도달하면서 더욱 복잡한 랭킨사이클이나 향상된 랭킨사이클을 적용하는 동시에 배기면적을 늘려서 증기터빈 효율을 증가시키고 있다. 배기면적을 늘리기 위해서는 LSB 루트 지름을 증가시키는 방법과 LSB 길이를 증가시키는 방법이 있는데, 일반적으로 LSB 길이를 증가시키는 방법이 효과가 크게 나타나기 때문에 선호되고 있다. 아울러 최근에는 증기터빈이 대형화되고 있어서 자연스럽게 LSB 길이가 증가하는 추세이다. LSB 길이가 증가하는 경우 고려할 사항은 운전 중 블레이드에 발생하는 인장응력과 습분침식이다. 12Cr강에 비해서 비중이 훨씬 작은 티타늄합금은 도브테일에 발생하는 인장응력 측면에서도 12Cr강에 비해서 훨씬 유리하다. 인장응력이 줄어들면 습증기 영역에서 운전되는 블레이드 도브테일에서 발생하는 SCC를 방지할 수 있다. 따라서 LSB 길이가 증가하면서 블레이드 소재로서 티타늄합금이 일반화되고 있다.

그림 9.52에 40인치 티타늄 LSB가 나타나 있다. 40인치 티타늄 LSB는 부가가치가 매우 높아서 GE사 7FA급 가스터빈 1단 버켓 가격과 비슷한 수준이다.

그림 9.52 40인치 티타늄 블레이드 (Siemens)

9.6.7 레이저 표면처리

티타늄 LSB는 주로 티타늄합금 가운데 경도가 상대적으로 낮은 Ti-6Al-4V를 이용하여 제작하고 있다. 따라서 비록 티타늄합금이 12Cr강에 비해서 높은 습분침식 저항성을 가진다 하더라도 LSB 길이가 길어지면서 티타늄합금으로 제작된 LSB 또한 습분침식 문제에 직면하게 되었다. 현재 국내에 사용되고 있는 40인치 티타늄 LSB는 두 가지가 있는데, 하나는 스텔라이트로 제작한 방식막을 제작하여 부착시키는 방법을 이용하고 있으며, 다른 하나는 티타늄합금을 미세조직으로 제조(fine grain process)하여 습분침식에 대비하고 있다.

티타늄합금도 경도가 증가하면 습분침식 저항성이 커진다. 따라서 티타늄합금의 경우 레이저 표면처리를 이용하여 습분침식 저항성을 향상시키기 위한 연구가 폭넓게 진행되고 있다. 티타늄과 티타늄합금의 경우 질소가스 환경에서 레이저를 이용하여 표면을 용융시키면 질소가 풍부한 표면층(TiN dendrites)이 형성된다. 이렇게 질화처리를 하면 화염 경화와 마찬가지로 표면경도를 향상시킬 수 있다. 한편, 질소 환경에 장시간 노출시켜 실시하는 질화처리는 전통적으로 매우 우수한 내마모성이 요구되는 왕복엔진 실린더 라이너에도 적용되고 있다.

9.6.8 축간거리 증가

마지막 단 노즐과 LSB 사이 축간거리를 증가시키면 노즐 뒷전에서 떨어져 나온 물방울이 가속되는 시간이 길어지기 때문에 LSB에 충돌하는 속도가 작아져서 습분침식을 줄

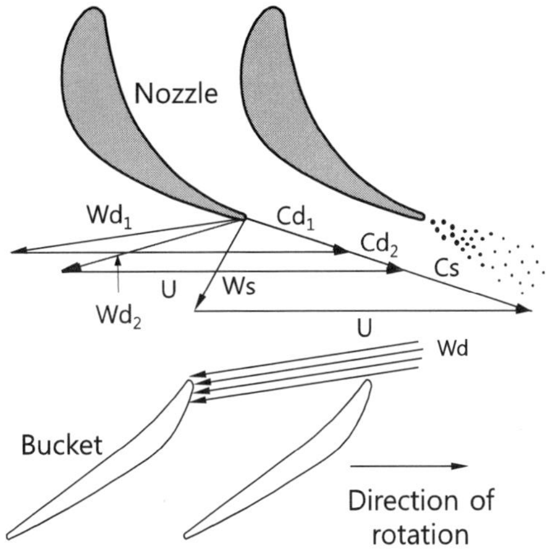

그림 9.53 마지막 단에서의 물방울 및 증기 속도삼각형

일 수 있다. 그림 9.53에 나타나 있는 속도삼각형을 통해서 알 수 있듯이 축간거리가 증가하면 물방울 속도가 Cd_1에서 Cd_2로 증가한다. 이런 경우 LSB에 충돌하는 물방울 속도는 Wd_1에서 Wd_2로 바뀌는데, Wd_2는 Wd_1에 비해서 작다는 것을 알 수 있다. 그러나 노즐과 LSB 사이의 축간거리를 증가시키는 문제는 로터축 제작비용 및 진동특성과 관련하여 복잡한 경제성 검토가 요구된다.

참고문헌
References

이병은, “실무 발전설비 열역학”, 경문사, ISBN: 978-89-6105-278-8, 2012.

Albert, P., “Steam turbine thermal evaluation and assessment”, GE Power Systems, GER-4190.

Babcock & Wilcox, “Steam/its generation and use”, 1972.

Bauver, W.P., J.D. Bianca, J.D. Fishburn, and J.G. McGowan, “Characterization of erosion of heat transfer tubes in coal fired power plants”, ASME Paper 84-JPGC-FU-3, 1984.

Beckmann, G. and J. Gotzmann, “Analytical model of the blast wear intensity of metals based on a general arrangement for abrasive wear”, Wear, Vol. 73, pp. 325-353, 1981.

Brown, R., S. Kosco, and E.J. Jun, “The effect of particle shape and size on erosion of aluminium alloy 100 at 90° impact angles”, Wear, Vol. 73, pp. 193-200, 1983.

Cofer, IV, J.I., J. K. Reinker, W.J. Sumner, “Advances steam path technologies”, GE Power Systems, GER-3713E, 1996.

Couchman, R.S., K.E. Robbins, and P. Schofield, “GE steam turbine design philosophy and technology programs”, GE Power Generation, GER-3705, 1991.

Cotton, K.C., “Evaluating and improving steam turbine performance”, ISBN: 0-9639955-0-2, 1993.

Crane, “Flow of fluids through valves, fittings, and pipe”, Crane Co., 1982.

Drbal, L.F., P.G. Boston, K.L, Westra, and R.B. Erickson, “Power plant engineering”, Springer, 2006.

EPRI, “Workshop on the US dept. of energy/Ohio coal development office advanced materials for ultrasupercritical power plants projects”, 2011.

Field, J.E., “ELSI conference: invited lecture, Liquid impact: theory, experiment, applications", Wear, Vol. 233-235, pp. 1-12, 1999.

Finnie, I., "Erosion of surfaces by solid particles", Wear, Vol. 3, pp. 87-103, 1960.

Finnie, I., "Some observations on the erosion of ductile metals", Wear, Vol. 19, pp. 81-90, 1960.

Fridh, J.E.A., "Partial admission in axial turbines", SNEA Project PI2457-2, 2002.

Gat, N. and W. Tabakoff, "Some effects of temperature on the erosion of metals", Wear, Vol. 50, pp. 85-94, 1978.

Guo, T., W.J. Sumner, and D.C. Hofer, "Development of highly efficient nuclear steam turbines using physics based moisture loss models", Proc. GT2007, ASME Turbo Expo 2007, GT2007-27960, 2007.

Hamed, A., W. Tabakoff, and R. Wenglarz, "Erosion and deposition in turbomachinery", Journal of Propulsion and Power, Vol. 22, No. 2, pp. 350-360, 2006.

Hamed, A.A., W. Tabakoff, R.B. Rivir, K. Das, and P. Arora, "Turbine blade surface deterioration by erosion", Journal of Turbomachinery, Vol. 127, pp. 445-452, 2005.

Havakeechian, S. and R. Greim, "Aerodynamic design of 50 per cent reaction steam turbines", Proc Instn Mech Engrs, Vol. 213, Part C, 1999.

Head, W.J., and M.E. Farr, "The development of a model to predict the erosion of materials by natural contaminants", Wear, Vol. 15, pp. 1-46, 1970.

Horowitz, J., "Recommendations for controlling cavitation, flashing, liquid droplet impingement, and soild particle erosion in nuclear power plant piping systems", EPRI Report 1011231, 2004.

Humphrey, J.A.C., "Fundamentals of fluid motion in erosion by solid particle impact", International Journal of Heat and Fluid Flow, Vol. 11, No. 3, pp. 170-195, 1990.

Jennings, W.H., W.J. Head, and C.R. Manning Jr., "A mechanistic model for the prediction of ductile erosion", Wear, Vol. 40, pp. 93-112, 1976.

Kleis, I., "Probleme der bestmmung des strahlverschleisses bei metallen", Wear, Vol. 13, pp. 199-215, 1969.

Lampart, P., "Investigation of endwall flows and losses in axial turbines. Part I. Formation of endwall flows and losses", Journal of Theoretical and Applied Mechanics, Vol. 47, No. 2, pp. 321-342, Warsaw 2009.

Lampart, P., “Investigation of endwall flows and losses in axial turbines. Part II. The effect of geometrical and flow parameters”, Journal of Theoretical and Applied Mechanics, Vol. 47, No. 4, pp. 829-853, Warsaw 2009.

Langston, L.S., “Crossflows in a turbine cascade passage”, Trans ASME, J. Engg. for Power, Vol. 102, pp. 866-874, 1980.

Lee, B.E., “Computational prediction of deposition and erosion in boiler tube banks”, PhD Thesis, The University of New South Wales, 1997.

Levy, A.V. and P. Chik, “The effects of erodent composition and shape on the erosion of steel”, Wear, Vol. 89, pp. 151-162, 1983.

Levy, A.V. and Y.F. Man, “Effect of particle variables on the erosion-corrosion of 9Cr1Mo steel”, Wear, Vol. 131, pp. 53-69, 1989.

Leyzerovich, A., “Large power steam turbines: Design and operation”, PennWell Books, 1997.

Mazur, Z., G. Urquiza, and R. Campos, “Improvement of the turbine main stop valves with flow simulation in erosion by solid particle impact CFD”, International Journal of Rotating Machinery, Vol. 10, pp. 65-73, 2004.

Obara, T., N.K. Bourne, and J.E. Field, “Liquid-jet impact on liquid and solid surfaces”, Wear, Vol. 186-187, pp. 388-394, 1995.

Petr, V. and M. Kolovratnik, “Electrostatic charge of fine and coarse droplets in LP steam turbines”, 14th International Conference on the Properties of Water and Steam in Tokyo, pp. 606-611.

Preece, C. M. and N. H. Macmillan, “Erosion”, Ann. Rev. Mater. Sci., Vol. 7, pp. 95-121, 1977.

Raask, E., “Erosion wear in coal utilization”, Hemishpere Pub. Co., 1988.

Raask, E., “Tube erosion by ash impaction”, Wear, Vol. 13, pp.301-315, 1969.

Reinker, J.K. and P.B. Mason, “Steam turbines for large power applications”, GE Power Systems, GER-3646D.

Sabersky, R.H., A.J. Acosta, and E.G. Hauptmann, “Fluid Flow”, Macmillan Publishing Co., Inc. 1971.

Sanders. W.P., “Turbine steam path, Volume I Maintenance and repair”, PennWell, 2001.

Shewmon, P.G., “Particle size threshold in the erosion of metals” Wear, Vol. 68, pp.

253-258, 1981.

Shi, H., K. Takayama, and N. Nagayasu, "The measurement of impact pressure and solid surface response in liquid-solid impact up to hypersonic range", Wear, Vol. 186-187, pp. 352-359, 1995.

Shida, Y. and H. Fujikawa, "Particle erosion behaviour of boiler tube materials at elevated temperature", Wear, Vol. 103, pp. 281-296, 1985.

Sjolander, S.A., "Secondary and tip-clearance flows in axial turbines", VKI LS 1997-01.

Sparks, A.J. and I.M. Hutchings, "Transitions in the erosive wear behaviour of a glass ceramic", Wear, Vol. 149, pp. 99-110, 1991.

Stanisa, B. and V. Ivusic, "Erosion behaviour and mechanisms for steam turbine rotor blades", Wear, Vol. 186-187, pp. 395-400, 1995.

Sumner, W.J., J.H. Vogan, and R.J. Lindinger, "Reducing solid particle erosion damage in large steam turbines", GER-3478A, General Electeric, 1985.

Thomas, A.D.H., T. Davies, and A.R. Luxmoore, "Computer image analysis for identification of wear particles", Wear, Vol. 142, pp. 213-226, 1991.

Tilly, G.P., "A two stage mechanism of ductile erosion", Wear, Vol. 23, pp. 87-96, 1973.

Wang, H.P., S.J., Olsen, R.J. Goldstein, E.R.G. Eckert, "Flow visualisation in two types of straight turbine cascades", Trans ASME, J. Turbomachinery, Vol. 119, pp. 1-8, 1997.

Weitzel, P.S. and J.M. Tanzosh, "Chapter 17. Development of advanced ultra supercritical coal fired steam generators for operation above 700℃", ASME_Power_Boilers, 2010.

Winter, R.E. and I.M. Hutchings, "Solid particle erosion studies using single angular particles", Wear, Vol. 48, pp. 181-194, 1974.

Yasugahira, N., K. Namura, R. Kaneto, and T. Satoh, "Erosion resistance of titanium alloys for steam turbine blades", Proc. of EPRI Workshop on Titanium Steam Turbine Blading", Palo Alto, CA., 1988.

Index

찾아보기

기타

제2판

증기터빈 열유체기술

지은이 이병은
펴낸이 조경희
펴낸곳 경문사
펴낸날 2013년 7월 1일 1판 1쇄
펴낸날 2020년 9월 1일 2판 2쇄
등 록 1979년 11월 9일 제1979-000023호
주 소 04057, 서울특별시 마포구 와우산로 174
전 화 (02)332-2004 팩스 (02)336-5193
이메일 kyungmoon@kyungmoon.com
facebook facebook.com/kyungmoonsa

값 26,000원

ISBN 978-89-6105-742-4

★ 경문사 홈페이지에 오시면 즐거운 일이 생깁니다.
http://www.kyungmoon.com

한국과학기술출판협회 회원사